盛意文化 编著

软件UI设计之道

電子工業出版社
Publishing House of Electronics Industry
北京·BEIJING

内容简介

本书是一本使用 Photoshop 进行软件 UI 设计制作的案例教程，语言浅显易懂，配合大量精美的软件 UI 设计案例，讲解了有关软件 UI 设计的相关知识和使用 Photoshop 进行软件 UI 设计制作的方法与技巧。读者在掌握软件 UI 设计各方面知识的同时，能够在软件 UI 设计制作的基础上做到活学活用。

本书共分为 7 章，全面介绍了软件 UI 设计中的理论设计知识，以及具体案例的制作方法；第 1 章为关于软件 UI 设计的基础知识，第 2 章介绍了软件界面设计要素，第 3 章介绍了软件安装与启动界面设计，第 4 章介绍了移动 APP 软件界面设计，第 5 章介绍了家庭智能设备界面设计，第 6 章介绍了应用软件界面设计，第 7 章介绍了播放器界面设计。

本书配套光盘中提供了书中所有案例的源文件及素材，方便读者借鉴和使用。

本书适合有一定 Photoshop 软件操作基础的设计初学者及设计爱好者阅读，也可以为一些设计制作人员及相关专业的学习者提供参考。

图书在版编目（CIP）数据

软件UI设计之道 / 盛意文化编著. -- 2版. -- 北京: 电子工业出版社, 2019.1
ISBN 978-7-121-35424-3

Ⅰ. ①软… Ⅱ. ①盛… Ⅲ. ①软件设计 Ⅳ. ①TP311.1

中国版本图书馆CIP数据核字(2018)第255418号

责任编辑：田　蕾　　特约编辑：刘红涛
印　　刷：天津千鹤文化传播有限公司
装　　订：天津千鹤文化传播有限公司
出版发行：电子工业出版社
　　　　　北京市海淀区万寿路173信箱　邮编：100036
开　　本：720×1000　1/16　印张：23.75　字数：608千字
版　　次：2015年11月第1版
　　　　　2019年1月第2版
印　　次：2019年1月第1次印刷
定　　价：99.00 元（含光盘1张）

凡所购买电子工业出版社图书有缺损问题，请向购买书店调换。若书店售缺，请与本社发行部联系，联系及邮购电话：（010）88254888，88258888。
质量投诉请发邮件至zlts@phei.com.cn，盗版侵权举报请发邮件至dbqq@phei.com.cn。
本书咨询联系方式：（010）88254161~88254167转1897。

前言

硬件技术发展到今天的水平，用户关心的主要问题集中于能否比较容易和舒适地使用软件。人们的着眼点在于软件的易用性和美观性，而易用性与美观性主要取决于软件UI的优劣。一个软件没有很好的UI设计就不能算是成功的。

作为目前流行的UI设计软件——Photoshop，凭借其强大的功能和易学易用的特性深受广大设计师的喜爱。本书以软件UI设计的理念为出发点，配以专业的图形处理软件Photoshop作讲解，重点向读者介绍了Photoshop在软件UI设计方面的理论知识和相关应用。通过大量软件UI设计案例的制作和分析，让读者掌握实实在在的设计思想。

本书章节安排

本书内容浅显易懂，从软件UI的设计思想出发，向读者传达一种新的设计理念，将专业的理论知识讲解与精美案例制作完美地结合，循序渐进地讲解软件UI设计中的有关知识；在讲解的同时配合软件UI设计案例的制作，可让读者在学习欣赏的过程中，丰富自己的设计创意并提高动手制作的能力。本书内容章节安排如下：

第1章：关于软件UI设计。介绍关于软件UI设计的相关基础知识，包括什么是软件UI、软件界面设计的常见分类、软件界面的设计流程、软件界面计的黄金法则，以及软件UI设计中的拟物化和扁平化设计，使读者对软件UI设计有更加深入的认识和理解。

第2章：软件界面设计要素。主要介绍软件界面中各种设计要素的相关知识和设计表现方法，包括图标、按钮、菜单、标签、滚动条与状态栏，以及软件框架等；并通过对软件界面中各种不同类型的设计要素的制作讲解，使读者快速掌握各种软件界面设计要素的设计和表现方法。

第3章：软件安装与启动界面设计。主要讲解软件安装与启动界面的设计特点，包括设计注意事项与设计原则等，也普及了现今几款常见软件的界面信息；最后通过对不同软件界面制作过程的讲解，提高读者对软件UI设计的认识。

第4章：移动APP软件界面设计。主要讲解移动APP软件界面的设计流程与特点，普及有关移动APP软件界面的常识性信息；通过对常见APP软件界面的设计制作进行讲解，可使读者掌握移动APP软件界面设计的常规思路及过程。

第5章：家庭智能设备界面设计。主要介绍家庭智能设备界面的构成元素，以及界面的设计要求，也向读者介绍智能设备界面设计的风格；通过对多种不同智能设备界面的设计讲解，让读者明了智能设备在软件界面设计中所遵循的设计原则和要求。

第6章：应用软件界面设计。主要介绍软件界面设计的要点和设计趋势，并且还介绍了什么是Web软件界面，以及Web软件界面的设计原则；通过对多种典型的软件界面的设计制作进行讲解，使读者掌握软件界面的设计方法，并认识到软件界面的多种设计特点和风格。

第7章：播放器界面设计。主要介绍播放器界面的设计特点，以及播放器界面设计的要素和技巧，也向读者重点介绍播放器界面设计中的人性化及其重要性；通过各种播放器的设计与制作，让读者充分明白播放器界面设计的灵活性及具体的表现形式。

本书特点

全书内容丰富、条理清晰，通过7章的内容，为读者全面、系统地介绍各种软件界面的设计知识，以及使用Photoshop进行软件界面设计的方法和技巧；采用理论知识和案例制作相结合的方法，使知识融会贯通。

- 语言通俗易懂，精美案例图文同步，大量软件界面设计的丰富知识讲解，帮助读者深入了解软件界面设计。
- 案例涉及面广，几乎涵盖软件UI设计所在的各个领域，每个领域下通过大量的设计讲解和案例制作帮助读者掌握领域中的专业知识点。
- 注重设计知识点和案例制作技巧的归纳总结，知识点和案例的讲解过程中穿插了大量的软件操作技巧提示等，使读者更好地对知识点进行归纳吸收。
- 每一个案例的制作过程，都配有相关视频教程和素材，步骤详细，使读者轻松掌握。

本书读者对象

本书适合有一定Photoshop软件操作基础的设计初学者及设计爱好者阅读，也可以为一些设计制作人员以及相关专业的学习者提供参考。本书配套的光盘中提供了本书所有案例的源文件及素材，方便读者借鉴和使用。

本书由盛意文化编著，参与编写的人员有张晓景、姜玉声、鲁莎莎、吴潆超、田晓玉、佘秀芳、王俊平、陈利欢、冯彤、刘明秀、谢晓丽、孙慧、陈燕、高金山。由于书中难免存在不足和疏漏之处，希望广大读者朋友批评、指正。

编　者

目 录

CHAPTER 1 关于软件UI设计

CHAPTER 2 软件界面设计要素

CHAPTER 3 软件安装与启动界面设计

CHAPTER 4 移动APP软件界面设计

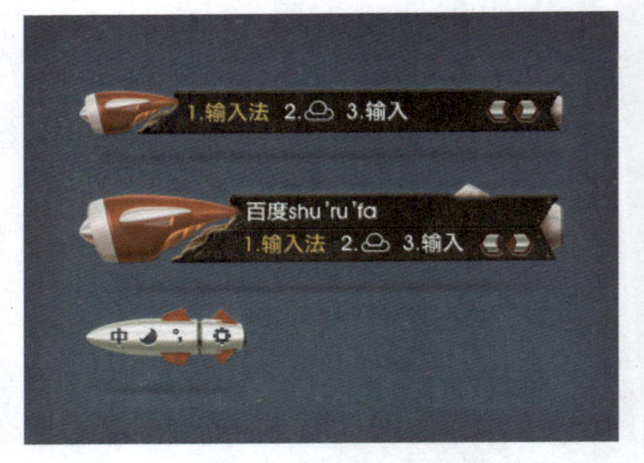

CHAPTER 5 家庭智能设备界面设计

CHAPTER 6 应用软件界面设计

CHAPTER 7 播放器界面设计

CHAPTER 1
关于软件UI设计

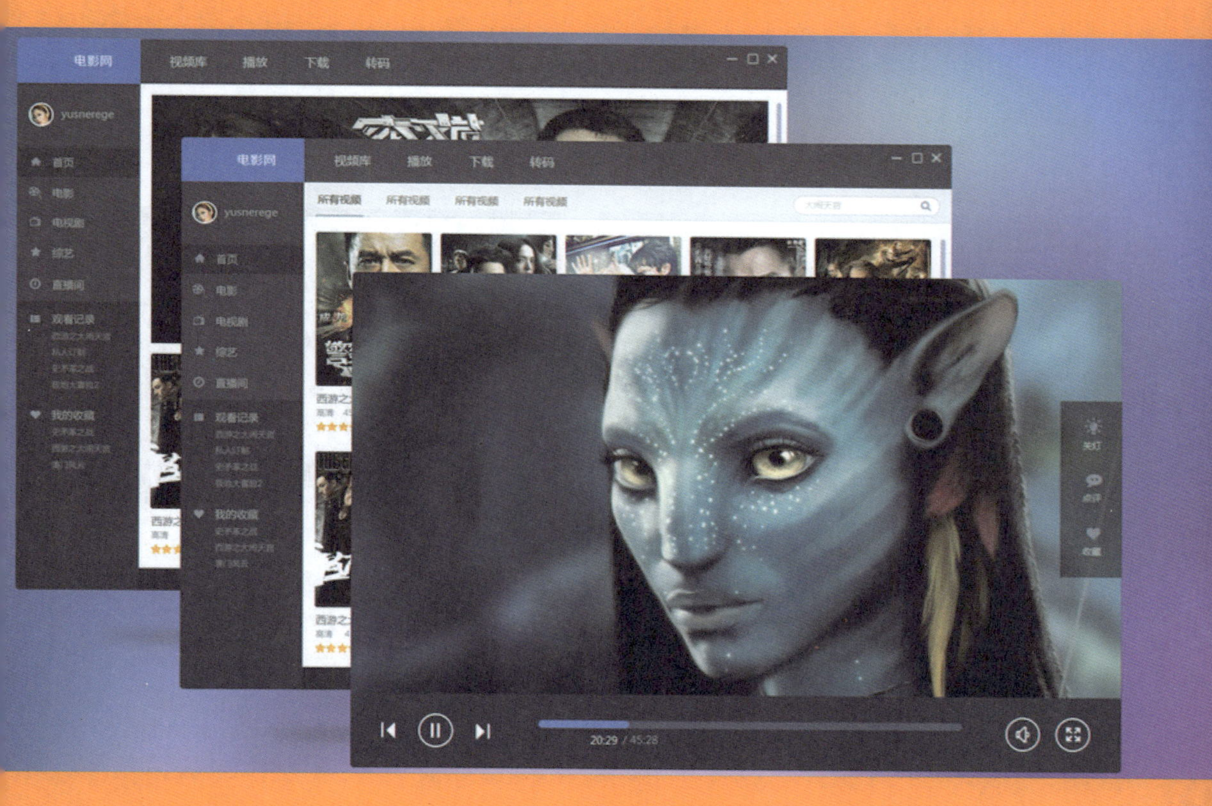

本章要点：

硬件技术的飞速发展，使计算速度和存储容量已经不再是软件开发人员所担心的问题。用户关心的主要问题是能否比较容易和舒适地使用软件。换言之，用户的着眼点在于软件的易用性和美观性，而软件的易用性和美观性则主要取决于软件界面设计的优劣。本章主要向读者介绍与软件UI设计相关的基础知识，使读者在学习具体的软件UI设计和制作技巧之前对软件UI设计有一个具体的认识和了解。

知识点：
- 了解关于软件UI设计的相关基础
- 了解软件界面的常见类别
- 掌握软件界面的设计流程
- 了解软件UI的拟物化和扁平化设计风格
- 理解扁平化UI设计的要点
- 理解软件界面设计中的配色要点

1.1 软件UI设计基础

众所周知，在当前的硬件与软件环境下，一个软件没有很好的界面设计就不能算是成功的软件。因为不管它的内部有多么精巧的技术，它本身有多么强大的功能，只要用户不愿意使用它，那么它的优越性就得不到发挥，它的价值和作用也就无从谈起。于是一个不涉及技术而着眼于易用性和美观性的用户界面就显得越来越重要，这就是软件UI设计。

1.1.1 什么是UI设计

UI的本意是用户界面（User Interface），UI设计则是指对软件的人机交互、操作逻辑、界面美观的整体设计。好的UI设计不仅可以让软件变得有个性、有品位，还可以使用户的操作变得更加舒服、简单、自由，充分体现产品的定位和特点。UI设计包含的范畴比较广泛，包括软件UI设计、网站UI设计、游戏UI设计、移动设备UI设计等。如图1-1所示为软件UI设计，如图1-2所示为移动设备UI设计。

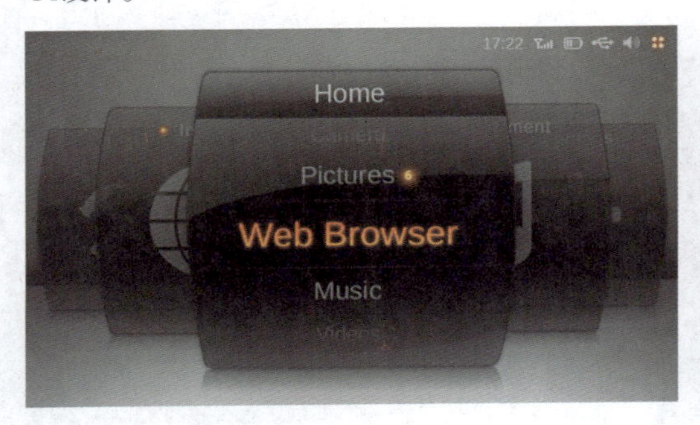

图 1-1

图 1-2

在漫长的软件发展过程中，软件界面设计工作一直没有被重视起来。其实软件界面设计就像工业产品中的工业造型设计一样，是产品的重要卖点。一个友好美观的界面会给用户带来舒适的视觉享受，拉近用户与计算机的距离，为商家创造卖点。软件界面设计不是单纯的美术设计，还需要定位使用者、使用环境、使用方式，并且为最终用户设计，是纯粹的科学性的艺术设计。检验一个软件界面设计得成功与否，需要看最终用户的使用感受。所以软件界面设计需要和用户体验紧密结合，是一个不断为最终用户设计满意视觉效果的过程。

提示

软件界面设计不仅需要客观的设计思想，还需要更加科学、更加人性化的设计理念。如何在本质上提升产品的用户界面设计品质？这不仅需要考虑到软件界面的视觉设计，还需要考虑到人、产品和环境三者之间的关系。

1.1.2 软件UI设计

软件设计可以分为两个部分：编码功能设计与UI设计。编码功能设计大家都很熟悉，但是UI设计还是一个比较陌生的词汇，即使一些专门从事网站与媒体设计的人也不完全理解UI的意思。UI的本意是用户界面，是英文User和Interface的缩写，从字面上看有用户与界面两个组成部分，但实际上还包括用户与界面之间的交互关系。

软件UI设计是软件与用户交互最直接的层面，软件界面的好坏决定用户对软件的第一印象。而且设计良好的软件界面能够引导用户自己完成相应的操作，起到向导的作用。同时软件界面如同人的面孔，具有吸引用户的直接优势。设计合理的软件界面能给用户带来轻松愉悦的感受和成功的感觉，相反由于界面设计的失败，让用户有挫败感，再实用、强大的功能都可能在用户的畏惧与放弃中付诸东流。如图1-3所示为设计合理的精美软件UI。

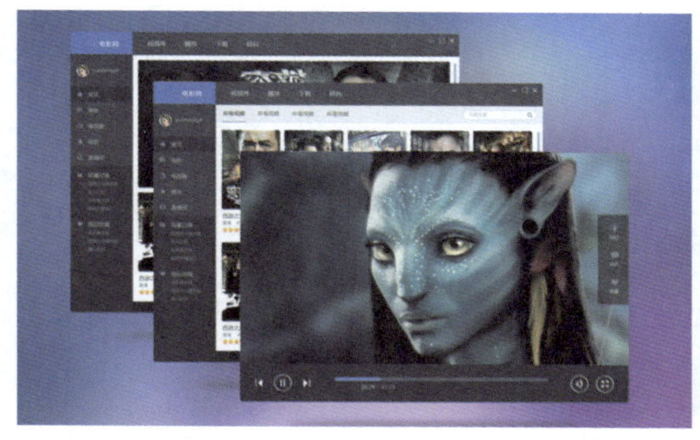

图 1-3

软件UI设计不仅仅是图形界面的设计，更重要的是用户体验的设计。如果衡量UI设计的好坏只有一种标准，那只能是用户体验。

1.1.3 网站UI设计和软件UI设计的区别

网站UI和软件UI都属于UI设计的范畴，两者之间存在着许多共通之处，因为我们的受众没有变，基本的设计方法和理念都是一样的。网站UI和软件UI设计的主要区别是硬件设备提供的人机交互方式不同，不同平台现阶段的技术制约也会影响到网站UI和软件UI的设计。下面从4个方面向读者介绍网站UI设计与软件UI设计的区别。

① 界面尺寸不同

由于网站自身的特点决定了网站UI设计具有向下延展的特性，这就意味着网站UI设计并不受尺寸大小的约束。而软件界面通常都会有用户界面尺寸的要求，也可以说软件UI设计一般都是局限在方寸之间的设计表现。简单地理解就是网站UI设计的尺寸更加灵活，而软件UI设计的尺寸相对有比较严格的要求。

② 侧重点不同

在过去，网站UI设计的侧重点是“看”，即通过完美的视觉效果表现出网站中的内容和产品，给浏览者留下深刻的印象。而软件UI设计的侧重点是“用”，即在软件界面视觉效果的基础上充分体现软件的易用性，使用户更便捷、更方便地使用软件。但是，随着技术水平的不断发展，网站UI设计也越来越多地体现出“用”的功能，使得网站UI设计与软件UI设计在这方面的界限越来越不明显了。

③ 呈现内容不同

在同一个界面中，网站比软件可以展示更多的信息和内容。例如，淘宝、京东等网站。在网站中可以呈现很多的信息板块，而在移动端的APP应用软件中则相对比较简洁，呈现信息的方式也完全不同。

④ 开发方式不同

网站UI与软件UI在界面的设计表现上会有一些相似的地方，但是其开发的方式是完全不同的。

1.2 了解UI设计师

很多人还不太清楚什么是UI设计师，以及UI设计师的工作是什么。其实，UI设计从工作内容上来说主要有3个方向，这3个方向主要是由UI研究的3个因素决定的，这3个因素分别是研究界面、研究人与界面的关系，以及研究人。

1.2.1 研究界面——图形设计师

目前，国内大部分的UI设计者都是从事研究界面的图形设计师（Graphic UI Designer），也有人称为“美工”，但实际上并不是单纯意义上的美术人员，而是软件产品的外形设计师。本书中主要讲解的就是UI图形设计师的相关工作及UI图形界面的设计。

通常，UI图形设计师大多是专业美术院校毕业生，其中大部分毕业生都具有美术设计教育背景，例如工业外形设计、信息多媒体设计、装潢设计等。

1.2.2 研究人与界面的关系——交互设计师

在出现软件图形界面之前，长期以来UI设计师就是指交互设计师（Interaction Designer）。交互设计师的工作内容就是设计软件的树状结构、操作流程、软件的结构与操作规范等。一个软件产品在进行编码设计之前需要做的工作就是交互设计，并且确定交互模型和交互规范。交互设计师一般都需要具有软件工程师的背景。

1.2.3 研究人——用户测试/研究工程师

为了保证产品的质量，任何产品在推出之前都需要经过测试，软件的功能编码需要进行测试，UI设计也需要进行测试。UI设计的测试与编码没有任何关系，主要是测试交互设计的合理性，以及图形设计的美观性。测试的方法一般都采用焦点小组的形式，通过目标用户问卷的形式来衡量UI设计的合理性。

用户测试/研究工程师（User Experience Engineer）的职位很重要，如果没有这个职位，UI设计得好坏只能凭借设计师的经验或者领导的审美来判断，这样会给企业带来很大的风险性。用户测试/研究工程师一般都需要具有心理学、人文学背景。

综上所述，读者应该明白UI设计师可以分为3种，分别是UI图形设计师、交互设计师和用户测试/研究工程师。

1.3 软件界面设计常见类别

随着信息技术的迅猛发展，软件运行平台日益丰富，用户界面设计的具体运用形式也日趋多样化和细分化。除了个人计算机以外，互联网、手机、便携式游戏机等新型数码产品的普及，促使传统的Windows应用软件界面又衍生出Web软件界面、移动APP软件界面、游戏界面等新的界面形式。这些界面形式在交互与视觉设计和开发上都有各自的特点。

1.3.1 Windows应用软件界面

根据软件的复杂程度、用户群、易用设计与视觉设计的比重不同等因素，Windows应用软件可以分为3类，其软件界面设计也有各自的特点。

- 专业型。

这种类型的应用软件功能比较复杂，模块和界面元素较多，主要面向专业人士，例如Photoshop、Flash等软件。简洁、易用、高效是这类软件界面设计中的重点。

- 任务型。

这种类型的应用软件通常是功能相对单一的常用软件，为用户解决特定的工作与任务，例如常用的杀毒软件等。任务型的应用软件功能相对并不是很复杂，界面的设计一般简洁实用，遵循默认的布局规则。如图1-4所示为任务型应用软件界面设计。

- 娱乐型。

这种类型的应用软件功能简单，用途明确，用户的参与和可控程度不高，例如常用的音乐播放软件、聊天软件等。在娱乐型应用软件的界面设计中，视觉效果的表现有比较重要的位置。如图1-5所示为娱乐型应用软件界面设计。

图 1-4

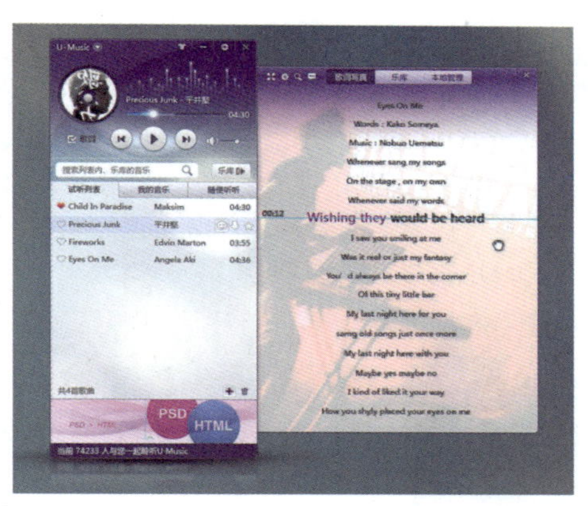

图 1-5

1.3.2 网站界面

互联网的迅速发展带来了网站界面设计的繁荣。虽然网站界面的设计是从传统的Windows应用软件界面发展而来的，早期的网站界面带有很多Windows应用软件界面的影子。但是，随着网络带宽和传输速度的不断改善，网站已经由最初的纯文字内容发展到今天融合了图形、图像、动画、视频、声音等多种媒体的新形式。互联网在各个行业与领域的普及，网站表现形式日益丰富，加上互联网固有的特点，网站界面已经形成了自己特有的界面设计形式。如图1-6所示为网站界面设计。

图 1-6

1.3.3 Web应用软件界面

随着网络应用的逐步深入，一些基于Web网页浏览器的软件开始出现，例如办公自动化系统、企业ERP系统等。这些软件融合了网页和Windows应用软件界面的特点，日常生活中最常用的Web应用软件有网络邮箱、网络搜索等。

Web软件和网站的运行环境和技术几乎完全相同，其区别在于两者的用途和特征有很大的不同。网站主要用于浏览信息，面向大众用户，内容信息的组织与不断变化更新是网站界面的重要特征。Web软件本质是软件，只不过它是在Web环境下运行的，以页面的形式展示内容，是用于处理有固定流程（逻辑）的业务、完成特定工作和任务的，而不是让用户浏览和获取信息的。如图1-7所示为Web应用软件界面设计。

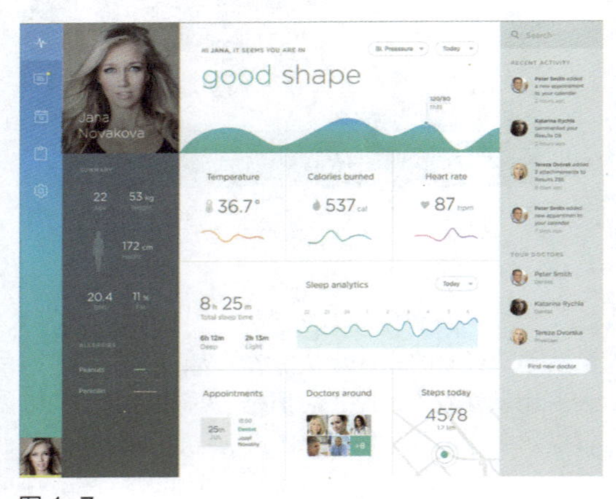

图 1-7

1.3.4 移动APP软件界面

随着智能手机和平板电脑等移动设备的普及，移动设备也成为与用户交互最直接的方式之一。移动设备已经成为人们日常生活中不可缺少的一部分，各种类型的移动APP软件层出不穷，极大地丰富了移动设备的应用。

移动设备用户不仅期望移动设备的软、硬件拥有强大的功能，更注重操作界面的直观性、便捷性，能够提供轻松愉快的操作体验。移动设备屏幕尺寸的局限必然要求输入相关内容，输出方式的简捷性，要求移动APP软件界面的设计越来越趋向于多元化、人性化，图标菜单的应用在移动APP软件界面中发挥了重要的作用。如图1-8所示为移动APP软件界面设计。

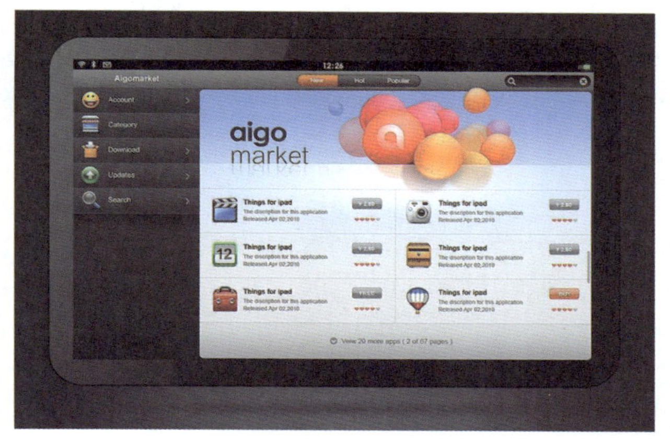

图 1-8

1.3.5 游戏软件界面

游戏软件界面一般设计华丽精良、主题明确，三维效果十分普遍。为了融入主题，游戏软件的界面一般都是由游戏内容中的人物或场景构成的，视觉效果在游戏软件界面中占有十分重要的地位。如图1-9所示为游戏软件界面设计。

图 1-9

1.4 软件界面的设计流程

软件产品属于工业产品的范畴，依然离不开3W的考虑（Who、Where、Why），也就是使用者、使用环境和使用方式的需求分析。只有清楚地理解软件界面的设计流程，并在实际的设计工作中按照这样的流程进行，设计出的软件界面才能够受到用户的欢迎。

① 需求分析

在设计一款软件界面之前，设计师应该首先明确是什么人（用户的年龄、性别、爱好、教育程度等）、在什么地方用（桌面电脑、移动设备、家庭多媒体等）、如何使用（鼠标键盘、触摸屏、摇控器等）。任何一个元素的改变都会使界面设计做出相应的调整。

除此之外，在软件的需求分析阶段，同类型的软件也是设计师必须了解的。所设计的软件界面要比同类型的软件界面更好，才会使软件上市后受到关注，单纯从软件界面的美考虑说哪个好哪个不好是没有一个很客观的评价标准的，只能说哪个更合适，最适合用户的就是最好的。

② 设计分析

通过对软件的需求分析，在开始设计软件界面之前首先需要提炼出几个体现用户定位的词语坐标。例如，为25岁左右的白领男性制作家庭娱乐软件，对这类用户进行分析可以得到的词汇有：品质、精美、高档、男性、时尚、Cool、个性、亲和、放松等。通过对这些词汇的分析，再精简得到几个关键的词汇。接下来需要在该款软件界面的设计中着重体现出这几个词汇的意境，最好能多出几套不同风格的软件界面设计方案，以备选用。

③ 调研验证

在设计过程中，确保所设计的软件界面多套设计方案的同一水准，不能看出有明显的差异，完成多套软件界面方案的设计后，开始进行调研验证，从而得到用户的反馈。

通过对用户反馈意见的整理和总结，得出每套方案的优点和缺点，便于对最终的软件界面设计进行调整和改进。

④ 方案改进

通过对用户的调研验证，可以得到目标用户最喜欢的方案。而且了解到用户为什么喜欢，以及还有什么遗憾等，这样设计师就可以有针对性地对软件界面进行下一步的修改了，从而将所设计的软件界面做到细致、精美。

⑤ 用户验证

改进后的软件界面设计方案即可在所开发的软件中应用并推向市场，但是设计并没有结束，还需要用户反馈，好的设计师应该在软件产品上市后，多与最终用户交流，了解用户真正的使用感受，为以后的升级和改进积累经验。

1.5 软件界面设计的黄金法则

软件界面是用户与软件进行交互的平台，由于它在软件中具有特殊的位置，所以软件界面的设计要遵循一定的原则。首先是简易性，简易是为了方便用户使用；其次是清楚安全，指在用户做出错误的操作时有信息介入系统的提示；最后是灵活人性化，指让用户轻松便捷地使用软件。

1.5.1 在实现功能的框下设计

虽然设计师和艺术家都离不开视觉的范畴，但是他们之间是有区别的。艺术家更注重的是自我表达，表达自己的思想、审美、态度等，艺术创作几乎没有什么约束，越自由、越独特，越能够获得成就。而设计师的工作是为了表达，设计是寻找最适合的表现形式来传达具体的信息，设计师是在一定的框架内表达。“设计就是戴着脚镣跳舞”十分生动地讲述了设计行业的特点。

对于软件界面设计，同样应该以实现功能为首要前提，找到一种最合适的表现形式去实现软件的功能和交互设计，同时兼顾它视觉上的艺术性。就是说应该在实现用户目标和愉悦体验度的框下考虑图形界面设计。当然优秀的软件界面的艺术性和格调，以及传达的品牌形象是产品综合竞争力中重要的砝码。好的视觉设计能满足用户某种程度的情感需求，目标就是设计功能和视觉都优秀的软件界面。

1.5.2 层次结构清晰

① 运用视觉属性将元素分组

在图形软件界面设计中，通常按照不同的视觉属性来区别不同的界面元素和信息。视觉属性包括形状、尺寸、颜色、明暗、方位和纹理等，下面对这些视觉属性进行详细介绍，在后面的软件界面设计中会有所帮助。

- **形状。**

形状是人类辨识物体最基本也是最本能的方式，地球是圆的、书本是方的、石头呈奇怪的形状。如图1-10所示的软件界面元素中，按钮是方的、旋钮是圆的、滑动条和滑块是圆角形矩的。正是这些不同的形状属性区别了对应操作的逻辑和方法。

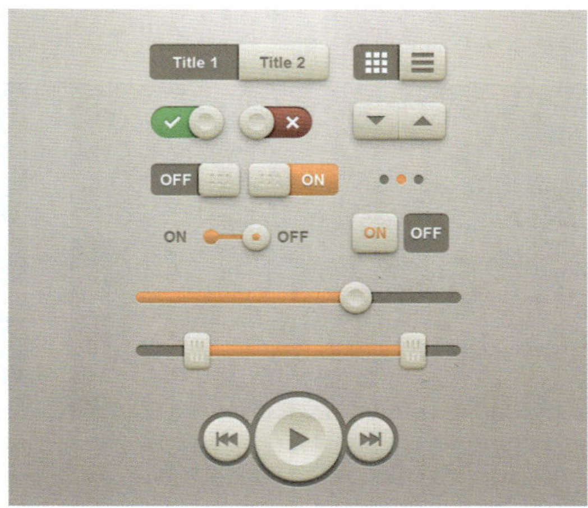

图 1-10

- **尺寸。**

一个空间上的物体哪个大哪个小，人们很容易分辨出来。在一群相似的物体中，比较大的那个会更引起注意。当一个物体非常大或者非常小时，很难注意到它的其他属性，例如颜色、形状等，如图1-11所示。

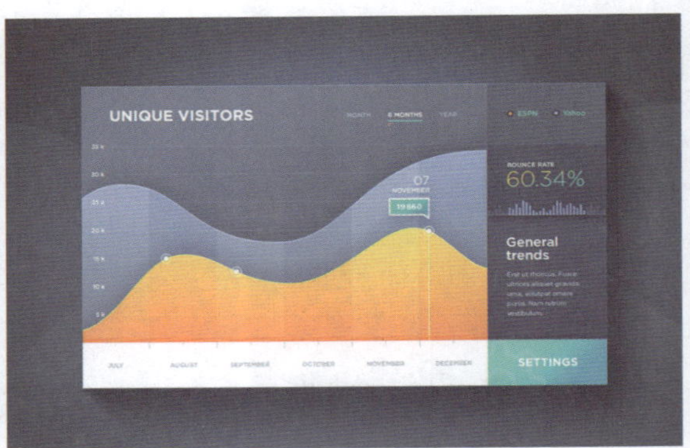

图 1-11

- **颜色。**

颜色绝对是视觉属性中重要的部分，颜色的不同可以快速引起人们的注意，例如，在黑色的背景下，一块柠檬黄的颜色是非常显眼的，而且颜色能传递出信息，例如红色可以传递警告、危险、促销、喜庆等不同的信息，需要在适当的时候使用它。但是有一点，由于存在一些色弱或色盲的用户人群，不能单纯依赖颜色属性来设计，需要配合明暗、形状、纹理等属性发挥综合视觉效应，如图1-12所示。

需要注意的是，对于初学者，运用颜色时要精简而理智，不要运用过多的颜色，一旦颜色过多，就难以把握重点要传递的信息。只有具备足够的经验和能力，才可以设计出类似Windows 8那样绚丽而又明晰合理的界面，如图1-13所示。

图 1-12

图 1-13

- **方位。**

方位表示方向或方位的属性，向上、向下、向左、向右，以及前进或后退等，例如软件界面中常见的步骤条，如图1-14所示。

- **纹理。**

纹理表现元素的质感，例如光滑还是精糙、轻薄还是厚重、凸起还是凹陷等。例如iOS的亚麻布纹理代表这是一个属性系统级的界面，而不是一个应用；而Windows里的滚动条滑块上有3道凹凸的纹理，隐喻的是现实中为了增加摩擦力而设计的可推动的滑块，如图1-15所示。

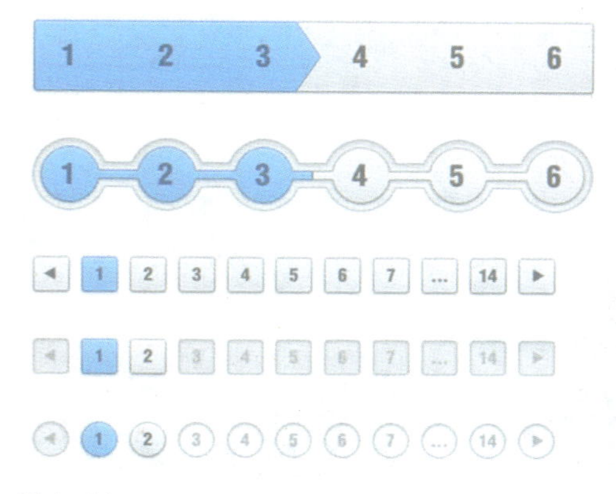

图 1-14

图 1-15

② 如何创建层次结构

了解视觉属性后，设计软件界面元素时就可以使用它们创建出层次结构。

最先被看到或被注意的元素应该采用相对较大的尺寸、高饱和度的颜色、强的明暗对比；次要的元素采用小一点的尺寸、低一点的明暗对比、较低饱和度的颜色等；不饱和颜色及中性色可以用于不重要的界面元素。这样界面的层次和结构就依照视觉的层次分清了。

如图1-16所示为天气插件UI设计，在该界面设计中最首要被关注到的是标题栏下方最具视觉冲击力的色彩和图形，按照心理学的理论，图形（包括图像和视觉图形）是最先被注意的，然后是文字、背景等。抛开图形的因素，再来分析一下这个界面的层次结构和对应的视觉属性。

首要的是位于标题栏下方当天天气的详情部分，使用与界面高对比的色彩形成较大的反差，并且尺寸也较大，同样搭配背景和图形的表现，使人们很容易就能够注意到该部分内容。

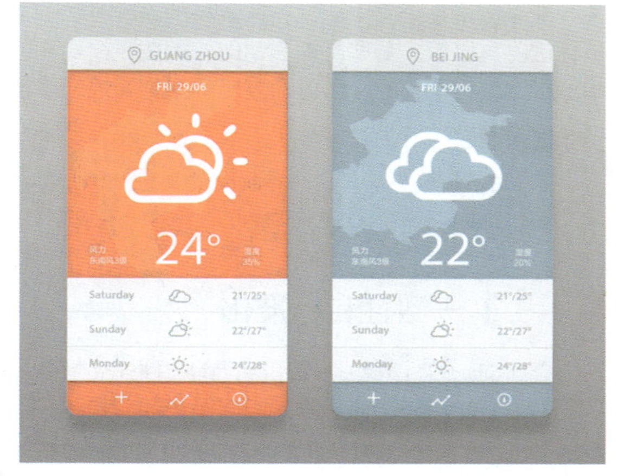

图 1-16

其次就是界面最下方的功能操作按钮部分，该部分虽然面积较小，并且在界面的最下方，但是其采用了与主信息区域相同的背景颜色，与界面的色彩形成较大的反差，也会被用户注意到，但因为面积关系，其重要性要次于主信息显示区域。

第三层次就是界面中的其他区域，该部分的色彩饱和度较低、明度较高，其层次结构明显弱于主信息显示区域和功能按钮区域。

③ 要点和技巧

当发现有两个不同功能的重要元素都需要被注意时，这时不要提高重要的那个元素的视觉层次，最好降低相对不重要的那一个元素的视觉层次。这样就能有继续调整的空间，可以强调更重要、更关键的元素。跟素描的道理有些相似，在暗部可以透气和虚化一些，那么明暗交界线自然会实一些、立体一些。

在软件界面设计中，同类型的元素应该具有一样的属性，用户会将一样的属性视为一组。如果所设计的元素在功能和操作上不同于这一组，就要用不同的属性来区分它。

相似的操作在位置上尽可能放在一组，这样避免鼠标或手指长距离地移动，给软件的易用性带来负担，如图1-17所示。

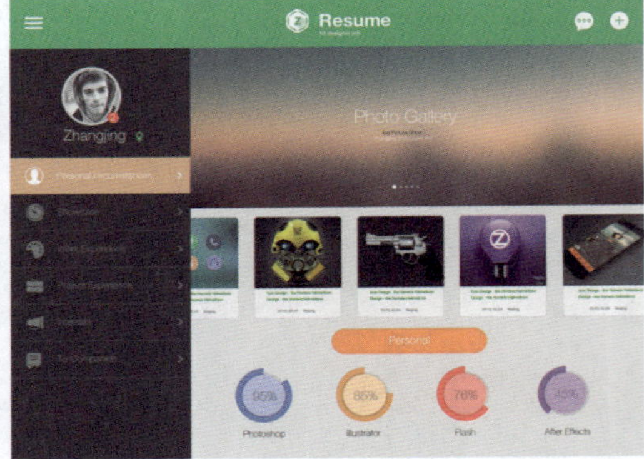

图 1-17

4 眯眼测试

眯眼测试是绘画中测试整体效果的一种方法。当创建完层次结构以后，可以眯起眼睛模糊地看它们，这时可以看出哪些是被强调的，哪些是模糊和弱化的，以及哪些是一组的等。测试后发现与想象中的层次结构不符的，可以通过调整视觉属性来改善它。

提示

通常情况下，在软件界面设计中不会单纯地运用单个的视觉属性，而是用多个属性来调节，特别是在创建复杂的层次结构时。

1.5.3 一致性和标准化

界面的一致性既包括使用标准的控件，又指使用相同的信息表现方法，如在字体、标签风格、颜色、术语、显示错误信息等方面确保一致，如图1-18所示。

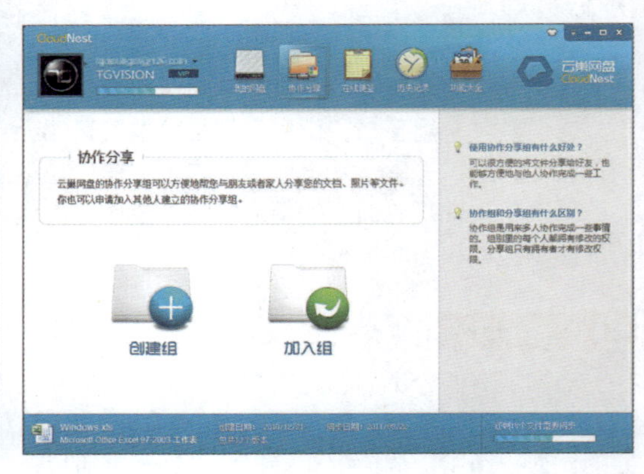

图 1-18

- 在不同分辨率下的美观程度。软件界面要有一个默认的分辨率，而在其他分辨率下也可以运行。
- 界面布局要一致，如所有窗口按钮的位置和对齐方式要保持一致。
- 界面的外观要一致，如控件的大小、颜色、背景和显示信息等属性要一致。一些需要特殊处理或有特殊要求的地方除外。
- 界面的配色要一致，配色的前后一致会使整个应用软件有同样的观感；反之，会让用户觉得所操作的软件杂乱无章，没有规则可言。
- 操作方法要一致，例如，如果双击其中的选项触发某事件，那么双击任何其他列表框中的选项都应该有同样的事件发生。
- 控件风格、控件功能要专一，避免错误地使用控件。
- 标签和信息的措词要一致，例如在提示、菜单和帮助中产生相同的术语。
- 标签中文字信息的对齐方式要一致，例如，如果某类描述信息的标题行设计为居中，那么其他类似的功能也应该保持一致。
- 快捷键在各个配置选项上的语义保持一致，如Tab键的习惯用法是阅读顺序从左到右、从上至下。

1.5.4 给予足够的视觉反馈

① 静态视觉暗示

静态视觉反馈指的是软件界面元素在静止状态下本身的视觉属性所传递的暗示，例如一个按钮，它看起来是微微凸起的，带有立体感和阴影，那么暗示的就是这个元素是一个可以被按下的按钮，如图1-19所示。

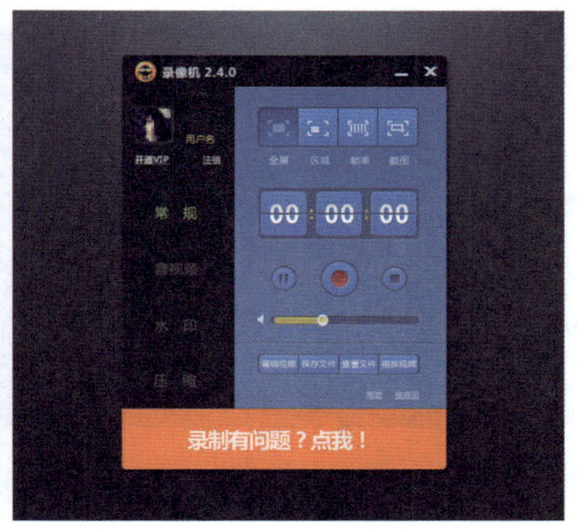

图 1-19

② 动态视觉暗示

因为静态的暗示需要一定大小的尺寸和像素来塑造，软件界面上不能全是这种类型的元素，否则就像上面讲到的没有层次和重点。这时可以采用动态视觉暗示。一般是指光标掠过这个元素时发生的变化，或者是执行某个操作后出现的变化。

例如，软件界面中常见的选项卡，当鼠标滑过的时候，会出现按钮的形状，暗示这是可以按下的，按下后会变成被选中的选项卡。再例如手机软件界面中常见的内容刷新方式，当下拉屏幕时，出现一个圆形的更新图标，继续往下拉它的形状会被渐渐拉长，最后弹回去消失，这个动态过程就是在告诉人们可以继续拉，到一定程度就触发了加载新内容的动作，如图1-20所示。

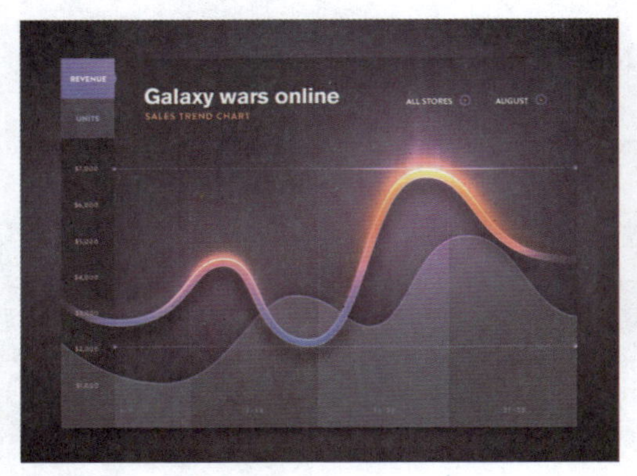

图 1-20

③ 光标暗示

光标在经过或到达某个元素时，通过改变光标本身的形状来暗示，光标暗示可以用在一些元素很小、用户不好辨识的位置。例如，在许多软件界面中光标经过软件面板的边框或者是软件界面中的分栏时，光标形状会变为水平方向的双箭头，这是暗示可以拖曳用以改变面板的大小或分栏的位置，如图1-21所示。

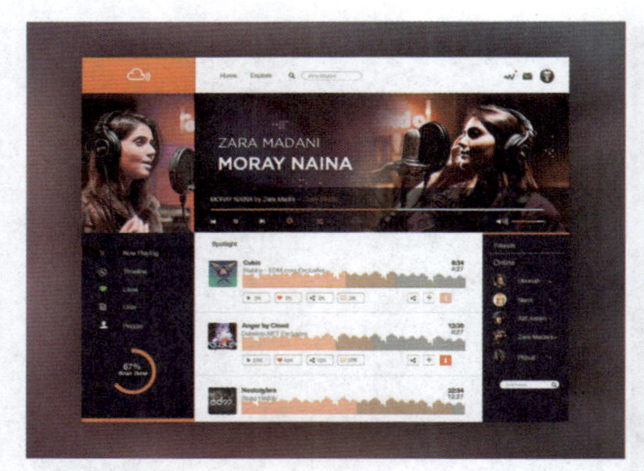

图 1-21

▶▶ 1.6 软件UI的拟物化和扁平化设计

拟物化设计在很长一段时间内都是设计的主流，扁平化设计是近两年才发展起来的一种新的设计趋势，特别是在移动APP软件界面设计中，扁平化设计越来越多，而且也为用户带来了良好的体验。

① 关于拟物化设计

拟物化设计是指在设计过程中通过添加高光、纹理、材质和阴影等效果，力求实物对象的再现。在设计过程中也可以适当地进行变形和夸张，模拟真实物体。拟物化设计可以使用户第一眼就能够认出对象是什么，拟物化设计的交互方式也模拟现实生活中的交互方式。如图1-22所示为拟物化设计。

图 1-22

② 拟物化设计的优势和劣势

拟物化设计因其完全模拟现实生活中的物体对象，其优势也很明显。

- **认识度高。**

拟物化设计的认知度非常高，无论是什么肤色、什么性别、什么年龄或文化程度的人都能够认知拟物化的设计。

- **质感和交互性强。**

拟物化设计的视觉质感非常强烈，并且其交互效果能够给人很好的体验，以至于人们对拟物化设计已经养成了统一的认知和使用习惯。

- **人性化。**

拟物化设计能够体现较好的人性化，其设计的风格与使用方法与现实生活中的对象相统一，在使用上非常方便。

拟物化设计的劣势主要表现在，在设计中花费大量的时间和精力，为了实现对象的视觉表现和质感效果，而忽略了其功能化的实现。许多拟物化设计并没有实现较强的功能化，而只是实现了较好的视觉效果，如图1-23所示。

图 1-23

③ 关于扁平化设计

扁平化设计从其字面意义上理解是指设计的整体效果趋向于扁平，无立体感。扁平化设计的核心是在设计中摒弃高光、阴影、纹理和渐变等装饰性效果，通过符号化或简化的图形设计元素来表现。在扁平化设计中去除了冗余的效果和交互，其交互核心在于突出功能本身的使用。如图1-24所示为扁平化设计。

图 1-24

④ 扁平化设计的优势和劣势

扁平化设计与拟物化设计是两种完全不同的设计风格，扁平化设计的优势主要表现在以下几个方面：

- **时尚简约。**

扁平化设计中常常使用一些流行的色彩搭配和图形元素，使看多了拟物化设计的用户有一种焕然一新的感觉，扁平化设计可以更好地表现出时尚和简约的美感。

- **突出主题。**

扁平化设计中很少使用渐变、高光和阴影等效果或者使用的都是细微的效果，这样可以避免各种视觉效果对用户视线的干扰，使用户专注于设计内容本身，突出主题，也使得设计内容更加简单易用。

- **更易设计。**

优秀的扁平化设计具有良好的架构、排版布局、色彩运用和高度的一致性，从而保证其易用性和可识别性。

扁平化设计虽然具有许多优势，但是其劣势也同样非常明显，因为扁平化设计主要是使用纯色和简单的图形符号来构成设计的，所以其表达情感不如拟物化设计丰富，甚至过于冰冷，如图1-25所示。

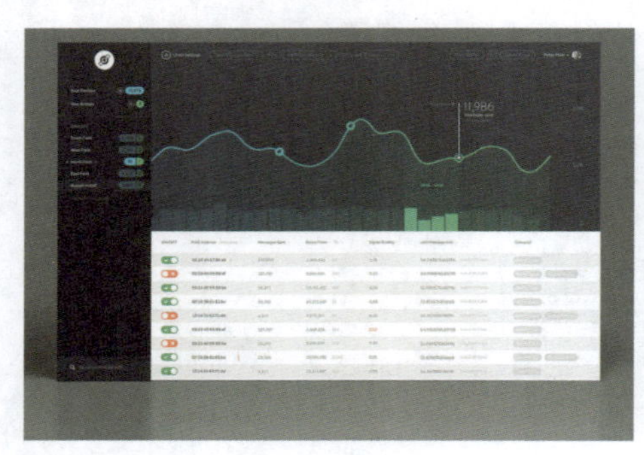

图 1-25

⑤ 类扁平化设计

随着扁平化设计趋势的流行，一些设计师将某些细微的效果融入到整体的扁平化设计中，使其成为一种独特的效果，例如在简单的界面设计中加入微渐变和阴影，从而使这种风格成为其特色，产生一种类扁平化的效果，如图1-26所示。

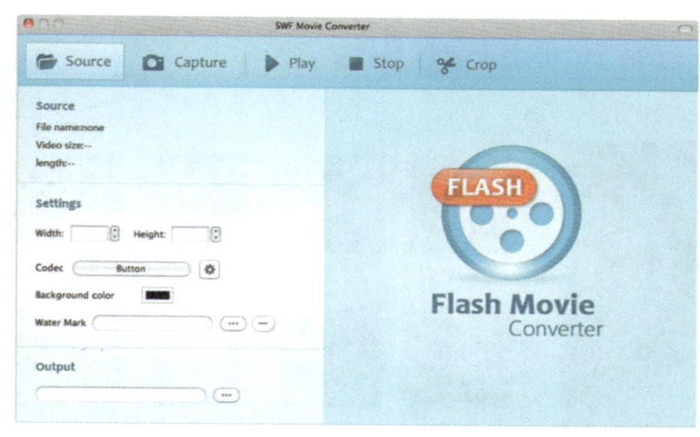

图 1-26

类扁平化设计比单纯的扁平化设计更具有适用性和灵活性。在类扁平化设计中，设计师可以为某些元素添加适当的阴影或微渐变效果，用户也很容易接受这种类扁平化的设计。

▶▶ 1.7 扁平化UI设计的特点

不管是什么方面的设计师，都是在为用户服务，都在做用户体验设计，好的设计都需要减少用户的思考，降低用户学习成本。

1.7.1 快速高效

在现代社会中，时间就是金钱，如何在信息更新如此之快的互联网时代跟上时代发展的脚步呢？快速而高效是扁平化设计一个很重要的基因，这也是很多交互设计为什么选择扁平化的原因之一，如图1-27所示。

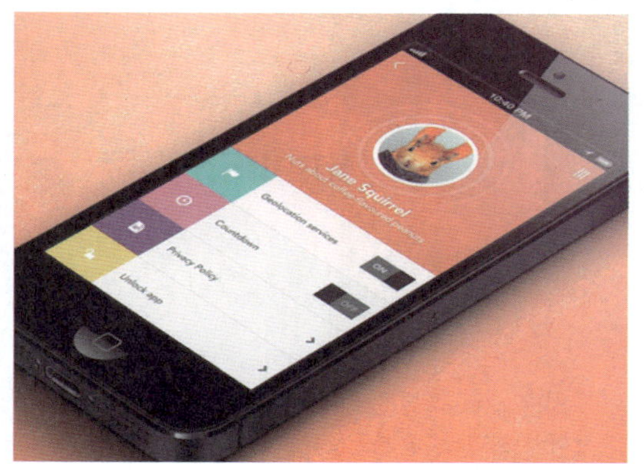

图 1-27

1.7.2 内容与功能更加突出

在扁平化UI设计中可以通过颜色的对比，以及大小不同的字号，将设计中重要的信息放在首要位置，对不重要的元素进行弱化。这样的设计让使用者可以很容易地将注意力聚焦在产品和信息上，而不会被设计界面中其他的视觉元素所干扰，从而突出核心信息和操作，这些都能够有效地增强设计的可读性，如图1-28所示。

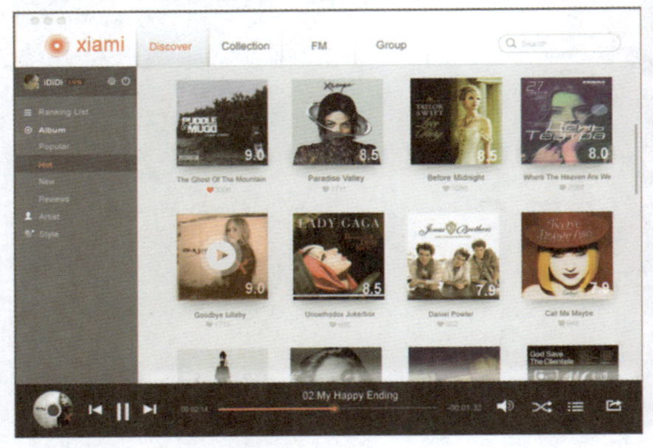

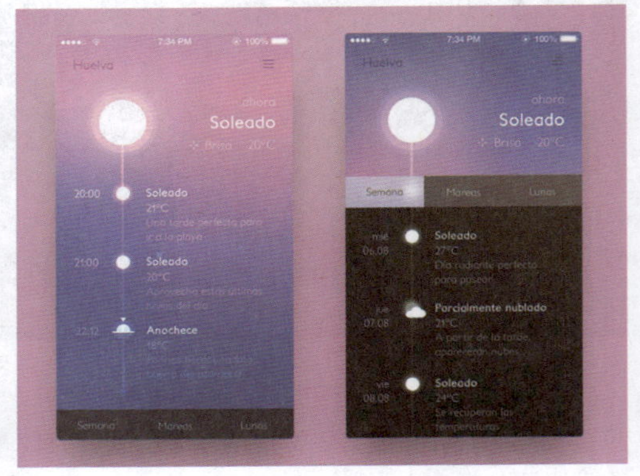

图 1-28

1.7.3 界面简洁清晰

简洁的软件UI设计总是让人喜爱的，在一个设计简洁、逻辑清晰的软件界面中，用户能够很快地找到自己所需要的功能和内容，而且能够在使用过程中减少误操作，从而提高用户体验效率，如图1-29所示。

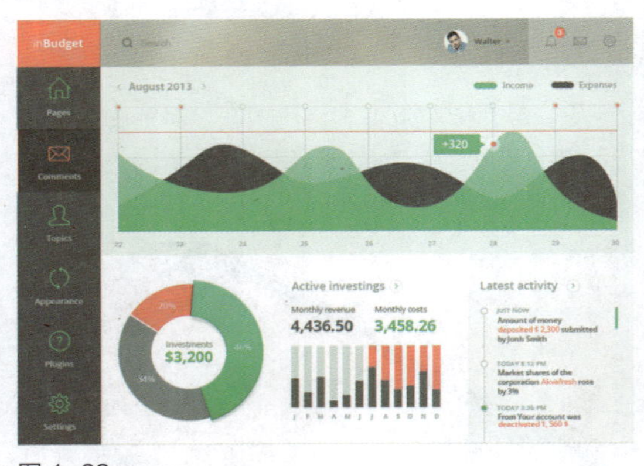

图 1-29

1.7.4 修改方便

很多设计都需要定期进行改版或更新，从而保持新鲜感。使用扁平化设计，可以在最短的时间内对设计内容进行更新和修改，甚至只需要修改设计相应的颜色值，即可让设计焕然一新，大大节省了项目时间，也方便下次再更新，如图1-30所示。

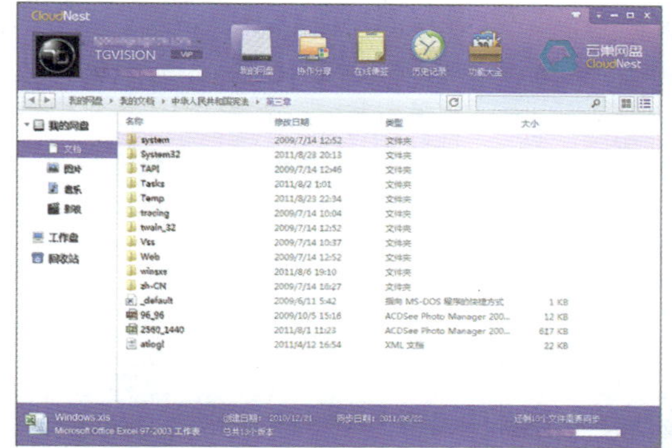

图 1-30

1.8 软件界面中的色彩搭配

在黑白显示器的年代，设计师是不用考虑设计中的色彩搭配的。今天，软件界面的色彩搭配可以说是软件界面设计中的关键，恰当地运用色彩搭配，不但能够美化软件界面，并且还能够增加用户的兴趣，引导用户顺利地完成操作。

例如，在电子地图上可以使用不同的颜色区分不同的省、不同的国家；也可以使用同一种颜色的不同明度来区分海洋的深度或地形的高度；在游戏中还可以使用颜色来表示游戏的进程等。如果在软件界面中错误地使用颜色，会误导用户放弃操作，如有的打印程序使用红色表示激光打印机预热就绪，可以打印，但有的用户却误解为机器出现故障而放弃操作。因此，软件界面的色彩搭配直接关系到用户对软件操作的信赖程度。

① 色调的一致性

色调的一致性是指在整个软件系统中要采用统一的色调，也就是有一个主色调。例如，使用绿色表示运行正常，那么软件的色彩编码就要始终使用绿色表示运行正常，如果色彩编码改变了，用户就会认为信息的意义变了。所以，在开始软件界面设计之前，设计师应该统一软件界面中的色彩应用方式，并且在软件系统的整体界面设计过程中一直遵守。如图1-31所示的软件系统中每个界面的配色都是统一的，整体只使用了蓝色、红色和绿色3种色调。

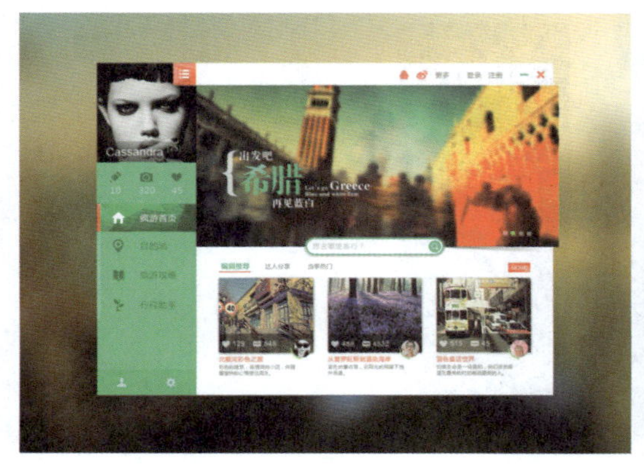

图 1-31

② 保守地使用色彩

所谓保守地使用色彩，主要是从大多数用户的角度出发的，根据软件所针对的用户不同，在软件界面的设计过程中要使用不同的色彩搭配。在软件界面设计过程中，提倡使用一些柔和的、中性的颜色，以便绝大多数用户能够接受。因为如果在软件界面设计过程中急于通过色彩突出界面的显示效果，反而会适得其反。例如，有些软件界面中使用较大的字体，并且每个文字还使用不同的颜色进行显示，在远距离看来，屏幕耀眼压目，可是这样的软件界面并不利于用户使用和操作。如图1-32所示使用的是柔和的中性色彩搭配。

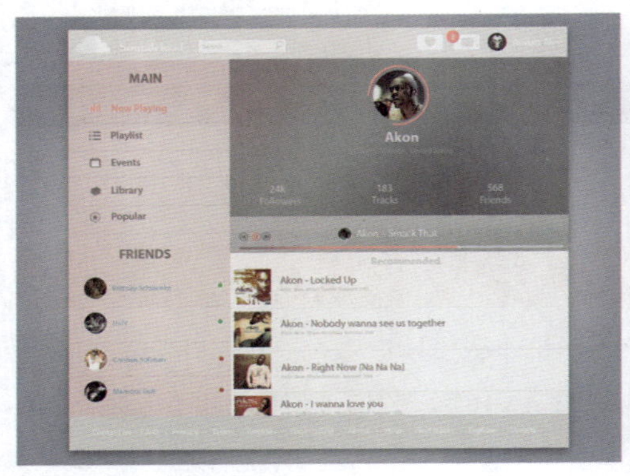

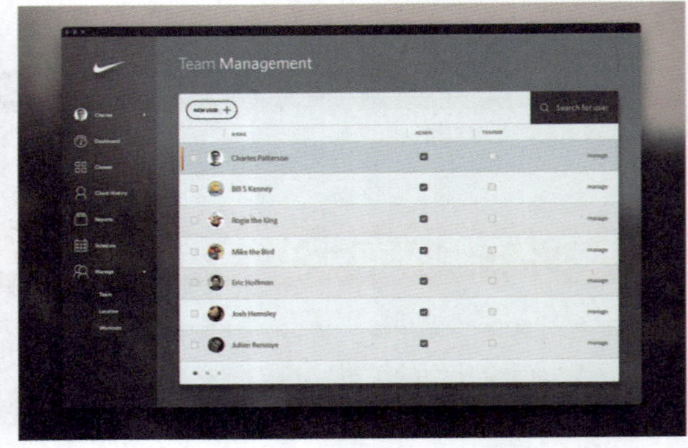

图 1-32

③ 色彩的选择尽可能符合人们的习惯用法

对于一些具有很强针对性的软件，在对软件界面进行配色设计时，需要充分考虑用户对颜色的喜爱。例如，明亮的红色、绿色和黄色适合用于为儿童设计的应用程序。一般来说，红色表示错误、黄色表示警告、绿色表示运行正常等。如图1-33所示为使用鲜艳色彩设计的儿童软件界面。

④ 使用色彩作为功能分界的识别元素

不同的色彩可以帮助用户加快对各种数据的识别，明亮的色彩可以有效地突出或者吸引用户对重要区域的注意力。设计师在软件界面设计过程中，应该充分利用色彩的这一特征，通过在软件界面中使用色彩的对比，突出显示重要的信息区域或功能。如图1-34所示为使用色彩区分软件界面中不同的功能区域。

图 1-33

图 1-34

⑤ 能够让用户调整界面的配色方案

许多软件图形界面都可以让用户选择多种配色方案，这样可以满足用户个性化的需求和个人色彩的喜好及习惯。例如Windows操作系统界面、浏览器界面、QQ聊天界面等。设计师在设计软件界面的过程中，可以考虑设计出软件界面的多种配色方案，以便用户在使用过程中自由选择，这样也能够更好地满足不同用户的需求。如图1-35所示为软件界面的不同配色方案效果。

图 1-35

⑥ 色彩搭配要便于阅读

要确保软件界面的可读性，就需要注意软件界面设计中色彩的搭配，有效的方法就是遵循色彩对比的法则，例如，在浅色背景上使用深色文字，在深色的背景上使用浅色文字等。通常情况下，在软件界面设计中，动态对象应该使用比较鲜明的色彩，而静态对象则应该使用较暗淡的色彩，能够做到重点突出，层次分明，如图1-36所示。

⑦ 控制色彩的使用数量

在软件界面设计中，不宜使用过多的色彩，建议在单个软件界面设计中最多使用不超过4种色彩进行搭配，整个软件系统中色彩的使用数量也应该控制在7种左右，如图1-37所示。

图 1-36

图 1-37

⏩ 1.9 本章小结

软件界面是软件华丽的外衣，决定着用户对软件的第一印象，软件界面设计得好坏，直接影响到用户对软件的整体印象和体验效果。在本章中主要介绍了有关软件界面设计的相关知识，使读者能够更加深入地了解软件UI设计。完成本章内容的学习，读者需要能够理解软件界面设计的流程和表现技巧。

读书笔记

CHAPTER 2

软件界面设计要素

本章要点：

本书中的软件界面设计主要是指软件界面的视觉设计，通过视觉设计构建视觉识别元素，使软件界面更加精美并且具有较高的识别度。任何一家成功的软件开发公司都必须构建一套自己产品的视觉品牌规范，这是软件在用户使用环节中品质和美誉度最直观的体现。视觉的一致性和细节考虑本身就是软件易用性的一个方面，也表明企业以对用户负责的态度来对待设计，从细节中关注用户的体验。本章将向读者介绍软件界面中各种视觉要素的设计方法和技巧。

知识点：

- 了解软件界面中各种不同的视觉识别元素
- 理解软件图标和按钮的设计要点和方法
- 了解软件开关和进度条的设计要点
- 理解软件菜单和工具栏的设计要点和表现方法
- 掌握各种软件界面元素的设计方法

2.1 软件界面的视觉识别元素

软件界面设计是为了满足软件专业化、标准化的需求，产生的对软件的使用界面进行美化、优化和规范化的设计分支。在软件界面中包含多种不同的视觉识别元素，包括软件框架设计、图标设计、按钮设计、菜单设计、标签设计、滚动条及状态栏设计等。

① 软件图标

图标设计是方寸艺术，应该着重考虑视觉冲击力，它需要在很小的范围内表现出软件的内涵，所以很多图标设计师在设计图标时使用简色，利用眼睛对色彩和网站的空间混合效果，做出许多精彩的图标。如图2-1所示为精美的软件图标设计。

图 2-1

② 软件按钮

软件按钮设计应该具备简洁明了的图示效果，能够让使用者清楚地辨识按钮的功能，产生功能关联反应。群组内的按钮应该具有统一的设计风格，按钮应该有所区别，如图2-2所示。

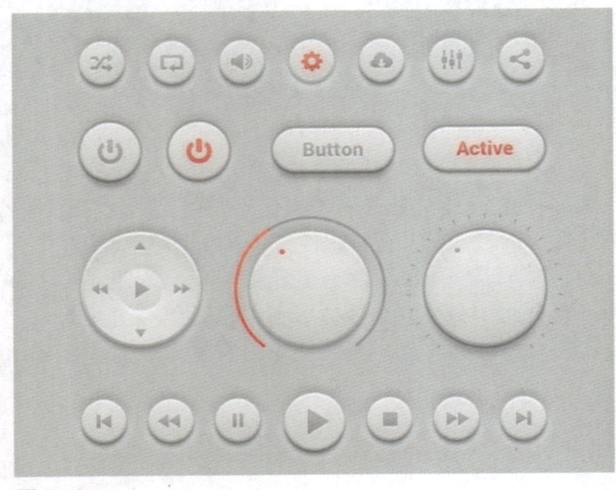

图 2-2

软件按钮的设计还应该具有交互性，即应该设计该按钮的3~6种状态效果，将不同的按钮效果应用在不同的按钮状态下，最基本的3种按钮状态效果分别为：按钮的默认状态、鼠标移至按钮上方单击时的按钮状态，以及按钮被按下后的状态，如图2-3所示。

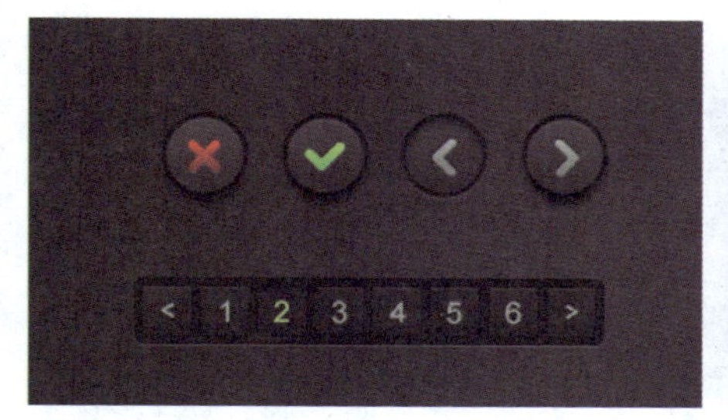

图 2-3

3 软件菜单

软件菜单设计一般有选中状态和未选中状态，在每个菜单项的左侧显示的是菜单的名称，右侧则显示该菜单的快捷键，如果有下级菜单，还应该设计下级箭头符号，不同功能区间应该使用线条进行分割。如图2-4所示为软件菜单效果。

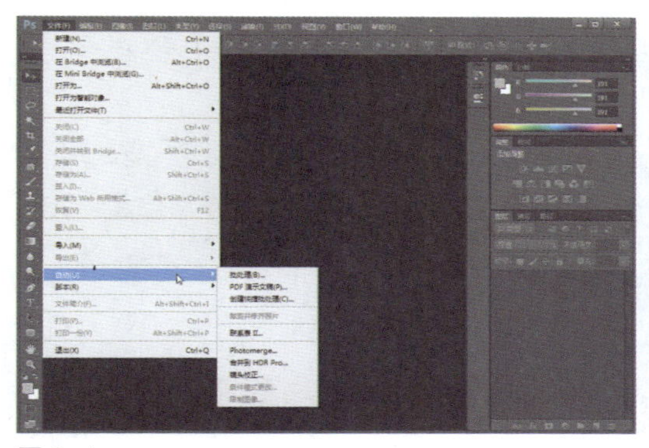

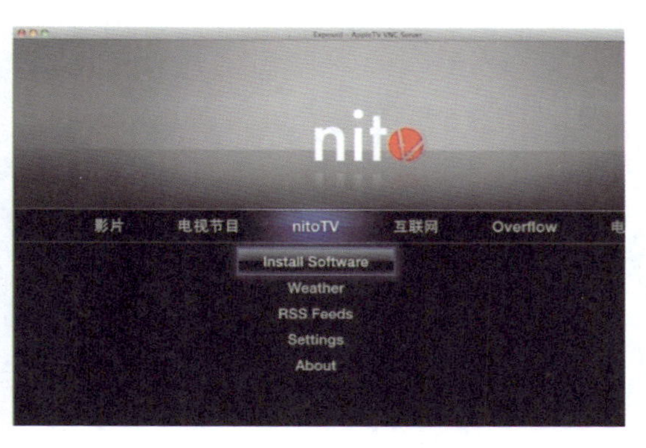

图 2-4

4 软件标签

软件的标签设计类似于网页中常见的选项卡，在软件标签的设计过程中，应该注意转角部分的变化，其状态可以参考软件按钮设计。如图2-5所示为软件标签效果。

图 2-5

5 软件滚动条与状态栏

滚动条主要是为了对软件区域性空间的固定大小中内容量的变换进行设计，应该有上下箭头及滚动标等，有些软件还设计有翻页标。状态栏主要是对软件当前状态的显示和提示。如图2-6所示为软件界面中的滚动条和状态栏的应用。

图 2-6

6 软件框架

软件框架的设计因为涉及软件的使用功能，应该对软件产品的程序和使用有一定的了解，相对其他视觉设计元素来说要复杂得多，这就需要设计师具有一定的软件跟进经验，能够快速地学习软件产品，并且要和软件产品的程序开发员及程序使用对象进行共同沟通，从而设计出友好的、独特的、符合程序开发原则的软件框架。

软件框架设计应该简洁明快，尽量减少使用无谓的装饰，应该考虑节省屏幕空间、各种分辨率的大小、缩放时的状态和原则，并且为将来设计的按钮、菜单、标签、滚动条及状态栏预留位置。设计中将整体色彩组合进行合理搭配，将软件商标放在显著位置，主菜单应该放置在左边或上边，滚动条放置在右边，状态栏放置在下边，以符合视觉流程和用户使用心理。

2.2 软件按钮和图标设计

在软件UI设计中，图标和按钮设计占有很大的比例，图标和按钮一般是为软件提供单击功能或者用于着重表现软件中的某个功能或内容的，了解其功能和作用后要在其辨识度上下功夫。不要将软件图标或按钮设计得太过于花哨，否则使用者不容易看出它的功能，好的软件图标和按钮设计是使用者只要看一眼外形就知道其功能。

2.2.1 什么是软件图标

图标是一种小的可视控件，是软件界面设计中的指示路牌，以最便捷、简单的方式指引浏览者获取其想要的信息资源。图标是具有明确指代含义的计算机图形。其中，操作系统桌面图标是软件或操作快捷方式的标识，界面中的图标是功能标识。

图标在软件界面中无处不在，是软件界面设计中非常重要的设计元素。随着科技的发展、社会的进步，以及人们对美、时尚、趣味和质感的不断追求，图标设计呈现出百花齐放的局面，越来越多的精致、新颖、富有创造力和人性化的图标涌入浏览者的视野。但是，图标设计不仅需要精美、质感，更重要的是具有良好的可用性，如图2-7所示。

图 2-7

好的图标设计不仅需要精美，具有可识别性、独特性，更重要的是具有很强的实用性，所以好的图标设计应具有多样性、艺术性、准确性、实用性和持久性。

2.2.2 软件图标设计原则

界面设计的未来方向是简洁、易用和高效，精美的扁平化图标设计往往具有画龙点睛的作用，从而提升设计的视觉效果。现在的图标其设计越来越新颖、有独创性，扁平化图标设计的核心思想是要尽可能地发挥图标的优点：比文字直观漂亮，在该基础上尽可能使简洁、清晰、美观的图形表达出图标的意义。

① 可识别性原则

可识别性是图标设计的首要原则，是指设计的图标要能够准确地表达相应的操作，让浏览者一眼看到就能明白该图标要表达的意思。例如，道路上的图标，可识别性强、直观、简单，即使不认识字的人，也可以立即了解图标的含义，如图2-8所示。

图 2-8

② 差异性原则

这也是图标设计的重要原则之一，同时也是容易被设计者忽略的一条原则。只有图标之间有差距，才能被浏览者所关注和记忆，从而对设计内容留有印象，否则图标设计就是失败的，如图2-9所示。

图 2-9

③ 实用性原则

在软件界面中经常会使用一些系统操作小图标，这些系统操作小图标的设计虽然简单，却很实用。通常，软件界面不需要精度很高、尺寸很大的图标，并且这些图标要符合差异性、可识别性和风格统一的原则，如图2-10所示。

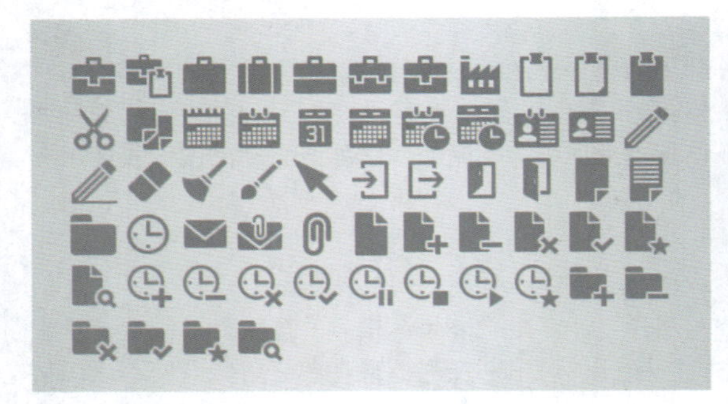

图 2-10

④ 与环境协调原则

任何图标或设计都不可能脱离环境而独立存在，图标最终要放在软件界面中才会起作用，因此，图标的设计要考虑图标所处的环境，这样的图标才能更好地为设计服务，如图2-11所示。

图 2-11

4 视觉效果原则

图标设计追求视觉效果，一定要在保证差异性、可识别性和协调性原则的基础上，先满足基本的功能需求，然后考虑更高层次的要求——视觉要求。如图2-12所示为视觉效果出众的软件图标。

图 2-12

5 创建性原则

随着时代的发展和人们审美水平的提高，图标的设计更是层出不穷，要想让浏览者注意到设计的内容，对图标设计者提出了更高的要求。在保证图标实用性的基础上，应提高图标的创造性，只有这样才能和其他图标相区别，给浏览者留下深刻的印象，如图2-13所示。

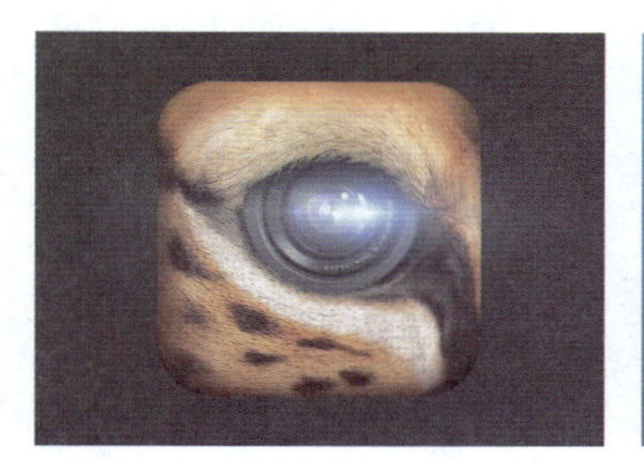

图 2-13

2.2.3 图标的常用格式

图标也称icon，广泛应用于程序标志、数据标志、命令选择、模式信号或切换开关、状态指示等，图标有助于用户快速执行命令和打开程序文件。一个图标就是一套相似的图片，每张图片都有不同的格式。图标包含透明区域，在透明区域内可以透出图标下的背景。因为操作系统和显示设备的多样性，导致了图标格式的多样性要求。如表2-1所示为图标的常见格式。

表 2-1 图标的常见格式

格　式	使用平台	说　明
ICO	Windows、Web 浏览器	ICO 格式是 Windows 图标文件格式的一种，可以存储单个图案，以及多尺寸、多色板的图标文件。一般所说的 ICO 图标是作为浏览器首段图标显示的，还可以在收藏夹内收藏内容的前段显示小图标
ICNS	Macintosh	ICNS 格式是苹果操作系统中的图标格式，这种格式的图标为点阵图，最大可能支持 1024×1024 像素的尺寸。ICNS 文件中可以包含多个不同大小、不同颜色深度的图标

（续表）

格　式	使用平台	说　明
PNG	Web 浏览器、软件开发工具包	PNG 格式是一种便携式网络图形格式，支持位图图像格式与无损数据压缩，能够提供较好的图片质量。PNG 是一种常见的图像格式，支持透底的图形效果，主要用于计算机程序和网站，但由于出现得较晚，一些早期的低版本浏览器不支持
BMP	网络、Windows	BMP 格式最早应用于微软公司的 Windows 操作系统，是一种 Windows 标准的位图图像文件格式。它几乎不压缩图像数据，图片质量较高，但文件体积也相对较大，BMP 文件格式可以存储两个单色和不同深度彩色的格式
GIF	网络	GIF 格式使用的压缩方式会将图片压缩得很小，非常有利于在互联网上传输，此外它还支持以动画方式存储图像。GIF 格式只支持 256 种颜色，而且压缩率较高，所以比较适合存储颜色线条非常简单的图片
SVG	Linux OS、网络、Mobile OS	SVG 是一种使用 XML 定义的语言，用来描述二维矢量及矢量／栅格图形。可以直接用代码来描绘图像；可以用任何文字处理工具打开 SVG 图像，通过改变部分代码使图像具有交互功能；可以随时插入 HTML 中通过浏览器来观看 SVG 图形是可交互的、动态的，可以在 SVG 文件中嵌入动画元素或通过脚本来定义动画。它提供了目前网络流行的 GIF 和 JPEG 格式无法具备的优势，可以任意放大图形的显示，但绝不会以牺牲图像质量为代价
ICL	Windows	ICL 格式是按一定顺序储存的图标库文件。ICL 文件在日常应用中并不多见，一般在程序开发中使用。ICL 文件可用 Icon Workshop 等软件打开查看
iContainer	Macintosh	iContainer 与 ICL 格式类似，也是将很多图标保存在一个文件中，主要应用到 Macintosh 操作系统，可以由第三方软件 CandyBar 打开查看
Favicon	网络	Favicon 的中文名称是网站头像，是指出现在浏览器地址栏左侧的小图标。根据浏览器不同，Favicon 显示也有所区别，在大多数主流浏览器如 Firefox 和 IE（5.5 及以上版本）中，Favicon 不仅在收藏夹中显示，还会同时出现在地址栏上，这时用户可以拖曳 Favicon 到桌面以创建网站的快捷方式

2.2.4 简约软件图标

近年来，随着人们对美的认知发生改变，越来越多的设计向简约、精致方向发展，通过简单的图形和合理的色彩搭配构成简约的图标，给人感觉简约、清晰、实用、一目了然，如图2-14所示。

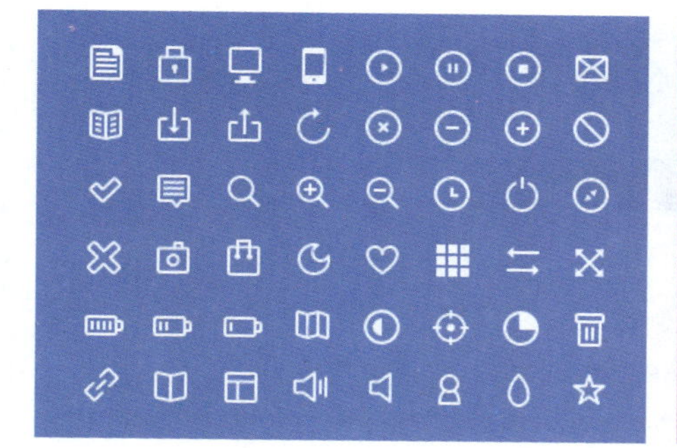

图 2-14

简约软件图标的制作方法看似简单，但其蕴含的意义却非常丰富，每一个象形图都只能代表一个含义，否则会给用户带来错误的引导。在设计简约软件图标时，可以遵守以下设计要点：

1 使用基本线条和形状

简约软件图标一般都比较简单，通常只保留了需要表现的功能的外形轮廓，可以使用基本线条和形状完成简约图标的设计，切记在简约图标的设计中细节不要过多，否则会影响图标的意义，造成混乱。

2 应用纯色

简约软件图标通常都是纯色的，具有统一的外观。如果图标应用的时候需要调整大小，建议使用Illustrator软件制作，如果是固定尺寸大小的图标，可以使用Photoshop软件制作。

3 使用公共元素

使用公共元素绘制图标，有助于创建一组和谐的简约图标，制作每一个图标时都使用相同的形状、线条和角度有助于创建相同风格的视觉效果。

4 清爽干净

简约软件图标应该看起来是清爽干净的，尽可能不使用渐变颜色填充。在图标的绘制过程中，尽量只使用直线和45度细线条进行绘制，可以通过显示网格辅助图标的绘制。

【自测1】绘制简约纯色图标

视频：光盘\视频\第2章\简约纯色图标.swf　　源文件：光盘\源文件\第2章\简约纯色图标.psd

- **案例分析**

案例特点：本案例绘制一组简约纯色图标，主要通过基本的形状图形和线条来构成。

制作思路与要点：简约图标的绘制比较简单，主要通过使用Photoshop中的各种矢量绘图工具绘制基本图形；通过各种基本图形的相加和相减操作，得到需要的图形效果；最后为图标添加“内阴影”和“投影”图层样式，从而使图标又具有一定的质感，不至于太过平淡。

- **色彩分析**

这款图标大部分使用的是明度较高的浅灰色，在“图层样式”对话框中设置白色的内阴影和深灰色的投影效果，使图标的整体色调统一。

- **制作步骤**

步骤01 执行“文件>新建”命令，弹出“新建”对话框，新建一个空白文档，如图2-15所示。打开素材图像“光盘\源文件\第2章\素材\201.jpg”，将其拖入到新建的文档中，如图2-16所示。

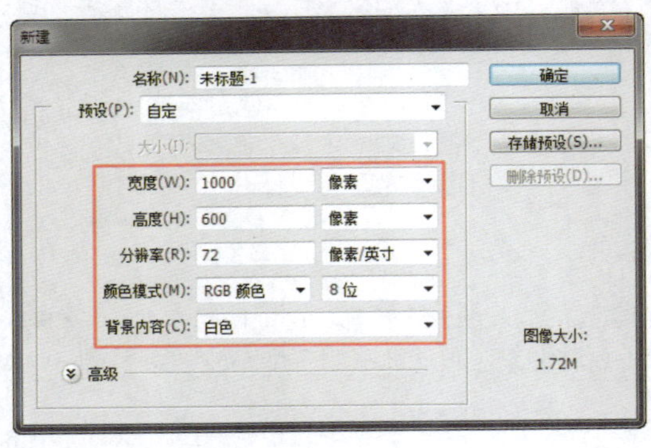

图 2-15

图 2-16

步骤02 新建名称为“房子”的图层组，使用“多边形工具”，在选项栏上设置“工具模式”为“形状”、“填充”为RGB（238,238,238）、“边”为3，在画布中绘制一个三角形，如图2-17所示。使用“圆角矩形工具”，在选项栏上设置“路径操作”为“合并形状”、“半径”为4像素，在刚绘制的三角形基础上绘制一个圆角矩形，如图2-18所示。

图 2-17

图 2-18

> **提示**
>
> 使用“多边形工具”可以绘制三角形、六边形等形状。单击工具箱中的“多边形工具”按钮，在画布中单击并拖动鼠标即可按照在选项栏上的设置绘制出多边形和星形。

步骤03 使用“直接选择工具”，选中三角形最上方的锚点，将其向下移动，调整图形形状，如图2-19所示。选择“矩形工具”，在选项栏上设置“路径操作”为“合并形状”，在刚绘制的图形的基础上绘制一个矩形，如图2-20所示。

图 2-19

图 2-20

步骤04 使用“圆角矩形工具”，在选项栏上设置“半径”为5像素，在画布中绘制一个圆角矩形，如图2-21所示。选择“矩形工具”，在选项栏上设置“路径操作”为“减去顶层形状”，在刚绘制的圆角矩形上减去矩形，得到需要的图形，如图2-22所示。

图 2-21

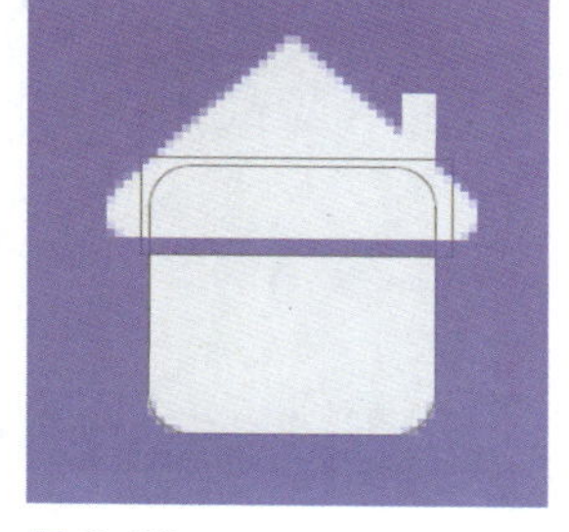
图 2-22

步骤05 选择“圆矩矩形工具”，设置“路径操作”为“减去顶层形状”，在刚绘制的图形上减去圆角矩形，如图2-23所示。选择“矩形工具”，使用相同的方法，再减去一个矩形，得到需要的图形，如图2-24所示。

图 2-23

图 2-24

步骤06 选择“椭圆工具”，设置“路径操作”为“合并形状”，绘制一个正圆形，效果如图2-25所示。为“多边形1”图层添加“内阴影”图层样式，对相关选项进行设置，如图2-26所示。

图 2-25

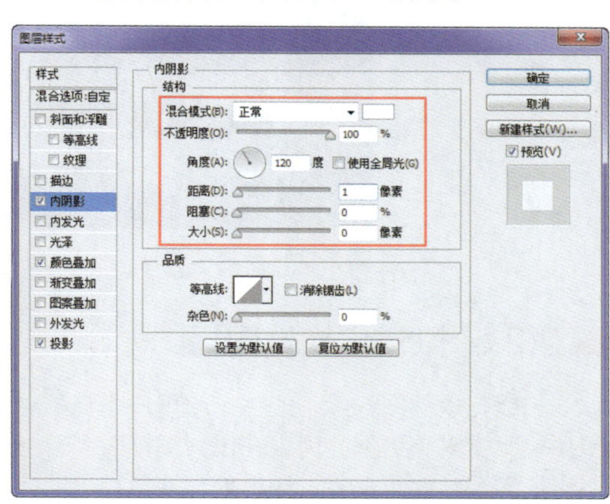

图 2-26

步骤 07 继续添加“颜色叠加”图层样式，对相关选项进行设置，如图2-27所示。继续添加“投影”图层样式，对相关选项进行设置，如图2-28所示。

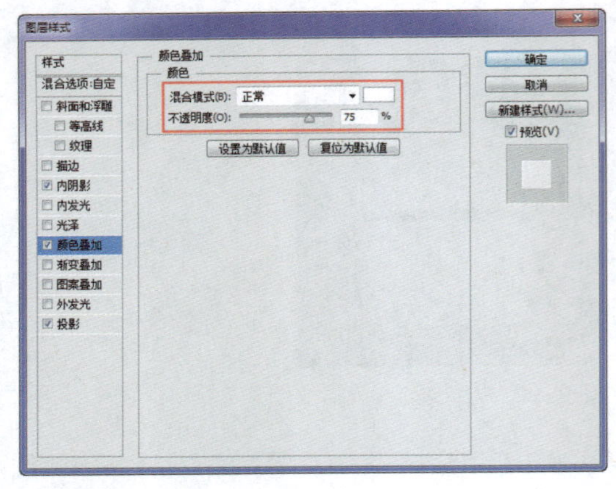

图 2-27

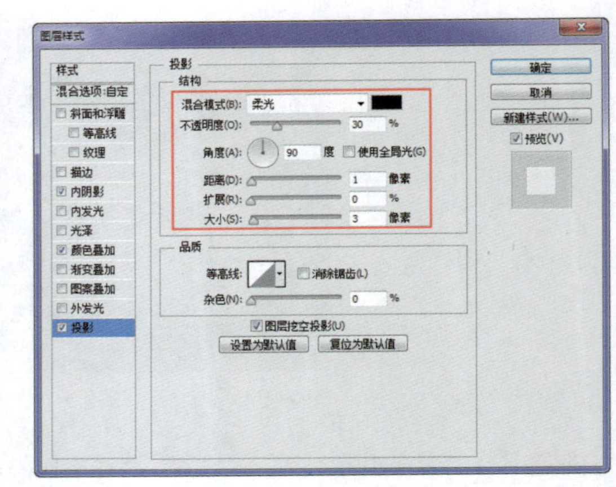

图 2-28

步骤 08 单击“确定”按钮，完成图层样式的设置，设置该图层的“填充”为70%，效果如图2-29所示。使有相同的方法，为“圆角矩形1”图层添加相同的图层样式，完成该图标的绘制，效果如图2-30所示。

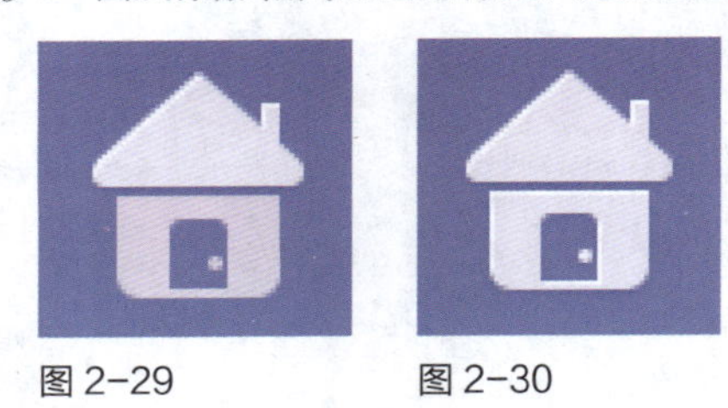

图 2-29　　图 2-30

步骤 09 使用相同的绘制方法，可以绘制出一系列的简约纯色图标，效果如图2-31所示。

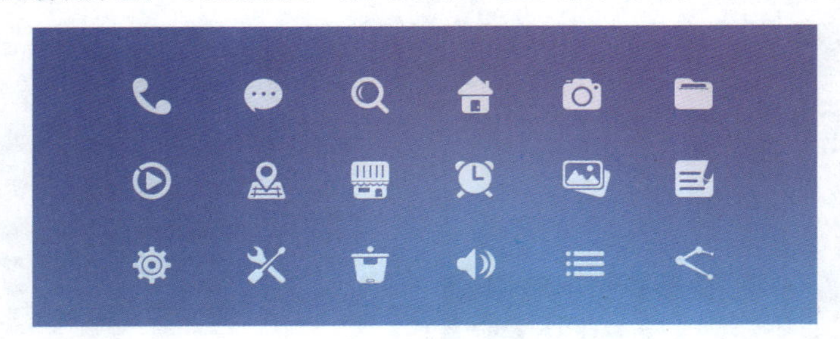

图 2-31

2.2.5 拟物化软件图标

拟物化软件图标除了能够带给用户逼真的感觉，还会带给用户华丽感。通常拟物化软件图标的效果要比真实对象更好，因为在设计图标时会对一些不和谐的内容进行美化处理，例如不均匀的颜色和阴影、不清晰的纹理等，通过处理使拟物化图标的效果看起来更加真实、细腻、美观，给人很强烈的视觉感受，如图2-32所示。

图 2-32

拟物化软件图标具有很高的易识别性，在设计过程中需要注意以下几个要求：

① 确定一种风格

对于拟物化图标也可以添加特殊的风格，使图标效果看起来更一致，但是添加的特效不宜太多，适可而止，否则将失去图标原有的意境。

② 保持最小元素

创建图标时，首先要使其应用含义明确且容易被理解。保持绘制对象的最小元素，除了可以使图标效果更加真实，还有助于用户理解图标的含义。

③ 坚持简单

图标作为软件界面中的重要元素，风格要和软件界面的风格保持一致，所以设计时不要花费大量的时间在图标的标新立异上，充分借鉴软件界面特征的同时，也可以增加一些出色的设计。

④ 分步制作

拟物化图标的设计过程一般都比较烦琐，建议用户分阶段进行设计制作，这样可以避免由于图标效果未能达到要求而需要修改时浪费大量的时间。

⑤ 适当夸张

一个逼真的拟物化图标固然好，但也可以通过适当的夸张将图标需要表现的含义更清晰地表现出来，增强图标的隐喻效果。

【自测2】绘制拟物化相机图标

视频：光盘\视频\第2章\拟物化相机图标.swf　　源文件：光盘\源文件\第2章\拟物化相机图标.psd

- **案例分析**

案例特点：本案例绘制一个精美的拟物化相机图标，通过对多层次的图形分别填充不同的渐变颜色进行叠加，表现出图标的真实感。

制作思路与要点： 拟物化图标的设计重点在于质感和立体感的表现，通过绘制多种图层，并且为每层图形填充不同的渐变颜色，从而体现出层次感；多处绘制高光图形，用于表现图标的立体感和真实光照感。

- **色彩分析**

这款图标主要是以蓝紫色和浅黄色作为主色调，这两种颜色的纯度都比较低，从而使图标的整体色彩看起来更加舒适，运用红色作为强调色表现相机上的按钮，重点突出。

蓝紫色	浅黄色	红色

- **制作步骤**

步骤01 执行“文件>新建”命令，弹出“新建”对话框，新建一个空白文档，如图2-33所示。使用“圆角矩形工具”，在选项栏上设置“工具模式”为“形状”、“半径”为40像素，在画布中绘制一个圆角矩形，如图2-34所示。

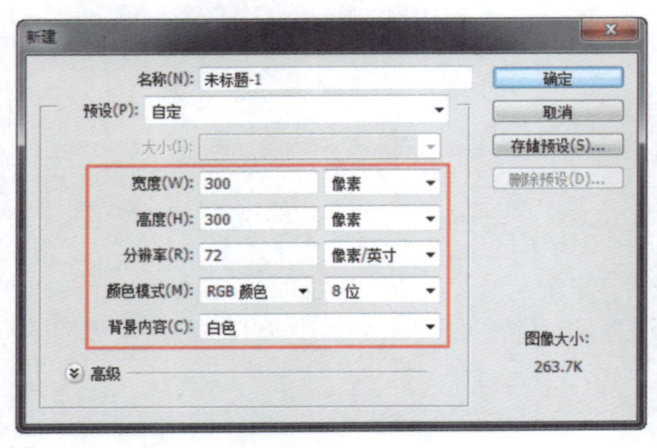

图 2-33

图 2-34

提示

在使用“圆角矩形工具”绘制圆角矩形时，如果在按住Shift键的同时拖动鼠标，则可以绘制正圆角矩形；在拖动鼠标绘制圆角矩形时，在释放鼠标之前，按住Alt键，则将以单击点为中心向四周绘制圆角矩形；在拖动鼠标绘制圆角矩形时，在释放鼠标之前，按住Alt+Shift组合键，则将以单击点为中心向四周绘制正圆角矩形。

步骤02 为“圆角矩形1”图层添加“渐变叠加”图层样式，在弹出的对话框中对相关选项进行设置，如图2-35所示。单击“确定”按钮，完成“渐变叠加”图层样式的添加，效果如图2-36所示。

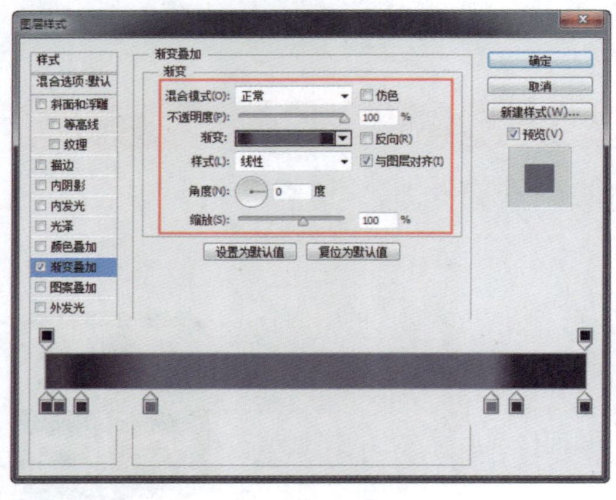

图 2-35

图 2-36

步骤 03 复制“圆角矩形1”图层，得到“圆角矩形1 拷贝”图层，按快捷键Ctrl+T，调整该图形的大小，如图2-37所示。确认对图形大小的调整，双击该图层缩览图，弹出“图层样式”对话框，对“渐变叠加”图层样式的相关选项进行修改，如图2-38所示。

图 2-37

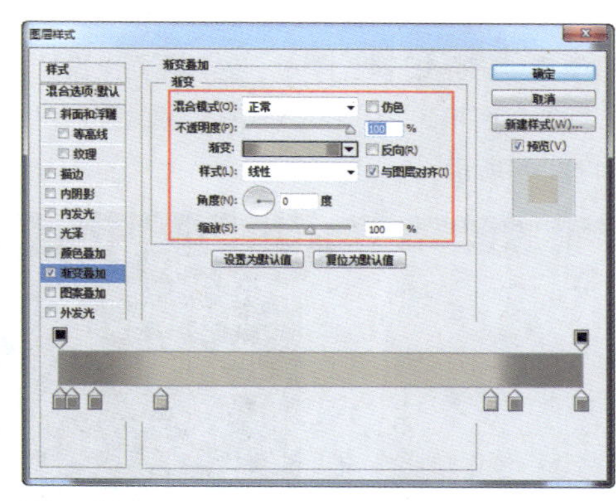

图 2-38

步骤 04 单击“确定”按钮，完成“渐变叠加”图层样式的修改，效果如图2-39所示。使用相同的制作方法，可以绘制出相似的图形效果，如图2-40所示。

图 2-39

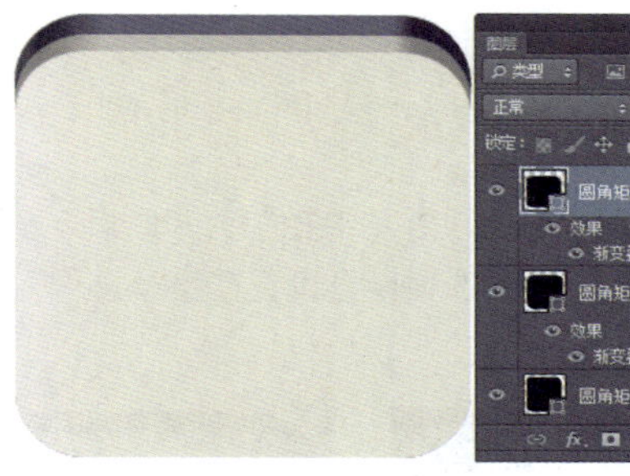

图 2-40

步骤 05 复制“圆角矩形1拷贝2”图层，得到“圆角矩形1拷贝3”图层，双击该图层缩览图，在弹出的对话框中对“渐变叠加”图层样式的相关选项进行修改，如图2-41所示。单击“确定”按钮，设置该图层的“填充”为0%，效果如图2-42所示。

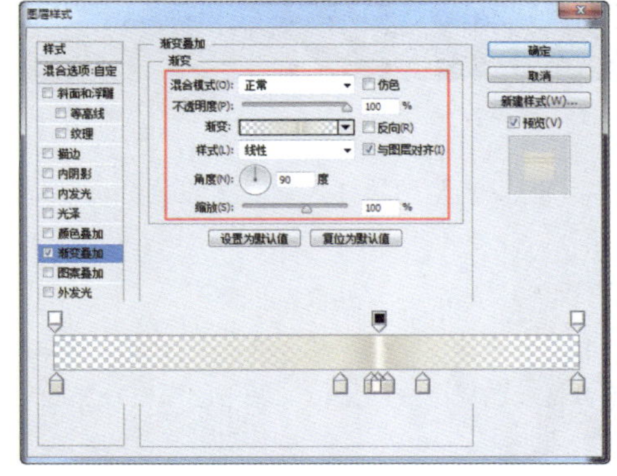

图 2-41

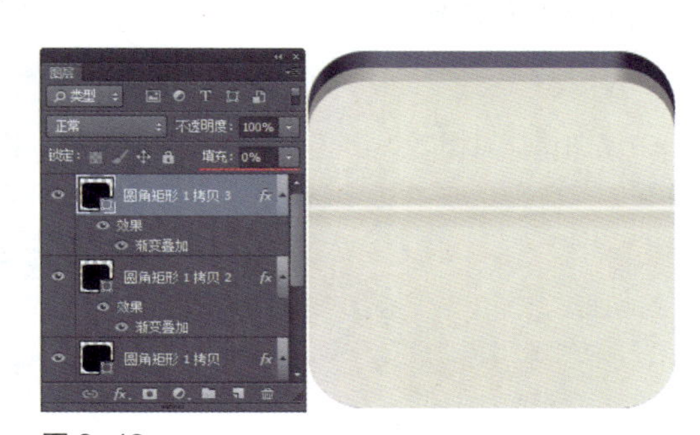

图 2-42

提示

分多个圆角矩形填充不同的渐变颜色，并且将相互叠加的圆角矩形相互错位叠加，可以很好地体现出图标的层次感和立体感。

步骤06 使用“圆角矩形工具”，在选项栏上设置“半径”为40像素，在画布中绘制一个白色的圆角矩形，如图2-43所示。为“圆角矩形2”图层添加图层蒙版，在图层蒙版中绘制一个黑色的圆角矩形，效果如图2-44所示。

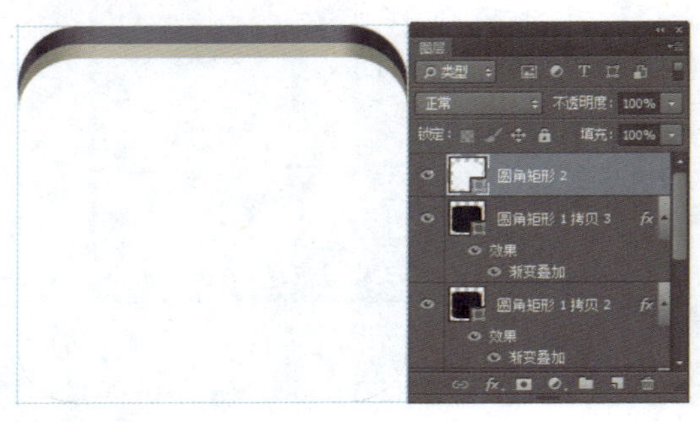

图 2-43

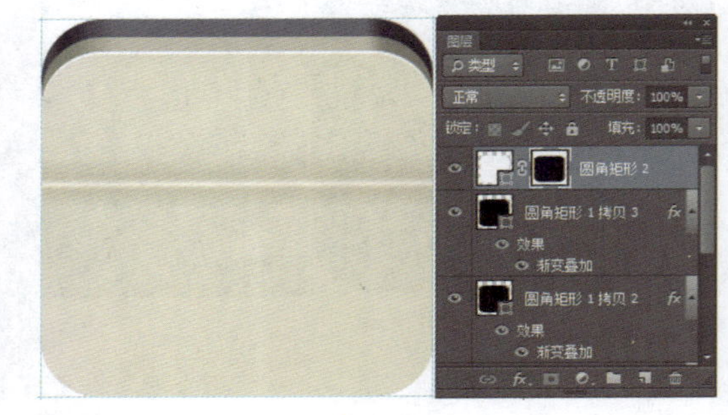

图 2-44

提示

此处还可以使用两个圆角矩形相减的方法，得到所需要的图形。

步骤07 使用“圆角矩形工具”，在选项栏上设置“半径”为40像素，在画布中绘制一个黑色的圆角矩形，如图2-45所示。使用“矩形工具”，在选项栏上设置“路径操作”为“减去顶层形状”，得到需要的图形，如图2-46所示。

图 2-45

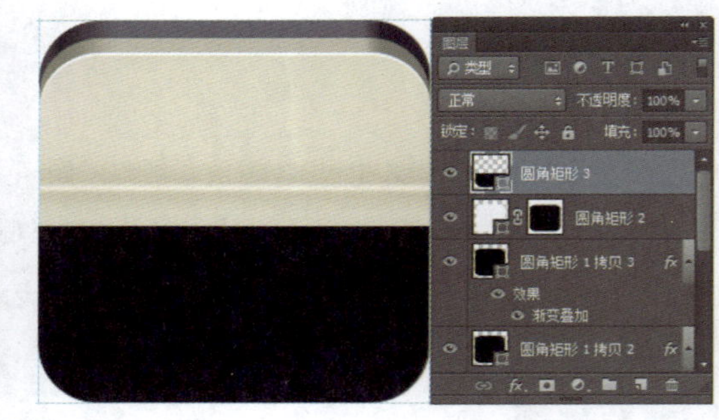

图 2-46

步骤08 双击该图层缩览图，弹出“图层样式”对话框，添加“内发光”图层样式，具体设置如图2-47所示。再添加“渐变叠加”图层样式，具体设置如图2-48所示。

提示

在为图层添加“渐变叠加”图层样式时，可在“图层样式”对话框中的“渐变叠加”选项设置界面中通过“角度”和“缩放”选项调整渐变叠加效果，或者是在图像上拖动鼠标，以更改渐变叠加的位置。

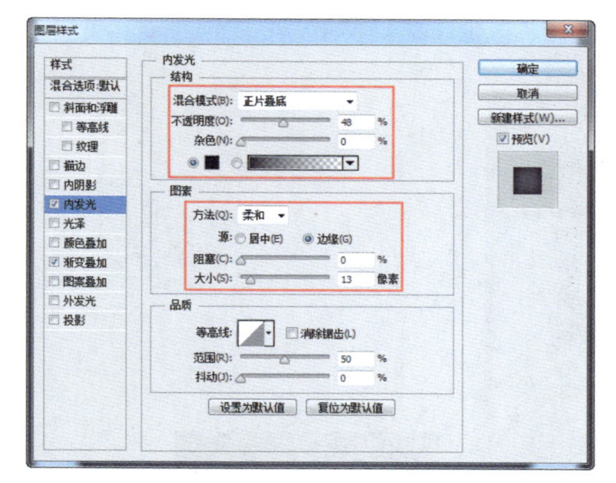

图 2-47

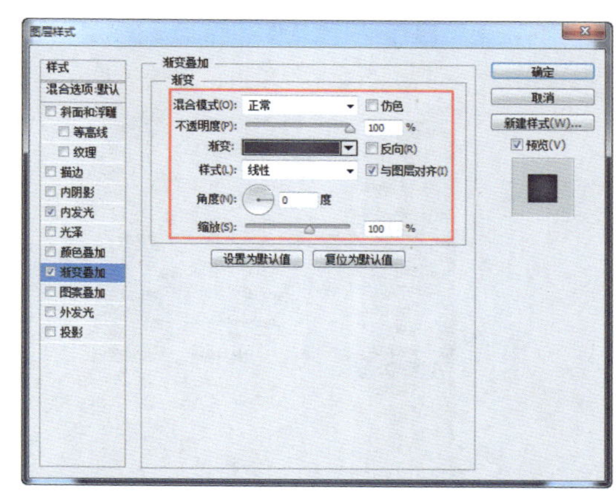

图 2-48

步骤 09 单击“确定”按钮，可以看到图形的效果，如图2-49所示。使用“直线工具”，在选项栏上设置“粗细”为3像素，在画布中绘制一条黑色的直线，如图2-50所示。

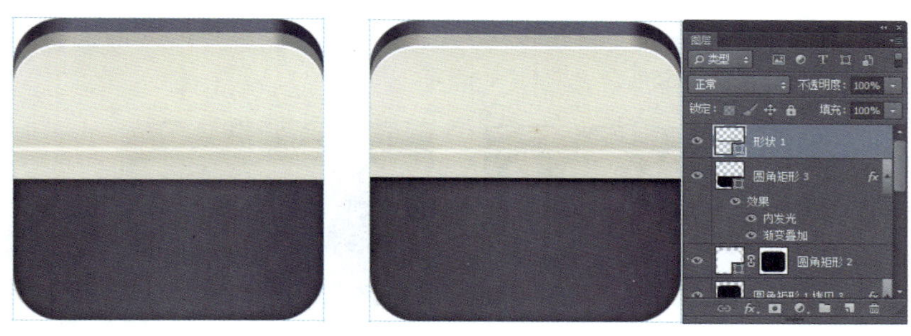

图 2-49　　图 2-50

步骤 10 使用相同的绘制方法，可以绘制出相似的图形效果，如图 2-51 所示。新建图层组，并将其命名为“照片”，新建“图层 1”，使用“钢笔工具”在画布中绘制路径，将路径转换为选区，填充白色，如图 2-52 所示。

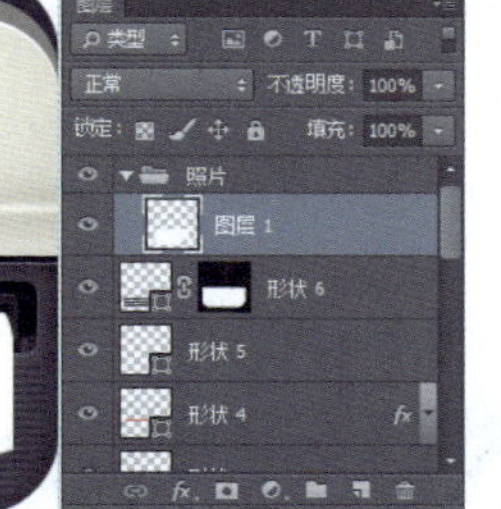

图 2-51　　图 2-52

提示

选择“钢笔工具”，在选项栏上设置“工具模式”为“路径”，即可以在画布中绘制路径，完成路径的绘制后，可以单击“路径”面板上的“将路径作为选区载入”按钮，或按快捷键Ctrl+Enter，即可将所绘制的路径转换为选区。

步骤 11 双击“图层1”缩览图，弹出“图层样式”对话框，添加“渐变叠加”图层样式，具体设置如图2-53所示。单击“确定”按钮，图像效果如图2-54所示。

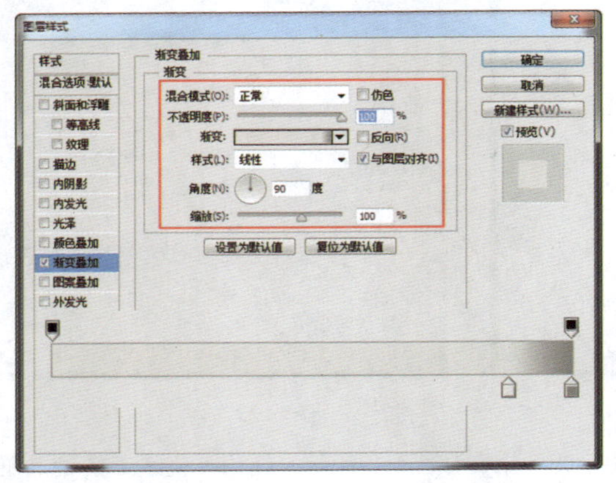

图 2-53

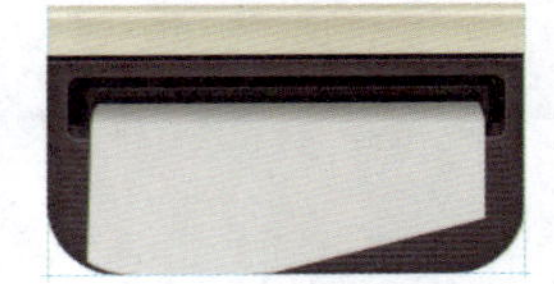

图 2-54

步骤 12 新建“图层2”，绘制多个不同颜色的矩形，如图2-55所示。执行“编辑>变换>变形”命令，对该图形进行变形操作，如图2-56所示。

图 2-55

图 2-56

提示

执行“变形”命令后，显示变形框，可以通过拖动锚点或改变变形框为曲线的方式对图形进行任意变形处理，从而改变图的效果，变形操作完成后，按Enter键，即可确认图像的变形处理。

步骤 13 为该图层添加图层蒙版，使用“画笔工具”，设置“前景色”为黑色，在蒙版中进行涂抹，如图2-57所示。为该图层添加“内发光”图层样式，具体设置如图2-58所示。

图 2-57

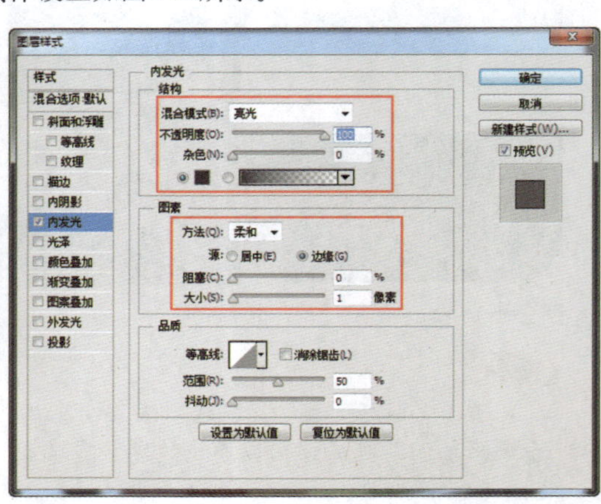

图 2-58

步骤 14 单击“确定”按钮，图形的效果如图2-59所示。新建图层，使用“钢笔工具”绘制路径，并将路径转换为选区，为选区填充白色，如图2-60所示。

图 2-59

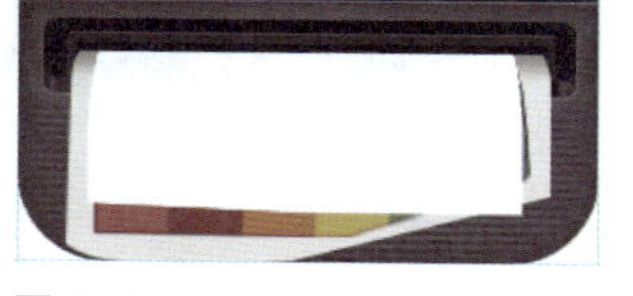

图 2-60

步骤 15 为该图层添加图层蒙版，使用“画笔工具”在图层蒙版中进行涂抹，如图2-61所示。设置该图层的“混合模式”为“叠加”，效果如图2-62所示。

图 2-61

图 2-62

步骤 16 复制“图层1”得到“图层1 拷贝”图层，将其调整至“图层3”上方，双击该图层，修改“渐变叠加”图层样式的设置，如图2-63所示。单击“确定”按钮，设置该图层的“填充”为0%，效果如图2-64所示。

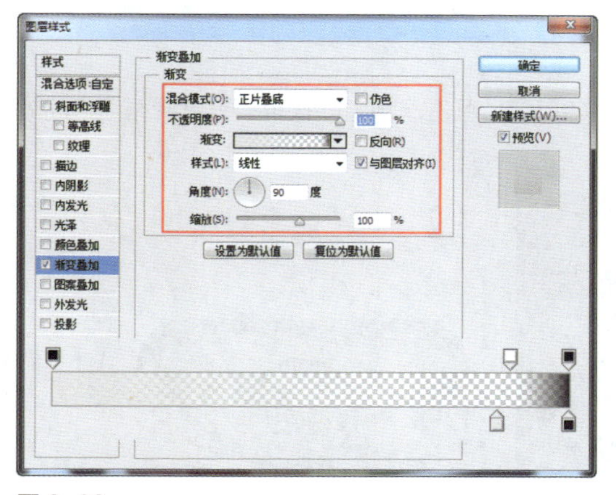

图 2-63

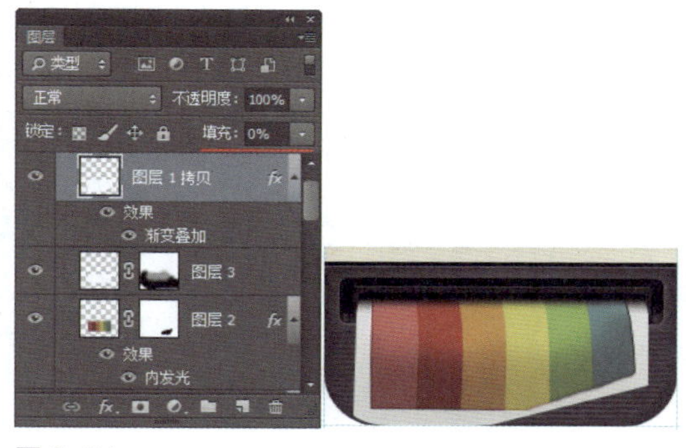

图 2-64

步骤 17 使用相同的绘制方法，可以绘制出其他的高光图形效果，如图2-65所示。使用相同的绘制方法，可以绘制出折角的图形效果，如图2-66所示。

图 2-65

图 2-66

提示

此处高光图形的绘制方法有多种，可以创建选区，在选区中填充从白色到透明白色的渐变，也可以使用半透明的“画笔工具”进行涂抹处理，重点是体现出半透明的高光效果。

步骤 18 在“照片”图层组上方新建名称为“镜头”的图层组，使用“椭圆工具”在画布中绘制一个正圆形，如图2-67所示。双击该图层缩览图，弹出“图层样式”对话框，添加“渐变叠加”图层样式，具体设置如图2-68所示。

图 2-67

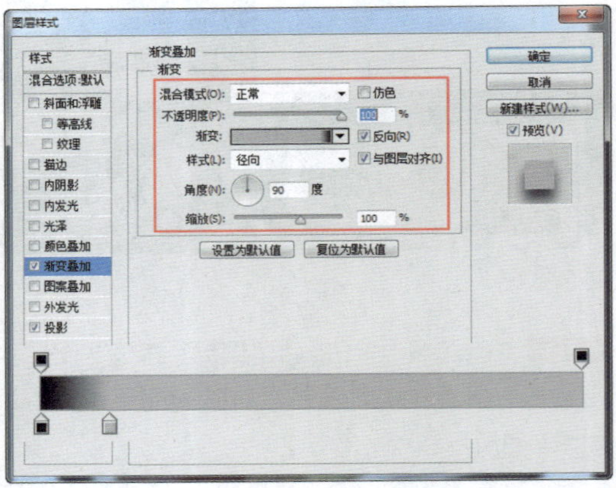

图 2-68

步骤 19 继续添加“投影”图层样式，具体设置如图2-69所示。单击“确定”按钮，可以看到图形的效果，如图2-70所示。

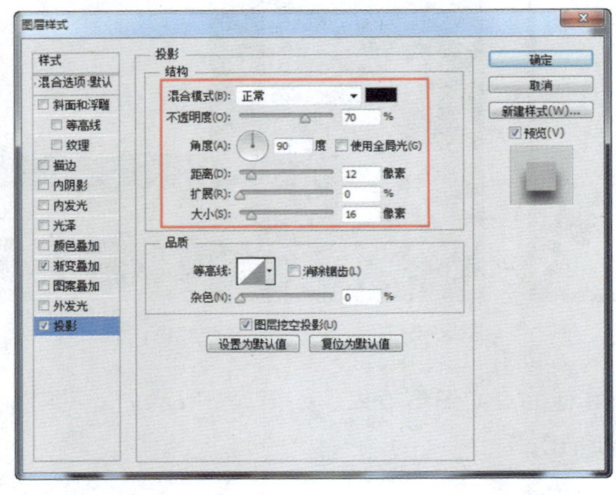

图 2-69

图 2-70

步骤20 复制“椭圆1”图层，得到“椭圆1拷贝”图层，将复制得到的图层中的图形向下移动一些，双击该图层缩览图，修改该正圆形填充颜色为RGB（86,82,72），并清除该图层的图层样式，如图2-71所示。为该图层添加“内发光”图层样式，对相关选项进行设置，如图2-72所示。

图 2-71

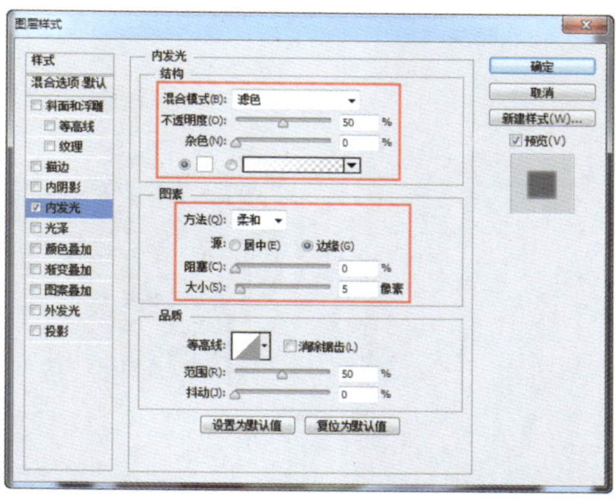

图 2-72

步骤21 单击“确定”按钮，可以看到图形的效果，如图2-73所示。使用相同的方法，可以绘制出相似的图形并设置图层样式，效果如图2-74所示。

图 2-73

图 2-74

步骤22 复制“椭圆1拷贝3”图层，将复制得到的图形等比例缩小，清除“描边”图层样式，修改“渐变叠加”图层样式，如图2-75所示。单击“确定”按钮，可以看到图形的效果，如图2-76所示。

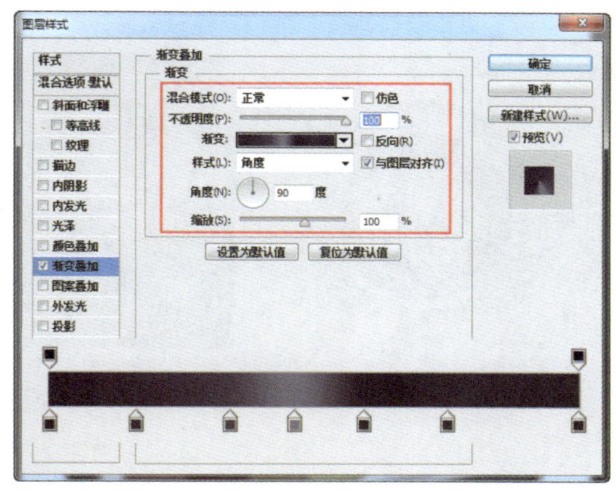

图 2-75

图 2-76

步骤23 使用“椭圆工具”，在画布中绘制一个正圆形，如图2-77所示。双击该图层缩览图，弹出“图层样式”对话框，为该图层添加“描边”图层样式，具体设置如图2-78所示。

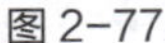
图 2-77

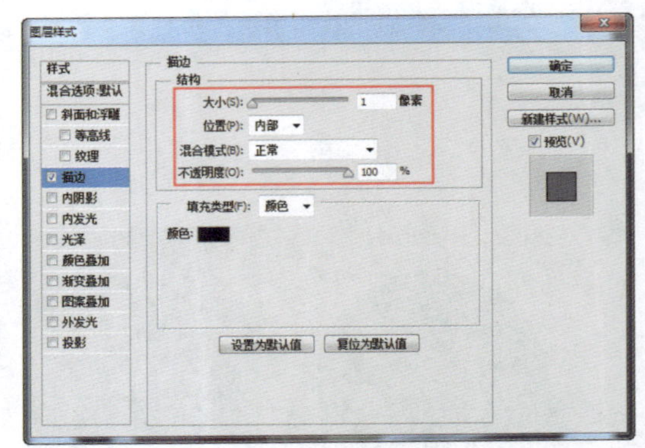

图 2-78

步骤24 继续添加“渐变叠加”图层样式，对相关选项进行设置，如图2-79所示。继续添加“外发光”图层样式，对相关选项进行设置，如图2-80所示。

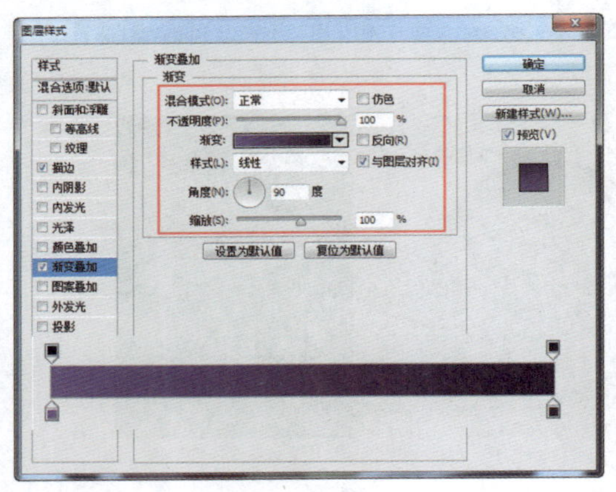

图 2-79

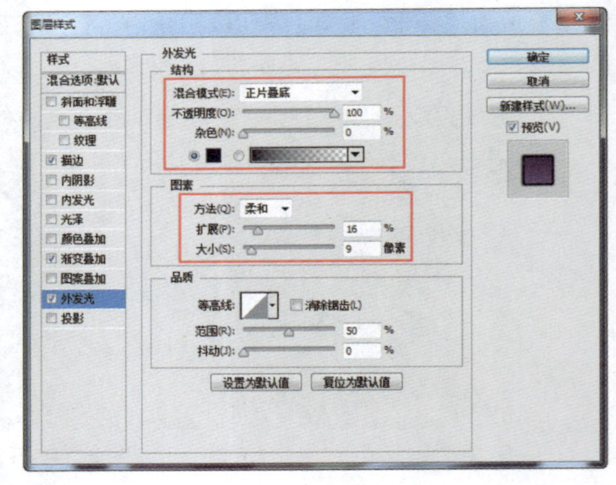

图 2-80

步骤25 单击“确定”按钮，完成“图层样式”对话框中各选项的设置，效果如图2-81所示。使用相同的制作方法，可以完成相似图形效果的绘制，如图2-82所示。

图 2-81

图 2-82

步骤26 通过复制所绘制的椭圆形，调整大小和位置并添加图层蒙版进行处理，完成相机镜头的绘制，效果如图2-83所示。使用相同的绘制方法，可以绘制出相机上的按钮和镜头图形等其他图形，如图2-84所示。

图 2-83

图 2-84

步骤27 完成该拟物化相机图标的设计后，可以通过相似的绘制方法，设计出其他的一些拟物化精美图标，效果如图2-85所示。

图 2-85

2.2.6 扁平化软件图标

扁平化图标在软件界面设计中的应用越来越多，因其简洁、大方、直观和易用等特点，越来越受到人们的喜爱和欢迎。在人们的日常生活中，每天都接触的手机和计算机等媒体中，细心观察可以发现不同风格的扁平化图标，概括起来主要有4种扁平化风格，主要是基础、阴影、长阴影和微渐变风格。

① 基础风格的扁平化图标

基础风格的扁平化图标，不添加任何的渐变、阴影、高光等体现图标透视感的图形元素，而是通过极其简约的基本形状图形、符号等表现出图标的主题，如图2-86所示为基础风格的扁平化图标。

图 2-86

② 阴影风格的扁平化图标

阴影风格的扁平化图标主要是为图标中主体图形元素添加常规的阴影效果，如图2-87所示为阴影风格的扁平化图标。

图 2-87

③ 长阴影风格的扁平化图标

长阴影风格的扁平化图标是目前最流行也是应用范围最广的扁平化设计风格图标。目前，长阴影风格的设计主要用于较小的对象和元素，在扁平化图标设计中的应用最为广泛。如图2-88所示为长阴影风格的扁平化图标。

图 2-88

④ 微渐变风格的扁平化图标

扁平化设计风格虽然抛弃渐变、高光和阴影等图形透视元素，但并不是完全绝对的，在扁平化设计风格中有一种风格称为微渐变风格。微渐变风格就是将简单的图形元素与传统图标高光表现的方式相结合，通过微渐变的方式体现出图标的层次感和立体感，如图2-89所示为微渐变风格的扁平化图标。

图 2-89

【自测3】绘制扁平化天气图标

视频：光盘\视频\第2章\扁平化天气图标.swf　　源文件：光盘\源文件\第2章\扁平化天气图标.psd

- **案例分析**

案例特点：本案例制作一个精美的扁平化天气图标，通过绘制基本图形来构成扁平化图标效果，最后为图标添加长阴影效果。

制作思路与要点：使用矢量绘图工具绘制基本的图形，注意使用绘制路径的方法来绘制出白云和太阳的图形效果，并为图形添加相应的图层样式，使图标效果看起来更加具有质感。

- **色彩分析**

这款图标使用蓝色作为背景色，使用物体的固有色来表现天气图形，体现出真实感，更容易使人理解。

蓝色	黄色	灰色

- **制作步骤**

步骤01 执行“文件>新建”命令，弹出“新建”对话框，新建一个空白文档，如图2-90所示。设置“前景色”为RGB（96,60,85），为画布填充前景色，如图2-91所示。

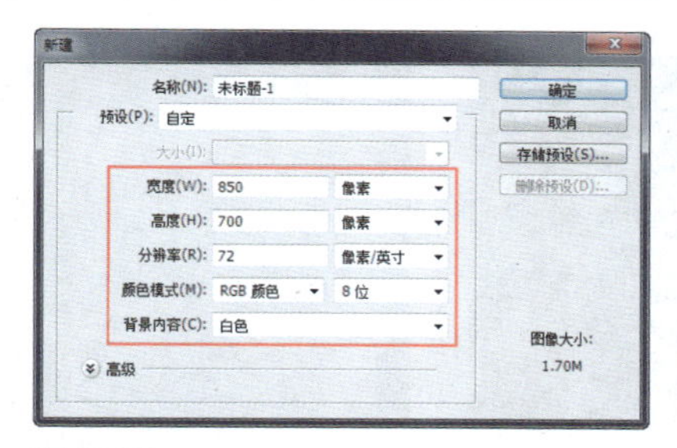

图 2-90

图 2-91

步骤02 使用“椭圆工具”，在选项栏上设置“工具模式”为“形状”，在画布中绘制一个正圆形，如图2-92所示。为“椭圆1”图层添加“渐变叠加”图层样式，在弹出的对话框中对相关选项进行设置，如图2-93所示。

图 2-92

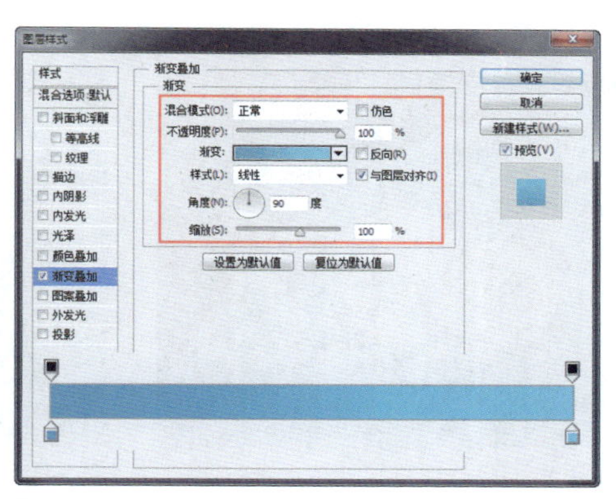

图 2-93

步骤 03 继续为该图层添加“内阴影”图层样式，对相关选项进行设置，如图2-94所示。继续为该图层添加“投影”图层样式，对相关选项进行设置，如图2-95所示。

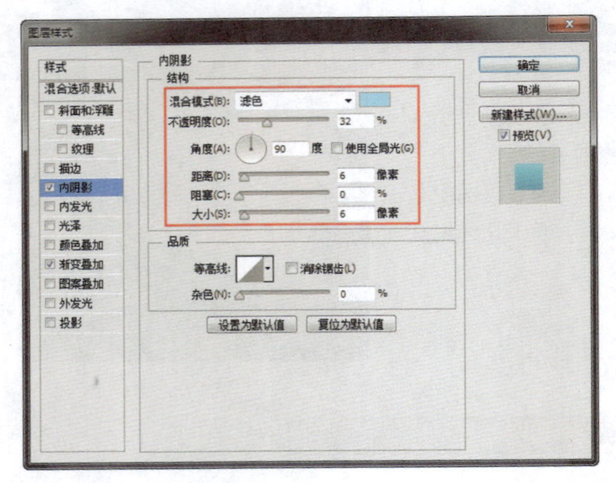

图 2-94

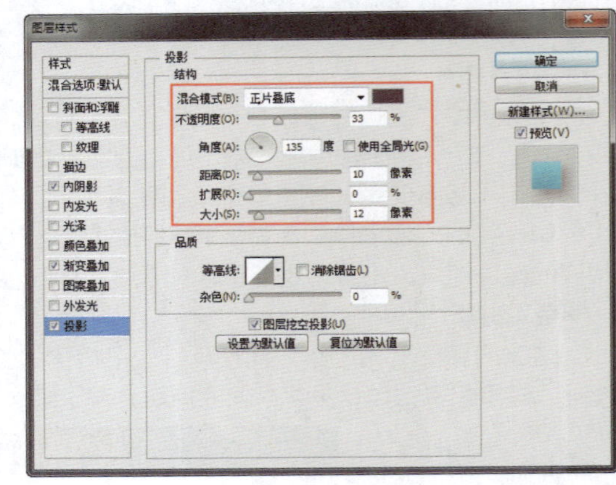

图 2-95

步骤 04 单击“确定”按钮，完成“图层样式”对话框中各选项的设置，可以看到图形的效果，如图2-96所示。使用“椭圆工具”，在画布中绘制一个白色的正圆形，如图2-97所示。

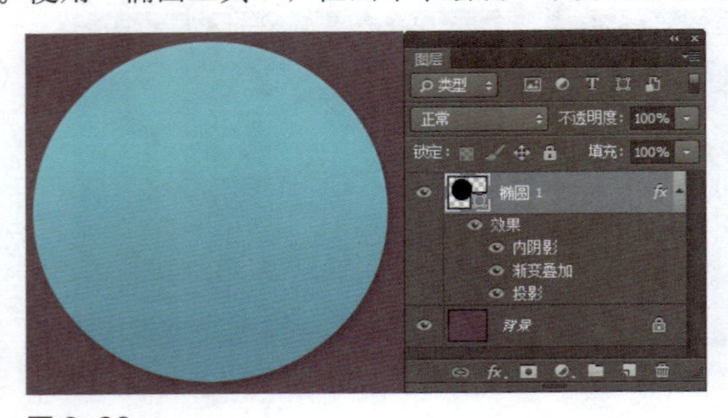

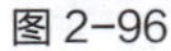
图 2-96

图 2-97

步骤 05 使用“椭圆工具”，在选项栏上设置“路径操作”为“合并形状”，在画布中绘制正圆形与前一个正圆形相加，如图2-98所示。使用相同的方法，可以再绘制几个正圆形和一个矩形进行形状相加，得到需要的图形，如图2-99所示。

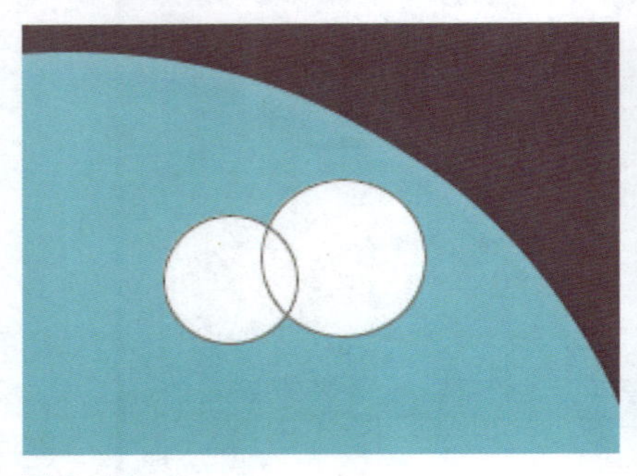

图 2-98

图 2-99

步骤 06 设置“椭圆2”图层的“混合模式”为“柔光”，图形的效果如图2-100所示。复制“椭圆2”图层得到“椭圆2 拷贝”图层，将复制得到的图形等比例缩小，调整到合适的位置并进行水平翻转操作，效果如图2-101所示。

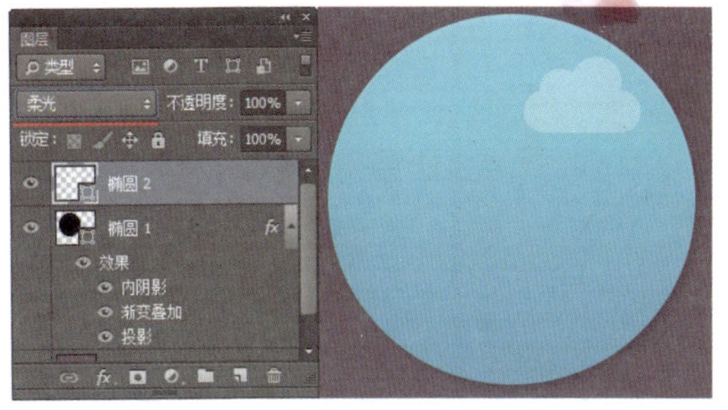

图 2-100

图 2-101

步骤 07 新建名称为“太阳”的图层组，使用“多边形工具”，在选项栏上设置“填充”为RGB（209,142,20）、“边”为12，单击“设置”按钮，在弹出的面板中选中“星形”复选框，设置“缩进边依据”为20%，如图2-102所示。在画布中拖动鼠标绘制一个多角星形，如图2-103所示。

图 2-102

图 2-103

提示

使用“多边形工具”绘制多边形和星形时，只有在“多边形选项”面板中选中“星形”复选框后，才可以对“缩进边依据”和“平滑缩进”选项进行设置。在默认情况下，“星形”复选框不被选中。

步骤 08 按快捷键Ctrl+T，将所绘制的多角星形进行适当的旋转，如图2-104所示。复制“多边形1”图层得到“多边形1 拷贝”图层，为复制得到的图层添加“内阴影”图层样式，对相关选项进行设置，如图2-105所示。

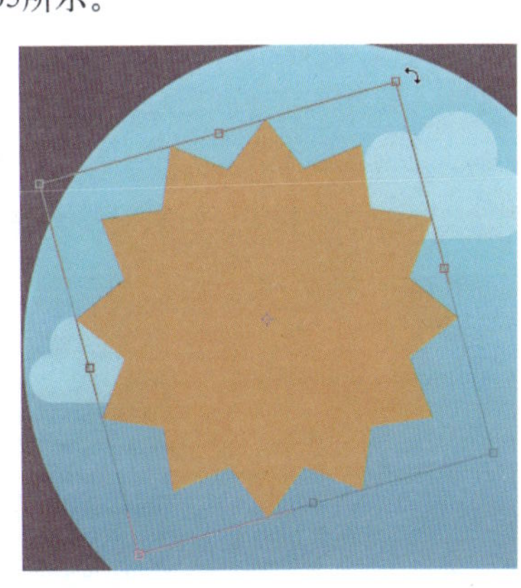

图 2-104

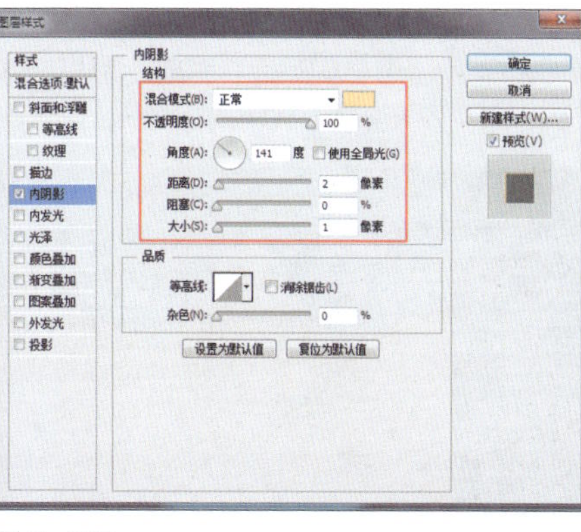

图 2-105

步骤 09 继续添加“渐变叠加”图层样式，对相关选项进行设置，如图 2-106 所示。单击“确定”按钮，完成“图层样式”对话框中各选项的设置，将复制得到的多角星形向上移动一些，如图 2-107 所示。

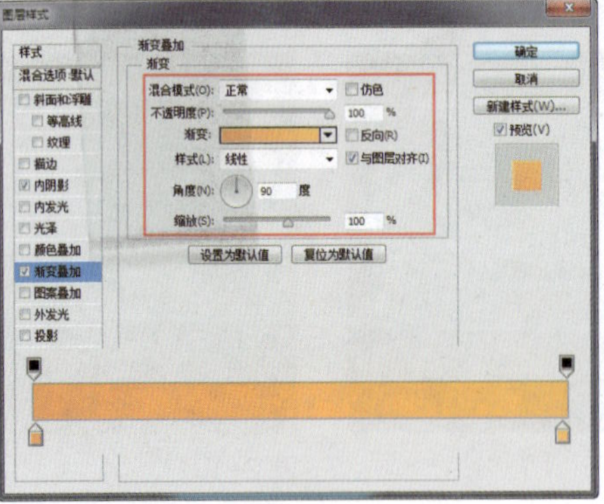

图 2-106

图 2-107

步骤 10 使用“钢笔工具”，在选项栏上设置“工具模式”为“形状”、“填充”为RGB（255,223,150），在画布中绘制形状图形，如图2-108所示。为该图层添加“渐变叠加”图层样式，对相关选项进行设置，如图2-109所示。

图 2-108

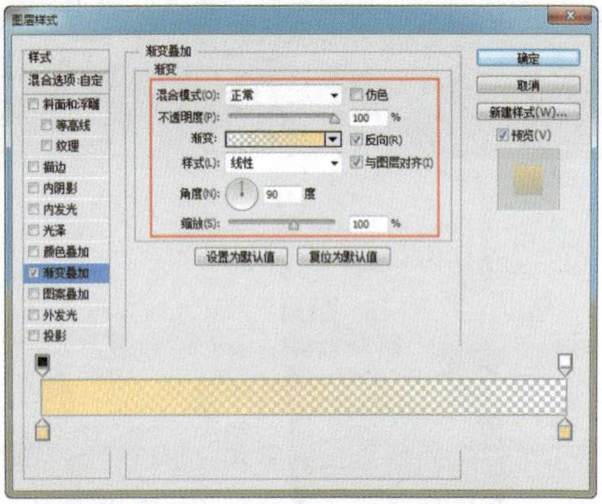

图 2-109

步骤 11 单击“确定”按钮，完成“渐变叠加”图层样式的添加，设置该图层的“不透明度”为20%，效果如图2-110所示。为该图层添加图层蒙版，使用“画笔工具”，设置“前景色”为黑色，在蒙版中进行适当的涂抹处理，效果如图2-111所示。

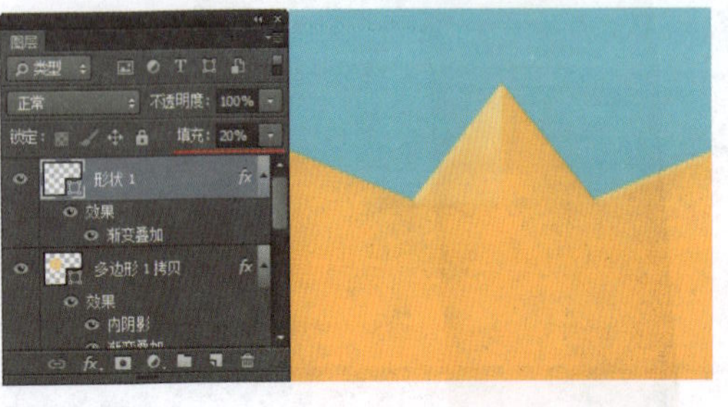

图 2-110

图 2-111

步骤 12 将“形状1”图层复制多次，分别调整其中的图形至合适的位置并进行旋转处理，效果如图2-112所示。使用“椭圆工具”，在选项栏上设置“填充”为RGB（255,180,60），在画布中绘制一个正圆形，如图2-113所示。

图 2-112

图 2-113

步骤 13 为该图层添加“描边”图层样式，对相关选项进行设置，如图2-114所示。单击“确定”按钮，完成“图层样式”对话框中各选项的设置，效果如图2-115所示。

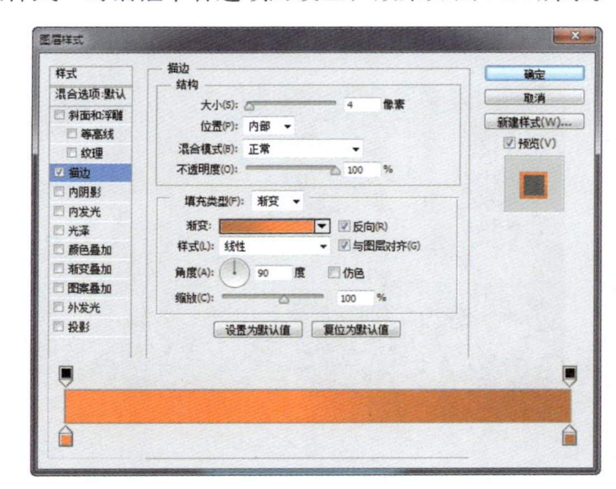

图 2-114

图 2-115

步骤 14 使用“椭圆工具”，在选项栏上设置“填充”为RGB（255,221,145），在画布中绘制一个正圆形，如图2-116所示。使用“椭圆工具”，在选项栏上设置“路径操作”为“减去顶层形状”，在刚绘制的正圆形上减去相应的正圆形，得到需要的图形，如图2-117所示。

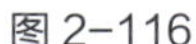

图 2-116

图 2-117

步骤 15 为“椭圆4”图层添加图层蒙版，使用“画笔工具”，设置“前景色”为黑色，在蒙版中进行涂抹处理，效果如图2-118所示。使用相同的方法，可以绘制出相似的图形，如图2-119所示。

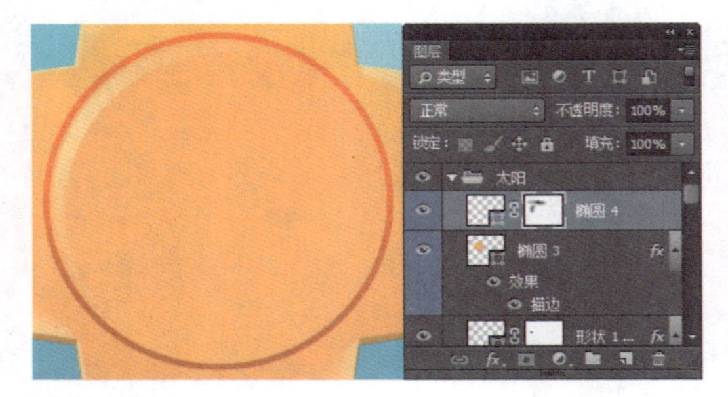

图 2-118

图 2-119

步骤 16 在“太阳”图层组上方新建名称为“白云”的图层组，使用前面所介绍的绘制方法，可以绘制出白云的图形效果，如图 2-120 所示。同时选中“太阳”和“白云”图层组，复制这两个图层组，并将复制得到的图层组合并，将合并得到的图层组移至“太阳”图层组下方，载入该图层选区，如图 2-121 所示。

图 2-120

图 2-121

步骤 17 为选区填充颜色RGB（25,121,149），取消选区，执行“滤镜>模糊>动感模糊”命令，弹出“动感模糊”对话框，具体设置如图2-122所示。单击“确定”按钮，将该图层中的图形向右下方稍移动一些，效果如图2-123所示。

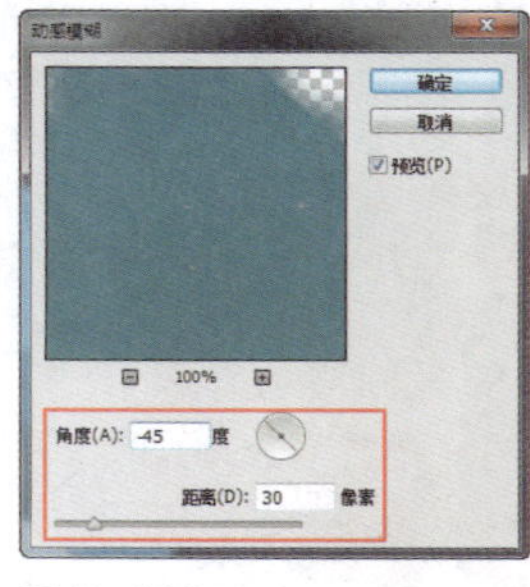

图 2-122

图 2-123

提示

为图像应用“动感模糊”滤镜，可以根据制作效果的需要沿指定方向、指定的强度来模糊图像，形成残影的效果。

步骤 18 使用“钢笔工具”，在选项栏上设置“填充”为RGB（25,113,159），在画布中绘制形状图形，如图2-124所示。为该图层添加“渐变叠加”图层样式，对相关选项进行设置，如图2-125所示。

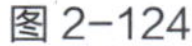

图 2-124

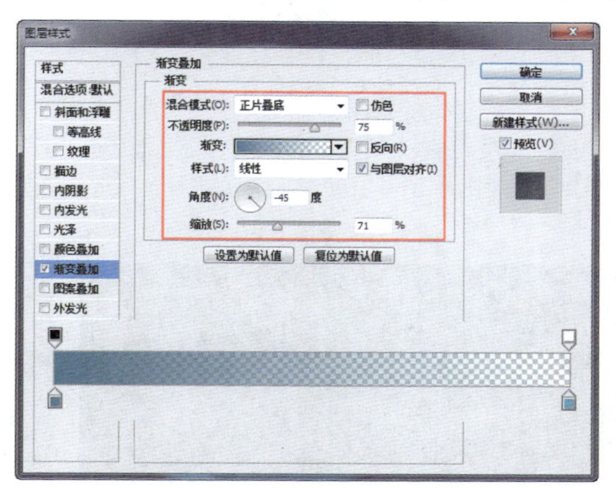

图 2-125

步骤 19 单击“确定”按钮，完成“图层样式”对话框中各选项的设置，效果如图2-126所示。将该图层调整至“白云 拷贝”图层的下方，并设置该图层的“填充”为25%，完成长阴影效果的绘制，如图2-127所示。

图 2-126

图 2-127

提示

长阴影是扁平化设计风格中非常重要的表现方式之一，通过为图标或设计元素添加长阴影的效果，可以使扁平化图标更具有层次感，视觉效果也更加突出。

步骤 20 使用相同的方法，还可以为整个图标添加长阴影效果，如图2-128所示。掌握了扁平化图标的绘制后，使用相同的绘制方法，还可以设计出其他的扁平化图标效果，如图2-129所示。

图 2-128

图 2-129

2.2.7 软件按钮

简单精致的软件按钮在软件界面设计中比较常见，也是最常用到的设计，它必须在很小的范围内有序地排列字体和图标，以及合理地进行颜色的搭配等。在设计制作过程中，要考虑到用户的视觉感受，不需要过于花哨，设计应该简单明了，重点突出按钮的功能。

按钮与图标非常类似，但又有所不同，图标着重表现图形的视觉效果，而按钮则着重表现其功能性。在按钮的设计中通常采用简单直观的图形，充分表现按钮的可识别性和实用性，如图2-130所示。

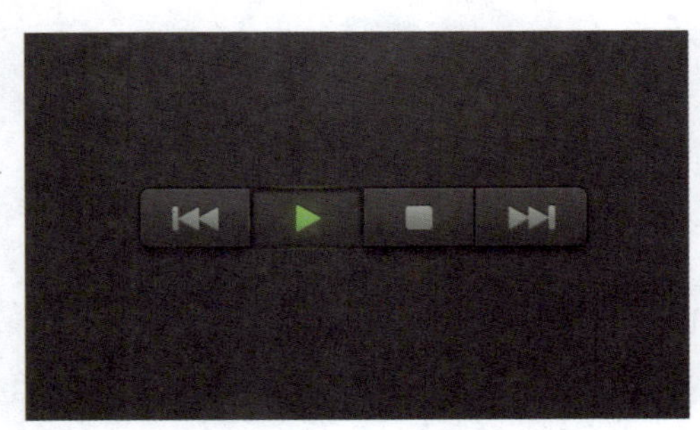
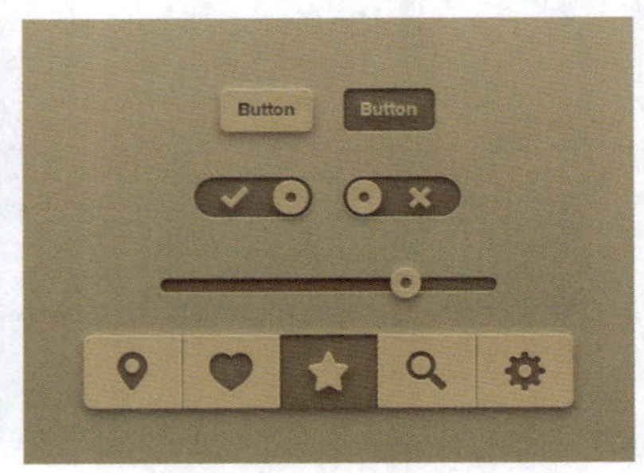

图 2-130

【自测4】绘制精美软件按钮

视频：光盘\视频\第2章\精美软件按钮.swf　　源文件：光盘\源文件\第2章\精美软件按钮.psd

● **案例分析**

案例特点：本案例制作了一款软件按钮在3种不同状态下的效果，通过图层样式表现出按钮的效果。

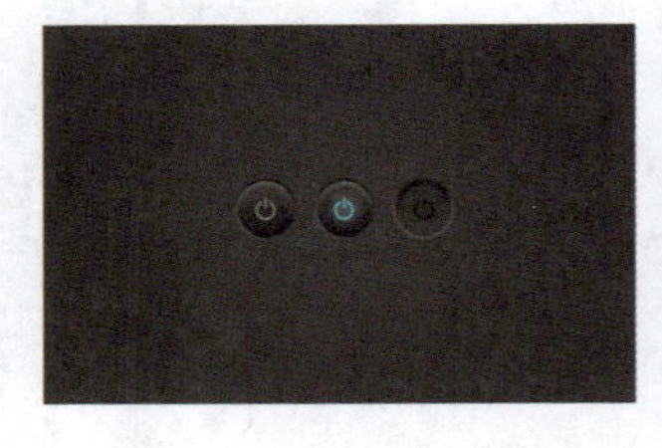

制作思路与要点：绘制出按钮的圆形轮廓，通过添加图层样式的方式，表现出按钮的高光和阴影效果，使用基本图形来构成按钮上的图标效果，简洁明了。在绘制过程中注意表现出3种不同状态下的按钮效果。

● **色彩分析**

在本案例按钮的绘制中，主要使用不同明度的灰色进行搭配，使用灰色可以很好地表现出图标的质感，在3种不同的状态下，运用不同的颜色设计按钮的功能图标，从而区别按钮的当前状态，具有很好的识别性。

● **制作步骤**

步骤 01 执行“文件>新建”命令，弹出“新建”对话框，新建一个空白文档，如图2-131所示。使用“渐变工具”，设置从RGB（49,54,60）到RGB（34,37,41）的颜色渐变，在画布中拖动鼠标填充径向渐变，效果如图2-132所示。

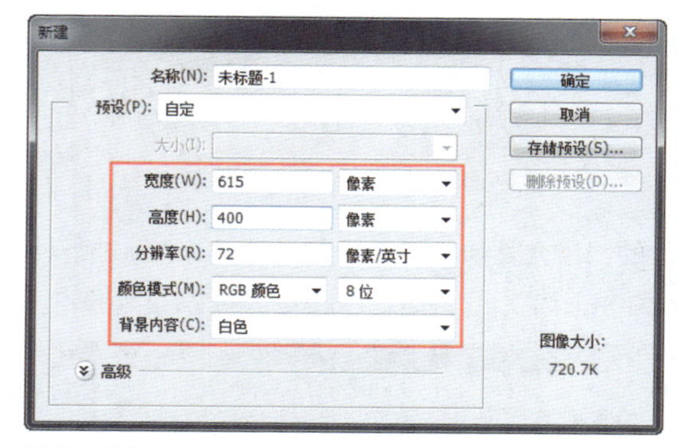

图 2-131

图 2-132

步骤02 新建名称为“默认状态”的图层组，使用“椭圆工具”，在选项栏上设置“工具模式”为“形状”、“填充”为RGB（39,44,51），在画布中绘制一个正圆形，如图2-133所示。为该图层添加“渐变叠加”图层样式，对相关选项进行设置，如图2-134所示。

图 2-133

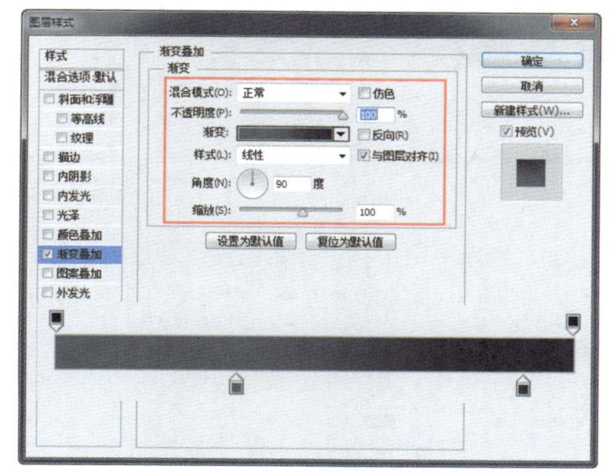

图 2-134

步骤03 单击“确定”按钮，完成“图层样式”对话框中各选项的设置，效果如图2-135所示。复制“椭圆1”图层得到“椭圆1 拷贝”图层，将复制得到的正圆形等比例缩小，如图2-136所示。

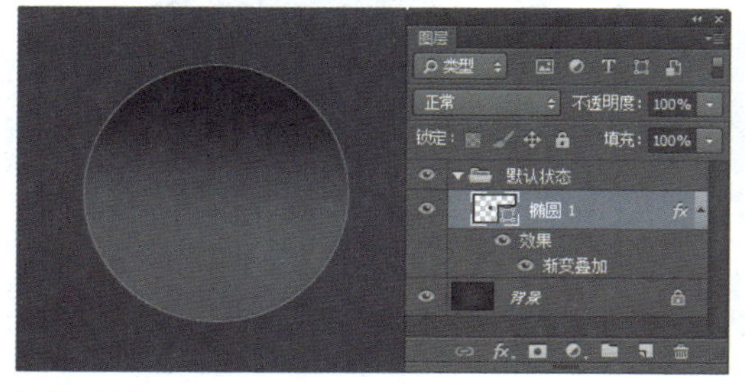

图 2-135

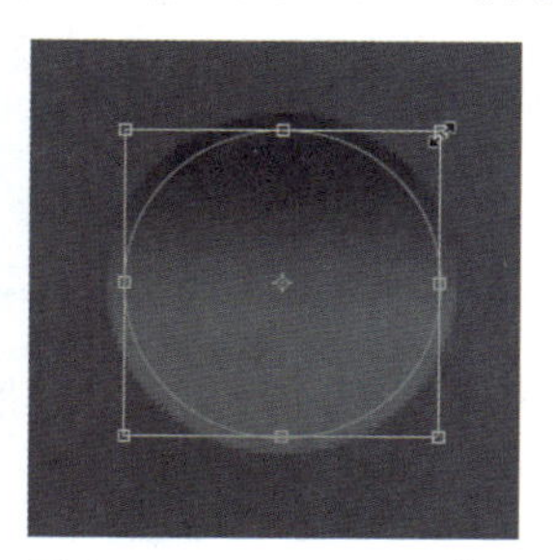

图 2-136

提示

选择需要进行变换操作的图形，按快捷键Ctrl+T或执行“编辑>变换>缩放”命令，可以在图形上显示变换框，按住Shift键拖动变换控制点，可以以变换中心点为中心对图形进行等比例缩放操作，缩放完成后，按Enter键，可以确认对图像的缩放操作。

步骤04 双击“椭圆1 拷贝”图层，修改为该图层添加的“渐变叠加”图层样式，对相关选项进行设置，如图2-137所示。继续添加“外发光”图层样式，对相关选项进行设置，如图2-138所示。

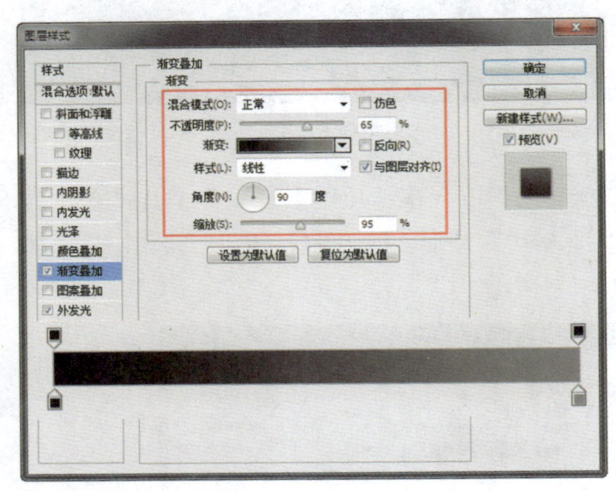

图 2-137

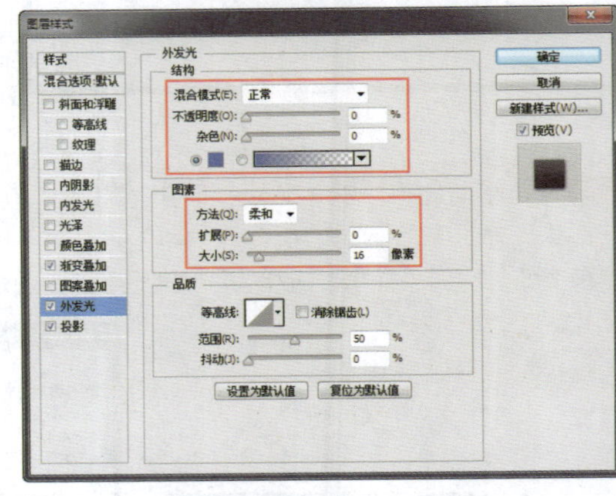

图 2-138

步骤05 继续添加“投影”图层样式，对相关选项进行设置，如图2-139所示。单击“确定”按钮，完成“图层样式”对话框中各选项的设置，效果如图2-140所示。

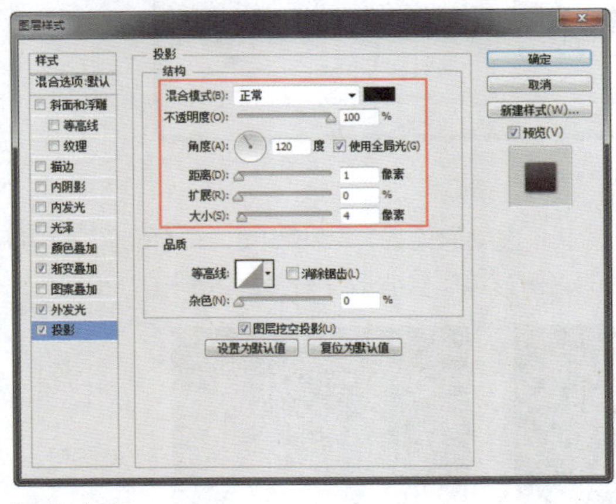

图 2-139

图 2-140

步骤06 复制“椭圆1 拷贝”图层得到“椭圆1拷贝2”图层，清除该图层的图层样式，双击该图层缩览图，设置填充颜色为白色，如图2-141所示。为该图层添加“渐变叠加”图层样式，对相关选项进行设置，如图2-142所示。

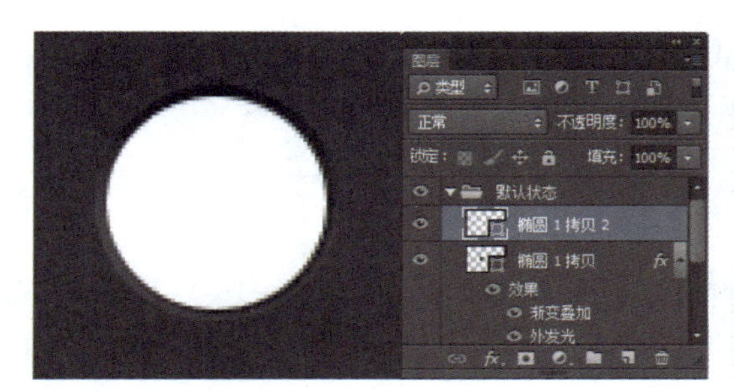

图 2-141

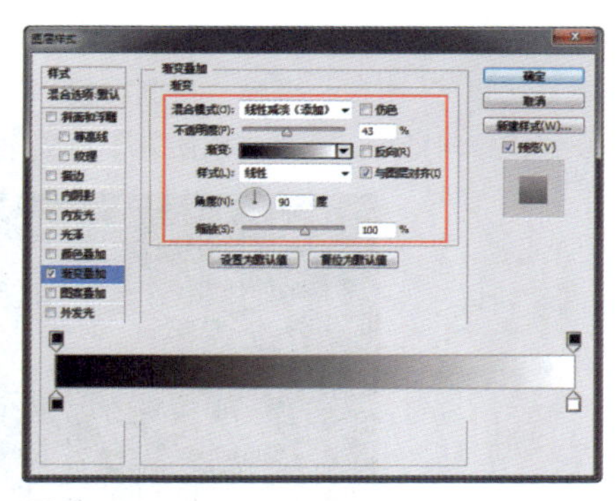

图 2-142

提示

如果需要清除为图层所添加的图层样式，可以在该图层上单击鼠标右键，在弹出的快捷菜单中选择“清除图层样式”命令，即可一次清除为该图层所添加的所有图层样式。如果需要删除该图层中多个图层样式中的某一个，可以将需要删除的图层样式拖动至“图层”面板上的“删除”按钮上。

步骤07 单击“确定”按钮，设置该图层的“填充”为0%、“不透明度”为20%，效果如图2-143所示。复制“椭圆1 拷贝2”图层，得到“椭圆1拷贝3”图层，将该图层的“不透明度”设置为100%，如图2-144所示。

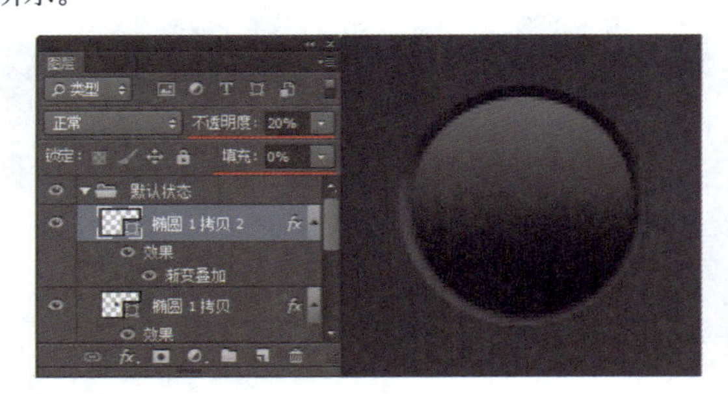

图 2-143

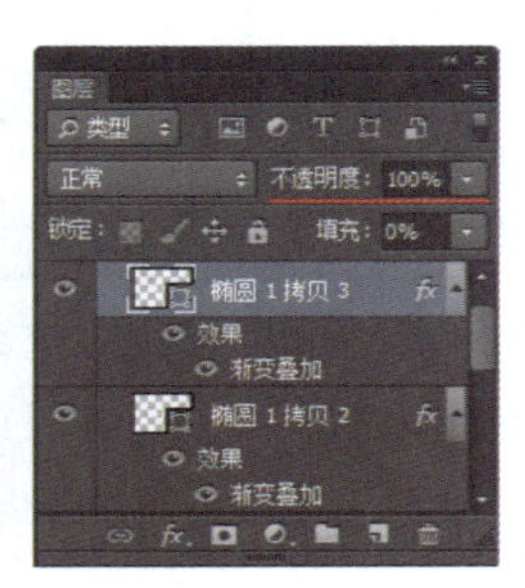

图 2-144

步骤08 双击该图层，弹出“图层样式”对话框，对“渐变叠加”图层样式进行修改，如图2-145所示。继续添加“内发光”图层样式，对相关选项进行设置，如图2-146所示。

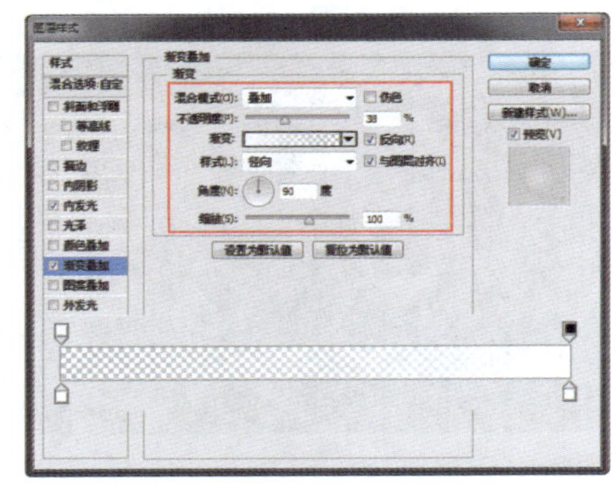

图 2-145

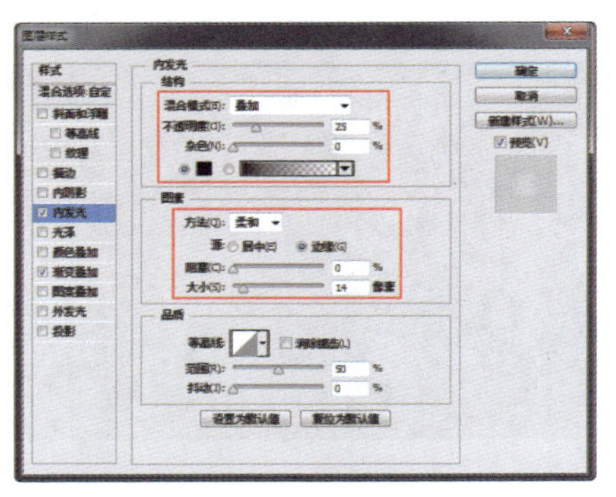

图 2-146

步骤09 单击“确定”按钮，完成“图层样式”对话框中各选项的设置，效果如图2-147所示。复制“椭圆1 拷贝3”图层，得到“椭圆1拷贝4”图层，将该图层的图层样式清除，双击该图层，弹出“图层样式”对话框，添加“内阴影”图层样式，对相关选项进行设置，如图2-148所示。

图 2-147

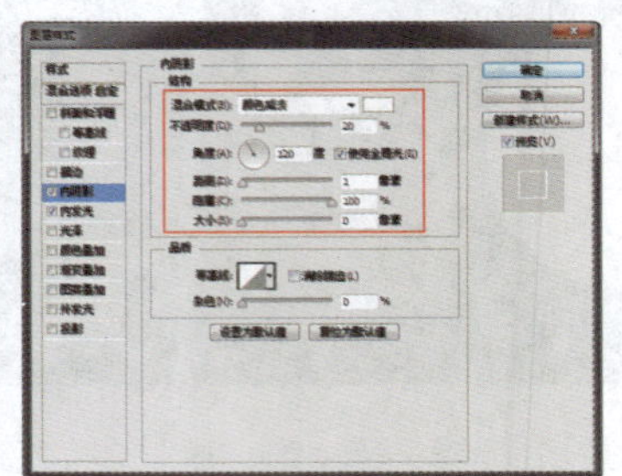

图 2-148

步骤10 继续添加“内发光”图层样式，对相关选项进行设置，如图2-149所示。单击“确定”按钮，完成“图层样式”对话框中各选项的设置，效果如图2-150所示。

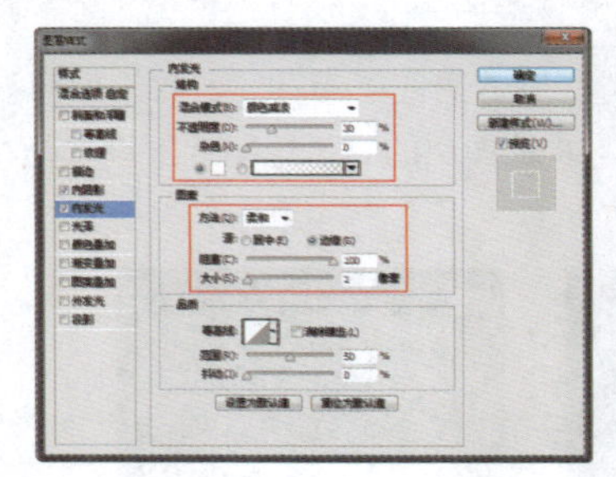

图 2-149

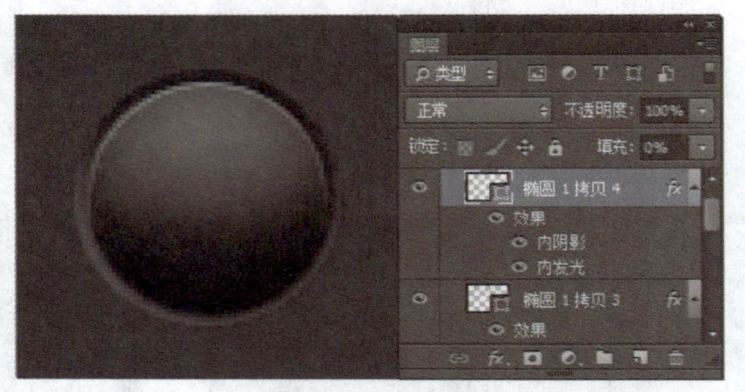

图 2-150

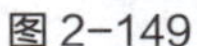

提示

此处为多个正圆形分别添加相应的图层样式，通过图层样式的设置制作出按钮的层次感和立体感，表现出按钮的高光和凹凸视觉效果，这也是圆形按钮中常用的一种层次感的表现方法。

步骤11 使用相同的制作方法，可以绘制出相似的图形并添加相应的图层样式设置，效果如图2-151所示。使用“椭圆工具”和“圆角矩形工具”，结合“路径操作”选项的设置，可以绘制出按钮上小图标的效果，完成默认状态下按钮效果的绘制，如图2-152所示。

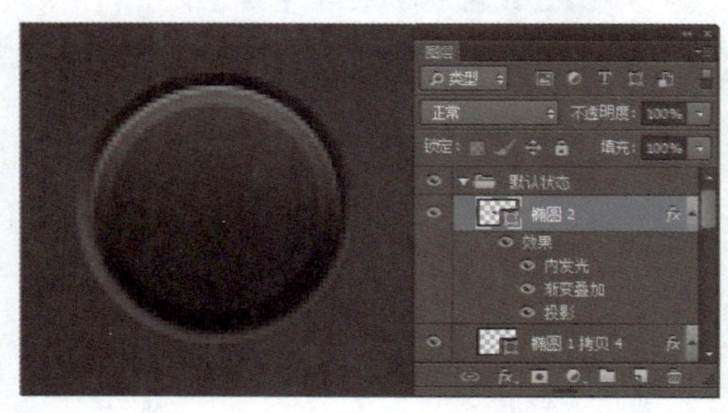

图 2-151

图 2-152

步骤 12 复制“默认状态”图层组，将复制得到的图层组重命名为“经过状态”，并将该图层组中的图形整体向右移动，如图2-153所示。双击“经过状态”图层组中的“椭圆3”图层，弹出“图层样式”对话框，添加“颜色叠加”图层样式，对相关选项进行设置，如图2-154所示。

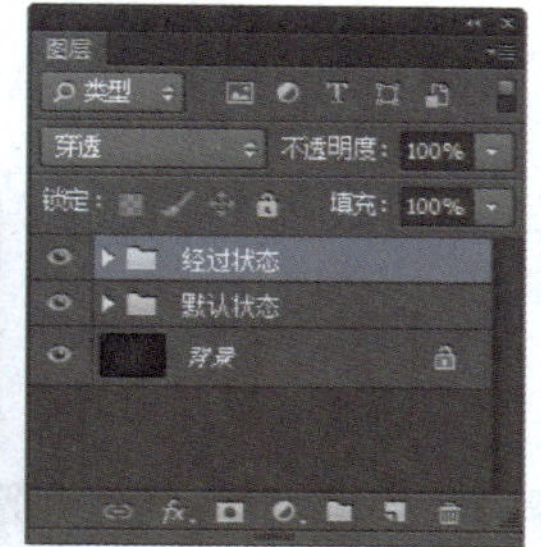

图 2-153

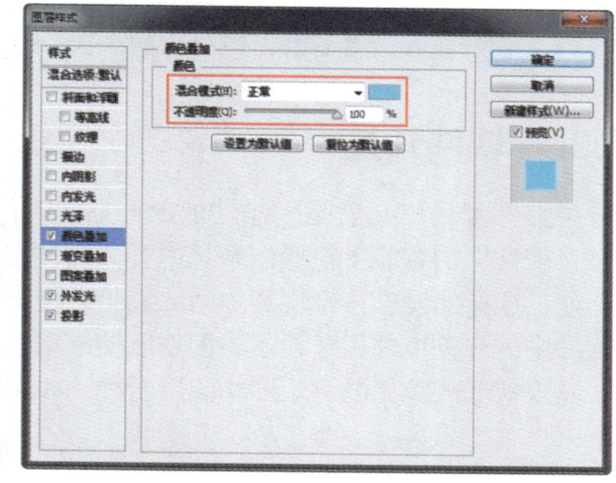

图 2-154

步骤 13 继续添加“外发光”图层样式，对相关选项进行设置，如图2-155所示。继续添加“投影”图层样式，对相关选项进行设置，如图2-156所示。

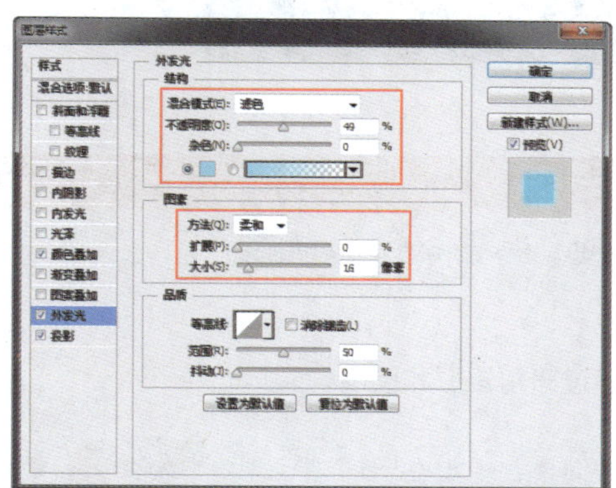

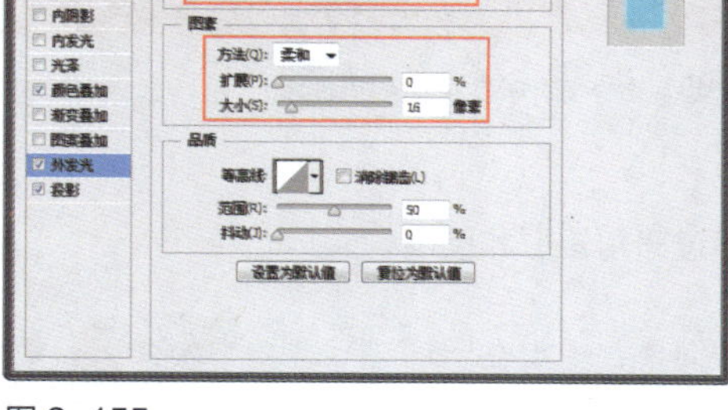

图 2-155

图 2-156

步骤 14 单击“确定”按钮，完成“图层样式”对话框中各选项的设置，完成鼠标经过状态下按钮效果的绘制，如图 2-157 所示。使用相同的制作方法，还可以制作出按钮在按下状态时的效果，如图 2-158 所示。

图 2-157

图 2-158

2.3 软件开关和进度条设计

开关和进度条是软件界面中常见的控件形式，通过开关控件可以控制软件中某种功能的开启和关闭，进度条用于显示当前任务的处理进度。开关和进度条控件的设计相对比较简单，通常使用简洁的图形进行表现，重点在于为用户提供方便的操作体验和高辨识度。

2.3.1 软件开关

开关控件顾名思义就是控制功能的开启和关闭。在软件界面设计中一般用于打开或关闭某个功能。在目前常见的智能手机操作系统中开关控件的应用非常常见，通过开关控件来打开或关闭软件的某种功能，这样的设计符合现实生活的经验，是一种习惯用法。

软件中的开关控件用于展示当前功能的激动状态，用户通过单击或滑动可以切换该选项或功能的状态，其表现形式常见的有矩形和圆形两种，如图2-159所示。

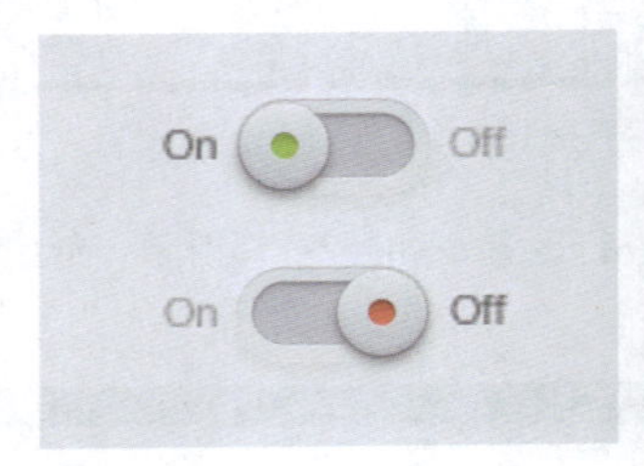

图 2-159

【自测5】绘制软件开关按钮

视频：光盘\视频\第2章\软件开关按钮.swf　　源文件：光盘\源文件\第2章\软件开关按钮.psd

- **案例分析**

案例特点：本案例制作精美的软件开关按钮，通过圆角矩形和椭圆构成图形，简单实用。

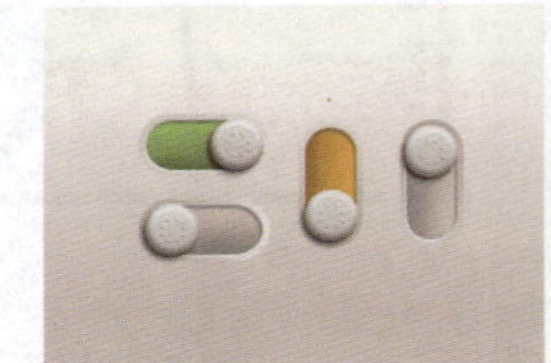

制作思路与要点：软件开关按钮的制作方法比较简单，重点在于通过图层样式的添加表现出开关按钮的质感，使其便于用户在软件界面中辨识并进行操作。

- **色彩分析**

开关按钮的制作通过会使用两种颜色构成，一种是开关打开状态的颜色，一种是开关关闭状态的颜色。在本案例中使用绿色作为打开状态的颜色，使用灰色作为关闭状态的颜色。开关的色彩应用还需要根据软件界面的整体风格来确定。

- **制作步骤**

步骤01 执行“文件>新建”命令，弹出“新建”对话框，新建一个空白文档，如图2-160所示。使用“渐变工具”，设置从RGB（252,249,244）到RGB（222,209,198）的颜色渐变，在画布中拖动鼠标填充线性渐变，效果如图2-161所示。

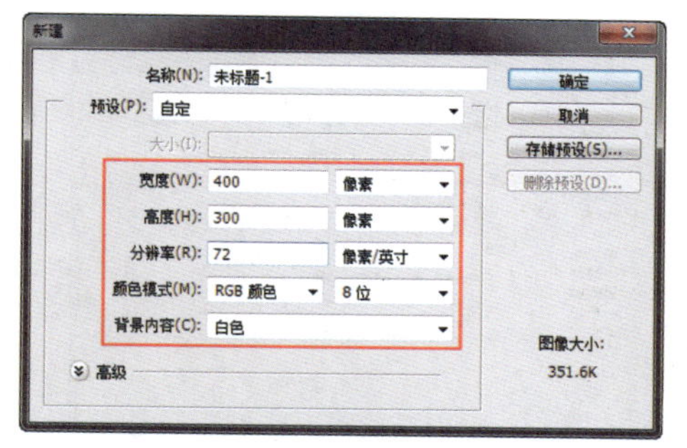

图 2-160

图 2-161

步骤 02 新建名称为“开关打开”的图层组，使用“圆角矩形工具”，在选项栏上设置“工具模式”为“形状”、“半径”为25像素，在画布中绘制一个圆角矩形，如图2-162所示。为“圆角矩形1”图层添加“渐变叠加”图层样式，对相关选项进行设置，如图2-163所示。

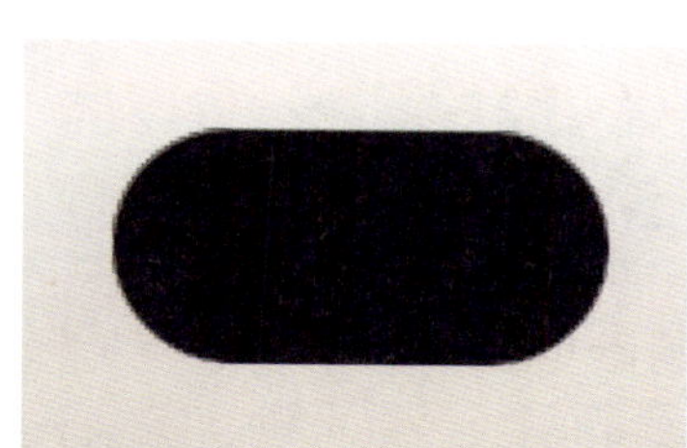

图 2-162

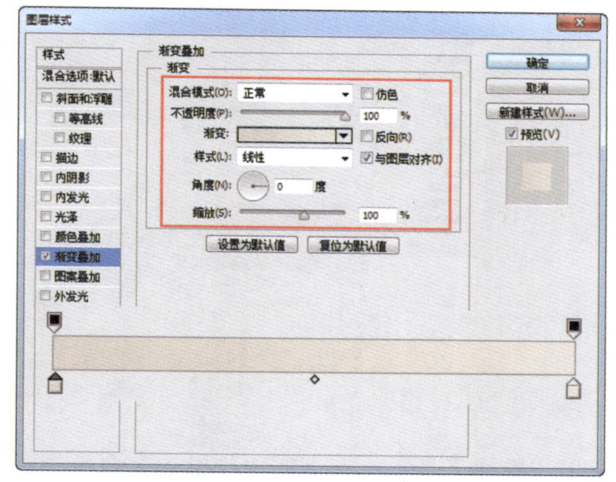

图 2-163

步骤 03 单击“确定”按钮，完成“图层样式”对话框中各选项的设置，效果如图 2-164 所示。复制“圆角矩形 1”图层，得到“圆角矩形 1 拷贝”图层，将该图层中的图形等比例缩小，如图 2-165 所示。

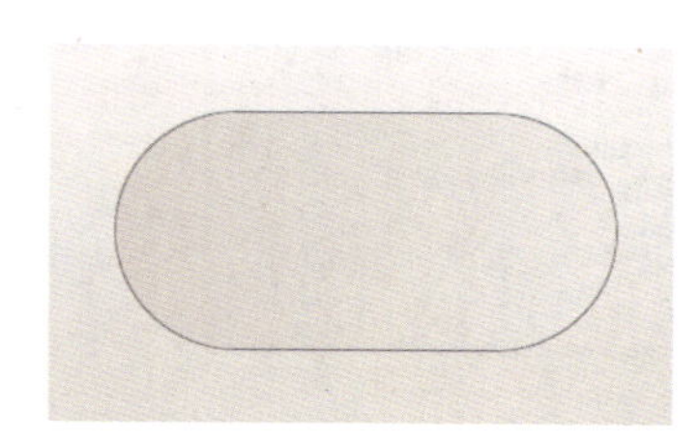

图 2-164

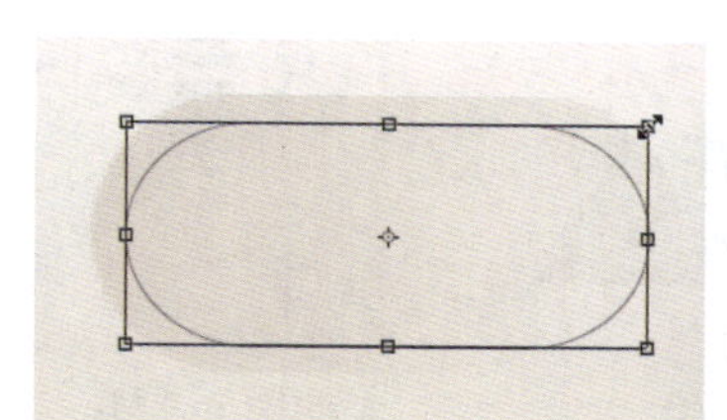

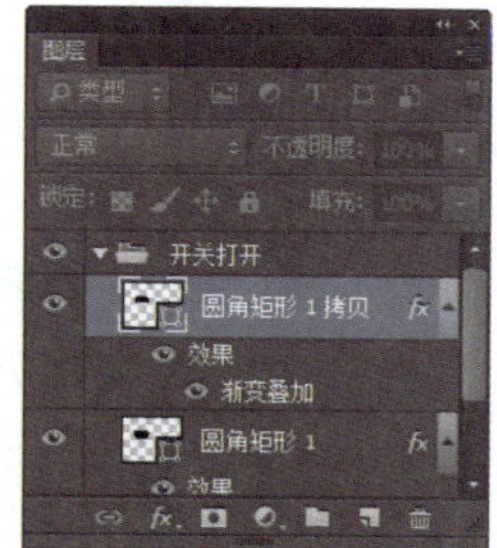

图 2-165

步骤 04 双击“圆角矩形1 拷贝”图层，弹出“图层样式”对话框，修改“渐变叠加”图层样式，如图2-166所示。添加“内阴影”图层样式，对相关选项进行设置，如图2-167所示。

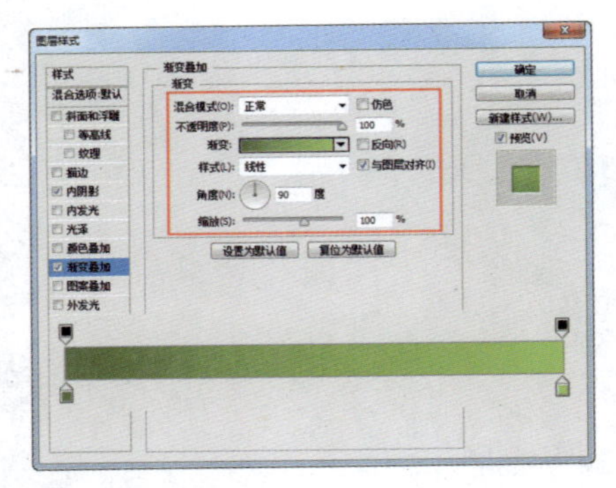

图 2-166

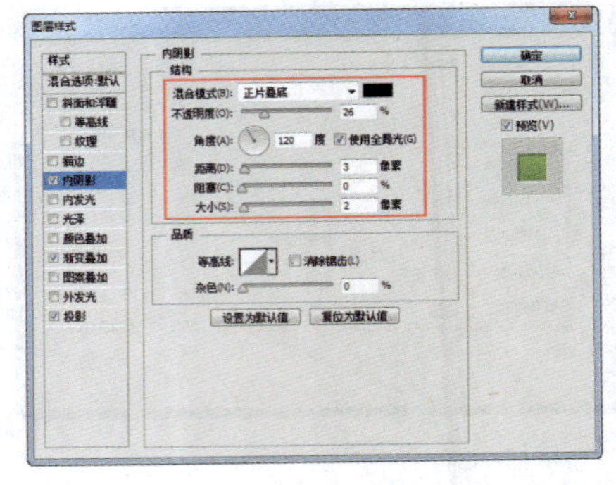

图 2-167

步骤05 继续添加“投影”图层样式，对相关选项进行设置，如图2-168所示。单击“确定”按钮，完成“图层样式”对话框中各选项的设置，效果如图2-169所示。

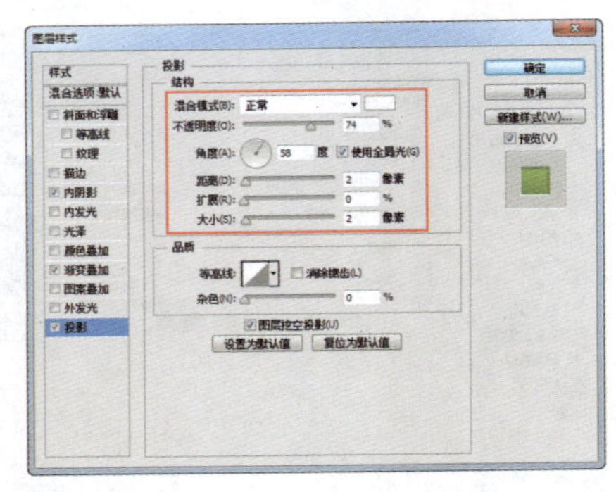

图 2-168

图 2-169

步骤06 使用“椭圆工具”，在画布中绘制一个白色的正圆形，如图2-170所示。为该图层添加“投影”图层样式，对相关选项进行设置，如图2-171所示。

图 2-170

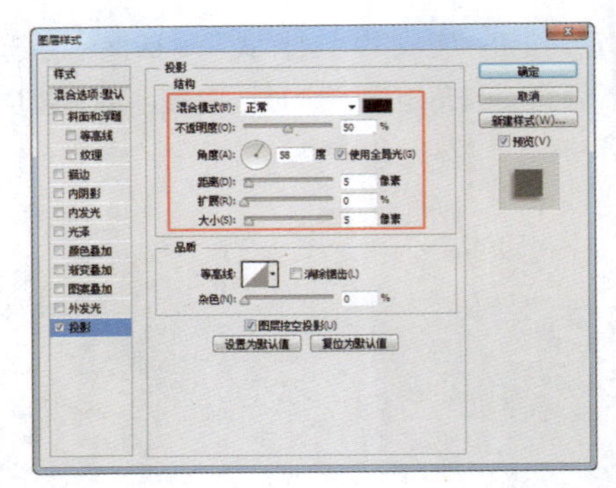

图 2-171

步骤07 单击“确定”按钮，完成“图层样式”对话框中各选项的设置，效果如图2-172所示。复制“椭圆1”图层，得到“椭圆1 拷贝”图层，为该图层添加“斜面和浮雕”图层样式，对相关选项进行设置，如图2-173所示。

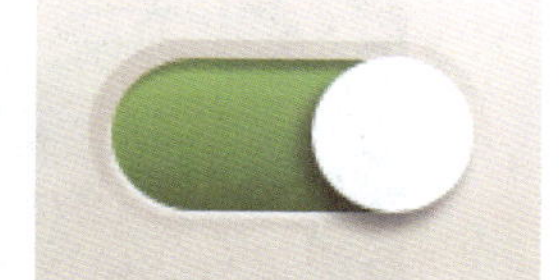

图 2-172

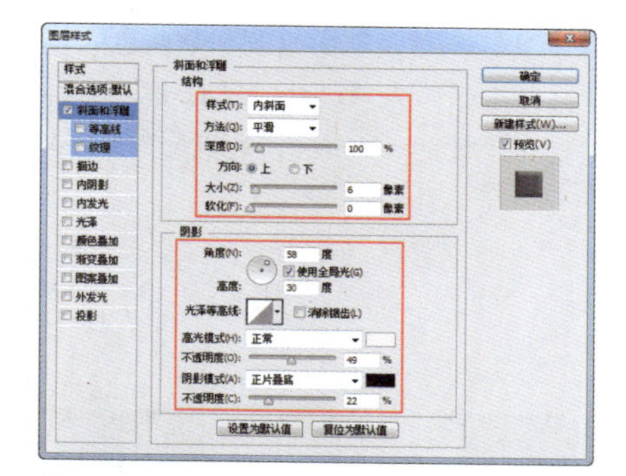

图 2-173

提示

通过对“斜面和浮雕”图层样式的相关选项设置，可以为图像模拟出多种内斜面、外斜面和浮雕的效果。

步骤 08 继续添加“内阴影”图层样式，对相关选项进行设置，如图2-174所示。继续添加“渐变叠加”图层样式，对相关选项进行设置，如图2-175所示。

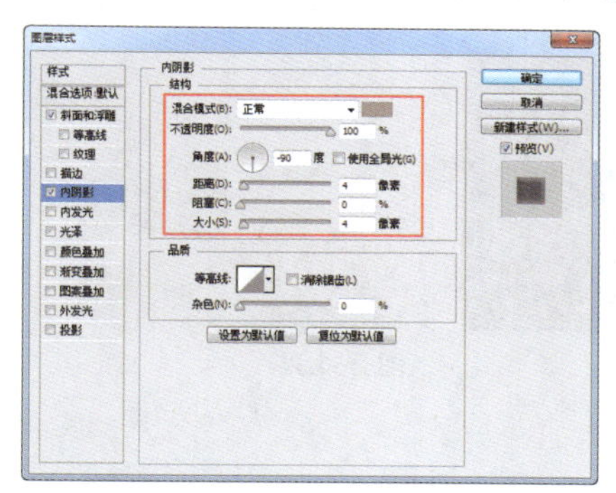

图 2-174

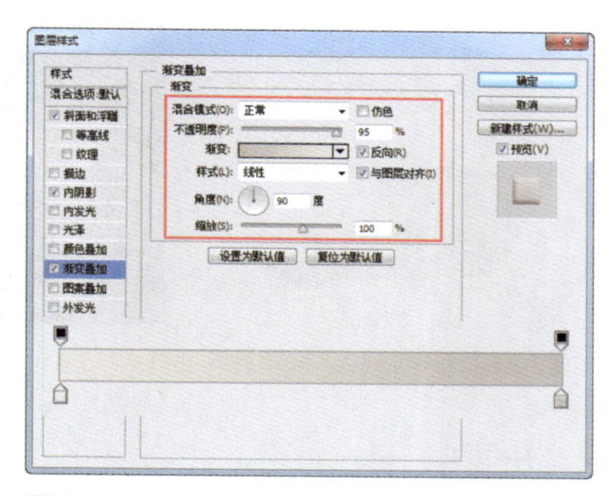

图 2-175

步骤 09 继续添加“投影”图层样式，对相关选项进行设置，如图2-176所示。单击“确定”按钮，完成“图层样式”对话框中各选项的设置，效果如图2-177所示。

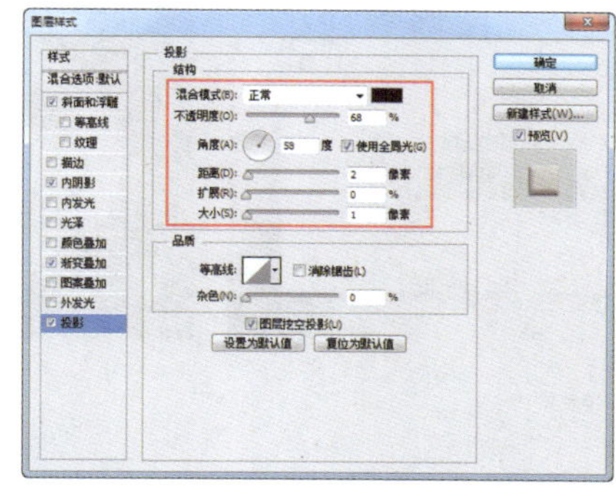

图 2-176

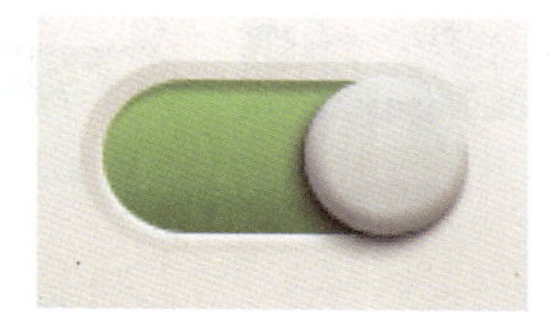

图 2-177

步骤10 使用“椭圆工具”，在画布中绘制一个白色的正圆形，如图2-178所示。使用“椭圆工具”，在选项栏上设置“路径操作”为“减去顶层形状”，在刚绘制的正圆形上减去相应的图形，得到需要的图形，设置该图层的“填充”为50%，效果如图2-179所示。

图 2-178

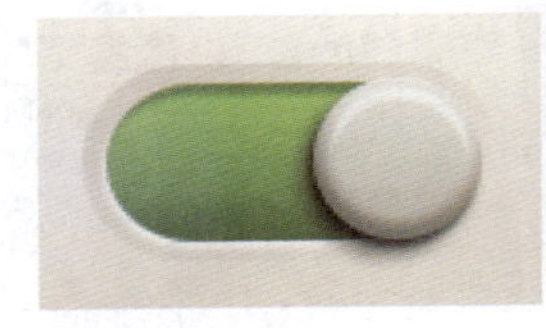

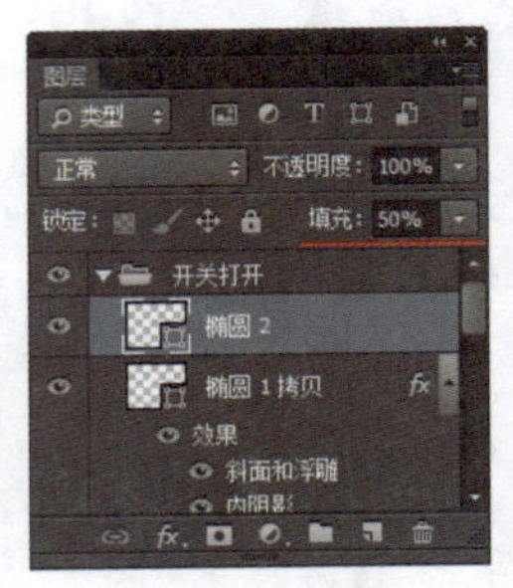

图 2-179

步骤11 使用相同的制作方法，可以完成相似图形的绘制，效果如图2-180所示。使用相同的制作方法，还可以绘制出关闭按钮和垂直方向上的开关按钮，效果如图2-181所示。

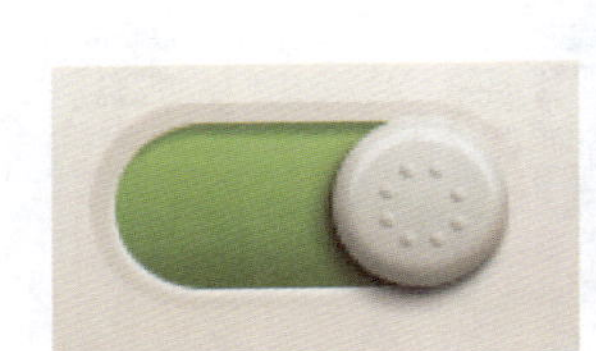

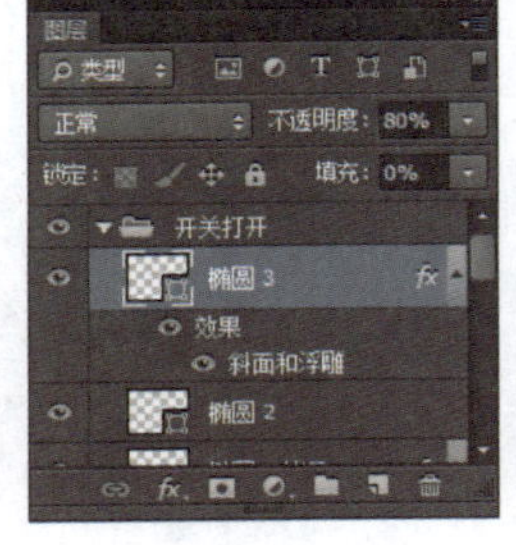

图 2-180

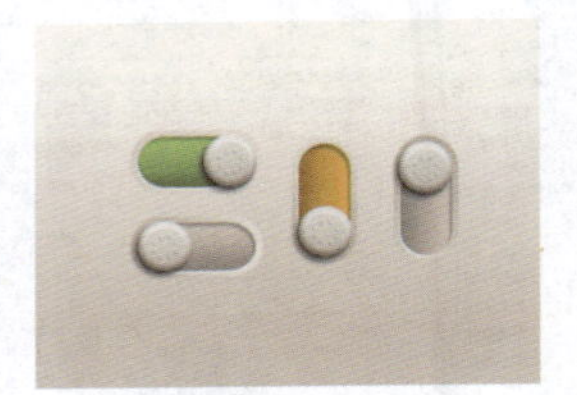

图 2-181

2.3.2 进度条

进度条即软件在处理任务时，实时地以图形方式显示的处理当前任务的进度、完成度，以及剩余未完成任务量的大小和可能需要完成的时间。大多数软件界面中的进度条是以长条矩形的方式显示的，进度条的设计方法相对比较简单，重点是色彩的应用和质感的体现，如图2-182所示。

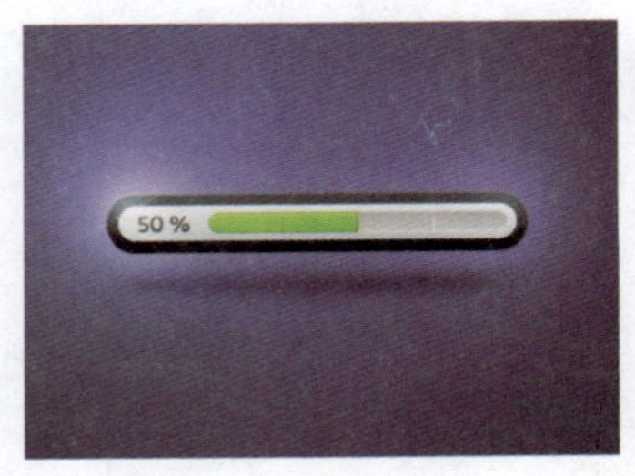

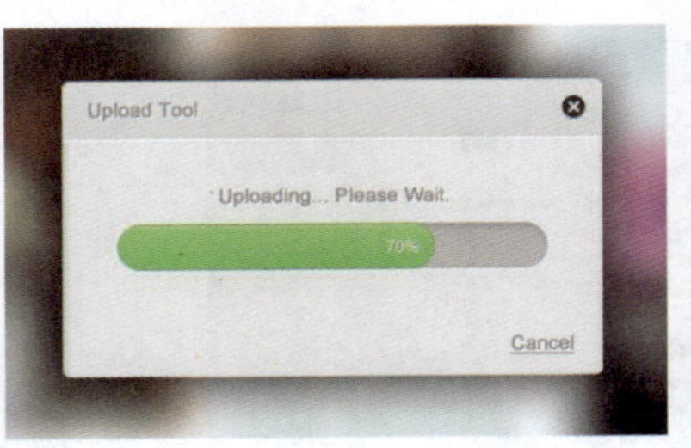

图 2-182

【自测6】绘制圆形加载进度条

视频：光盘\视频\第2章\圆形加载进度条.swf　　源文件：光盘\源文件\第2章\圆形加载进度条.psd

● 案例分析

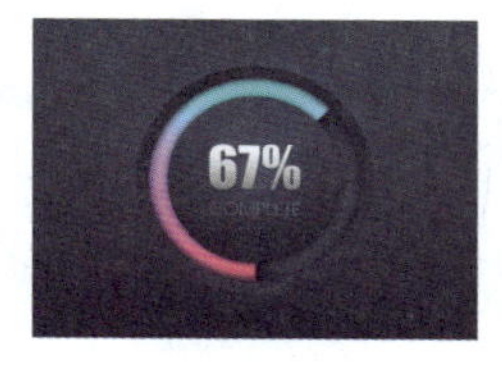

案例特点： 本案例制作了一款精美的软件进度条，通过圆形的渐变颜色表现进度的效果，表现独特，效果精美。

制作思路与要点： 通过绘制正圆形并填充渐变颜色绘制出进度条的圆形轮廓背景，将圆形减去相应的形状得到扇形的效果，填充从青色到洋红色的渐变，并添加相应的图层样式，制作出进度显示图形，表现出进度条的质感。在制作过程中注意学习层次感和质感的表现方式。

● 色彩分析

使用深蓝色的渐变作为进度条的背景颜色，搭配明度较高的青色到洋红色渐变填充的进度显示图形，色彩表现活泼、生动，具有很强的对比性和生动性。

● 制作步骤

步骤01 执行“文件>新建”命令，弹出“新建”对话框，新建一个空白文档，如图2-183所示。新建“图层1”，使用“渐变工具”，设置从RGB（22,28,53）到RGB（59,86,116）的颜色渐变，在画布中拖动鼠标填充线性渐变，效果如图2-184所示。

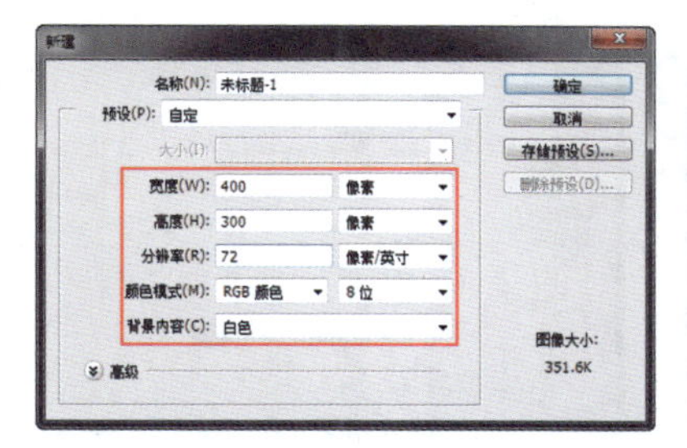

图 2-183

图 2-184

步骤02 为“图层1”添加“内阴影”图层样式，对相关选项进行设置，如图2-185所示。单击“确定”按钮，完成“图层样式”对话框中各选项的设置，效果如图2-186所示。

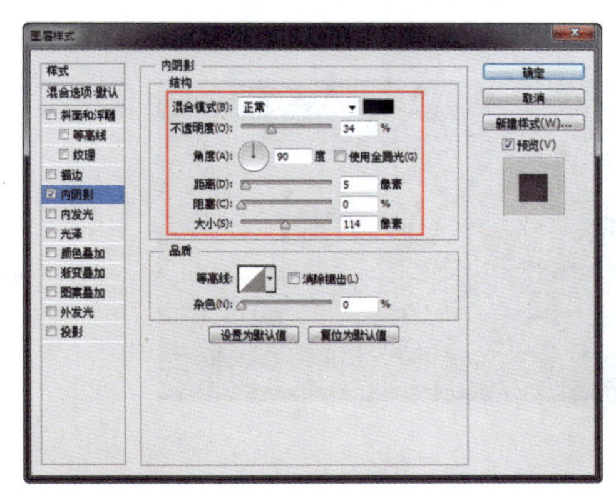

图 2-185

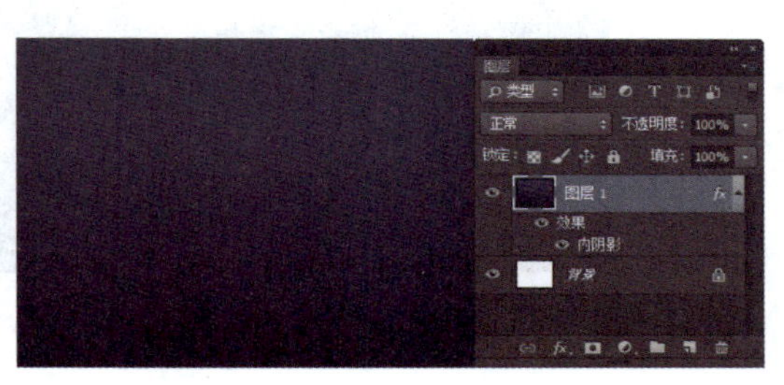

图 2-186

步骤03 新建名称为“加载进度”的图层组，使用“椭圆工具”，在选项栏上设置“工具模式”为“形状”、“填充”为RGB（41,79,114），在画布中绘制一个正圆形，如图2-187所示。为“椭圆1”图层添加“内阴影”图层样式，对相关选项进行设置，如图2-188所示。

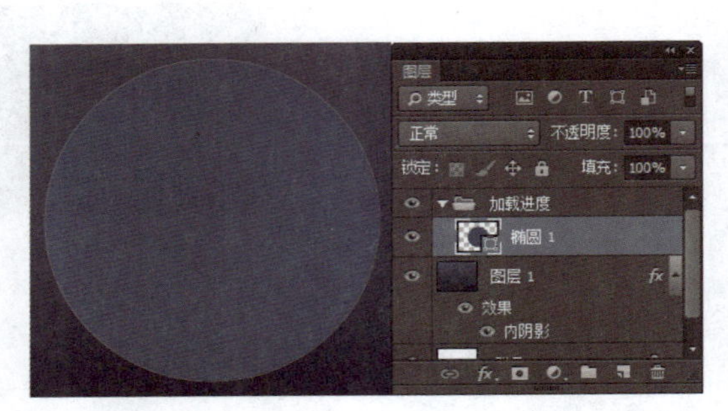

图 2-187

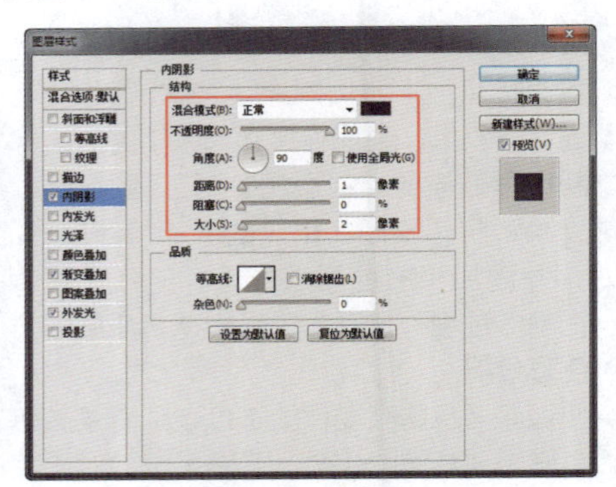

图 2-188

步骤04 继续添加“渐变叠加”图层样式，对相关选项进行设置，如图2-189所示。继续添加“外发光”图层样式，对相关选项进行设置，如图2-190所示。

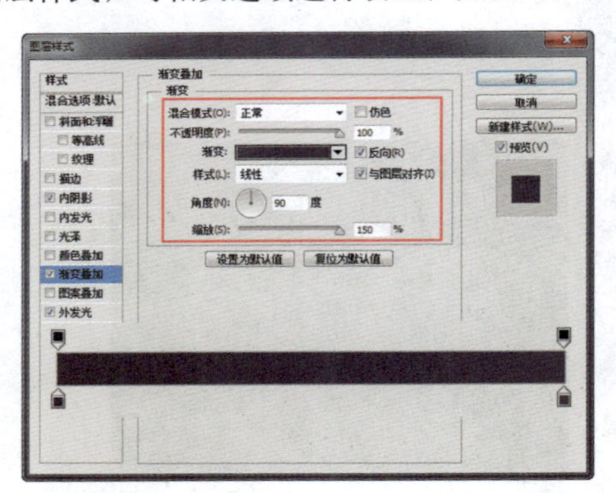

图 2-189

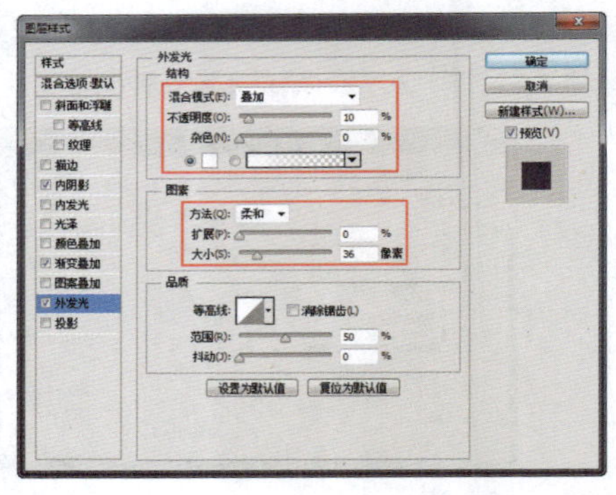

图 2-190

步骤05 单击“确定”按钮，完成“图层样式”对话框中各选项的设置，效果如图2-191所示。复制“椭圆1”图层，得到“椭圆1拷贝”图层，将复制得到的正圆形等比例缩小，并清除该图层的图层样式，设置该图形的填充颜色为RGB（45,64,92），如图2-192所示。

图 2-191

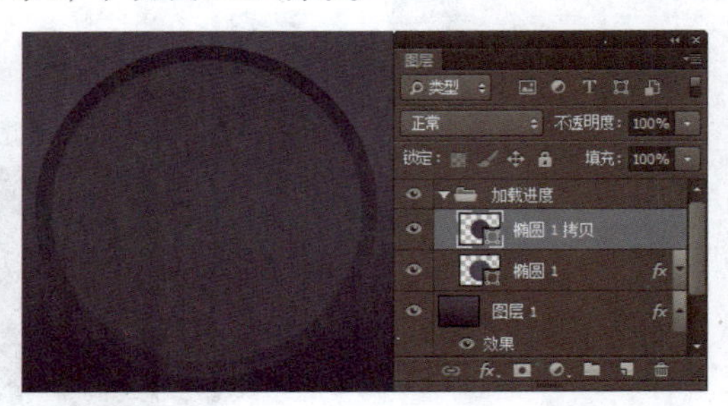

图 2-192

步骤06 为该图层添加“描边”图层样式，对相关选项进行设置，如图2-193所示。继续添加“内阴影”图层样式，对相关选项进行设置，如图2-194所示。

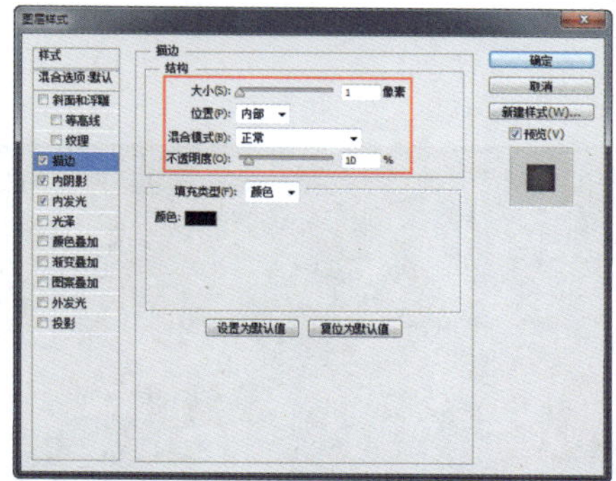
图 2-193

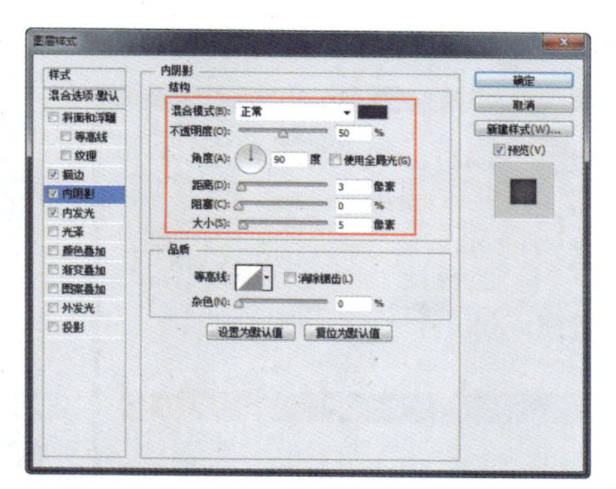
图 2-194

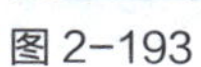
提示

使用“描边”图层样式可以为图像边缘添加纯色、渐变色或图像轮廓描边。使用“内阴影”图层样式可以在紧靠图像内容的边缘内添加阴影，使图像产生凹陷的效果。

步骤07 继续添加“内发光”图层样式，对相关选项进行设置，如图2-195所示。单击“确定”按钮，完成“图层样式”对话框中各选项的设置，效果如图2-196所示。

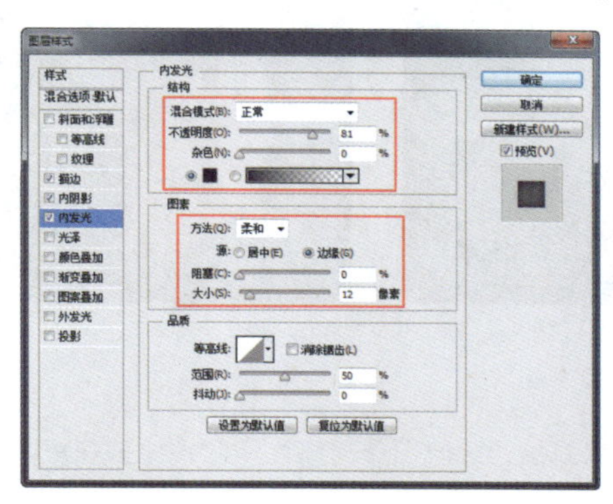
图 2-195

图 2-196

步骤08 使用“椭圆工具”，在画布中绘制一个正圆形，如图2-197所示。使用“钢笔工具”，在选项栏上设置“路径操作”为“减去顶层形状”，在刚绘制的正圆形上减去相应的形状，得到扇形图形，如图2-198所示。

图 2-197

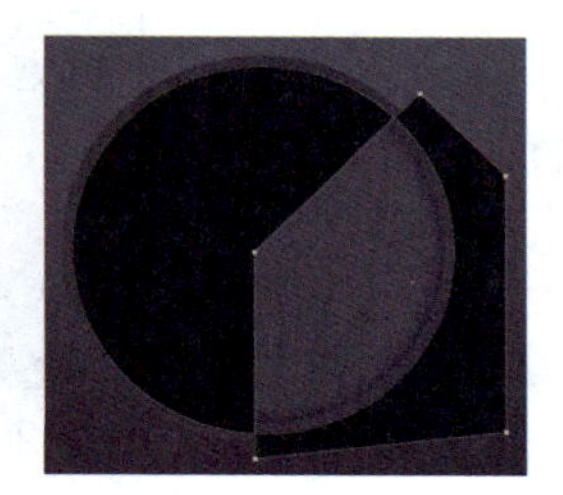
图 2-198

步骤 09 为“椭圆2”图层添加“渐变叠加”图层样式，对相关选项进行设置，如图2-199所示。单击“确定”按钮，完成“图层样式”对话框中各选项的设置，为“椭圆2”图层创建剪贴蒙版，如图2-200所示。

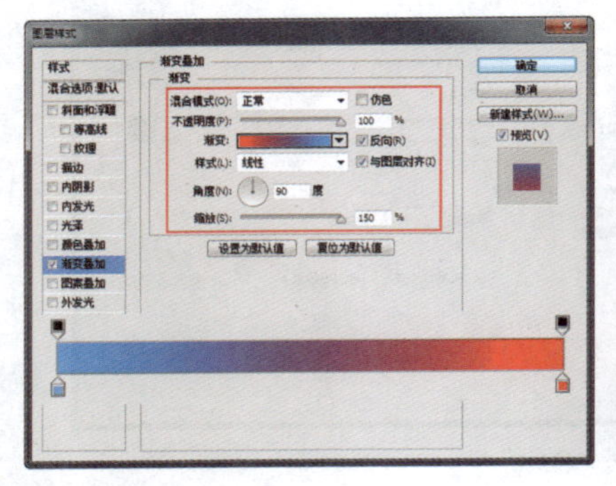

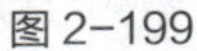

图 2-199

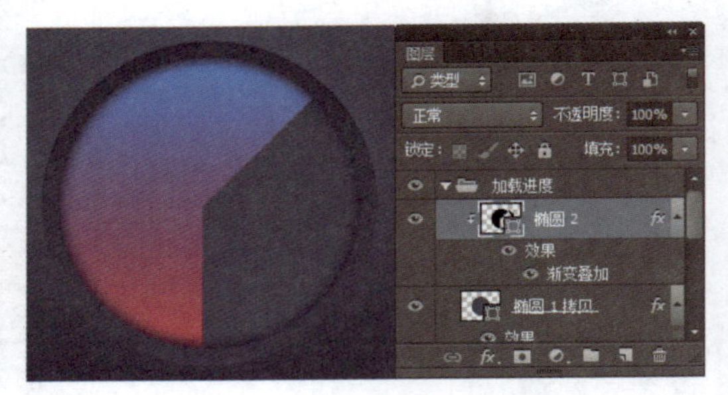

图 2-200

步骤 10 复制“椭圆2”图层，得到“椭圆2拷贝”图层，清除该图层的图层样式，设置该图层中图形的填充颜色为白色，设置该图层的“混合模式”为“叠加”，效果如图2-201所示。使用“直线工具”，设置“填充”为黑色、“粗细”为1像素，在画布中绘制一条直线，如图2-202所示。

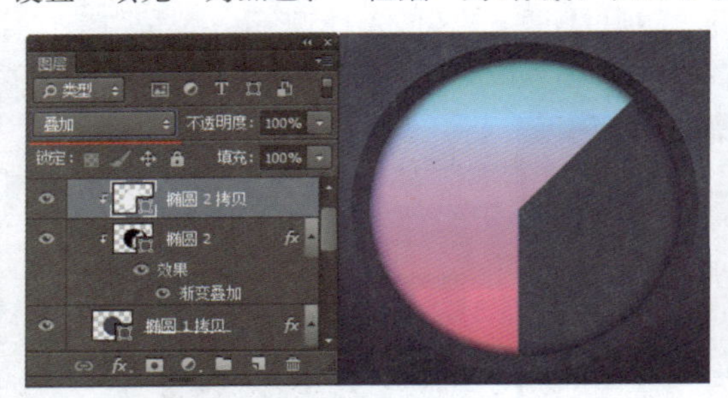

图 2-201

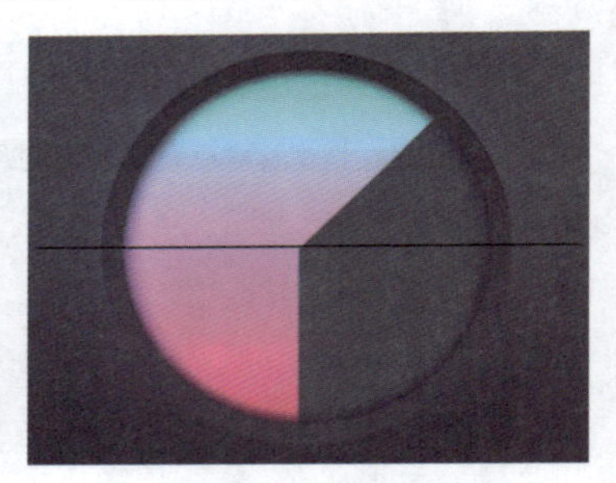

图 2-202

提示

设置“叠加”混合模式可以改变图像的色调，但图像的高光和暗调将被保留，任何亮度值高于50%的灰色像素都可能加亮下面图层中的图像。

步骤 11 按快捷键Ctrl+T，将直线旋转30°，按Enter键确认旋转操作，如图2-203所示。按快捷键Ctrl+Alt+Shift，再按T键，对直线进行旋转复制操作，得到需要的图形，如图2-204所示。

图 2-203

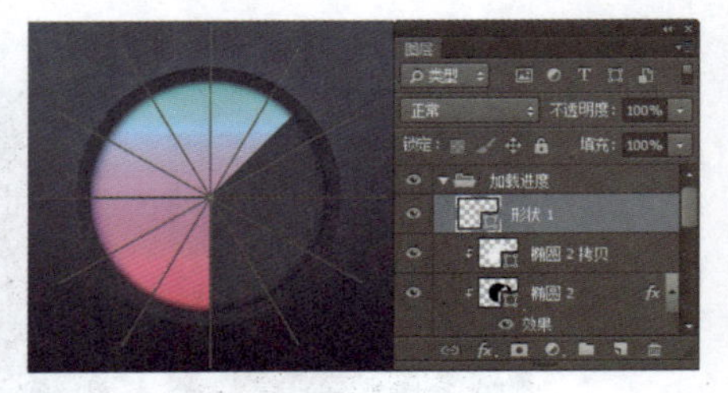

图 2-204

提示

在对图像进行旋转操作时，如果按住Shift键，则对象的旋转角度将会以15°为增量进行旋转操作。按快捷键Ctrl+T，显示图像的变换框，还可以在其选项栏上的“角度”选项中设置需要旋转的固定角度值。

步骤 12 为“形状1”图层创建剪贴蒙版，设置该图层的“混合模式”为“叠加”、“不透明度”为20%，效果如图2-205所示。使用相同的绘制方法，可以绘制出相似的图形效果，如图2-206所示。

图 2-205

图 2-206

步骤 13 在“椭圆1 拷贝”图层上方新建“图层3”，使用“画笔工具”，设置“前景色”为黑色，在选项栏上选择合适的柔角笔触，设置“不透明度”为50%，在画布中合适的位置涂抹，如图2-207所示。使用“横排文字工具”，在画布中输入相应的文字，如图2-208所示。

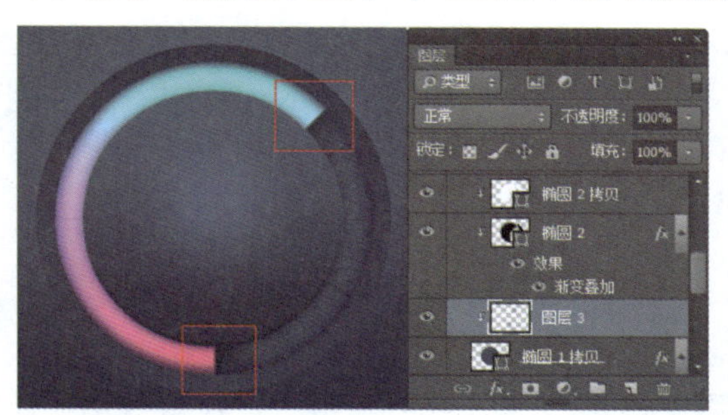

图 2-207

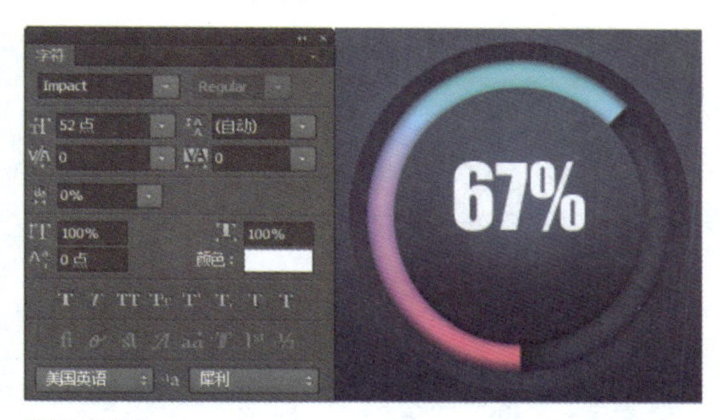

图 2-208

步骤 14 使用相同的制作方法，为该文字图层添加相应的图层样式，效果如图2-209所示。输入其他文字，并分别添加“投影”图层样式，完成该圆形加载进度条的绘制，效果如图2-210所示。

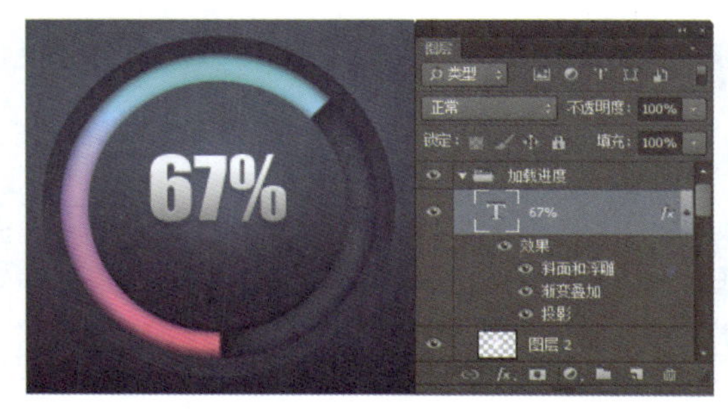

图 2-209

图 2-210

2.4 软件菜单和工具栏设计

菜单和工具栏是几乎所有应用软件都需要设计的界面元素，它们为应用程序提供了快速执行特定功能和程序逻辑的用户接口。

2.4.1 菜单的重要性

菜单在现代的应用软件中有着非常广泛的应用。在应用软件中为了帮助使用者更好地使用软件所提供的功能，开发人员会将软件中所能够提供的功能列成一个清单，从而方便用户的选择和执行。用户根据菜单所显示项目的功能，选择自己所需要的功能，从而完成所需要的任务。这种方法极大地方便了用户，使用户在使用一个新软件时，不用花多少时间和力气去记忆使用规则，就能很快地学会使用新软件。因此，菜单是应用软件给用户的第一个界面，软件菜单设计得好坏，将直接影响用户对应用软件的使用效果。好的菜单设计有助于用户对应用软件的学习，更快地掌握应用软件的使用方法，并方便地操作应用软件。可以这样说，应用软件的实用性在一定程度上取决于菜单设计的质量和水平。

2.4.2 软件菜单的设计要点

在设计软件菜单界面时，最好能够按照Windows所设定的规范进行，不仅能使所设计出的软件菜单界面更加美观丰富，而且能与其他软件协调一致，使用户能够根据平时对软件的操作经验，触类旁通地知晓该应用软件各功能和简捷的操作方法，增强软件的灵活性和可操作性。如图2-211所示为常见的软件菜单设计。

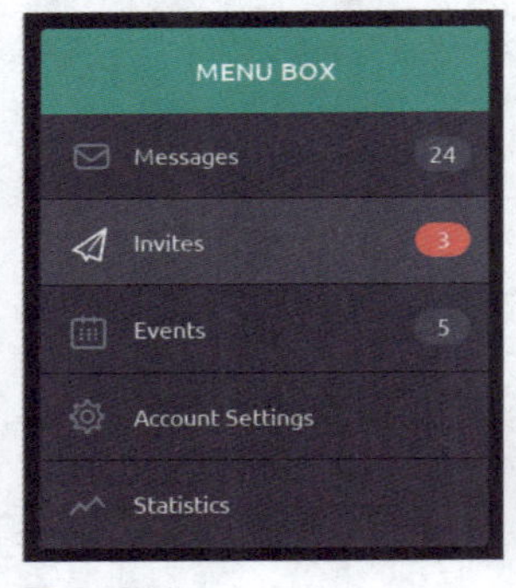

图 2-211

- **不可操作的菜单项一般要屏蔽变灰。**

软件菜单中有一些菜单项是以变灰的形式出现的，并使用虚线字符来显示，这类命令表示当前不可用，也就是说，执行此命令的条件当前还不具备。

- **对当前使用的菜单命令进行标记。**

对于当前正在使用的菜单命令，可以使用改变背景色或在菜单命令旁边添加对钩（√），区别显示当前选择和使用的命令，使菜单的应用更具有识别性。

- **为命令选项增加快捷键。**

某些菜单命令会在右侧设计一个组合键，称为该命令的快捷键，可以不打开菜单而直接按快捷键来执行该命令。

- **在要弹出对话框的命令选项后增加省略号（…）提示用户。**

Windows中，如果菜单命令项后面有省略号（…），表明执行该命令将会弹出一个对话框，从对话框中可以执行更多的相关命令和操作，在设计时只需要在会弹出对话框的菜单项的标题后增加“（…）”即可。

- **对相关的命令使用分隔条进行分组。**

为了使用户迅速地在菜单中找到需要执行的命令项，非常有必要对菜单中相关的一组命令用分隔条进行分组，这样可以使菜单界面更清晰、易于操作。

- **应用动态和弹出式菜单。**

动态菜单即在软件运行过程中会伸缩的菜单，弹出式菜单的设计则可以有效地节约软件界面空间，通过动态菜单和弹出式菜单的设计和应用，可以更好地提高软件界面的灵活性和可操作性。

【自测7】绘制清爽简洁的软件菜单

视频：光盘\视频\第2章\清爽简洁的软件菜单.swf　　源文件：光盘\源文件\第2章\清爽简洁的软件.psd

- **案例分析**

案例特点： 本案例制作一款清爽简洁的软件弹出菜单，合理地布局和突出显示当前选择，简洁、大方。

制作思路与要点： 软件菜单的设置相对比较简单，重点在于清晰、合理地表现出各菜单项。在本案例中垂直排列各菜单项，在各菜单的右侧设计了与其相对应的小图标，并且使用分隔线分隔各菜单项，整体效果简单、清晰。

- **色彩分析**

本案例的导航菜单使用白色作为背景色，搭配深灰色的文字和图标，选择的选项使用红色突出显示，具有很好的醒目性。

- **制作步骤**

步骤01 执行“文件>新建”命令，弹出“新建”对话框，新建一个空白文档，如图2-212所示。使用“渐变工具”，设置从RGB（188,212,220）到RGB（79,127,148）的颜色渐变，在画布中拖动鼠标填充径向渐变，效果如图2-213所示。

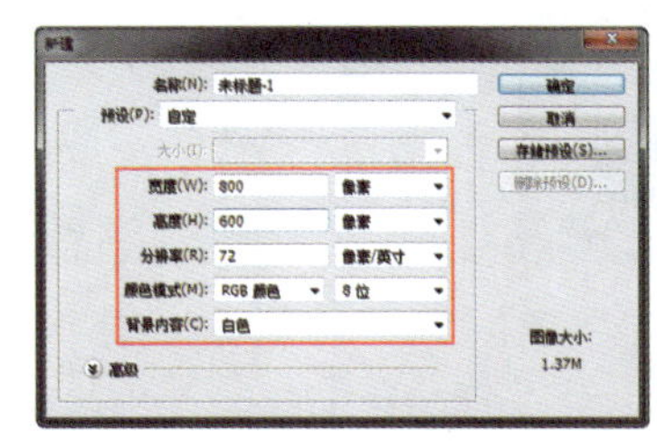

图 2-212

图 2-213

步骤 02 新建名称为“主菜单项”的图层组，使用“圆角矩形工具”，在选项栏上设置“工具模式”为“形状”、“半径”为5像素，在画布中绘制一个白色的圆角矩形，如图2-214所示。使用“多边形工具”，在选项栏上设置“路径操作”为“合并形状”、“边”为3，在刚绘制的圆角矩形的基础上添加一个三角形，如图2-215所示。

图 2-214

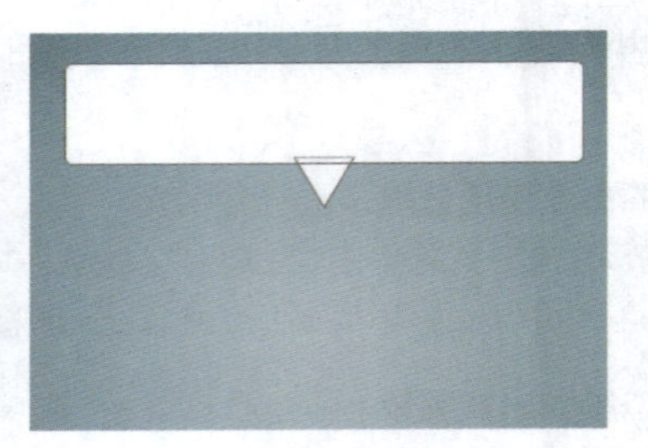

图 2-215

步骤 03 使用“直接选择工具”，选中三角形底部的锚点，将其向上拖动，调整形状，如图2-216所示。为“圆角矩形 1”图层添加“投影”图层样式，对相关选项进行设置，如图2-217所示。

图 2-216

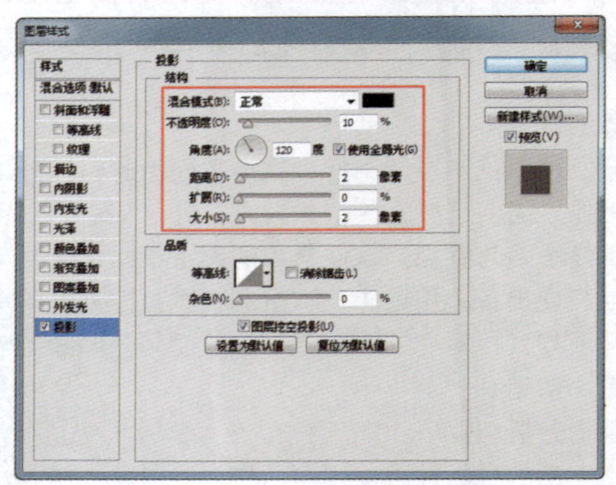

图 2-217

步骤 04 单击“确定”按钮，完成“图层样式”对话框中各选项的设置，效果如图2-218所示。使用“矩形工具”，设置“填充”为RGB（250,250,250），在画布中绘制一个矩形，如图2-219所示。

图 2-218

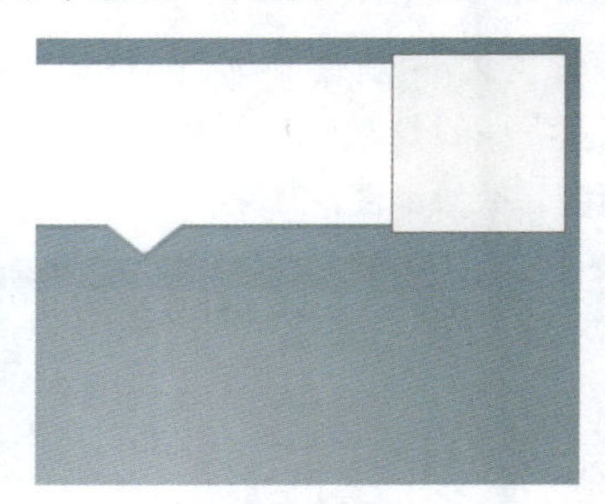

图 2-219

步骤05 为该图层添加“投影”图层样式，对相关选项进行设置，如图2-220所示。单击“确定”按钮，为该图层创建剪贴蒙版，效果如图2-221所示。

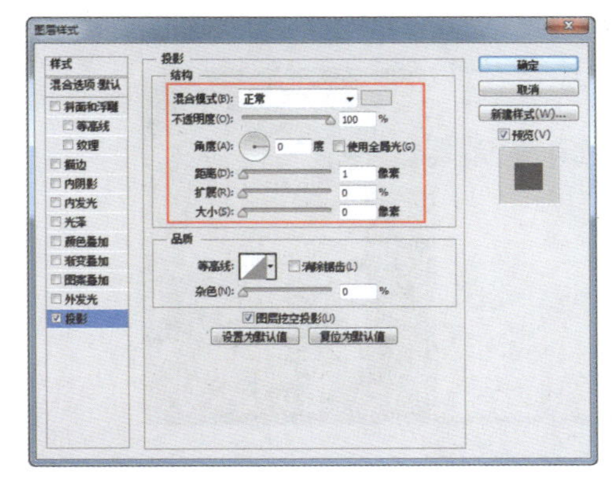

图 2-220

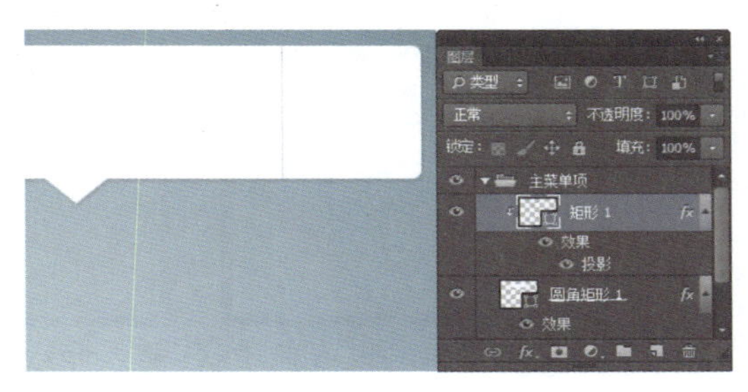

图 2-221

步骤06 使用相同的制作方法，可以绘制出相似的图形效果，如图2-222所示。使用“横排文字工具”，在“字符”面板中对相关属性进行设置，在画布中单击并输入文字，如图2-223所示。

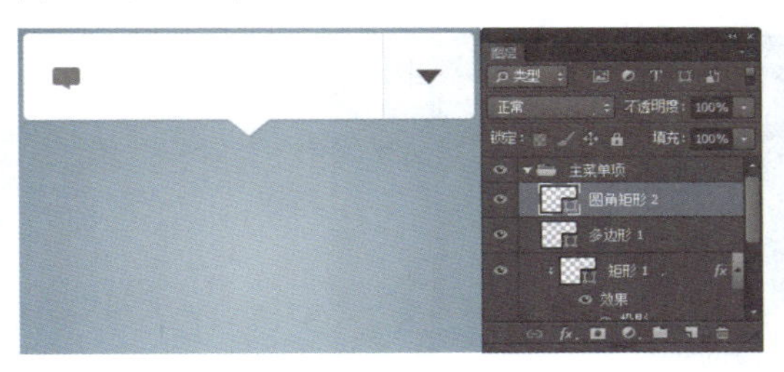

图 2-222

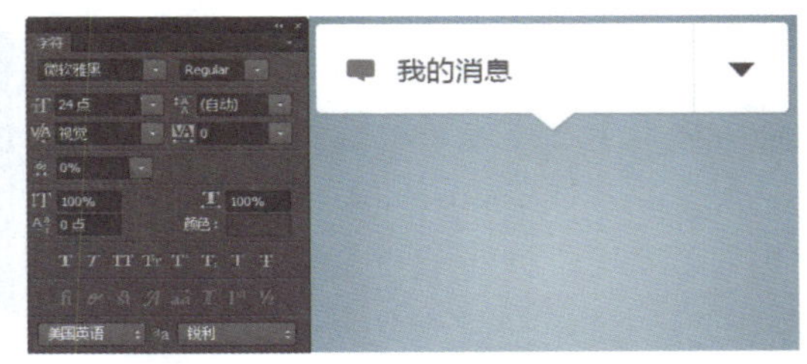

图 2-223

步骤07 在名为“主菜单项”的图层组上方新建名称为“二级菜单项”的图层组，使用“圆角矩形工具”，在画布中绘制一个白色的圆角矩形，如图2-224所示。为该图层添加“投影”图层样式，对相关选项进行设置，如图2-225所示。

图 2-224

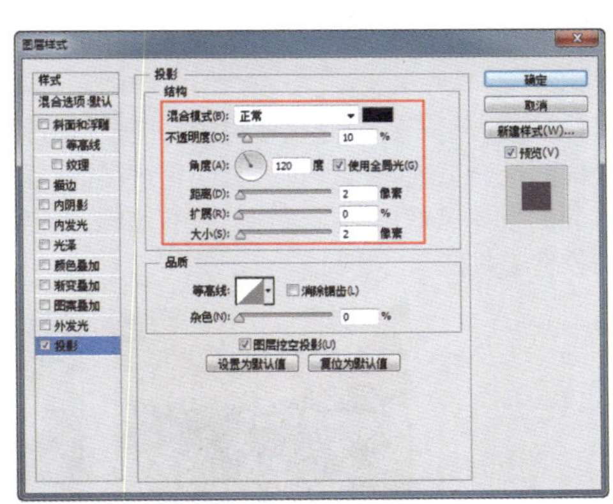

图 2-225

步骤08 单击“确定”按钮，完成“图层样式”对话框中各选项的设置，效果如图2-226所示。使用“直线工具”，在选项栏上设置“填充”为RGB（229,229,229）、“粗细”为1像素，在画布中绘制3条直线，如图2-227所示。

图 2-226

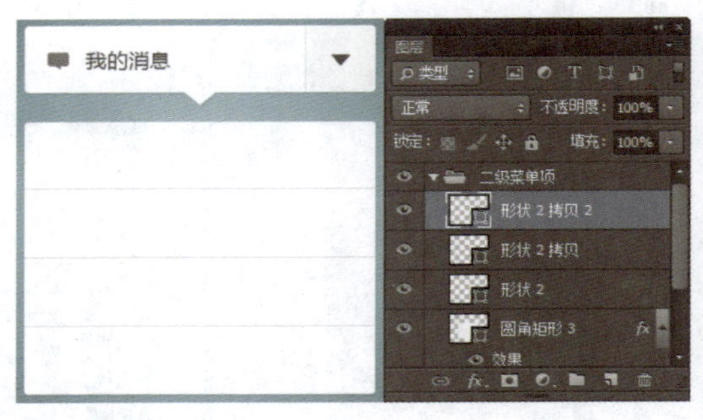

图 2-227

步骤09 使用“钢笔工具”，在选项栏上设置“工具模式”为“形状”、“填充”为RGB（191,191,191），在画布中绘制图形，如图2-228所示。使用相同的制作方法，可以绘制出其他图形效果，完成该简洁软件菜单的绘制，如图2-229所示。

图 2-228

图 2-229

2.4.3 软件工具栏的作用

应用软件中的工具栏是显示图形式按钮的控制条，每个图形按钮称为一个工具项，用于执行软件中的一个功能。通常情况下，出现在工具栏上的按钮所执行的都是一些比较常用的命令，是为了更加方便用户的使用。

软件工具栏一般应用于程序频繁使用的功能，而专门在软件界面中开辟出一些地方来设置这些常用的操作。这样的设计直观突出，且经常使用这类操作的用户会觉得方便且更有效率。软件工具栏需要根据软件界面的整体风格来进行设计，只有这样才能够使整个软件界面和谐统一。如图2-230所示为设计精美的软件工具栏。

图 2-230

【自测8】绘制软件快捷工具栏

视频：光盘\视频\第2章\软件快捷工具栏.swf　　源文件：光盘\源文件\第2章\软件快捷工具栏.psd

● 案例分析

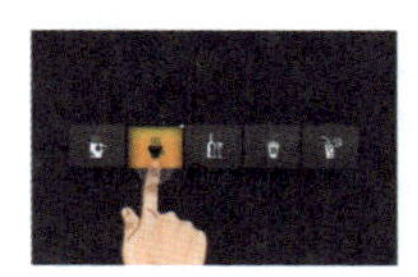

案例特点：本案例制作一款精美的软件快捷工具栏，在工具栏上水平排列多个工具小图标，并且将图标按下状态进行突出显示。

制作思路与要点：将工具栏设计为一个长的圆角矩形，将该圆角矩形分割为多个矩形小图标，各个小图标设计代表其功能的图形，通过背景颜色和阴影效果的应用，突出显示当前选择的小工具，使整个工具栏既和谐统一又功能独立。

● 色彩分析

该案例所设计的软件工具栏以深灰色为主体颜色，搭配按钮上白色的图标，非常醒目，而在按钮状态的工具按钮则显示为橙色背景搭配黑色图标，与其他工具图标形成强烈反差，易于辨别。

白色

● 制作步骤

步骤01 执行“文件>新建”命令，弹出“新建”对话框，新建一个空白文档，如图2-231所示。打开素材图像“光盘\源文件\第2章\208.jpg”，将其拖入到新建的文档中，效果如图2-232所示。

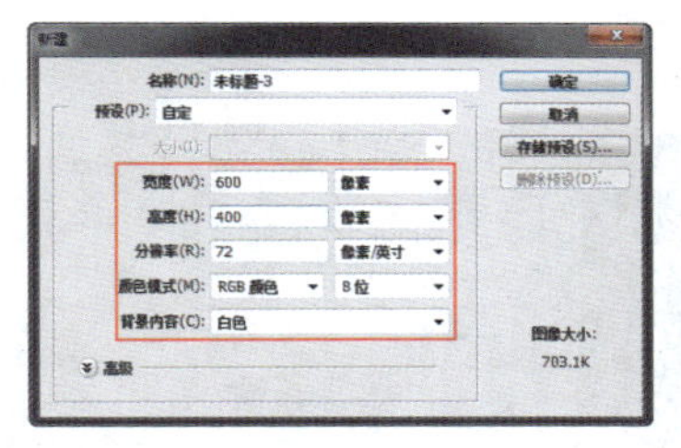

图 2-231

图 2-232

步骤02 使用“圆角矩形工具”，在选项栏上设置“工具模式”为“形状”、“填充”为RGB（10,10,16）、“半径”为12像素，在画布中绘制圆角矩形，如图2-233所示。为该图层添加“外发光”图层样式，对相关选项进行设置，如图2-234所示。

图 2-233

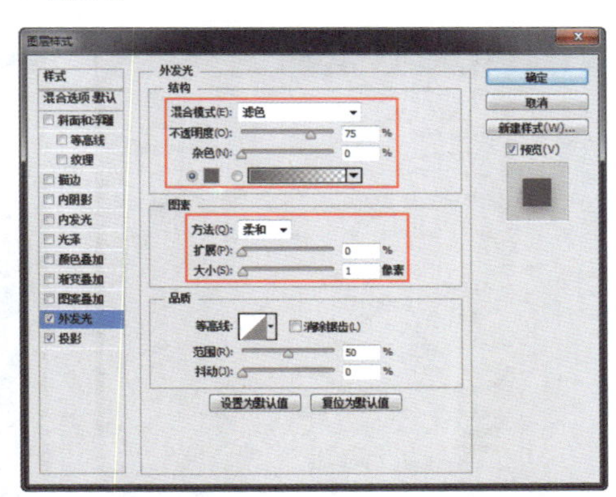

图 2-234

步骤03 继续添加“投影”图层样式，对相关选项进行设置，如图2-235所示。单击“确定”按钮，完成“图层样式”对话框中各选项的设置，效果如图2-236所示。

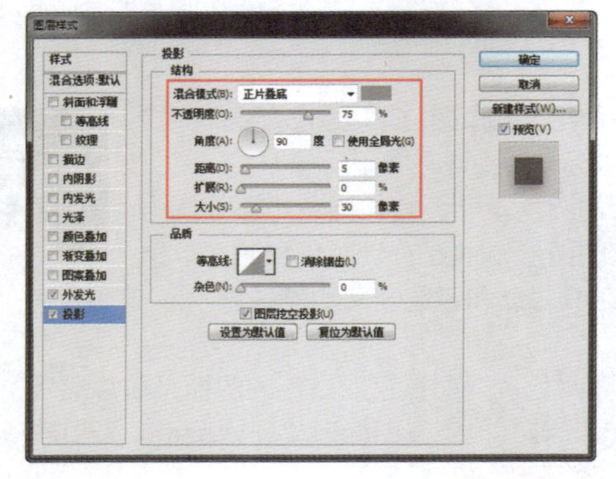

图 2-235

图 2-236

步骤04 新建名称为“按钮1”的图层组，使用“圆角矩形工具”，在画布中绘制一个圆角矩形，如图2-237所示。使用“矩形工具”，在选项栏上设置“路径操作”为“减去顶层形状”，在刚绘制的圆角矩形上减去矩形，得到需要的图形，如图2-238所示。

图 2-237

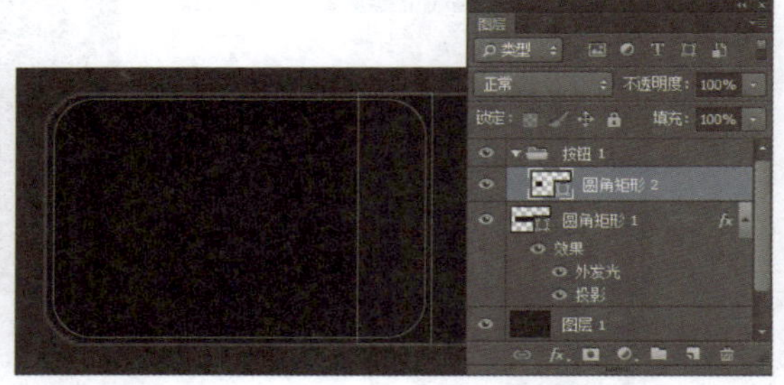

图 2-238

步骤05 为“圆角矩形2”图层添加“斜面和浮雕”图层样式，对相关选项进行设置，如图2-239所示。继续添加“渐变叠加”图层样式，对相关选项进行设置，如图2-240所示。

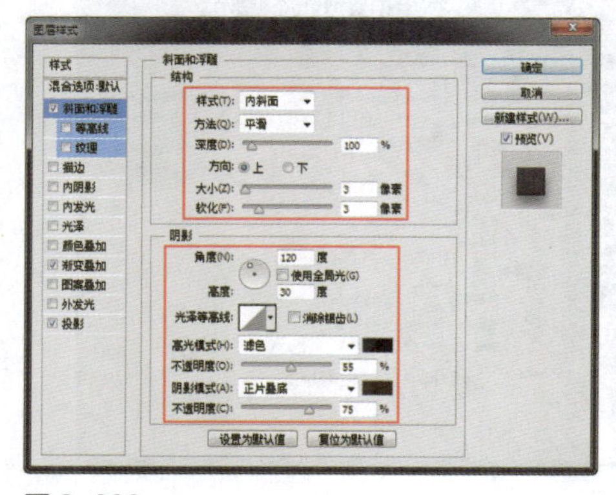

图 2-239

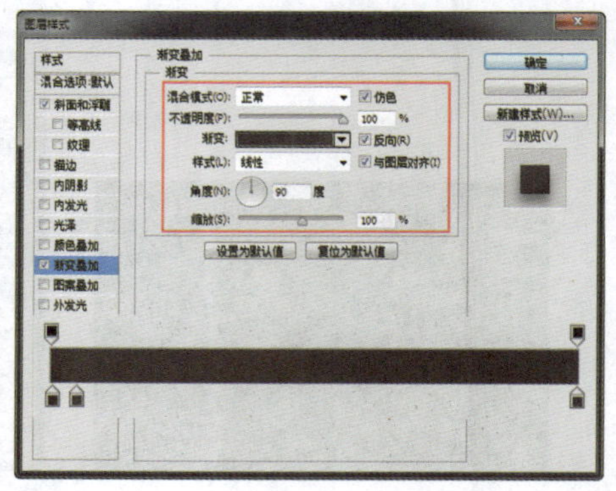

图 2-240

步骤 06 继续添加“投影”图层样式，对相关选项进行设置，如图2-241所示。单击“确定”按钮，完成“图层样式”对话框中各选项的设置，效果如图2-242所示。

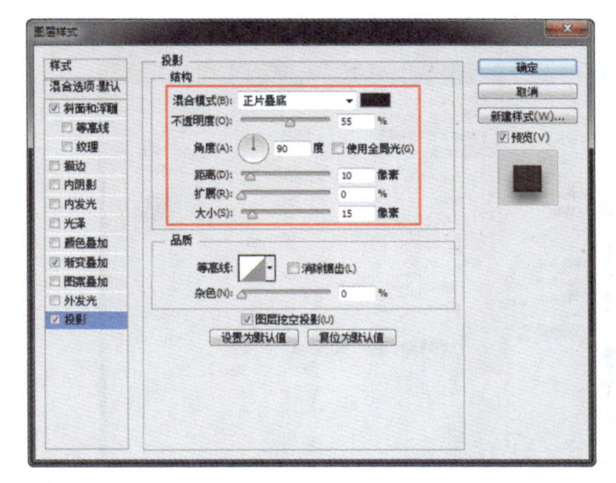

图 2-241

图 2-242

步骤 07 使用“圆角矩形工具”，在选项栏上设置“半径”为3像素，在画布中绘制一个白色的圆角矩形，如图2-243所示。使用“矩形工具”，设置“路径操作”为“减去顶层形状”，在刚绘制的圆角矩形上减去矩形，效果如图2-244所示。

图 2-243

图 2-244

步骤 08 使用“钢笔工具”，在选项栏上设置“工具模式”为“形状”、“路径操作”为“减去顶层形状”，在刚绘制的图形上减去相应的图形，如图2-245所示。使用“钢笔工具”，在画布中绘制图形，效果如图2-246所示。

图 2-245

图 2-246

步骤09 同时选中“圆角矩形3”至“矩形2”图层，按快捷键Ctrl+G，将选中的图层放置在名为“组1”的图层组中，如图2-247所示。为“组1”图层组添加“投影”图层样式，对相关选项进行设置，如图2-248所示。

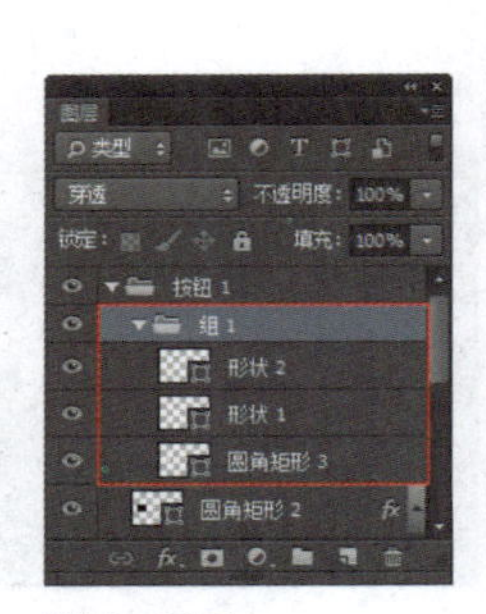
图 2-247

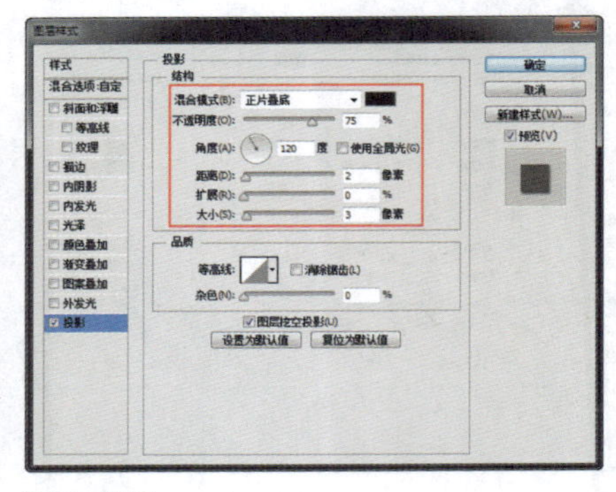
图 2-248

步骤10 单击“确定”按钮，完成“图层样式”对话框中各选项的设置，效果如图2-249所示。在“按钮1”图层组上方新建名称为“按钮2”的图层组，使用“圆角矩形工具”，在选项栏上设置“半径”为3像素，在画布中绘制一个圆角矩形，如图2-250所示。

图 2-249

图 2-250

步骤11 为该图层添加“斜面和浮雕”图层样式，对相关选项进行设置，如图2-251所示。继续添加“内阴影”图层样式，对相关选项进行设置，如图2-252所示。

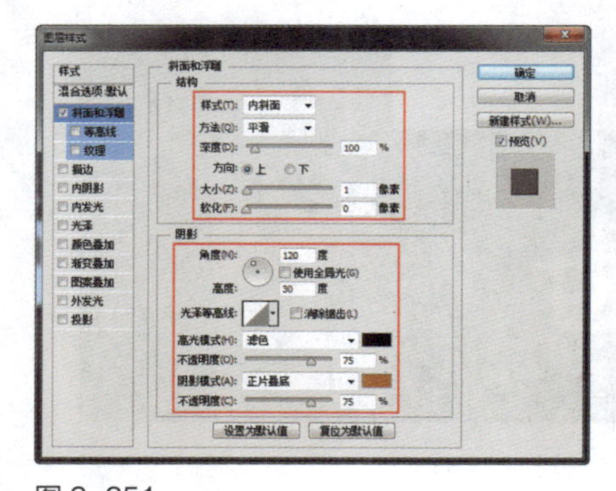
图 2-251

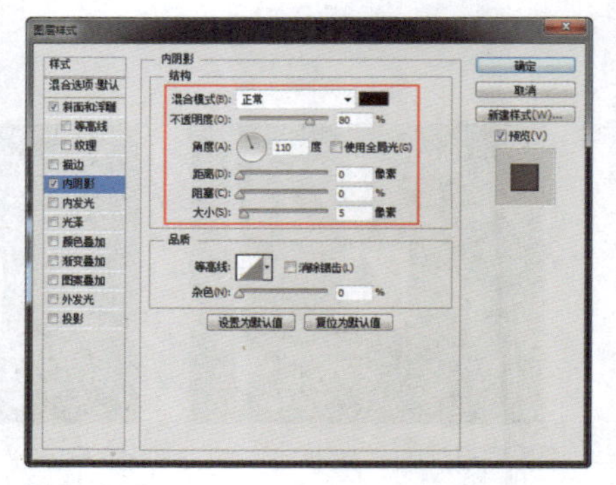
图 2-252

步骤 12 继续添加“内发光”图层样式，对相关选项进行设置，如图2-253所示。继续添加“渐变叠加”图层样式，对相关选项进行设置，如图2-254所示。

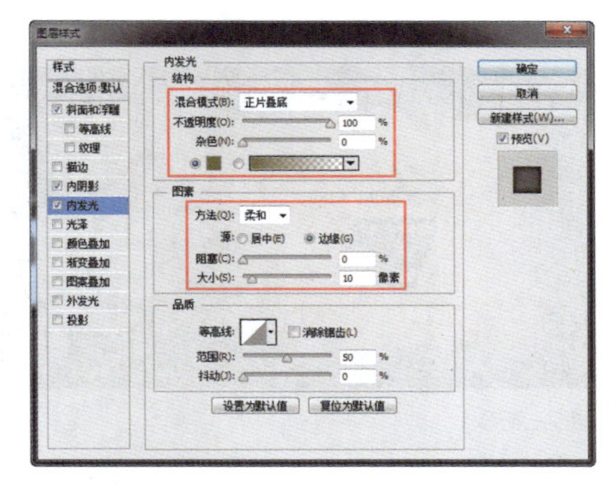

图 2-253

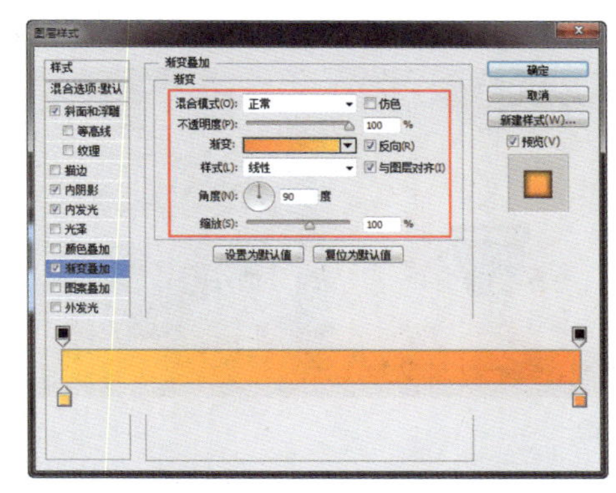

图 2-254

步骤 13 继续添加“投影”图层样式，对相关选项进行设置，如图2-255所示。单击“确定”按钮，完成“图层样式”对话框中各选项的设置，效果如图2-256所示。

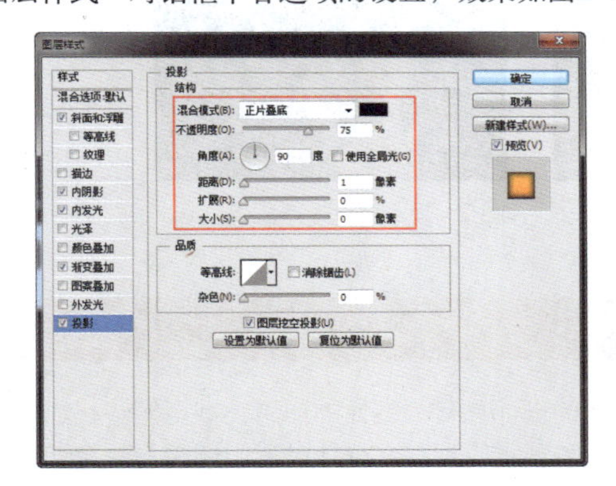

图 2-255

图 2-256

步骤 14 使用相同的制作方法，可以完成该按钮上图标的绘制，效果如图2-257所示。在名称为“组2”的图层组上方新建“图层2”，在画布中绘制矩形选区，如图2-258所示。

图 2-257

图 2-258

步骤 15 使用“渐变工具”，在选区中填充从黑色到透明的线性渐变，设置该图层的“不透明度”为25%，效果如图 2-259 所示。使用相同的制作方法，可以绘制出左侧和右侧的阴影效果，如图 2-260 所示。

图 2-259

图 2-260

步骤 16 使用相同的制作方法，可以完成其他导航按钮的绘制，效果如图2-261所示。打开并拖入素材图像“光盘\源文件\第2章\素材\209.png”，完成该软件快捷导航的绘制，效果如图2-262所示。

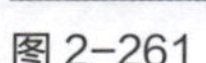

图 2-261

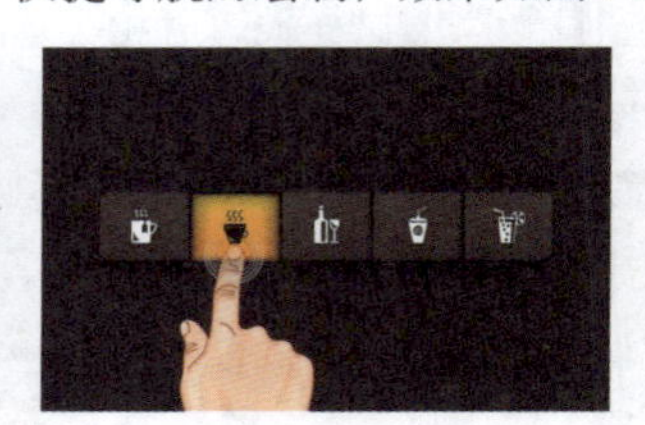

图 2-262

2.5 专家支招

软件界面中各种元素的设计对于整个软件界面的设计具有关键性的作用，甚至能够起到画龙点睛的作用，在了解了软件界面中各种要素的设计方法和要点以后，在设计过程中还需要注意细节效果的表现。

① 图标的常用尺寸有哪些?

答：图标不仅指应用程序的启动图标，还包括状态栏、菜单栏或者是切换导航栏等位置出现的其他标识性图片，所以图标指的是所有这些图片的集合。

图标的常用尺寸大小主要有以下几种：16px×16px、24px×24px、32px×32px、48px×48px、64px×64px、128px×128px和256px×256px，如图2-263所示。

图 2-263

通常，图标过大占用的界面空间就会更多，过小又会降低精细程度，因此具体使用多大尺寸的图标，需要根据设计界面的具体需要而定。

② 如何设计出好的界面元素?

答：好的界面元素要求简练、概括、完美，即要完美到几乎找不到更好的替代方案。好的界面元素设计需要能够满足以下设计要求：

（1）遵循界面设计的艺术规律，创造性地探求恰当的艺术表现形式和手法，锤炼精确的艺术语言，使所设计的界面元素与软件界面整体具有高度的整体美感，获得最佳的视觉效果。

（2）图形、符号既要简练、概括，又要讲究艺术性。

（3）图标的色彩应用要求单纯、强烈、醒目。

（4）界面元素的构思需要慎重推敲，力求深刻、巧妙、新颖、独特，能够经受时间的考验。

（5）在进行界面元素设计之前应该详细了解设计对象的目的、适用范围等有关情况，深刻领会其功能性要求。

（6）界面元素的设计必须充分考虑其实现的可行性，同时还需要考虑其放大或缩小时的视觉效果。

2.6 本章小结

软件界面中的各种元素就好像是人的具体体貌特征，既要能够做到与软件界面整体效果的和谐统一，又要能够体现其别致精巧。在本章中详细介绍了软件界面中设计要素的表现方法，以及各种设计要素的设计方法，读者需要能够理解相关的设计知识并加以练习，一定可以设计出各种精美的软件界面元素。

读书笔记

软件安装与启动界面设计

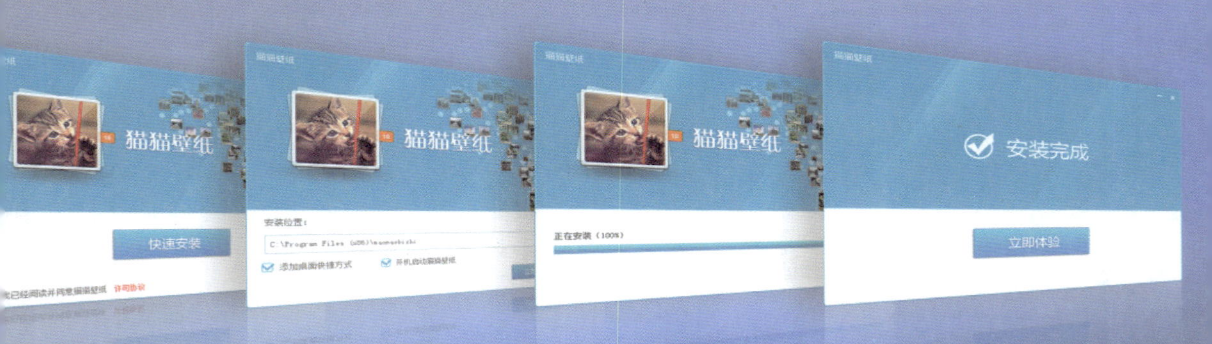

本章要点：

软件的安装与启动界面是用户使用软件时首先接触到的用户界面，能够带给用户对软件的第一印象，因此软件的安装与启动界面设计在整个软件界面设计系统中发挥着重要的作用。在本章中将向读者介绍有关软件安装与启动界面和软件面板的设计要点和设计方法，通过本章内容的学习，读者能够掌握软件安装与启动界面设计的方法和技巧。

知识点：

- 了解软件安装界面的设计流程和视觉表现方法
- 了解软件启动界面的作用和设计原则
- 了解软件启动界面设计需要注意的问题
- 了解软件面板设计的要点和设计原则
- 掌握软件皮肤设计的原则和方法
- 掌握软件安装界面和启动界面设计的方法
- 掌握软件面板设计的方法

3.1 关于软件安装界面设计

软件安装界面设计主要是对软件安装的过程进行美化，通过图形化的方式对软件的功能进行介绍，使得用户能够更轻松地安装软件，并且能够在软件安装的过程中了解该款软件的主要功能和应用。

① 软件安装界面的流程

混乱的软件安装界面和不流畅的软件安装流程会把初次使用该款软件的用户拒之门外，也使得软件的功能得不到充分的定制和发挥。

软件安装界面的流程大体相似，主要包括“许可协议”界面、“选择安装组件”界面、“软件大小信息，选择安装路径”界面、“安装进度”界面、“附带软件、立即运行、开机启动等”界面和“完成”界面，如图3-1所示。

图 3-1

② 软件安装界面的设计细节表现

设计师在对软件的安装界面进行设计的过程中，可以通过以下几个细节的设计表现，提升软件安装界面的用户体验。

● **全局导航。**

在软件安装界面中可以设计一个安装过程的全局进度导航，这样便于用户直观地了解目前软件的安装进度，大概还需要几步才能完成软件的安装，如图3-2所示。

● **组件选择。**

在软件安装过程中可能需要用户选择同时需要安装的组件，对于初次使用该软件的用户来说，用户对于软件还并不熟悉，如果在安装界面中列出一系列组件让用户进行选择，无疑增加了用户安装软件的难度。可以在软件安装过程中提供“推荐”、“简洁”等配置方案，从而降低用户的选择难度，如图3-3所示。

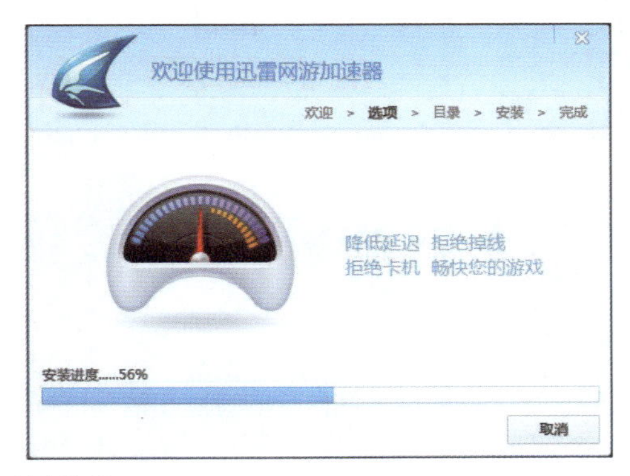

图 3-2

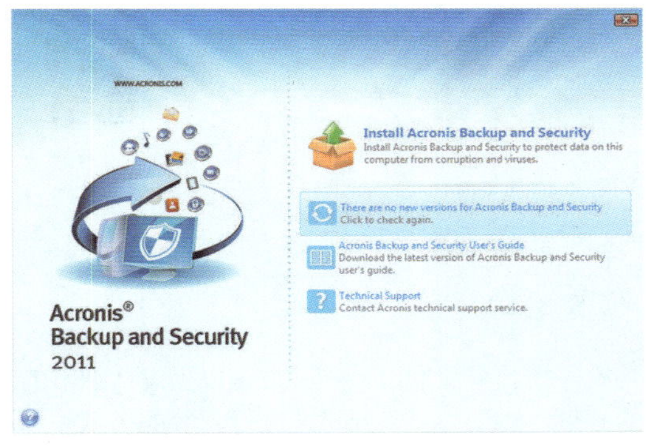

图 3-3

● **选择安装路径。**

在软件安装过程中通常都需要用户选择软件的安装路径，在软件界面的设计过程中尽可能提供路径输入框和浏览按钮两种选择安装路径的方式。对于已经存在的软件版本自动检测软件安装路径的位置，从而避免老用户手动查找或重复安装，如图3-4所示。

● **附带推广。**

许多软件会附带推广安装其他的软件，对于这些附带推广软件或显示新特性等功能都需要提供复选框，让用户自行决定是否安装附带推广软件。而对于软件是否立即运行、开机启动等功能，也需要提供复选框，让用户自行决定，给用户最大的自主选择权，如图3-5所示。

图 3-4

图 3-5

● **安装成功后的处理。**

在软件安装完成界面中有相关安装完成提示的情况下，关系到用户下一步操作的信息就是关键信息，这样的关键信息应该置于按钮层面上，和其他信息区分开来，这样既能够减少用户移动鼠标的操作成本，也可以减少误打开软件的概率。在软件安装成功界面中，可以设计“立即运行”和“以后再说”两个按钮。“立即运行”按钮在“以后再说”按钮的左侧，还可以将“立即运行”按钮通过特殊的色彩进行突出显示，便于用户优先看到和使用，如图3-6所示。

图 3-6

软件安装界面的设计除了注意以上设计细节的体现外，还需要根据软件自身的特点和情况进行具体的分析，对于一些需要迅速进行安装的小软件来说，软件安装的流程可以更加简化，从而满足用户的便捷操作。如图3-7所示为简洁的安装界面。

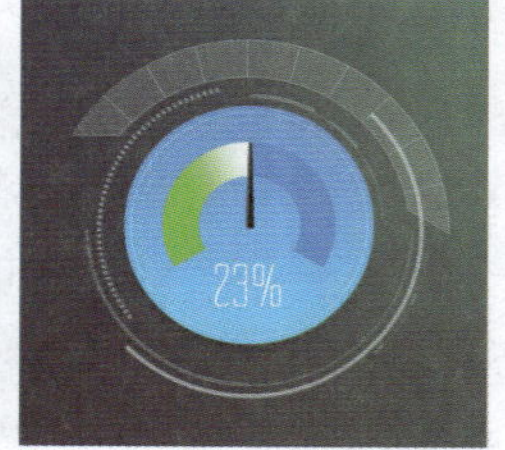

图 3-7

③ 软件包装和市场化

软件包装是软件产品由完成开发转入市场流通的一个重要环节。经济全球化的今天，软件包装与软件产品已经融为一体。软件包装作为实现软件产品价值和使用价值的手段，在生产、流通、销售和消费领域中发挥着极其重要的作用，是软件界面设计不得不关注的重要方面。

软件产品的包装应该考虑保护好软件产品，将功能的宣传融合于美观中，可以印刷部分产品介绍、产品界面设计等，如图3-8所示。

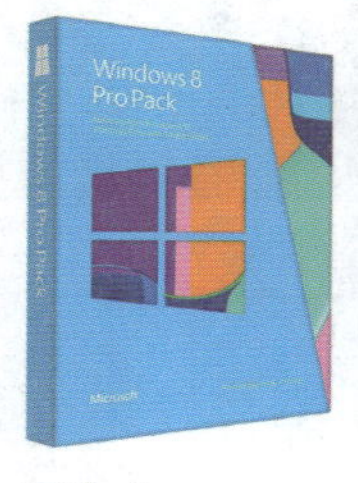

图 3-8

软计安装界面

目前大多数应用软件的安装界面都比较简洁，通过简洁明了的界面和简单可控的流程，使用户能够更加方便快捷地安装软件，并能够在软件安装过程中了解到软件的主要功能和特色。接下来通过一款软件安装界面的设计制作向读者介绍如何设计软件安装界面。

【自测1】软件安装界面

视频：光盘\视频\第3章\软件安装界面.swf　　源文件：光盘\源文件\第3章\软件安装界面.psd

- **案例分析**

案例特点：本案例设计一款软件安装界面，主要通过简单的形状图形和与该款软件相关的素材图像来构成简洁、大方的软件安装界面。

制作思路与要点：软件安装界面不需要设计得过于复杂，可以采用目前常见的分割方式对安装界面进行设计，上半部分设计该款软件的相关介绍内容，可以通过素材图像构成具有吸引力的画面；下半部分是操作功能区，设计安装过程中的相关按钮、选项等，下半部分的设计力求简洁，方便用户操作。

- **色彩分析**

该款软件安装界面的设计使用蓝色为主色调，纯度较高的蓝色也是大多数人比较容易接受的色彩，能够给人一种科技和时尚感。下半部分的功能操作区以白色为背景色，上下两部分形成强烈的对比，便于用户在安装过程中的操作，也更能够凸显上半部分的软件介绍区域。

蓝色	白色	灰色

- **制作步骤**

步骤01 执行“文件>新建”命令，弹出“新建”对话框，新建一个空白文档，如图3-9所示。使用“圆角矩形工具”，在选项栏中设置“工具模式”为“形状”、“半径”为5像素，在画布中拖动鼠标绘制一个白色的圆角矩形，如图3-10所示。

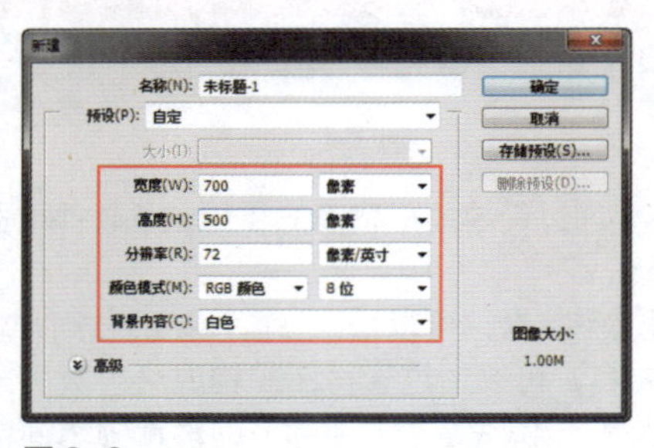

图 3-9

图 3-10

步骤02 为“圆角矩形1”图层添加“描边”图层样式，对相关选项进行设置，如图3-11所示。单击“确定”按钮，完成“图层样式”对话框中各选项的设置，效果如图3-12所示。

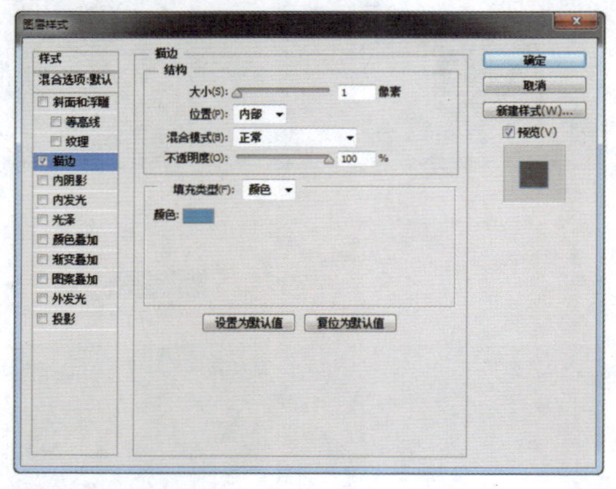

图 3-11

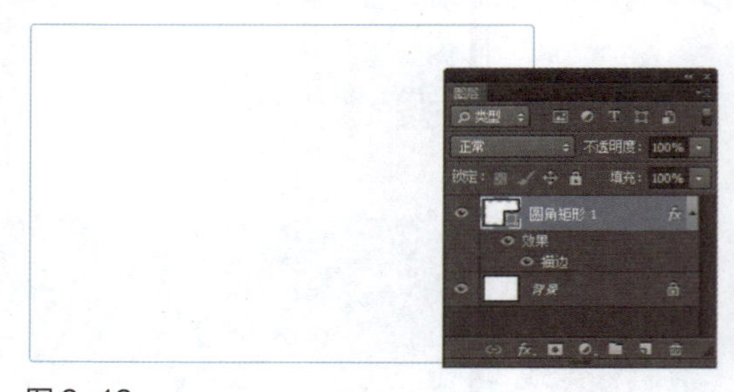

图 3-12

步骤03 使用“圆角矩形工具”，在选项栏上设置“填充”为RGB（14,156,204）、“半径”为5像素，在画布中绘制一个圆角矩形，如图3-13所示。使用“矩形工具”，在选项栏上设置“路径操作”为“减去顶层形状”，在刚绘制的圆角矩形上减去矩形，得到需要的图形，如图3-14所示。

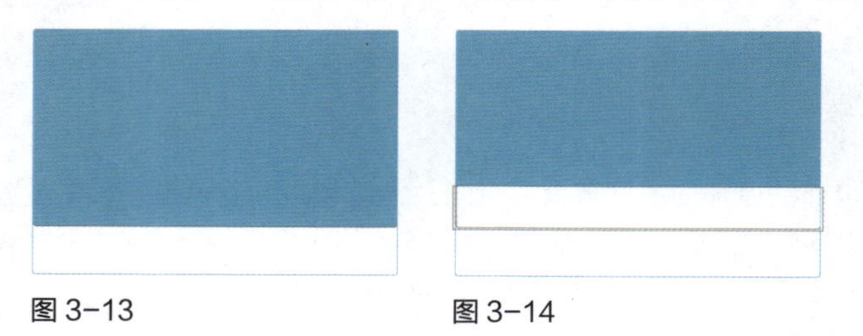

图 3-13　　图 3-14

步骤04 为“圆角矩形2”图层添加“内发光”图层样式，对相关选项进行设置，如图3-15所示。单击“确定”按钮，完成“图层样式”对话框中各选项的设置，效果如图3-16所示。

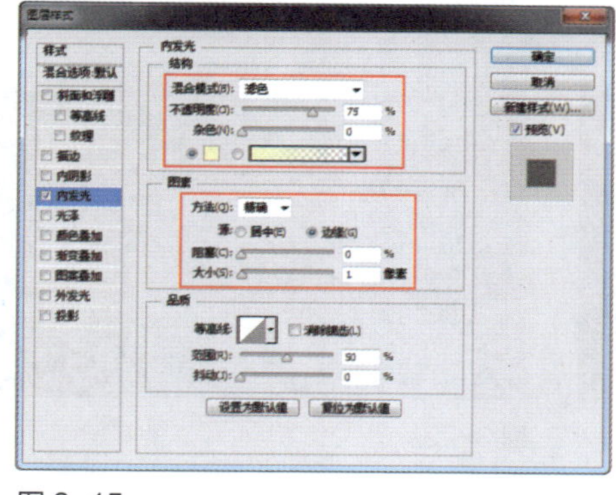

图 3-15

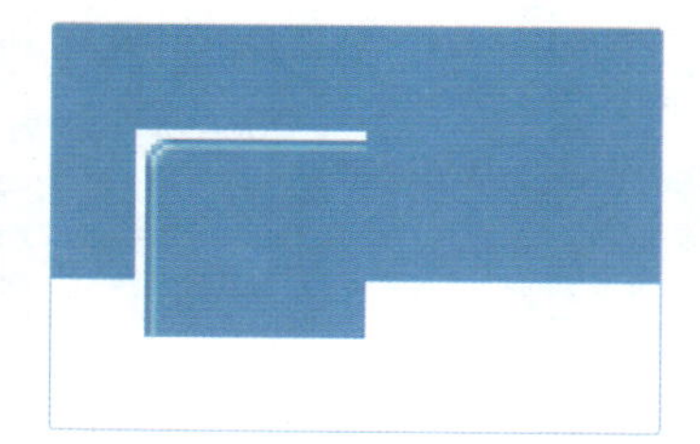
图 3-16

提示

目前，软件安装界面的设计越来越趋向于简单化和图形化，通常将安装界面通过色彩进行上下分割，一部分用于介绍软件的特色和功能，另一部分用于显示软件安装操作的相关选项，这是一种比较流行和实用的软件安装界设计方式。

步骤05 新建“图层1”，使用“矩形选框工具”，在画布中绘制矩形选区，如图3-17所示。使用“渐变工具”，设置从白色到白色透明的颜色渐变，在选区中拖动鼠标填充线性渐变，如图3-18所示。

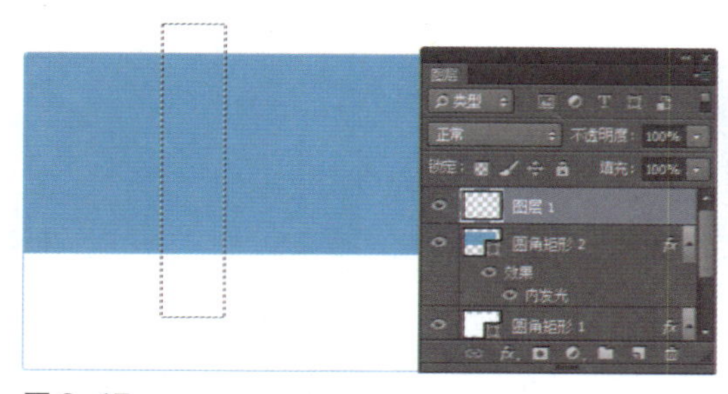

图 3-17

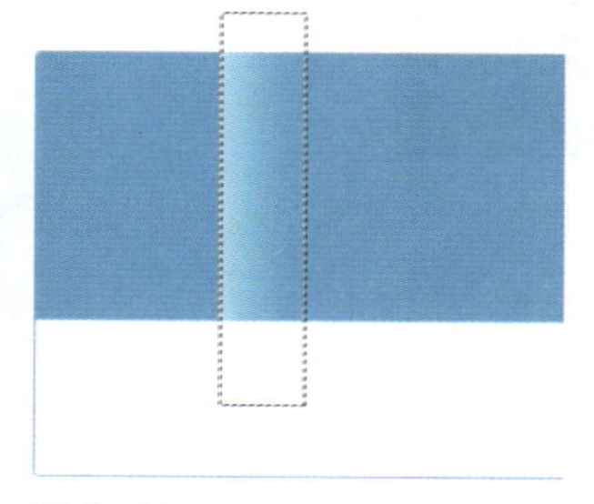
图 3-18

步骤06 按快捷键 Ctrl+D，取消选区，按快捷键 Ctrl+T，对图形进行旋转处理，如图 3-19 所示。确认对图形的旋转处理，为“图层 1”添加图层蒙版，在图层蒙版中填充黑白线性渐变，效果如图 3-20 所示。

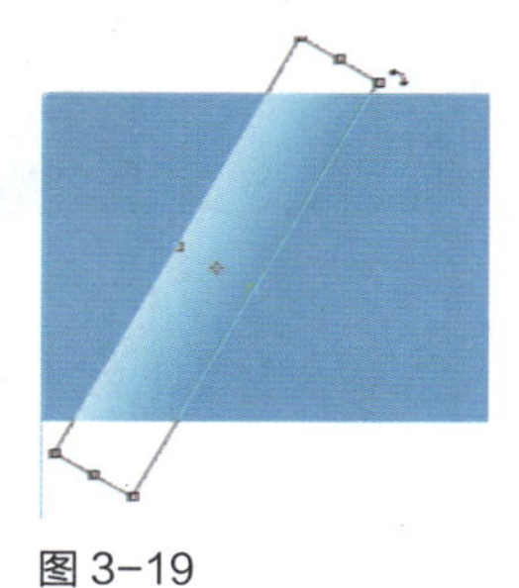
图 3-19

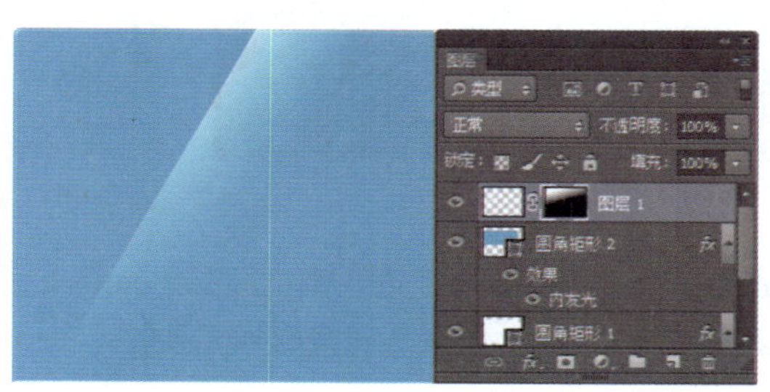

图 3-20

步骤07 设置"图层1"的"不透明度"为20%，并为该图层创建剪贴蒙版，效果如图3-21所示。复制"图层1"得到"图层1拷贝"图层，对该图层中的图形进行适当的旋转操作并调整到合适的位置，效果如图3-22所示。

图 3-21

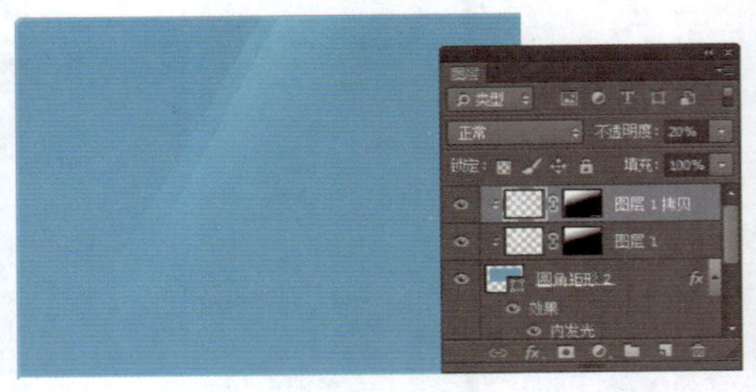
图 3-22

步骤08 使用相同的制作方法，可以绘制出相似的图形效果，如图3-23所示。打开素材图像"光盘\源文件\第3章\素材\101.png"，将素材拖入到设计的文档中并调整到合适的大小和位置，如图3-24所示。

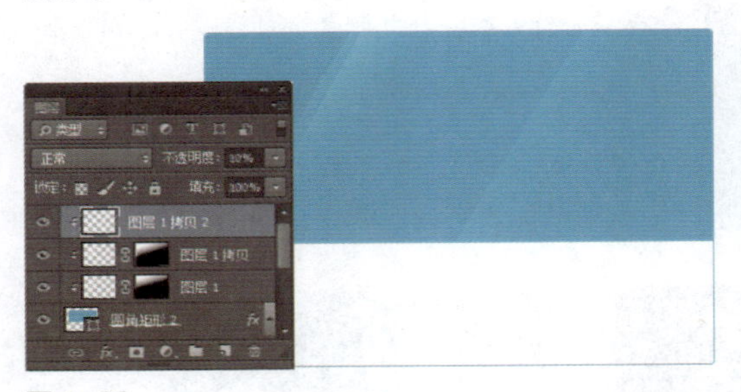
图 3-23

图 3-24

步骤09 为该图层添加图层蒙版，在图层蒙版中填充黑白线性渐变，效果如图3-25所示。为该图层创建剪贴蒙版，效果如图3-26所示。

图 3-25

图 3-26

步骤10 打开素材图像"光盘\源文件\第3章\素材\102.png"，将该素材拖入到设计文档中，效果如图3-27所示。新建"图层4"，使用"椭圆选框工具"，在画布中绘制一个椭圆形选区，如图3-28所示。

图 3-27

图 3-28

步骤 11 执行“选择>修改>羽化”命令，弹出“羽化选区”对话框，设置“羽化半径”为20像素，为选区填充黑色，如图3-29所示。按快捷键Ctrl+T，调整图形的大小，将“图层4”调整至“图层3”下方，并设置该图层的“不透明度”为80%，效果如图3-30所示。

图 3-29

图 3-30

提示

通过对选区进行羽化操作，可以使选区周围出现渐隐的晕阴效果，在表现一些阴影和逐渐过渡的效果时经常会使用。

步骤 12 使用“横排文字工具”，在“字符”面板中对相关属性进行设置，在画布中输入文字，如图3-31所示。为文字图层添加“投影”图层样式，对相关选项进行设置，如图3-32所示。

图 3-31

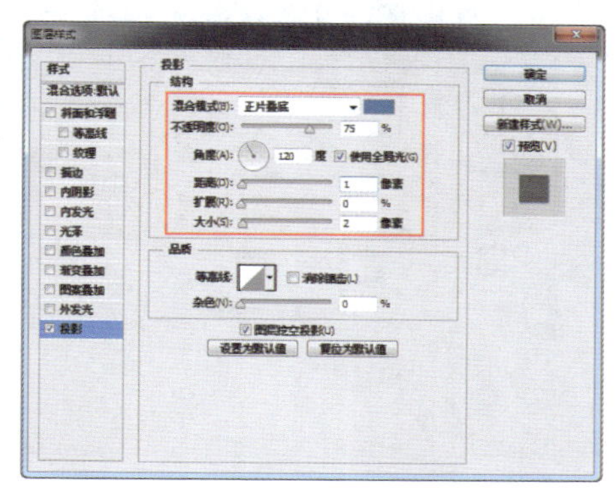

图 3-32

步骤 13 单击“确定”按钮，完成“图层样式”对话框中各选项的设置，效果如图3-33所示。使用相同的制作方法，可以输入其他文字并绘制出最小化和关闭图标，效果如图3-34所示。

图 3-33

图 3-34

步骤 14 使用“圆角矩形工具”，在选项栏上设置“半径”为2像素，在画布中绘制一个圆角矩形，如图3-35所示。为该图层添加“描边”图层样式，对相关选项进行设置，如图3-36所示。

图 3-35

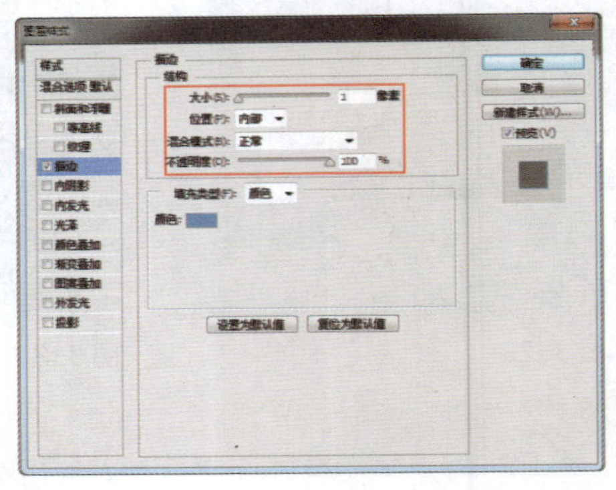

图 3-36

步骤 15 继续添加“内阴影”图层样式，对相关选项进行设置，如图3-37所示。继续添加“渐变叠加”图层样式，对相关选项进行设置，如图3-38所示。

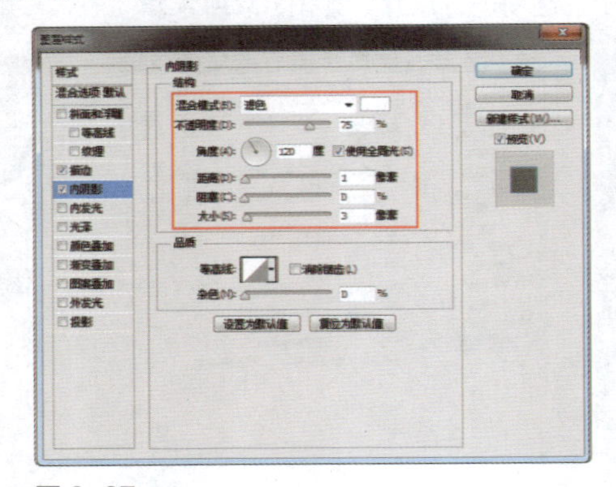

图 3-37

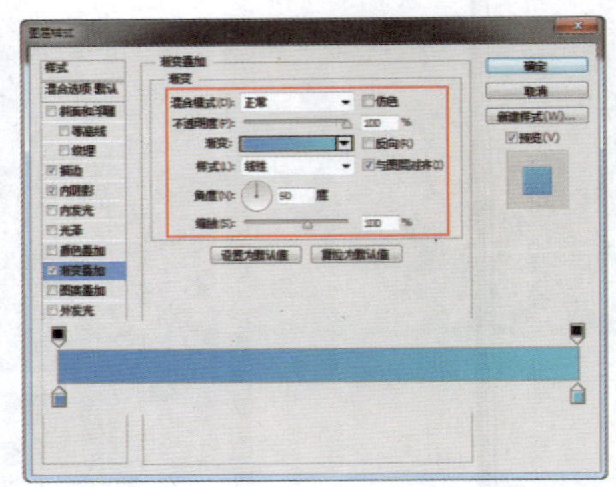

图 3-38

步骤 16 继续添加“投影”图层样式，对相关选项进行设置，如图3-39所示。单击“确定”按钮，完成“图层样式”对话框中各选项的设置，效果如图3-40所示。

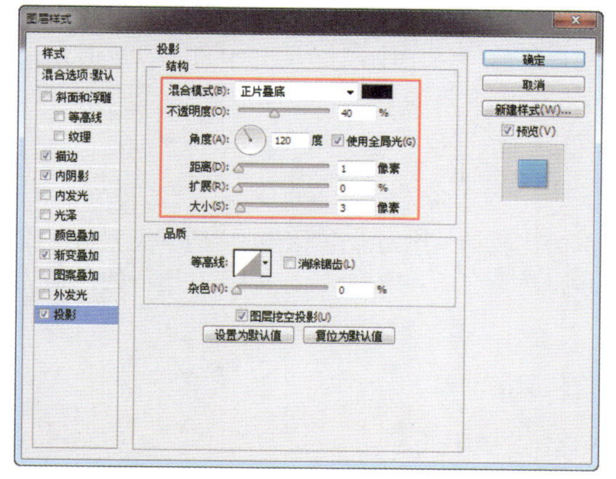

图 3-39

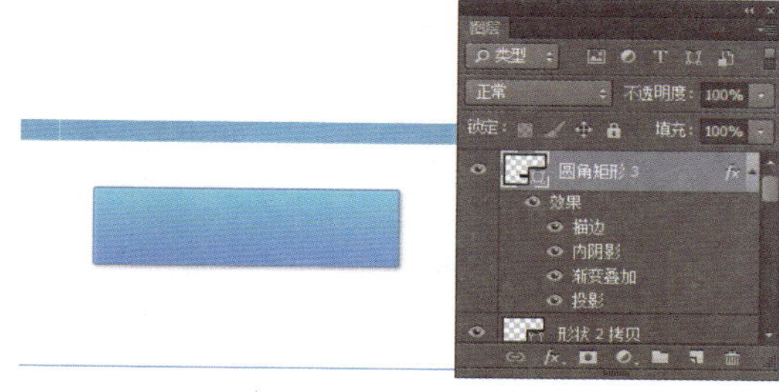

图 3-40

步骤 17 使用“横排文字工具”，在画布中输入文字，并为文字添加“投影”图层样式，效果如图3-41所示。使用相同的绘制方法，可以绘制出该安装界面中其他的图形效果，如图3-42所示。

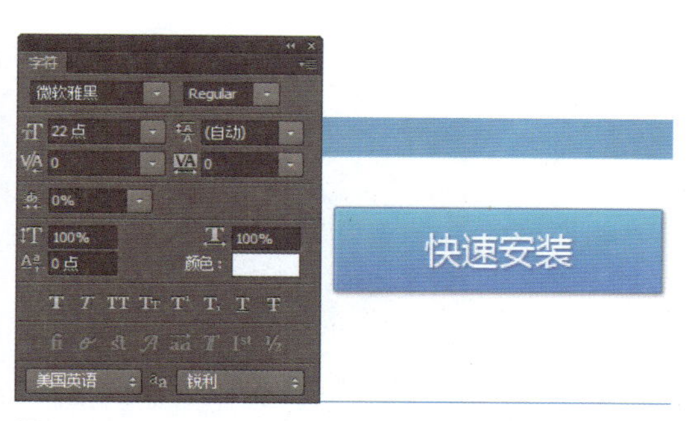

图 3-41

猫猫壁纸

猫猫壁纸

快速安装

我已经阅读并同意猫猫壁纸 许可协议

自定义安装

图 3-42

步骤 18 使用相同的绘制方法，可以完成该软件安装过程中其他安装界面效果的设计，效果如图3-43所示。

图 3-43

3.2 了解软件启动界面设计

当我们打开一个较大的软件程序时，经常等待应用程序启动，在这个过程中，软件启动界面会呈现在我们眼前。设计出色的软件启动界面应该能够让用户眼前一亮，而设计一般的软件启动界面会让用户感觉到困惑，甚至让用户感觉到厌倦。

3.2.1 什么是软件启动界面

由于软件程序的启动需要一些时间，有时这个时间会比较长，比如操作系统的启动、大型制图或者办公软件的启动等，而在这段时间里，如果显示黑屏显然不合适，如果显示一段正在运行的代码又过于机械。

软件程序的启动需要时间，也因此带来了一些用户体验的问题。

（1）用户不知道软件在做什么，会怀疑软件反映迟钝、效率低下。

（2）用户长时间地等待会有厌烦情绪，直接影响对软件的好感。

为了解决这些用户体验问题，可以使用一个画面来代替后台正在启动的软件程序，换来人们对软件的好感。为了做到这一点，在软件界面设计中越来越重视软件启动界面的设计，软件启动界面的设计越来越细腻，表现形式也越来越多样。如图3-44所示为Adobe系列软件的启动界面。

图 3-44

3.2.2 软件启动界面的作用是什么

软件启动界面在软件系统中的作用主要表现在以下两个方面：

（1）在软件启动界面中显示软件的代表性标志、版权信息、注册用户、软件版本号等信息。

（2）在显示软件启动界面时载入运行软件所需要的文件，避免用户在一种盲目状态下等待，这样可以让用户在等待软件启动的过程中欣赏到一个美丽的画面，同时也可以看到载入组件的过程，缓解心理的焦躁。

在软件启动界面的设计上追求简洁、清晰、明了的视觉效果，可以通过使用表现该软件的相关图形素材作为启动界面的主体，从而暗示软件的基本功能，如图3-45所示。

图 3-45

3.2.3 软件启动界面的设计原则

软件启动界面是应用软件与用户进行亲密接触的第一步，在设计软件启动界面时应该遵循一定的原则。

① 以人为本

软件应该首先考虑使用者的利益，软件是为使用者服务的，软件启动时给用户的印象很重要，用户是软件界面设计中最需要重视的一个环节。以人为本是软件界面设计中最重要的一条原则，要做到以人为本就要从使用者的角度去考虑如何设计软件的启动界面。

② 简洁清晰

软件的启动界面要求比较简洁，一目了然。软件启动界面不能设计得过于花哨，要使用户能够清晰地了解到软件界面中有哪些内容。软件启动界面中的内容可以少一些，这样可以减少用户的记忆负担。

③ 美观大方

软件启动界面给用户所留下的第一印象很重要，从美学的角度讲，整洁、简单明了的设计更可取。在软件启动界面设计中，一个普遍易犯的错误是力图设计完美的启动界面，例如使用很炫的3D动画作为软件启动界面，非常美观，视觉冲击力也很强，但是启动速度可能会比较慢，而且会影响软件相关信息的展现。

④ 了解用户心理

用户的心理是在设计软件启动界面时需要重视的一个环节，要尊重用户，应该使用户感觉自己在控制软件，应该使用户感觉自己在启动的软件中扮演着主动的角色，提供给用户自定义启动界面的权利，对界面的颜色、字体等界面要素用户可以进行个性化的设置，可以提供不同的启动界面模式供用户选择。

⑤ 时间原则

尽量缩短软件启动界面出现的时间，启动界面是独立于软件界面本身的一个窗口，这个窗口在软件运行时首先弹出屏幕，用于装饰软件本身，或简单演示一个软件的优越性。很多专业的软件中都采用软件启动界面来吸引用户的注意力，来隐藏软件主程序的启动。这样，可以让用户感觉软件主程序启动的时候较短。

3.3 软件启动界面设计需要注意的问题

软件启动界面是用户接触软件看到的第一个界面，在设计软件启动界面时有许多细节问题需要注意，这个细节问题的处理直接关系到软件启动界面设计的成功与否。

① 显示

用户所使用的计算机是千差万别的，不可能与设计师所使用的计算机性能相一致，因而设计师在设计软件启动界面时，需要考虑启动界面在不同计算机上的显示效果。当然大部分显示方面的问题是可以预见的，例如显示器的分辨率问题，有的计算机只支持1024×768像素的屏幕分辨率，而目前大部分的显示器分辨率都要大于1024×768像素，这就需要设计师在设计软件启动界面时适当地考虑。另外，启动软件时，在屏幕上的显示位置是也是需要考虑的问题之一，一般都是采用居中或者是全屏幕显示的方式。

② 美化

软件启动界面是应用软件向用户展示自己的第一步，如果在这一步就让用户感觉不好，那么该应用软件给用户的第一印象就不好。微软的操作系就是靠图形化的操作界面设计赢得了大众的青睐，图形化的启动界面显然要比字符界面更能够吸引用户，而设计出色的软件启动界面更能够使用户感受到软件所带来的专业信息和视觉冲击力，给用户留下一个完美的印象。

③ 安全

一般的商业软件都要考虑软件的安全问题，正常的情况下应该在软件的启动阶段进行安全性判断，在设计软件启动界面时应该考虑安全性问题。安全性问题应该随着软件的重要性、环境等情况进行不同的考虑。

④ 用户的主观感受

软件界面的评价主要以用户的主观感受为评判依据，它受用户的辨识能力、舒适性和系统功能，以及个人的知识、经验和喜好等多种因素的影响，软件启动界面是最先与用户接触的软件界面，可以说用户对软件的第一印象基本上取决于软件启动界面设计的优劣，一个好的软件启动界面在设计过程中一定要考虑到用户的主观感受。

⑤ 启动时间

一个好的应用软件应该对软件的启动时间加以限定，要设计适当的启动时间，一个软件应该尽可能地加快启动速度，几乎所有的用户都不喜欢很慢的启动速度。就是因为软件需要适当地缩短启动时间，这就导致了软件启动界面显示的时间并不长，通常只有几秒钟，设计师要在短短的几秒钟时间内抓住用户的眼睛，这就需要在软件启动界面的设计上多下功夫。

⑥ 软件启动界面的设计细节

在软件启动界面中应该醒目地放置公司的标志或产品商标、软件名称、版本号、网址、版权声明、序列号等信息，从而树立软件的形象，方便软件使用者在软件启动时能够清楚地看到该款软件的相关信息内容。

在软件启动界面的设计中常常会使用到插图，插图应该选择使用具有独立版权的、象征性强的、识别性高的、视觉传达效果好的图形。

对于软件启动界面中出现的软件名称应该进行重点设计，可以与企业或软件的品牌视觉识别系统中的设计效果相统一，或者根据软件所面向的用户群、软件的主要功能等特点设计出创意十足的软件名称。如图3-46所示为软件启动界面设计效果。

图 3-46

⑦ 设计软件启动界面

软件启动界面最终为高清晰度的图像格式文件，如果所设计的软件启动界面需要在不同平台、不同操作系统中使用，则需要考虑软件启动界面的图片格式，并且在设计软件启动界面时选用的色彩不宜超过256色，最好使用216安全色。软件启动界面的尺寸大小通常为主流显示器分辨率的1/6大，这样可以保证软件启动界面的通用性。如果是系列软件的启动界面，在设计过程中还需要考虑该系列中多款启动界面设计风格的统一性和延续性。

【自测2】软件启动界面

视频：光盘\视频\第3章\软件启动界面.swf　　源文件：光盘\源文件\第3章\软件启动界面.psd

● 案例分析

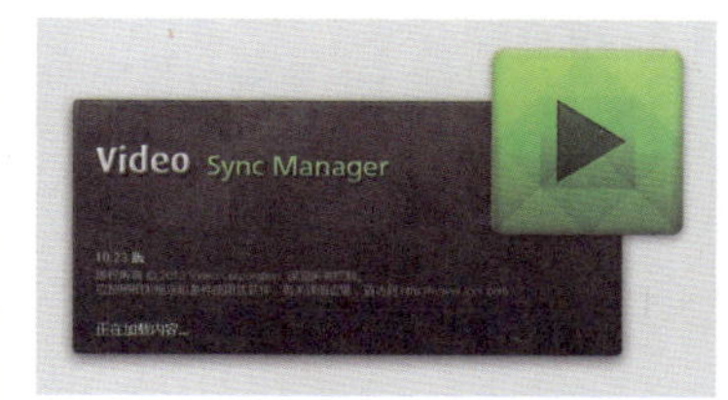

案例特点： 本案例设计一款软件启动界面，将软件图标与启动界面主体部分进行不规则的放置，打破常规，给人一种新颖的感觉。

制作思路与要点： 软件启动界面大多比较简约，如何在软件的启动界面中合理地安排内容是设计的重点。本案例将软件图标与启动界面主体图形相结合，通过对比的形式突出表现软件图标，给人留下深刻的印象。在软件启动界面的背景处理上，运用三角形拼接素材，并添加杂色，能够带给用户视觉上的质感。

- **色彩分析**

该软件启动界面，以深灰色作为主色调，给人一种高档感和质感，软件图标是绿色调，活泼、动感，两种颜色相互搭配形成强烈的对比，给人带来很强的视觉冲击。

深灰色	黄绿色	墨绿色

- **制作步骤**

步骤01 执行“文件>新建”命令，弹出“新建”对话框，新建一个空白文档，如图3-47所示。设置“前景色”为RGB（224,224,224），为画布填充前景色，如图3-48所示。

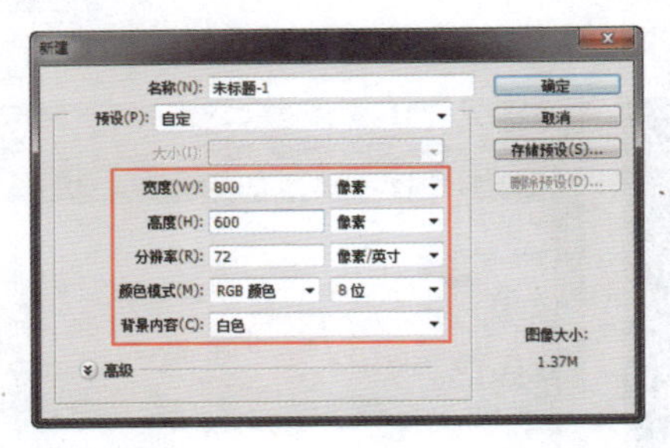

图 3-47

图 3-48

步骤02 新建名称为“启动界面”的图层组，使用“圆角矩形工具”，在选项栏上设置“工具模式”为“形状”、“半径”为5像素，在画布中绘制圆角矩形，如图3-49所示。为该图层添加“描边”图层样式，对相关选项进行设置，如图3-50所示。

图 3-49

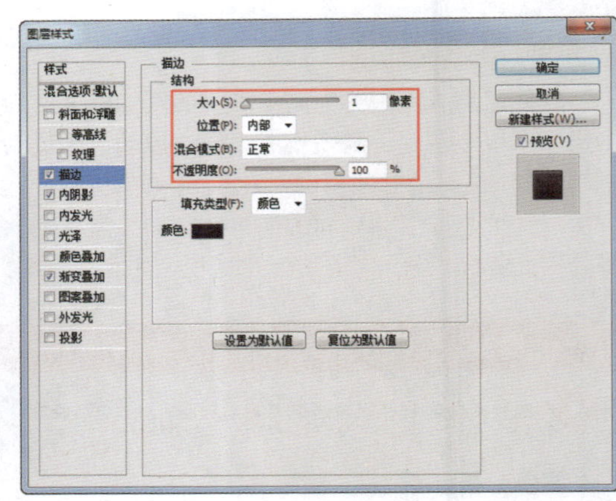

图 3-50

提示

Photoshop中的钢笔和形状等矢量工具可以创建出不同类型的对象，其中包括形状图层、工作路径和像素图像。在工具箱中选择矢量工具后，并在选项栏上的“工具模式”下拉列表中选择相应的模式，即可在画布中绘制出形状、路径或像素图形。

步骤 03 继续添加“内阴影”图层样式，对相关选项进行设置，如图3-51所示。继续添加“渐变叠加”图层样式，对相关选项进行设置，如图3-52所示。

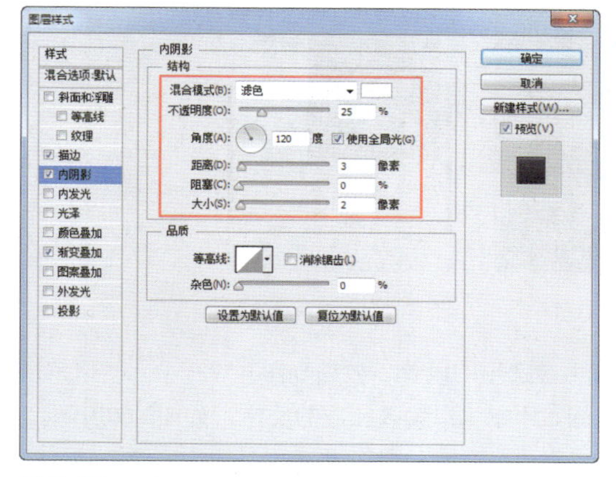

图 3-51

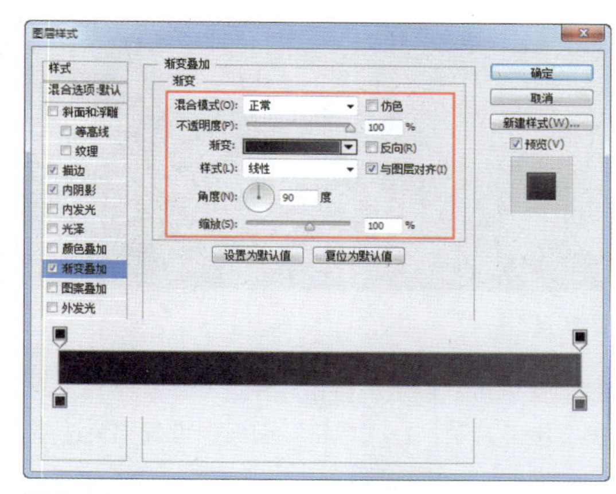

图 3-52

步骤 04 单击“确定”按钮，完成“图层样式”对话框中各选项的设置，效果如图3-53所示。打开素材图像“光盘\源文件\第3章\素材\201.jpg”，将其拖入到设计文档中，调整到合适的大小和位置，如图3-54所示。

图 3-53

图 3-54

步骤 05 按住Ctrl键单击“圆角矩形1”图层缩览图，载入该图层选区，如图3-55所示。为“图层1”添加图层蒙版，效果如图3-56所示。

图 3-55

图 3-56

步骤06 设置“图层1”的“混合模式”为“柔光”，效果如图3-57所示。执行“滤镜>杂色>添加杂色”命令，弹出“添加杂色”对话框，具体设置如图3-58所示。

图 3-57

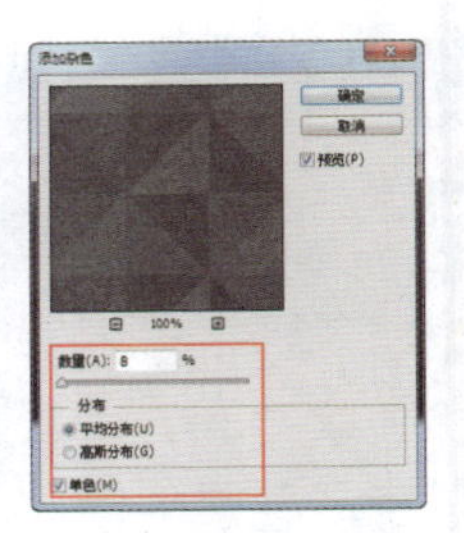
图 3-58

步骤07 单击“确定”按钮，完成“添加杂色”对话框中各选项的设置，效果如图3-59所示。使用“横排文字工具”，在“字符”面板中设置相关选项，在画布中单击以输入相应的文字，如图3-60所示。

图 3-59

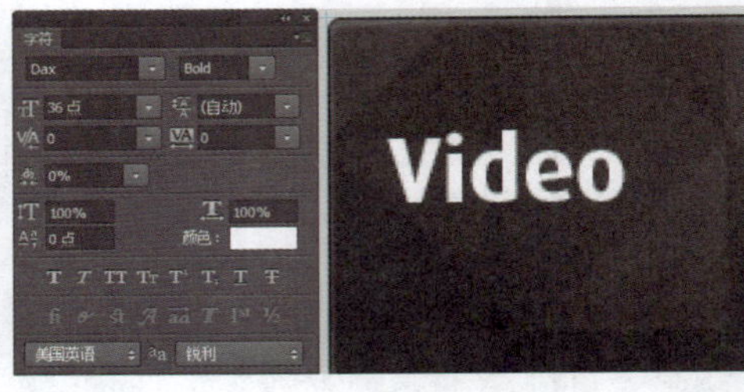
图 3-60

提示

为图像应用“添加杂色”滤镜，可以在图像中生成随机的像素点。此处为图像应用“添加杂色”滤镜，是为了使图像产生一种磨砂的质感。

步骤08 为文字图层添加“斜面和浮雕”图层样式，对相关选项进行设置，如图3-61所示。继续添加“内发光”图层样式，对相关选项进行设置，如图3-62所示。

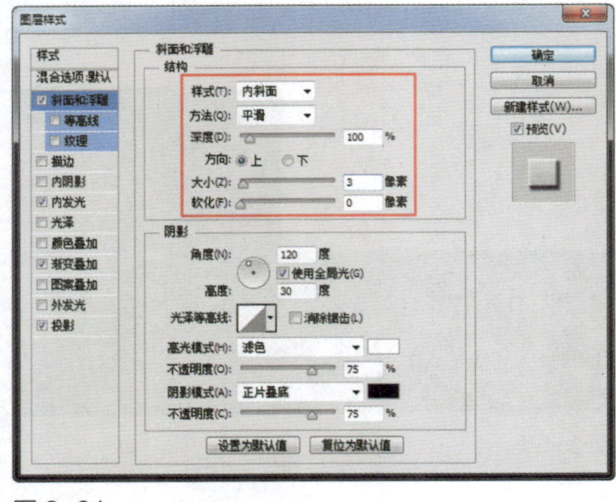
图 3-61

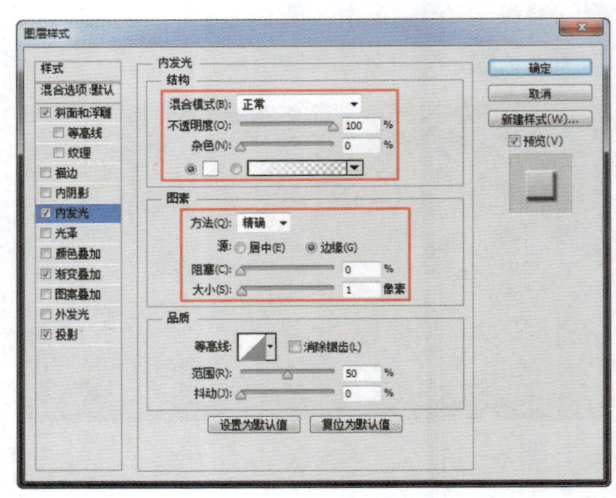
图 3-62

步骤 09 继续添加“渐变叠加”图层样式，对相关选项进行设置，如图3-63所示。继续添加“投影”图层样式，对相关选项进行设置，如图3-64所示。

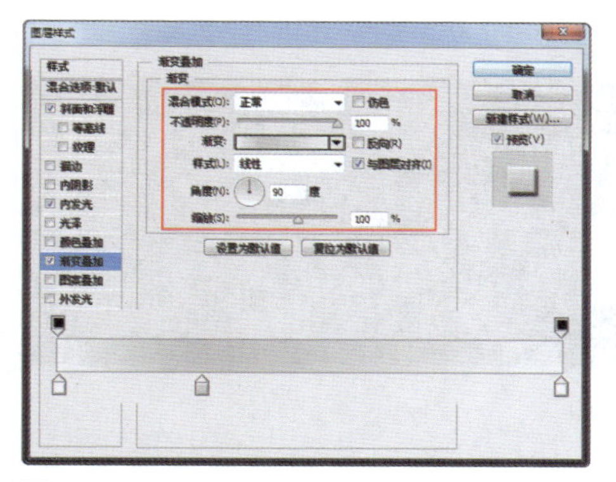

图 3-63

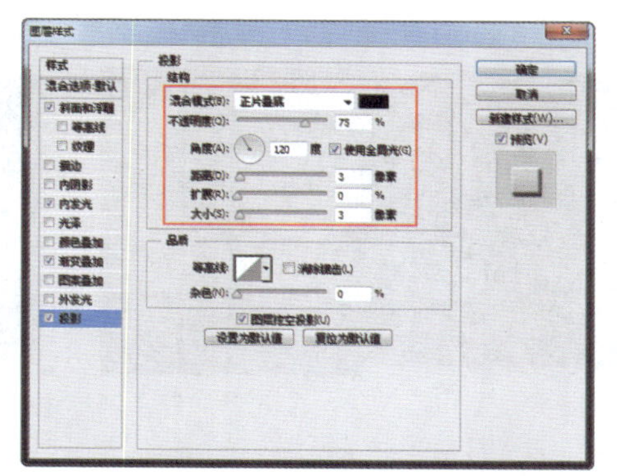

图 3-64

步骤 10 单击“确定”按钮，完成“图层样式”对话框中各选项的设置，效果如图3-65所示。使用“横排文字工具”，在“字符”面板中设置相关选项，在画布中单击以输入相应的文字，如图3-66所示。

图 3-65

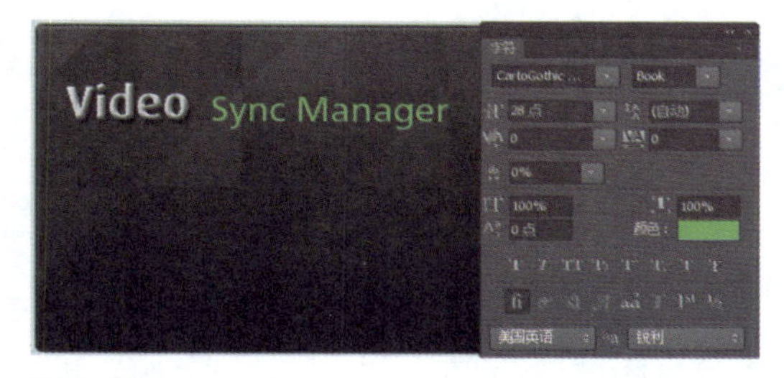

图 3-66

提示

除了可以在“字符”面板中对文字的相关属性进行设置外，还可以在使用文字工具时，在其选项栏中对文字的相关属性进行设置。不过，“字符”面板中的文字属性设置选项比较全面，建议使用“字符”面板对文字属性进行设置。

步骤 11 使用相同的制作方法，为该文字图层添加相应的图层样式，效果如图3-67所示。使用“直线工具”，在选项栏上设置“工具模式”为“形状”、“粗细”为1像素，在画布中绘制一条黑色直线，如图3-68所示。

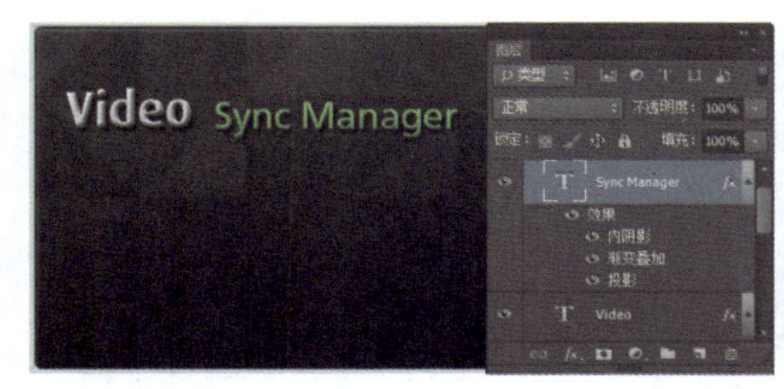

图 3-67

图 3-68

步骤 12 为“形状1”图层添加图层蒙版，使用“渐变工具”，在蒙版中对其填充黑白径向渐变，效果如图3-69所示。复制“形状1”图层，得到“形状1 拷贝”图层，双击该图层缩览图，修改填充颜色为RGB（48,48,48），将该图层向下移动1像素，效果如图3-70所示。

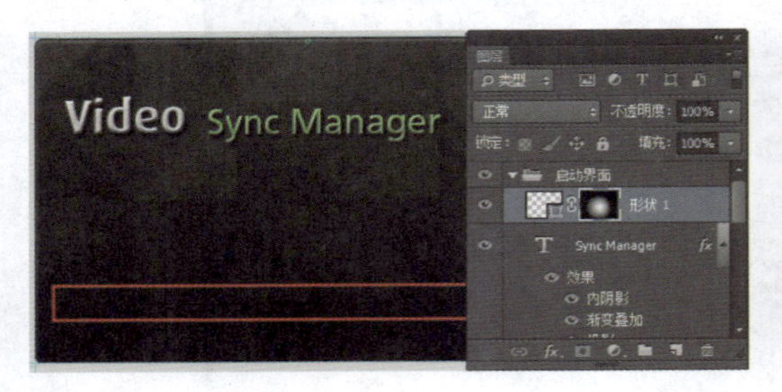

图 3-69

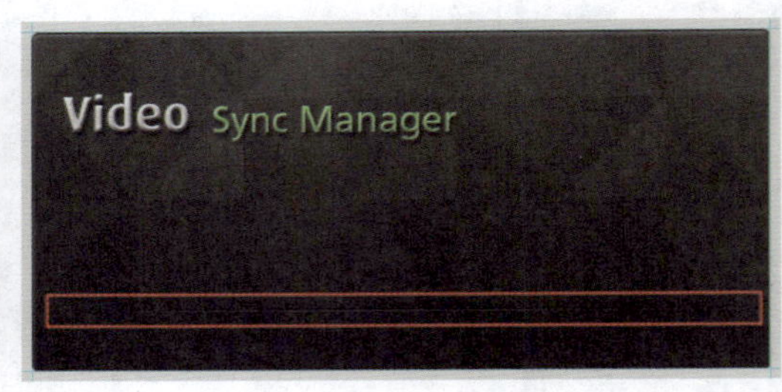

图 3-70

提示

在界面设计过程中常常使用直线来分隔功能或内容区域，使用一条深色的线条搭配一条浅色的线条能够在视觉上给人一种立体感，这也是界面设计中常用的一种立体感表现方式。

步骤 13 使用相同的制作方法，可以在画布中输入其他文字内容，效果如图3-71所示。为“启动界面”图层组添加“投影”图层样式，对相关选项进行设置，如图3-72所示。

图 3-71

图 3-72

步骤 14 单击“确定”按钮，完成“图层样式”对话框中各选项的设置，效果如图3-73所示。在“启动界面”图层组上方新建“软件图标”图层组，使用“圆角矩形工具”，在选项栏上设置“填充”为RGB（140,210,25）、“半径”为15像素，在画布中绘制一个圆角矩形，如图3-74所示。

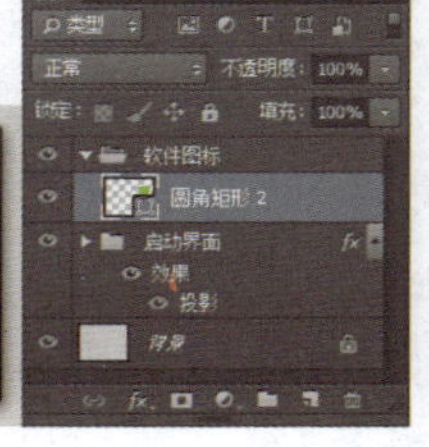

图 3-73

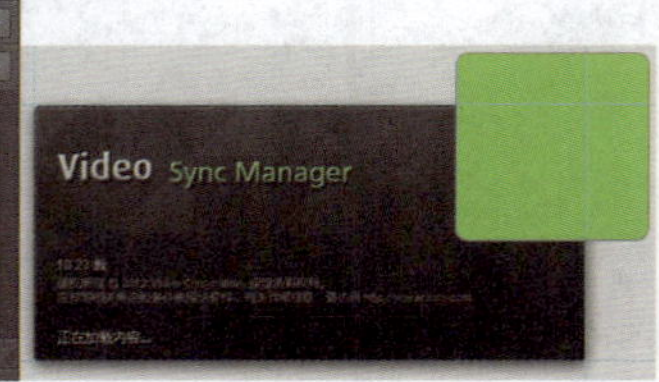

图 3-74

步骤 15 使用“矩形工具”，在选项栏上设置“路径操作”为“减去顶层形状”，在刚绘制的圆角矩形上减去两个矩形，得到需要的图形，如图3-75所示。使用“矩形工具”，在画布中绘制一个黑色矩形，将该矩形旋转45°，并设置图层的“填充”为5%，如图3-76所示。

图 3-75

图 3-76

提示

使用形状工具，在选项栏上的“路径操作”下拉列表中选择“减去顶层形状”选项，可以在已经绘制的形状图形或路径中减去当前绘制的形状或路径。

步骤 16 为“矩形2”图层添加“内阴影”图层样式，对相关选项进行设置，如图3-77所示。单击“确定”按钮，完成“图层样式”对话框中各选项的设置，为该图层创建剪贴蒙版，效果如图3-78所示。

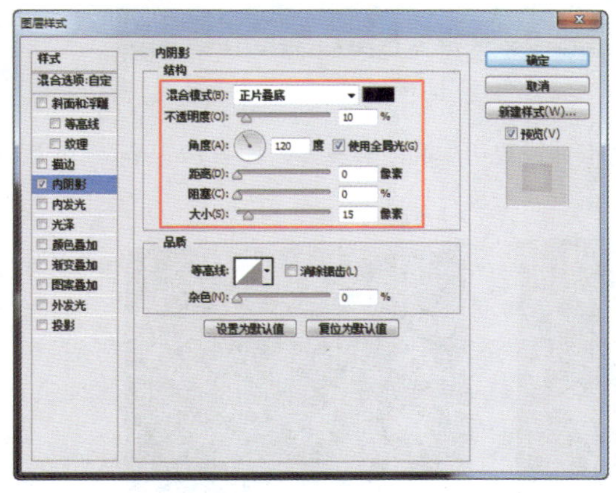

图 3-77

图 3-78

步骤 17 同时选中“圆角矩形2”和“矩形2”图层，复制选中的两个图层，将复制得到的图层中的图形水平翻转，并调整到合适的位置，如图3-79所示。使用相同的制作方法，可以制作出其他图形，效果如图3-80所示。

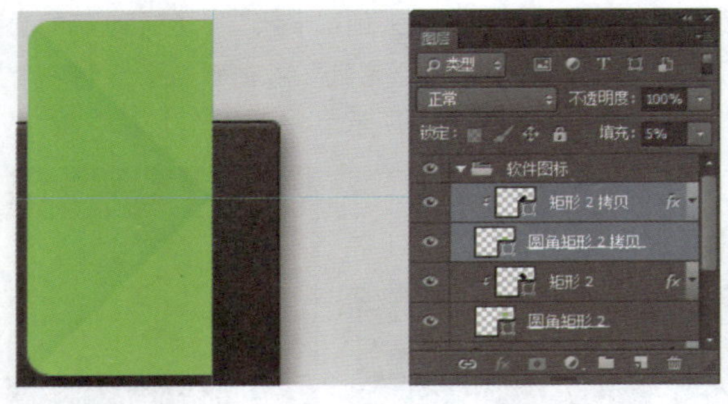

图 3-79

图 3-80

步骤 18 使用“矩形工具”，绘制一个黑色矩形，并将该矩形进行旋转处理，效果如图3-81所示。设置“矩形3”图层的“混合模式”为“叠加”、“填充”为25%，效果如图3-82所示。

图 3-81

图 3-82

步骤 19 使用相同的制作方法，可以绘制出另一个正方形并设置相应的图层属性，如图3-83所示。使用“圆角矩形工具”，绘制一个圆角矩形，如图3-84所示。

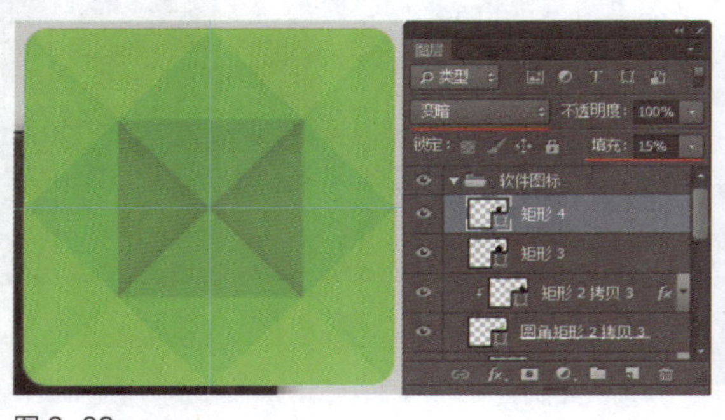

图 3-83

图 3-84

提示

“变暗”混合模式是通过将当前图层与下方图层中的像素进行对比，图层中较亮的区域会被下方图像中较暗的像素替换，而亮度值比下方图像低的部分像素保持不变。

步骤 20 为该图层添加“渐变叠加”图层样式，对相关选项进行设置，如图3-85所示。单击“确定”按钮，完成“图层样式”对话框中各选项的设置，设置该图层的“填充”为0%，效果如图3-86所示。

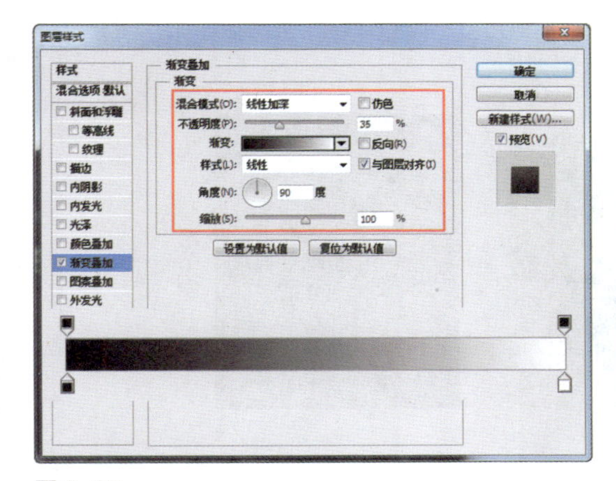

图 3-85

图 3-86

步骤21 复制“圆角矩形3”图层，得到“圆角矩形3 拷贝”图层，对该图层的“渐变叠加”图层样式进行修改，如图3-87所示。单击“确定”按钮，效果如图3-88所示。

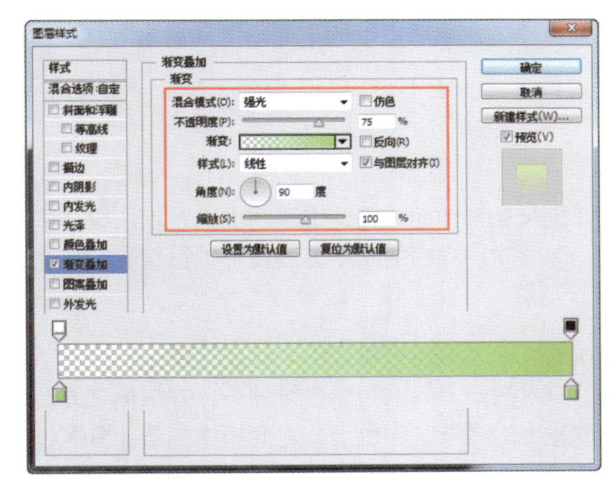

图 3-87

图 3-88

步骤22 复制“圆角矩形3拷贝”图层，得到“圆角矩形3拷贝2”图层，清除该图层的“渐变叠加”图层样式，添加“内阴影”和“内发光”图层样式，效果如图3-89所示。使用“多边形工具”，绘制一个三角形，并添加相应的图层样式，效果如图3-90所示。

图 3-89

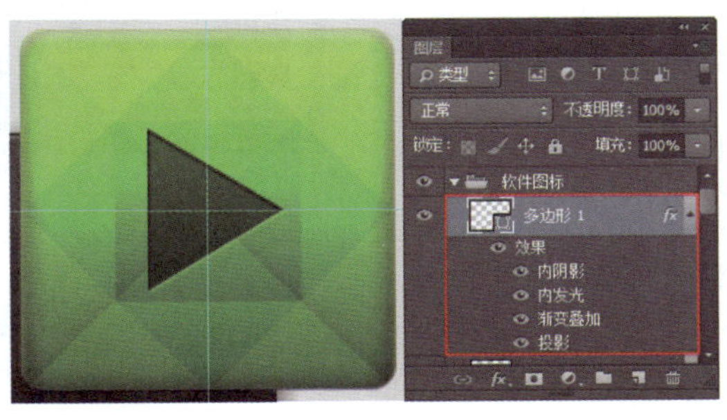

图 3-90

步骤23 使用相同的制作方法，为“软件图标”图层组添加“投影”图层样式，完成该软件启动界面的设计，效果如图3-91所示。

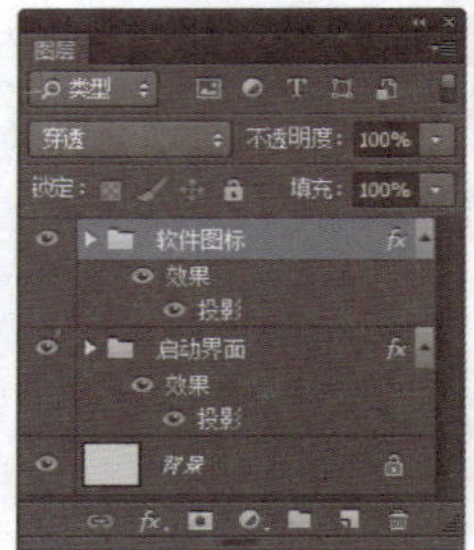

图 3-91

3.4 软件面板设计

软件面板属于软件界面中非常重要的元素，许多软件都会有一些功能面板或窗口，用户可以在这些面板或窗口中对特定的功能进行操作，例如Windows操作系统中所提供的桌面小工具。本节将向读者介绍有关软件面板设计的相关知识。

3.4.1 合理安排面板的功能区

软件面板只是软件界面中的一小部分，许多设计师没有在软件面板设计上下功夫，致使所设计的软件面板美观度不够，而且不便于用户的操作。这样，即使软件界面的其他方面设计得很精美，也会使用户降低对软件的整体评价。

为了让用户一眼就能找到面板中所需要的功能所在的位置，在面板设计中需要使功能分区比较明确。所谓的功能分区，是指将面板中所提供的所有信息内容按照不同的功能进行划分，并根据其外形大小、显示方式等合理地放置在面板中，并且可以通过适当的线条、颜色等，对面板中的功能分区进行辅助设计。如图3-92所示为功能区分明确的软件面板设计。

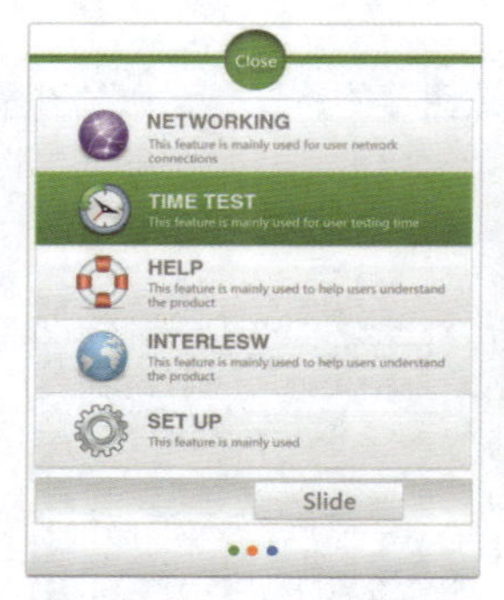

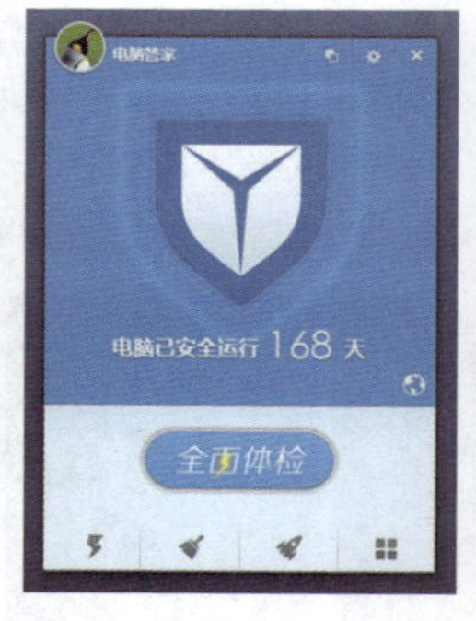

图 3-92

【自测3】设计事件备忘面板

视频：光盘\视频\第3章\事件备忘面板.swf　　源文件：光盘\源文件\第3章\事件备忘面板.psd

- **案例分析**

案例特点：本案例制作一个事件备忘面板，通过圆角矩形和矩形等基本图形构成面板的框架，通过不同的色彩突出表现面板中的信息内容。

制作思路与要点：这是一款扁平化设计风格的软件面板，通过色块区分面板中不同的信息内容。在面板的最上方，通过鲜艳的色彩和大字体的方式突出显示当前在面板中选中的内容，其他内容在面板中按时间顺序进行排列，在面板的最下方放置面板的功能操作按钮，整个软件面板中功能区分明确，内容清晰有条理。

- **色彩分析**

该软件面板使用半透明的灰色作为面板的主体背景色，这种在不同的背景下都会有很好的表现效果，通过与明度和纯度较高的鲜艳色彩搭配，可以很好地突出表现面板中重要的信息内容。

- **制作步骤**

步骤01 执行“文件>新建”命令，弹出“新建”对话框，新建一个空白文档，如图3-93所示。打开素材图像“光盘\源文件\第3章\素材\301.jpg”，将其拖入到新建的文档中，如图3-94所示。

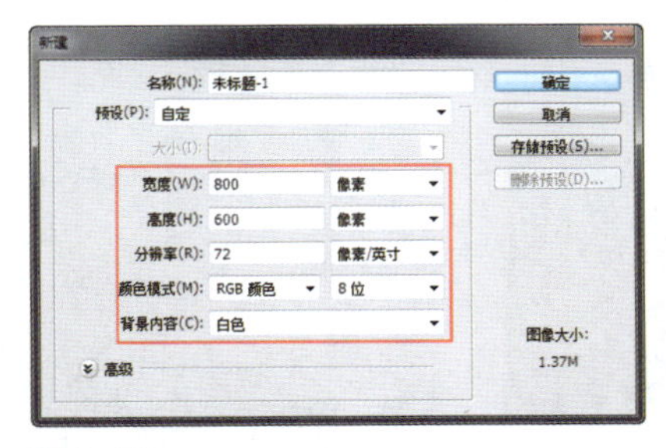

图 3-93

图 3-94

步骤02 新建名称为“背景”的图层组，使用“圆角矩形工具”，在选项栏上设置“工具模式”为“形状”、“填充”为RGB（40，174，203）、“半径”为2像素，在画布中绘制一个圆角矩形，如图3-95所示。使用“矩形工具”，在选项栏上设置“路径操作”为“减去顶层形状”，在刚绘制的圆角矩形上减去矩形，得到需要的图形，如图3-96所示。

图 3-95

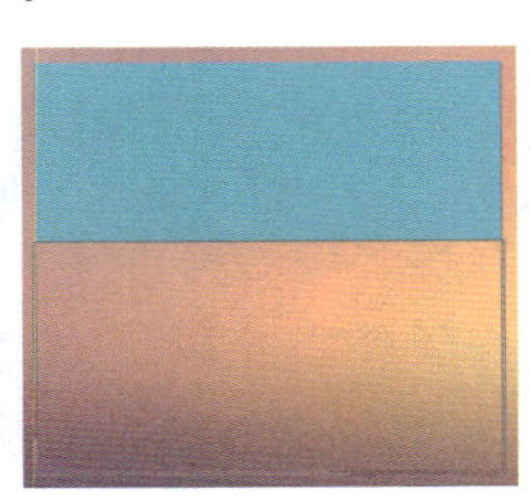

图 3-96

步骤03 使用相同的方法，可以绘制出下半部分图形，如图 3-97 所示。将“圆角矩形 2”图层调整至“圆角矩形 1”图层下方，为该图层添加“渐变叠加”图层样式，对相关选项进行设置，如图 3-98 所示。

图 3-97

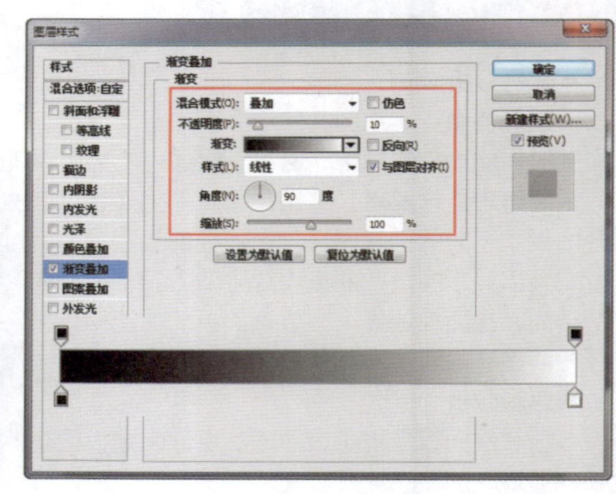
图 3-98

步骤04 单击“确定”按钮，完成“图层样式”对话框中各选项的设置，设置该图层的“填充”为40%，效果如图3-99所示。复制“圆角矩形2”图层得到“圆角矩形2 拷贝”图层，使用“矩形工具”，在选项栏上设置“路径操作”为“减去顶层形状”，在图形上减去矩形，得到需要的图形，如图3-100所示。

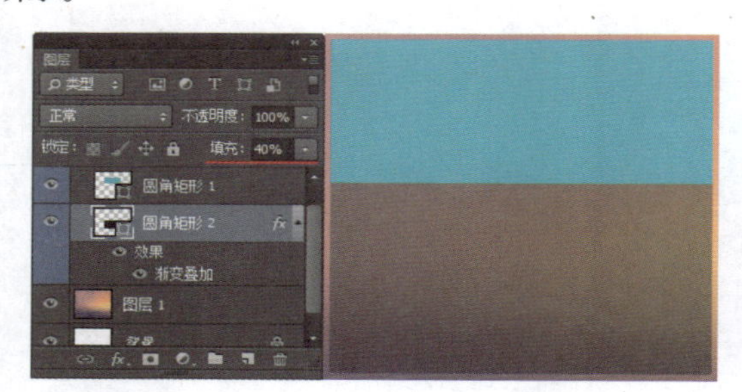
图 3-99

图 3-100

步骤05 设置“圆角矩形2 拷贝”图层的“不透明度”为30%，效果如图3-101所示。使用“直线工具”，在选项栏上设置“粗细”为1像素，在画布中绘制一条白色直线，如图3-102所示。

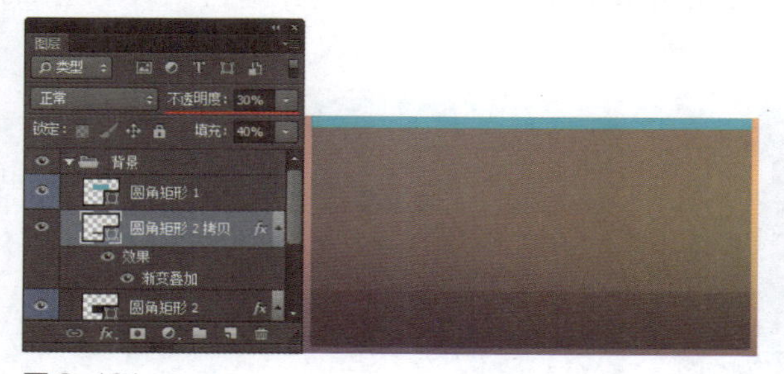
图 3-101

图 3-102

提示

使用“直线工具”在画布中绘制直线或线段时，如果按住Shift键的同时拖动鼠标，则可以绘制水平、垂直或以45°角为增量的直线。

步骤06 为“形状1”图层添加“投影”图层样式，对相关选项进行设置，如图3-103所示。单击“确定”按钮，完成“图层样式”对话框中各选项的设置，设置该图层的“不透明度”为70%、“填充”为25%，效果如图3-104所示。

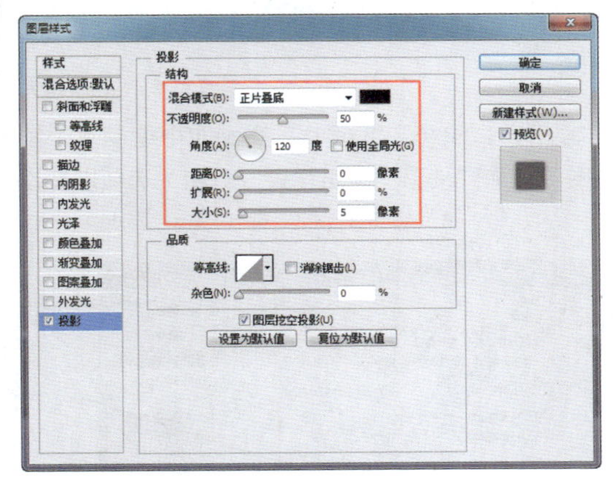
图 3-103

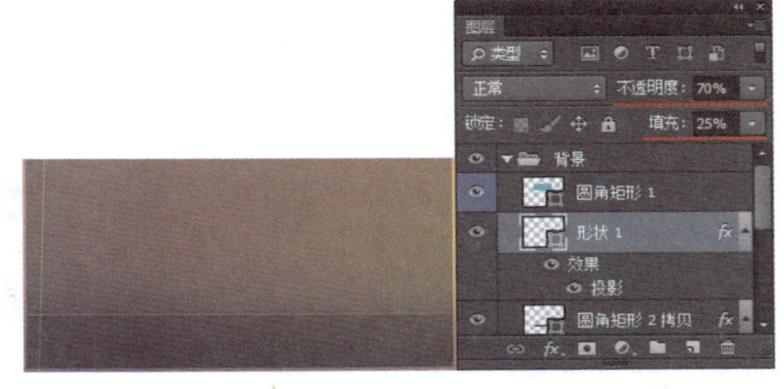
图 3-104

提示

通过“不透明度”选项可以控制图层的整体不透明度，包括图层中的像素及该图层所应用的图层样式。“填充”选项只能控制图层中像素的不透明度，而不会对图层样式产生影响。

步骤07 载入“圆角矩形2”选区，新建“图层2”，使用“渐变工具”，打开“渐变编辑器”对话框，设置渐变颜色，如图3-105所示。在选区中拖动鼠标填充线性渐变，效果如图3-106所示。

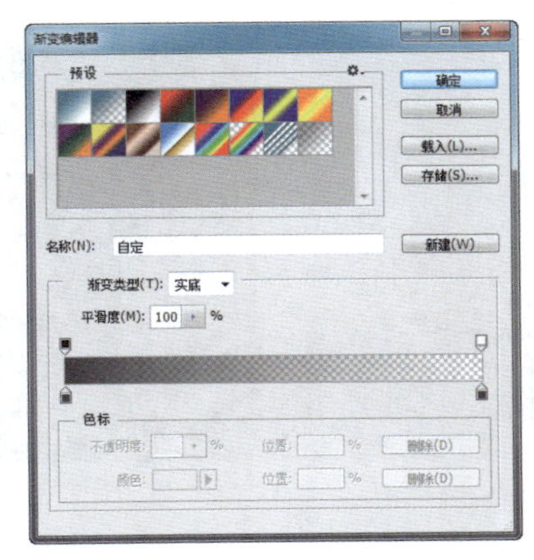
图 3-105

图 3-106

步骤08 取消选区，设置“图层2”的“混合模式”为“颜色减淡”、“不透明度”为80%，如图3-107所示。将“图层2”中的图形向右下方移动一些，如图3-108所示。

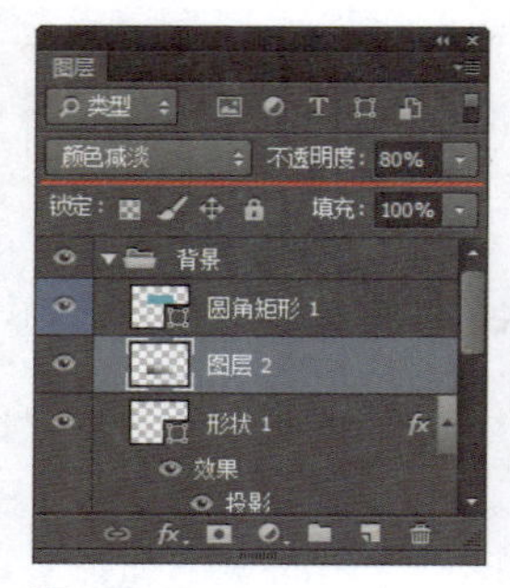

图 3-107　　图 3-108

步骤 09 使用“矩形工具”，在选项栏上设置“填充”为RGB（246,228,68），在画布中绘制一个矩形，如图3-109所示。选择“圆角矩形1”图层，为该图层添加“投影”图层样式，对相关选项进行设置，如图3-110所示。

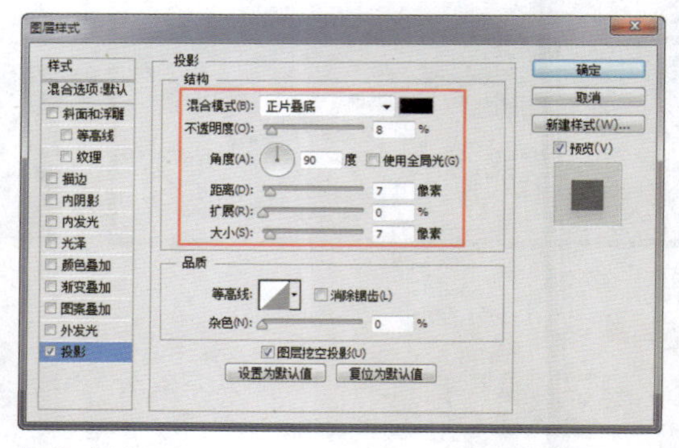

图 3-109　　图 3-110

步骤 10 单击“确定”按钮，完成“图层样式”对话框中各选项的设置，效果如图3-111所示。使用相同的方法，可以完成其他相似图形的绘制，效果如图3-112所示。

图 3-111　　图 3-112

步骤 11 在“背景”图层组上方新建名称为“内容”的图层组，使用“直线工具”，在选项栏上设置“填充”为RGB（29,147,172），绘制一条直线，如图3-113所示。复制“形状3”图层，将复制得到的图形旋转90°，如图3-114所示。

图 3-113

图 3-114

步骤 12 同时选中“形状3”和“形状3 拷贝”图层，按快捷键Ctrl+T，将图形旋转45°，如图3-115所示。使用相同的方法，可以绘制出其他的小图标效果，如图3-116所示。

图 3-115

图 3-116

步骤 13 使用“横排文字工具”，打开“字符”面板，对相关选项进行设置，如图3-117所示。在画布中单击并输入相应的文字，如图3-118所示。

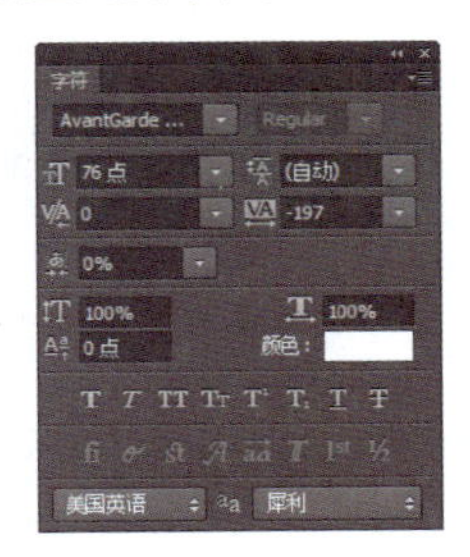

图 3-117

图 3-118

步骤 14 为文字图层添加“投影”图层样式，对相关选项进行设置，如图3-119所示。单击“确定”按钮，完成“图层样式”对话框中各选项的设置，效果如图3-120所示。

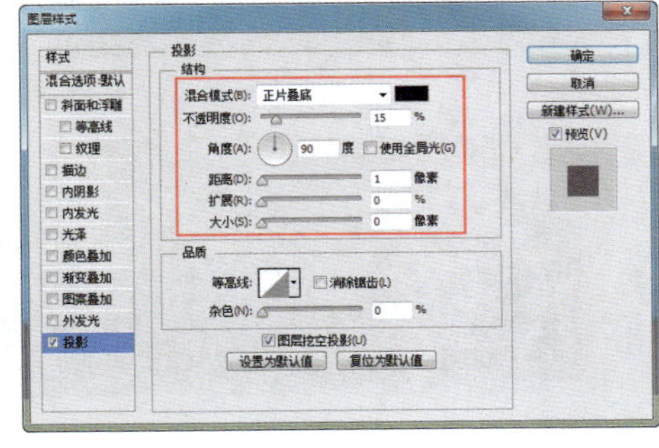

图 3-119

图 3-120

步骤 15 使用相同的方法，可以输入其他文字内容，完成该事件备忘面板的设计，效果如图3-121所示。

图 3-121

3.4.2 软件面板的设计原则

软件面板是用户在软件操作过程中经常使用的小窗口，用户应该能够非常容易地、清楚地使用面板上的图形、选项、文字等内容，所以软件面板的设计要尽量符合以下设计原则：

- **简单有序。**

软件面板中各种功能和内容的安排必须做到简洁有序。简洁主要是指软件界面的布局尽量简单，可以通过简单的线框等基础图形分割功能区域，使面板能够提供给用户一种直观、方便使用的感受。有序指的是面板中内容与功能操作的布局进行有序的排列，要考虑到用户的使用感受，例如将提供的信息内容有序地排列在一个功能区范围内，将面板中所提供的相关功能操作按钮放置在另一个功能区内，这样用户就能够很方便地对面板中的信息内容进行操作，如图3-122所示。

- **显示操作状态。**

在软件界面的设计过程中，需要考虑到面板中信息内容的操作状态显示效果，例如当前正在操作的内容与其他内容区别显示，或者面板当前不可用的功能按钮显示为灰色不可用状态等。通过对操作状态显示效果的设计可以更有利于用户使用面板，如图3-123所示。

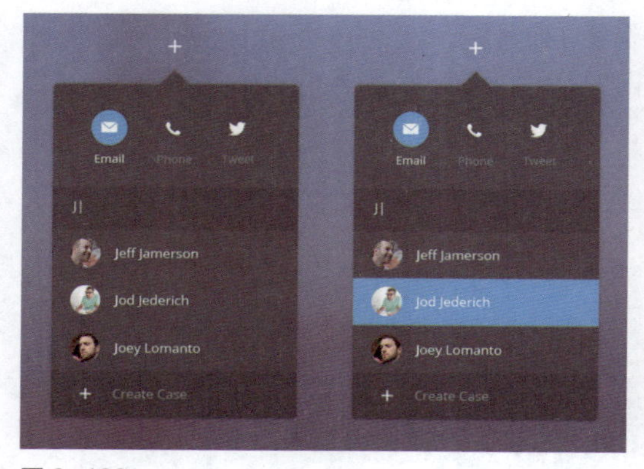

图 3-122

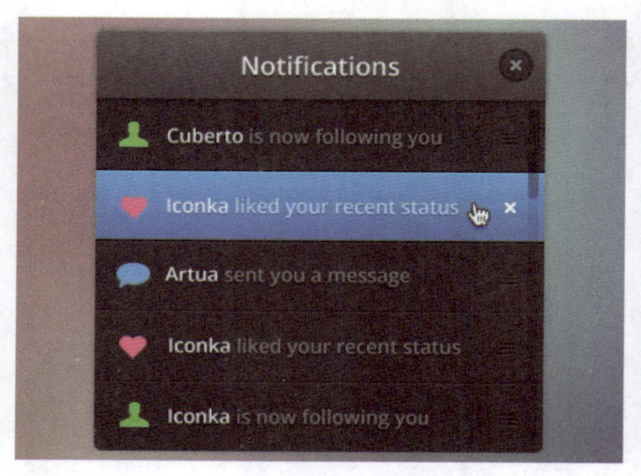

图 3-123

- **合理地使用图形。**

软件面板中的功能选项可以设计为图形按钮的形式，并将相应的图形按钮放置在同一功能区中，这样能够方便用户的操作，并且图形既能够使人易懂、亲近，又能够彰显软件的品质，体现出专业性，如图3-124所示。

- **合理地使用色彩。**

色彩是无声的语言，不但能够使人赏心悦目，也便于用户操作。软件面板的色彩首先需要考虑与软件界面的整体风格相统一，面板中所使用的色彩不宜过多，过多的色彩会使界面显得凌乱。在软件面板中可以使用不同的色彩区分按钮的功能分类，如图3-125所示。

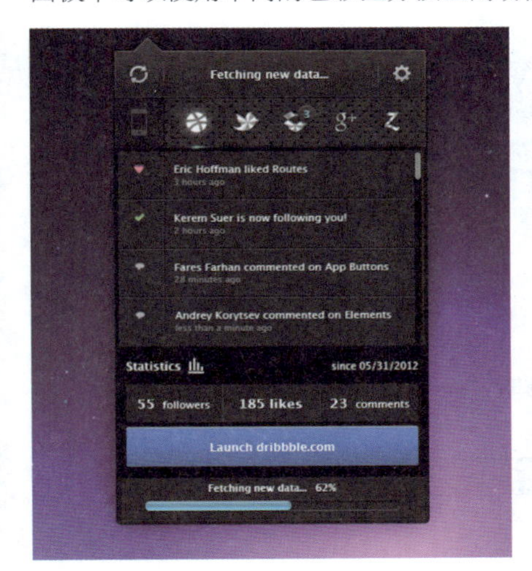

图 3-124

图 3-125

- **缩放。**

软件面板的设计还需要考虑到面板缩放的功能，面板的缩放主要有两种形式，一种是面板的宽度是固定的，面板的高度会随着内容的增多而自动增加；另一种形式是面板可以在软件界面中自由地缩放其宽度和高度，如图3-126所示。

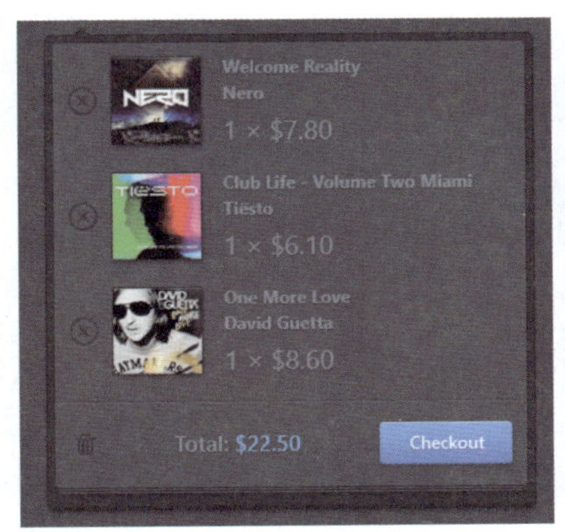

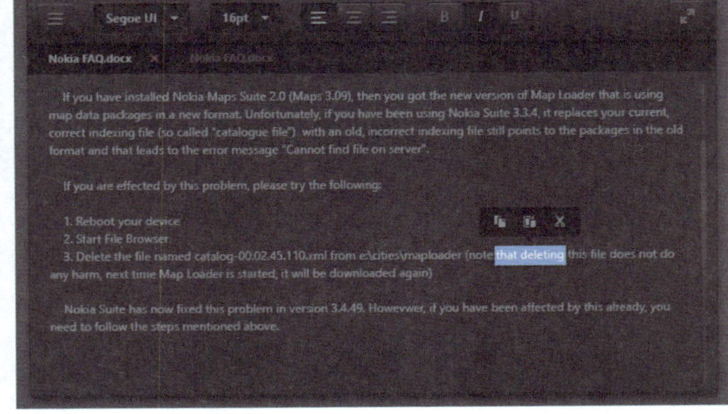

图 3-126

【自测4】设计文件下载管理面板

视频：光盘\视频\第3章\文件下载管理面板.swf　　源文件：光盘\源文件\第3章\文件下载管理面板.psd

- **案例分析**

案例特点：本案例设计一个文件下载管理面板，将面板的背景设计为半透明的效果，可以体现出该面板的水晶透明质感。

制作思路与要点：这是一款扁平化设计风格的文件下载管理面板。在面板的上部通过设计简约的图形按钮构成面板的工具栏，面板的内容区域使用圆角矩形来区分当前面板中正在运行的多个任务，并设计相应的操作按钮，可用于对当前任务进行相应的操作。在面板的右侧设计面板的滚动条，从而使面板具有一定的扩展性，面板整体风格清新、协调。

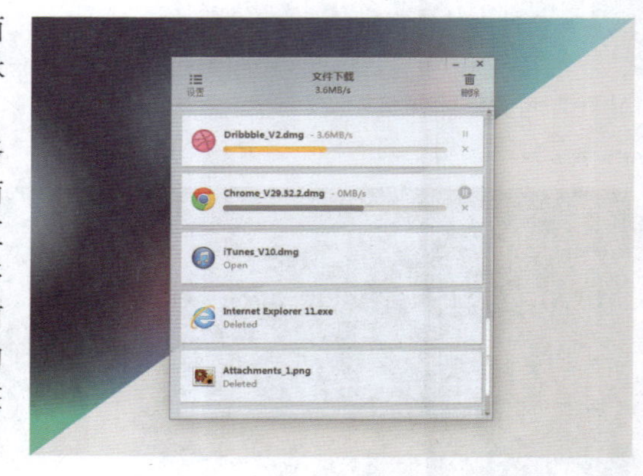

- **色彩分析**

在该软件面板的设计过程中，采用明度较高的半透明色彩作为面板的主体背景色，搭配深灰蓝色的操作小图标和黄色的下载进度条设计，整个面板清新、透明，操作图标和面板内容清晰、有序，整体效果非常协调。

- **制作步骤**

步骤01 执行“文件>新建”命令，弹出“新建”对话框，新建一个空白文档，如图3-127所示。设置“前景色”为RGB（237,237,237），为画布填充前景色，效果如图3-128所示。

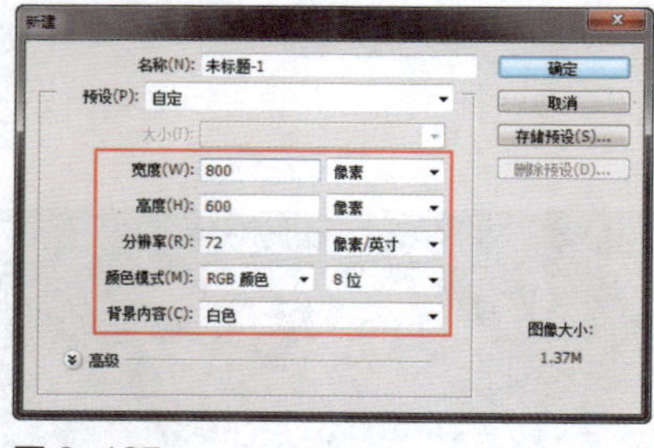

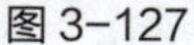
图 3-127

图 3-128

步骤02 新建名称为“面板背景”图层组，使用“矩形工具”，在选项栏上设置“工具模式”为“形状”，在画布中绘制一个白色的矩形，如图3-129所示。为该图层添加“描边”图层样式，对相关选项进行设置，如图3-130所示。

图 3-129

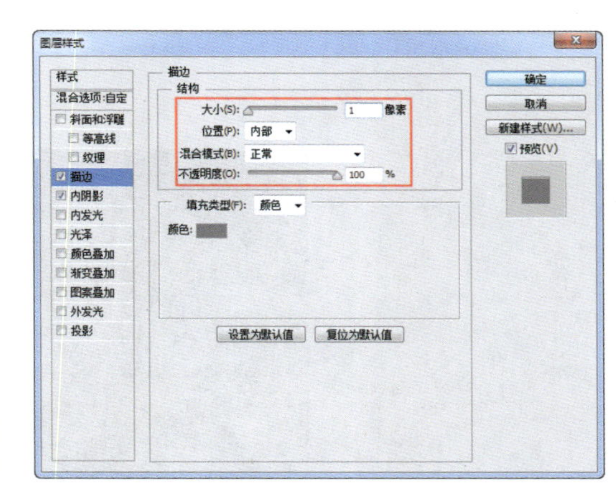

图 3-130

提示

使用“矩形工具”可以绘制出矩形或正方形，选择“矩形工具”后，按住Shift键拖动鼠标，可以绘制出正方形。使用“矩形工具”，在其选项栏上单击“设置”按钮，在弹出的面板中对相关选项进行设置，还可以绘制出固定大小或固定比例的矩形。

步骤03 继续添加“内阴影”图层样式，对相关选项进行设置，如图3-131所示。单击“确定”按钮，完成“图层样式”对话框中各选项的设置，设置“矩形1”图层的“填充”为70%，效果如图3-132所示。

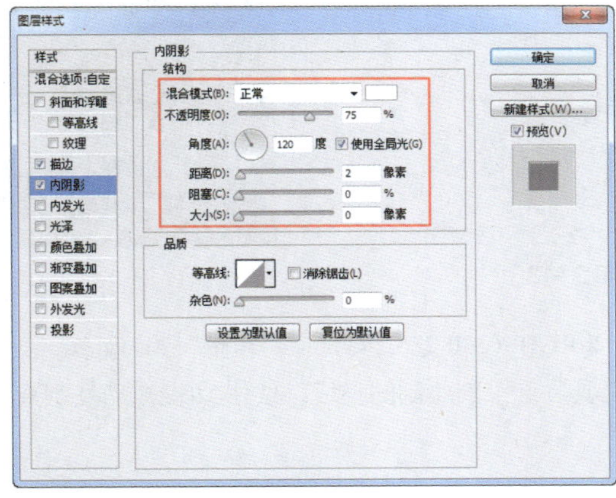

图 3-131

图 3-132

步骤04 使用“矩形工具”，设置“填充”为RGB（216,221,229），在画布中绘制矩形，将“矩形2”图层调整至“矩形1”图层下方，效果如图3-133所示。为该图层添加“描边”图层样式，对相关选项进行设置，如图3-134所示。

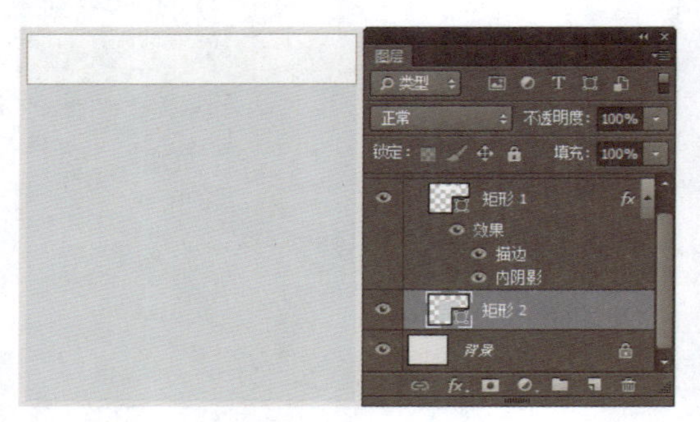

图 3-133

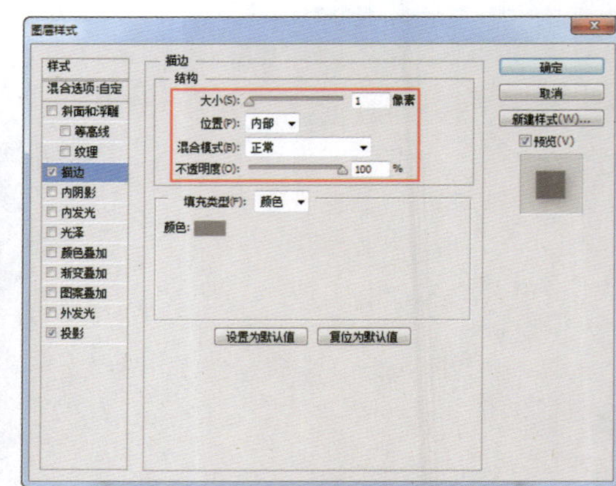

图 3-134

步骤 05 继续添加“投影”图层样式，对相关选项进行设置，如图3-135所示。单击“确定”按钮，完成“图层样式”对话框中各选项的设置，设置该图层的“填充”为90%，效果如图3-136所示。

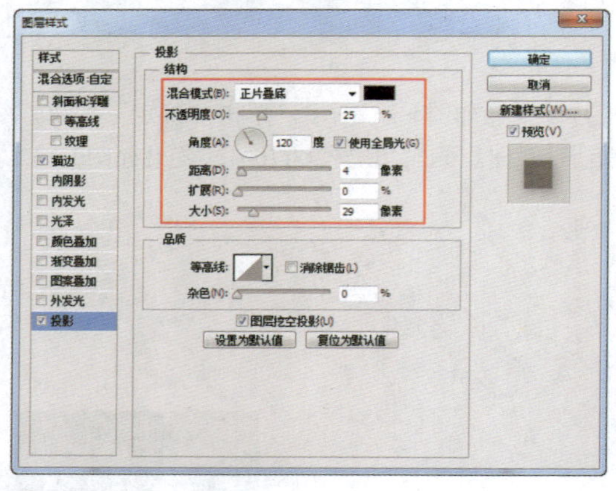

图 3-135

图 3-136

步骤 06 使用“直线工具”，在选项栏上设置“填充”为RGB（230,235,243）、“粗细”为1像素，在画布中绘制直线，如图3-137所示。使用“路径选择工具”选中刚绘制的直线，按住Alt键拖动复制直线，如图3-138所示。

图 3-137

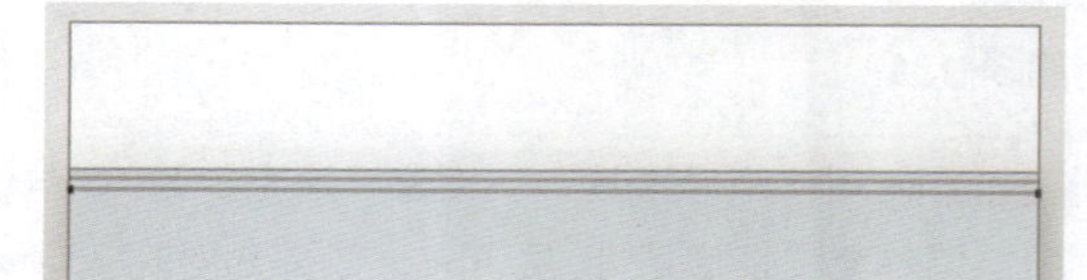

图 3-138

提示

使用“路径选择工具”选取路径，不需要在路径上单击，只需要移动鼠标指针在路径内的任意区域单击即可，该工具主要是方便选择和移动整个路径。

步骤07 使用相同的制作方法，可以将直线复制多次，效果如图3-139所示。在名称为“面板背景”图层组上方新建名称为“工具栏”的图层组，使用“矩形工具”，设置“填充”为RGB（81,96,109），使用“合并形状”功能在画布中绘制图形，效果如图3-140所示。

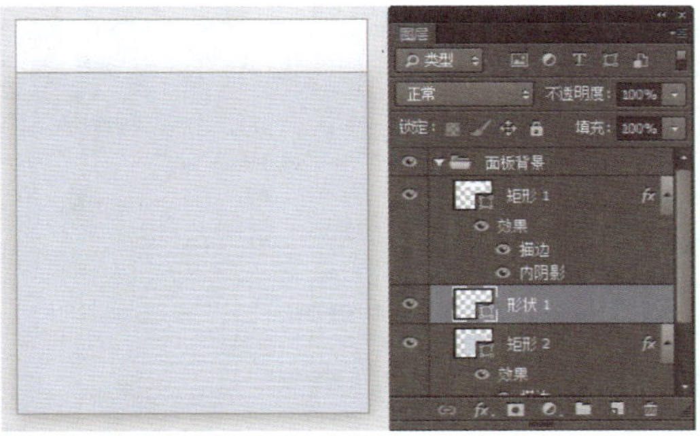

图 3-139

图 3-140

步骤08 使用“横排文字工具”，在“字符”面板中对相关选项进行设置，在画布中单击并输入文字，如图3-141所示。为文字图层添加“投影”图层样式，对相关选项进行设置，如图3-142所示。

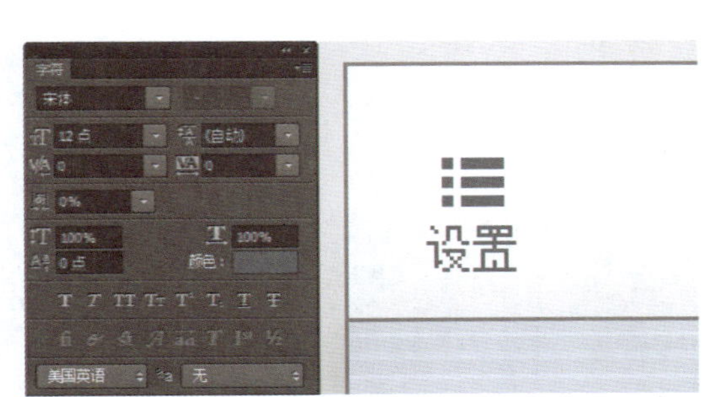

图 3-141

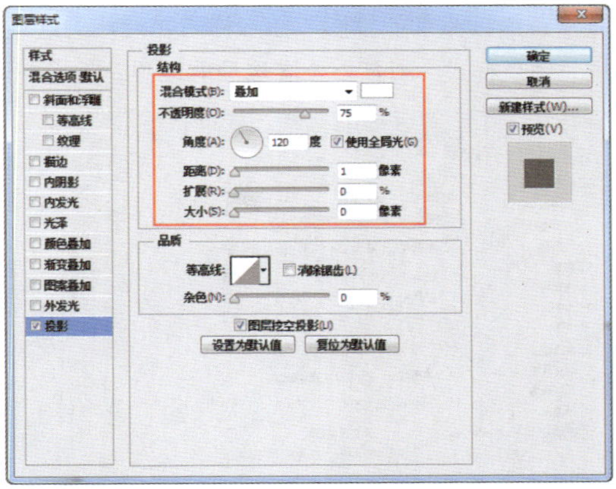

图 3-142

步骤09 单击“确定”按钮，完成“图层样式”对话框中各选项的设置，效果如图3-143所示。使用相同的制作方法，可以完成工具栏中图标的绘制和文字的输入，效果如图3-144所示。

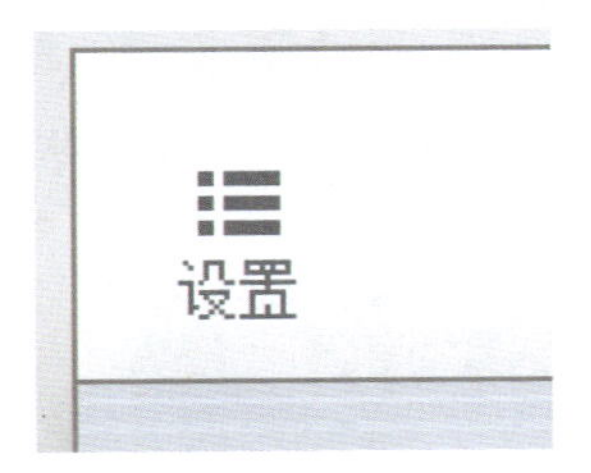

图 3-143

图 3-144

步骤10 在“工具栏”图层组上方新建名为“内容1”的图层组，使用“圆角矩形工具”，在选项栏上设置“填充”为RGB（245,247,250）、“半径”为2像素，在画布中绘制圆角矩形，如图3-145所示。为该图层添加“内阴影”图层样式，对相关选项进行设置，如图3-146所示。

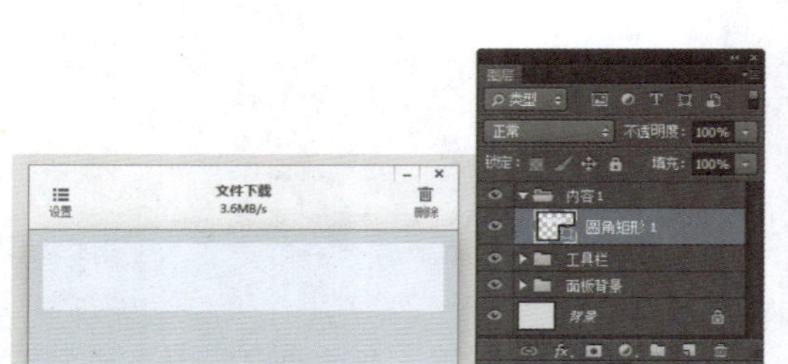

图 3-145

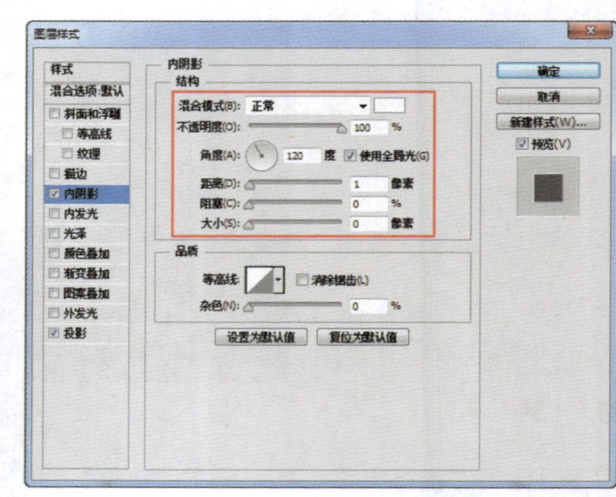

图 3-146

步骤11 继续添加“投影”图层样式，对相关选项进行设置，如图3-147所示。单击“确定”按钮，完成“图层样式”对话框中各选项的设置，效果如图3-148所示。

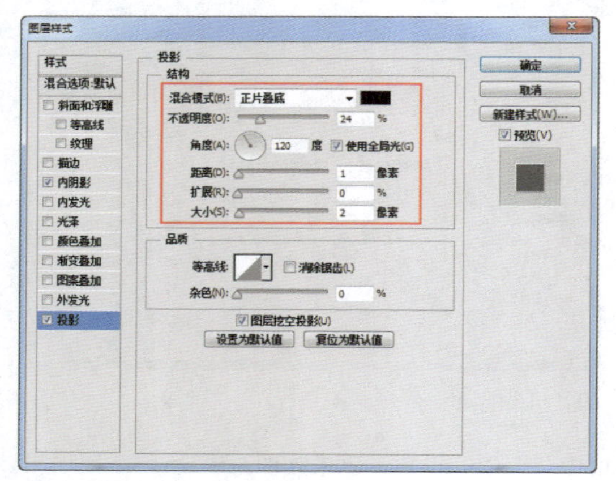

图 3-147

图 3-148

步骤12 打开素材图像“光盘\源文件\第3章\素材\401.png”，将其拖入设计文档中，如图3-149所示。使用“圆角矩形工具”，在选项栏上设置“填充”为RGB（229,229,229）、“半径”为5像素，在画布中绘制圆角矩形，如图3-150所示。

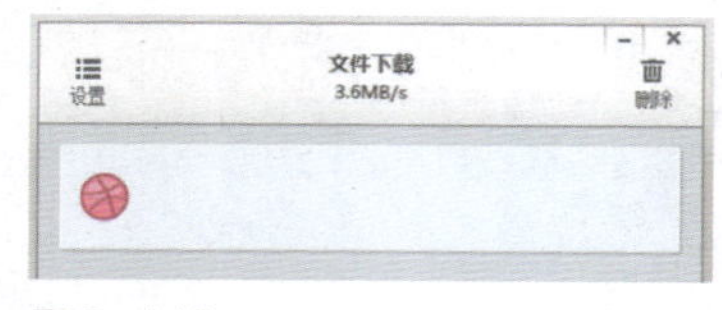

图 3-149

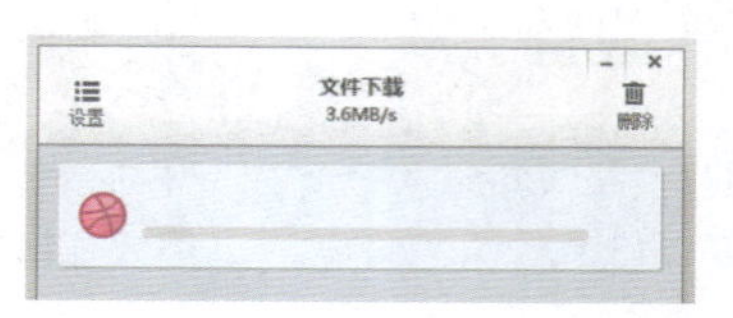

图 3-150

步骤 13 为该图层添加“内阴影”图层样式，对相关选项进行设置，如图3-151所示。单击“确定”按钮，完成“图层样式”对话框中各选项的设置，效果如图3-152所示。

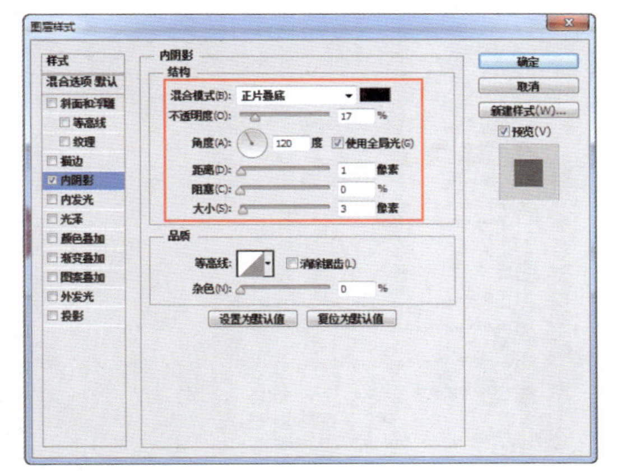

图 3-151

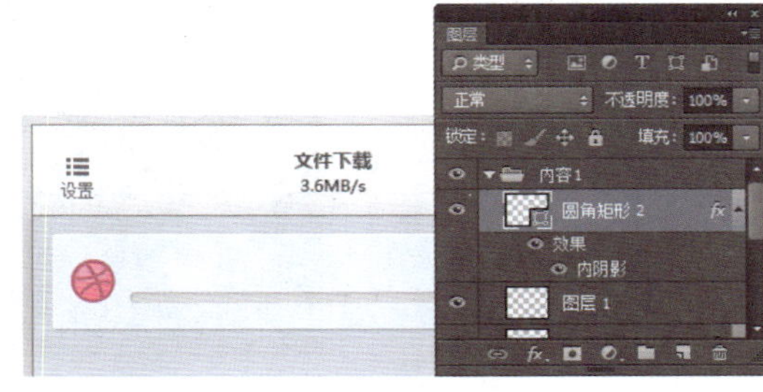

图 3-152

步骤 14 使用相同的制作方法，可以完成其他图形的绘制并输入相应的文字，效果如图3-153所示。复制“内容1”图层组将其并重命名为“内容2”，将该图层组中的内容垂直向下移动，并对相应的内容进行修改，制作出第2部分内容的效果，效果如图3-154所示。

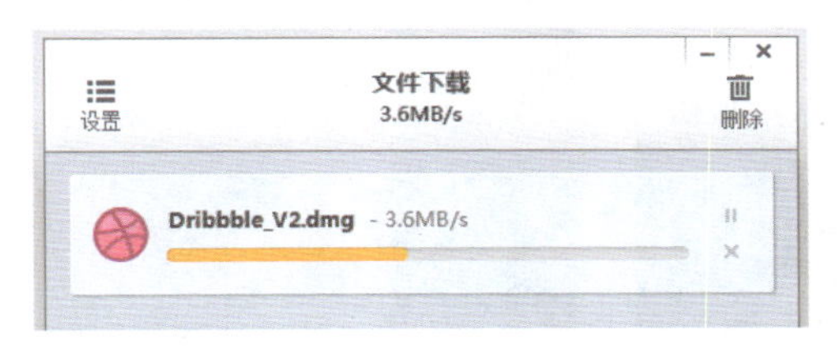

图 3-153

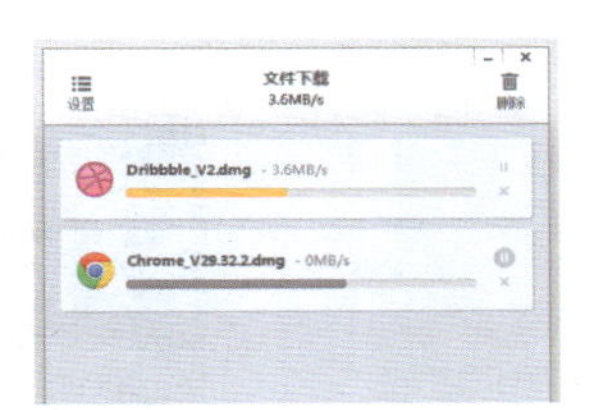

图 3-154

步骤 15 使用相同的制作方法，可以完成面板中其他内容的制作，效果如图3-155所示。新建名称为“滚动条”的图层组，使用“圆角矩形工具”，在选项栏上设置“填充”为RGB（128,128,128）、“半径”为5像素，在画布中绘制圆角矩形，效果如图3-156所示。

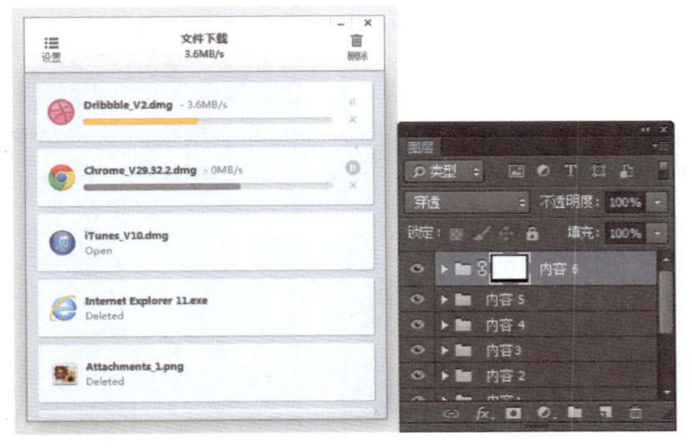

图 3-155

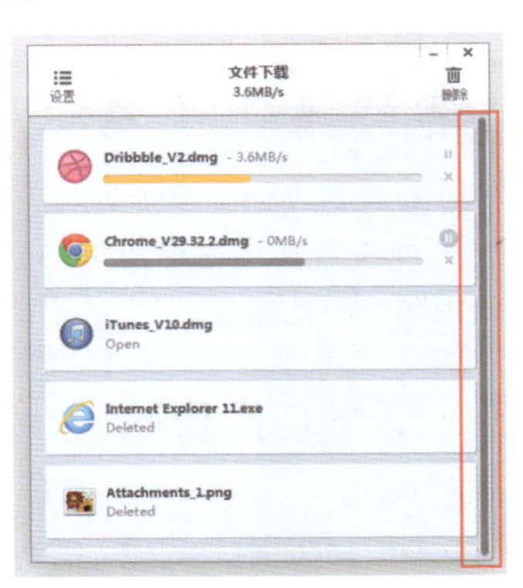

图 3-156

步骤16 设置该图层的“不透明度”为20%，使用“多边形工具”，在选项栏上设置“边”为3，绘制三角形并进行调整，效果如图3-157所示。复制该三角形，并将复制的图形垂直翻转，调整到合适的位置，效果如图3-158所示。

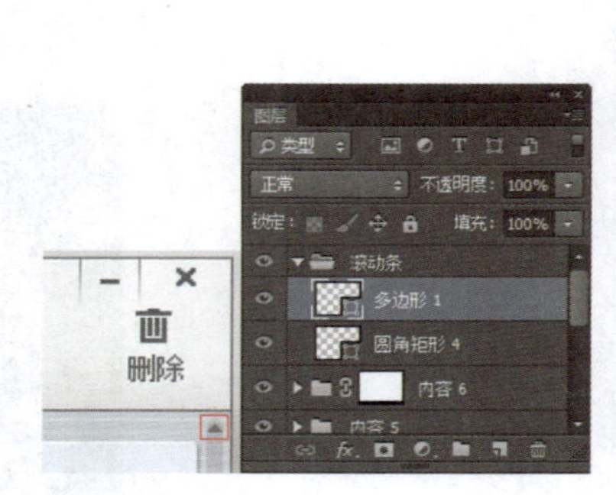

图 3-157

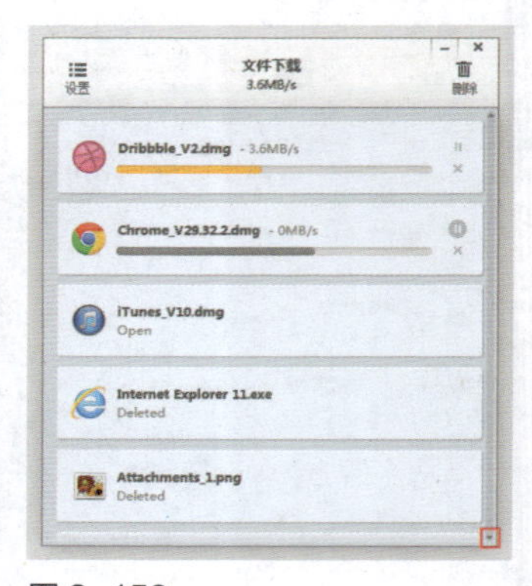

图 3-158

步骤17 使用相同的制作方法，可以完成滚动条图形的绘制，效果如图3-159所示。拖入素材图像作为软件面板的背景，完成该软件面板的设计，最终效果如图3-160所示。

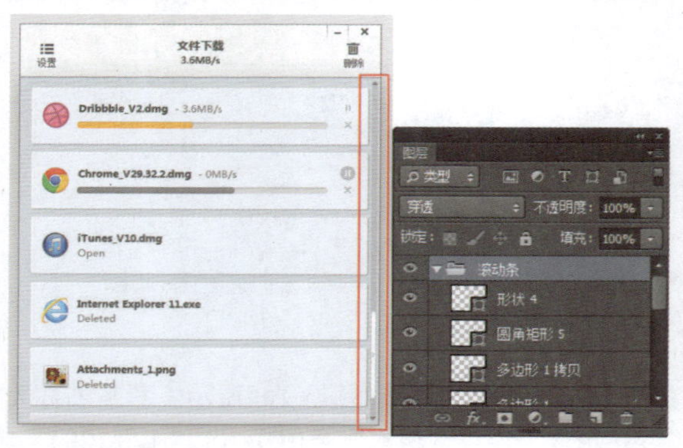

图 3-159

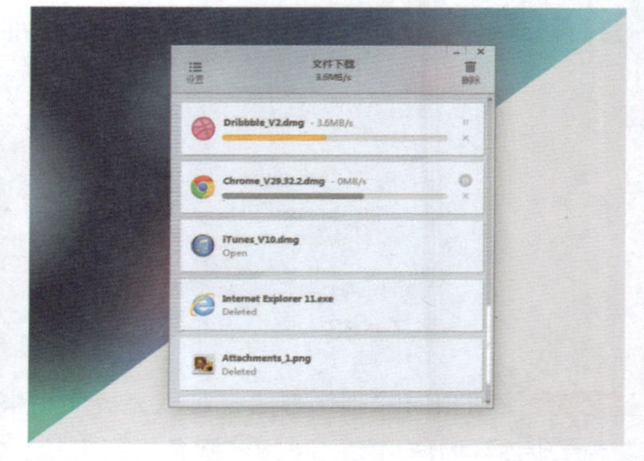

图 3-160

3.5 软件皮肤设计

软件皮肤就是软件的可视外观，为了满足用户日益增长的个性化需求，越来越多的软件会设计开发多套外观皮肤供用户自由选择，极大地丰富了软件界面的表现效果。最常见的软件皮肤包括Windows主题、QQ皮肤、天气主题、输入法皮肤等。

3.5.1 天气应用皮肤设计原则

天气与人们的生活息息相关，在现代生活中，人们已经不会再拘束于每天定点的电视天气预报或者每日的早报这样的生活方式，而是可以通过更多的途径随时了解到最新的天气、温度及相关事宜，简单而且高效。手机、软件、网页等各种媒体中的天气应用无处不在，表现形式也呈现多样化，如何设计出既美观又实用的界面是天气应用受到用户欢迎的重要因素。如图3-161所示为精美的天气应用皮肤。

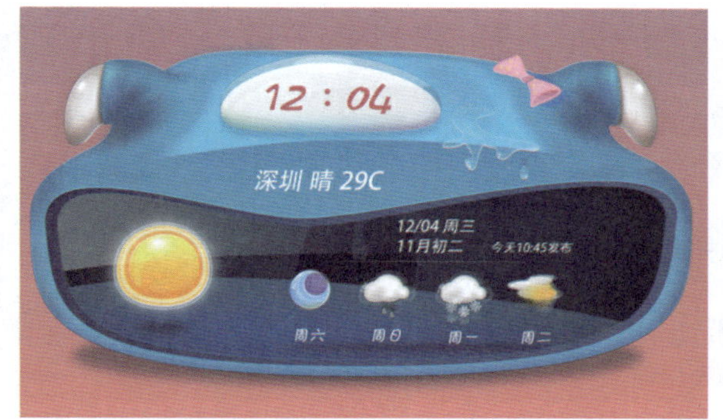

图 3-161

在设计天气应用界面的过程中需要注意遵循以下设计原则：

- **简易性。**

天气应用界面要求尽量简洁，是为了能够更方便用户的使用，并能够减少用户误操作的可能性，这也是大多数软件界面设计最基本的要求。

- **通俗性。**

设计师需要从用户的行为和潜在需求出发，找到设计的支撑点，界面的元素需要能够通俗易懂，使大部分用户一眼就能明白，不要为了求新颖而将天气元素设计得过于另类，这样只会使增加用户的理解难度，而不会使用户喜欢该天气界面。

- **清晰性。**

这也是天气应用界面最基本的要求之一，要能够在视觉效果上便于用户的理解和使用。

- **有序性。**

在天气应用界面的设计中，各种天气信息的排序要具有有序性，没有人喜欢杂乱的信息表现方式。

- **一致性。**

每一个优秀的界面设计都需要具备一致性的特点，界面的结构必须清晰并且一致，如果所设计的天气应用界面是软件中的一部分，那么就更需要考虑到与整个软件界面的风格相统一。

- **容易记忆。**

现代社会，每个人都面临着信息爆炸，用户需要快速地获取天气信息，而不是玩游戏，用户更希望是一种直截了当的形式，因此要避免使用烦琐和模糊不清的表现方式。

- **从用户的角度出发。**

设计需要从用户的角度出发，用户总是按照自己的方法理解和使用，所以在设计天气应用界面时，需要按照常规的方式来表现内容，这样用户可以通过已经掌握的知识轻松地使用所设计的天气应用。

【自测5】设计天气应用皮肤

视频：光盘\视频\第3章\天气应用皮肤.swf　　源文件：光盘\源文件\第3章\天气应用皮肤.psd

- **案例分析**

案例特点：本案例设计一款天气应用皮肤，通过圆角矩形构成天气应用的主体轮廓，设计微微翘起的折角以使该天气应用皮肤更加美观。

制作思路与要点：使用圆角矩形和椭圆形并分别填充相应的渐变颜色，构成天气皮肤的主体，表现出天气和地球的场景，搭配时间的显示和天气图标，界面形象、简约，通过对细节的处理，如折角的效果，又能够充分体现出该天气应用皮肤的精致。

- **色彩分析**

该天气应用皮肤使用纯度较高的蓝色与橙色相搭配，形成鲜明的对比，也与自然界的色调相统一，在界面的左上角使用浅灰色的背景表现当前时间，界面中各种重要的信息元素互不干扰、合谐统一。

- **制作步骤**

步骤01 执行“文件>新建”命令，弹出“新建”对话框，新建一个空白文档，如图3-162所示。打开素材图像“光盘\源文件\第3章\素材\501.jpg”，将其拖入到设计的文档中，如图3-163所示。

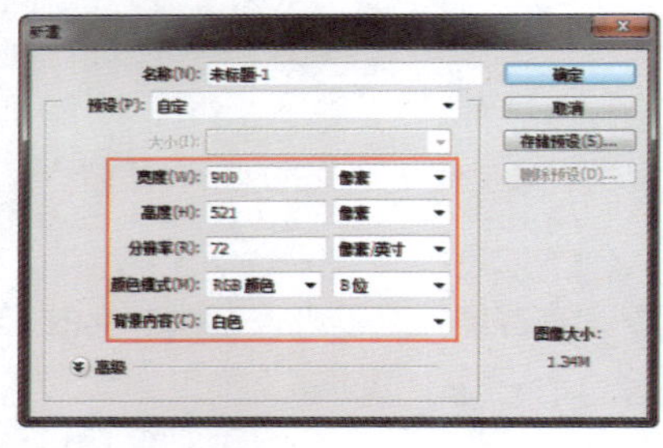

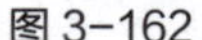
图 3-162

图 3-163

步骤02 新建名称为“背景”的图层组，使用“圆角矩形工具”，在选项栏上设置“工具模式”为“形状”、“半径”为30像素，在画布中绘制一个圆角矩形，如图3-164所示。为该图层添加“渐变叠加”图层样式，对相关选项进行设置，如图3-165所示。

图 3-164

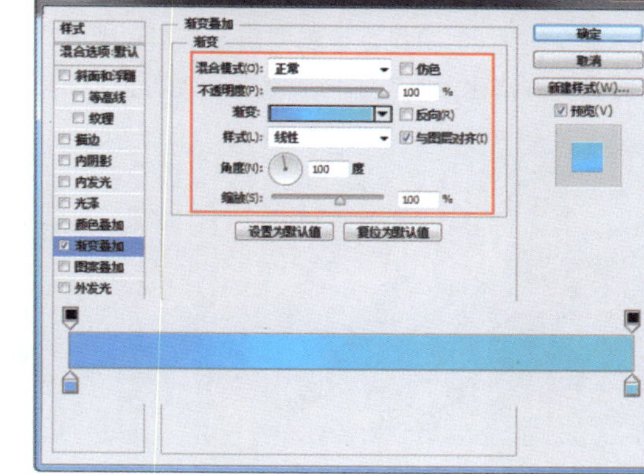

图 3-165

步骤03 单击“确定”按钮，完成“图层样式”对话框中各选项的设置，效果如图3-166所示。复制“圆角矩形1”图层，得到“圆角矩形1 拷贝”图层，清除该图层的图层样式，将其调整至“圆角矩形1”图层下方，栅格化为普通图层，如图3-167所示。

图 3-166

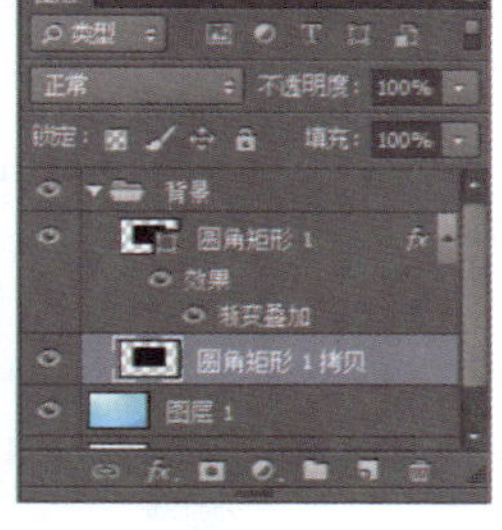

图 3-167

步骤04 执行“滤镜>模糊>高斯模糊”命令，弹出“高斯模糊”对话框，具体设置如图3-168所示。单击“确定”按钮，效果如图3-169所示。

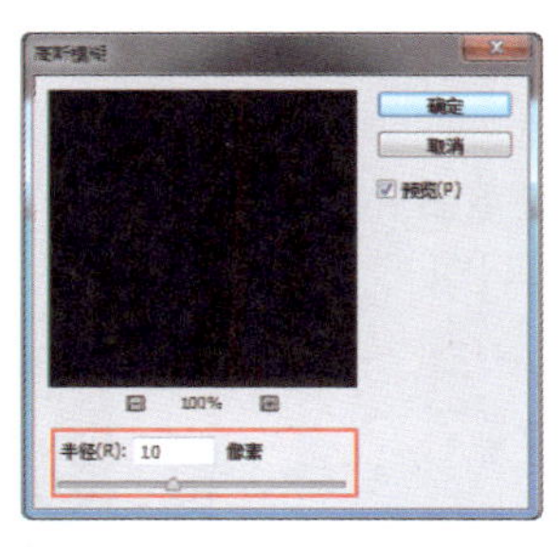

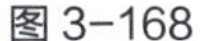

图 3-168

图 3-169

提示

使用“高斯模糊”滤镜可以为图像添加低频细节，使图像产生一种朦胧的效果。在“高期模糊”对话框中，“半径”值越大，模糊的效果越强烈。

步骤05 执行“编辑>变换>变形”命令，对图形进行变形处理，效果如图3-170所示。确认图形变形操作，复制“圆角矩形1”图层，得到“圆角矩形1 拷贝2”图层，在该图层上单击鼠标右键，在弹出的快捷菜单选择“栅格化图层”命令，效果如图3-171所示。

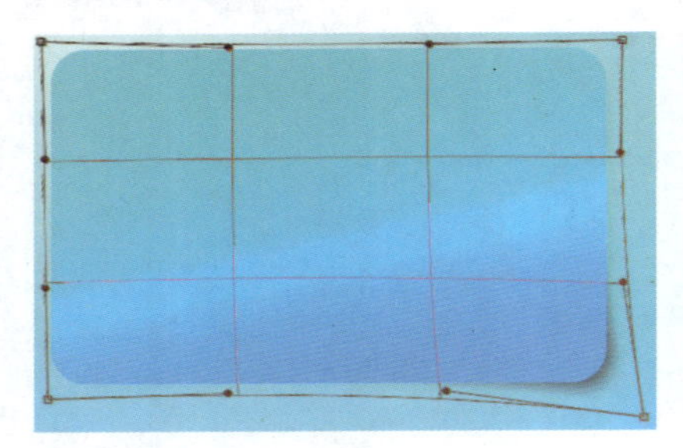

图 3-170

图 3-171

提示

执行“编辑>变换>变形”命令，可以在图像上显示变形网格，可以通过拖动变形网格点或变形网格线对图像进行变形处理，得到需要的效果后，可以按Enter键确认对图像的变形操作。

步骤06 使用“椭圆工具”，在画布中绘制一个正圆形，效果如图3-172所示。为该图层添加“渐变叠加”图层样式，对相关选项进行设置，如图3-173所示。

图 3-172

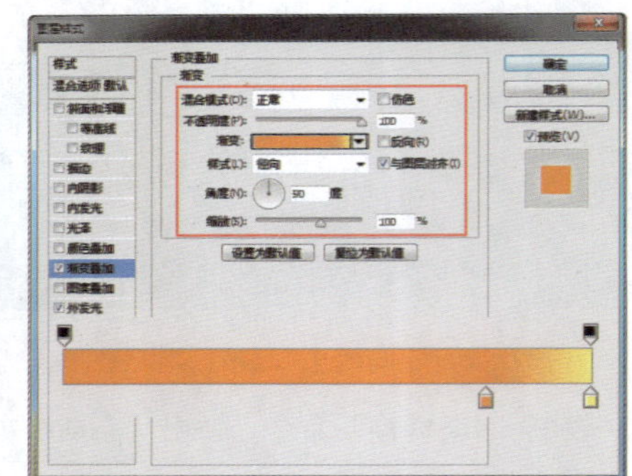

图 3-173

步骤07 继续添加“外发光”图层样式，对相关选项进行设置，如图3-174所示。单击“确定”按钮，完成“图层样式”对话框中各选项的设置，将该图层创建剪贴蒙版，效果如图3-175所示。

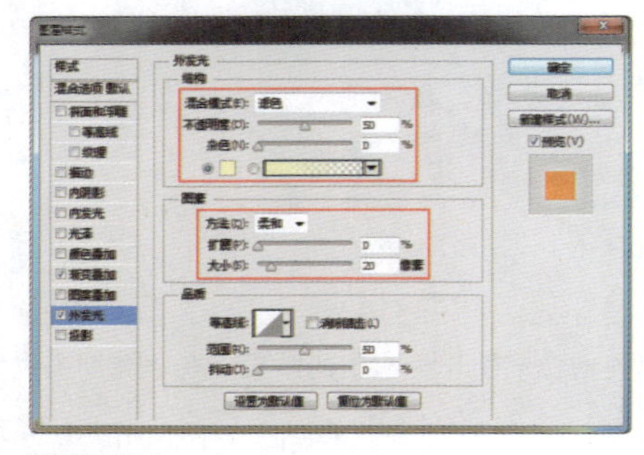

图 3-174

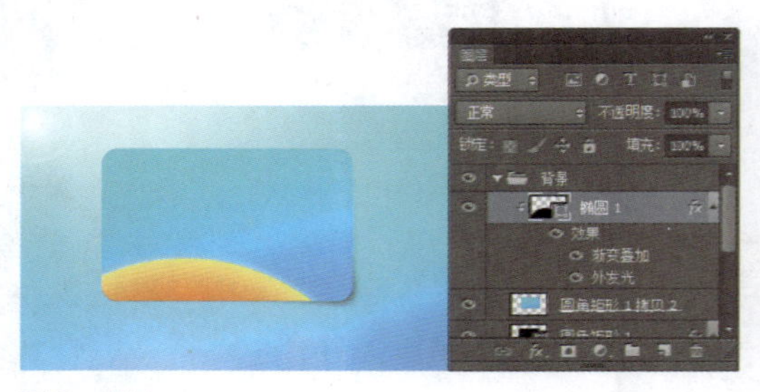

图 3-175

步骤08 使用“钢笔工具”，在选项栏上设置“工具模式”为“形状”、“填充”为RGB（255,51,100），在画布中绘制图形，如图3-176所示。使用相同的绘制方法，可以绘制出相似的图形效果，如图3-177所示。

图 3-176

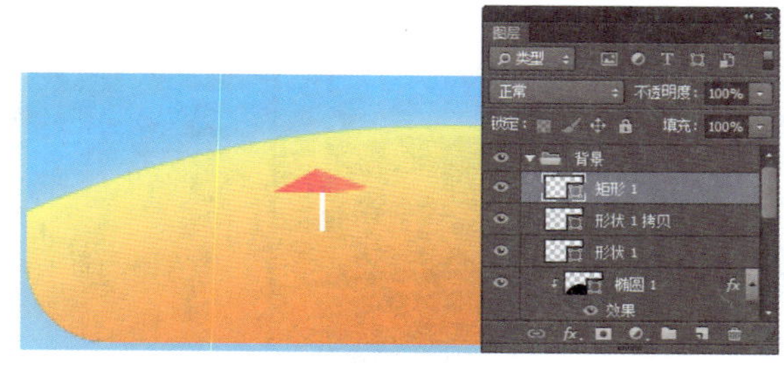

图 3-177

步骤09 新建“图层2”，使用“椭圆选框工具”在画布中绘制椭圆形选区，如图3-178所示。执行“选择>修改>羽化”命令，在弹出对话框中设置“羽化半径”为6像素，单击“确定”按钮，为选区填充黑色，如图3-179所示。

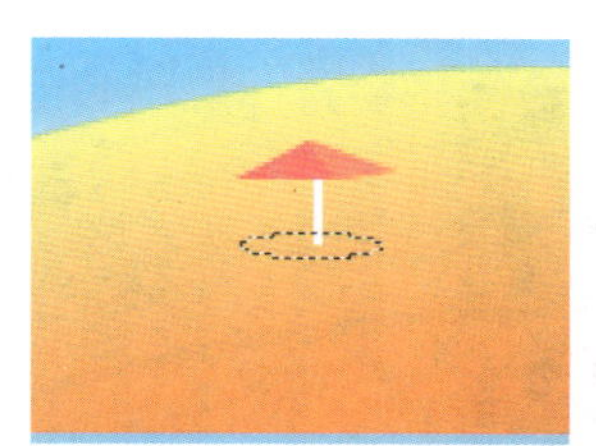

图 3-178

图 3-179

步骤10 按快捷键Ctrl+T，调出自由变换框，调整图形的大小，如图3-180所示。将“图层2”移至“形状1”图层下方，并设置该图层的“不透明度”为60%，效果如图3-181所示。

图 3-180

图 3-181

步骤11 使用“圆角矩形工具”，在选项栏上设置“半径”为50像素，在画布中绘制圆角矩形，如图3-182所示。为该图层添加“渐变叠加”图层样式，对相关选项进行设置，如图3-183所示。

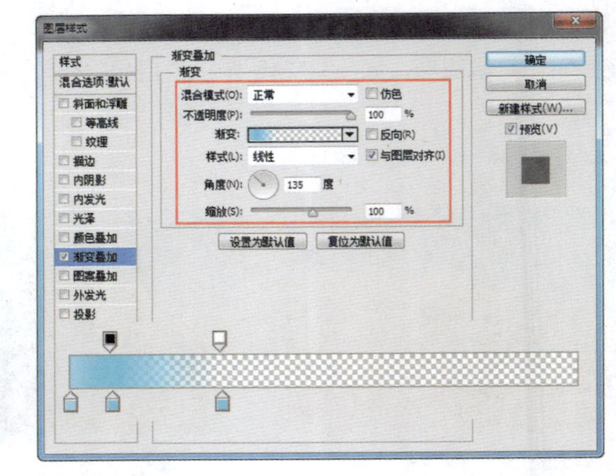

图 3-182　　图 3-183

步骤 12 单击“确定”按钮，完成“图层样式”对话框中各选项的设置，设置该图层的“填充”为0%，效果如图3-184所示。新建“图层3”，使用“画笔工具”，设置“前景色”为黑色，选择柔角笔触，设置画笔的“不透明度”为25%，在合适的位置涂抹，如图3-185所示。

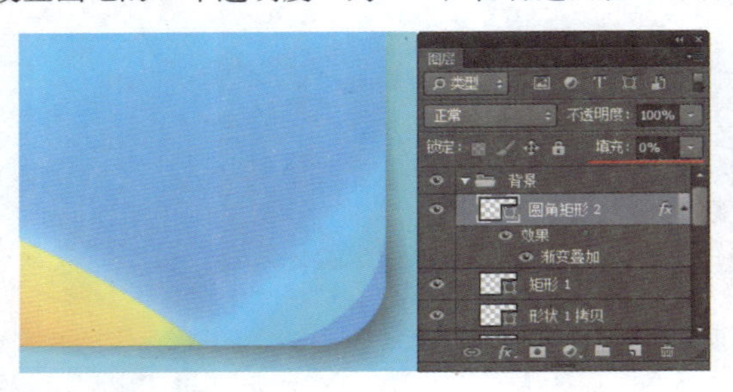

图 3-184　　图 3-185

步骤 13 设置“图层3”的“不透明度”为60%，将该图层移至“圆角矩形2”图层下方，效果如图3-186所示。在“背景”图层组上方新建名称为“时间”的图层组，使用“圆角矩形工具”，在选项栏上设置“半径”为30像素，在画布中绘制圆角矩形，如图3-187所示。

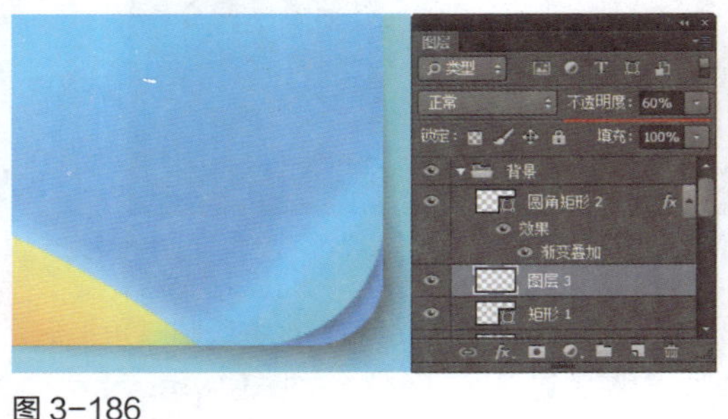

图 3-186　　图 3-187

步骤 14 为该图层添加“渐变叠加”图层样式，对相关选项进行设置，如图3-188所示。继续添加“内发光”图层样式，对相关选项进行设置，如图3-189所示。

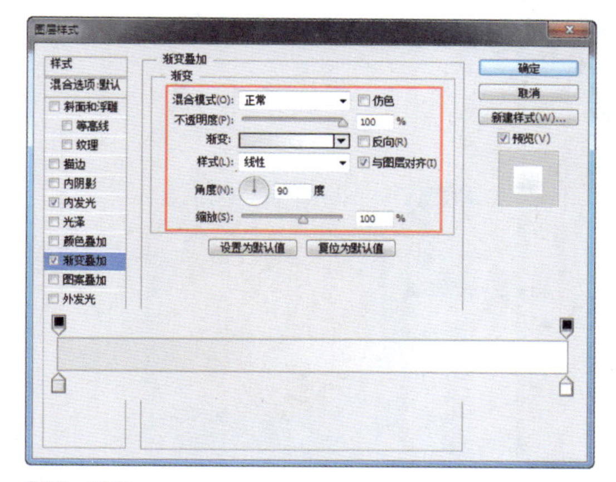

图 3-188

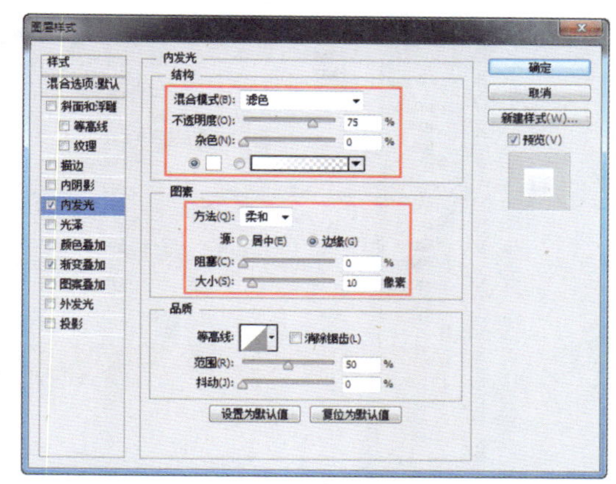

图 3-189

步骤 15 单击“确定”按钮，完成“图层样式”对话框中各选项的设置，效果如图3-190所示。使用相同的制作方法，可以制作出该圆角矩形的阴影效果，如图3-191所示。

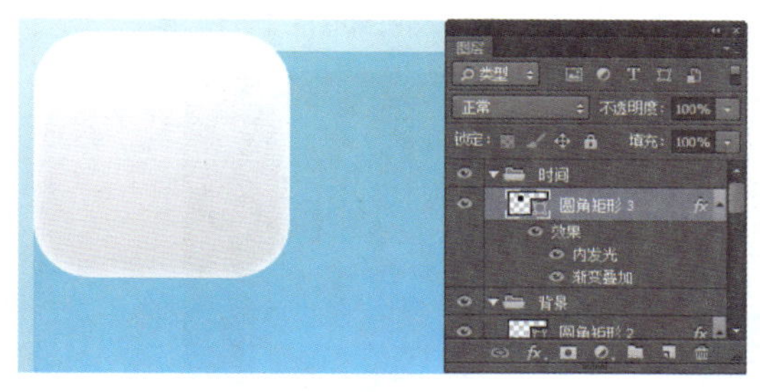

图 3-190

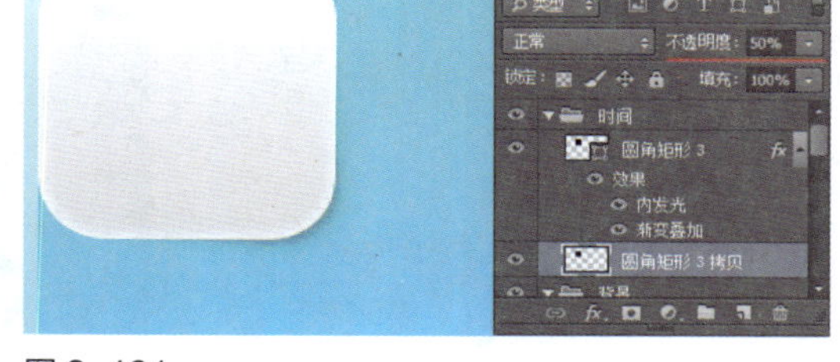

图 3-191

步骤 16 使用相同的制作方法，可以完成其他图形效果的制作，如图3-192所示。在“时间”图层组上方新建名称为“天气”的图层组，使用“椭圆工具”绘制一个正圆形，如图3-193所示。

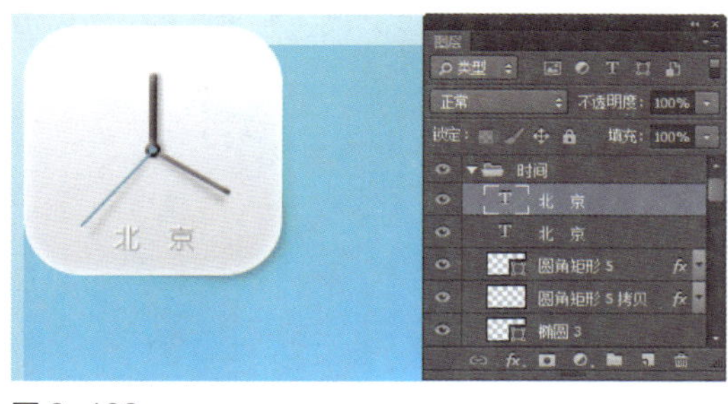

图 3-192

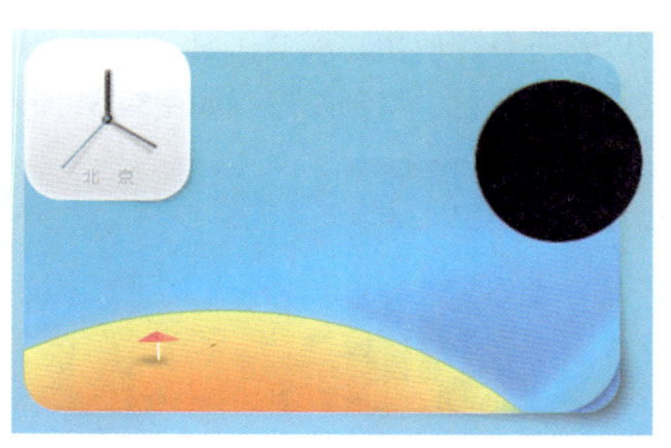

图 3-193

步骤 17 为该图层添加“渐变添加”图层样式，对相关选项进行设置，如图3-194所示。单击“确定”按钮，完成“图层样式”对话框中各选项的设置，效果如图3-195所示。

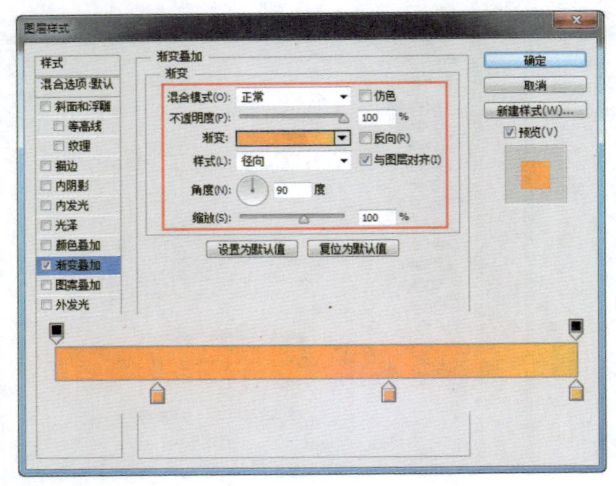

图 3-194

图 3-195

步骤 18 按住Ctrl键单击“椭圆4”图层缩览图，载入“椭圆4”图层选区，新建“图层4”，使用“画笔工具”，设置“前景色”为白色，选择柔角笔触，设置画笔的“不透明度”为25%，在选区中涂抹，如图3-196所示。取消选区，设置“图层4”的“不透明度”为80%，效果如图3-197所示。

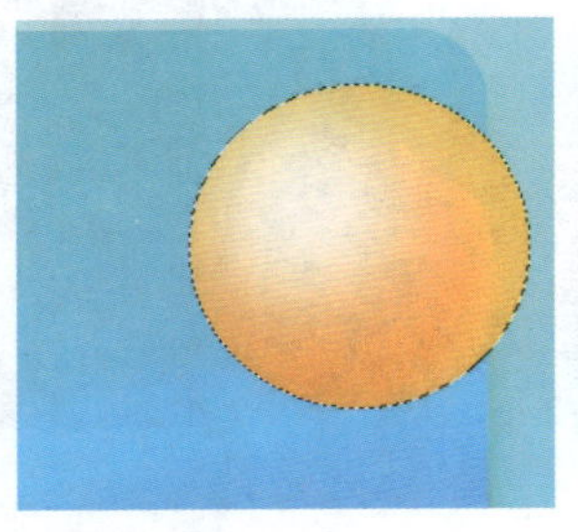

图 3-196

图 3-197

步骤 19 使用“横排文字工具”，在“字符”面板中对相关选项进行设置，在画布中单击并输入文字，如图3-198所示。使用“椭圆工具”，在选项栏上设置“填充”为无、“描边”为白色、“描边宽度”为2点，在画布中绘制图形，如图3-199所示。

图 3-198

图 3-199

步骤 20 使用相同的制作方法，可以完成天气信息内容的制作，如图3-200所示。完成该天气插件皮肤的设计，最终效果如图3-201所示。

图 3-200

图 3-201

3.5.2 输入法皮肤

在计算机中输入中文内容离不开输入法的支持，目前很多输入法都提供了更换输入法皮肤的功能，这也是软件界面个性化定制的表现。

在互联网时代，输入法越来越重要，人们日常的工作、娱乐都离不开输入法。很多输入法开发公司也都建立了自己的输入法设计部，为输入法配上各种不同风格的皮肤，让生硬的输入法变得更加亲切可爱，充满人性化，也满足人们对输入法界面个性化的需求。如图3-202所示为设计精美的输入法皮肤。

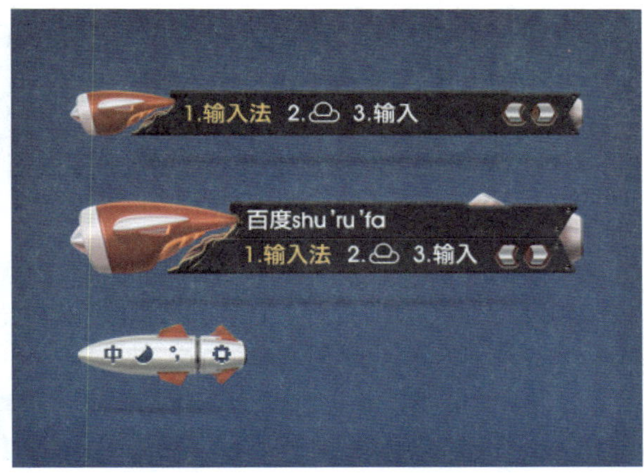

图 3-202

【自测6】设计酷黑输入法皮肤

视频：光盘\视频\第3章\酷黑输入法皮肤.swf　　源文件：光盘\源文件\第3章\酷黑输入法皮肤.psd

- **案例分析**

案例特点：本案例设计一款酷黑输入法皮肤，通过渐变颜色填充和线条高光的绘制表现出输入法皮肤的质感。

制作思路与要点：绘制圆角矩形并为其添加相应的图层样式，制作出输入法的背景框架；通过一黑一白的两条直线分隔出输入法皮肤的功能区域；通过渐变颜色填充的效果表现输入法皮肤上的高光效果。整体效果给人感觉简洁、清晰、大方，细节部分又能够体现出高光的质感。

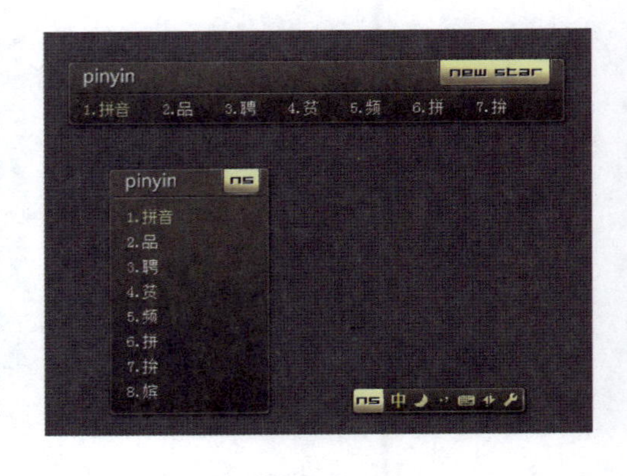

● **色彩分析**

该款输入法皮肤使用深灰色的渐变作为主体颜色，搭配黄色的渐变颜色进行点缀，表现出高档感和质感，文字部分使用白色，与背景形成鲜明对比，简洁、清晰。

● **制作步骤**

步骤01 执行“文件>新建”命令，弹出“新建”对话框，新建一个空白文档，如图3-203所示。打开素材图像“光盘\源文件\第3章\素材\601.jpg”，将其拖入到设计的文档中，如图3-204所示。

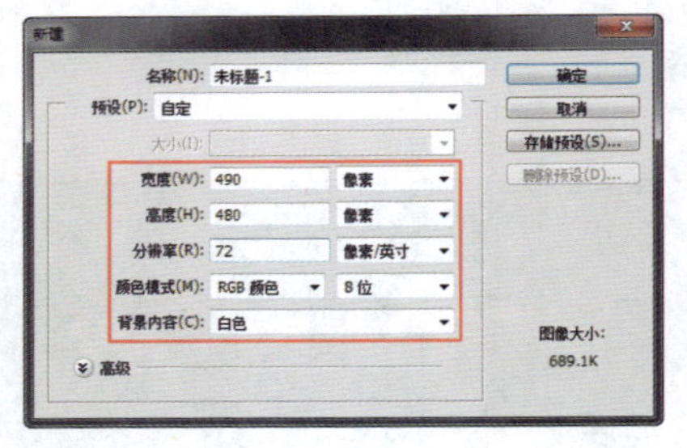

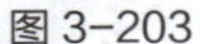
图 3-203

图 3-204

步骤02 新建名称为“横向”的图层组，使用“圆角矩形工具”，在选项栏上设置“工具模式”为“形状”、“半径”为3像素，在画布中绘制圆角矩形，如图3-205所示。为该图层添加“描边”图层样式，对相关选项进行设置，如图3-206所示。

图 3-205

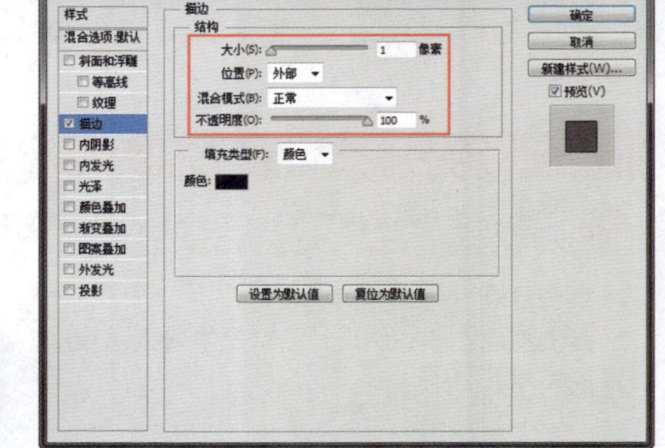

图 3-206

步骤03 继续添加“内发光”图层样式，对相关选项进行设置，如图3-207所示。继续添加“渐变叠加”图层样式，对相关选项进行设置，如图3-208所示。

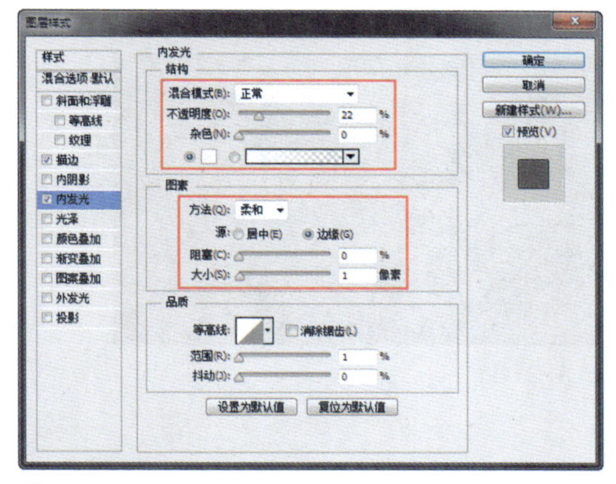

图 3-207

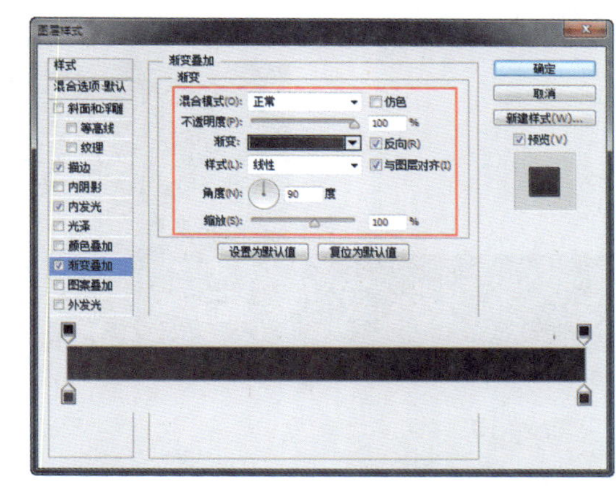

图 3-208

步骤04 继续添加“投影”图层样式，对相关选项进行设置，如图3-209所示。单击“确定”按钮，完成“图层样式”对话框中各选项的设置，效果如图3-210所示。

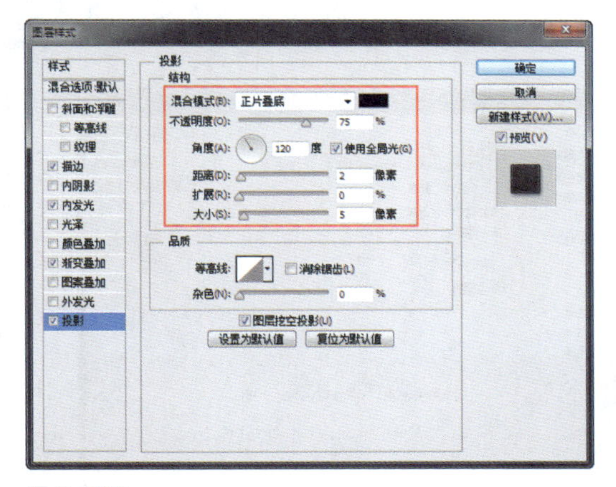

图 3-209

图 3-210

步骤05 使用“直线工具”，在选项栏上设置“填充”为RGB（5,9,12）、“粗细”为1像素，在画布中绘制直线，如图3-211所示。复制“形状1”图层得到“形状1 拷贝”图层，双击该图层缩览图，修改该图形颜色为白色，将该图形向下移动1像素，效果如图3-212所示。

图 3-211

图 3-212

步骤 06 为“形状1 拷贝”图层添加图层蒙版，使用“渐变工具”，在蒙版中填充黑色到白色的对称渐变，设置该图层的“不透明度”为50%，效果如图3-213所示。使用“圆角矩形工具”，在画布中绘制圆角矩形，如图3-214所示。

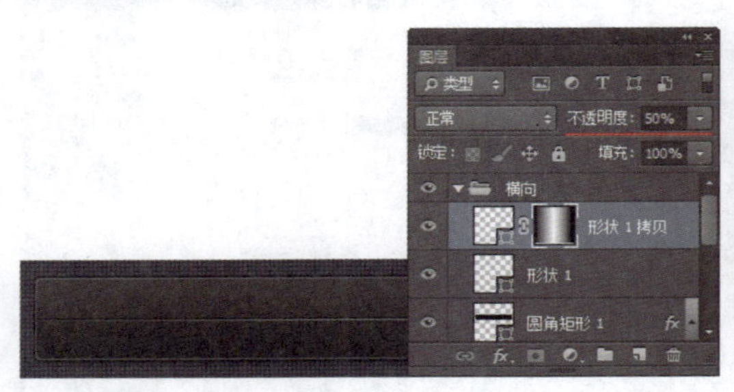

图 3-213

图 3-214

提示

渐变颜色填充在Photoshop中的应用非常广泛，它不仅可以填充图像，还可以用来填充图层蒙版、快速蒙版和通道。

步骤 07 使用“矩形工具”，在选项栏上设置“路径操作”为“减去顶层形状”，在刚绘制的圆角矩形上减去相应的矩形，得到需要的图形，如图3-215所示。为该图层添加“描边”图层样式，对相关选项进行设置，如图3-216所示。

图 3-215

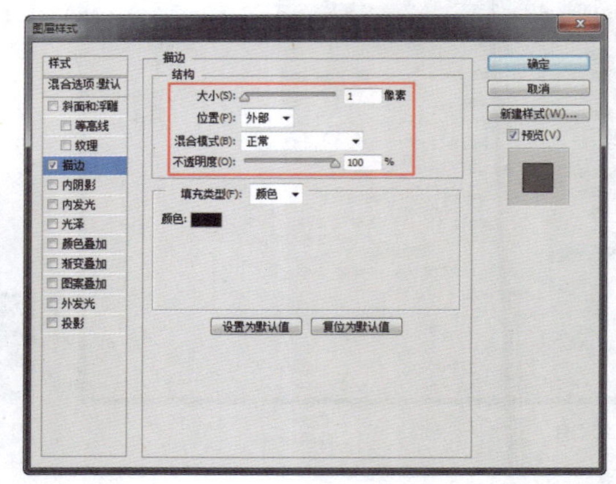

图 3-216

步骤 08 继续添加“内发光”图层样式，对相关选项进行设置，如图3-217所示。继续添加“渐变叠加”图层样式，对相关选项进行设置，如图3-218所示。

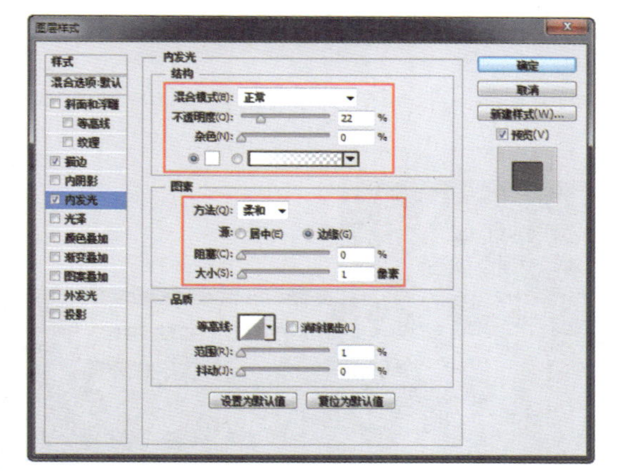

图 3-217

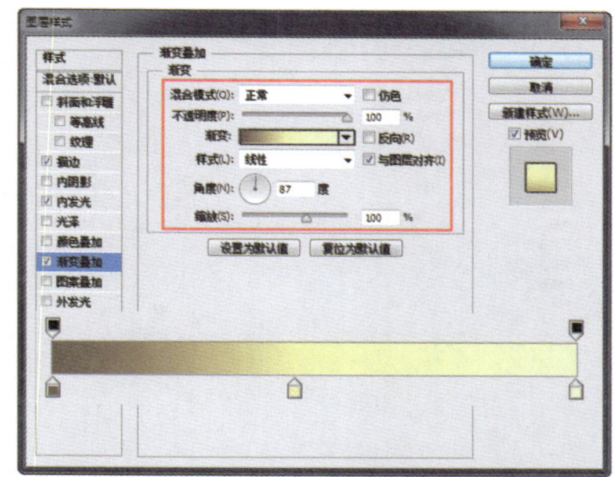

图 3-218

步骤 09 单击“确定”按钮，完成“图层样式”对话框中各选项的设置，效果如图3-219所示。使用“横排文字工具”，在“字符”面板中对相关选项进行设置，在画布中单击并输入文字，如图3-220所示。

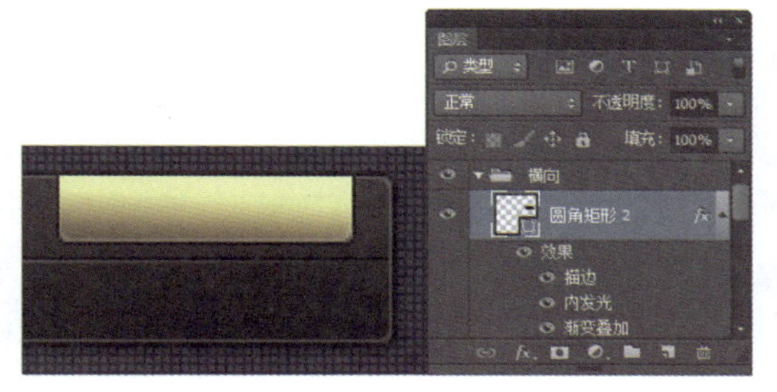

图 3-219

图 3-220

步骤 10 复制文字图层，将得到的文字修改为白色，将该图层向下移动一层并将文字向下和向右各移动1像素，效果如图3-221所示。使用“矩形工具”，在画布中绘制一个白色矩形，如图3-222所示。

图 3-221

图 3-222

步骤 11 为“矩形1”图层添加“渐变叠加”图层样式，对相关选项进行设置，如图3-223所示。单击“确定”按钮，完成“图层样式”对话框中各选项的设置，设置“矩形1”图层的“填充”为0%、“不透明度”为60%，效果如图3-224所示。

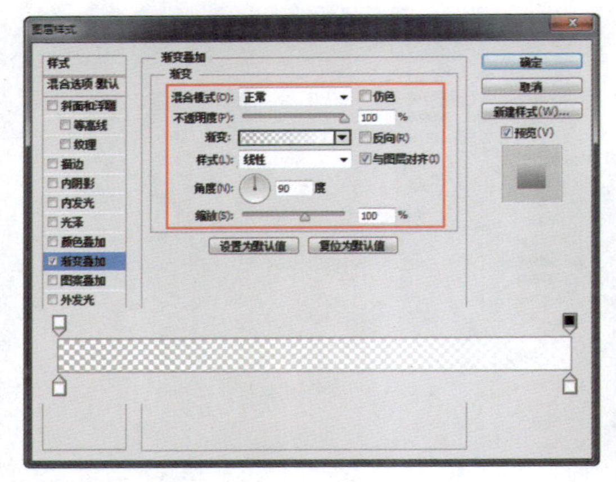

图 3-223

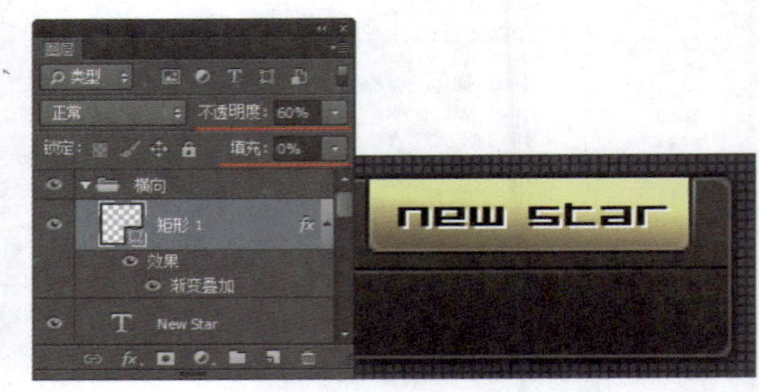

图 3-224

步骤12 使用相同的制作方法，可以完成相似图形的绘制，效果如图3-225所示。使用“横排文字工具”，在画布中输入相应的文字，完成横向输入法效果的制作，如图3-226所示。

图 3-225

图 3-226

步骤13 使用相同的制作方法，还可以绘制出竖向输入法皮肤和输入法工具栏的效果，如图3-227所示。

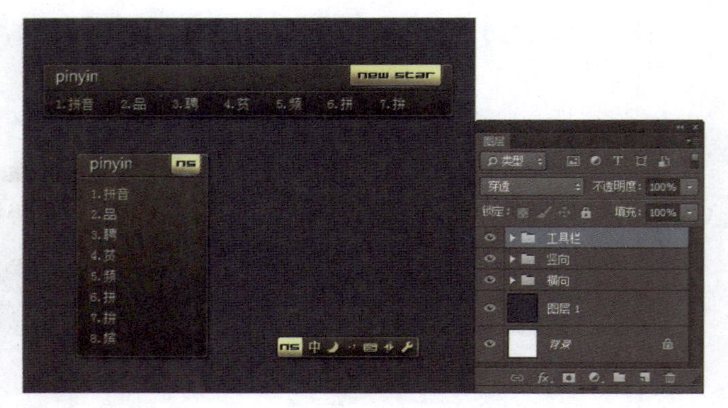

图 3-227

3.6 专家支招

软件的安装和启动界面是用户接触到软件后所看到的第一个界面，也决定着用户对该软件的第一印象，成功的软件安装和启动界面设计会给用户留下美好的印象，并使用户对软件产生好感。在了解了软件安装与启动界面设计的相关要点和方法以后，在设计过程中还需要注意尽量使用简洁、清楚的方式将软件的功能和相关信息介绍清楚。

① 如何在软件安装界面设计中提供用户对软件的认知?

答：对于第一次使用软件的用户，需要让用户知道该款软件的整体功能，可以在软件安装的第一个界面中展示该款软件最精髓的简介，也就是对软件的广告宣传。在软件的安装过程中适当地在安装界面中对软件的品质和功能进行宣传，可以大大增加用户对该款软件的信任度。

② 在软件启动界面中通常会为用户提供哪些信息?

答：软件的启动界面也可以称为软件LOGO，是指在软件主程序启动过程中，在软件主界面出现之前首先显示在用户眼前的画面。在软件的启动界面中通常会出现软件的相关标识及相关信息，例如Office软件程序的启动界面上会出现软件的标识、发行公司及一些版本信息等内容，如图3-228所示。

图 3-228

3.7 本章小结

软件的安装与启动界面属于软件界面中的一部分，也可以说是软件界面设计中非常重要的元素。在本章中详细介绍了有关软件安装与启动界面的相关知识，还介绍了有关软件面板设计和皮肤设计的相关内容，并通过实际的界面设计案例制作向读者讲解了各种界面设计的方法和技巧。完成本章内容的学习，读者需要能够掌握软件安装与启动界面的设计方法，并能够设计出有特色的软件安装与启动界面。

CHAPTER

移动APP软件界面设计

本章要点：

随着科技的不断发展，手机应用越来越趋向于多元化、人性化，消费者对手机的功能要求也越来越多，于是越来越多的APP应用软件层出不穷。用户不仅期望APP软件拥有强大的功能，更青睐那些能为用户提供轻松愉快的操作界面，以及既美观实用又操作便捷的APP应用软件。在本章中将向读者介绍有关APP软件界面的设计要点和设计方法，通过本章内容的学习，读者能够了解有关APP软件的相关知识，并且能够掌握APP软件界面的设计方法。

知识点：

- 了解APP软件及智能手机和平板电脑系统
- 了解不同系统手机屏幕常用尺寸
- 掌握APP软件启动界面和引导界面的设计表现方法
- 理解APP软件界面的布局方法
- 掌握天气APP软件界面和音乐APP软件界面的设计表现方法
- 理解并掌握APP软件界面的设计要点
- 理解APP软件界面的设计原则

4.1 关于移动APP软件

简单地说，APP就是安装在智能手机或平面电脑上的第三方应用程序。一个优秀的APP软件界面设计，既要从产品的实际需要出发，又要能够紧紧围绕用户体验，从而确保制作出的APP应用富有“弹性”并且具有良好的视觉效果。

4.1.1 什么是APP软件

随着智能手机等移动设备的不断普及，人们对手机应用软件的需求越来越多，手机移动操作系统厂商都不约而同地建立手机设备应用程序市场，例如，Apple的APP Store、Google的Android Market、Microsoft的Windows Phone 7 Marketplace等，给智能移动设备的终端用户带来巨量的应用软件。

APP的英文全称为Application，在智能手机与平板电脑领域，APP指的是安装在智能移动设备中的应用程序。APP也就是智能手机和平板电脑的软件客户端，也可以称为APP客户端。如图4-1所示为可应用于苹果（iOS）系统的APP应用程序，如图4-2所示为可应用于安卓（Android）系统的APP应用程序。

图 4-1

图 4-2

每个APP图标代表一个APP软件客户端。这些APP都是为了达到一个特定的用途而创造出来的，例如，常用的手机聊天软件“手机QQ”、社交软件“微信”、购物软件“手机淘宝”等。

4.1.2 智能手机与平板电脑系统

智能手机与平板电脑是指像PC（个人电脑）一样，具有独立的操作系统，可以由用户自行安装第三方服务商提供的应用程序，并通过移动通信网络实现无线上网的一类手持移动设备。

目前智能手机与平板电脑的操作系统有：Symbian（塞班）、Windows Mobile、Windows Phone、iOS、Linux（含Android、Maemo、MeeGo和WebOS）、Palm OS和BlackBerry OS。目前在智能手机和平板电脑中应用最为广泛的操作系统主要是Android、iOS和Windows Phone这3种。

1 Android（安卓）系统

Android操作系统最初由Andy Rubin开发，主要支持手机，2005年8月由Google收购注资。2007年11月，Google与84家硬件制造商、软件开发商及电信运营商组建开放手机联盟共同研发改良Android系统，其后于2008年10月，发布了第一部Android智能手机。如图4-3所示为使用Android（安卓）系统的智能手机和平板电脑。

图 4-3

目前Android系统已经逐渐扩展到平板电脑及其他领域，如电视、数码相机和游戏机等，如图4-4所示。2011年第一季度，Android在全球的市场份额首次超过塞班系统，跃居全球第一。2012年11月的数据显示，Android占据全球智能手机操作系统市场76%的份额，中国市场占有率为90%。

图 4-4

2 iOS（苹果）系统

iOS系统最初是为iPhone手机设计使用的，iPhone手机在市场上一推出便大获成功，于是，苹果公司便陆续推出了iPod Touch、iPad和Apple TV等产品，如图4-5所示，并且全部都使用iOS系统。iOS系统也是目前苹果公司推出的手持移动设备的唯一操作系统。

图 4-5

提示

iOS系统具有简单易懂的界面、令人惊叹的功能，以及超强的稳定性，这些性能已经成为iPhone、iPad 和iPod Touch的强大基础。

③ Windows Phone系统

Windows Phone系统是微软发布的一款智能手机操作系统，该系统将微软旗下的Xbox Live游戏、Xbox Music音乐与独特的视频体验集成至手机中。2012年6月21日，微软正式发布Windows Phone 8，采用和Windows 8相同的Windows NT内核，如图4-6所示为使用Windows Phone 8操作系统的智能手机。

图 4-6

提示

Windows Phone具有桌面定制、图标拖曳、滑动控制等一系列先进前卫的操作体验。Windows Phone提供适用于人们包括工作和娱乐在内完整生活的方方面面。

4.2 手机屏幕尺寸

APP软件是应用于智能手机或平板电脑中的，在对APP软件界面进行设计之前，首先必须了解手机屏幕的尺寸标准，如手机的尺寸、分辨率等，这样可以避免因所设计的APP软件界面尺寸错误而导致在手机中显示不正常的情况。

4.2.1 Android系统手机屏幕尺寸

目前除苹果以外大多数智能手机都使用Android系统，Android系统手机屏幕常见尺寸参数如下：

屏幕尺寸：2.8 in（英寸）
屏幕分辨率：240px X 320px
屏幕密度：120ppi

屏幕尺寸：3.2 in（英寸）
屏幕分辨率：320px X 480px
屏幕密度：160ppi

屏幕尺寸：4 in（英寸）
屏幕分辨率：480px X 800px
屏幕密度：240ppi

屏幕尺寸：4.8 in（英寸）
屏幕分辨率：720px X 1280px
屏幕密度：320ppi

屏幕尺寸：10 in（英寸）
屏幕分辨率：800px X 1280px
屏幕密度：420ppi

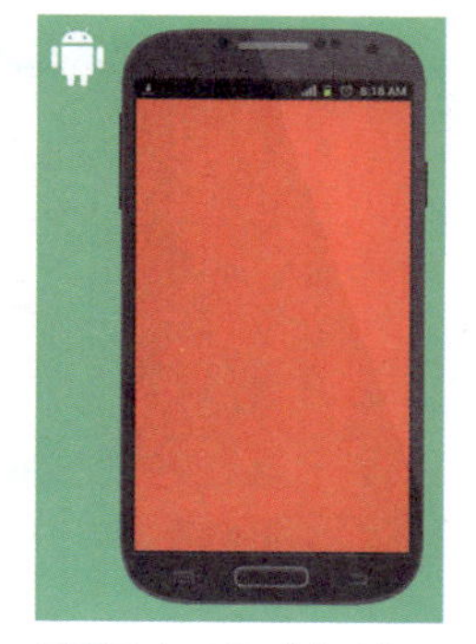

屏幕尺寸：5 in（英寸）
屏幕分辨率：1080px X 1920px
屏幕密度：441ppi

4.2.2 iOS系统手机屏幕尺寸

iOS系统的英文全称为iPhone Operation System，是目前苹果公司推出的手持移动设备的唯一操作系统，主要应用在苹果公司的iPhone手机和iPad平板电脑中。iOS系统手机屏幕常见尺寸参数如下：

iPhone 4、iPhone 4S
屏幕尺寸：3.5 in（英寸）
屏幕分辨率：640px X 960px
屏幕密度：326ppi

iPhone 5、iPhone 5S
屏幕尺寸：4 in（英寸）
屏幕分辨率：640px X 1136px
屏幕密度：326ppi

iPhone 6
屏幕尺寸：4.7 in（英寸）
屏幕分辨率：750px X 1334px
屏幕密度：326ppi

iPhone 6 Plus
屏幕尺寸：5.5 in（英寸）
屏幕分辨率：1080px X 1920px
屏幕密度：401ppi

iPad Mini
屏幕尺寸：7.9 in（英寸）
屏幕分辨率：768px X 1024px
屏幕密度：163ppi

iPad 2
屏幕尺寸：9.7 in（英寸）
屏幕分辨率：768px X 1024px
屏幕密度：132ppi

iPad 4th gen
屏幕尺寸：9.7 in（英寸）
屏幕分辨率：2048px X 1536px
屏幕密度：264ppi

4.2.3 Windows系统手机屏幕尺寸

Windows Moblie系统是大名鼎鼎的微软公司开发的手机操作系统，Windows Moblie把人们熟悉的Windows桌面系统扩展到了手持移动设备之上。使用Windows系统的手机较少，主要有诺基亚、HTC和微软平板电脑等。Windows系统手机屏幕常见尺寸参数如下：

Nokia Lumia 520
屏幕尺寸：4 in（英寸）
屏幕分辨率：480px X 800px
屏幕密度：235ppi

Nokia Lumia 920
屏幕尺寸：4.5 in（英寸）
屏幕分辨率：768px X 1280px
屏幕密度：332ppi

Microsoft Surface RT
屏幕尺寸：10.6 in（英寸）
屏幕分辨率：768px X 1366px
屏幕密度：148ppi

Microsoft Surface RT
屏幕尺寸：10.6 in（英寸）
屏幕分辨率：1080px X 1920px
屏幕密度：208ppi

4.2.4 APP软件启动界面

许多APP软件也会和PC应用软件一样，在APP软件启动过程中设计一个启动界面，从而使用户在等待APP软件运行的过程中及时了解软件的启动进度，并且APP软件的启动界面也是该APP软件展示形象的良好窗口。

通常APP软件的运行和启动比较迅速，APP软件启动界面的停留时间比较短暂，大多数APP软件的启动时间都在1～3秒之内，这也就决定了在设计APP软件启动界面时，要尽可能通过短暂的时间向用户展示软件的形象，界面要尽可能简洁、主题突出，并且具有一定的视觉冲击力，如图4-7所示为精美的APP软件启动界面。

图 4-7

【自测1】设计APP软件启动界面

视频：光盘\视频\第4章\APP软件启动界面.swf　　源文件：光盘\源文件\第4章\APP软件启动界面.psd

- **案例分析**

案例特点：本案例设计一款APP软件启动界面，通过中心的大圆形突出表现软件主题，点缀多种色彩的小色块，丰富画面的视觉效果。

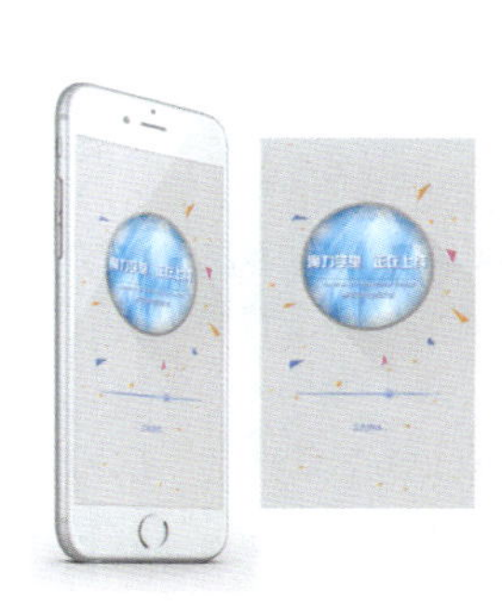

制作思路与要点：APP软件的启动界面通常都非常简洁，在本案例的APP软件启动界面中使用纯色作为背景色，中间通过正圆形的突出效果来表现该APP软件的主体，绘制一些不同色彩和形状的小三角形及光点效果，衬托出APP软件启动界面的主体部分，最后在下半部分设计该软件的启动进度条和提示文字。

- **色彩分析**

该款APP软件启动界面以浅灰色作为主色调，运用蓝色作为重点色调，体现出科技感和时尚感，搭配其他小面积的鲜艳色块，与背景的浅灰色形成强烈的反差，突出该款APP软件的主体。

蓝色	白色	浅灰色

- **制作步骤**

步骤01 执行“文件>新建”命令，弹出“新建”对话框，新建一个空白文档，如图4-8所示。设置“前景色”RGB为（231,231,231），为画布填充前景色，效果如图4-9所示。

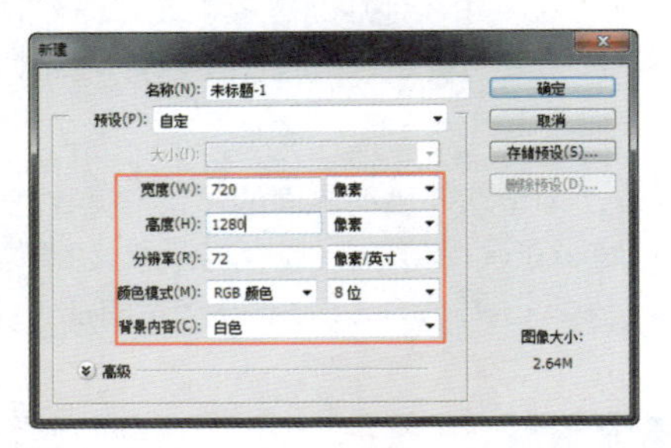

图 4-8

图 4-9

步骤02 新建名称为“组1”的图层组，使用“椭圆工具”，在选项栏上设置“工具模式”为“形状”，在画布中绘制一个圆形，效果如图4-10所示。为“椭圆1”图层添加“渐变叠加”图层样式，对相关选项进行设置，如图4-11所示。

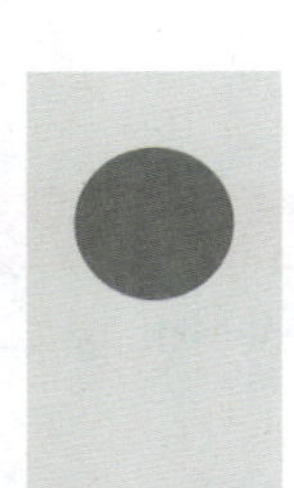

图 4-10　图 4-11

提示

使用“椭圆工具”绘制椭圆形时，如果在拖动鼠标的同时按住Shift键，则可以绘制正圆形；如果在拖动鼠标的同时按住Alt+Shift组合键，则将以单击点为中心向四周绘制正圆形。

步骤03 单击“确定”按钮，完成“图层样式”对话框中各选项的设置，效果如图4-12所示。复制“椭圆1”图层，得到“椭圆1 拷贝”图层，清除该图层的图层样式，将复制得到的正圆形等比例缩小，如图4-13所示。

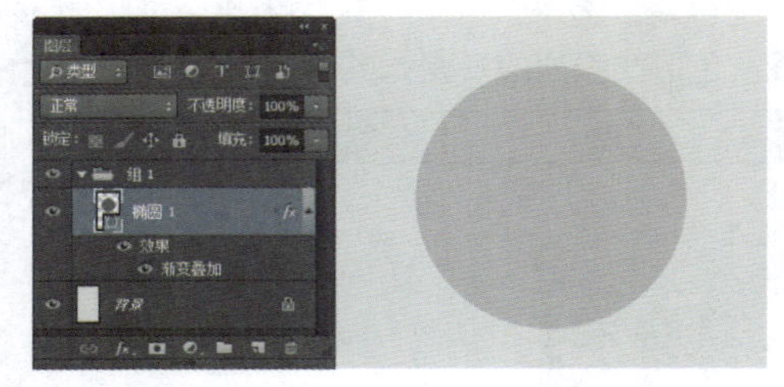

图 4-12

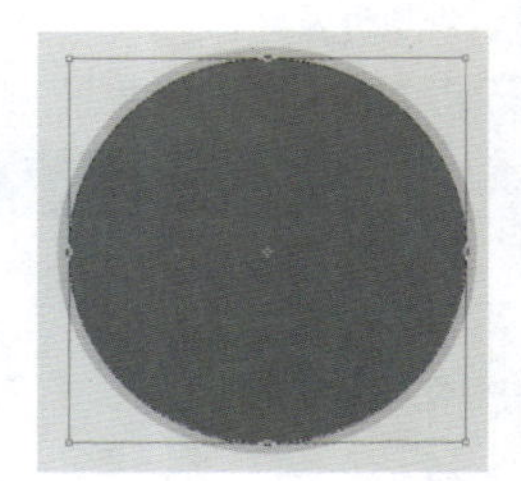

图 4-13

提示

通过复制图层并对复制得到的正圆形等比例缩小，可以得到两个同心圆。如果是重点绘制了一个正圆形，需要将两个正圆形对齐，可以同时选中需要对齐的对象，在选项栏上单击相应的对齐操作按钮。

步骤04 打开素材图像“光盘\源文件\第4章\素材\401.jpg”，将其拖入到设计的文档中，调整到合适的大小和位置，如图4-14所示。执行“图层>创建剪贴蒙版”命令，为“图层 1”创建剪贴蒙版，效果如图4-15所示。

图 4-14

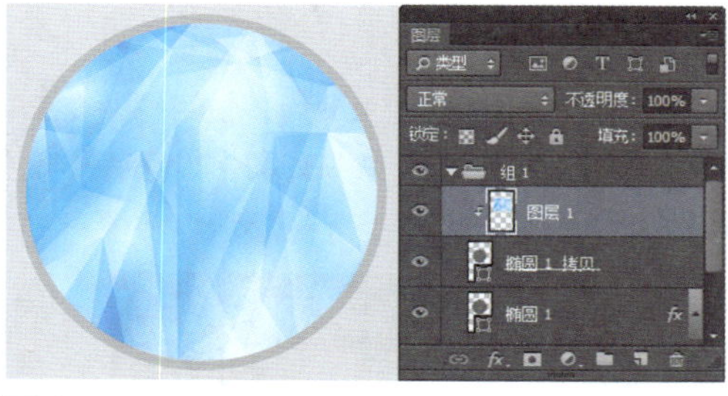

图 4-15

步骤05 为“椭圆1 拷贝”图层添加“内发光”图层样式，对相关选项进行设置，如图4-16所示。继续添加“外发光”图层样式，对相关选项进行设置，如图4-17所示。

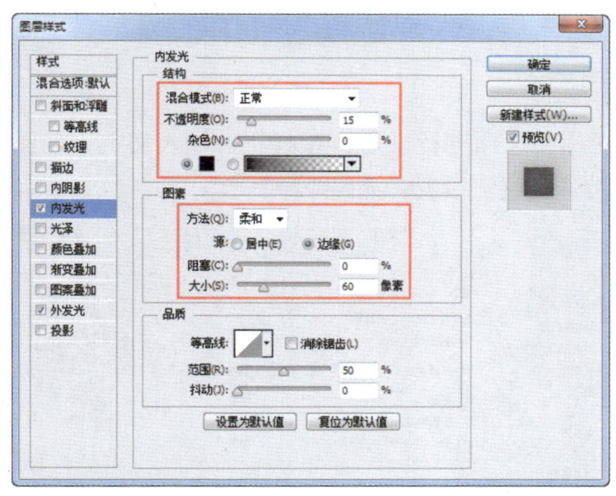

图 4-16

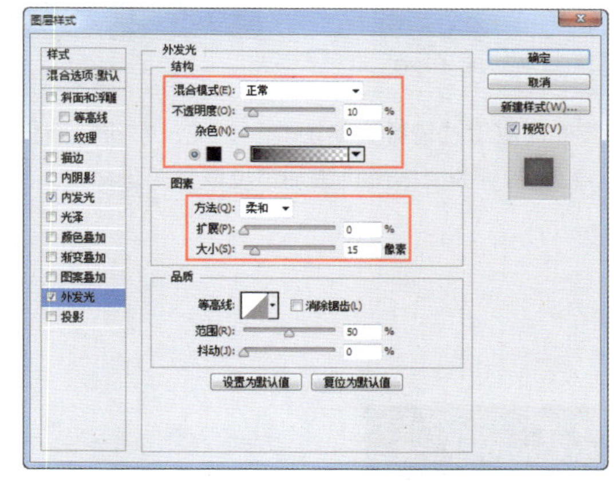

图4-17

提示

通过添加“内发光”和“外发光”图层样式可以为图层添加指定颜色或渐变颜色的发光效果，从而丰富图形的表现效果。

步骤06 单击“确定”按钮，完成“图层样式”对话框中各选项的设置，效果如图4-18所示。使用“矩形工具”，在画布中绘制一个黑色矩形，将该矩形旋转45°，并调整到合适的位置，如图4-19所示。

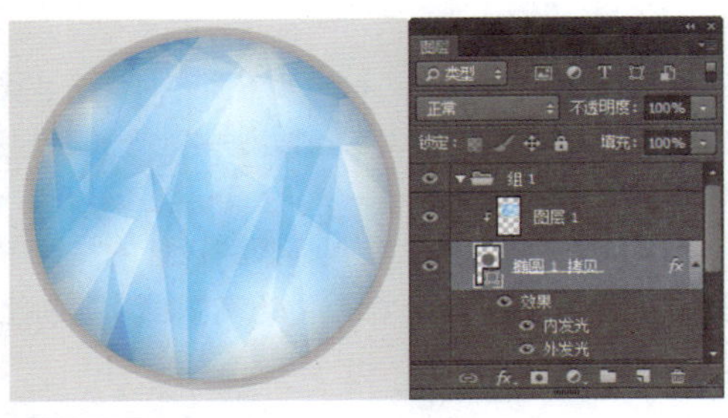

图 4-18

图 4-19

步骤07 为“矩形1”图层添加图层蒙版，使用“渐变工具”，在图层蒙版中填充黑白线性渐变，设置该图层的“不透明度”为5%，效果如图4-20所示。将“矩形1”图层移至“椭圆1”图层下方，效果如图4-21所示。

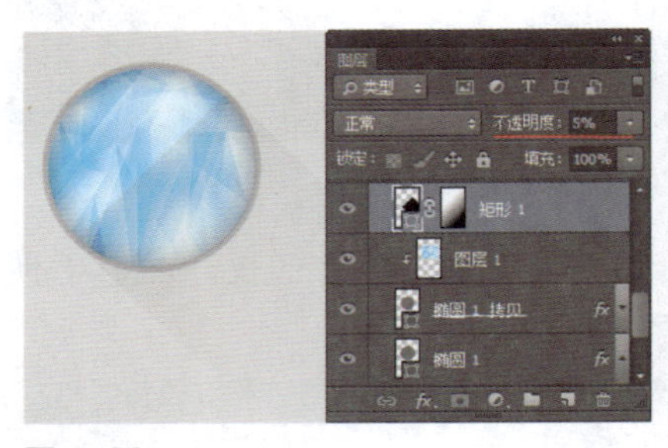

图 4-20

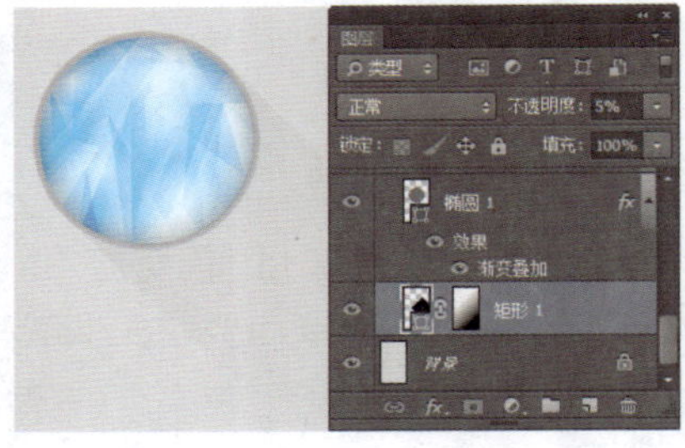

图 4-21

步骤08 使用“横排文字工具”，在“字符”面板中对相关选项进行设置，在画布中输入文字，如图4-22所示。为文字图层添加“投影”图层样式，对相关选项进行设置，如图4-23所示。

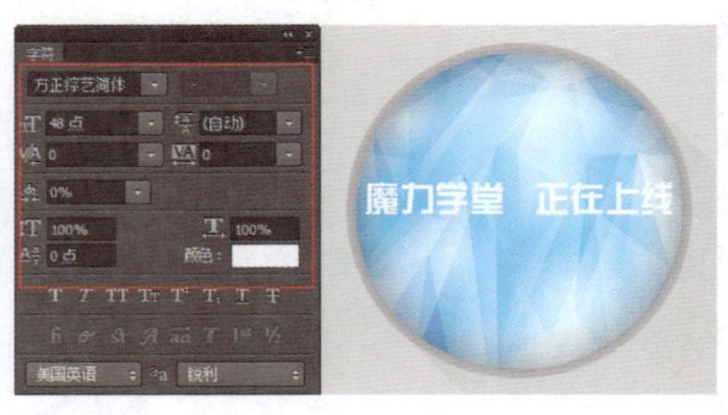

图 4-22

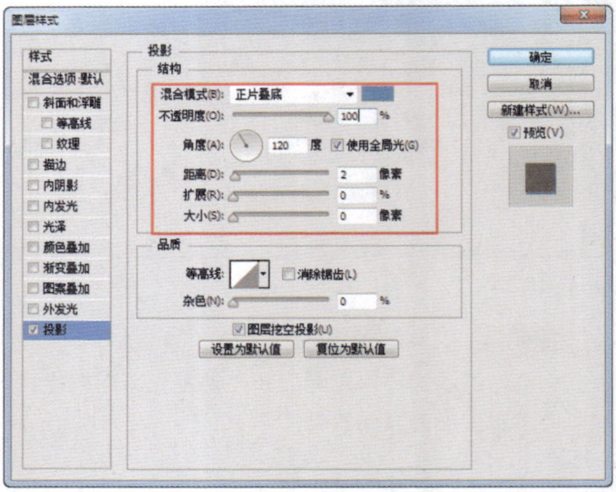

图 4-23

步骤09 单击“确定”按钮，完成“图层样式”对话框中各选项的设置，效果如图4-24所示。使用相同的制作方法，输入其他文字并添加相应的图层样式，效果如图4-25所示。

图 4-24

图 4-25

步骤 10 使用“直线工具”，在选项栏上设置“填充”为 RGB（0,147,204）、“粗细”为 1 像素，在画布中绘制直线，如图 4-26 所示。新建名称为“组 2”的图层组，使用“钢笔工具”，在选项栏上设置“工具模式”为“形状”、“填充”为 RGB（91,151,233），在画布中绘制图形，如图 4-27 所示。

图 4-26

图 4-27

步骤 11 使用相同的制作方法，可以绘制出多个不同大小和颜色的图形，如图4-28所示。新建“图层 2”，使用“画笔工具”，设置“前景色”为RGB（239,170,50），选择合适的笔触和大小，在画布中绘制图形，效果如图4-29所示。

图 4-28

图 4-29

步骤 12 新建名称为“组3”的图层组，新建“图层3”，使用“椭圆选框工具”，在画布中绘制一个椭圆选区，为选区填充颜色RGB（130,175,237），如图4-30所示。为“图层3”添加“外发光”图层样式，对相关选项进行设置，如图4-31所示。

图 4-30

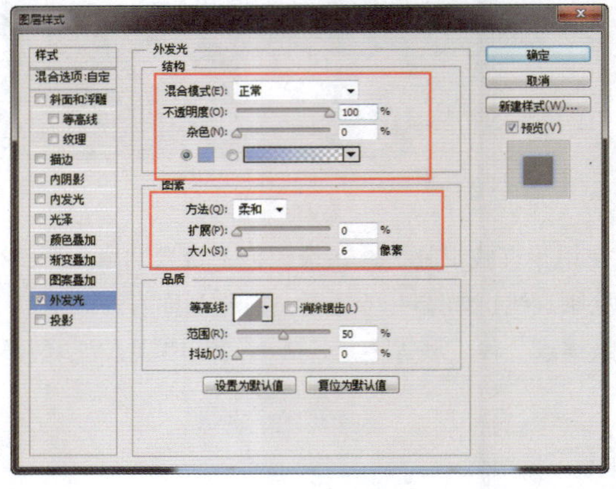

图 4-31

步骤 13 单击“确定”按钮，完成“图层样式”对话框中各选项的设置，设置该图层的“填充”为75%，效果如图4-32所示。新建“图层4”，使用“画笔工具”，设置“前景色”为白色，选择合适的笔触和大小，在画布中进行涂抹，效果如图4-33所示。

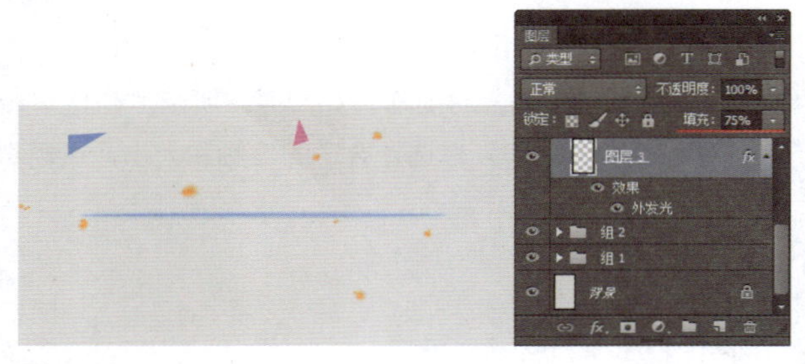

图 4-32

图 4-33

步骤 14 执行“图层>创建剪贴蒙版”命令，为“图层4”创建剪贴蒙版，设置该图层的“混合模式”为“叠加”、“不透明度”为60%，如图4-34所示。新建“图层5”，使用“椭圆选框工具”，绘制一个椭圆形选区，设置选区填充颜色为RGB（130,175,237），如图4-35所示。

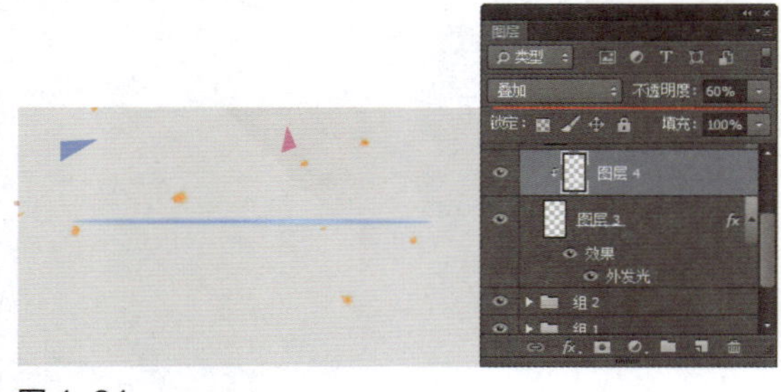

图 4-34

图 4-35

步骤 15 为“图层5”添加“内发光”图层样式，对相关选项进行设置，如图4-36所示。继续添加“渐变叠加”图层样式，对相关选项进行设置，如图4-37所示。

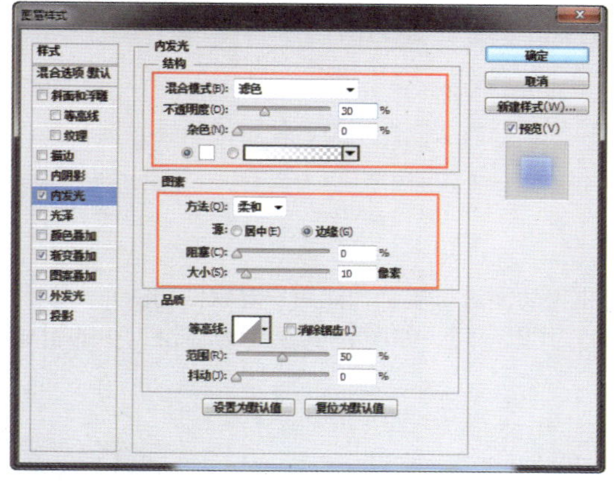

图 4-36

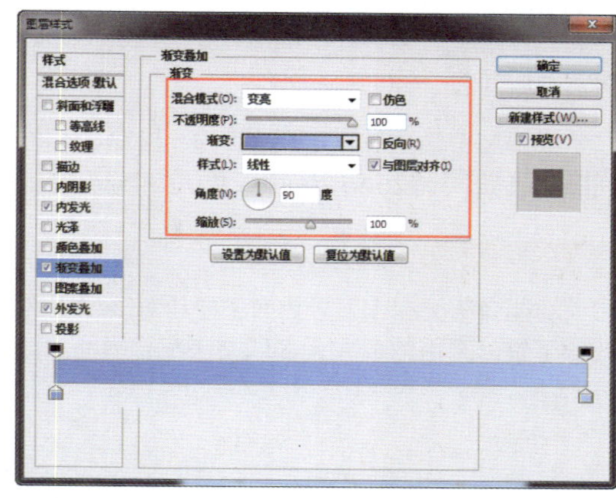

图 4-37

步骤 16 继续添加“外发光”图层样式，对相关选项进行设置，如图4-38所示。单击“确定”按钮，完成“图层样式”对话框中各选项的设置，效果如图4-39所示。

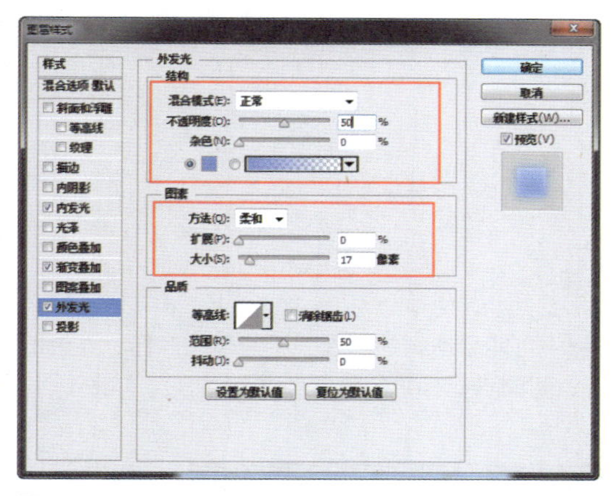

图 4-38

图 4-39

步骤 17 使用“横排文字工具”，在“字符”面板中对相关选项进行设置，在画布中输入文字，如图4-40所示。完成该APP软件启动界面的设计制作，最终效果如图4-41所示。

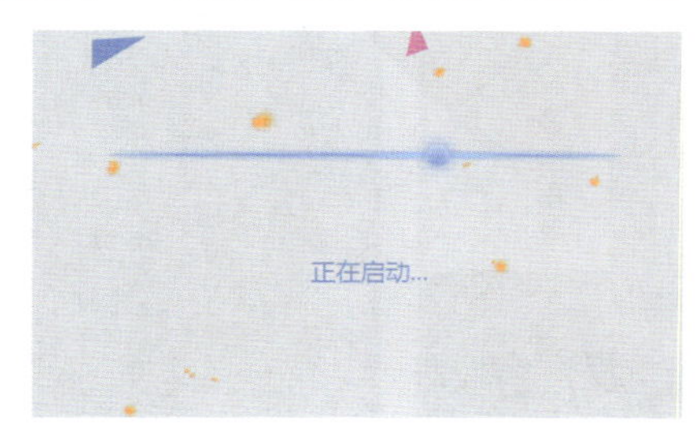

图 4-40

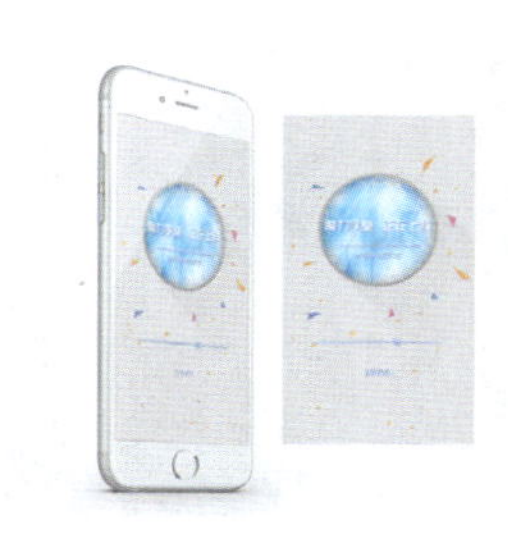

图 4-41

4.2.5 APP软件引导界面的设计分类

APP软件引导界面与APP软件的启动界面类似。启动APP软件时，在正式进入APP软件界面之前，会首先通过几个引导界面向用户介绍该款APP软件的主要功能与特色，第一印象的好坏会极大地影响到后续的产品使用体验。

根据APP软件引导界面的目的、出发点不同，可以将其分为功能介绍类、使用说明类、推广类、问题解决类，一般引导界面不会超过5个界面。

① 功能介绍类

功能介绍类APP引导界面主要是对该APP软件的主要功能进行展示，让用户对软件功能有一个大致的了解。采用的形式大多以文字配合界面、插图的方式来展现，如图4-42所示为易信APP的引导界面。

图 4-42

② 使用说明类

使用说明类APP引导界面是对用户在使用软件过程中可能会遇到的困难、不清楚的操作、误解的操作行为进行提前告知。这类引导界面大多采用箭头、圆圈进行标识，以手绘风格为主。如图4-43所示为虾米音乐APP的引导界面。

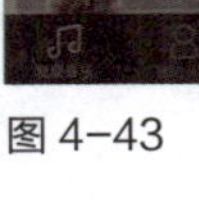

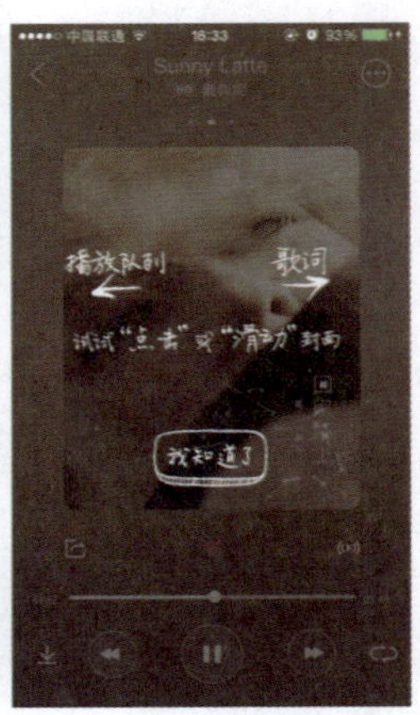

图 4-43

③ 推广类

推广类APP引导界面除了有一些软件功能的介绍外，更多地是想传达产品的态度，让用户更明白这个产品的情怀，并考虑与整个产品风格、公司形象相一致。这类引导界面如果做得不够吸引人，用户只会不耐烦地想快速略过。而制作精良、有趣的引导界面，用户会驻足观赏。如图4-44所示为淘宝旅行APP的引导界面。

图 4-44

④ 问题解决类

问题解决类APP软件引导界面通过描述在实际生活中会遇到的问题，直击痛点，通过最后的解决方案让用户产生情感上的联系，让用户对产品产生好感，增加产品黏度。如图4-45所示为问题解决类APP的引导界面。

图 4-45

【自测2】设计APP软件引导界面

视频：光盘\视频\第4章\APP软件引导界面.swf　　源文件：光盘\源文件\第4章\ APP软件引导界面.psd

● 案例分析

案例特点：本案例设计一款APP软件引导界面，主要通过简单的扁平化图标和文字来构成引导界面。

制作思路与要点：APP软件引导界面设计的重点在于，通过使用图形化内容介绍该款APP软件的重点功能和特点。在本案例的制作过程中，通过绘制扁平化图标并与文字相结合，在APP软件引导界面中介绍该款APP软件的特点，并且为扁平化图标绘制长阴影效果，使图形更加具有立体感，界面更加形象。

● 色彩分析

本案例的APP软件引导界面以红色为主体颜色，搭配白色的粗体文字，内容看起来非常整洁、清晰。图标的绘制都是使用各种亮色系的颜色，使图标更鲜明，使整个界面看起来不失活泼、轻松的风格。

● 制作步骤

步骤 01 执行“文件>新建”命令，弹出“新建”对话框，新建一个空白文档，如图4-46所示。设置“前景色”为RGB（237,85,101），为画布填充前景色，如图4-47所示。

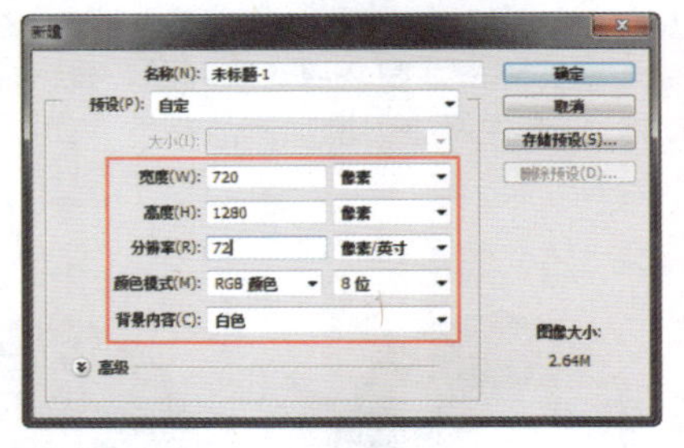

图 4-46

图 4-47

步骤 02 新建名称为“箭头部分”的图层组，使用“椭圆工具”，在选项栏上设置“工具模式”为“形状”，在画布中绘制一个白色的正圆形，如图4-48所示。设置“椭圆1”图层的“不透明度”为16%，效果如图4-49所示。

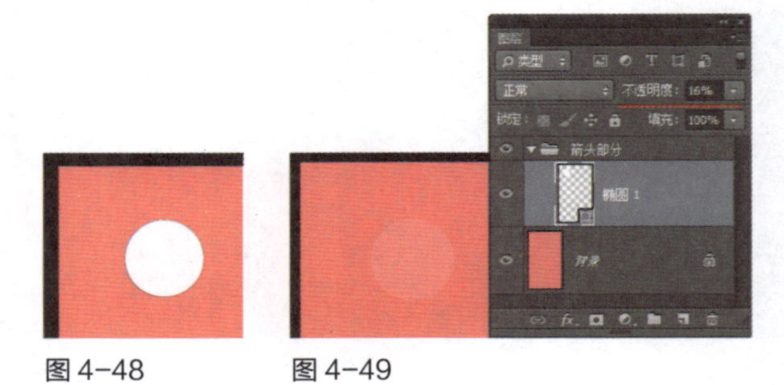

图 4-48　　图 4-49

步骤 03 复制“椭圆1”图层，得到“椭圆1 拷贝”图层，将该图层的“不透明度”设置为100%，将复制得到的正圆形等比例缩小，并修改填充颜色为RGB（148,203,83），如图4-50所示。使用“圆角矩形工具”，设置“半径”为3像素，在画布中绘制3个白色的圆角矩形，并分别调整其大小和位置，将“圆角矩形1”到“圆角矩形3”图层合并，效果如图4-51所示。

图 4-50

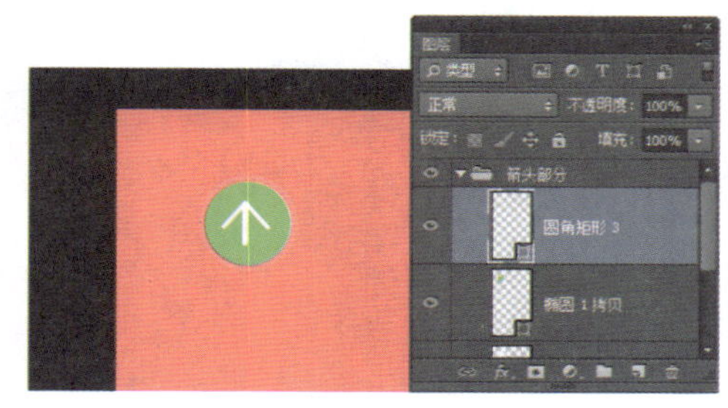

图 4-51

> **提示**
>
> 如果需要修改形状图层中图形的填充颜色，可以直接双击该形状图层缩览图，在弹出的“拾色器”对话框中即可设置该形状图层中图形的填充颜色。

步骤 04 使用相同的制作方法，可以完成相似图形效果的绘制，如图4-52所示。新建名称为“背景圆”的图层组，使用“椭圆工具”，在画布中绘制一个白色的正圆形，并设置该图层的“不透明度”为10%，效果如图4-53所示。

图 4-52

图 4-53

步骤 05 多次复制“椭圆 2”图层，分别调整复制得到的正圆形到合适的位置，效果如图 4-54 所示。新建名称为“盒子部分”的图层组，使用“矩形工具”，在画布中绘制一个白色的矩形，如图 4-55 所示。

图 4-54

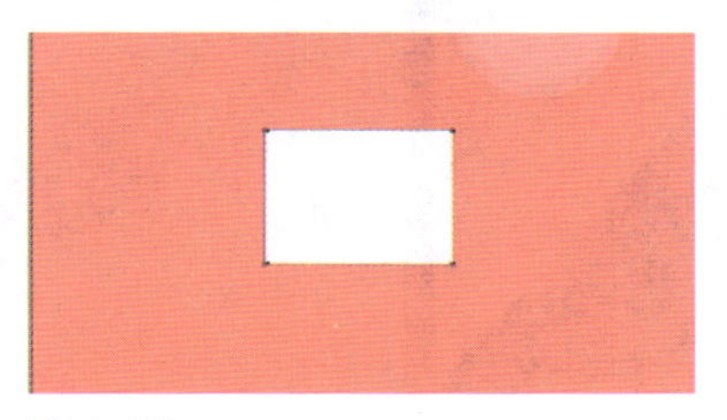

图 4-55

步骤 06 执行“编辑>变换>斜切”命令，对矩形进行斜切操作，效果如图4-56所示。使用“矩形工具”，在选项栏上设置“填充”为RGB（237,85,101）、“描边”为白色、“描边宽度”为6点，在画布中绘制矩形，并对所绘制的矩形进行斜切调整，效果如图4-57所示。

图 4-56

图 4-57

提示

此处对矩形的变形处理方法除了使用“斜切”命令外，还可以使用“扭曲”命令，或者使用“直接选择工具”选中矩形右侧的两个锚点并分别进行调整，同样可以实现矩形的变形处理。

步骤 07 使用相同的制作方法，可以绘制出相似的图形，如图4-58所示。使用“多边形工具”，在选项栏上设置“描边”为无、“边数”为3，在画布中绘制一个白色的三角形，并调整大小和位置，效果如图4-59所示。

图 4-58

图 4-59

步骤 08 使用“矩形工具”，在画布中绘制一个黑色的矩形，对所绘制的矩形进行斜切调整，如图4-60所示。为“矩形6”图层添加图层蒙版，使用“渐变工具”，在图层蒙版中填充黑白线性渐变，设置该图层的“不透明度”为40%，如图4-61所示。

图 4-60

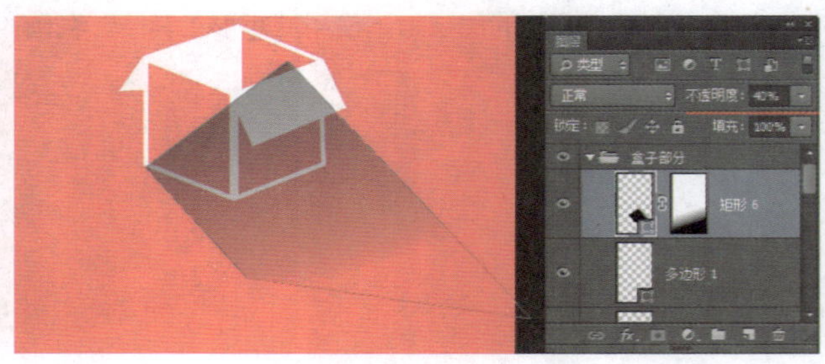

图 4-61

提示

在对图层蒙版进行操作时需要注意，必须单击图层蒙版缩览图，选中需要操作的图层蒙版，才能够针对图层蒙版进行操作。

步骤09 将“矩形 6”图层移至“矩形 1”图层下方，完成长阴影效果的制作，如图 4-62 所示。使用“横排文字工具”，在“字符”面板中对相应的选项进行设置，在画布中输入相应的文字，如图 4-63 所示。

图 4-62

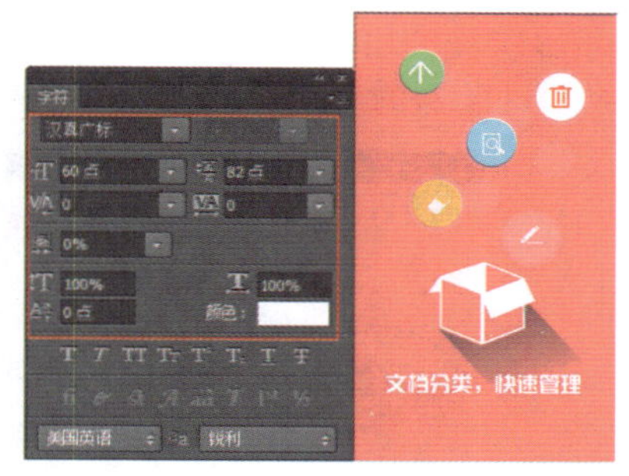

图 4-63

步骤10 新建名称为“点部分”的图层组，使用“椭圆工具”，在选项栏上设置“填充”为RGB（237,85,101）、“描边”为白色、“描边宽度”为3点，在画布中绘制正圆形，如图4-64所示。使用相同的制作方法，可以完成该APP引导界面的设计，效果如图4-65所示。

图 4-64

图 4-65

步骤11 使用相同的制作方法，可以完成该APP软件其他引导界面的设计，最终效果如图4-66所示。

图 4-66

4.3 APP软件界面布局

在设计APP软件界面时，需要根据所针对的不同的手机操作系统采用不同的界面布局，本节将向读者介绍Android和iOS系统的APP软件界面布局方式。

4.3.1 Android系统APP软件布局说明

基于Android系统的APP元素一般分为4个部分：状态栏、标题栏、标签栏和工具栏，如图4-67所示为基于Android系统的APP软件界面。

图 4-67

状态栏：位于界面最上方。当有短信、通知、应用更新、连接状态变更时，会在左侧显示，而右侧则是电量、信息、时间等常规手机信息。按住状态栏下拉，可以查看信息、通知和应用更新等详细情况。

标题栏：在该部分显示当前APP应用的名称或者功能选项。

标签栏：标签栏放置的是APP的导航菜单，标签栏既可以在APP主体的上方，也可以在主体的下方，但标签项目数不宜超过5个。

工具栏：针对当前APP页面，是否有相应的操作菜单，如果有，则放置在工具栏中。那么，在点击手机上的“详细菜单”按键时，屏幕底部就会出现工具栏。

4.3.2 天气APP软件界面

天气与人们的日常生活息息相关，天气APP软件是人们在日常生活中最常用的APP软件之一，几乎所有的智能手机都安装了天气APP软件。在设计天气APP软件界面时需要注意合理的色彩搭配和图形布局，整体界面要求给人一种清晰、整洁、一目了然的视觉效果。

【自测3】设计天气APP软件界面

视频：光盘\视频\第4章\天气APP软件界面.swf　　源文件：光盘\源文件\第4章\天气APP软件界面.psd

- **案例分析**

案例特点：本案例设计的天气APP软件界面，通过圆形的特殊布局方式来排列简约的天气图标，非常新颖。

制作思路与要点：在该天气APP软件界面的设计中，使用不同天气状态的背景图作为界面的背景，绘制较大的正圆形来突出表现当前时间的天气状况，在该正圆形的周围以圆弧状分置其他时间的天气状况图标，布局新颖别致。在界面中使用简约的线性图标表现天气状态，非常实用、简洁。

- **色彩分析**

本案例的天气APP软件界面主要以深色为主体颜色，通过不同明度和纯度的蓝色相搭配，使整个界面既和谐统一又具有层次感，搭配白色的文字和天气图标，界面表现出清新、自然的风格，给人一种很舒服的感受。

蓝色	浅蓝色	白色

- **制作步骤**

步骤01 执行“文件>新建”命令，弹出“新建”对话框，新建一个空白文档，如图4-68所示。打开素材图像“光盘\源文件\第4章\素材\403.jpg”，将其拖入到新建的文档中，如图4-69所示。

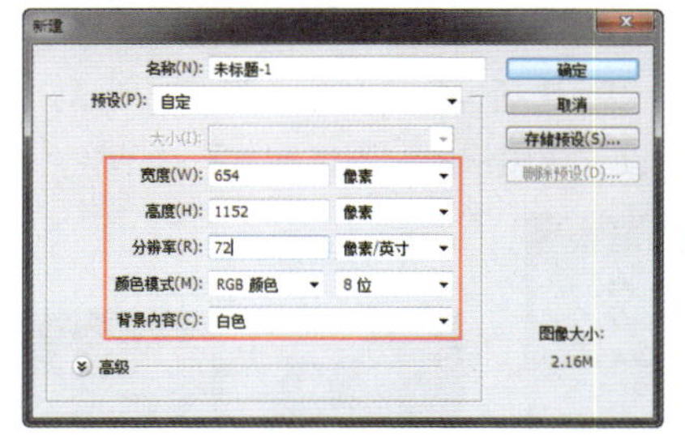

图 4-68

图 4-69

步骤02 添加“曲线”调整图层，在“属性”面板中对曲线进行相应的调整，如图4-70所示。完成“曲线”调整图层的设置，可以看到图像的效果，如图4-71所示。

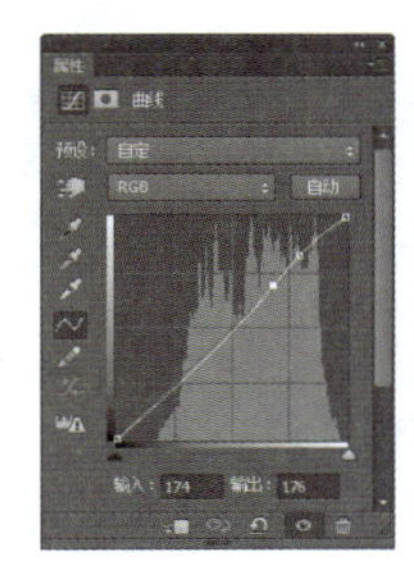

图 4-70

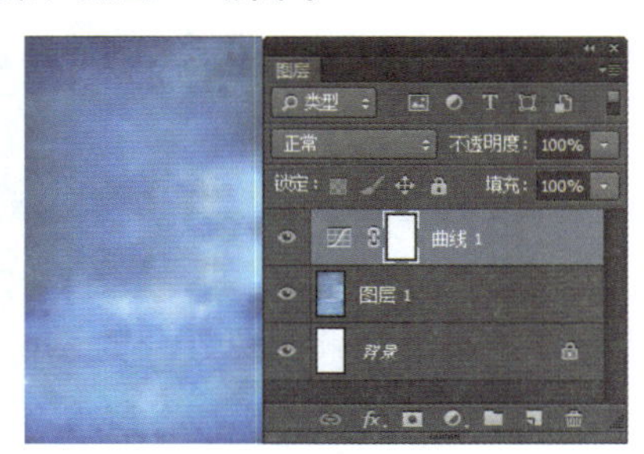

图 4-71

提示

通过添加相应的调整图层来对图像进行调整处理，好处在于不会对原始图像产生破坏，而且如果需要对所设置的选项进行修改，只需要双击该调整图层，即可重新对参数进行设置，并且调整图层自带图层蒙版，可以通过对调整图层蒙版进行操作，控制需要调整的区域范围。

步骤03 使用“椭圆工具”，在选项栏上设置“工具模式”为“形状”、“填充”为RGB（69,118,174），在画布中绘制正圆形，如图4-72所示。为该图层添加“描边”图层样式，对相关选项进行设置，如图4-73所示。

图 4-72

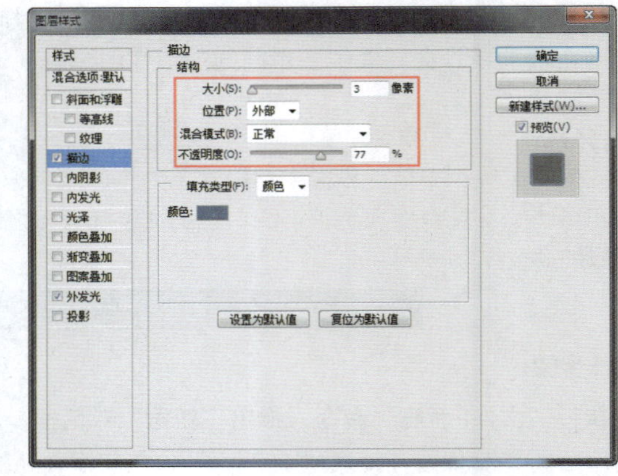

图 4-73

步骤04 继续添加“外发光”图层样式，对相关选项进行设置，如图4-74所示。单击“确定”按钮，完成“图层样式”对话框中各选项的设置，设置该图层的“不透明度”为29%，效果如图4-75所示。

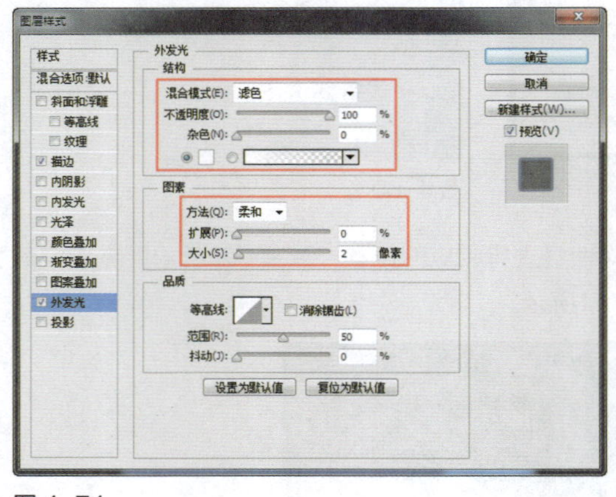

图 4-74

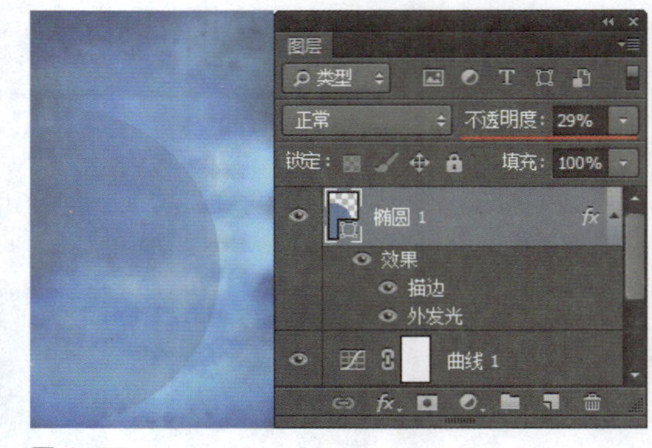

图 4-75

步骤05 使用“椭圆工具”，在选项栏上设置“填充”为RGB（152,216,250），在画布中绘制正圆形，设置该图层的“不透明度”为40%，如图4-76所示。使用“椭圆工具”，在选项栏上设置“填充”为RGB（168,231,253），在画布中绘制正圆形，如图4-77所示。

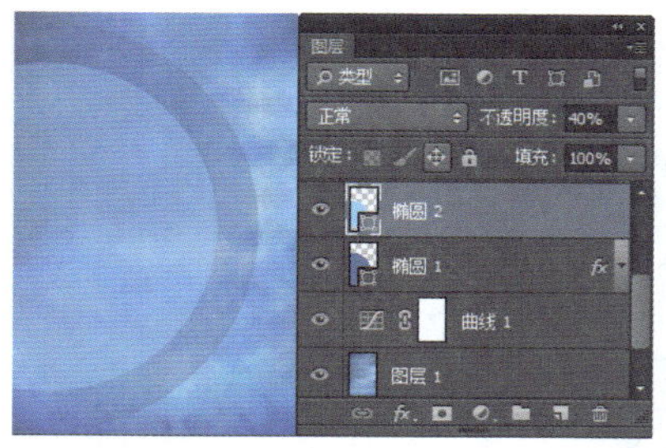

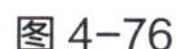

图 4-76

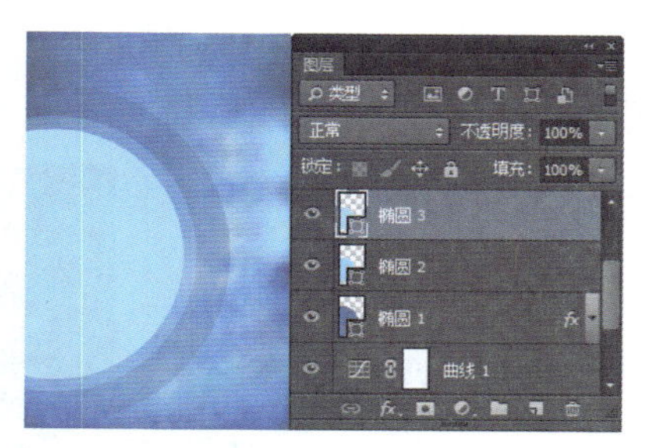

图 4-77

提示

此处还可以通过复制图层，将复制得到的正圆形等比例缩小，修改复制得到的正圆形的填充颜色和其他选项的方法来制作。如果是通过绘制的方法来制作多个正圆形，需要注意将此处3个正圆形的中心点对齐。

步骤 06 为“椭圆3”图层添加“内发光”图层样式，对相关选项进行设置，如图4-78所示。继续添加“投影”图层样式，对相关选项进行设置，如图4-79所示。

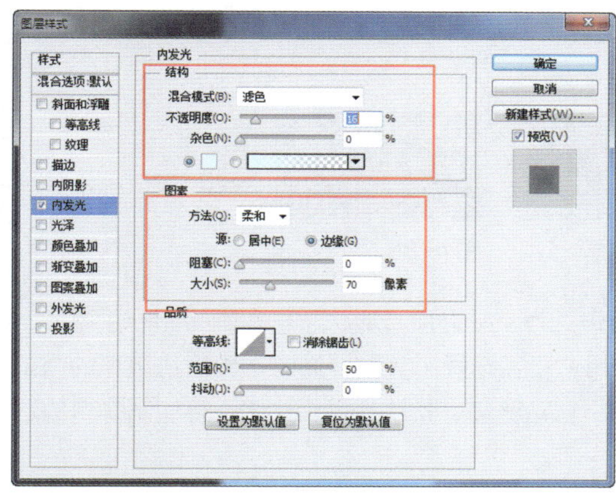

图 4-78

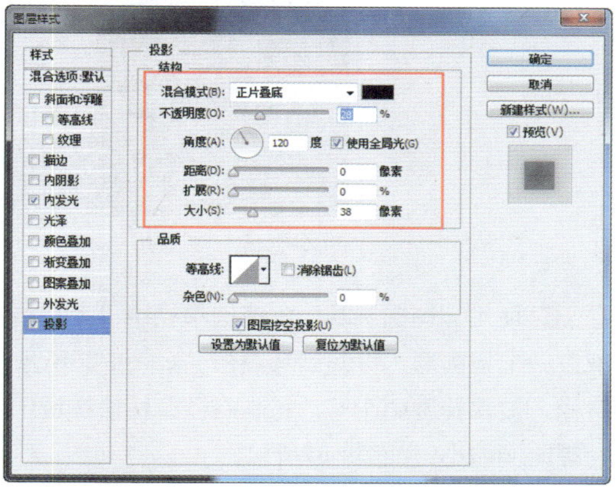

图 4-79

步骤 07 单击“确定”按钮，完成“图层样式”对话框中各选项的设置，设置该图层的“不透明度”为50%，效果如图4-80所示。新建名称为“工具栏”的图层组，使用“矩形工具”，绘制一个白色矩形，设置该图层的“不透明度”为20%，如图4-81所示。

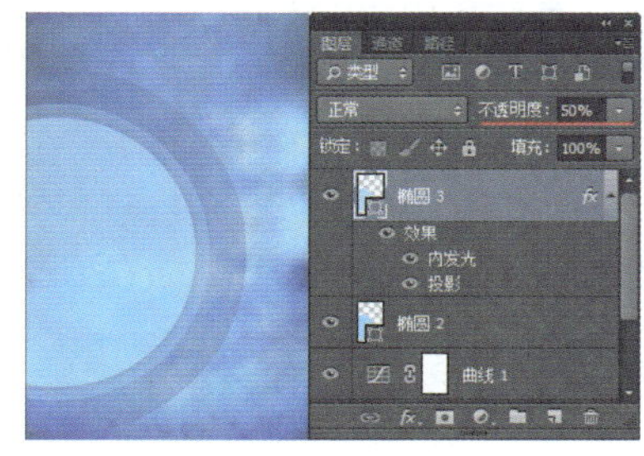

图 4-80

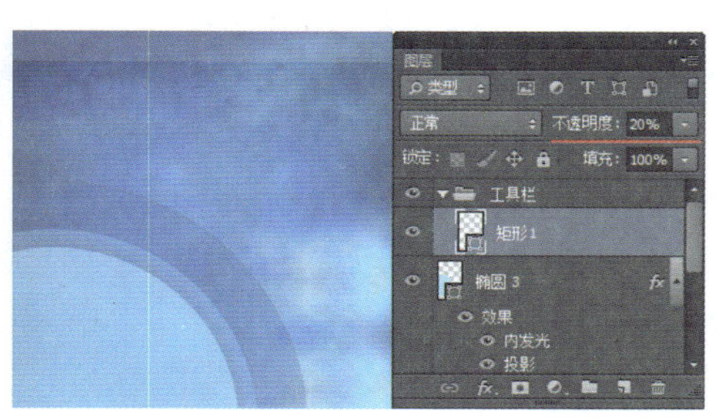

图 4-81

步骤 08 使用“椭圆工具”，在画布中绘制正圆形，将该图层重命名为“手机信号圆1”， 如图4-82所示。使用相同的制作方法，完成相似图形的绘制，效果如图4-83所示。

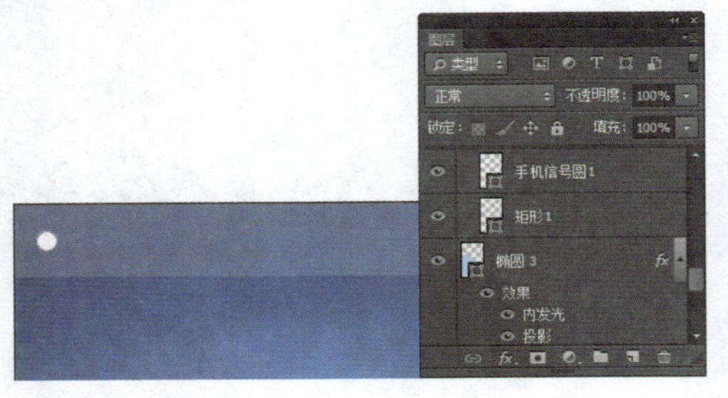

图 4-82

图 4-83

步骤 09 使用“横排文字工具”，在“字符”面板中对相关选项进行设置，在画布中输入文字，如图4-84所示。使用“椭圆工具”，在画布中绘制白色正圆形，如图4-85所示。

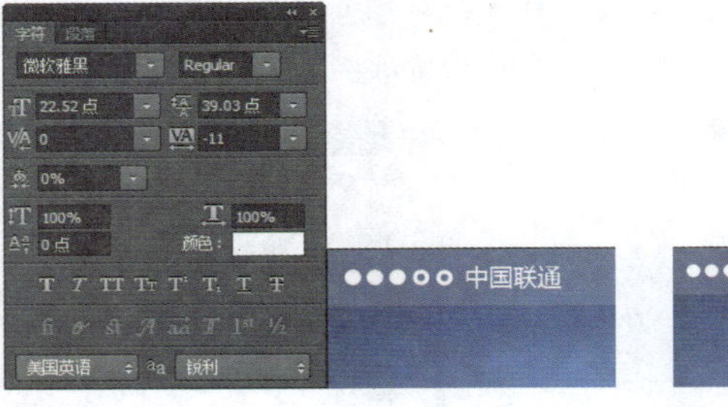

图 4-84

图 4-85

步骤 10 使用“椭圆工具”，在选项栏中设置“路径操作”为“减去顶层形状”，在刚绘制的正圆形上减去一个正圆形，得到圆环图形，如图4-86所示。使用“路径选择工具”，同时选中组成圆环的两条路径，按快捷键Ctrl+C，复制路径，按快捷键Ctrl+V，粘贴路径，按快捷键Ctrl+T，将复制得到的路径等比例缩小，如图4-87所示。

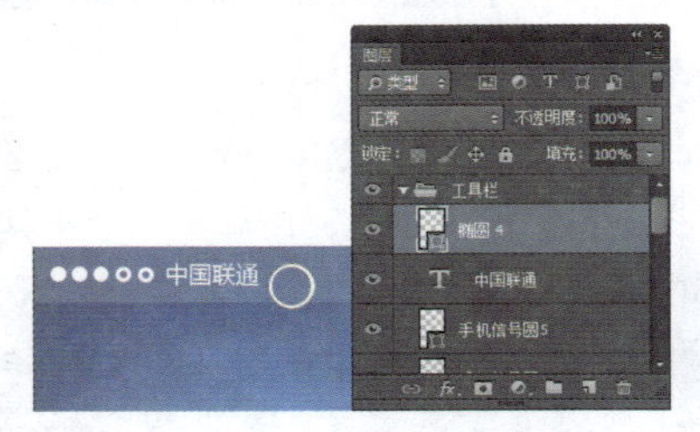

图 4-86

图 4-87

步骤 11 使用相同的制作方法，可以制作出相似的图形，如图4-88所示。使用“钢笔工具”，在选项栏中设置“路径操作”为“与形状区域相交”，在刚绘制的图形上绘制路径得到相交的区域，得到需要的图形，如图4-89所示。

图 4-88

图 4-89

提示

当设置“路径操作”为“与形状区域相交”选项后，将保留原来的路径或形状与当前所绘制的路径或形状相互重叠的部分。

步骤 12 使用相同的制作方法，绘制出顶部工具栏的其他图形，如图4-90所示。新建名称为“城市”的图层组，使用“横排文字工具”，在“字符”面板中设置相关选项，在画布中单击以输入相应的文字，如图4-91所示。

图 4-90

图 4-91

步骤 13 使用相同的制作方法，在画布中输入其他的文字，如图4-92所示。使用“自定形状工具”，在选项栏上的“形状”下拉列表中选择合适的形状，在画布中绘制箭头图形，如图4-93所示。

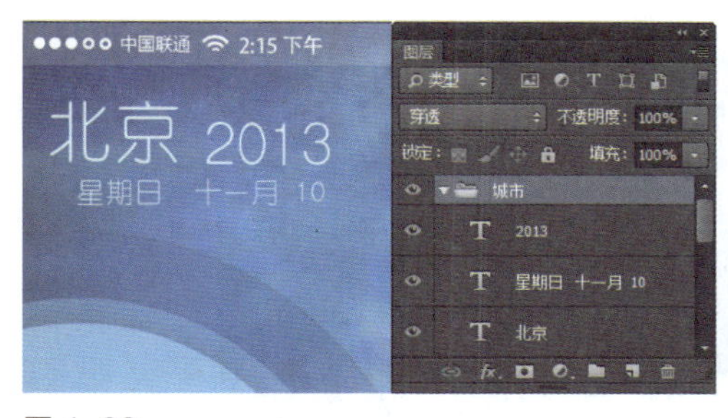

图 4-92

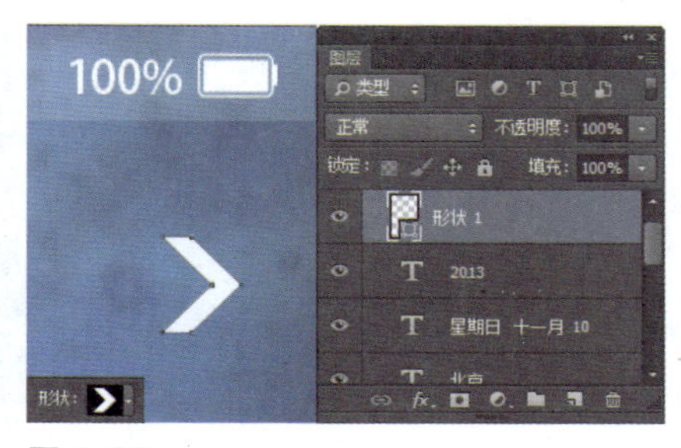

图 4-93

步骤 14 使用“直接选择工具”，选中箭头图形上的左侧部分锚点，拖动锚点调整图形形状，如图4-94所示。新建名称为“当前天气”的图层组，使用“椭圆工具”，设置“填充”为白色、“描边”为无，设置“路径操作”为“合并形状”，绘制两个叠加的正圆形，如图4-95所示。

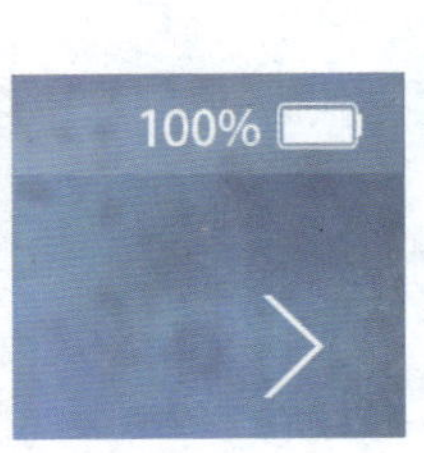

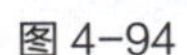

图 4-94　　图 4-95

提示

在使用“直接选择工具”选择锚点时，按住Shift键的同时单击锚点，可以同时选中多个锚点，被选中的锚点显示为黑色实心小方块，未被选中的锚点显示为空心小方框。

步骤 15 使用“矩形工具”，设置“路径操作”为“合并形状”，在刚绘制的图形上再绘制一个矩形，得到需要的图形，如图4-96所示。在选项栏中设置“填充”为无、“描边”为白色、“描边宽度”为15点，如图4-97所示。

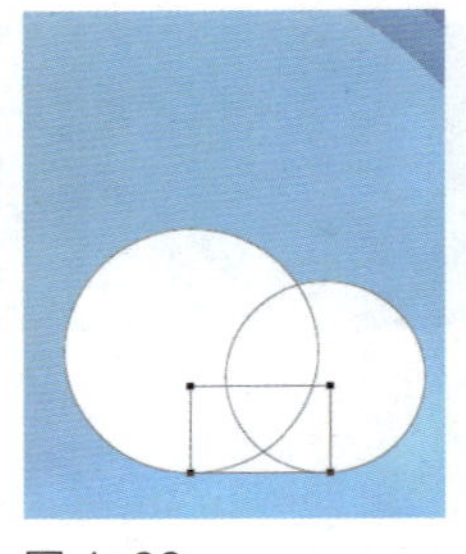

图 4-96

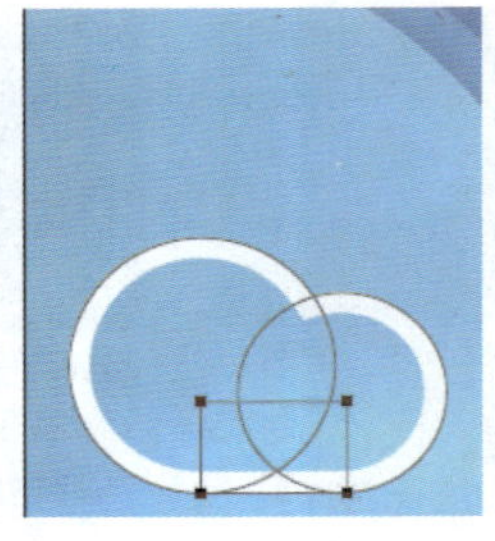

图 4-97

步骤 16 使用“椭圆工具”，设置“填充”为无、“描边”为白色、“描边宽度”为15点，绘制一个正圆，如图4-98所示。为该图层添加图层蒙版，使用“画笔工具”，设置“前景色”为黑色，擦去不需要的部分，如图4-99所示。

图 4-98

图 4-99

步骤 17 使用“圆角矩形工具”，在画布中绘制白色圆角矩形，使用“路径选择工具”选中圆角矩形，复制该圆角矩形并将复制得到的图形进行旋转，效果如图4-100所示。使用“横排文字工具”，设置相关属性，在画布中输入相应的文字，如图4-101所示。

图 4-100

图 4-101

步骤 18 使用相同的制作方法，可以绘制出其他图形，完成该天气APP界面的设计制作，最终效果如图4-102所示。

图 4-102

4.3.3 iOS系统APP软件布局说明

基于iOS系统的APP界面布局元素则分为状态栏、导航栏（含标题）、工具栏/标签栏3个部分，如图4-103所示为基于iOS系统的APP应用。

图 4-103

状态栏：显示应用程序的运行状态。

导航栏：显示当前APP应用的标题名称。左侧为后退按钮，右侧为当前APP内容操作按钮。

工具栏/标签栏：工具栏与标签栏共用一个位置，在界面的最下方，因此必须根据APP的要求选择其一，工具栏按钮不超过5个。

4.3.4 音乐APP软件界面

当音乐成为人们日常生活中必不可少的一种调剂品，移动客户端各种音乐APP软件的竞争也日渐白热化，各种个性十足的新功能让人眼花缭乱。在音乐APP界面的设计中，应该在保证界面视觉效果的前提下，尽可能提升用户的易操作性，化繁为简，通过简洁的界面和操作流程，为用户带来更好的用户体验。

【自测4】设计音乐APP软件界面

视频：光盘\视频\第4章\音乐APP软件界面.swf　　源文件：光盘\源文件\第4章\音乐APP软件界

- **案例分析**

案例特点：本案例设计一款音乐APP软件界面，简单、个性化已经成为目标受众的诉求点之一，在本案例中就使用简约的基本图形来构成整个界面。

制作思路与要点：界面操作按钮的设计位置统一性较强，位于界面的边缘部位，方便了用户的单手可操作性，简单、灵活性较高，使用高低不一的矩形表现音频刻度，体现出很好的层次感和视觉效果。音乐列表界面通过半透明的背景色块分隔文件名称，整齐、统一。

- **色彩分析**

整体色彩偏灰，营造出一种沉稳的氛围，黄色给人一种温暖、舒适的印象，使用半透明的黑色进行搭配，更好地体现出透明感和层次感，白色在整体偏灰的界面中显得较为突出，作为文字信息和一些按钮的颜色再适合不过。

- **制作步骤**

步骤 01 执行“文件>新建”命令，弹出“新建”对话框，新建一个空白文档，如图4-104所示。为画布填充黑色，打开素材图像“光盘\源文件\第4章\素材\4041.jpg”，将其拖入到新建的文档中，设置该图层的“填充”为45%，如图4-105所示。

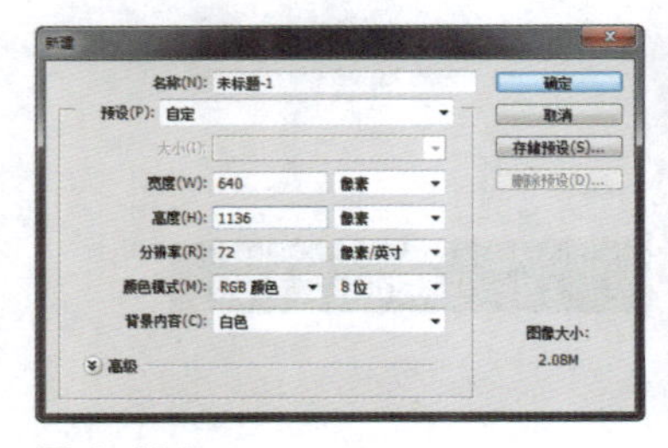

图 4-104

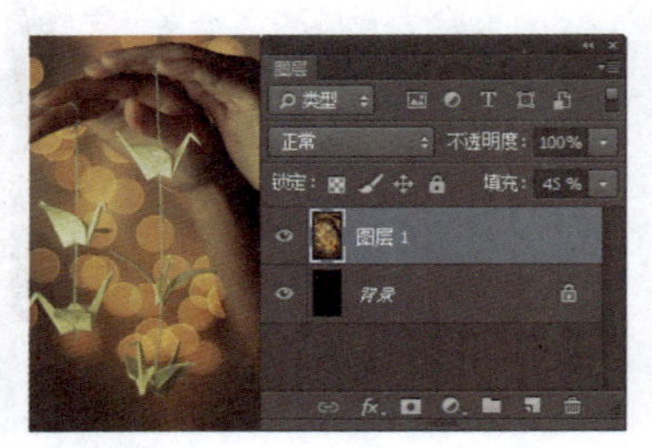

图 4-105

步骤02 选择“图层1”，执行“滤镜>模糊>高斯模糊”命令，弹出“高斯模糊”对话框，具体设置如图4-106所示。单击“确定”按钮，设置“图层1”的“不透明度”为45%，效果如图4-107所示。

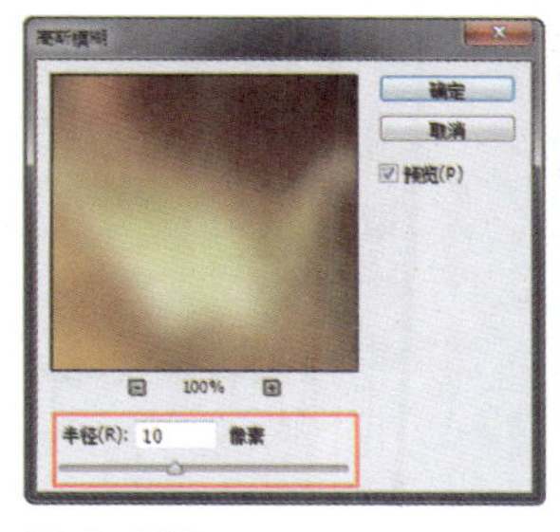

图 4-106

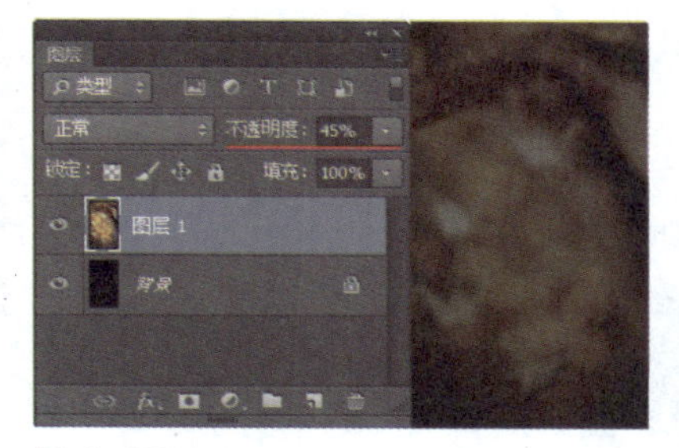

图 4-107

步骤03 新建名称为“工具栏”的图层组，使用“矩形工具”，在选项栏上设置“工具模式”为“形状”，在画布中绘制黑色矩形，设置该图层的“不透明度”为60%，如图4-108所示。使用“椭圆工具”，在画布中绘制一个白色的正圆形，如图4-109所示。

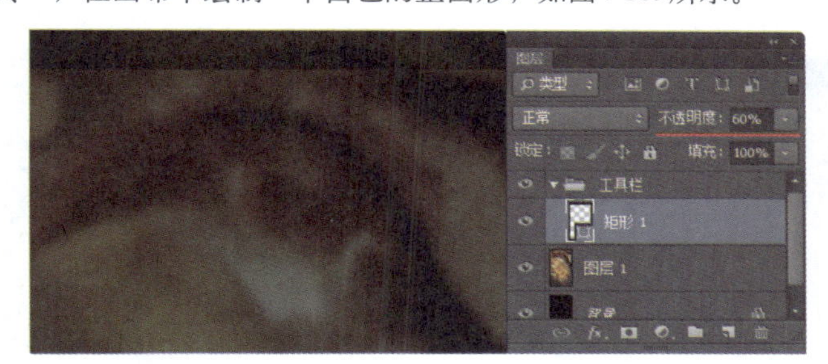

图 4-108

图 4-109

步骤04 使用相同的制作方法，完成相似图形的绘制，如图4-110所示。使用相同的制作方法，可以完成顶部工具栏中其他图形的绘制，如图4-111所示。

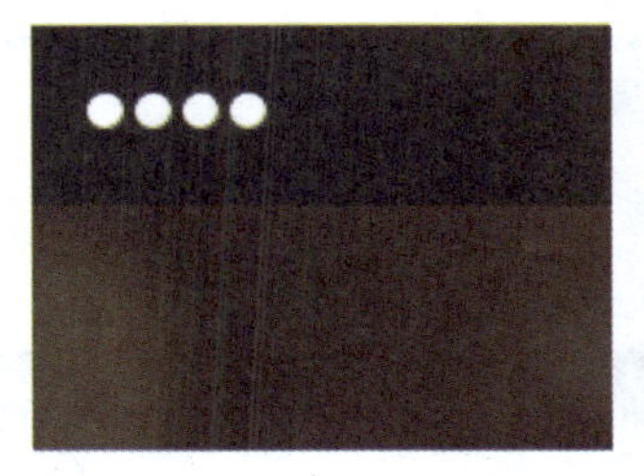

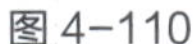

图 4-110

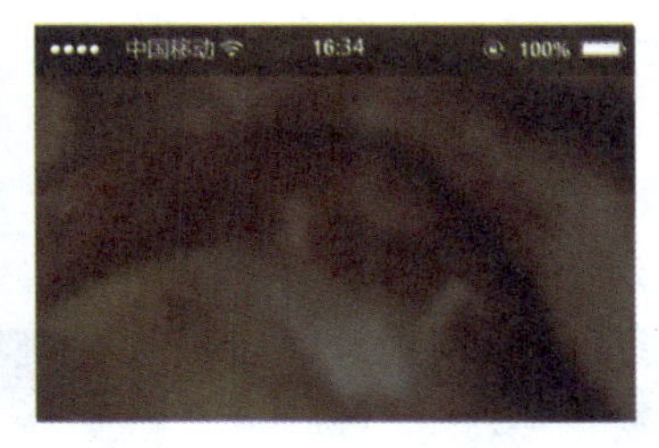

图 4-111

步骤05 新建名称为“正在播放”的图层组，使用“圆角矩形工具”，在选项栏上设置“半径”为2像素，在画布中绘制一个圆角矩形，使用“路径选择工具”，按住Alt键对圆角矩形进行复制，得到相同的圆角矩形，如图4-112所示。为“圆角矩形4”图层添加“内阴影”图层样式，对相关选项进行设置，如图4-113所示。

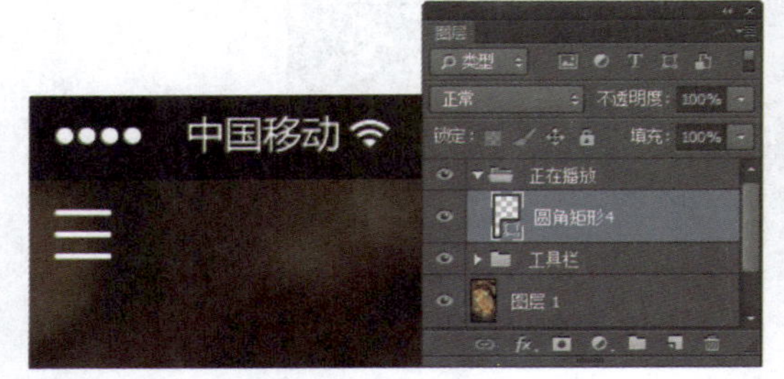

图 4-112

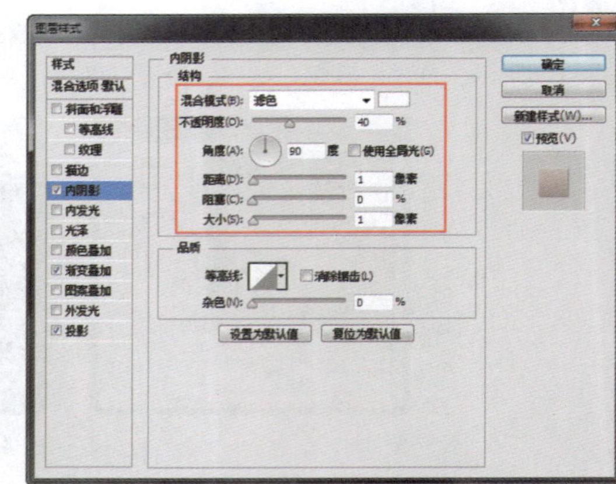

图 4-113

步骤 06 继续添加“渐变叠加”图层样式，对相关选项进行设置，如图4-114所示。继续添加“投影”图层样式，对相关选项进行设置，如图4-115所示。

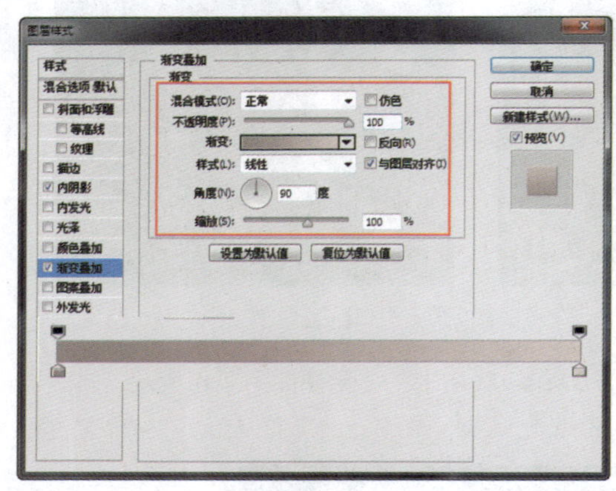

图 4-114

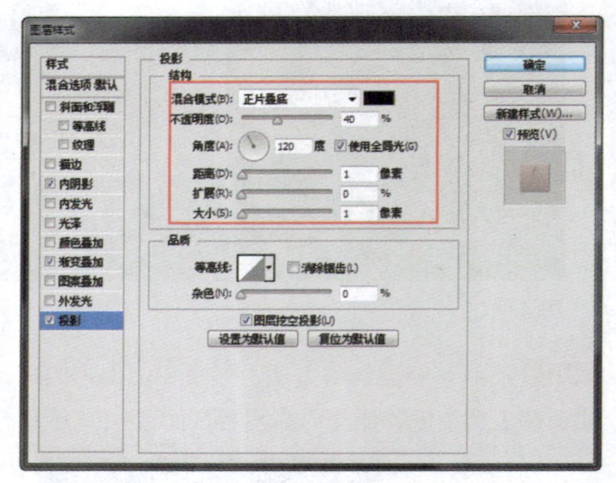

图 4-115

步骤 07 单击“确定”按钮，完成“图层样式”对话框中各选项的设置，效果如图4-116所示。使用相同的制作方法，完成相似图形的绘制，如图4-117所示。

图 4-116

图 4-117

提示

在扁平化风格图标的设计中，为图形添加的许多图层样式都具有非常细微的效果，此处添加的“内阴影”、“渐变叠加”和“投影”图层样式效果都比较细微，通过细微的效果可以使图形更具有层次感。

步骤08 使用“椭圆工具”，在画布中绘制一个白色正圆形，如图4-118所示。使用“椭圆工具”，在选项栏上设置“路径操作”为“减去顶层形状”，在刚绘制的正圆形上减去一个正圆形，得到需要的图形，如图4-119所示。

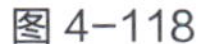

图 4-118

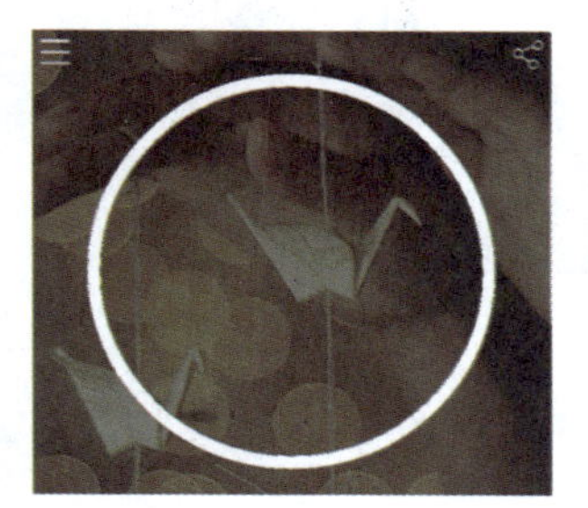

图 4-119

步骤09 设置该图层“混合模式”为“叠加”、“填充”为10%，效果如图4-120所示。复制“椭圆2”图层，得到“椭圆2拷贝”图层，将复制得到的图形等比例缩小，设置该图层的“填充”为25%，如图4-121所示。

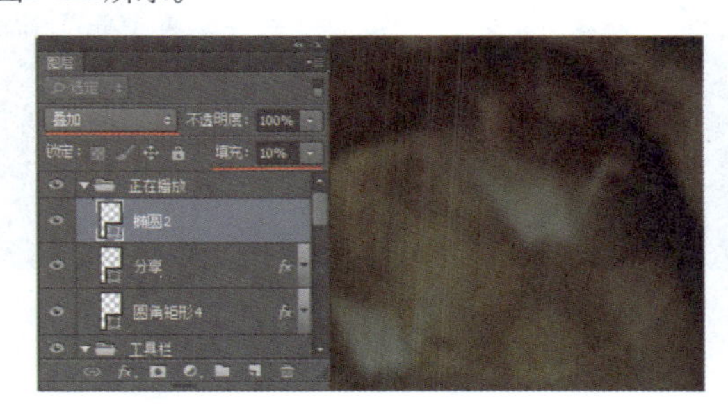

图 4-120

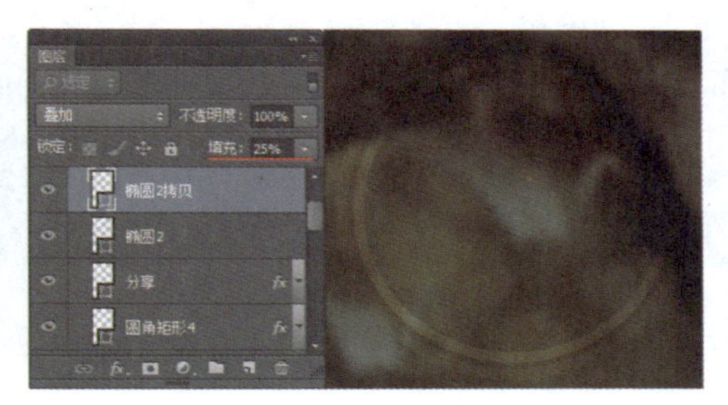

图 4-121

步骤10 使用相同的制作方法，可以制作出相似的图形效果，如图4-122所示。使用“椭圆工具”，在画布中绘制一个白色的正圆形，调整到合适的位置，如图4-123所示。

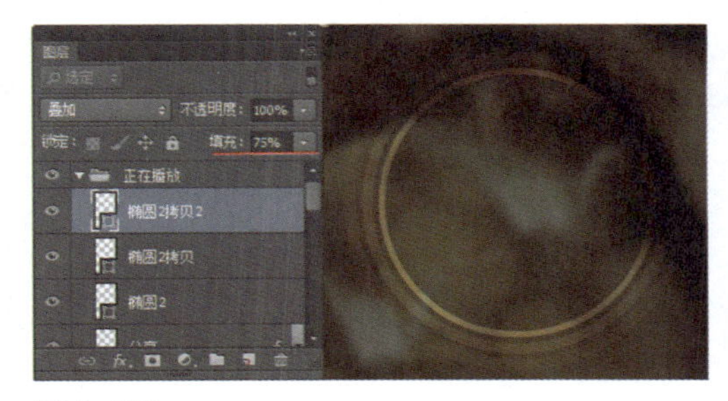

图 4-122

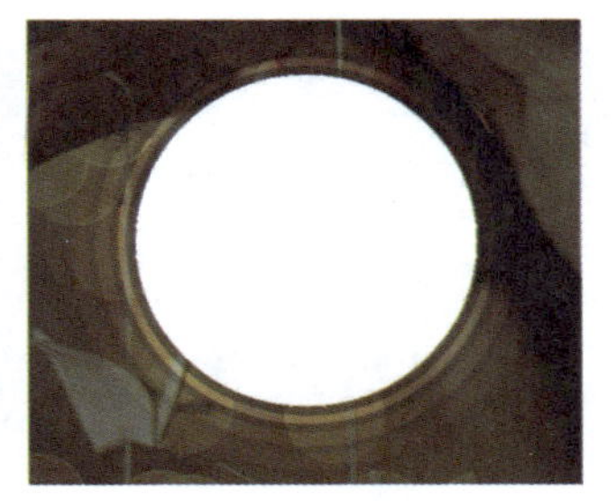

图 4-123

步骤11 打开素材图像“光盘\源文件\第4章\素材\4042.jpg”，将其拖入到设计文档中，为该图层创建剪贴蒙版，效果如图4-124所示。使用“横排文字工具”，在“字符”面板中对相关选项进行设置，在画布中输入文字，如图4-125所示。

图 4-124

图 4-125

步骤 12 新建名称为“播放列表”的图层组，使用“多边形工具”，在选项栏上设置“填充为无”、“描边”为白色、“描边宽度”为3点，在画布中绘制三角形，如图4-126所示。使用“直接选择工具”，对所绘制的三角形进行相应的调整，如图4-127所示。

图 4-126

图 4-127

步骤 13 为该图层添加“内阴影”图层样式，对相关选项进行设置，如图4-128所示。继续添加“渐变叠加”图层样式，对相关选项进行设置，如图4-129所示。

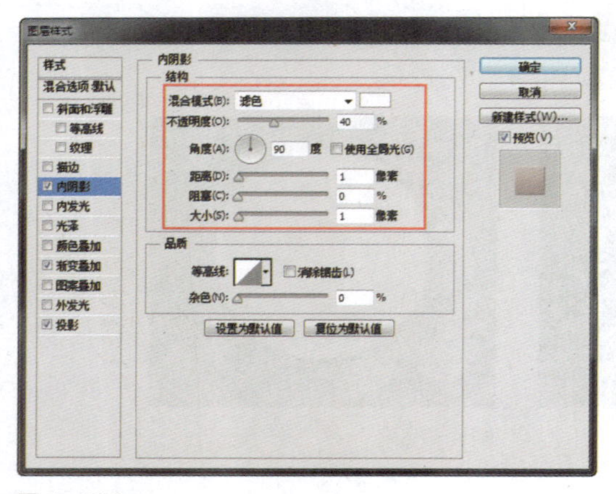

图 4-128

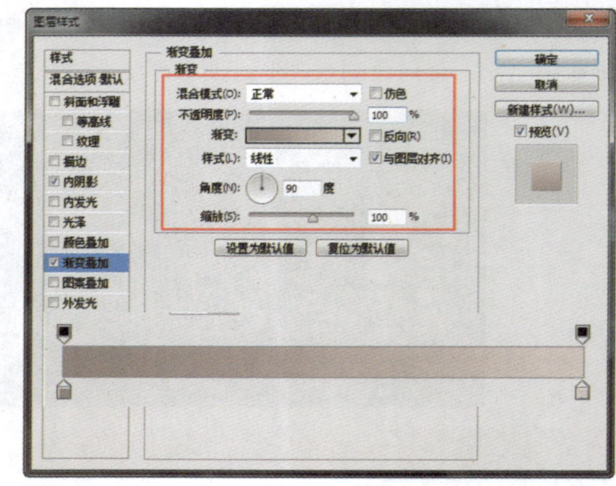

图 4-129

步骤 14 继续添加“投影”图层样式，对相关选项进行设置，如图4-130所示。单击“确定”按钮，完成“图层样式”对话框中各选项的设置，效果如图4-131所示。

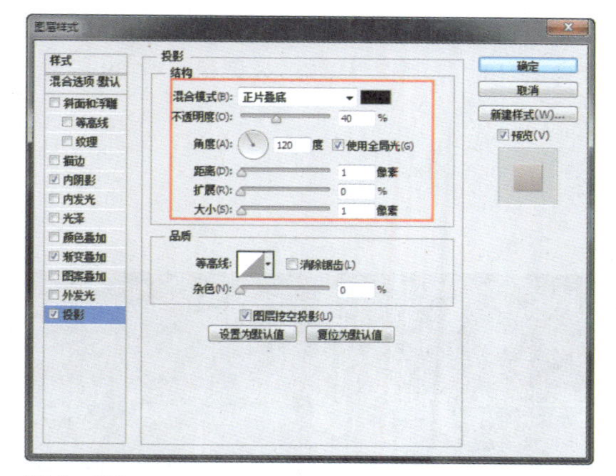

图 4-130

图 4-131

步骤 15 使用相同的制作方法，完成相似图形的绘制，如图4-132所示。使用“矩形工具”，在画布中绘制一个白色矩形，使用“路径选择工具”，按住Alt键拖动矩形，复制矩形并调整其大小，如图4-133所示。

图 4-132

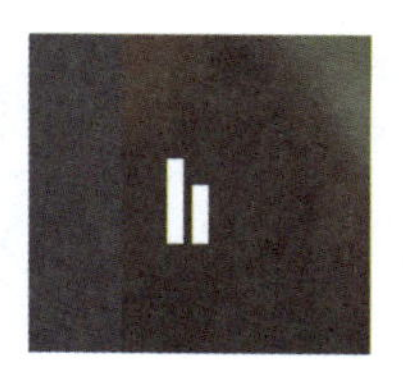

图 4-133

步骤 16 使用相同的制作方法，完成相似图形的绘制，如图4-134所示。设置该图层的“混合模式”为“叠加”，效果如图4-135所示。

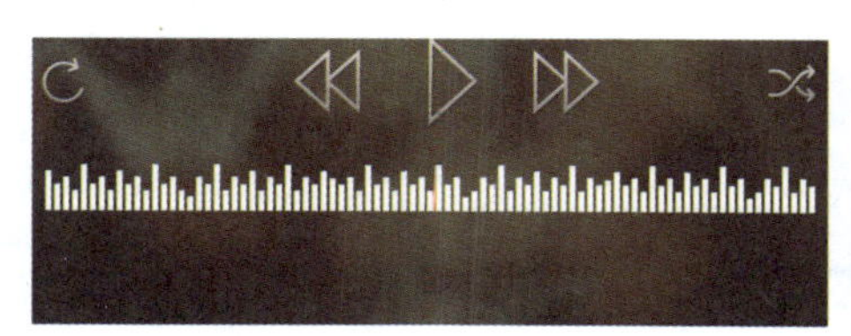

图 4-134

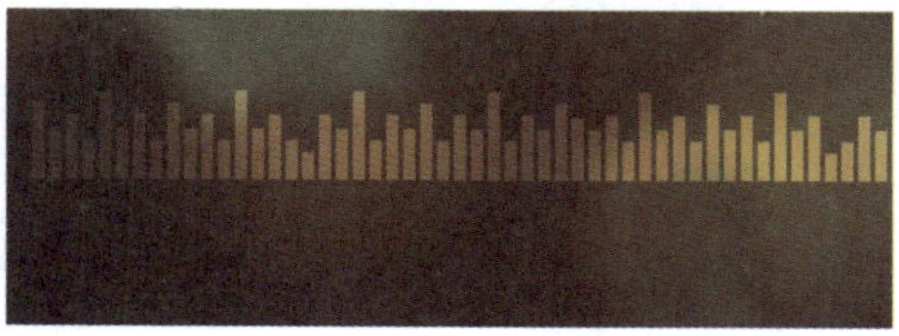

图 4-135

步骤 17 复制“矩形3”图层，得到“矩形3拷贝”图层，将复制得到的图形垂直翻转，设置该图层的“填充”为20%，效果如图4-136所示。使用“矩形工具”，在画布中绘制一个白色矩形，如图4-137所示。

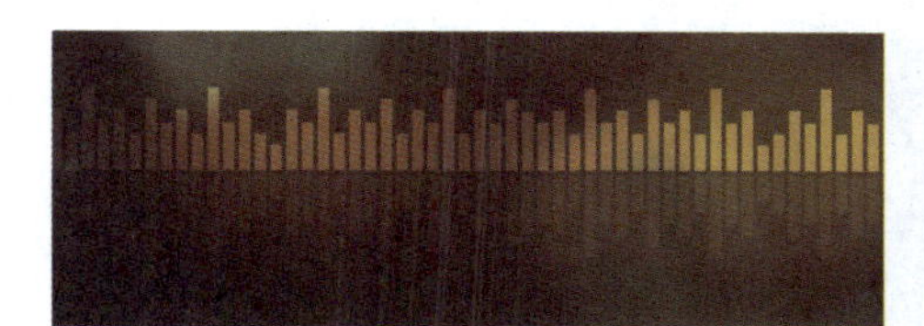

图 4-136

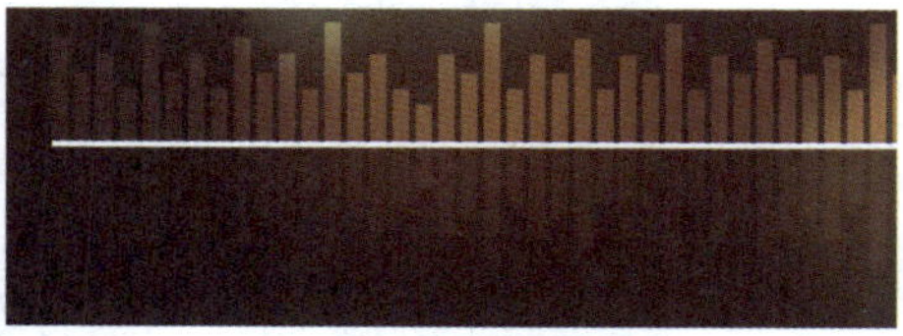

图 4-137

步骤 18 为该图层添加“渐变叠加”图层样式，对相关选项进行设置，如图 4-138 所示。单击“确定”按钮，完成“图层样式”对话框中各选项的设置，设置该图层的“填充”为 0%，效果如图 4-139 所示。

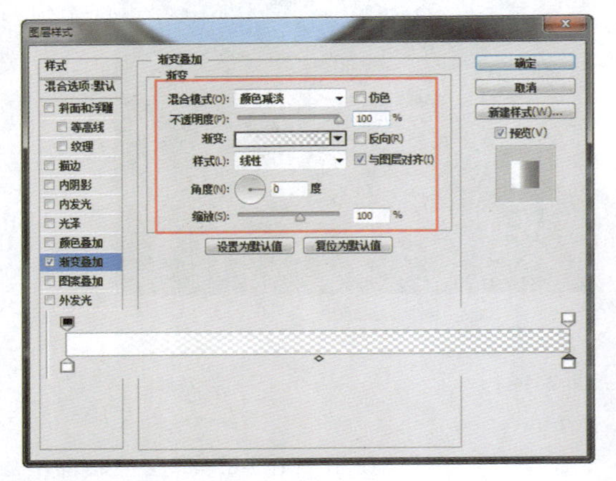

图 4-138

图 4-139

步骤 19 使用“椭圆工具”，在画布中绘制一个白色正圆形，如图4-140所示。为该图层添加“外发光”图层样式，对相关选项进行设置，如图4-141所示。

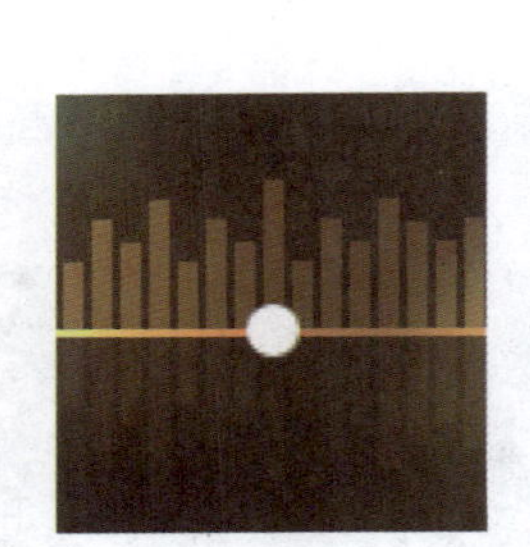

图 4-140

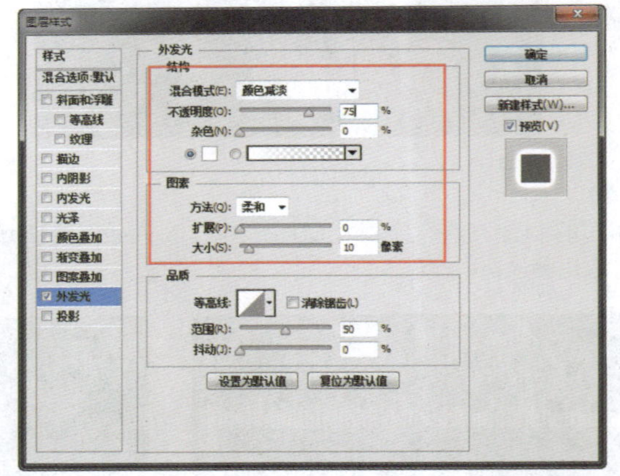

图 4-141

步骤 20 单击“确定”按钮，完成“图层样式”对话框中各选项的设置，效果如图4-142所示。使用“横排文字工具”，在“字符”面板中对相关选项进行设置，在画布中输入文字，如图4-143所示。

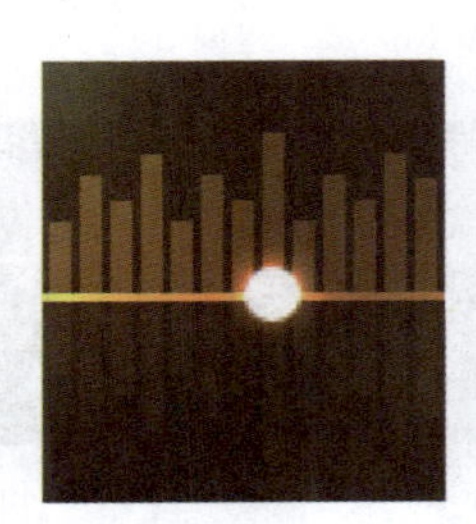

图 4-142

图 4-143

步骤 21 为该图层添加“内阴影”图层样式，对相关选项进行设置，如图4-144所示。继续添加“渐变叠加”图层样式，对相关选项进行设置，如图4-145所示。

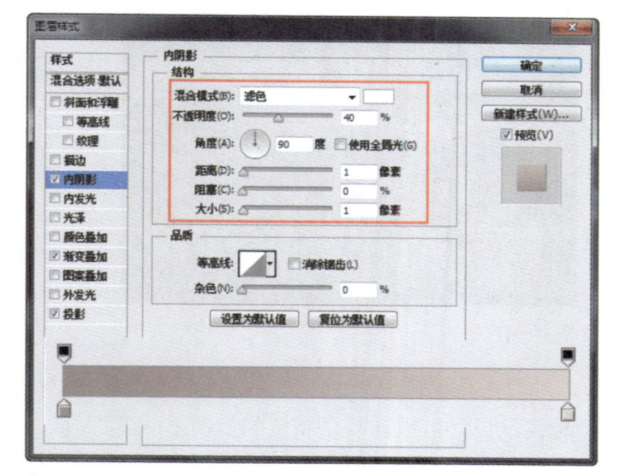

图 4-144

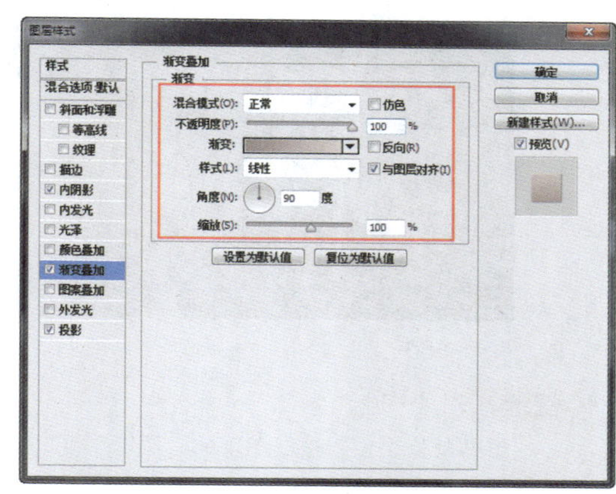

图 4-145

步骤 22 继续添加“投影”图层样式，对相关选项进行设置，如图 4-146 所示。单击“确定”按钮，完成“图层样式”对话框中各选项的设置，使用相同的制作方法，完成其他文字输入，如图 4-147 所示。

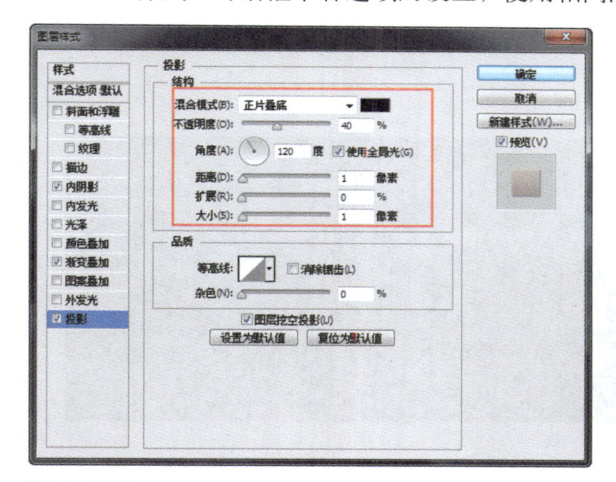

图 4-146

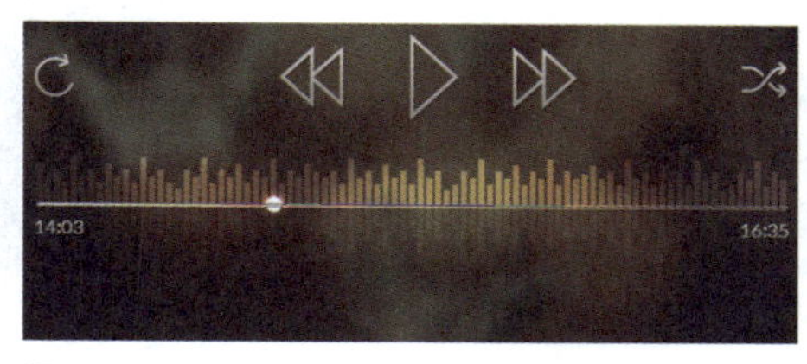

图 4-147

步骤 23 新建名称为“底部列表”的图层组，使用“圆角矩形工具”，在选项栏上设置“半径”为2像素，在画布中绘制一个圆角矩形，如图4-148所示。打开素材图像“光盘\源文件\第4章\素材\4043.jpg”，将其拖入到设计文档中，为该图层创建剪贴蒙版，效果如图4-149所示。

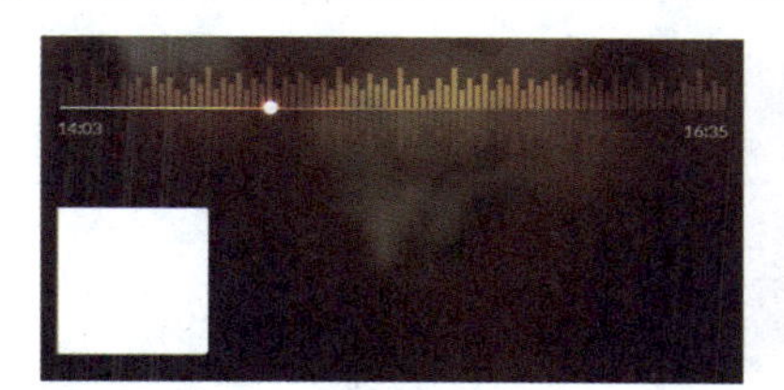

图 4-148

图 4-149

步骤 24 设置“圆角矩形5”图层的“填充”为40%，效果如图4-150所示。使用相同的制作方法，完成相似图形的绘制，如图4-151所示。

图 4–150

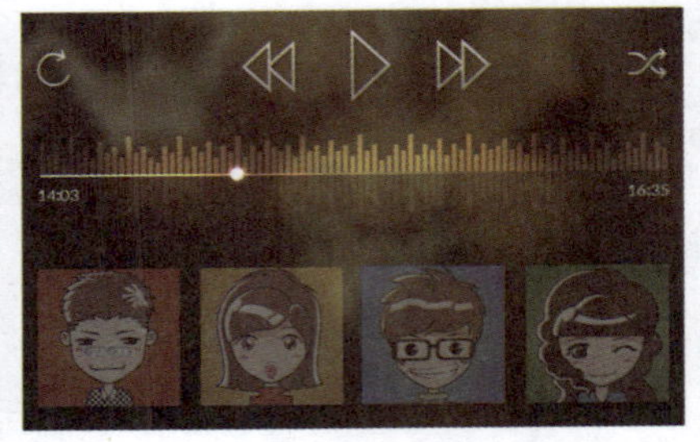

图 4–151

提示

剪贴蒙版组使用基底图层的“不透明度”属性，也就是说，当设置基底图层的“不透明度”时，可以控制整个剪贴蒙版组的不透明度。

步骤 25 为“底部列表”图层组添加图层蒙版，使用“渐变工具”，打开“渐变编辑器”对话框，设置渐变颜色，如图4-152所示。在图层蒙版中填充线性渐变，效果如图4-153所示。

图 4–152

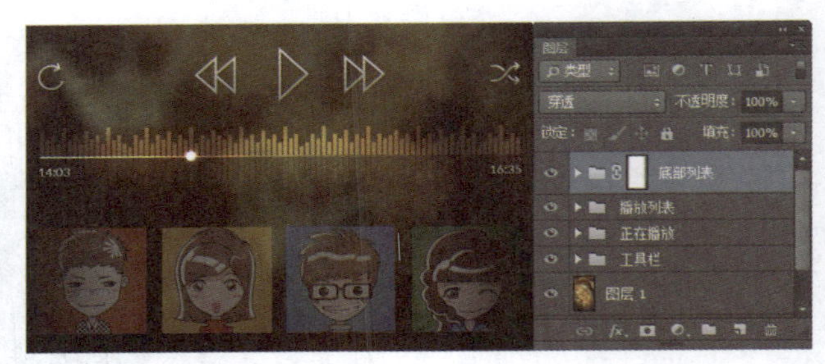

图 4–153

步骤 26 完成该音乐APP软件界面的设计，使用相同的制作方法，还可以完成该音乐APP软件音乐列表界面的设计，最终效果如图4-154所示。

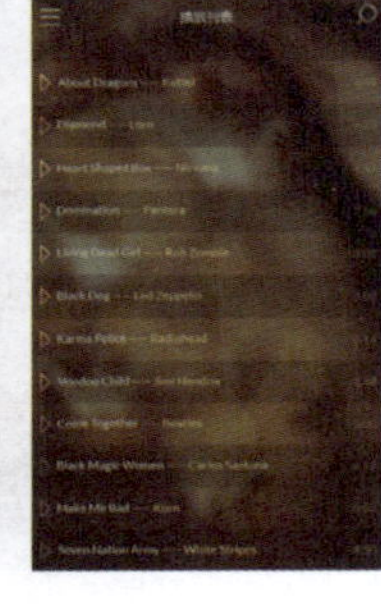

图 4–154

4.4 APP软件界面的设计要求

如今手机屏幕尺寸越来越大，但却始终是有限的，因此，在APP软件界面的设计中，精简是一贯的设计准则。这里所说的精简并不是内容上尽可能地少，而是要注意表达的重点。在视觉上也要遵循用户的视觉逻辑，用户看着顺眼了，才会真正地喜欢。

4.4.1 APP软件界面的特点

由于市场竞争激烈，APP软件不仅仅靠外观取胜，其软件系统已经成为用户直接操作和应用的主体，所以APP软件界面设计应该以操作快捷、美观实用为基础，如图4-155所示。下面介绍APP软件界面设计的特点。

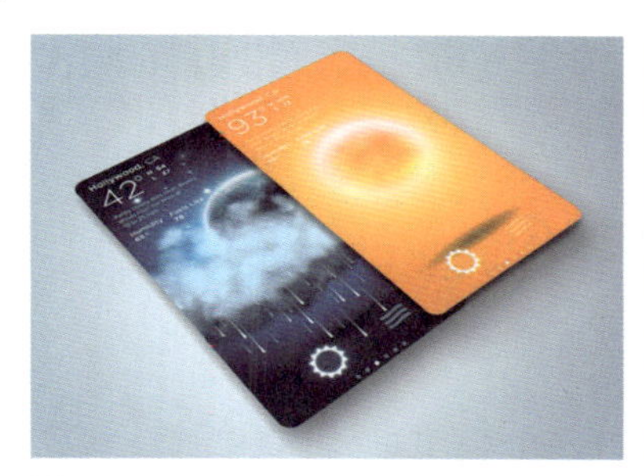

图 4-155

① 显示区域小

手机的显示区域有限，不能有太丰富的展示效果，因此其设计要求精简而不失表达能力。

② 简单的交互操作

APP软件的操作应用主要依赖于人的手指，所以交互过程不能设计得太复杂，交互步骤不能太多，且应该尽量多设计一些快捷方式。

③ 通用性

不同操作系统、不同型号的手机，有可能支持的图像格式、声音格式、动画格式也不一样，设计师需要尽量选择通用的格式，或者要对不同型号进行配置选择。

④ 元素的缩放和布局

不同的手机，屏幕尺寸也会不一致，因此在设计APP软件界面的过程中需要考虑图像的自适应问题和界面元素的布局问题。

4.4.2 APP软件界面设计流程

在一个成熟且高效的手机 APP 产品团队中，通常设计者会在前期就加入项目中，针对产品定位、面向人群、设计风格、色调和控件等多方面问题进行探讨。这样做的好处在于，保持了设计风格与产品的一致性，同时，定下风格后设计人员可以立刻着手效果图的设计和多套方案的整理，有效节约时间。

APP设计的大致流程主要可以分为如下几个部分：

① 软件定位

明确该款APP软件的功能是什么，以及需要达到什么样的目的。

② 视觉风格

根据APP软件的功能、面向的群体和商业价值等内容，确认APP软件界面的视觉风格。

③ APP软件组件

确定在APP软件界面中使用滑屏还是滚动条、复选还是单选，并确定组件类型。

④ 设计方案

确定了APP软件的定位、风格和组件后，就可以开始设计APP软件界面的方案了。

⑤ 提交方案

提交APP软件界面设计方案，请专业人士进行测评，选择用户体验最优的方案。

⑥ 确定方案

方案确认后，就可以以该方案为基准开始进行美化设计了。

4.4.3 APP软件界面的色彩搭配

在设计APP应用界面时，切忌滥用颜色，在实际搭配过程中，如果对自己的色彩搭配水平没有把握，可以参考同类APP案例。根据APP的行业、风格和定位，去寻找同类型APP的常用色彩搭配组合。例如，橙色在商业类的APP中受到青睐，而蓝色在社交类的APP中使用更为广泛，如图4-156所示。

图 4-156

如图4-157所示为从成功的APP方案中提取的色彩搭配方案，具体操作是使用吸管工具，将APP界面中采用面积最大的几种颜色吸取出来，这种方法可以快速地找出适用的色彩搭配方案。

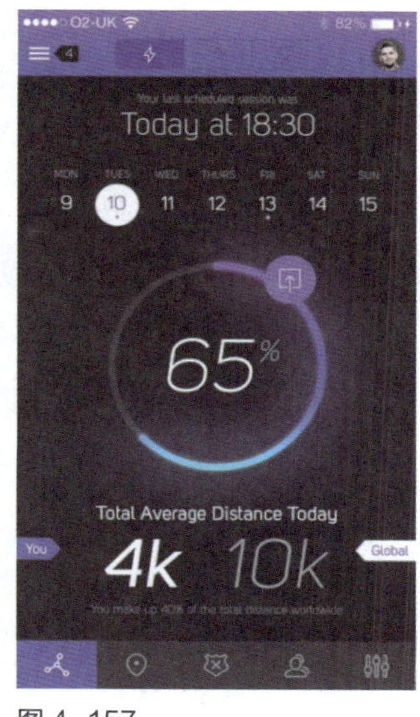

图 4-157

4.4.4 平板电脑软件界面的特点

iPad划时代地将我们带入了平板电脑时代，随着iPad的出现，各种移动平板电脑如雨后春笋般出现，相对于智能手机APP软件而言，平面电脑APP应用软件的界面更大，设计师的可发挥空间也更大。

优秀的iPad软件界面设计都有哪些特点呢？首先，需要保持应用软件的操作简单，这样可以方便用户的操作，增强用户体验；其次，应用软件的功能应该尽可能“少而精”，为用户提供最直接的功能，这样才能具有针对性。

【自测5】设计iPad软件界面

视频：光盘\视频\第4章\iPad软件界面.swf　　源文件：光盘\源文件\第4章\ iPad软件界面.psd

- **案例分析**

案例特点：本案例设计一款iPad软件界面，通过使用矩形色块来区分各部分功能区域，使得界面功能明确、层次清晰，扁平化的设计更加便于用户的操作和使用。

制作思路与要点：通过使用不同色彩的矩形区分软件界面中不同的功能区域，并且为相应的部分填充微渐变的色彩效果，体现出细微的层次感，在软件界面的底部放置工具栏，运用纯色图标的方式进行表现，整体让人感觉简洁、大方，微渐变色彩的运用能够给用户一定的视觉层次感。

- **色彩分析**

在该iPad软件界面中使用白色作为界面的背景颜色，与紫色和蓝色相搭配，表现出高雅、宁静的视觉效果，同时在白色的背景上搭配深色的文字，在紫色和深蓝色的背景上搭配白色的文字和图标，清晰自然，有很好的辨识度。

白色	紫色	深蓝色

- **制作步骤**

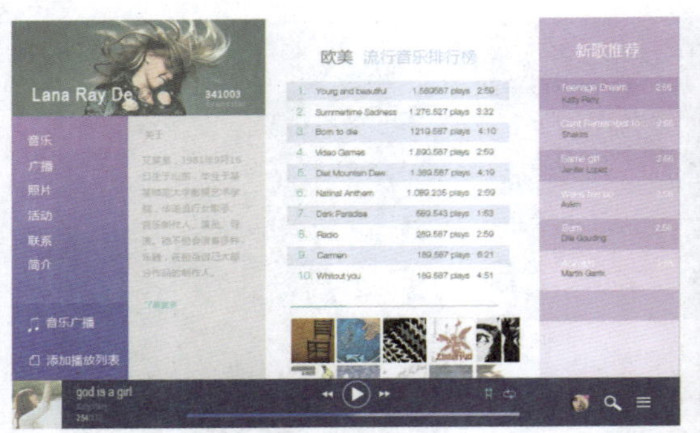

步骤01 执行“文件>新建”命令，弹出“新建”对话框，新建一个空白文档，如图4-158所示。打开素材图像“光盘\源文件\第4章\素材\5011.jpg”，将其拖入到新建的文档中，如图4-159所示。

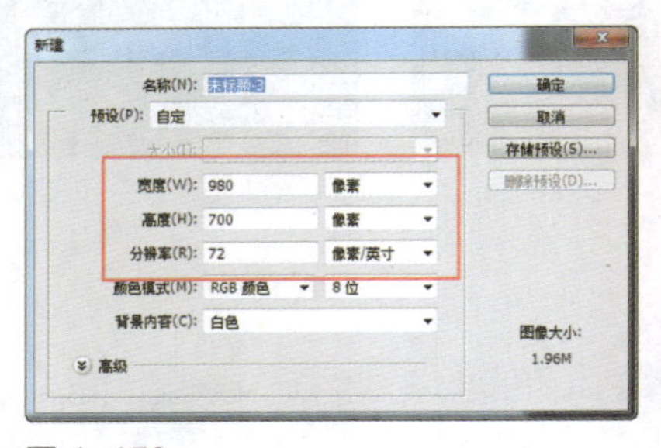

图 4-158

图 4-159

步骤02 使用“矩形工具”，在选项栏上设置“工具模式”为“形状”，在画布中绘制白色矩形，如图4-160所示。为该图层添加“斜面和浮雕”图层样式，对相关选项进行设置，如图4-161所示。

图 4-160

图 4-161

步骤03 单击“确定”按钮，完成“图层样式”对话框中各选项的设置，效果如图4-162所示。新建名称为“推荐明星”的图层组，使用“矩形工具”，在画布中绘制一个黑色矩形，如图4-163所示。

图 4-162

图 4-163

步骤 04 打开素材图像“光盘\源文件\第4章\素材\5012.jpg”，将其拖入到设计文档中，如图4-164所示。按快捷键Alt+Ctrl+G，为该图层添加剪贴蒙版，如图4-165所示。

图 4-164

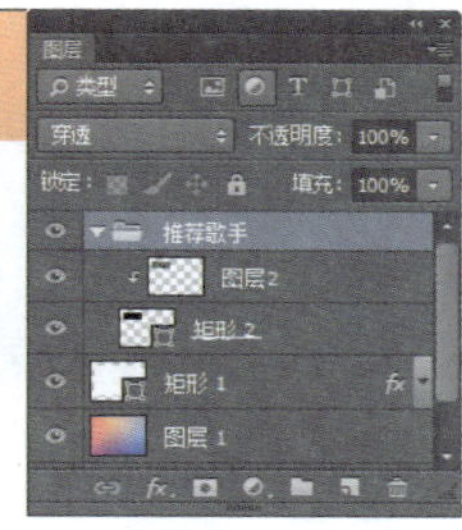

图 4-165

步骤 05 使用“矩形工具”，在选项栏上设置“填充”为RGB（242,242,242），在画布中绘制矩形，并设置该图层的“不透明度”为30%，效果如图4-166所示。使用“横排文字工具”，在“字符”面板中对相关属性进行设置，在画布中输入文字，如图4-167所示。

图 4-166

图 4-167

步骤 06 使用相同的制作方法，在画布中输入其他文字，如图 4-168 所示。使用“椭圆工具”，在选项栏上设置“填充”为无、“描边”为白色、“描边宽度”为 1 点，在画布中绘制正圆形，如图 4-169 所示。

图 4-168

图 4-169

步骤07 使用“矩形工具”，在画布中绘制矩形，复制该矩形，按快捷键Ctrl+T，对矩形进行旋转，效果如图4-170所示。新建名称为“左侧菜单”的图层组，使用“矩形工具”，在画布中绘制矩形，如图4-171所示。

图 4-170　　图 4-171

步骤08 为“矩形4”图层添加“渐变叠加”图层样式，对相关选项进行设置，如图4-172所示。单击“确定”按钮，完成“图层样式”对话框中各选项的设置，设置该图层的“不透明度”为67%，如图4-173所示。

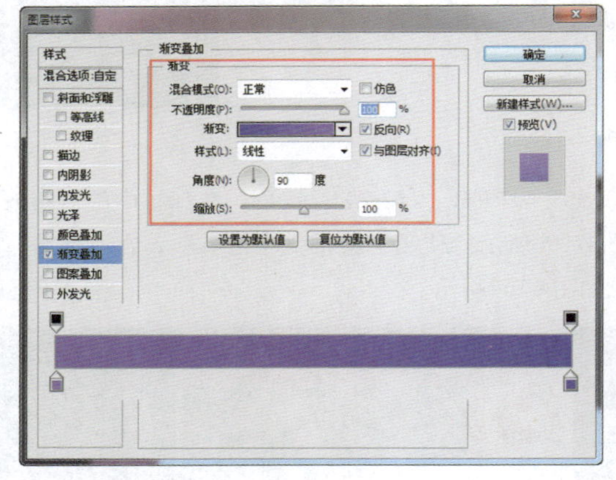

图 4-172

图 4-173

步骤09 使用“横排文字工具”，在“字符”面板中对相关属性进行设置，在画布中输入文字，如图4-174所示。使用“矩形工具”，在选项栏上设置“填充”为RGB（115,68,196），在画布中绘制矩形，如图4-175所示。

图 4-174

图 4-175

提示

在“字符”面板中对字符间距进行调整时，设置两个字符间距的“字距微调”选项主要适用于调节英文字母两两之间的距离，设置“所选字符间距调整”，则是设置所选字符的字距。

步骤 10 使用“自定形状工具”，在选项栏上的“形状”下拉列表中选择需要的图形，在画布中绘制图形，如图4-176所示。使用“横排文字工具”，在“字符”面板中对相关属性进行设置，在画布中输入文字，如图4-177所示。

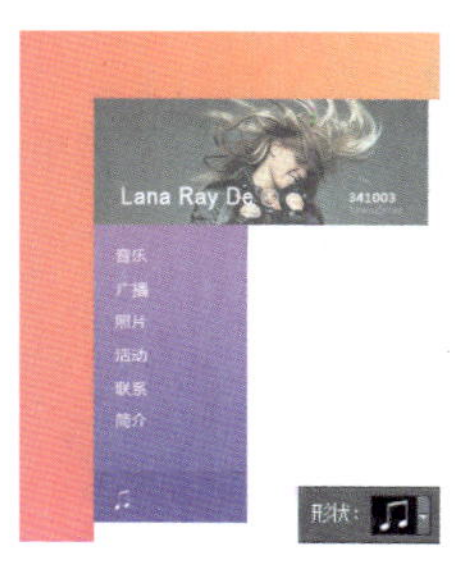

图 4-176

图 4-177

提示

除了可以使用系统提供的形状外，在Photoshop中还可以将自己绘制的路径图形创建为自定义形状。只需要将自己绘制的路径图形选中，执行“编辑>定义自定形状”命令，即可将其保存为自定义形状。

步骤 11 使用相同的制作方法，可以完成相似图形的绘制，如图4-178所示。新建名称为“介绍”的图层组，使用“矩形工具”，在选项栏上设置“填充”为RGB（240,237,237），在画布中绘制矩形，如图4-179所示。

图 4-178

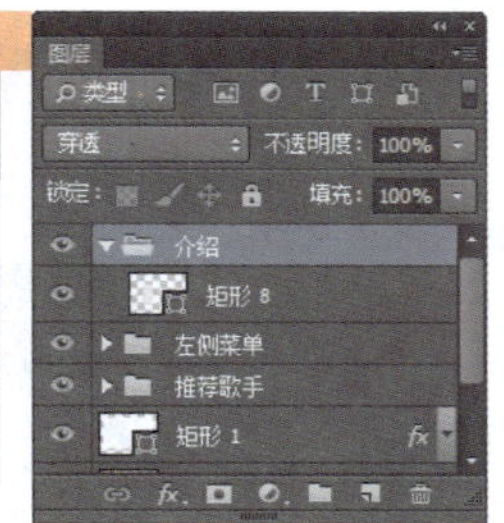

图 4-179

步骤 12 使用“横排文字工具”，在画布中输入相应的文字，如图4-180所示。新建名称为“播放列表”的图层组，在该图层组中新建名称为“歌曲列表”的图层组，使用“横排文字工具”，在画布中输入文字，如图4-181所示。

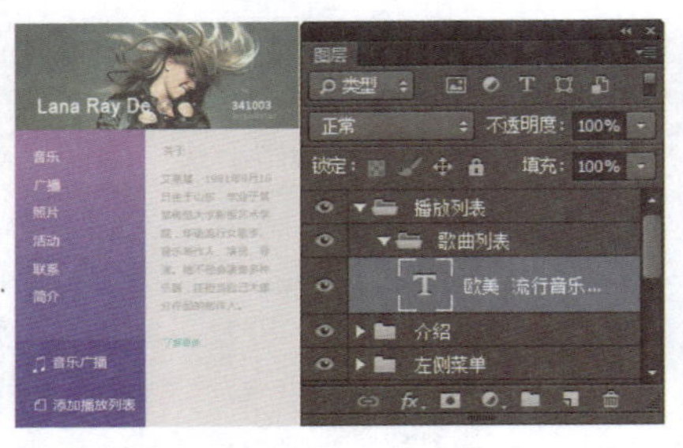

图 4-180

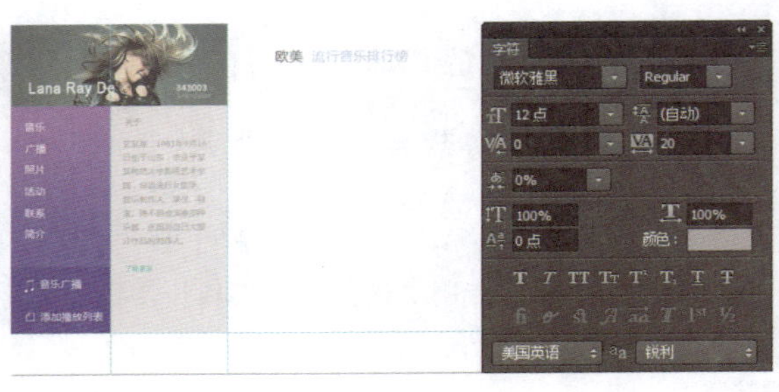

图 4-181

步骤 13 使用相同的制作方法，在画布中输入文字，如图4-182所示。使用“矩形工具”，在选项栏上设置“填充”为RGB（240,237,237），在画布中绘制矩形，如图4-183所示。

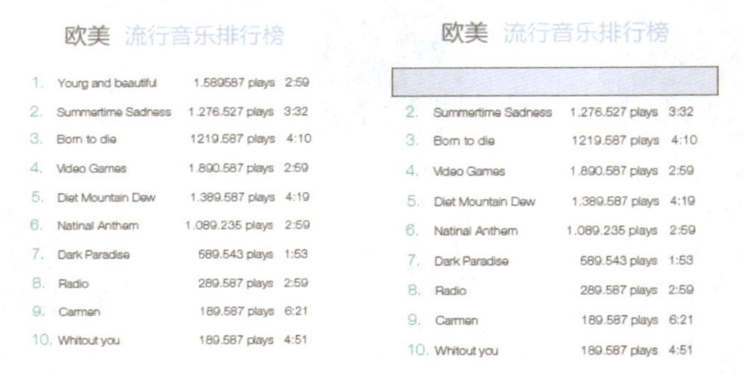

图 4-182　　图 4-183

步骤 14 使用“路径选择工具”，选中刚绘制的矩形，按住Alt键拖动，多次复制矩形，将“矩形5”图层移至文字图层下方，如图4-184所示。在“歌曲列表”图层上方新建“图片列表”图层组，使用“矩形工具”，在画布中绘制矩形，如图4-185所示。

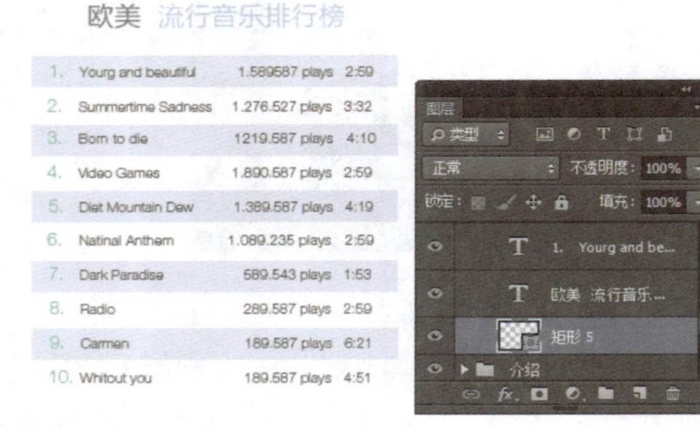

图 4-184

图 4-185

提示

使用“路径选择工具”选中需要复制的路径或形状，再按住Alt键拖动鼠标，复制该路径或形状，可以将复制得到的路径或形状与原路径或形状处于同一图层中，而不会得到新图层。

步骤 15 打开素材图像“光盘\源文件\第4章\素材\5013.jpg”，将其拖入到设计文档中，为该图层创建剪贴蒙版，如图4-186所示。使用相同的制作方法，可以制作出相似的图形，如图4-187所示。

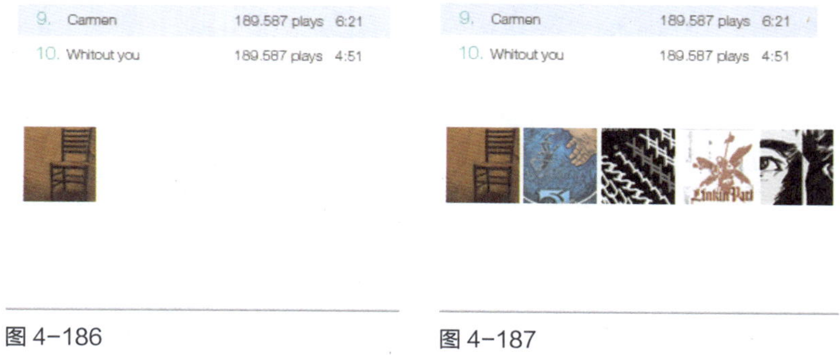

图 4-186　　图 4-187

步骤 16 新建名称为“图片列表2”的图层组，使用相同的制作方法，制作出相似的图形效果，如图4-188所示。为“图片列表2”图层组添加图层蒙版，使用“渐变工具”，在图层蒙版中填充黑白线性渐变，如图4-189所示。

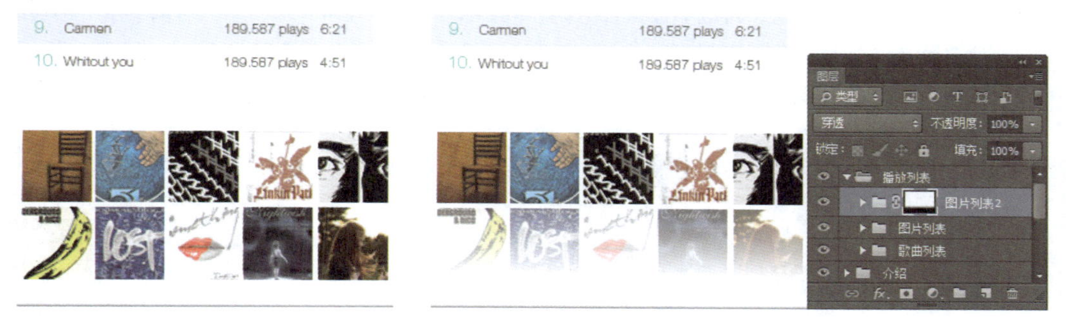

图 4-188　　图 4-189

步骤 17 在“图形列表2”上方新建“分界条”图层组，使用“矩形工具”，可以绘制出分界条的图形，如图4-190所示。在“播放列表”图层组的上方新建名称为“右侧菜单”的图层组，使用“矩形工具”，在画布中绘制矩形，如图4-191所示。

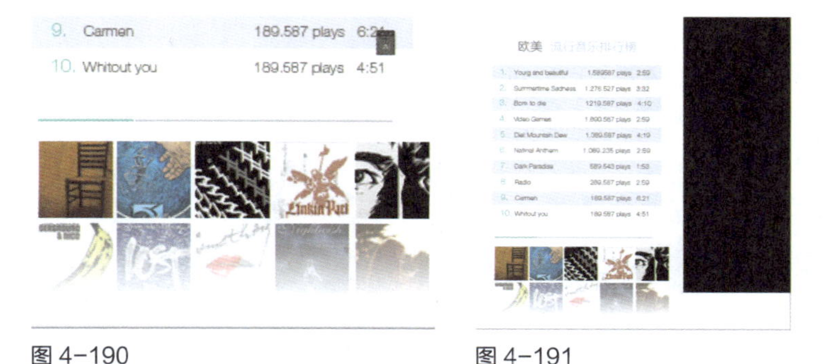

图 4-190　　图 4-191

步骤 18 为该图层添加“渐变叠加”图层样式，对相关选项进行设置，如图 4-192 所示。单击“确定”按钮，完成“图层样式”对话框中各选项的设置，设置该图层的“不透明度”为 54%，如图 4-193 所示。

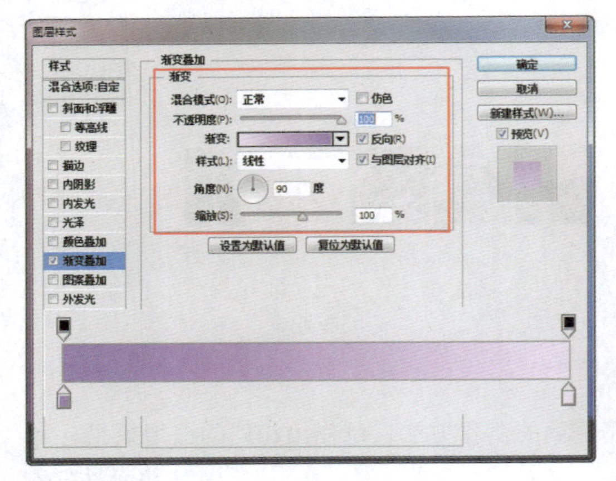
图 4-192

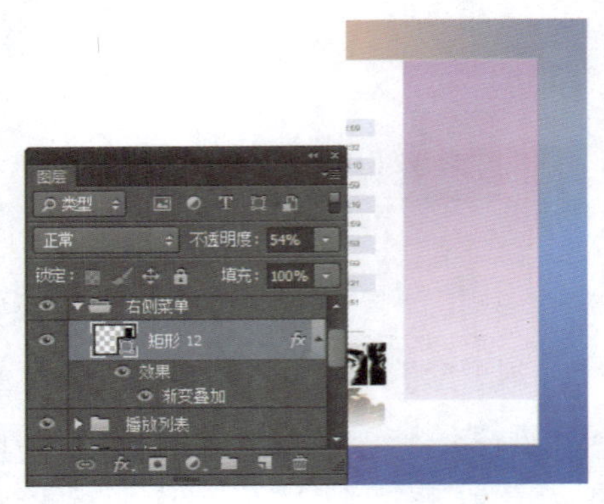
图 4-193

步骤 19 使用相同的制作方法，可以完成该部分内容的制作，如图4-194所示。在“右侧菜单”图层组上方新建名称为“播放栏”的图层组，使用“矩形工具”，在选项栏上设置“填充”为RGB（7,19,67），在画布中绘制矩形，设置该图层的“不透明度”为90%，如图4-195所示。

图 4-194

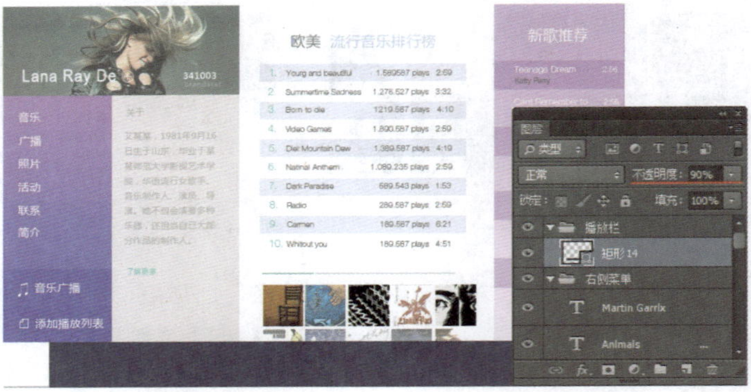

图 4-195

步骤 20 使用“矩形工具”，在画布中绘制矩形，如图4-196所示。打开素材图像“光盘\源文件\第4章\素材\5023.jpg”，将其拖入到设计文档中，为该图层创建剪贴蒙版，如图4-197所示。

图 4-196

图 4-197

步骤21 使用相同的制作方法，在画布中输入相应的文字，如图4-198所示。使用“圆角矩形工具”，在选项栏上设置“填充”为RGB（183,184,237）、“半径”为2像素，在画布中绘制圆角矩形，如图4-199所示。

图 4-198

图 4-199

步骤22 再次绘制一个圆角矩形，设置其填充颜色为RGB（57,61,235）、如图4-200所示。为该图层添加图层蒙版，使用“渐变工具”，在图层蒙版中填充黑白线性渐变，如图4-201所示。

图 4-200

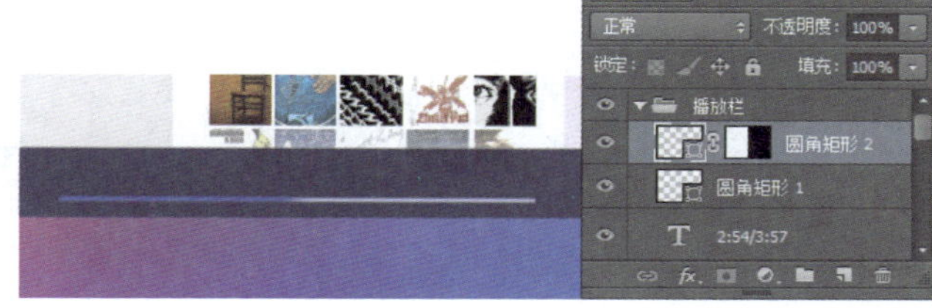

图 4-201

步骤23 使用“自定形状工具”，在选项栏上的“形状”下拉列表中选择需要的图形，在画布中绘制图形，并对所绘制的图形进行旋转操作，如图4-202所示。使用相同的方法，可以绘制出相似的图形，如图4-203所示。

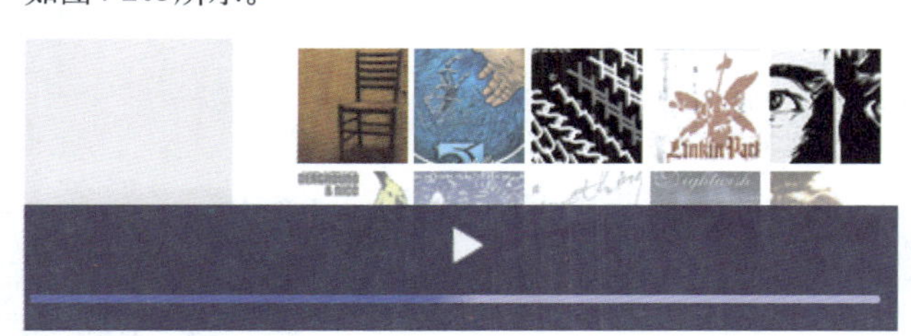

图 4-202

图 4-203

步骤24 使用“椭圆工具”，在选项栏上设置“填充”为无、“描边”为RGB（250,250,251），“描边宽度”为1.5点，在画布中绘制正圆形，如图4-204所示。使用“圆角矩形工具”，在选项栏上设置“填充”为无、“描边”为RGB（18,20,105）、“描边宽度”为1点，在画布中绘制圆角矩形，如图4-205所示。

图 4-204

图 4-205

步骤 25 为该图层添加蒙版，使用“画笔工具”，设置“前景色”为黑色，在图层蒙版中进行涂抹，效果如图4-206所示。按快捷键Ctrl+J，复制图形，将复制得到的图形垂直翻转并调整到合适的位置，如图4-207所示。

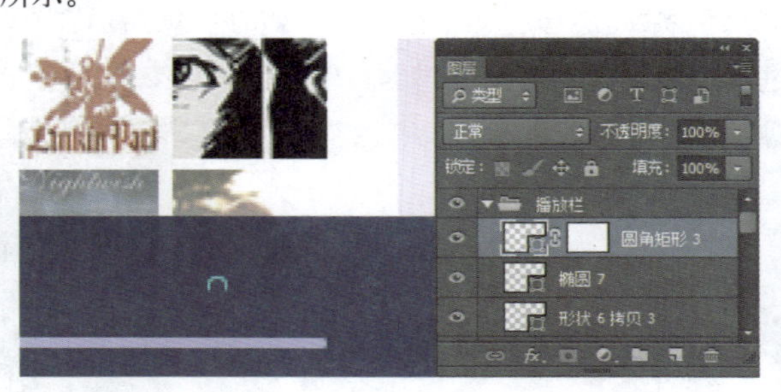

图 4-206

图 4-207

步骤 26 使用相同的制作方法，可以完成其他图形的绘制，效果如图4-208所示。

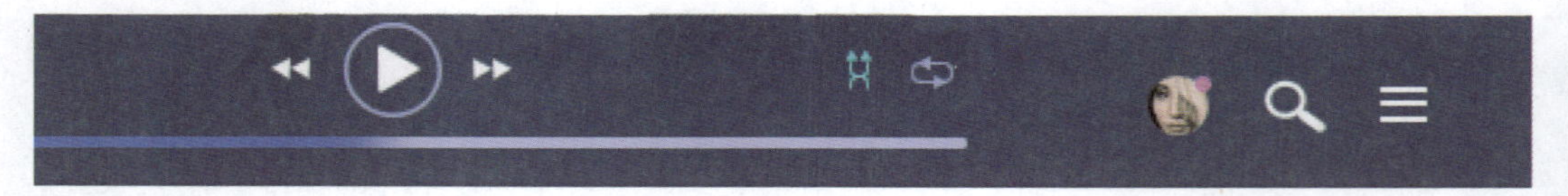

图 4-208

步骤 27 完成该音乐软件界面的制作，最终效果如图4-209所示。

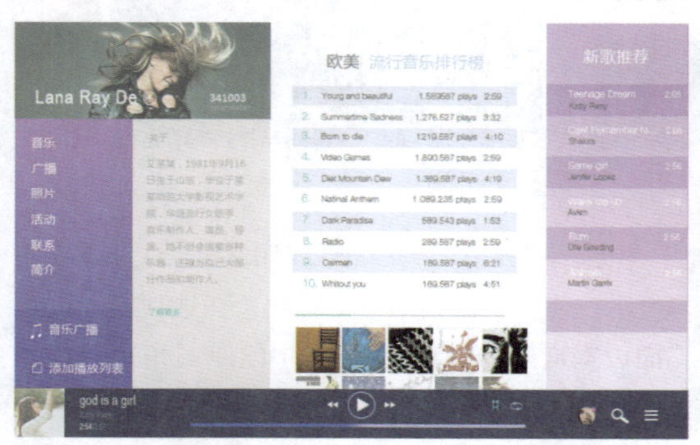

图 4-209

4.5 APP软件界面的设计原则

移动设备界面设计的人性化不仅仅局限于硬件的外观，对APP应用软件界面设计的要求也在日益增长，并且越来越高，因此APP软件界面设计的规范显得尤其重要。

① 整体性

APP软件界面的色彩及风格应该是统一的。APP软件界面的总体色彩应该接近和类似于系统界面的总体色调，一款界面风格和色彩不统一的APP软件界面会给用户带来不适感，如图4-210所示。

② 系统化

手机用户的操作习惯是基于系统的，所以在APP软件界面设计的操作流程上也要遵循系统的规范性，使用户只要会使用手机就会使用软件，从而简化用户的操作流程，如图4-211所示。

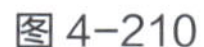

图 4-210

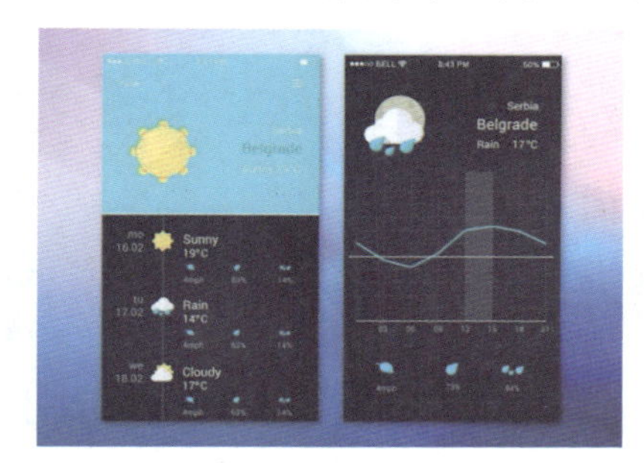

图 4-211

③ 实用性

APP软件的实用性是软件应用的根本。在设计APP软件界面时，应该结合软件的应用范畴，合理地安排版式，以达到美观、实用的目的。界面构架的功能操作区、内容显示区、导航控制区都应该统一范畴，不同功能模块的相同操作区域中的元素，其风格应该一致，以使用户能迅速掌握对不同模块的操作，从而使整个界面统一在一个特有的整体之中，如图4-212所示。

④ 色彩个性化

色彩会影响一个人的情绪，不同色彩会让人产生不同的心理效应；反之，不同的心理状态所能接受的色彩也是不同的。只有不断变化的事物才能引起人们的注意，界面设计的色彩个性化，目的是通过色彩的变换协调用户的心理，让用户对软件产品保持一种新鲜感，如图4-213所示。

图 4-212

图 4-213

⑤ 视觉元素规范

在APP软件界面设计中，尽量使用较少的颜色表现色彩丰富的图形图像，以确保数据量小，且确保图形图像的效果完好，从而提高程序的工作效率。

软件界面中的线条与色块后期都会通过程序来实现，这就需要考虑程序部分和图像部分相结合。只有自然结合，才能协调界面效果的整体感，所以需要程序开发人员与界面设计人员密切沟通，达到一致。

【自测6】设计照片分享APP软件界面

视频：光盘\视频\第4章\照片分享APP软件界面.swf　　源文件：光盘\源文件\第4章\照片分享APP软件界面.psd

● 案例分析

案例特点：本案例绘制的是一款照片分享APP软件界面，主要是通过一些意义明确的图标和文字表现软件的功能和内容。

制作思路与要点：在本案例中，重点是突出表现用户所分享的照片，而软件的功能按钮等都是为此服务的，所以软件界面的构成要尽可能地简约，使用纯色简约的图标来体现界面中的各部分功能按钮，而在用户所分享的照片中通过相互叠加和图层样式的应用，体现出层次感和立体感，使得界面的整体表现更加丰富多彩。

● 色彩分析

使用明度和纯度较低的深蓝色作为界面的主体背景色，体现出一种复古的感觉，也能够更好地突出界面中的内容，在界面中搭配紫色和白色的图标和文字，能够给人一种清新的感觉，并且与背景的深蓝色形成强烈对比，视觉效果突出。

深蓝色	白色	紫色

● 制作步骤

步骤 01 执行“文件>新建”命令，弹出“新建”对话框，新建一个空白文档，如图4-214所示。打开素材图像“光盘\源文件\第4章\素材\6011.jpg”，将其拖入到新建的文档中，如图4-215所示。

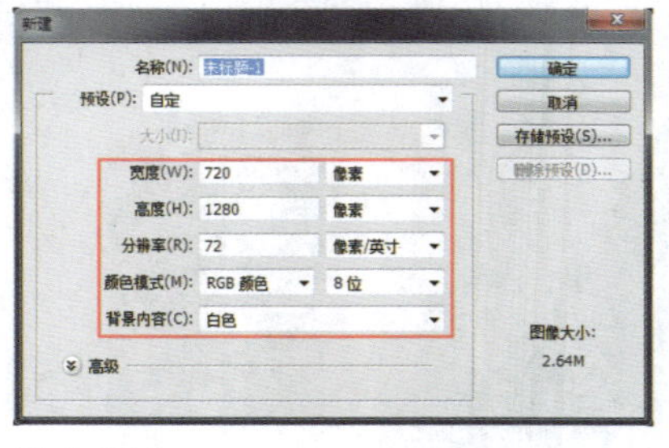

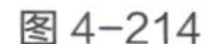
图 4-214

图 4-215

步骤 02 新建名称为“顶部”的图层组，使用“椭圆工具”，在画布中绘制一个白色的正圆形，效果如图4-216所示。多次复制“椭圆1”图层，并分别调整复制得到的图层的位置，效果如图4-217所示。

图 4-216

图 4-217

步骤 03 使用“横排文字工具”，在“字符”面板中设置相应的选项，在画布中输入相应的文字，如图4-218所示。使用相同的制作方法，可以完成相似图形效果的绘制，如图4-219所示。

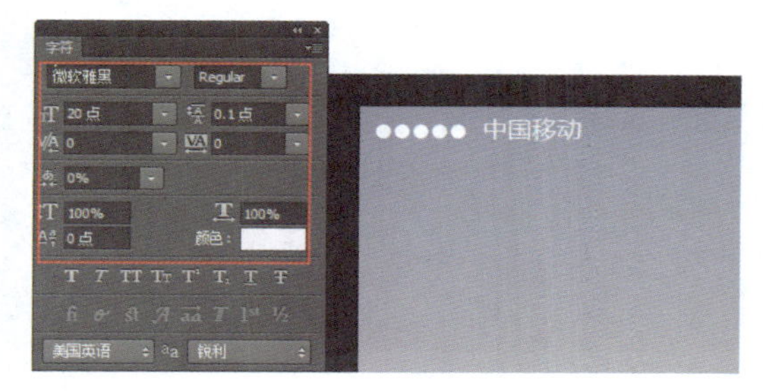

图 4-218

图 4-219

步骤 04 使用“圆角矩形工具”，设置“填充”为无、“描边”为白色、“描边宽度”为1点、“半径”为1像素，在画布中绘制一个圆角矩形，效果如图4-220所示。使用相同的制作方法，可以完成相似图形效果的绘制，效果如图4-221所示。

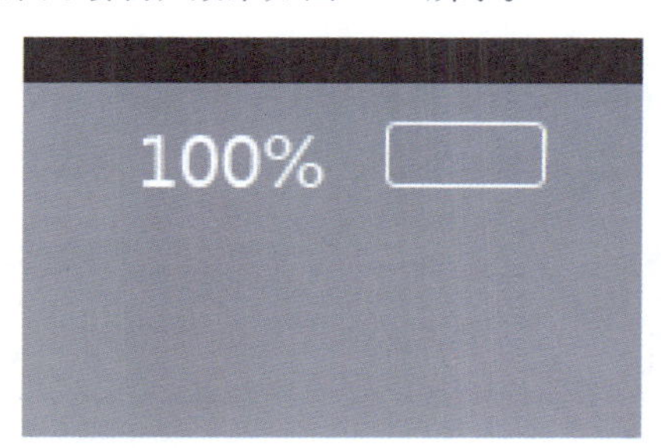

图 4-220

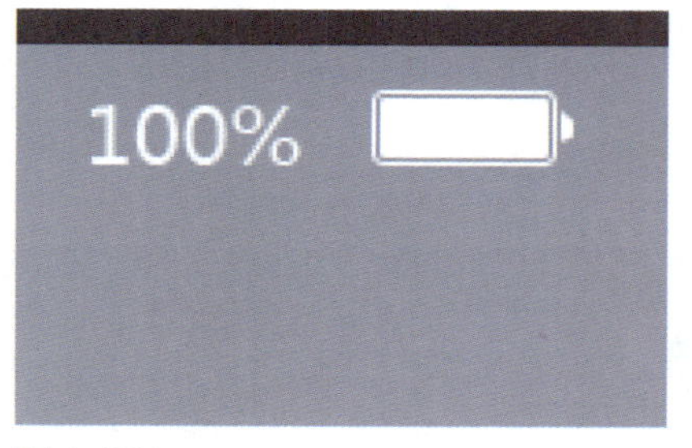

图 4-221

步骤 05 新建名称为logo的图层组，使用“椭圆工具”，设置“填充”为无、“描边”为白色、“描边宽度”为20点，在画布中绘制一个正圆形，设置该图层的“不透明度”为50%，效果如图4-222所示。使用相同的制作方法，可以完成相似图形效果的绘制，效果如图4-223所示。

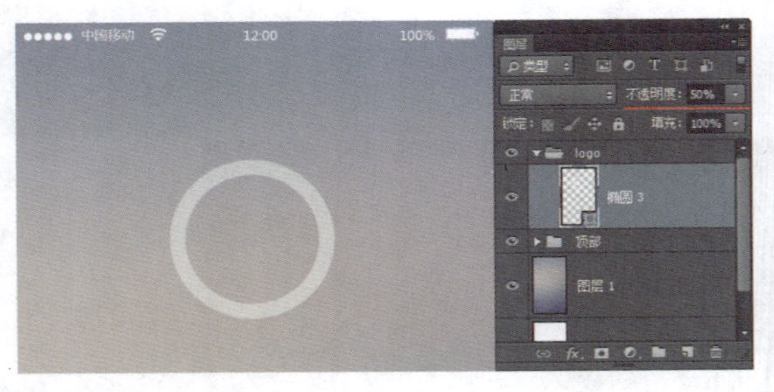

图 4-222

图 4-223

步骤 06 新建名称为“用户”的图层组，使用“矩形工具”，在画布中绘制两个白色的矩形，设置“不透明度”为7%，效果如图4-224所示。使用矢量绘图工具，可以绘制出相应的图形，效果如图4-225所示。

图 4-224

图 4-225

步骤 07 使用“圆角矩形工具”，设置“填充”为RGB（150,122,220）、“半径”为20像素，在画布中绘制圆角矩形，如图4-226所示。使用“横排文字工具”，在画布中输入相应的文字，完成该APP软件登录界面的制作，效果如图4-227所示。

图 4-226

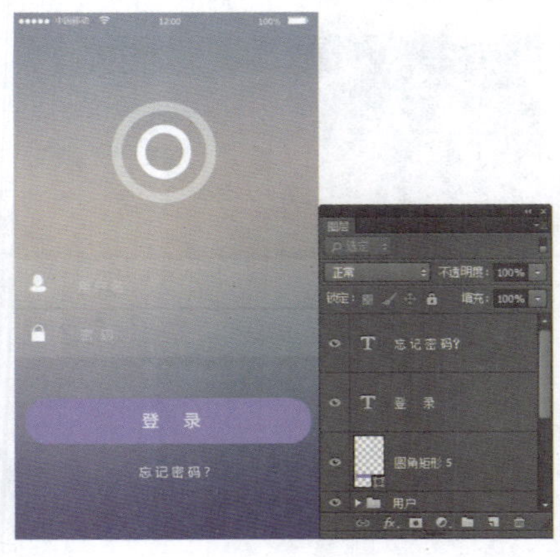

图 4-227

步骤 08 执行“文件>新建”命令，弹出“新建”对话框，新建一个空白文档，如图4-228所示。为“背景”图层设置填充颜色为RGB（30,33,38），如图4-229所示。

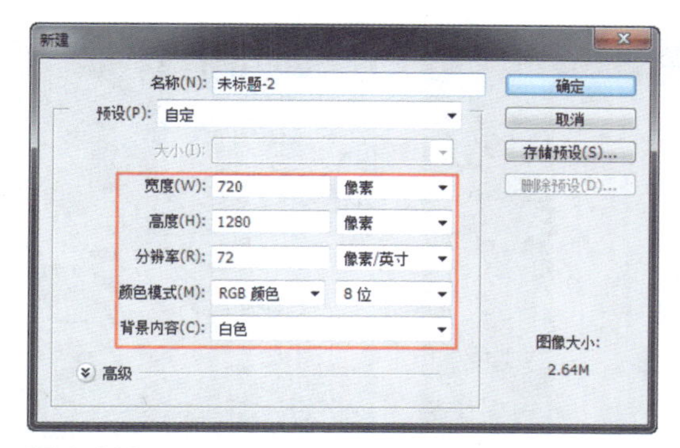

图 4-228

图 4-229

步骤 09 新建名称为“顶部”的图层组，使用相同的制作方法，可以完成该部分内容的制作，如图4-230所示。新建名称为“个人”的图层组，使用“圆角矩形工具”，设置“填充”为RGB（101,109, 120）、“圆角半径”为1像素，在画布中绘制圆角矩形，如图4-231所示。

图 4-230

图 4-231

步骤 10 将“圆角矩形1”图层复制两次，并分别调整复制得到图形的大小和位置，再使用相同的制作方法，绘制出相似的图形效果，如图4-232所示。使用“横排文字工具”，在“字符”面板中设置相关的选项，在画布中输入相应的文字，如图4-233所示。

图 4-232

图 4-233

步骤 11 新建名称为“中间”的图层组，使用“矩形工具”，在画布中绘制白色的矩形，如图4-234所示。打开素材图像“光盘\源文件\第4章\素材\6012.jpg”，将其拖入到设计文档中，如图4-235所示。

图 4-234

图 4-235

步骤 12 选中“图层 1”，执行“图层>创建剪贴蒙版”命令，为该图层创建剪贴蒙版，如图4-236所示。新建“图层2”，使用“矩形选框工具”，在画布中绘制矩形选区，使用“渐变工具”，对相关选项进行设置，在选区中填充线性渐变，效果如图4-237所示。

图 4-236

图 4-237

步骤 13 为“图层 2”创建剪贴蒙版，效果如图4-238所示。使用相同的制作方法，可以完成相似图形效果的绘制，效果如图4-239所示。

图 4-238

图 4-239

步骤14 使用矢量绘图工具，在画布中绘制相应的图形，效果如图4-240所示。使用“横排文字工具”，在“字符”面板中对相关选项进行设置，在画布中输入相应的文字，如图4-241所示。

图 4-240

图 4-241

步骤15 新建名称为“点”的图层组，使用“椭圆工具”，设置“填充”为RGB（50,54,60），在画布中绘制一个正圆形，如图4-242所示。多次复制刚绘制的正圆形，并分别调整其位置、大小和填充颜色，效果如图4-243所示。

图 4-242

图 4-243

步骤16 新建名称为“相册”的图层组，使用相同的制作方法，可以完成相似图形效果的制作，效果如图4-244所示。使用“横排文字工具”，在画布中输入相应的文字，如图4-245所示。

图 4-244

图 4-245

步骤17 新建名称为“底部”的图层组，使用“矩形工具”，设置“填充”为RGB（38,41,46），在画布中绘制矩形，设置该图层的“不透明度”为96%，如图4-246所示。使用矢量绘图工具，在画布中绘制相应的图形，效果如图4-247所示。

图 4-246

图 4-247

步骤 18 使用相同的制作方法，可以完成该照片分享APP软件其他界面的设计制作，最终效果如图4-248所示。

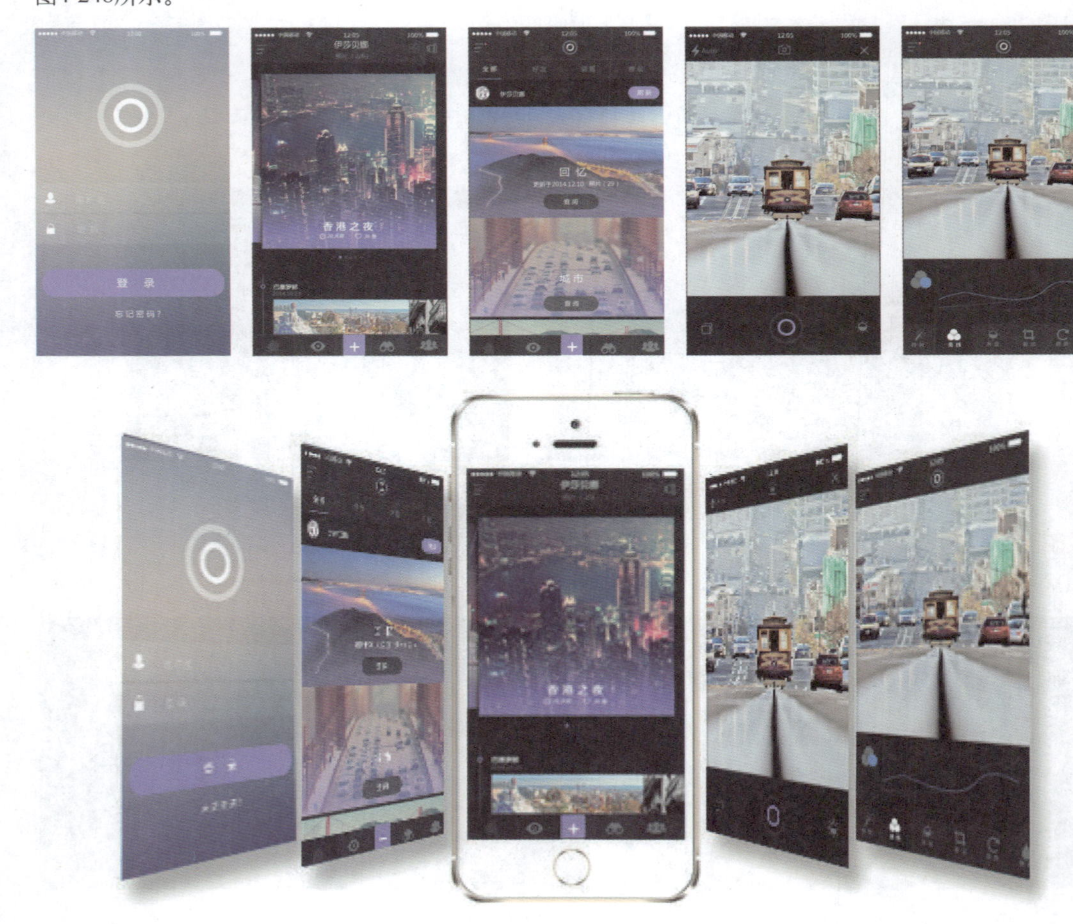

图 4-248

4.6 专家支招

APP软件界面设计得好坏直接影响用户对该款软件的印象，在了解了APP软件界面设计的相关要点和方法后，在设计过程中还需要注意将用户操作的便利性放在首要位置，在保证用户体验的基础上，设计出既美观又实用的APP软件界面。

① APP UI与软件UI设计之间的区别是什么？

答：手机UI设计将范围基本确定在手机或平板电脑的APP应用软件上，而软件UI设计的范围则非常广泛，包括绝大部分UI设计领域。手机UI的独特性，例如尺寸要求、控件和组件类型等，这些都与软件UI设计不同。

② 为什么APP软件界面非常重要？

答：APP软件主要应用于手机和平板电脑等智能移动设备，由于手机是移动便携式产品，所以注定其体积小巧，屏幕面积也相对较小。要在这样小巧的手机上实现所需要的软件功能，并且将软件功能与界面设计相结合来使用户对APP软件感到满意，那么APP软件界面的设计就显得相当重要了。这时候需要以执行效率、易用性、用户体验作为APP界面设计的最终目标和导向。

4.7 本章小结

APP软件界面是用户与手机应用程序进行交互最直接的层面，直接影响着用户对该应用程序的体验。设计出色的APP软件界面不仅在视觉上给用户带来赏心悦目的体验，而且在操作和使用上更加便捷和高效。本章向读者介绍了有关APP设计的相关知识，并且列举了多个APP应用案例。通过这些APP界面的设计制作，希望读者掌握APP界面设计的方法，特别注意整体布局和整体效果的表现。

读书笔记

CHAPTER

家庭智能设备界面设计

本章要点：

家庭智能设备是未来的发展趋势，而人们在使用各种智能设备时都需要通过交互界面与智能设备进行交互操作，这也就决定了交互界面在智能设备上所起到的作用是非常重要的。在本章中将向读者介绍常见的家庭智能设备交互界面的相关知识。通过本章内容的学习，读者能够掌握家庭智能设备交互界面的设计方法和技巧。

知识点：

- 了解智能手表的相关知识
- 理解智能手表界面的设计要点
- 掌握智能手表界面的设计
- 理解车载系统界面设计的表现方法
- 掌握车载系统界面的设计
- 了解什么是智能电视并理解智能电视界面的特点
- 掌握视频点播系统界面和智能电视界面的设计

5.1 关于智能手表

随着移动技术的发展，许多传统的电子产品也开始增加移动方面的功能，例如过去只能用来看时间的手表，现在也可以通过智能手机或家庭网络与互联网相连，从而实现在手表上查看来电信息、天气信息、甚至是听音乐等功能。

① Android系统智能手表

Moto360就是采用Android系统的智能手表，分方形和圆形两种，忠实体现了Android系统对可穿戴设备的设计规范。相对于方形的智能手表设计，圆形的智能手表表盘应该更符合人们传统上对手表的认知。如图5-1所示为Android系统智能手表设计。

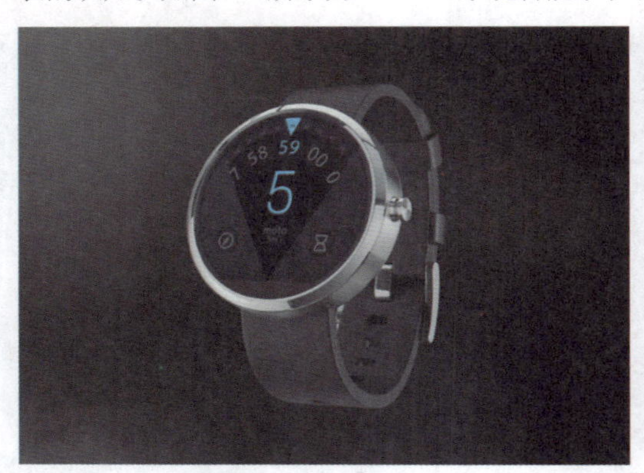

图 5-1

② iOS系统智能手表

苹果公司推出的Apple Watch是一款基于iOS系统的智能手表，支持电话、语音回短信、连接汽车、天气、航班信息、播放音乐、地图导航、测量心跳、计步等几十种功能，是一款全方位的智能穿戴设备。如图5-2所示为iOS系统智能手表设计。

图 5-2

5.2 智能手表界面设计要点

与其他界面设计相比，智能手表界面设计面临的挑战稍微与众不同，功能性是主要考虑的方面。另外，由于界面尺寸的限制，设计师可能会面临最小的交互屏幕。智能手表界面设计的关键是创造一种视觉舒适但用户体验良好又兼具极佳功能性的界面。

1 设计要简约

总体来看，界面设计未来的发展趋势就是极简主义，这一风格恰巧适合可移动设备。网站、印刷品或包装设计的极简主义同样适用于可移动和智能手表这类设备。在这种情况下，从配色到字体再到图像，都应该遵循简洁、直接的原则，这样的设计才能实现即使在很小的界面上用户也能够看清内容。设计师还可以借用扁平化设计的概念，配合简约的设计元素，在界面设计中尽可能避免多余的设计元素。如图5-3所示为简约的智能手表界面。

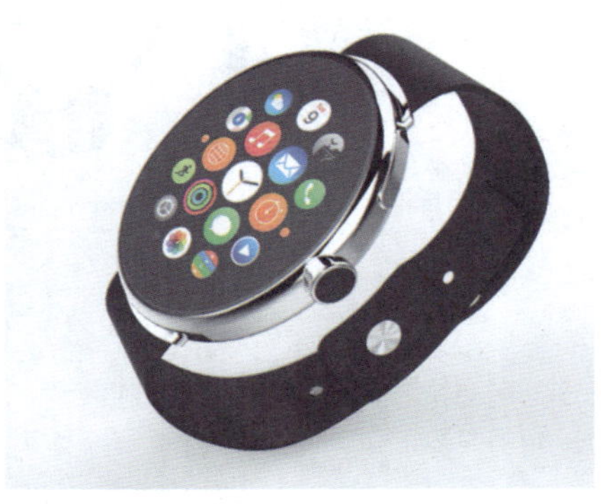

图 5-3

2 应用简单的字体

在智能手表界面设计中需要应用简单的字体，无衬线字体在智能手表界面设计中尤其合适，再为文字添加统一的描边或投影等样式，可以使界面中的文字更加易读。在字体的选择上，要避免发光和渐变的基本字体，因为通过屏幕的光线可能会影响可读性。另外，在智能手表界面设计要慎用超细、黑体或加粗字体，字体的描边宽度也需要适中。如图5-4所示为智能手表界面中的字体表现。

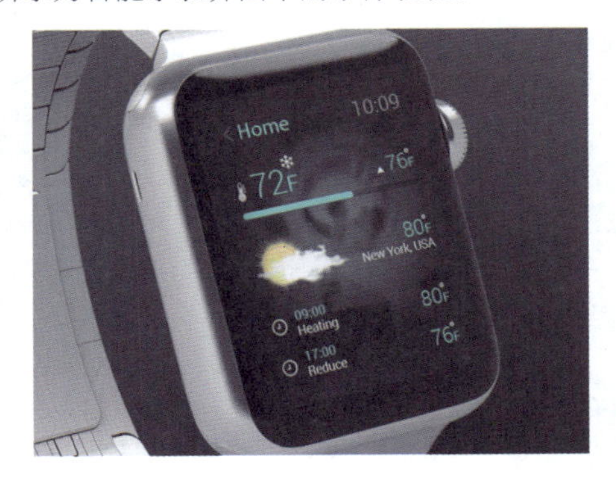

图 5-4

3 应用强对比配色

智能手表的屏幕比较小，在小屏幕上用色要极尽其能，不添加任何无意义的颜色。对比强烈的配色可以增加智能手表界面的可读性。不同的颜色可用于区别背景与可触摸部分，关键是对比要强烈。智能手表的使用环境不同，包括阳光下、昏暗环境等，因此颜色的选择要保证文字在不同的环镜中都可以清楚地看到。

在智能手机界面设计中要避免对比柔和或饱和度低的颜色，尽量选择使用明快的色调或高饱和度的颜色，在这些颜色的基础上搭配黑色或白色的文字，从而达到最佳的可读效果。如图5-5所示为强对比配色的智能手表界面。

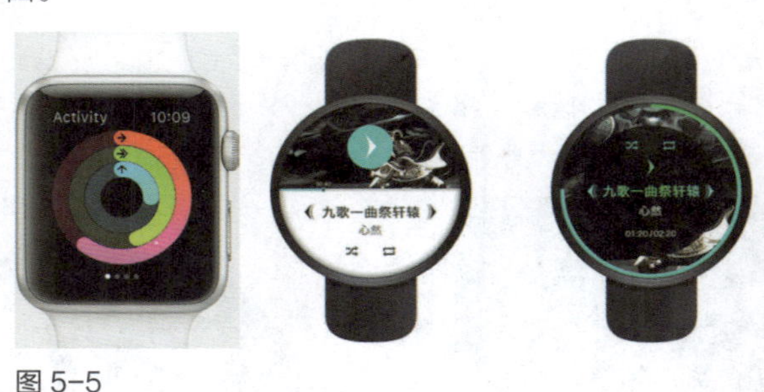

图 5-5

4 操作便捷

各种不同的智能手表之间都略有差别，各种智能手机的界面或物理组件都不同。智能手表的界面设计应该包含设备所有的物理组件，应该外观简洁、便于使用，实现功能上的直观性。如图5-6所示为操作便捷的智能手表界面。

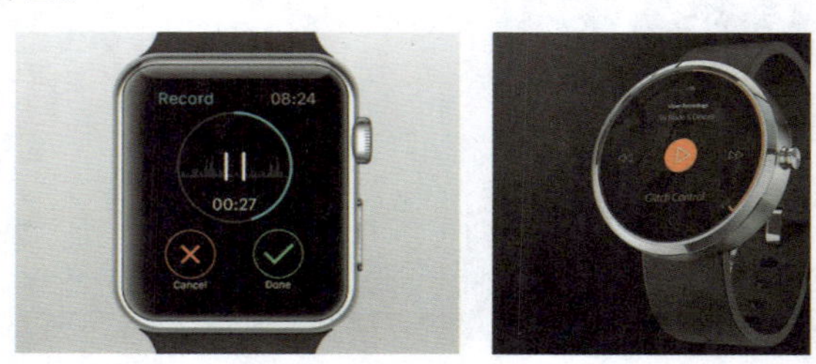

图 5-6

5 视觉效果与设备的风格相统一

智能手表界面的视觉效果应该与其他设备上的界面类似。虽然屏幕尺寸与其他设备不同，但应该保证整体的美感和使用感受的统一，这样有利于用户的操作。如图5-7所示为视觉效果统一的智能手表界面。

6 界面的个性化

智能手表属于可穿戴设备，与用户的身份直接关联，因此，不仅智能手表的外观设计要具有个性，其交互界面的设计同样需要体现出个性化的特征。以Apple Watch为例，其界面十分简洁、字体清晰、铃声简单。智能手表APP也应该使用同类模式，这样设备信息才能与其外观统一。如图5-8所示为个性化的智能手表界面。

图 5-7

图 5-8

⑦ 信息明确到位

对于智能手表来说，在狭小的屏幕上，每一个像素都非常重要，所以只能在界面中显示最关键的内容。在这样的前提下，就需要做到“一个界面只能容纳一个形象思维”，例如一两个单词或一个图像，这些所传递的信息也必须简单、明确、到位。如图5-9所示为信息内容明确到位的智能手表界面。

图 5-9

【自测1】设计智能手表界面

视频：光盘\视频\第5章\智能手表界面.swf　　源文件：光盘\源文件\第5章\ 智能手表界面.psd

- **案例分析**

案例特点：本案例设计一款智能手表界面，通过简约的图形与文字构成界面的主要内容。

制作思路与要点：智能手表界面的设计一定要注意简洁、清晰、便于用户的操作。在本案例所设计的智能手表界面中，将界面设计为传统手表的圆形界面；通过为背景图像填充渐变颜色并绘制不同大小的小圆形，体现出界面的光影质感；在界面内容的表现上大多使用基础图形配合图层样式，表现出图形的高光和层次感，便于用户的阅读和浏览。

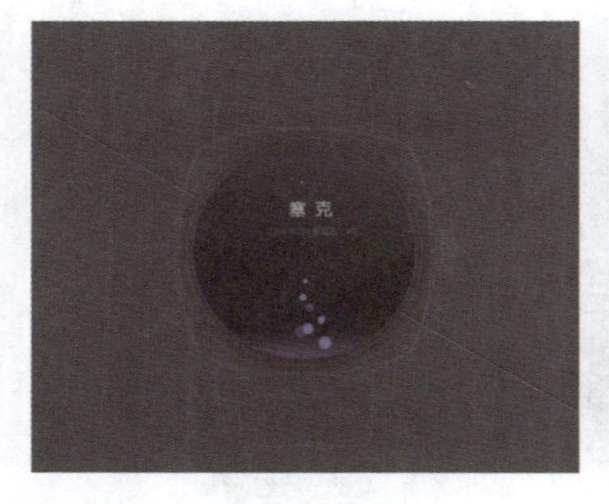

● **色彩分析**

本款智能手表界面以接近黑色的深灰色作为背景主色调，表现出界面的高端和大气，在背景上搭配一些紫色的圆形进行点缀，丰富背景的效果，使背景看起来更加具有现代感。在界面中使用不同色彩的图形来表现不同的功能，与背景形成强烈的对比，并在界面中搭配白色的文字，使得整个界面清晰、易读。

深灰色	紫色	白色

● **制作步骤**

步骤01 执行“文件>新建”命令，弹出“新建”对话框，新建一个空白文档，如图5-10所示。使用“椭圆工具”，在选项栏上设置“工具模式”为“形状”，在画布中绘制一个黑色的正圆形，如图5-11所示。

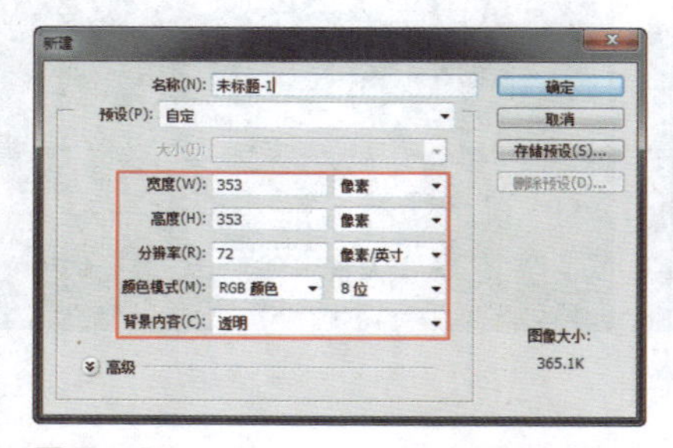

图 5-10

图 5-11

步骤02 使用“椭圆工具”，在选项栏上设置“填充”为RGB（54,56,58），在画布中再绘制出一个正圆形，效果如图5-12所示。打开“图层”面板，选择需要添加“渐变叠加”样式的图层，如图5-13所示。

图 5-12

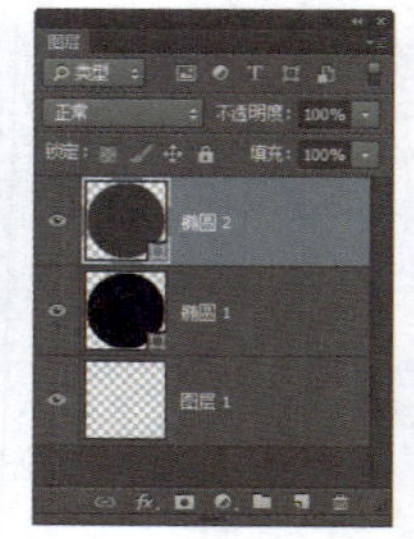

图 5-13

步骤03 单击“图层”面板上的“添加图层样式”按钮fx，在弹出的菜单中选择“渐变叠加”命令，弹出“图层样式”对话框，具体设置如图5-14所示。单击“确定”按钮，完成“图层样式”对话框中各选项的设置，效果如图5-15所示。

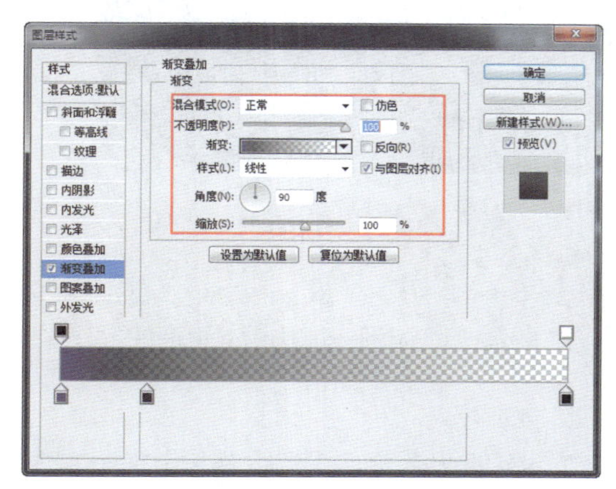

图 5-14

图 5-15

提示

选择需要添加图层样式的图层，执行“图层>图层样式”命令，通过选择“图层样式”子菜单中相应的命令可以为图层添加相应的图层样式。还可以在需要添加图层样式的图层名称外侧区域双击，也可以弹出“图层样式”对话框，并为该图层添加相应的图层样式。

步骤04 新建名称为“背景圆”的图层组，使用“椭圆工具”，设置“填充”为RGB（130,104,196），在画布中绘制一个正圆形，如图5-16所示。多次复制“椭圆 3”图层，并分别调整到不同的大小和位置，效果如图5-17所示。

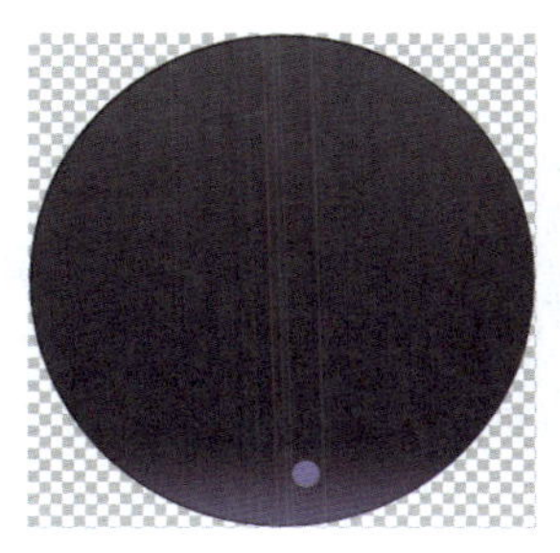

图 5-16

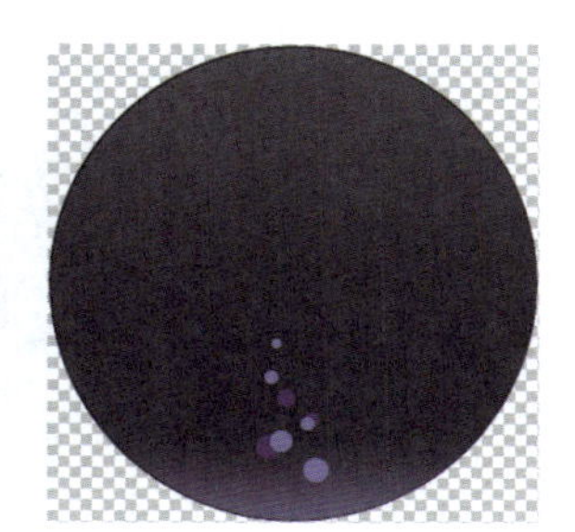

图 5-17

步骤05 复制“椭圆 1”图层，得到“椭圆1拷贝”图层，将该图层移至所有图层上方，设置该图层的“不透明度”为10%，如图5-18所示。使用“横排文字工具”，在“字符”面板中设置相应的选项，在画布中输入相应的文字，效果如图5-19所示。

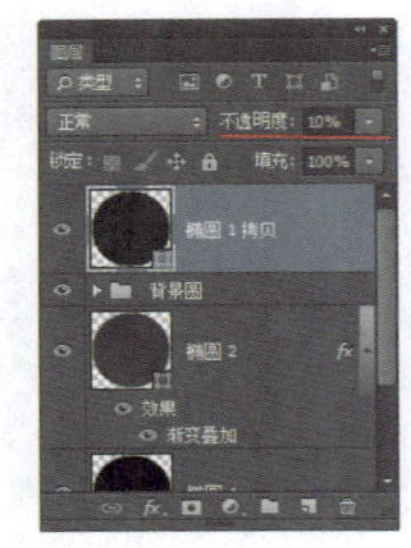

图 5-18

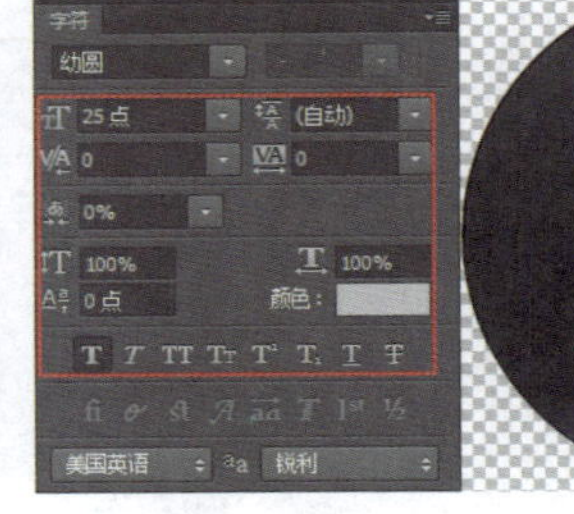

图 5-19

提示

选择需要移至顶层的图层，执行“图层>排列>置为顶层”命令，或按快捷键Shift+Ctrl+]，可以将选中的图层移至所有图层的上方。在图层数量较多的情况下，使用该方法操作效率更高。

步骤06 使用“钢笔工具”，在选项栏上设置“工具模式”为“形状”，在画布中绘制一个白色的形状图形，设置该图层的“不透明度”为5%，如图5-20所示。为“形状 1”图层添加图层蒙版，使用“渐变工具”，在图层蒙版中填充黑白线性渐变，效果如图5-21所示。

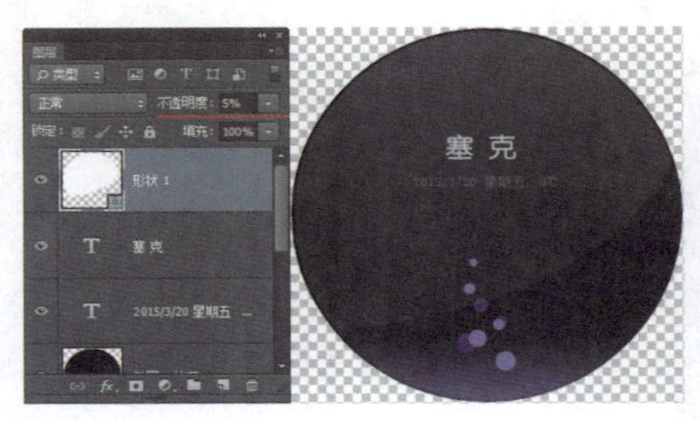

图 5-20

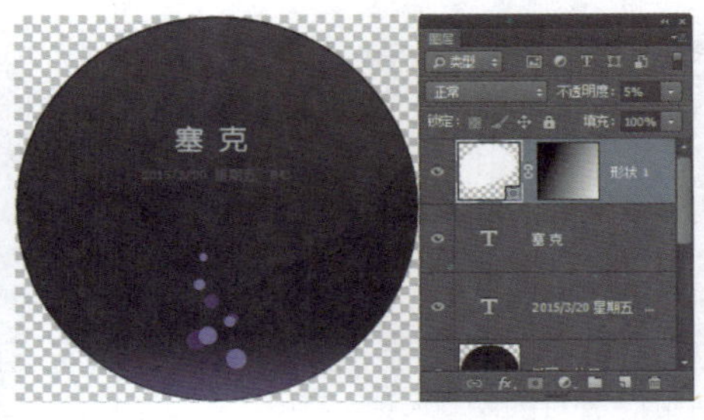

图 5-21

提示

“钢笔工具”是Photoshop中最为强大的绘图工具之一，它主要有两种用途：一是绘制矢量图形，二是用于选取对象。在作为选取工具使用时，“钢笔工具”绘制的轮廓光滑、准确，将路径转换为选区就可以准确地选择对象。

步骤07 执行“文件>新建”命令，弹出“新建”对话框，新建一个空白文档，如图5-22所示。使用相同的制作方法，可以完成相似图形效果的绘制，效果如图5-23所示。

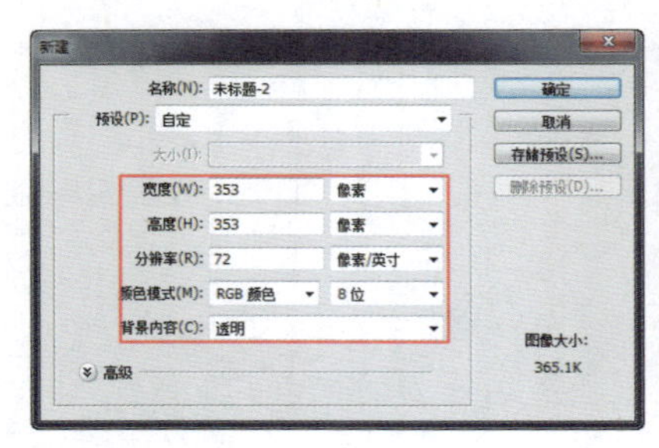

图 5-22

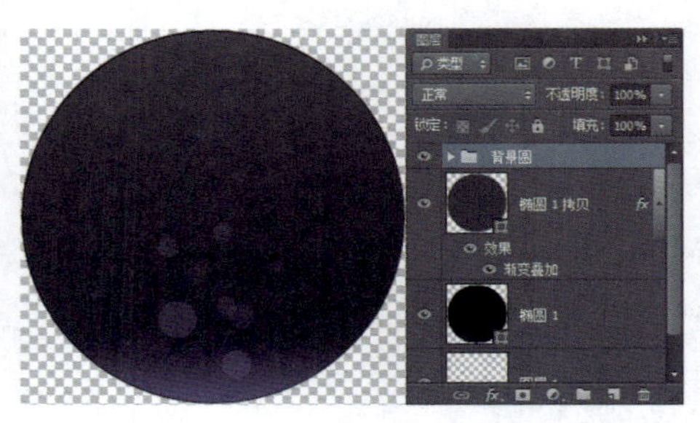

图 5-23

步骤 08 新建名称为“信息”的图层组，使用“圆角矩形工具”，在选项栏上设置“半径”为20像素，在画布中绘制黑色的圆角矩形，设置该图层的“不透明度”为20%，效果如图5-24所示。选中“圆角矩形 1”图层，添加“描边”图层样式，对相关选项进行设置，如图5-25所示。

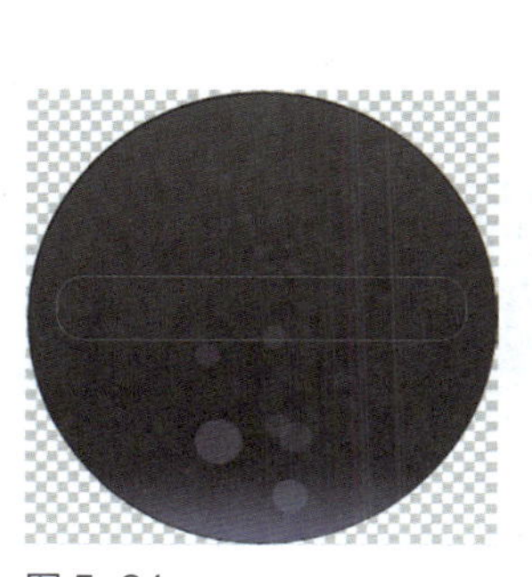
图 5-24

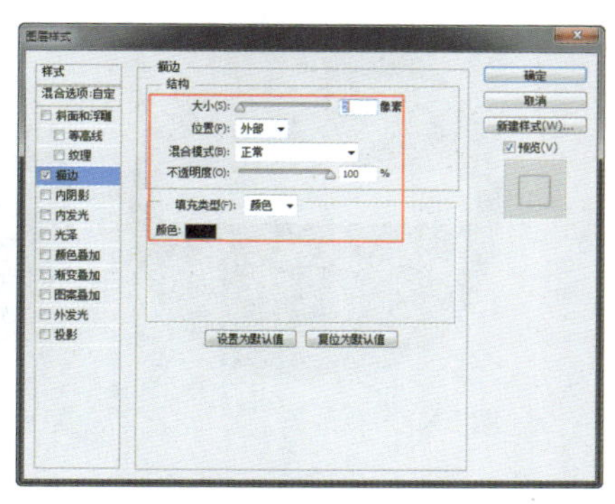

图 5-25

步骤 09 继续添加“内阴影”图层样式，对相关选项进行设置，如图5-26所示。继续添加“内发光”图层样式，对相关选项进行设置，如图5-27所示。

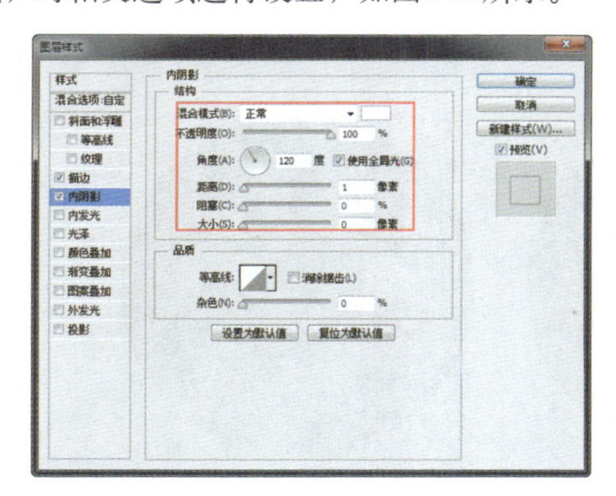

图 5-26

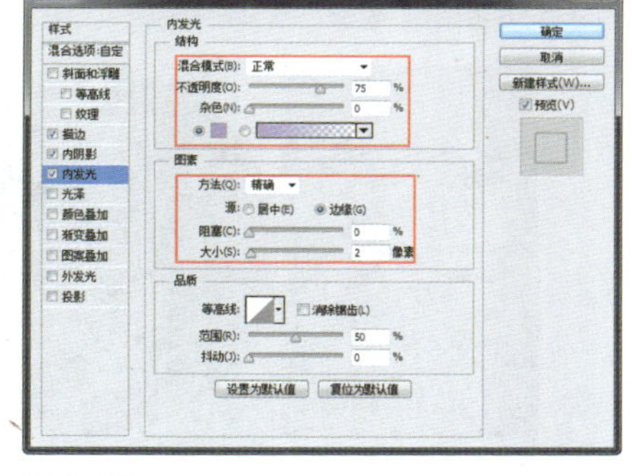

图 5-27

步骤 10 继续添加“投影”图层样式，对相关选项进行设置，如图5-28所示。单击“确定”按钮，完成“图层样式”对话框中各选项的设置，效果如图5-29所示。

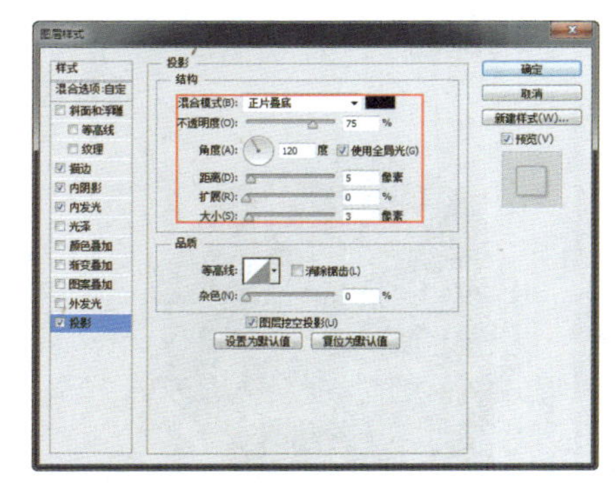

图 5-28

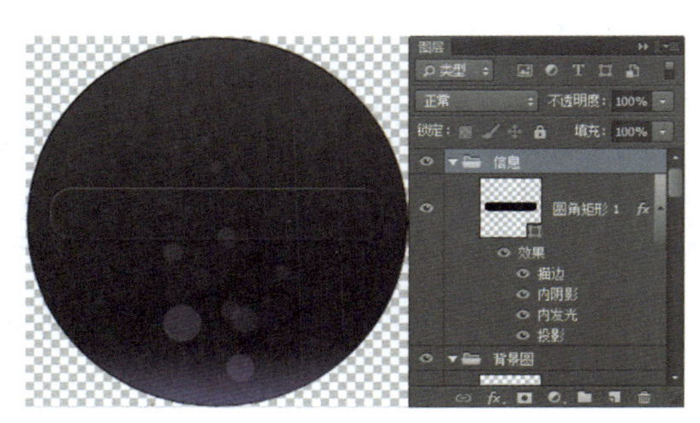

图 5-29

步骤 11 使用“圆角矩形工具”，在画布中绘制白色的圆角矩形，如图5-30所示。使用“矩形工具”，在选项栏上设置“路径操作”为“减去顶层形状”，在刚绘制的圆角矩形上减去矩形，得到需要的图形，如图5-31所示。

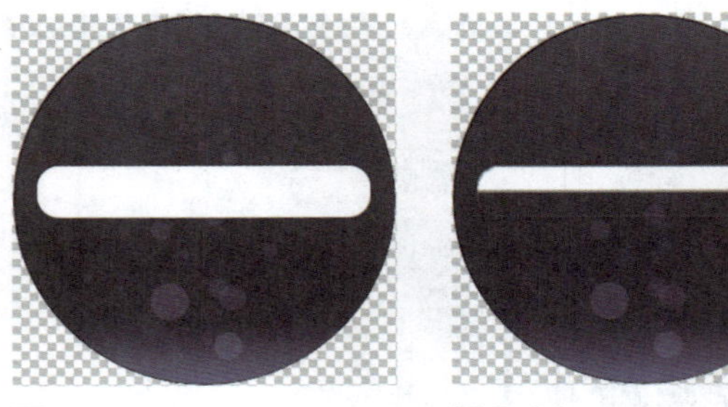

图 5-30　　　　图 5-31

> **提示**
>
> 设置“路径操作”为“减去顶层形状”选项后，可以在当前的路径或形状图形中减去当前所绘制的路径或形状图形。

步骤 12 设置“形状 1”图层的“不透明度”为8%，效果如图5-32所示。使用“椭圆工具”，在画布中绘制一个白色的正圆形，如图5-33所示。

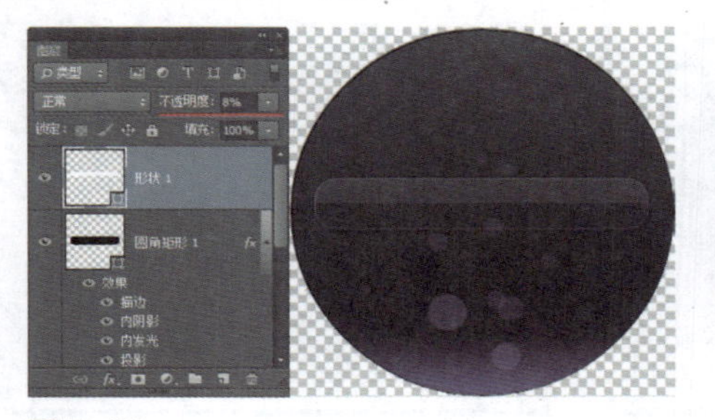

图 5-32

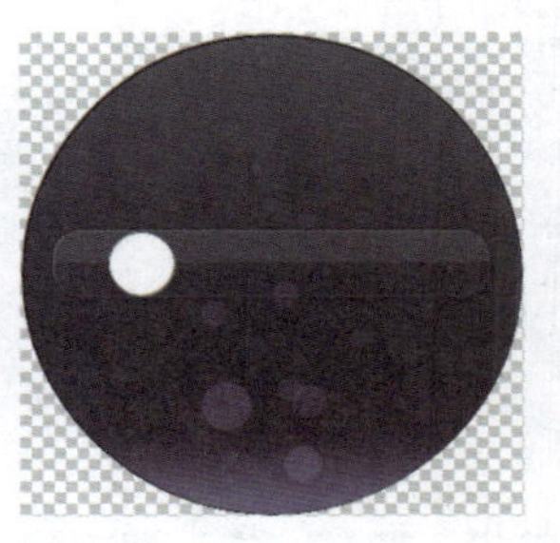

图 5-33

步骤 13 为“椭圆 4”图层添加“渐变叠加”图层样式，对相关选项进行设置，如图5-34所示。单击“确定”按钮，完成“图层样式”对话框中各选项的设置，效果如图5-35所示。

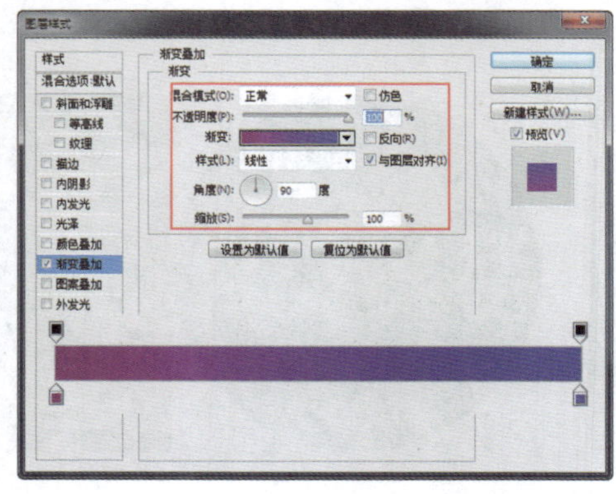

图 5-34

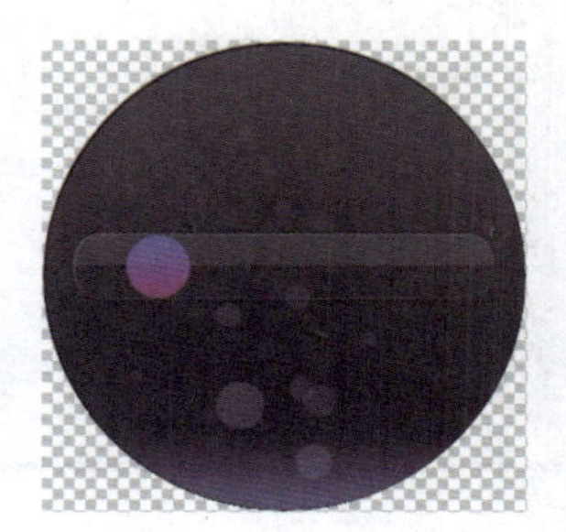

图 5-35

步骤 14 使用“圆角矩形工具”，在选项栏上设置“填充”为无、“描边”为白色、“描边宽度”为1点、“半径”为10像素，在画布中绘制圆角矩形，如图5-36所示。使用“钢笔工具”，在画布中绘制一个白色的形状图形，如图5-37所示。

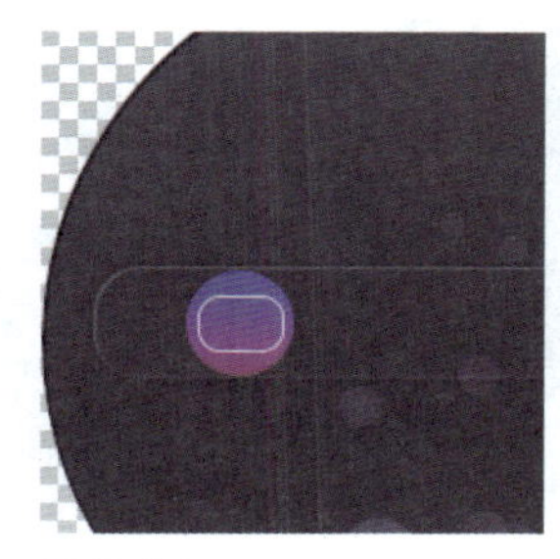

图 5-36

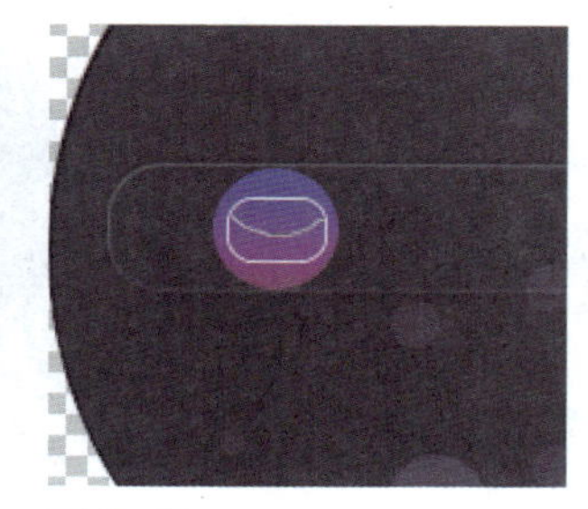

图 5-37

步骤 15 使用“横排文字工具”，在“字符”面板中设置相关选项，在画布中输入文字，如图5-38所示。为文字图层添加“外发光”图层样式，对相关选项进行设置，如图5-39所示。

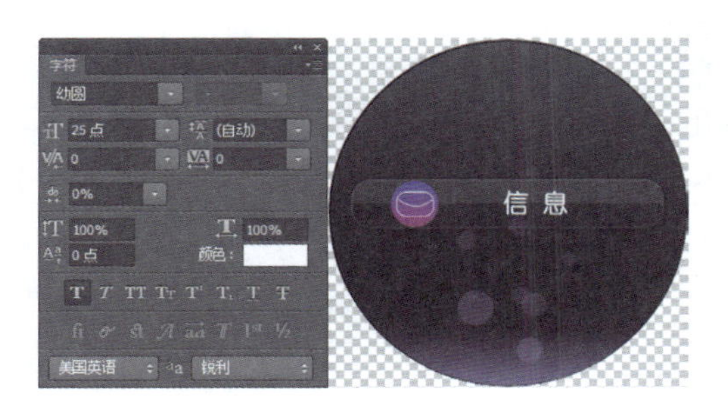

图 5-38

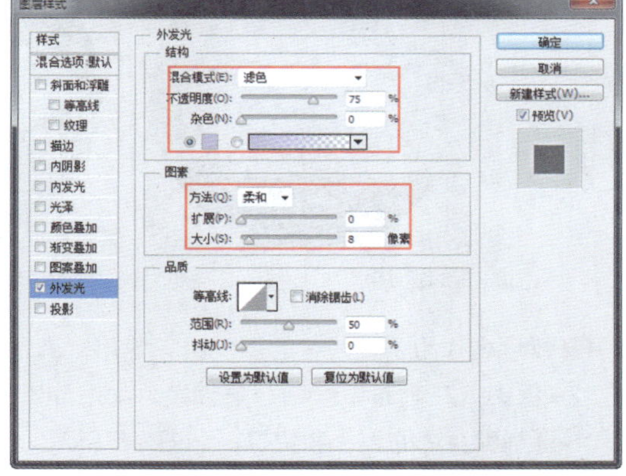

图 5-39

步骤 16 单击“确定”按钮，完成“图层样式”对话框中各选项的设置，效果如图5-40所示。使用相同的制作方法，可以完成相似图形效果的绘制，效果如图5-41所示。

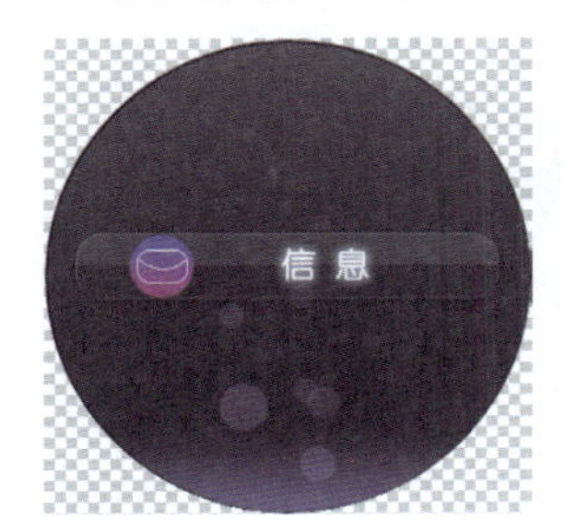

图 5-40

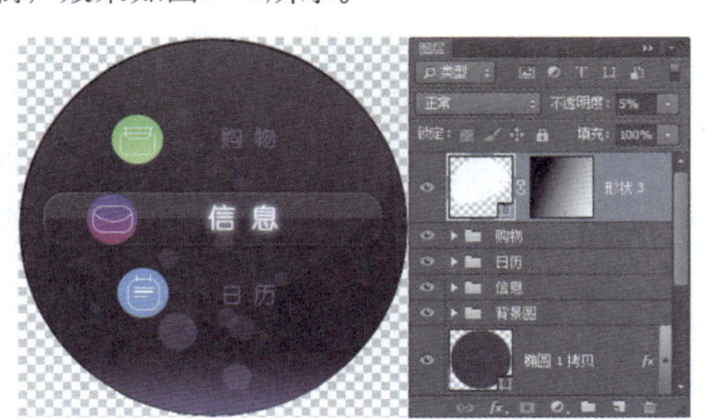

图 5-41

步骤 17 执行“文件>新建”命令，弹出“新建”对话框，新建一个空白文档，如图5-42所示。使用相同的制作方法，可以完成相似图形效果的绘制，效果如图5-43所示。

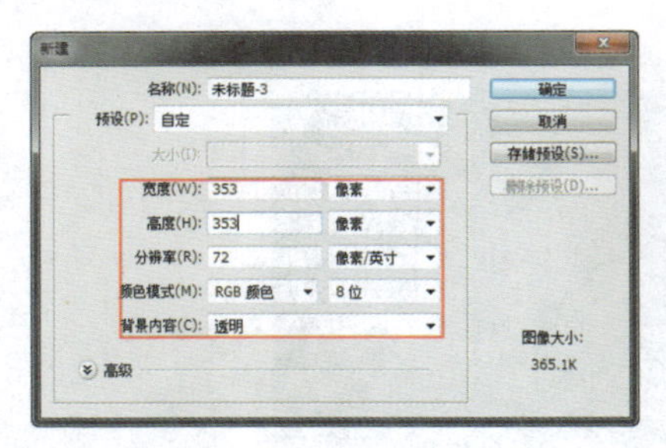

图 5-42

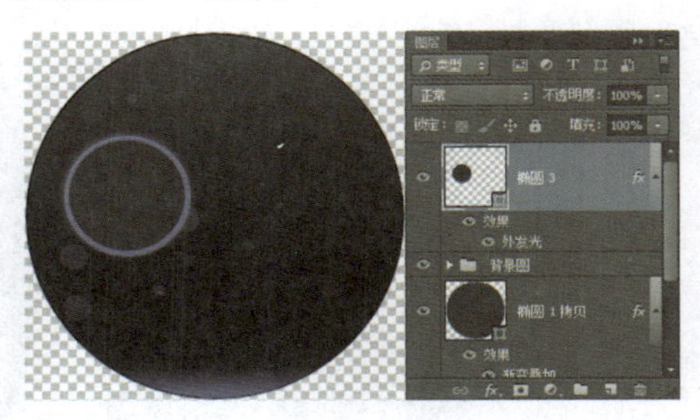

图 5-43

步骤 18 打开素材图像“光盘\源文件\第5章\素材\501.jpg”，将其拖入到新建的文档中，如图5-44所示。执行“图层>创建剪贴蒙版”命令，为该图层创建剪贴蒙版，效果如图5-45所示。

图 5-44

图 5-45

步骤 19 新建名称为“直线”的图层组，使用“直线工具”，设置“填充”为RGB（62,65,67）、“粗细”为1像素，在画布中绘制一条直线，如图5-46所示。复制刚绘制的直线，将其填充颜色修改为黑色，并调整到合适的大小和位置，如图5-47所示。

图 5-46

图 5-47

步骤 20 使用相同的制作方法，可以完成其他分隔线效果的制作，如图5-48所示。使用相同的制作方法，可以完成该智能手表界面中其他效果的制作，效果如图5-49所示。

图 5-48

图 5-49

步骤 21 完成该款智能手表界面的设计，最终效果如图5-50所示。

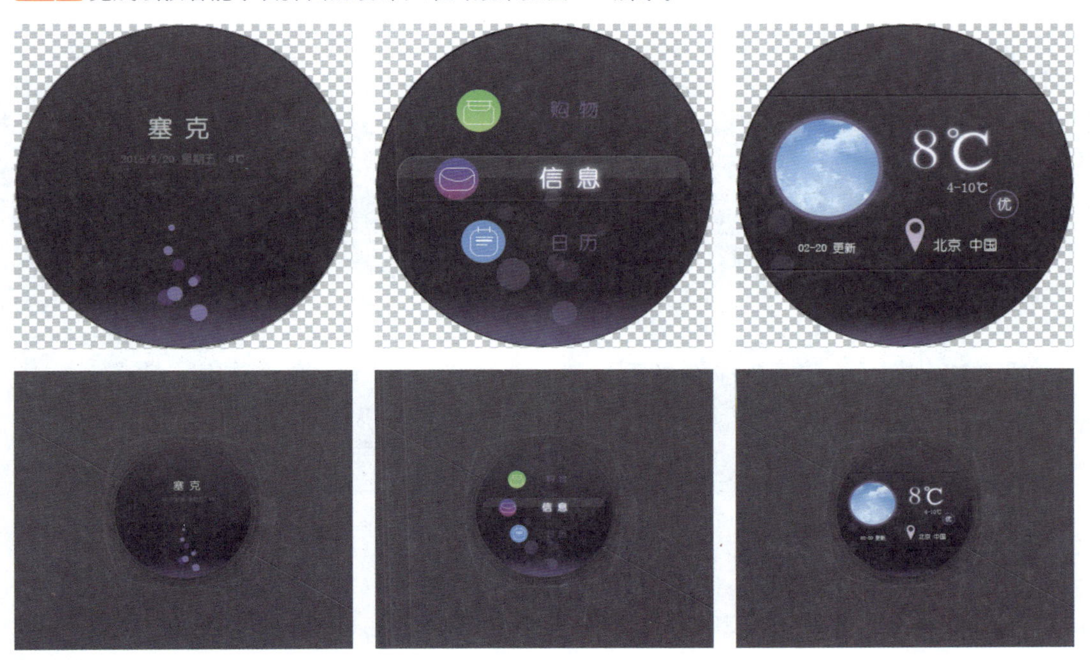

图 5-50

5.3 车载系统界面设计

随着科技的发展，车载信息系统的功能越来越多，也越来越复杂，车载系统界面的设计就显得尤其重要。一个好的车载系统界面设计，可以使用户了解系统中的所有功能，可以使用户觉得赏心悦目，使用起来得心应手。在对车载信息系统界面进行设计时，应该遵循一些设计要点。

① 统一的表现方式

对于车载系统中的一系列用户界面，要保证整体风格的一致性；界面中可操作、已激活、不可操作、说明文字标签的各种表达方式，应该让用户易于理解，并且保证在系统中的各个操作界面中完全一致；界面中的用户设置选项、各种开关控件、音量大小控制等，应该采用一致的操作方式和一致的表现方式；统一的表现方式有助于用户尽快地熟悉车载系统中的所有功能，对于功能复杂的车载系统来说，这样做显得尤其重要。如图5-51所示为统一表现方式的车载系统界面。

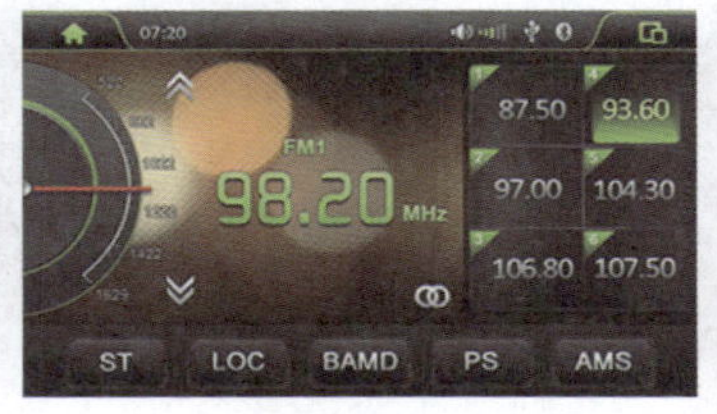

图 5-51

② 划分功能区域

根据车载系统的不同功能模块和操作方式，可以将界面的操作功能区域划分为显示屏区域、方向、音量、菜单控制、辅助功能等区域。各功能区域划分和形成的方法有：将各功能区域使用空间间隙间隔；将各功能区域分布于不同的面；利用按钮的大小、形状、距离、灯光颜色、材质形成各自的功能区域。如图5-52所示为在车载系统界面中根据不同的功能划分的不同区域。

图 5-52

③ 为最常用的功能设计快捷方式

车载系统界面由于受制于屏幕大小、界面布局等的限制，不可能做到所有的功能都能非常快捷地实现，这时应该按照需要为各功能排列优先级，最常使用的功能应该通过最便捷的一步或几步就能够实现，所以在设计车载系统界面时应该为常用功能设计相应的快捷操作方式，从而使用户在使用该系统时更加便捷。如图5-53所示为车载系统界面中的快捷方式。

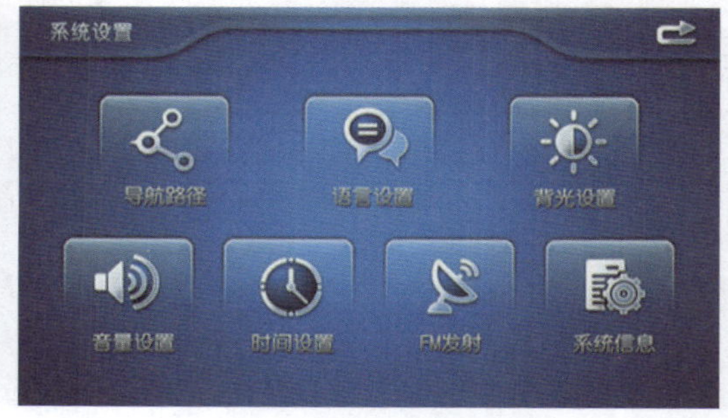

图 5-53

④ 使用通用图形表达

好的车载系统界面设计能够让用户以最快的速度熟悉上手，在界面设计过程中需要多考虑用户的使用习惯。可以在界面设计过程中借鉴一些用户非常熟悉的PC操作系统中的表现方式，例如，有多页内容时的翻页方式和指示条、按钮不可操作时以灰色字体显示，以及按键被按下时的图形表现等。如图5-54所示为使用通用图形的车载系统界面。

图 5-54

⑤ 充分考虑车载系统的使用环境

车载信息系统首先是在汽车上使用的，必须考虑到一些汽车的使用环境的特殊要求，总的来说，车载系统的界面应该快捷、方便和醒目。“细节决定成败”这句话非常适用于界面设计，往往是一些非常细节的设计，让用户在不知不觉中觉得非常舒服。如图5-55所示为车载系统界面的细节表现。

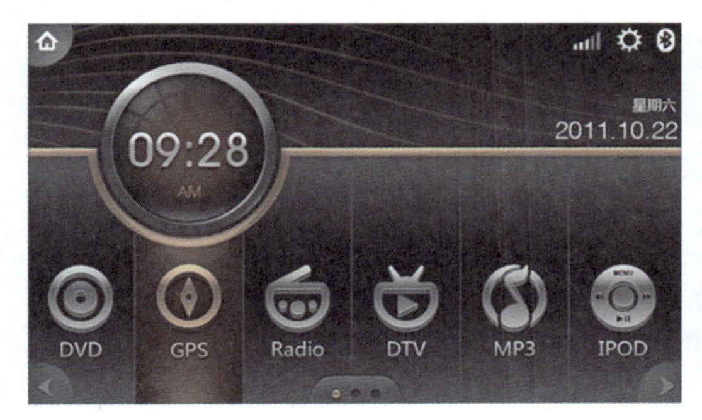

图 5-55

【自测2】设计汽车多媒体系统界面

视频：光盘\视频\第5章\汽车多媒体系统界面.swf　　源文件：光盘\源文件\第5章\汽车多媒体系统界面.psd

● **案例分析**

案例特点：本案例设计一款汽车多媒体系统界面，通过色块区别界面中不同的功能区域，通过高光、阴影等表现出界面的质感和层次感。

制作思路与要点：汽车多媒体系统通常界面比较小，设计时应该尽可能保证简洁，便于用户的操作。在本案例的汽车多媒体系统界面设计中，将界面分为多个不同的功能区域，从而使界面整齐有序，通过渐变颜色填充、阴影和高光的绘制表现出各部分内容的质感和立体感。在制作此案例的过程中注意学习质感的表现方法。

- **色彩分析**

该汽车多媒体系统界面采用明度较底的红橙色作为主色调，暖暖的色调给人一种温暖和温馨的感受，上下搭配黑色和灰色的控制条背景，在控制条背景上有序地使用白色表现控制图标的效果，整体让人感觉高档、舒适，界面清晰、整齐。

- **制作步骤**

步骤 01 执行“文件>新建”命令，弹出“新建”对话框，新建一个空白文档，如图5-56所示。打开素材图像“光盘\源文件\第5章\素材\503.jpg”，将其拖入到设计文档中，按快捷键Ctrl+T，对图像进行旋转，并调整到合适的大小和位置，如图5-57所示。

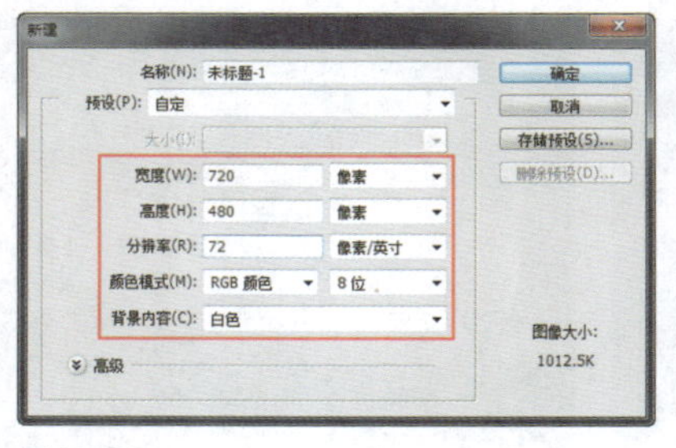

图 5-56

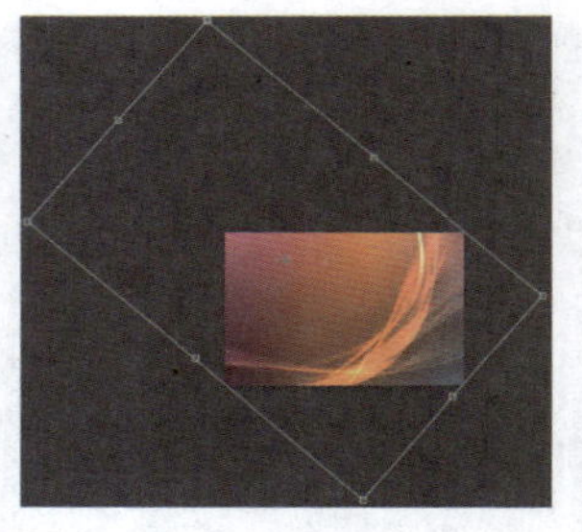

图 5-57

步骤 02 添加“亮度/对比度”调整图层，在“属性”面板中对相关选项进行设置，如图5-58所示。完成“亮度/对比度”调整图层的设置，效果如图5-59所示。

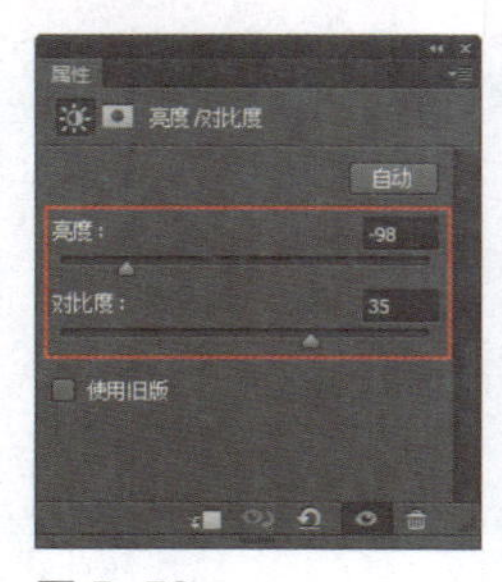

图 5-58

图 5-59

步骤03 新建名称为“顶部工具栏”的图层组，使用“矩形工具”，在选项栏上设置“工具模式”为“形状”，在画布中绘制黑色矩形，如图5-60所示。为该图层添加“投影”图层样式，对相关选项进行设置，如图5-61所示。

图 5-60

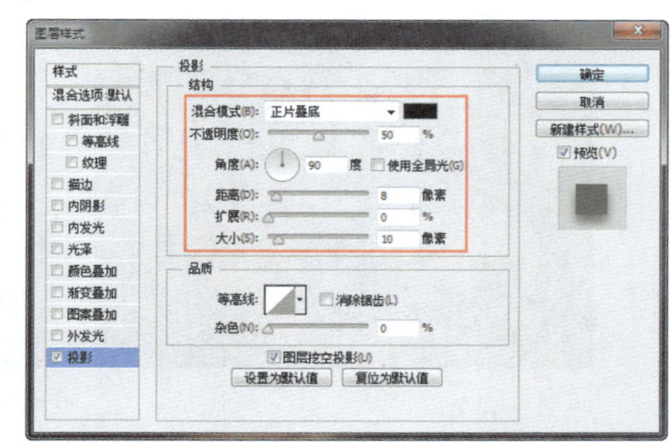

图 5-61

步骤04 单击“确定”按钮，完成“图层样式”对话框中各选项的设置，效果如图5-62所示。使用“矩形工具”，在画布中绘制一个矩形，如图5-63所示。

图 5-62

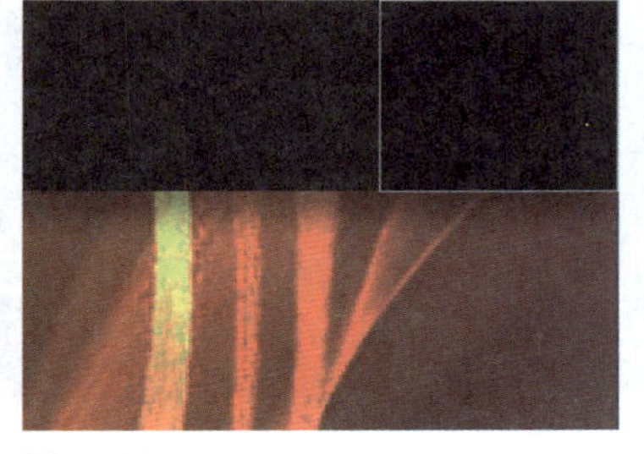

图 5-63

步骤05 为该图层添加“渐变叠加”图层样式，对相关选项进行设置，如图5-64所示。单击“确定”按钮，完成“图层样式”对话框中各选项的设置，效果如图5-65所示。

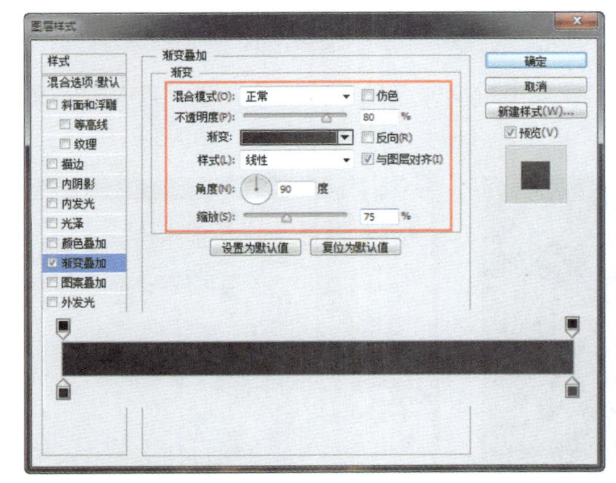

图 5-64

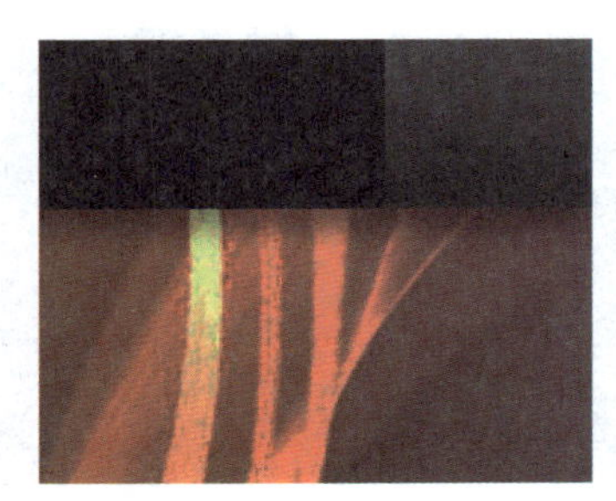

图 5-65

步骤06 使用“矩形工具”，在画布中绘制一个矩形，如图5-66所示。为该图层添加“渐变叠加”图层样式，对相关选项进行设置，如图5-67所示。

图 5-66

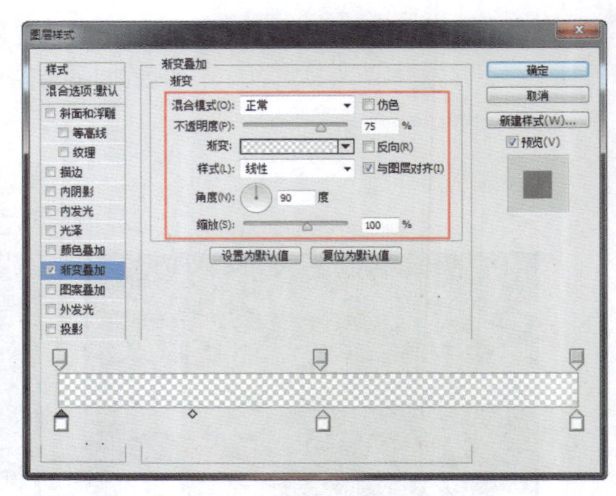
图 5-67

步骤07 单击“确定”按钮，完成“图层样式”对话框中各选项的设置，设置该图层的“填充”为0%，效果如图5-68所示。使用“直线工具”，在选项栏上设置“填充”为RGB（150,0,0）、“粗细”为1像素，在画布中绘制一条直线，如图5-69所示。

图 5-68

图 5-69

提示

设置图层的“不透明度”选项可以调整图层、图层像素与形状的不透明度，包括为该图层所添加的图层样式。设置图层的“填充”选项则只会影响图层中绘制的像素和形状的填充不透明度，而不会对该图层所添加的图层样式产生影响。

步骤08 使用“横排文字工具”，在“字符”面板中对相关选项进行设置，在画布中输入文字，如图5-70所示。为文字图层添加“渐变叠加”图层样式，对相关选项进行设置，如图5-71所示。

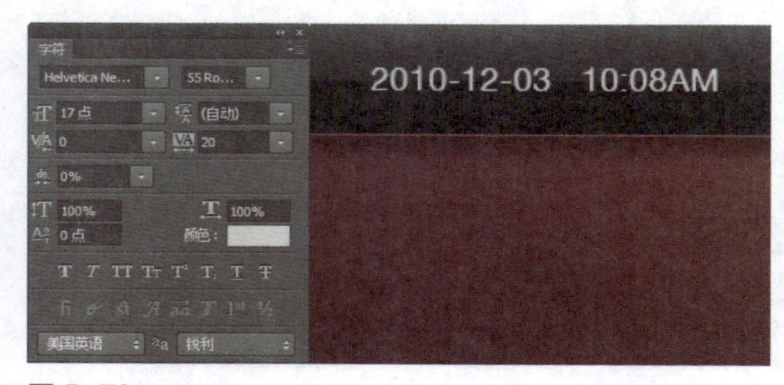

图 5-70

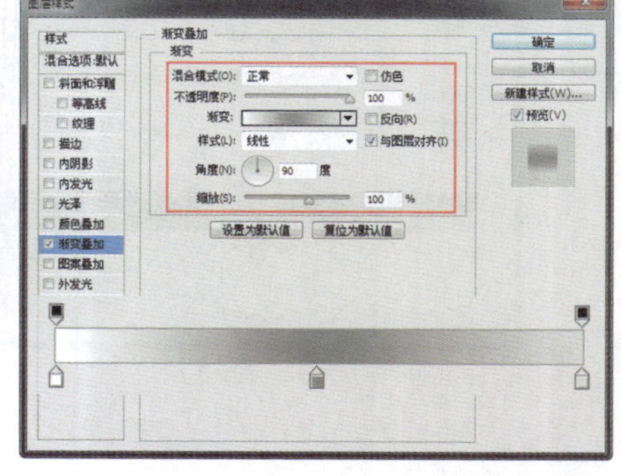
图 5-71

步骤09 单击“确定”按钮，完成“图层样式”对话框中各选项的设置，效果如图5-72所示。使用相同的制作方法，可以完成其他文字的制作，如图5-73所示。

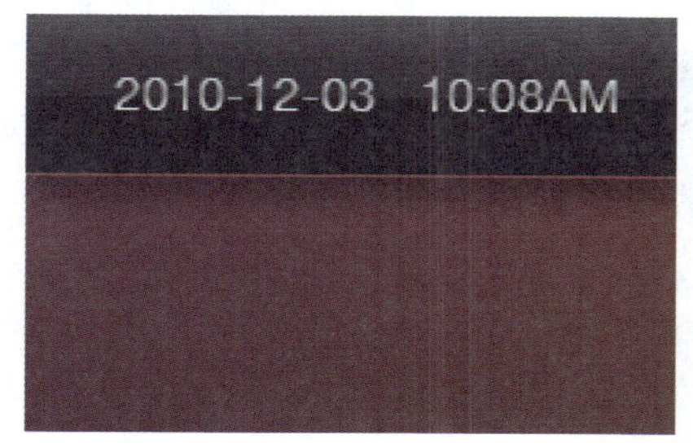

图 5-72

图 5-73

步骤10 使用“自定形状工具”，在选项栏上的“形状”下拉列表中选择合适的形状，在画布中绘制图形，并对该图形进行旋转操作，效果如图5-74所示。使用“路径选择工具”，选中刚绘制的图形，按住Alt键拖动以复制该图形，效果如图5-75所示。

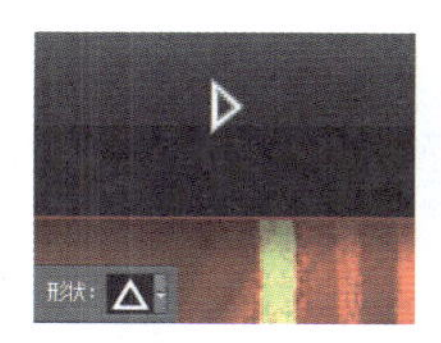

图 5-74

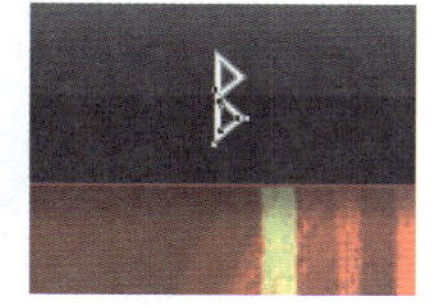

图 5-75

提示

按住Alt键拖动复制对象的同时，按下Shift键不放，可以将所复制的对象控制在水平或垂直方向上。

步骤11 使用“自定形状工具”，在选项栏上设置“路径操作”为“合并形状”，在“形状”下拉列表中选择合适的形状，在画布中绘制图形，效果如图5-76所示。使用相同的制作方法，为该图形添加相应的图层样式，效果如图5-77所示。

图 5-76

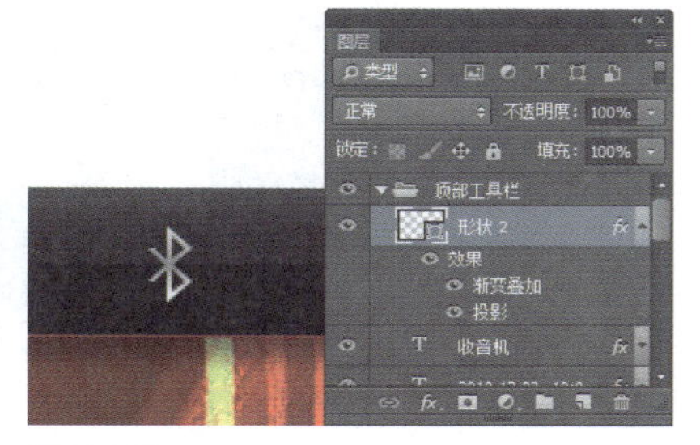

图 5-77

步骤12 使用相同的制作方法，可以完成相似图标的绘制，效果如图5-78所示。新建名称为“调频信息”的图层组，使用“横排文字工具”，在“字符”面板中对相关选项进行设置，在画布中输入文字，如图5-79所示。

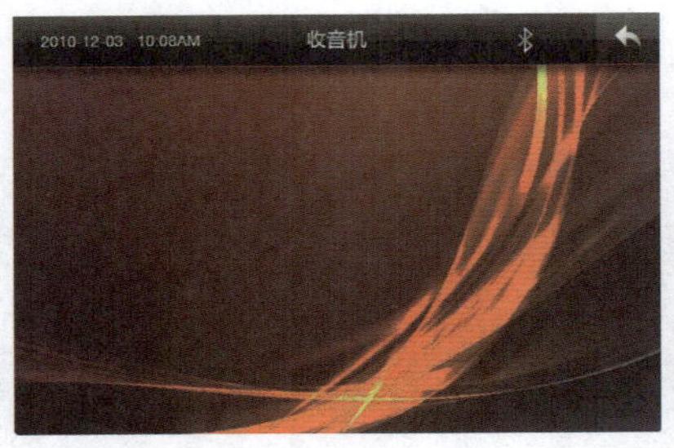

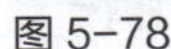

图 5-78

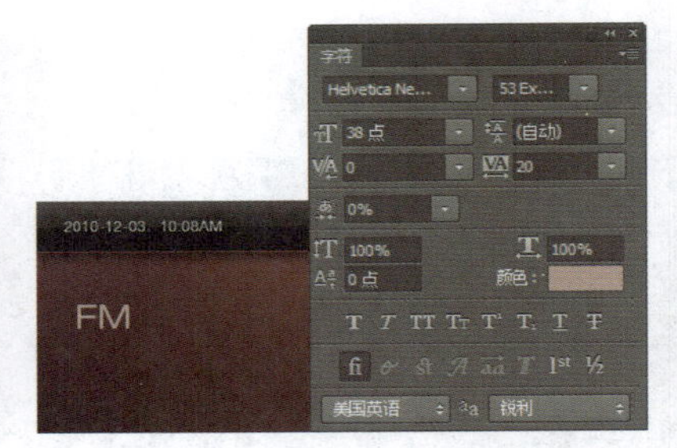

图 5-79

步骤 13 为该文字图层添加“投影”图层样式，对相关选项进行设置，如图5-80所示。单击“确定”按钮，完成“图层样式”对话框中各选项的设置，效果如图5-81所示。

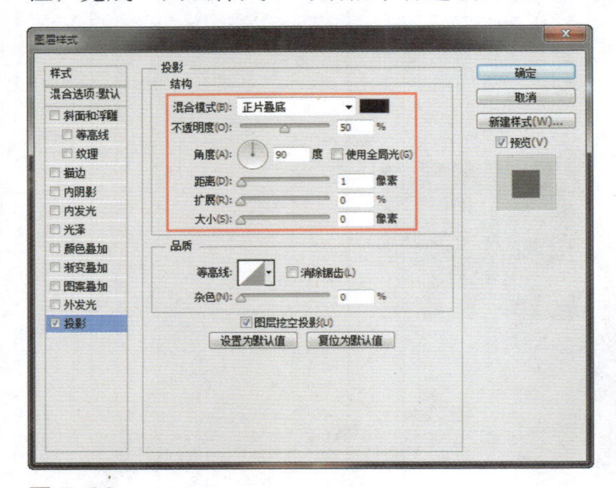

图 5-80

图 5-81

步骤 14 使用相同的制作方法，可以完成其他文字效果的制作，如图5-82所示。使用“圆角矩形工具”，在选项栏上设置“填充”为黑色、“描边”为RGB（177,62,0）、“描边宽度”为2点、“半径”为20像素，在画布中绘制圆角矩形，如图5-83所示。

图 5-82

图 5-83

步骤 15 为该图层添加“渐变叠加”图层样式，对相关选项进行设置，如图5-84所示。继续添加“投影”图层样式，对相关选项进行设置，如图5-85所示。

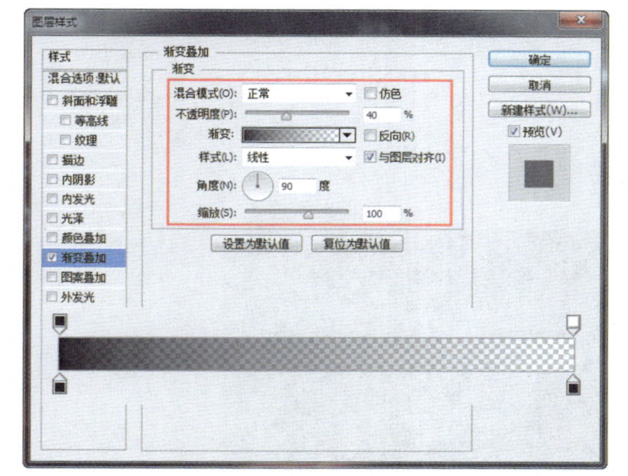

图 5-84

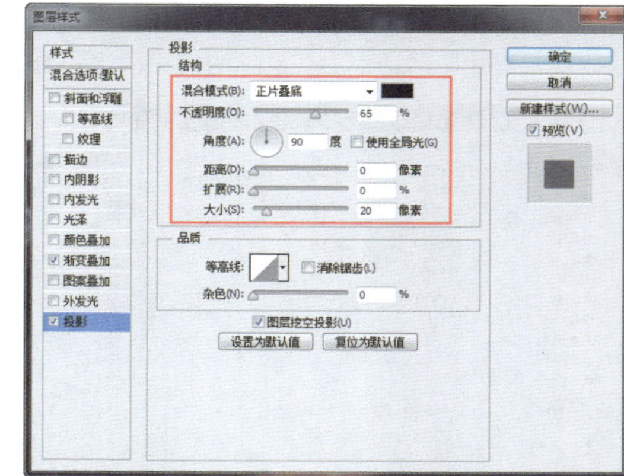

图 5-85

步骤 16 单击“确定”按钮，完成“图层样式”对话框中各选项的设置，设置该图层的“填充”为40%，效果如图5-86所示。使用“直线工具”，在选项栏上设置“填充”为RGB（182,90,53）、“粗细”为1像素，在画布中绘制直线，如图5-87所示。

图 5-86

图 5-87

步骤 17 使用“椭圆工具”，在画布中绘制正圆形，如图5-88所示。为该图层添加“渐变叠加”图层样式，对相关选项进行设置，如图5-89所示。

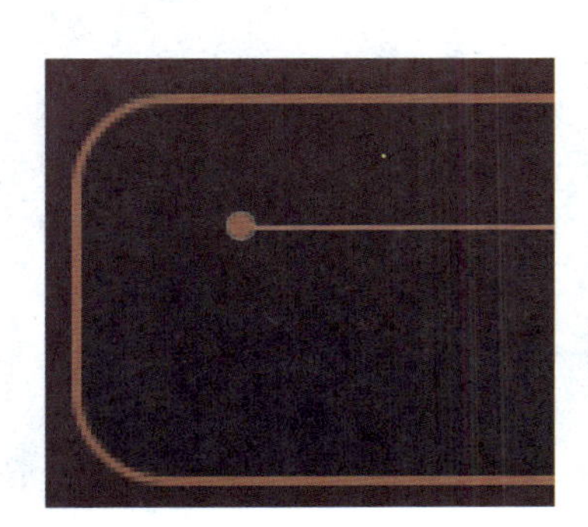

图 5-88

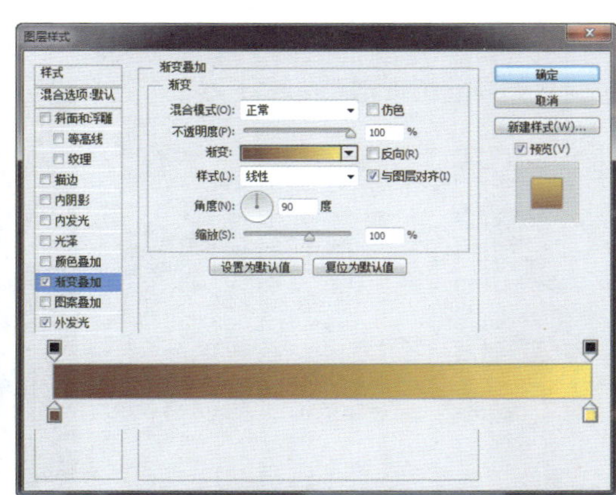

图 5-89

步骤 18 继续添加“外发光”图层样式，对相关选项进行设置，如图5-90所示。单击“确定”按钮，完成“图层样式”对话框中各选项的设置，效果如图5-91所示。

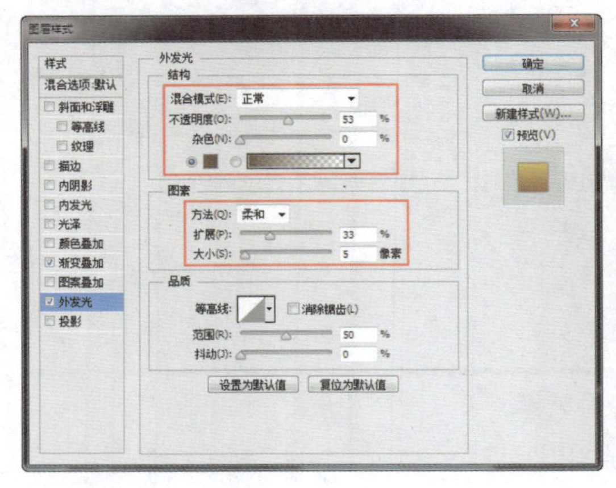

图 5-90

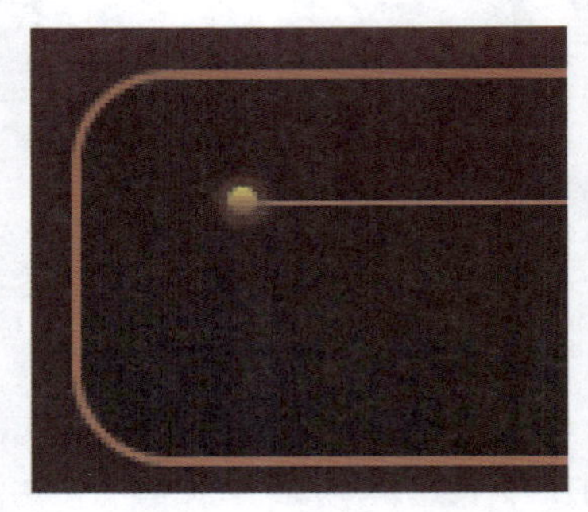

图 5-91

步骤 19 使用相同的制作方法，可以完成相似内容的制作，效果如图5-92所示。新建“名称”为“右侧调频”的图层组，使用“矩形工具”，在画布中绘制白色矩形，如图5-93所示。

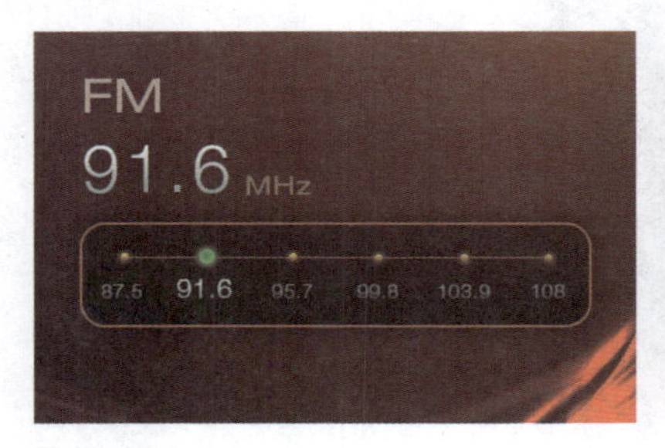

图 5-92

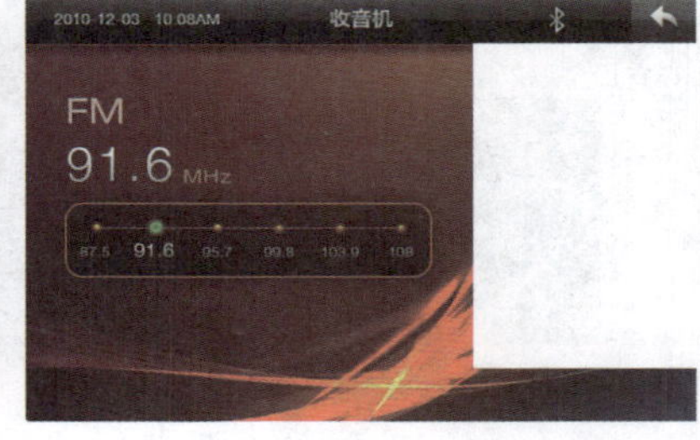

图 5-93

步骤 20 为该图层添加“投影”图层样式，对相关选项进行设置，如图5-94所示。单击“确定”按钮，完成“图层样式”对话框中各选项的设置，设置该图层的“填充”为15%，效果如图5-95所示。

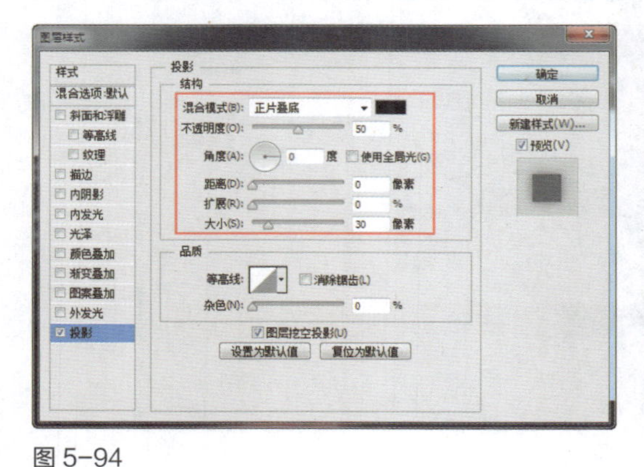

图 5-94

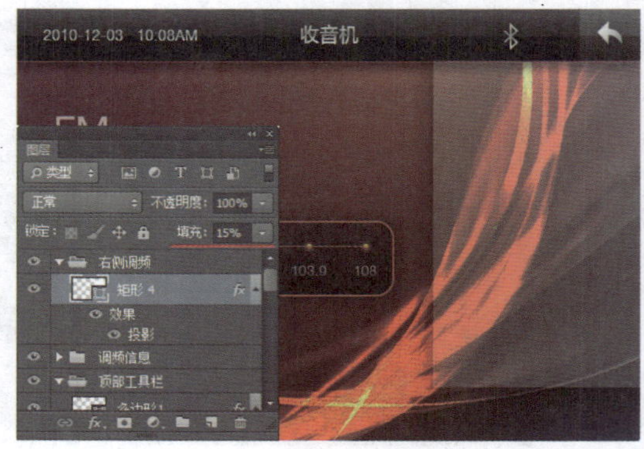

图 5-95

步骤21 使用相同的制作方法，可以完成该部分内容的制作，效果如图5-96所示。新建名称为“底部控制栏”的图层组，使用相同的绘制方法，可以完成相应图形的绘制，如图5-97所示。

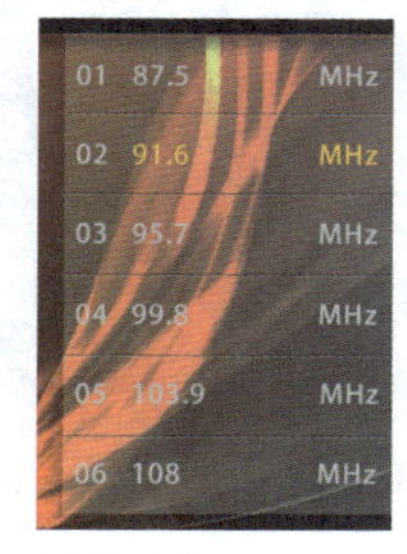

图 5-96

图 5-97

步骤22 使用相同的制作方法，可以完成该汽车多媒体系统界面的设计制作，最终效果如图5-98所示。

图 5-98

5.4 智能电视界面设计

近年来，科技发展的程度超过了任何人的想象，计算机的出现使得生活变得更加便捷丰富。而智能电视的出现，使得原来只能被动接收信息的电视，变成了可以与人进行交互操作的电视。与人实现交互操作就需要提供给人们一个良好的交互操作界面，这就为UI设计师带来了一个全新的设计领域——智能电视界面设计。

5.4.1 什么是智能电视

所谓智能电视是指像智能手机一样，搭载了操作系统，可以由用户自行安装和卸载软件、游戏等第三方服务商提供的程序，通过此类程序来不断对彩电的功能进行扩充，并可以通过网线、无线网络来实现上网冲浪的这样一类彩电的总称。

随着国际市场上Google TV的发布和国内电视厂商纷纷推出定制Android TV的脚步，一时间智能电视平台成为了众多高科技企业争相抢占的新市场。如图5-99所示为基于Android系统的Google TV，如图5-100所示为基于iOS系统的Apple TV。

图 5-99

图 5-100

智能电视应该具备以下几个关键特征：

（1）具备宽带互联网接入能力。

（2）可以接收并回收从互联网获得的各种影像、音乐等数据流。

（3）可以下载并执行各种专门为智能电视开发的应用程序，包括各种在智能电视中玩的游戏。

（4）具有网络通信功能。

（5）具备全新的遥控装置，并且可以和各种移动终端连接互动。

5.4.2 智能电视界面设计的特点

智能电视的尺寸大都大于42寸，其使用环境应该在2.7~3.5米之间。所以虽然智能电视的显示屏面积远大于多数PC，但因其操作距离远，导致单屏展示的信息量比PC要少。因此在智能电视界面的设计上最好让用户通过方向键和OK键能够进行操作，并提供返回键，避免用户低头看遥控器寻找按键而打断操作流程。

① 高效的导航

导航在智能电视的界面设计中非常重要，智能电视的用户较为被动，所以需要在智能电视界面中提供清晰高效的导航系统来帮助用户快速定位想要看的内容。导航方式与输入设备息息相关，智能电视最主要的输入设备还是遥控器，有时还可以辅以鼠标和键盘。如图5-101所示为智能电视界面中高效的导航设计。

图 5-101

② 清晰的焦点控制

遥控器是所有电视机的标配，而智能电视一般还都支持鼠标和键盘操作，所以控件的状态和PC上的有些类似。使用遥控器操作的时候，控件的状态相当于使用Tab键浏览网页或者操作桌面软件即控件选中状态切换，而使用鼠标操作的时候和PC端一样控件都要有Hover状态。因为电视的操作距离相对比较远，所以在设计智能电视界面时需要针对鼠标Hover状态增加其响应面积，方便用户操作。如图5-102所示为智能电视界面中焦点控制表现效果。

图 5-102

③ 合理使用色彩和分辨率

针对智能电视屏幕本身的特性，在对智能电视界面进行设计时色彩的使用非常重要，在设计中需要注意以下几点：

（1）尽量不要使用纯白色进行设计，因为纯白色在电视屏幕中会产生图像拖影，如果一定需要使用白色，可以使用RGB（240,240,240）进行代替。

（2）尽量不要使用高饱和度的颜色进行设计，饱和度过高的颜色在电视屏幕上显示时会使导航显示失真，并且在高饱和度颜色向低饱和度颜色过渡时会产生边缘模糊。

（3）尽量采用扁平化的设计，减少大范围渐变颜色的使用，大范围的渐变会导致出现带状显示，使得在电视屏幕上显示的颜色无法平滑过渡。

（4）在界面的边缘最好留出10%的空隙，避免发生电视屏幕独有的“过扫描”现象。

目前智能电视的分辨率主要有1920px×1080px和1280px×720px两种模式，也就是我们常说的1080P和72P。在对智能电视界面进行设计时最好采用高分辨率设计，在测试的时候选择使用低分辨率进行测试，可以更好地发现问题。在完成智能电视界面的设计后，需要在智能电视所有显示模式下进行测试，从而确保界面的通用性。如图5-103所示为智能电视界面中色彩的表现。

图 5-103

【自测3】设计视频点播系统界面

视频：光盘\视频\第5章\视频点播系统界面.swf　　源文件：光盘\源文件\第5章\视频点播系统界面.psd

● **案例分析**

案例特点：本案例设计一款视频点播系统界面，通过对图形和素材的变换操作，将界面整体设计成一个圆弧状，给人很强的视觉立体感。

制作思路与要点：视频点播系统界面的重点是突出表现界面中的信息内容，在本案例中将界面中的内容按弧面曲线进行排列处理，在视觉效果上给人一种空间感和立体感，将获得焦点的信息内容放大处理并添加外发光的图层样式，从而突出表现获得焦点的信息内容，界面整体让人感觉简洁、清晰、富有空间感。

● **色彩分析**

该视频点播系统界面以明度和纯度较低的灰紫色图像作为界面的背景色，整体给人一种神秘感，低明度的色彩也能够更好地突出界面中的主体内容。使用黄边的发光效果表现当前选中的内容，黄色与背景形成强烈的对比，很容易使人产生视觉焦点，整体色调让人感觉和谐统一、重点突出。

灰紫色	黄色	蓝色

● **制作步骤**

步骤 01 执行“文件>新建”命令，弹出“新建”对话框，新建一个空白文档，如图5-104所示。打开素材图像“光盘\源文件\第5章\素材\5201.jpg”，将其拖入到设计文档中，如图5-105所示。

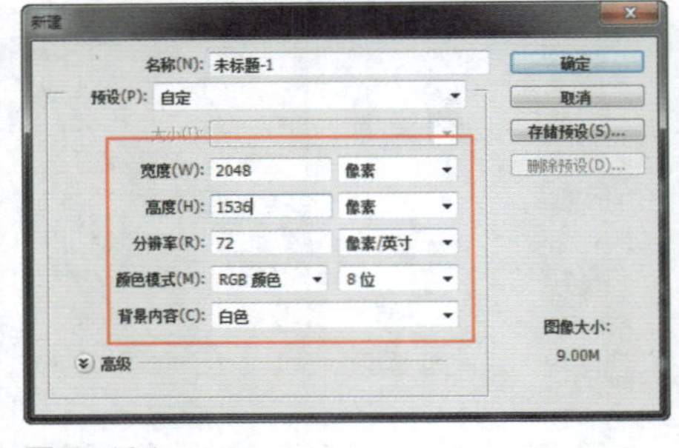

图 5-104

图 5-105

步骤 02 新建名称为“工具栏”的图层组，使用“矩形工具”，在选项栏上设置“工具模式”为“形状”，在画布中绘制黑色矩形，如图5-106所示。使用“矩形工具”，在选项栏上设置“填充”为无、“描边”为白色、“描边宽度”为1点，在画布中绘制矩形，如图5-107所示。

图 5-106

图 5-107

步骤 03 使用“矩形工具”，在选项栏上设置“填充”为白色、“描边”为无，在画布中绘制矩形，如图5-108所示。使用“圆角矩形工具”，在选项栏上设置“半径”为10像素，在画布中绘制白色的圆角矩形，如图5-109所示。

图 5-108

图 5-109

步骤 04 使用相同的制作方法，完成相似图形的绘制，如图5-110所示。新建名称为“点播对象”的图层组，使用“矩形工具”，在画布中绘制一个黑色矩形，如图5-111所示。

图 5-110

图 5-111

步骤05 执行“编辑>变换>斜切”命令，对矩形进行斜切操作，如图5-112所示。复制“矩形4”图层，得到“矩形4拷贝”图层，将复制得到的矩形进行水平翻转，调整到合适的位置，如图5-113所示。

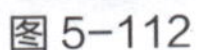
图5-112

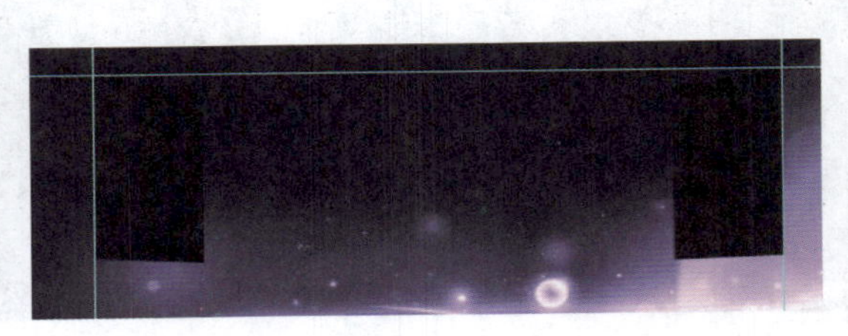
图5-113

步骤06 复制“矩形4”图层，得到“矩形4拷贝2”图层，修改该图层的填充颜色为RGB（7,122,143），按快捷键Ctrl+T，调整图形的大小，如图5-114所示。复制“矩形4拷贝2”图层，得到“矩形4拷贝3”图层，将复制得到的矩形进行水平翻转，调整到合适的位置，如图5-115所示。

图5-114

图5-115

步骤07 打开素材图像“光盘\源文件\第5章\素材\5202.jpg”，将其拖入到设计文档中，为该图层创建剪贴蒙版，效果如图5-116所示。使用“横排文字工具”，在“字符”面板中对相关选项进行设置，在画布中输入文字，如图5-117所示。

图5-116

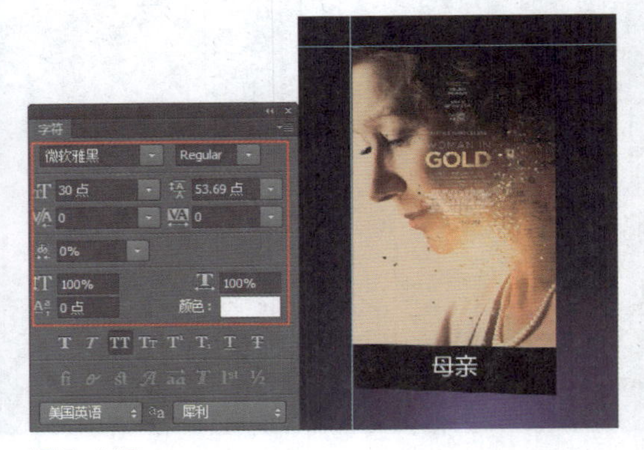

图5-117

步骤08 使用相同的制作方法，完成相似图形的绘制，如图 5-118 所示。同时选中“矩形 7”图层至“悬崖”图层，将选中的图层复制，按快捷键 Ctrl+E，合并图层，得到“悬崖 拷贝”图层，如图 5-119 所示。

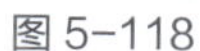

图 5-118

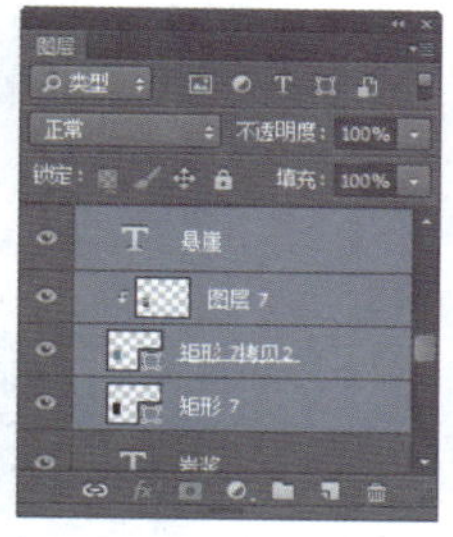

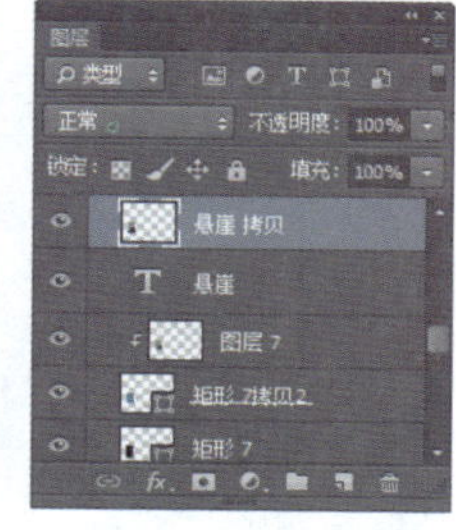

图 5-119

步骤09 执行“编辑>变换>垂直翻转”命令，将图像垂直翻转并调整到合适的位置，对该图像进行斜切操作，如图5-120所示。执行“滤镜>模糊>高斯模糊”命令，弹出“高斯模糊”对话框，具体设置如图5-121所示。

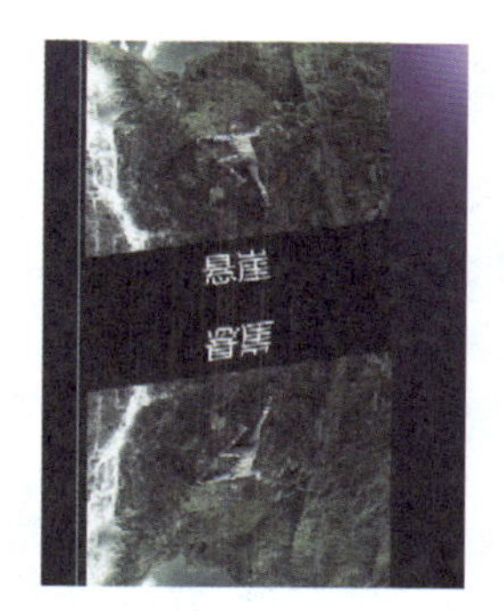

图 5-120

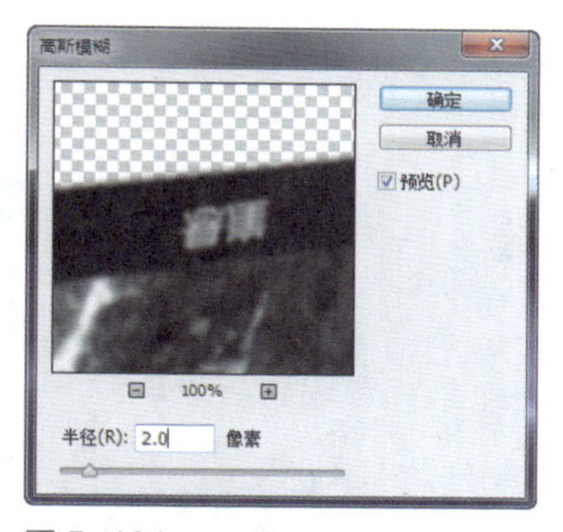

图 5-121

步骤10 单击“确定”按钮，完成“高斯模糊”对话框中各选项的设置，为该图层添加图层蒙版，使用“渐变工具”，在蒙版中填充黑白线性渐变，设置该图层的“不透明度”为50%，如图5-122所示。使用相同的制作方法，完成相似效果的制作，如图5-123所示。

图 5-122

图 5-123

步骤 11 使用“矩形工具”，在画布中绘制一个矩形，如图5-124所示。为该图层添加“外发光”图层样式，对相关选项进行设置，如图5-125所示。

图 5-124

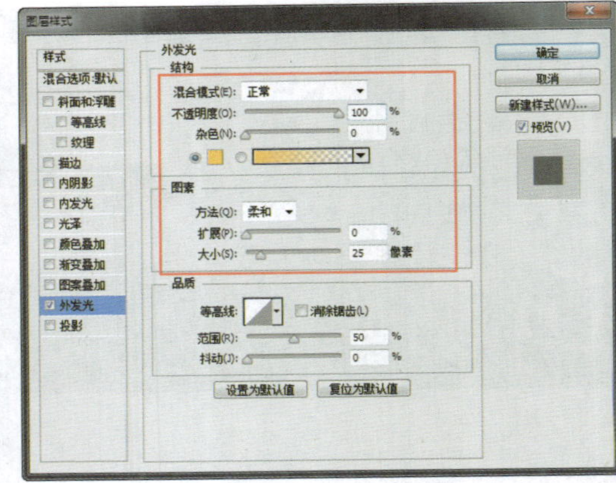

图 5-125

提示

此处需要将当前用户选中的栏目进行突出显示处理，从而使用户能够更加清楚当前选中的是哪一个栏目，在视频点播界面中，常用的方法有为该对象添加“外发光”图层样式或放大显示等，这样在整个界面中就能够轻易地分辨出当前选中的对象。

步骤 12 单击“确定”按钮，完成“图层样式”对话框中各选项的设置，效果如图5-126所示。设置该图层的“填充”为0%，效果如图5-127所示。

图5-126

图5-127

步骤 13 使用“自定形状工具”，在选项栏上的“形状”下拉列表中选择合适的形状，在画布中绘制一个黑色箭头，为该图层添加“投影”图层样式，对相关选项进行设置，如图5-128所示。单击“确定”按钮，完成“图层样式”对话框中各选项的设置，效果如图5-129所示。

图 5-128

图 5-129

步骤 14 使用相同的制作方法，完成相似图形的绘制，如图5-130所示。新建名称为“菜单”的图层组，使用“圆角矩形工具”，在选项栏上设置“半径”为10像素，在画布中绘制一个圆角矩形，如图5-131所示。

图 5-130

图 5-131

步骤 15 为该图层添加“内阴影”图层样式，对相关选项进行设置，如图5-132所示。继续添加“渐变叠加”图层样式，对相关选项进行设置，如图5-133所示。

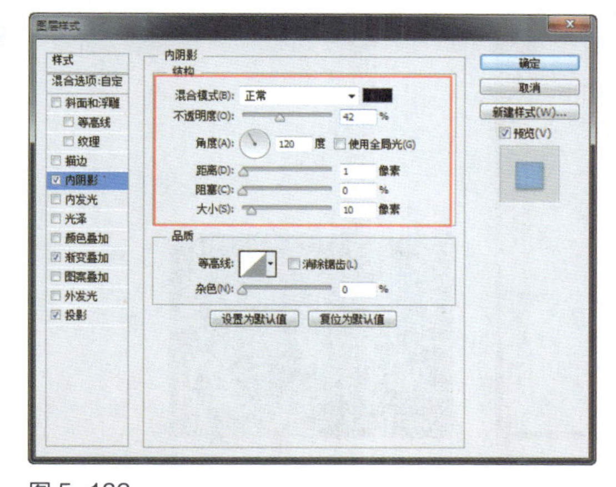

图 5-132

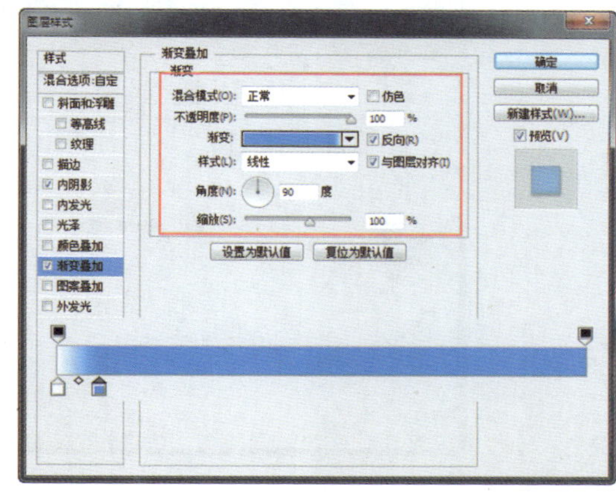

图 5-133

步骤16 继续添加“投影”图层样式，对相关选项进行设置，如图5-134所示。单击“确定”按钮，完成“图层样式”对话框中各选项的设置，效果如图5-135所示。

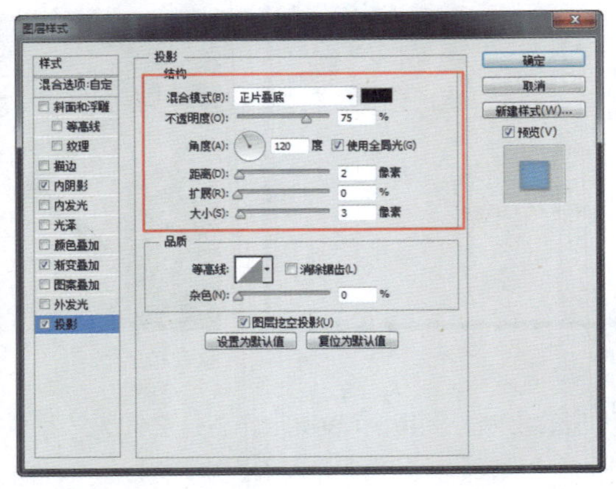

图 5-134

图 5-135

步骤17 使用“横排文字工具”，在“字符”面板中对相关选项进行设置，在画布中输入文字，如图5-136所示。使用“圆角矩形工具”，在画布中绘制一个圆角矩形，如图5-137所示。

图 5-136

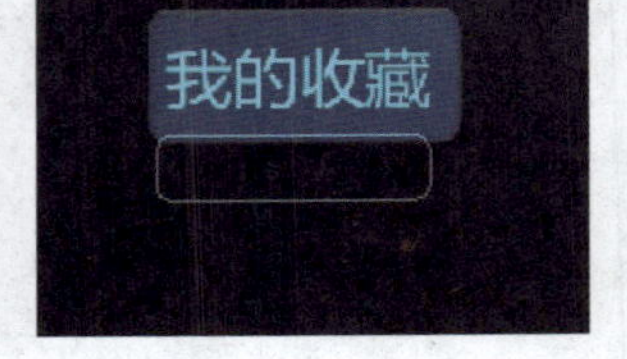

图 5-137

步骤18 为该图层添加“渐变叠加”图层样式，对相关选项进行设置，如图5-138所示。单击“确定”按钮，完成“图层样式”对话框中各选项的设置，效果如图5-139所示。

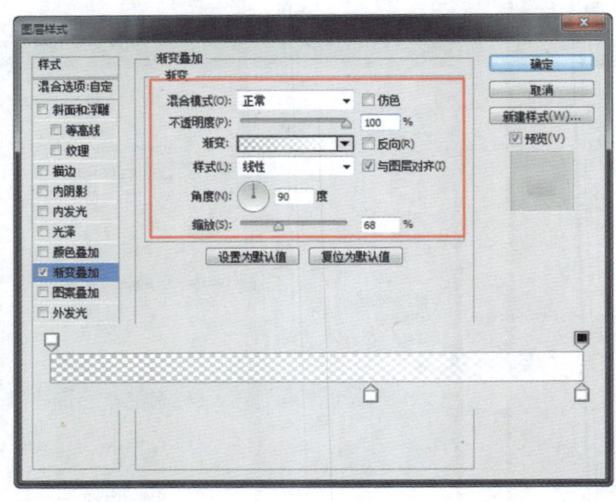

图 5-138

图 5-139

步骤 19 使用相同的制作方法，完成相似图形的绘制，如图5-140所示。

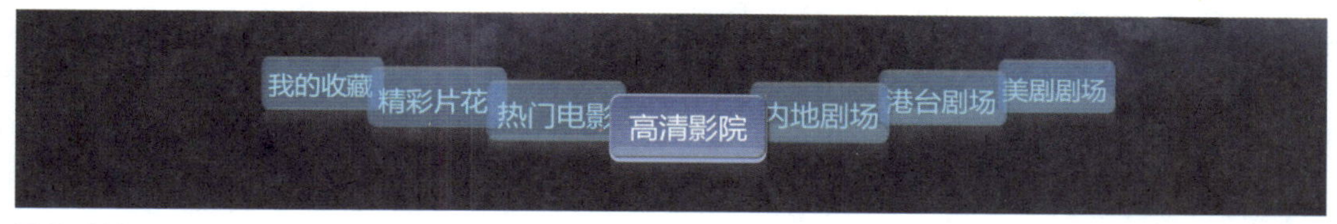

图 5-140

步骤 20 完成该视频点播系统界面的设计，最终效果如图5-141所示。

图 5-141

【自测4】设计智能电视界面

视频：光盘\视频\第5章\智能电视界面.swf　　源文件：光盘\源文件\第5章\智能电视界面.psd

● 案例分析

案例特点：本案例设计一款智能电视界面，将界面分为多个不同的功能区域，从而使得界面的结构更加清晰，用户操作更加方便。

制作思路与要点：在本案例的智能电视界面设计中，以不同的功能将界面进行分区，界面顶部设计天气和时间等信息，左侧通过图标的方式设计出界面的主体导航，右侧部分放置推荐的信息内容和电视节目。整体结构非常清晰，在设计过程中采用类扁平化简约的设计风格，使用户都能够将关注的重点放在内容信息上。

● **色彩分析**

本案例所设计的智能电视界面以明度和纯度较低的深色作为主体背景色，色调柔和，给人一种舒适的感觉。在界面中搭配饱和度和明底都较低的同色系色彩，使得界面的整体色调统一；使用白色的文字和导航栏图标，与深色的背景形成强烈的对比，非常便于识别。

● **制作步骤**

步骤 01 执行“文件>新建”命令，弹出“新建”对话框，新建一个空白文档，如图5-142所示。设置“前景色”为RGB（0,6,35），为画布填充前景色，如图5-143所示。

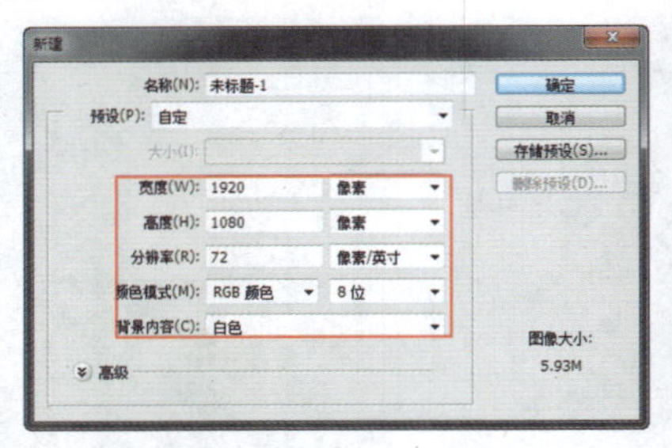

图 5-142

图 5-143

步骤 02 新建名称为“背景图”的图层组，新建“图层1”，使用“画笔工具”，设置“前景色”为白色，选择合适的笔触，设置笔触“不透明度”为20%，在画布中进行绘制，如图5-144所示。设置“图层1”的“混合模式”为“柔光”，效果如图5-145所示。

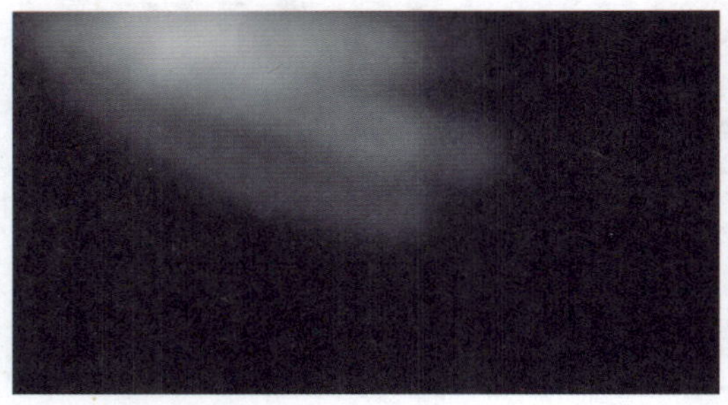

图 5-144

图 5-145

提示

将图层的“混合模式”设置为“柔光”，将以图层中的颜色决定图像是变亮还是变暗，衡量的标准以50%的灰色为准，高于这个比例则图像变亮，低于这个比例则图像变暗。效果与发散的聚光灯照在图像上相似，混合后图像色调比较温和。

步骤 03 使用相同的制作方法，可以完成相似图形效果的绘制，效果如图5-146所示。使用“圆角矩形工具”，在选项栏上设置“半径”为15像素，在画布中绘制一个白色的圆角矩形，设置该图层的“填充”为9%，效果如图5-147所示。

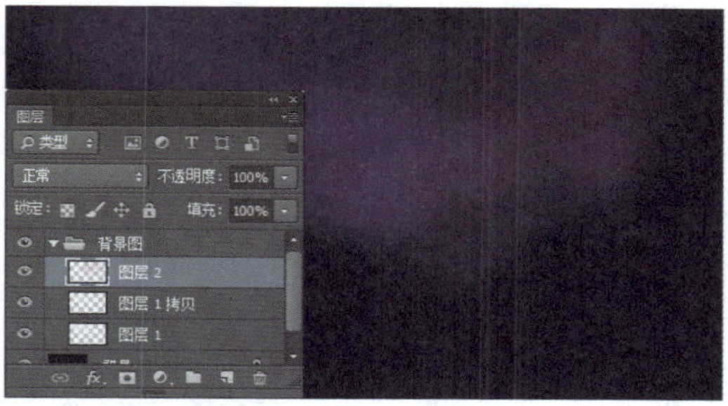

图 5-146

图 5-147

步骤04 为“圆角矩形1”图层添加“投影”图层样式，对相关选项进行设置，如图5-148所示。单击“确定”按钮，完成“图层样式”对话框中各选项的设置，效果如图5-149所示。

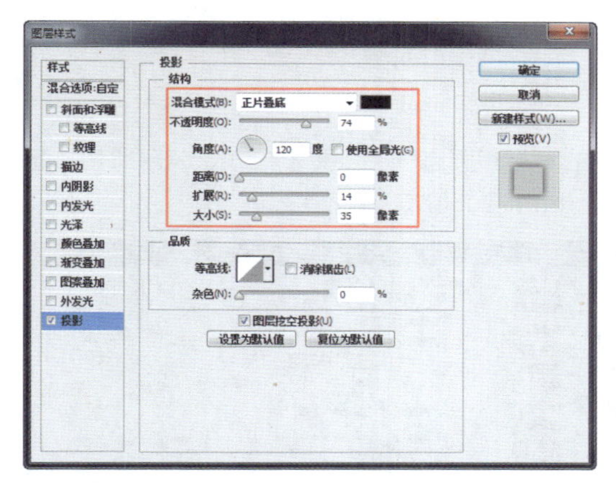

图 5-148

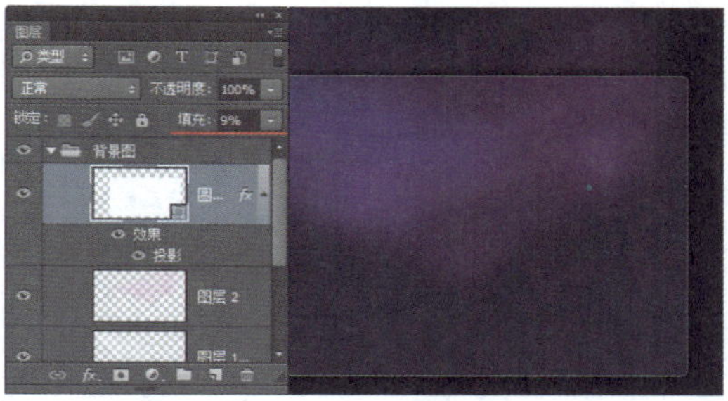

图 5-149

步骤05 复制“圆角矩形 1”图层，将复制得到的图形调整到合适的大小和位置，如图5-150所示。新建名称为“顶部”的图层组，使用“椭圆工具”，设置“填充”为RGB（244,234,3），在画布中绘制一个正圆形，如图5-151所示。

图 5-150

图 5-151

步骤06 将“椭圆1”图层栅格化，使用“涂抹工具”，对刚绘制的椭圆形进行涂抹处理，效果如图5-152所示。使用“椭圆工具”，在画布中绘制一个正圆形，如图5-153所示。

图 5-152

图 5-153

提示

“涂抹工具”可以拾取鼠标单击点的颜色，并沿拖动的方向展开这种颜色，模拟出类似于手指拖过湿油漆时的效果。

步骤07 选择“椭圆 2”图层，添加“内阴影”图层样式，对相关选项进行设置，如图5-154所示。继续添加“渐变叠加”图层样式，对相关选项进行设置，如图5-155所示。

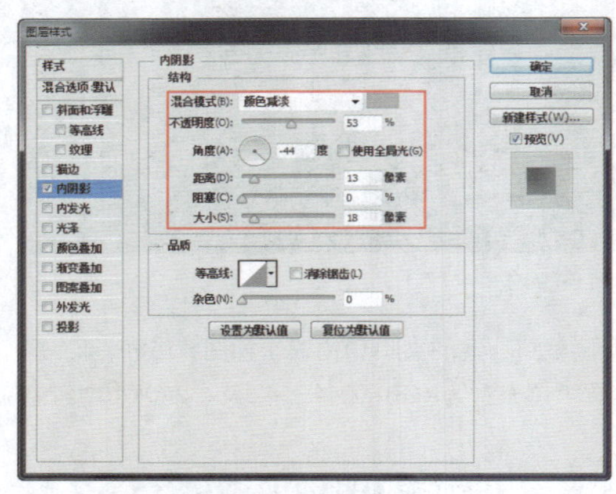

图 5-154

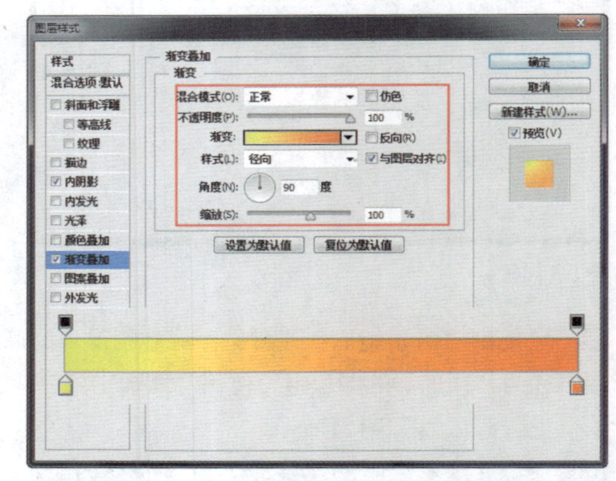

图 5-155

提示

在为图像添加“渐变叠加”图层样式时，可以在完成“渐变叠加”相关选项的设置后，在图像中相应的位置单击，从而改变默认的径向渐变中心点位置。

步骤08 继续添加“外发光”图层样式，对相关选项进行设置，如图5-156所示。单击“确定”按钮，完成“图层样式”对话框中各选项的设置，效果如图5-157所示。

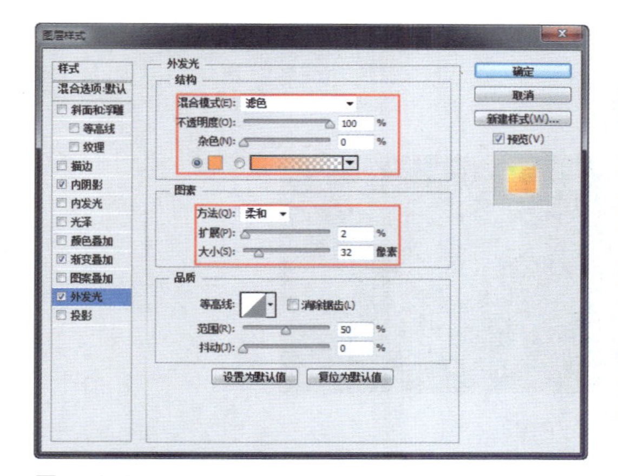

图 5-156

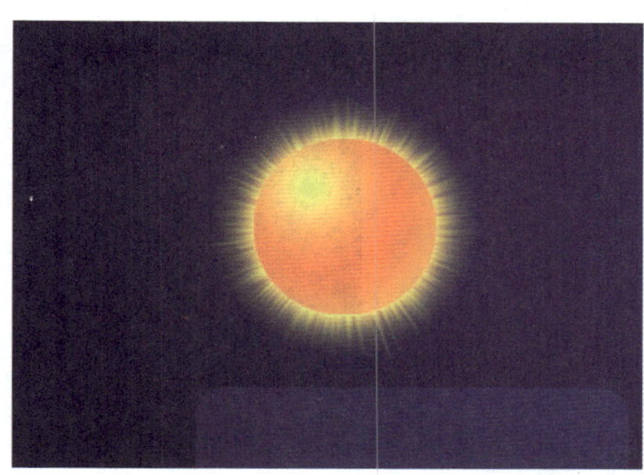

图 5-157

步骤09 新建图层，为该图层填充黑色，执行“滤镜>渲染>镜头光晕”命令，在对话框中设置相关选项，完成效果如图5-158所示。设置该图层的“混合模式”为“颜色减淡”，将图像等比例缩小，调整到合适的位置，如图5-159所示。

图 5-158

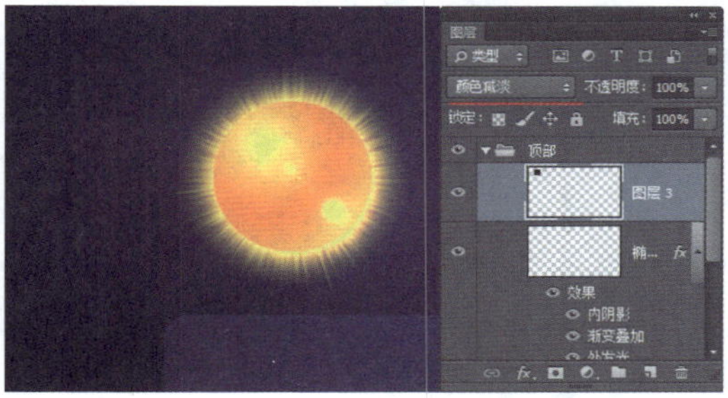

图 5-159

步骤10 使用“横排文字工具”，在画布中输入相应的文字，如图5-160所示。使用矢量绘图工具，在画布中绘制相应的图形，效果如图5-161所示。

图 5-160

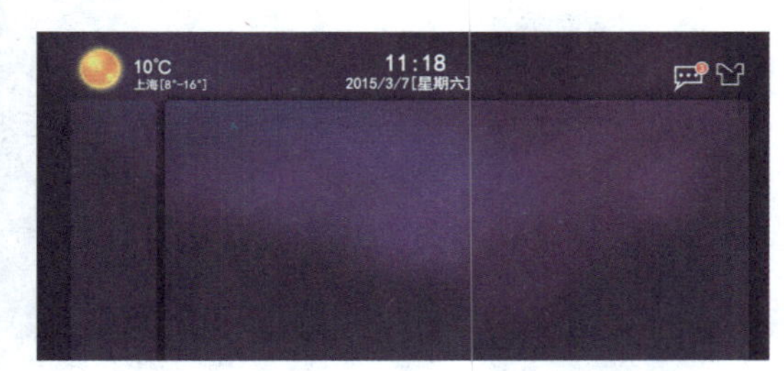

图 5-161

步骤 11 新建名称为“导航”的图层组，使用“矩形工具”，设置“填充”为RGB（0,18,125），在画布中绘制一个矩形，如图5-162所示。多次复制该矩形，并分别进行旋转和调整，将复制得到的矩形合并，如图5-163所示。

图 5-162

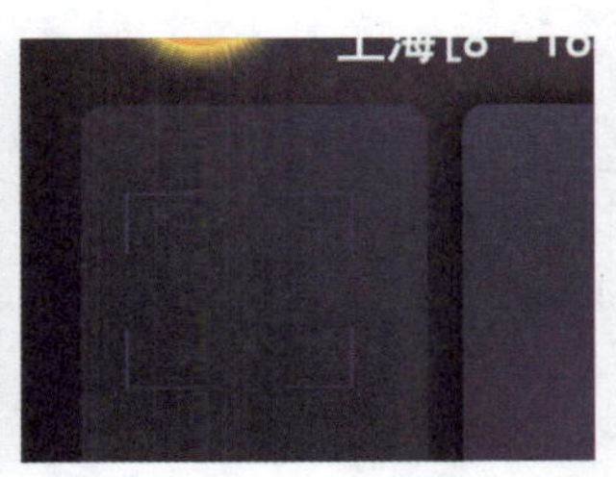

图 5-163

步骤 12 为该图层添加“外发光”图层样式，对相关选项进行设置，如图5-164所示。单击“确定”按钮，完成“图层样式”对话框中各选项的设置，效果如图5-165所示。

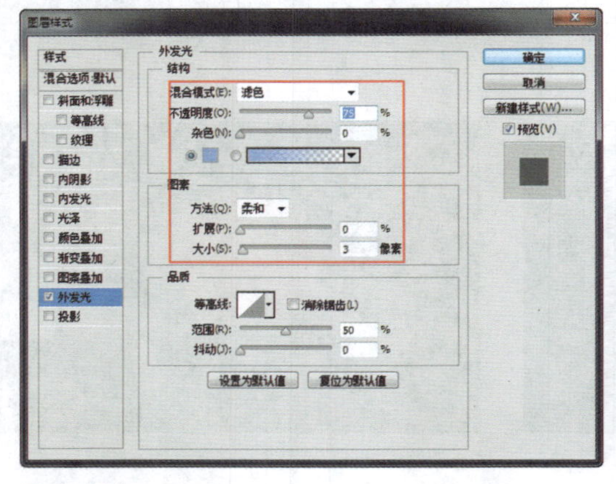

图 5-164

图 5-165

步骤 13 使用相同的制作方法，可以绘制出界面左侧各种功能图标，效果如图5-166所示。新建名称为“影片”的图层组，使用“横排文字工具”，在画布中输入相应的文字，如图5-167所示。

图 5-166

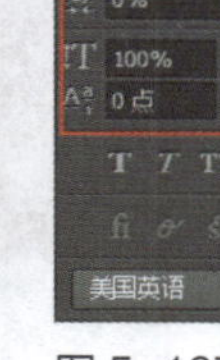

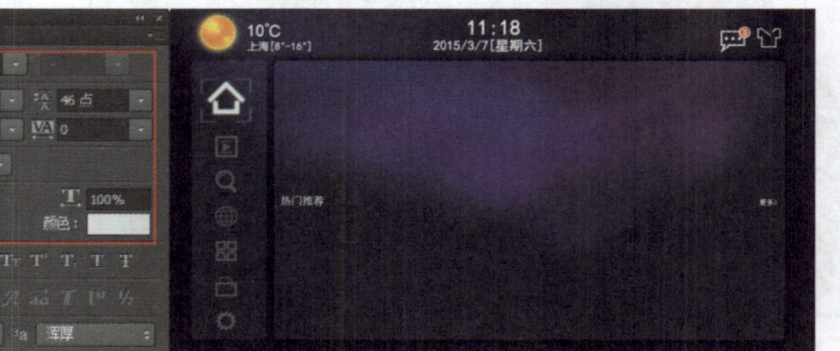

图 5-167

步骤 14 使用“矩形工具”，设置“填充”为黑白线性渐变，在画布中绘制一个渐变矩形，如图5-168所示。打开素材图像“光盘\源文件\第5章\素材\5402.jpg”，将其拖入到设计文档中，调整到合适的大小和位置，为该图层创建剪贴蒙版，效果如图5-169所示。

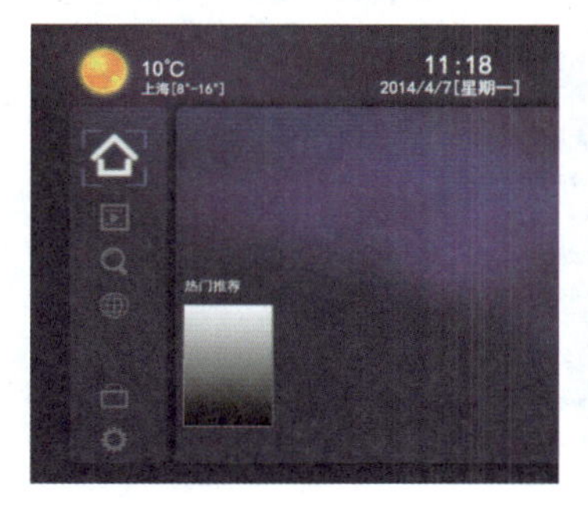

图 5-168

图 5-169

步骤 15 使用“横排文字工具”，在画布中输入相应的文字，如图5-170所示。使用相同的制作方法，可以制作相似的图像效果，如图5-171所示。

图 5-170

图 5-171

步骤 16 使用“圆角矩形工具”，设置“半径”为10像素，在画布中绘制黑色的圆角矩形，并设置该图层的“不透明度”为50%，如图5-172所示。拖入相应的素材图像，调整到合适的大小和位置，为该图层创建剪贴蒙版，效果如图5-173所示。

图 5-172

图 5-173

步骤 17 设置该图层的“混合模式”为“强光”，完成智能电视主界面的制作，效果如图5-174所示。执行“文件>新建”命令，弹出“新建”对话框，新建一个空白文档，如图5-175所示。

图 5-174

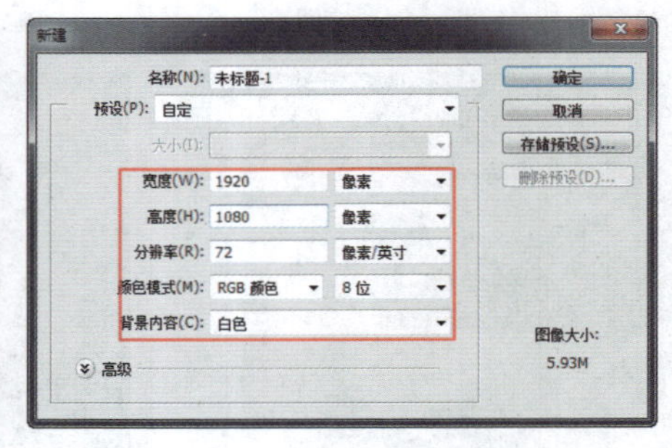

图 5-175

提示

“强光”混合模式的衡量标准是以50%灰色为准，比该灰色暗的像素会使图像变暗；该模式产生的效果与耀眼的聚光灯照在图像上相似，混合后图像色调变化相对比较强烈，颜色基本为上面的图像颜色。

步骤 18 使用相同的制作方法，可以完成相似图像效果的制作，如图5-176所示。为“底层影片”图层组添加图层蒙版，使用“矩形选框工具”，在画布中绘制矩形选区，如图5-177所示。

图 5-176

图 5-177

步骤 19 按快捷键Ctrl+Shift+I，反向选择选区，为选区填充黑色，取消选区，效果如图5-178所示。使用相同的制作方法，在画布中输入文字，并为相应的文字添加“外发光”图层样式，效果如图5-179所示。

图 5-178

图 5-179

步骤 20 执行“文件>新建”命令，弹出“新建”对话框，新建一个空白文档，如图5-180所示。使用相同的制作方法，可以完成相似图像效果的制作，如图5-181所示。

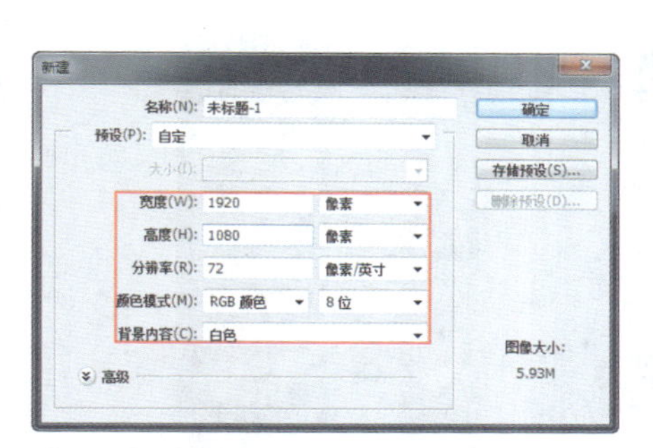

图 5-180

图 5-181

步骤 21 新建名称为“中间”的图层组，使用“横排文字工具”，在画布中输入相应的文字，如图5-182所示。使用“自定形状工具”，设置“填充”为RGB（221,154,5），在“形状”下拉列表中选择合适的形状，在画布中绘制形状图形，效果如图5-183所示。

图 5-182

图 5-183

步骤 22 使用相同的制作方法，可以绘制出其他的星星图形效果，如图5-184所示。拖入相应的素材图像，将其调整到合适的大小和位置，如图5-185所示。

图 5-184

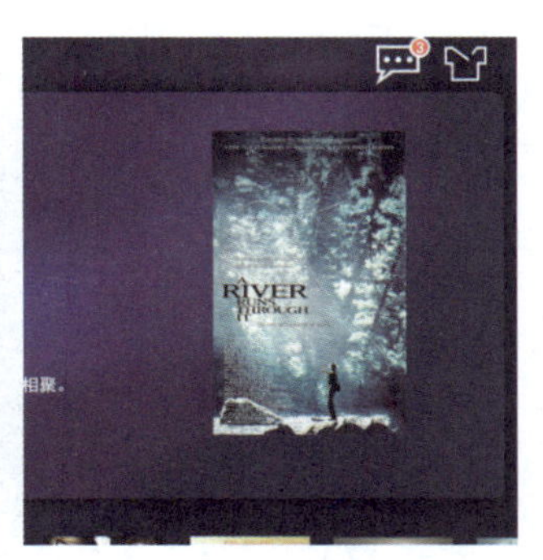

图 5-185

步骤 23 执行“编辑>变换>透视”命令，对图像进行透视操作，效果如图5-186所示。复制“图层24”，得到“图层24拷贝”图层，将复制得到的图像垂直翻转，并向下移动调整到合适的位置，如图5-187所示。

图 5-186

图 5-187

步骤 24 执行“编辑>变换>斜切”命令，对图像进行斜切处理，效果如图5-188所示。为该图层添加图层蒙版，使用“渐变工具”，在图层蒙版中填充黑白线性渐变，效果如图5-189所示。

图 5-188

图 5-189

步骤 25 使用“矩形工具”，在画布中绘制一个黑色的矩形，设置该图层的“不透明度”为30%，效果如图5-190所示。使用“自定形状工具”，在选项栏上的“形状”下拉列表中选择合适的形状，在画布中绘制白色的三角形边框，如图5-191所示。

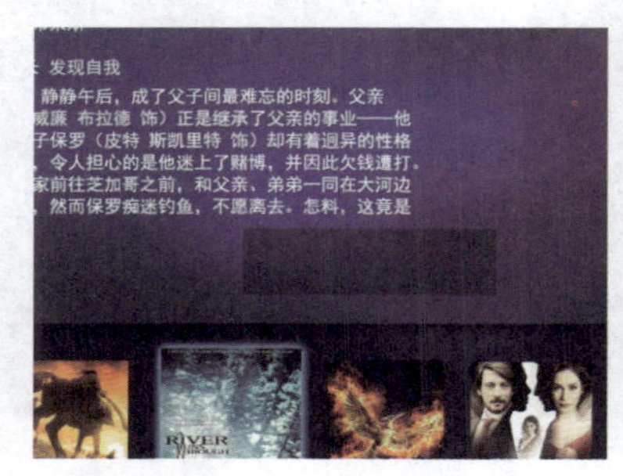

图 5-190

图 5-191

步骤26 使用“椭圆工具”，设置“填充”为无、“描边”为白色、“描边宽度”为2.5点，在画布中绘制一个正圆形，如图5-192所示。使用“横排文字工具”，在“字符”面板中设置相关选项，在画布中输入相应的文字，效果如图5-193所示。

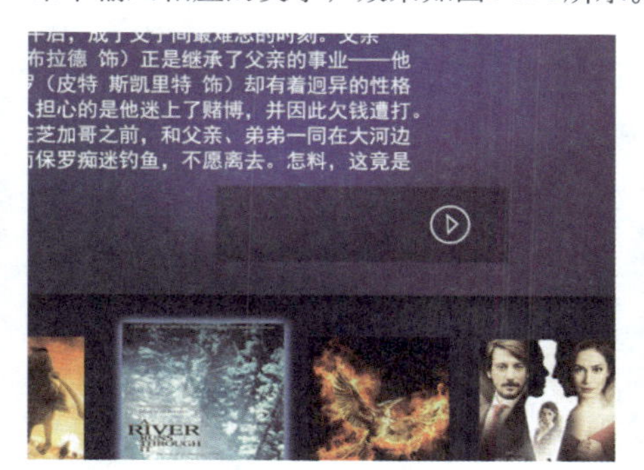

图 5-192

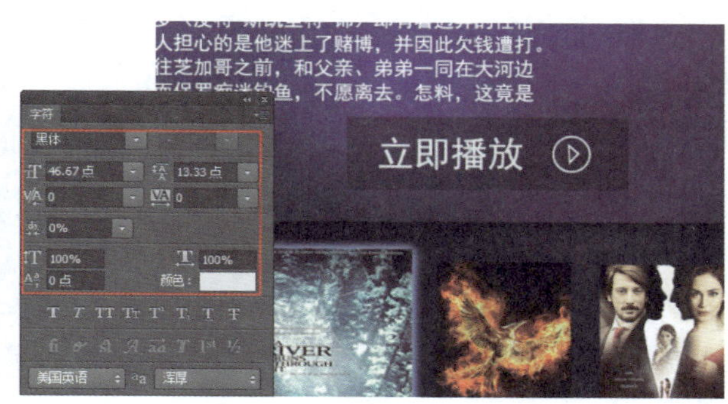

图 5-193

步骤27 完成该智能电视界面的设计制作，最终效果如图5-194所示。

图 5-194

5.5 专家支招

智能设备已经逐渐走入人们的日常生活，相信在不久的将来会有更多的智能设备为人们的生活带来翻天覆地的变化。了解了多种家庭智能设备界面设计的相关要点和方法以后，在设计中还需要注意所有的智能设备都是提供给人们使用的，因此界面操作的便利性是首要条件。

① 智能手表圆形界面有什么特点?

答：圆形独有的弧形、环形、扇形、螺旋形等形状可以作为界面元素的排列框架，让界面有天然的结构向心力，与界面千篇一律的方形相比会产生不拘一格的效果。

智能手表中手指的操作几乎均为单手操作，这些操作集中在小面积的表盘区域，可以将操作与圆形界面结构配合，如音乐类APP中圆形的播放进度，可以使用转动手势进行配合。

② 在智能电视界面设计中如何提高用户体验?

答：在智能电视界面设计中，需要遵循很多原则来提高用户体验，在此列举如下几点：

（1）避免展示过多的信息，其实用户在使用电视时，界面内容过多会导致注意力分散，反而不能给予用户很好的体验。

（2）人们在选择时会占用大量的思考时间，应该减少选项，给与用户流畅的体验。

（3）文字不如图形给人的感受直观，过多的文字应该由简单易懂的图形代替。

（4）有时候也可以适当地将信息隐藏起来，制作出“少”的错觉，并且利用空间布局迷惑视觉效果，让内容更简约，并且减少用户操作界面的思考时间。

5.6 本章小结

随着科技的发展，各种各样的智能设备越来越多地走入普通家庭，如何为用户提供一个操作简单、美观大方的智能设备的操作界面就成为UI设计师必须考虑的问题。在本章中重点向读者介绍了多种不同的家庭智能设备的相关知识及界面设计方法，通过对本章内容的学习，读者需要掌握各种不同的家庭智能设备界面的设计和表现方法，通过练习设计出既实用又美观的家庭智能设备交互界面。

读书笔记

CHAPTER 6 应用软件界面设计

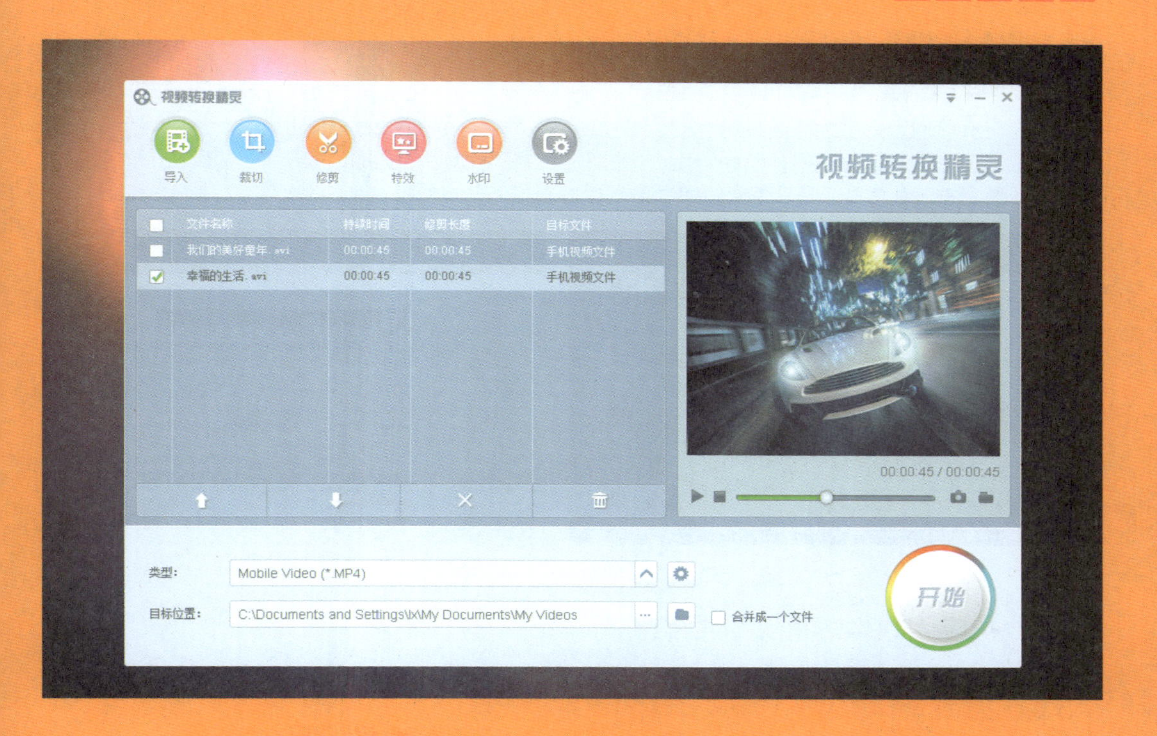

本章要点：

毫无疑问，软件界面设计在软件开发过程中占有非常重要的地位。软件界面在很大程度上影响着软件的命运，因为广大用户对软件的评价主要来源于他们操作软件界面时的感受。同类软件越多，选择余地越大，用户对软件界面就越挑剔。软件界面设计是“易用性设计”、“艺术设计”和“技术实现”的综合性设计。在本章中将向读者介绍应用软件界面设计的相关知识，并通过案例的设计制作讲解，使读者能够掌握应用软件界面设计的方法和技巧。

知识点：

- 了解什么是软件界面设计
- 理解软件界面设计的要点
- 了解什么是Web软件
- 理解Web软件界面的设计原则
- 了解软件界面的设计趋势
- 理解并能够应用软件界面设计规范
- 掌握Web软件界面的设计方法
- 掌握各种不同类型的软件界面的设计和表现方法

6.1 了解应用软件界面设计

为了满足软件专业化、标准化的需求，软件不仅要拥有强大的功能和高效的运行能力，还要能够给用户提供一个便于操作的、视觉效果良好的操作界面，这就需要设计师对软件界面进行设计。

6.1.1 什么是应用软件界面设计

软件界面也称为软件UI（User Interface），是人机交互的重要部分，也是软件带给使用者的第一印象，是软件设计的重要组成部分。随着人们审美意识的提高，在软件设计过程中对软件界面设计越来越重视，所谓的用户体验大部分就是指软件界面设计。

应用软件界面设计并不是单纯的美术设计，还需要综合考虑使用者、使用环境、使用方式，即最终是为用户设计的，它是纯粹的科学性的艺术设计。应用软件界面设计目前还是一个需要不断成长的设计领域，一个友好、美观的界面会给用户带来舒适的视觉享受，拉近用户与软件的距离，创造出软件产品新的卖点。如图6-1所示为精美的应用软件界面设计。

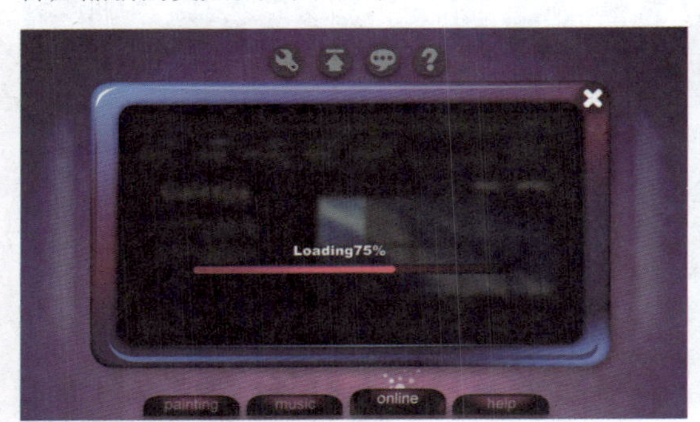

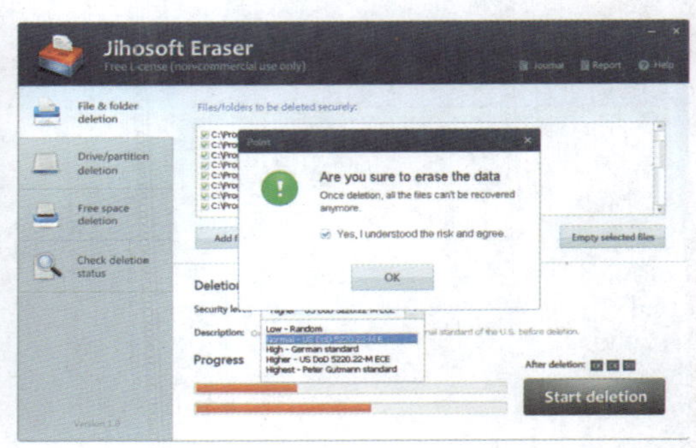

图6-1

6.1.2 应用软件界面设计要点

应用软件并不仅仅是一个应用程序，更重要的是能够为用户服务，应用软件界面是用户与程序沟通的唯一途径，应用软件界面的设计是为用户的设计而不是为软件开发者的设计。

① 简单易用

应用软件界面的设计要尽可能美观、简洁，使用户便于使用、便于了解，并尽可能减少用户发生错误操作的可能性。

② 为用户考虑

在应用软件界面设计中应该尽可能使用通俗易懂的语言，尽量避免使用专业术语。要考虑到用户对软件的熟悉程度，尽可能实现用户可以通过已经掌握的知识使用该软件界面来操作和使用软件，但不应该超出一般常识。想用户所想，设计出用户需要的应用软件界面。

③ 清晰易懂

应用软件界面的设计应该清晰易懂，各种功能的表述也应该尽可能清晰，在视觉效果上便于理解和使用。

4 风格一致

在一款应用软件中通常会有多个界面，这就要求在设计应用软件界面时保持软件界面的风格和结构的清晰和一致，软件中各界面的风格必须与软件的整体风格和内容相一致。

5 操作灵活

简单地说，就是要让用户能够更加方便地使用软件，即互动的多重性，不仅仅局限于单一的工具操作，不仅可以使用鼠标对软件界面进行操作，还可以通过按键对软件进行操作。

6 人性化

应用软件界面的设计应该更加人性化，用户可以根据自己的喜好和习惯定制软件界面，并能够保存设置。高效率和用户满意度是应用软件界面设计人性化的体现。

7 安全保护

在应用软件界面上应通过各种方式控制出错概率，以减少系统因用户人为的错误引起的破坏。开发者应当尽量周全地考虑到各种可能发生的问题，使出错的可能性降至最小。例如，应用软件因出现保护性错误而退出系统，这种错误最容易使用户对软件失去信心。因为这意味着用户要中断思路，并费时费力地重新登录，而且已进行的操作也会因没有存盘而全部丢失。

6.2 Web软件界面设计

如今已经进入Web 2.0高速发展的互联网时代，各种互联网的Web应用软件如雨后春笋般出现。对于Web应用软件来说，大多数用户对于软件的技术细节并不关心，他们更关心的是该Web应用软件是否提供了一个高效、美观、便于操作的用户使用界面。

6.2.1 什么是Web软件

Web应用软件是指可以通过网页进行访问和操作的应用程序。Web应用软件一个最大的优势就是用户只需要使用浏览器，不需要安装任何其他的软件或插件，就能够轻松地使用该应用软件。

应用软件有两种模式：C/S和B/S。C/S是客户端/服务器端应用软件，这类应用软件一般都需要独立运行，也就是我们安装在计算机中的各种软件。而B/S就是浏览器端/服务器端应用软件，这类应用软件一般是借助IE等浏览器来运行的。Web应用软件一般都采用B/S模式。常见的计数器、聊天室、论坛、云空间、电子邮箱等，这些都是Web应用软件，如图6-2所示。

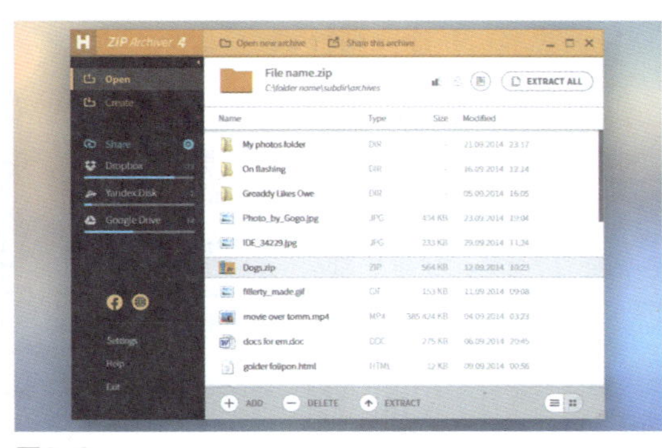

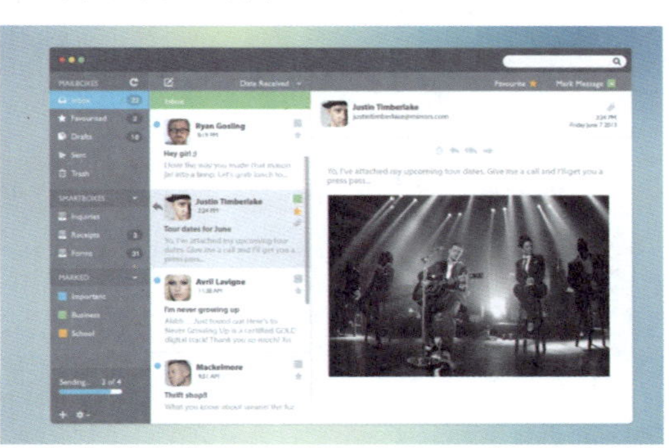

图6-2

6.2.2 Web应用软件界面设计原则

Web应用软件界面设计与普通应用软件界面设计有许多相似之处，但由于其应用环境的特殊性，又具有其自身的特点和要求。在对Web应用软件界面进行设计时，应该遵守以下几点设计原则：

1 简单明了

Web应用软件界面的设计要尽可能以最直接、最形象、最易于理解的方式呈现在用户面前。对于操作接口，直接单击高于右键操作；文字加图标的表现形式要比单纯的文字或图标更好，尽可能地符合用户对类似系统的识别习惯。

2 方便使用

为了方便用户尽快熟悉该Web应用软件的使用，简化操作，应该尽可能在Web软件界面中提供向导性质的操作流程。

3 界面色彩

计算机屏幕的发光成像和普通视觉成像有很大的不同，应该注意这种差别做出恰当的色彩搭配。对于需要用户长时间使用的Web应用软件，应当使用户在较长时间使用后不至于过于感到视觉疲劳为宜。例如轻松的浅色彩为主配色、灰色系为主配色等。切忌色彩过多，花哨艳丽，严重妨碍用户视觉交互。

4 界面版式

Web应用软件的界面版式要求整齐统一，尽可能在固定的位置划分不同的功能区域，方便用户导航使用；排版不宜过于密集，避免产生疲劳感。

5 页面最小

由于Web的网络特性，尽可能减少单页面加载量，降低图片文件的大小和数量，加快加载速度，方便用户体验。

6 屏幕适应

Web应用软件是通过浏览器进行操作使用的，设计者需要考虑到用户使用的屏幕分辨率大小不同，需要使设计的Web应用软件适应在不同屏幕分辨率下显示。

7 适当安排界面内容

Web应用软件应该尽可能减少垂直方向的滚动，尽可能不超过两屏。由于将导致非常恶劣的客户体验，所以应尽可能禁止浏览器水平滚动操作。

【自测1】设计上网测速软件界面

视频：光盘\视频\第6章\上网测速软件界面.swf　　源文件：光盘\源文件\第6章\上网测速软件界面.psd

- **案例分析**

案例特点： 本案例绘制一款上网测速软件界面，将该软件界面设计为汽车速度表的图形效果，给人一种非常直观的感受。

制作思路与要点：在设计该软件界面的过程中，使用矢量绘图工具绘制矩形，然后对图形形状进行调整，并添加相应的图层样式，从而表现出图形的阴影和质感。仪表盘的绘制是本案例的重点，通过多层图层的相互叠加，并分别填充不同的渐变颜色从而使图层具有很强的层次感。该软件界面整体让人感觉层次丰富、设计新颖，具有很强的科技感和动感。

● 色彩分析

该款软件设计界面使用蓝色作为主体色调，并在多处使用蓝色的渐变颜色进行填充，蓝色可以给人科技感和时尚感。在界面中的蓝色背景上搭配灰色的图形和白色的文字，文字效果突出，色调统一，整体感强。

蓝色	白色	灰色

● 制作步骤

步骤01 执行“文件>新建”命令，弹出“新建”对话框，新建一个空白文档，如图6-3所示。打开素材图像“光盘\源文件\第6章\素材\201.jpg”，将其拖入到新建的文档中，如图6-4所示。

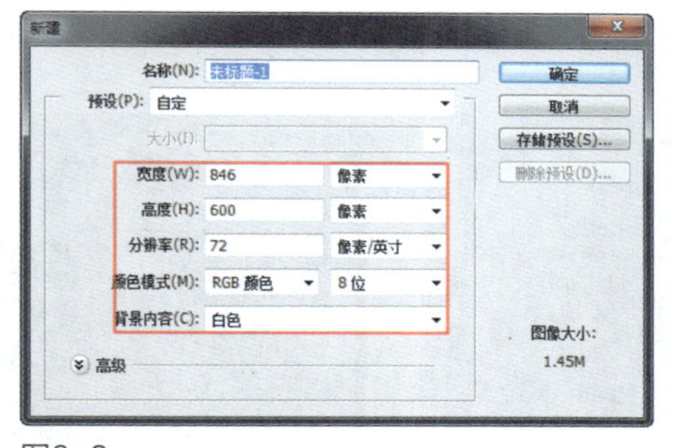

图6-3

图6-4

步骤02 新建名称为“温度计”的图层组，使用“椭圆工具”，在画布中绘制一个白色的正圆形，如图6-5所示。为“椭圆 1”图层添加“渐变叠加”图层样式，在对话框中设置相关选项，如图6-6所示。

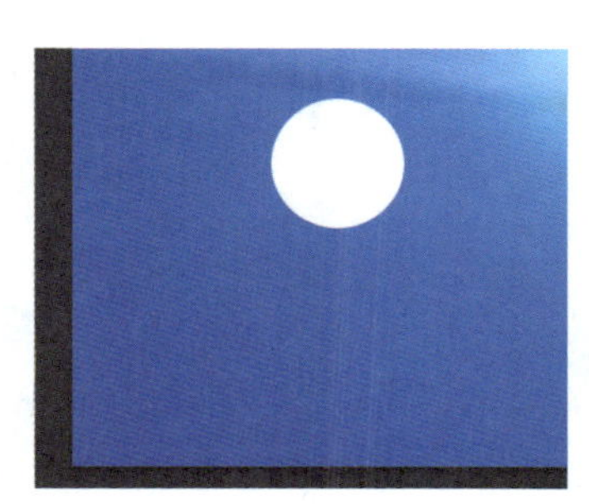
图6-5

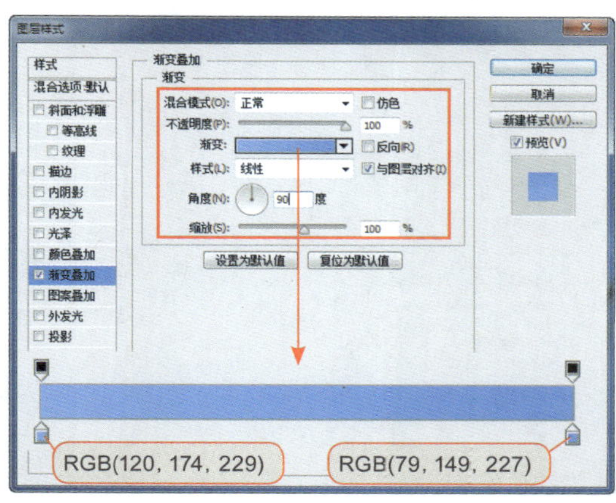

图6-6

步骤03 继续添加“投影”图层样式，对相关选项进行设置，如图6-7所示。单击“确定”按钮，完成“图层样式”对话框中各选项的设置，效果如图6-8所示。

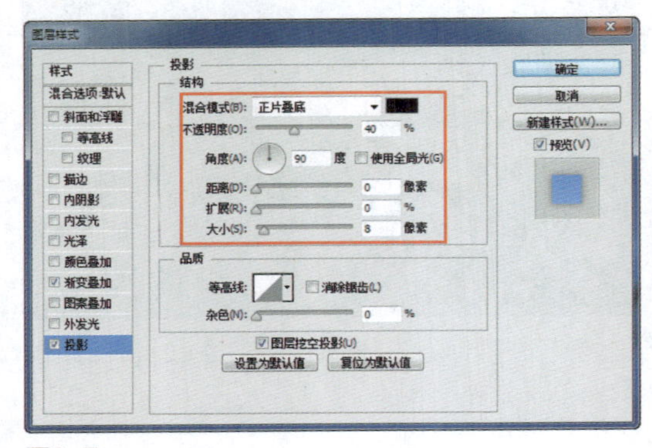

图6-7

图6-8

提示

在“图层样式”对话框中，“斜面与浮雕”、“内阴影”和“投影”等图层样式都包含一个“使用全局光”复选框。选中该复选框，则所添加的图层样式将使用相同角度的光源；如果需要设置不同角度的光源，则需要取消选中该复选框。

步骤04 使用相同的制作方法，可以完成相似图形效果的绘制，如图6-9所示。使用“圆角矩形工具”，在选项栏上设置“半径”为5像素，在画布中绘制一个白色的圆角矩形，如图6-10所示。

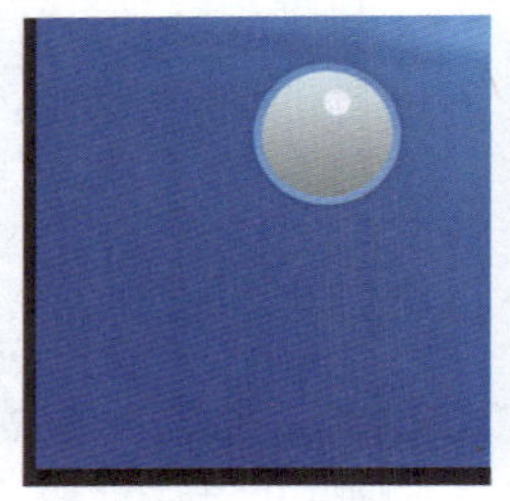

图6-9

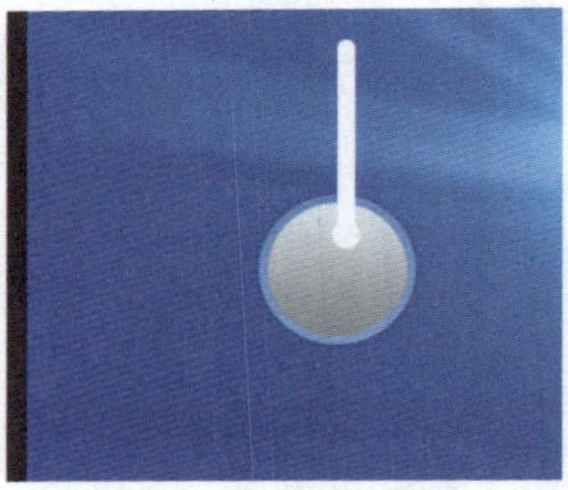

图6-10

步骤05 将“椭圆3”和“圆角矩形1”图层进行合并，为该图层添加“内阴影”图层样式，对相关选项进行设置，如图6-11所示。继续添加“渐变叠加”图层样式，对相关选项进行设置，如图6-12所示。

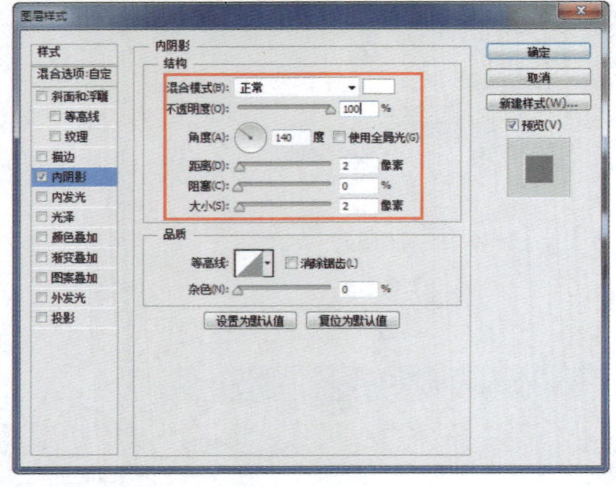

图6-11

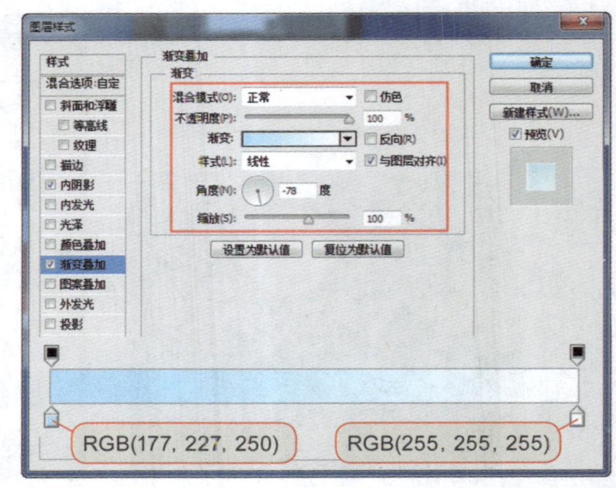

图6-12

步骤06 单击“确定”按钮，完成“图层样式”对话框中各选项的设置，设置该图层的“不透明度”为80%，效果如图6-13所示。使用相同的制作方法，可以完成相似图形效果的绘制，效果如图6-14所示。

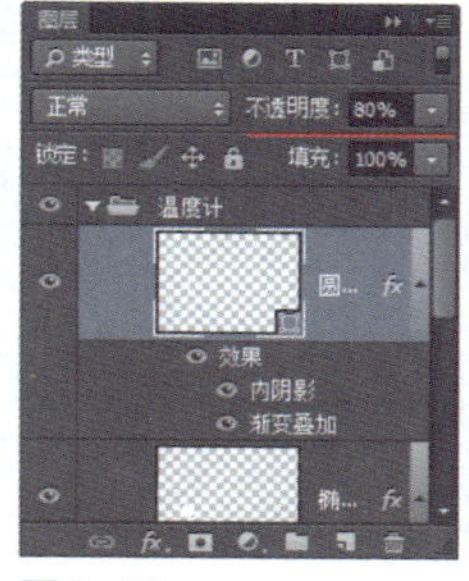

图6-13

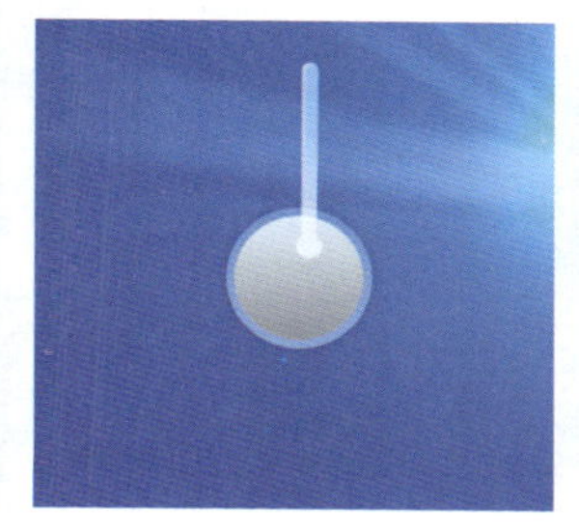

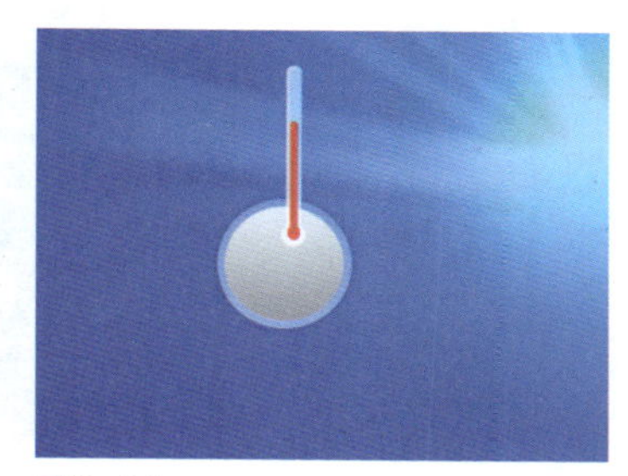
图6-14

步骤07 新建图层，使用“画笔工具”，选择合适的笔触，在画布相应的位置绘制，效果如图6-15所示。使用“矩形工具”，在选项栏中设置“填充”为RGB（159,197,235），在画布中绘制矩形，如图6-16所示。

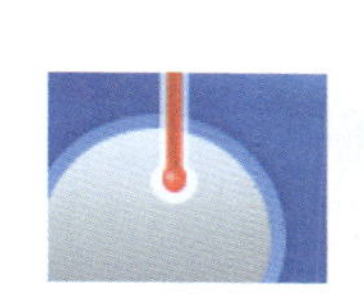
图6-15

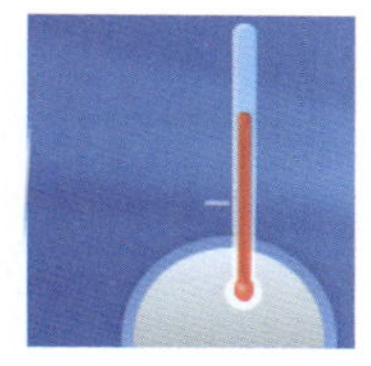
图6-16

步骤08 多次复制“矩形1”图层，并分别将复制得到的图形调整到合适的大小和位置，效果如图6-17所示。使用“横排文字工具”，在“字符”面板中设置相关选项，在画布中输入相应的文字，如图6-18所示。

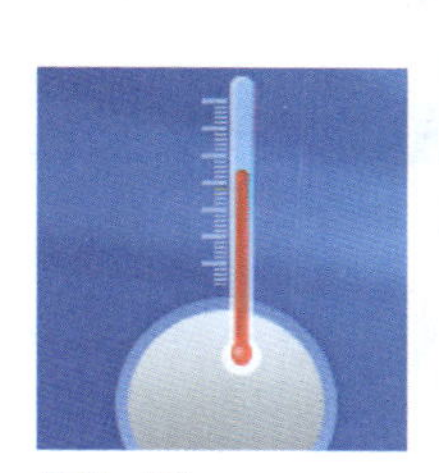
图6-17

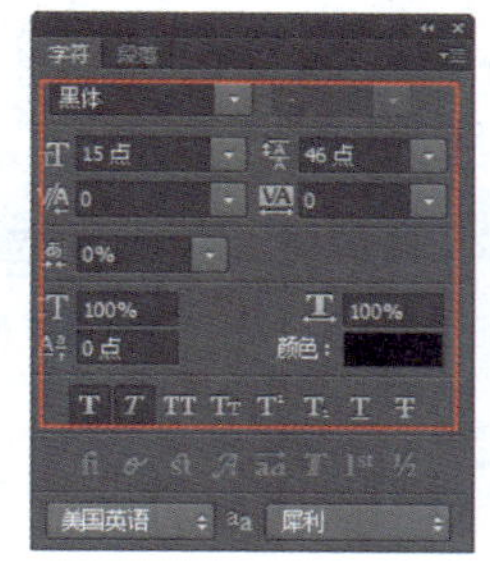

图6-18

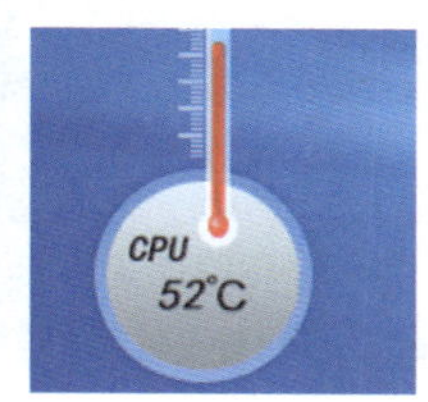

步骤09 新建名称为“指示牌”的图层组，使用“圆角矩形工具”，在选项栏中设置“半径”为5像素，在画布中绘制圆角矩形，如图6-19所示。执行“编辑>变换>斜切”命令，对圆角矩形进行斜切操作，效果如图6-20所示。

图6-19

图6-20

步骤 10 为该图层添加“内阴影”图层样式，对相关选项进行设置，如图6-21所示。继续添加“渐变叠加”图层样式，对相关选项进行设置，如图6-22所示。

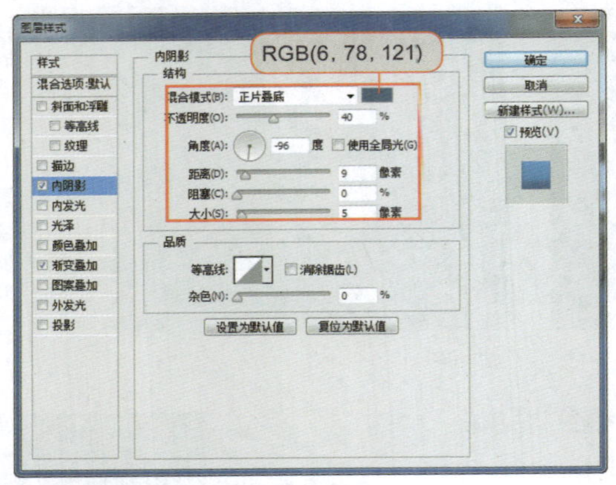

图6-21

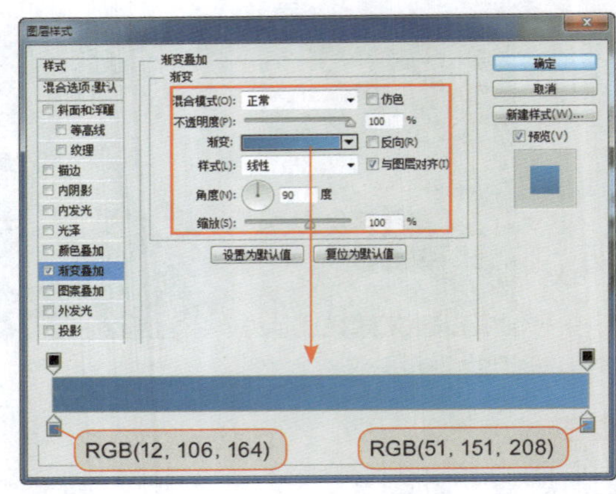

图6-22

步骤 11 单击“确定”按钮，完成“图层样式”对话框中各选项的设置，效果如图6-23所示。使用相同的制作方法，可以完成相似图形效果的绘制，效果如图6-24所示。

图6-23

图6-24

步骤 12 执行“滤镜>模糊>高斯模糊”命令，弹出“高斯模糊”对话框，具体设置如图6-25所示。单击“确定”按钮，完成“高斯模糊”对话框中各选项的设置，效果如图6-26所示。

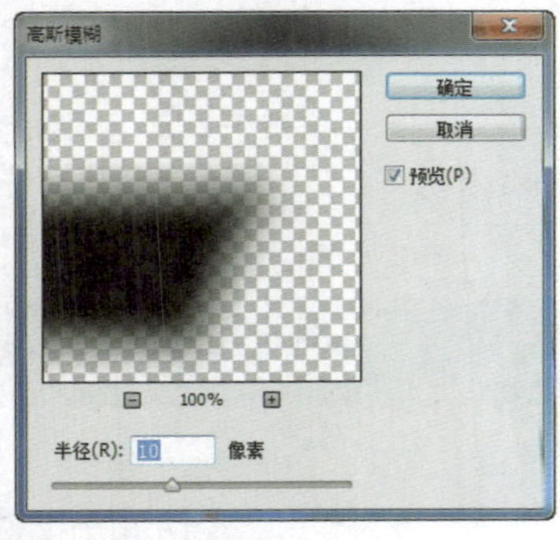

图6-25

图6-26

步骤 13 设置该图层的“不透明度”为80%，将该图层移至“圆角矩形3”图层的下方，效果如图6-27所示。使用相同的制作方法，可以完成相似图形效果的绘制，如图6-28所示。

图6-27

图6-28

步骤 14 为该图层添加“内阴影”图层样式，对相关选项进行设置，如图6-29所示。单击“确定”按钮，完成“图层样式”对话框中各选项的设置，设置该图层的“填充”为0%，效果如图6-30所示。

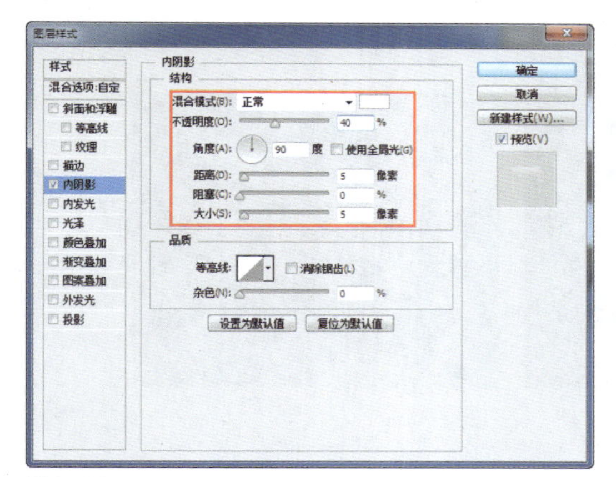

图6-29

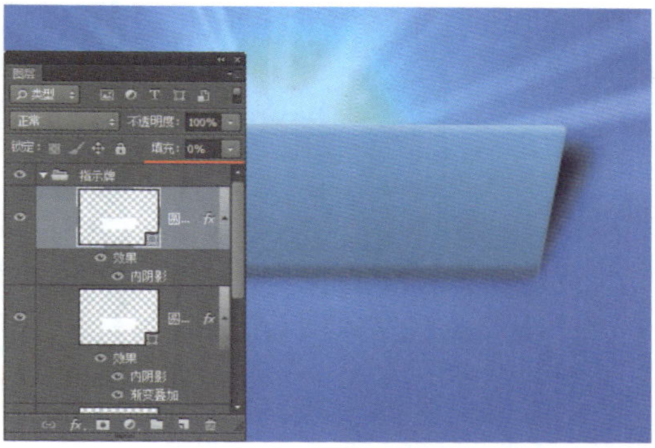

图6-30

步骤 15 使用相同的制作方法，可以完成相似图形效果的绘制，效果如图6-31所示。使用“横排文字工具”，在“字符”面板中设置相关选项，在画布中输入相应的文字，如图6-32所示。

图6-31

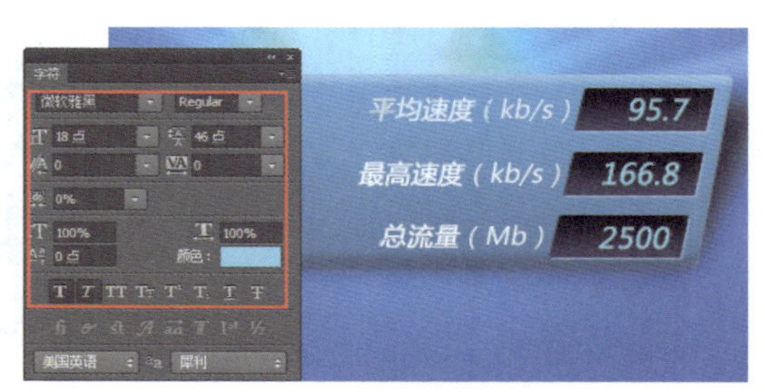

图6-32

步骤 16 使用“直线工具”，在选项栏中设置“填充”为RGB（18,80,116），“粗细”为1像素，在画布中绘制直线，效果如图6-33所示。多次复制“形状1”图层，分别将复制得到的图形直接调整到合适位置并填充颜色，效果如图6-34所示。

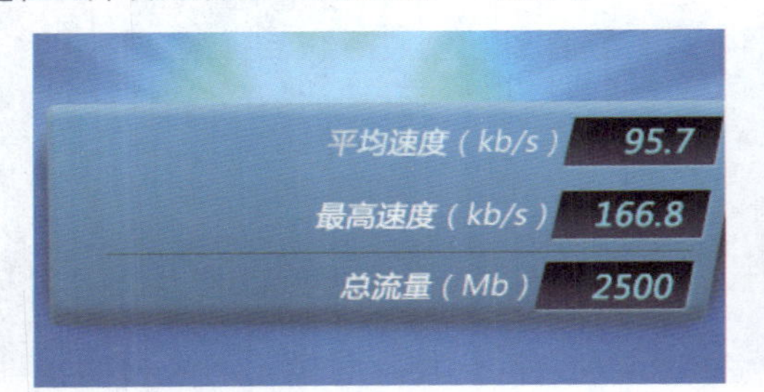

图6-33

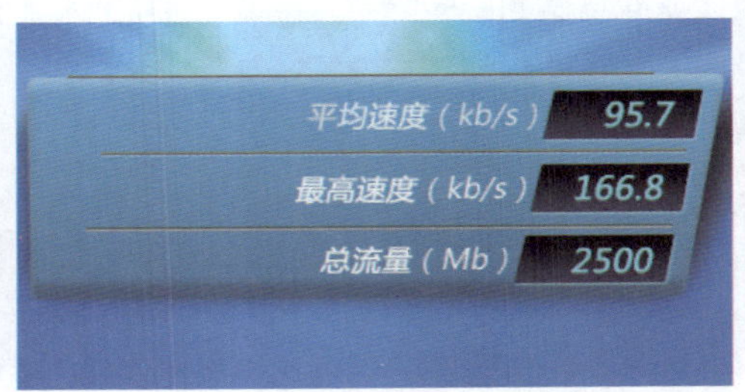

图6-34

步骤 17 新建名称为“运行时间”的图层组，使用相同的制作方法，可以完成相似图形效果的绘制，效果如图6-35所示。将“运行时间”图层组移至“指示牌”图层组下方，效果如图6-36所示。

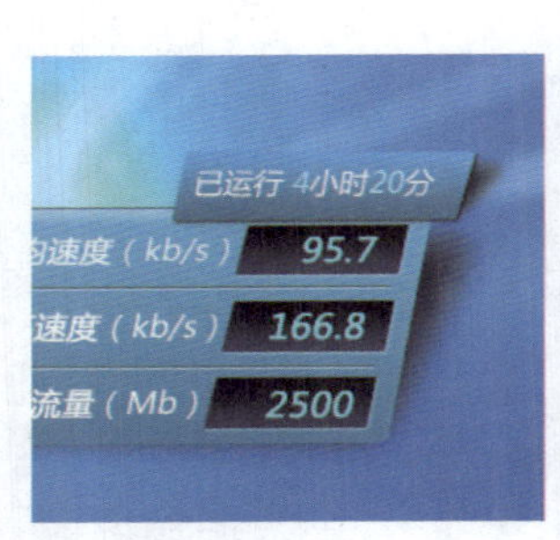

图6-35

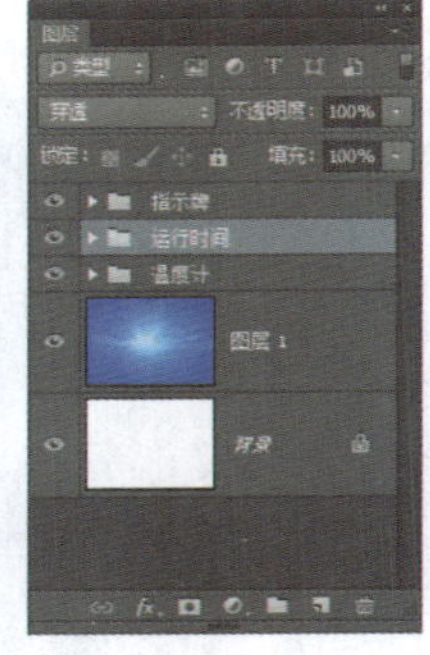

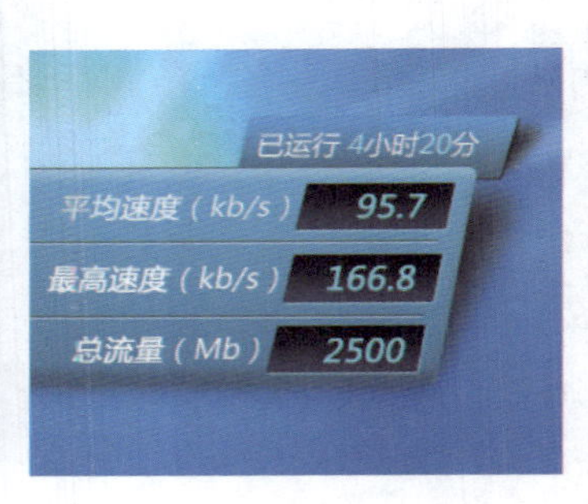

图6-36

步骤 18 新建名称为“仪表”的图层组，使用相同的制作方法，可以完成相似图形效果的绘制，效果如图6-37所示。为“椭圆4”图层添加“内阴影”图层样式，对相关选项进行设置，如图6-38所示。

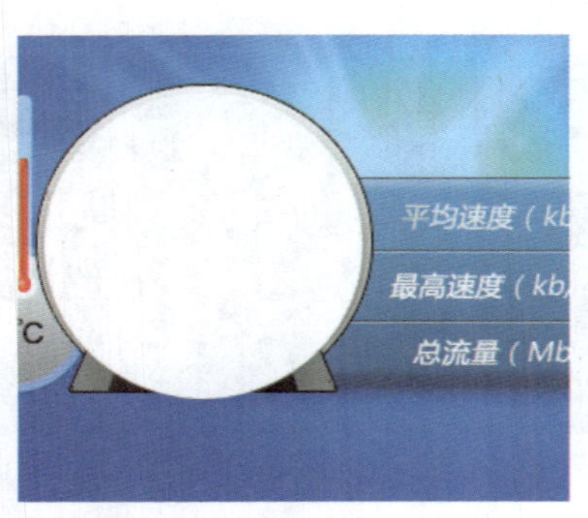

图6-37

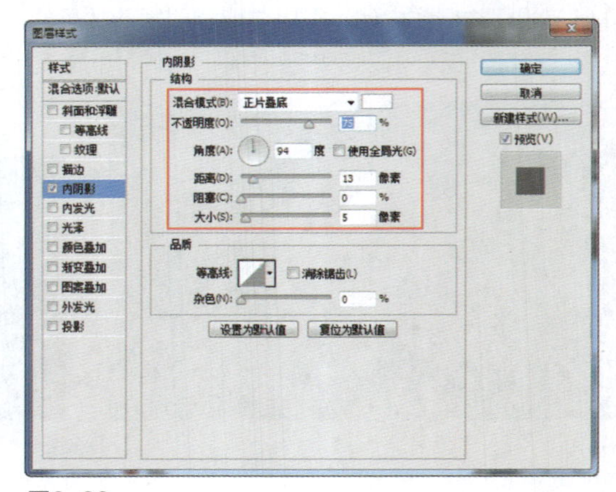

图6-38

步骤19 继续添加“渐变叠加”图层样式，对相关选项进行设置，如图6-39所示。继续添加“外发光”图层样式，对相关选项进行设置，如图6-40所示。

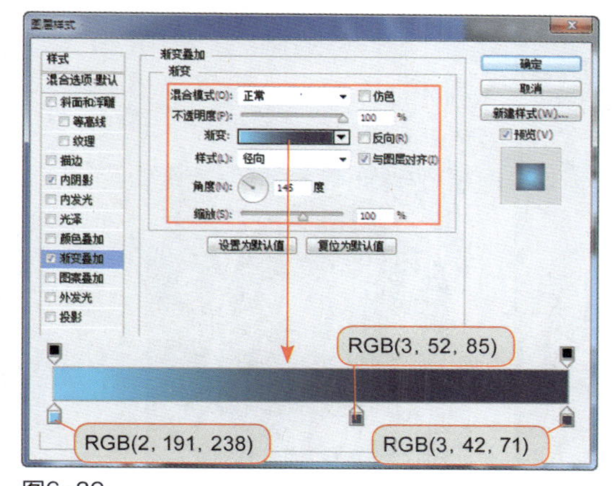

图6-39

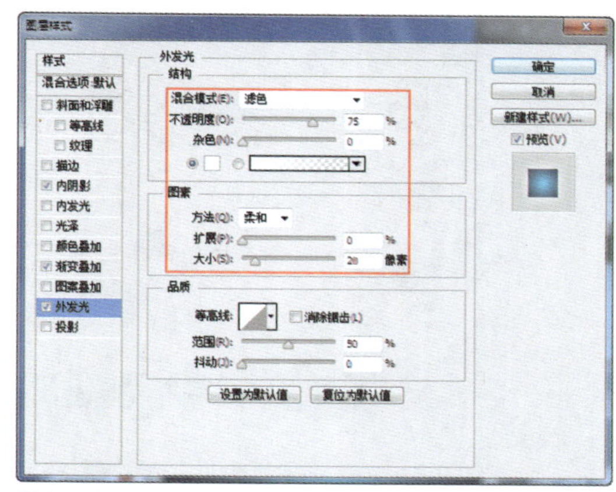
图6-40

步骤20 单击“确定”按钮，完成“图层样式”对话框中各选项的设置，效果如图6-41所示。新建图层，使用“画笔工具”，设置“前景色”为白色，选择合适的笔触，在画布中绘制，并设置该图层的“不透明度”为50%，如图6-42所示。

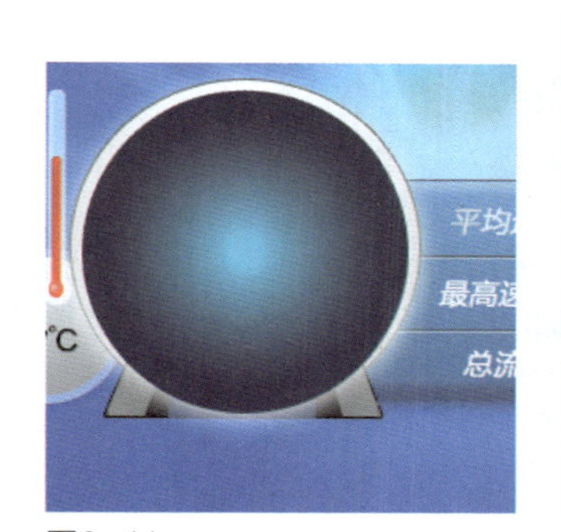
图6-41

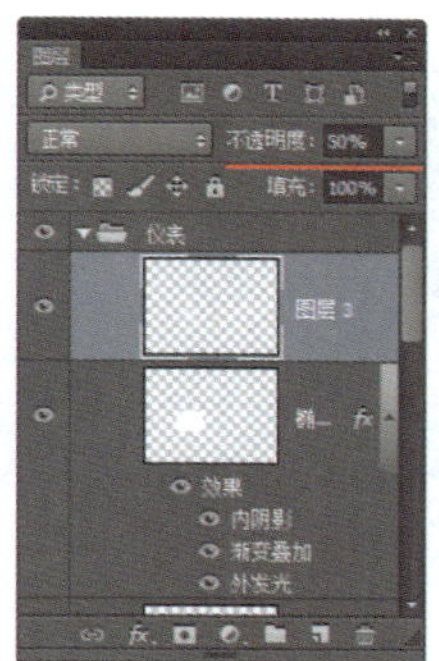
图6-42

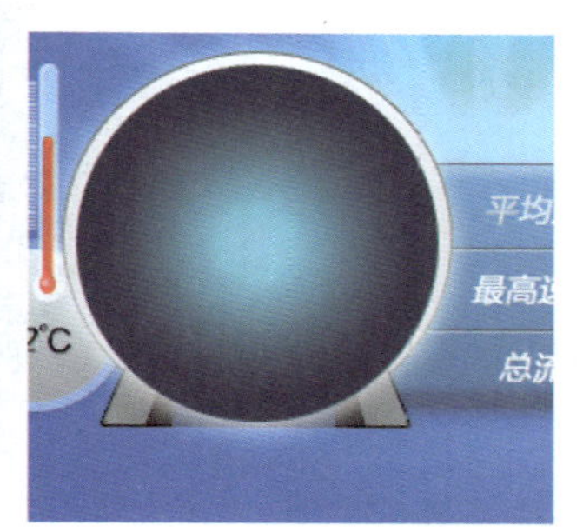

步骤21 选择“椭圆4”图层，使用“钢笔工具”，在选项栏上设置“路径操作”为“减去顶层形状”，在刚绘制的正圆形上减去相应的图形，得到需要的图形，如图6-43所示。使用相同的制作方法，可以完成相似图形效果的绘制，效果如图6-44所示。

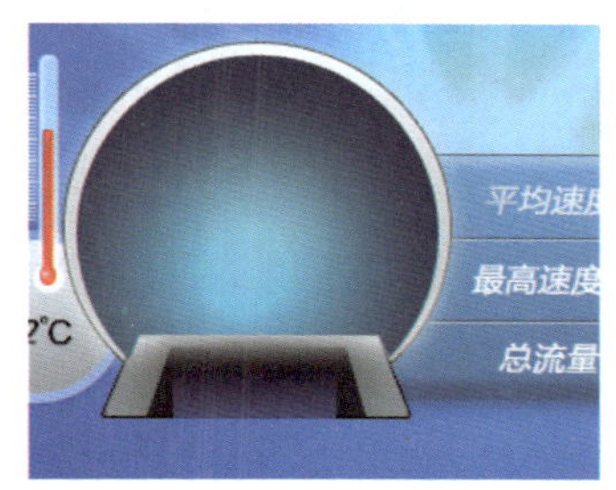

图6-43

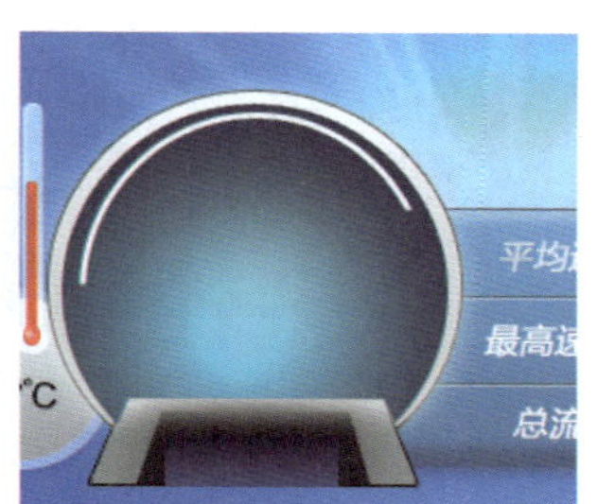
图6-44

步骤22 为“椭圆5”图层添加“渐变叠加”图层样式，对相关选项进行设置，如图6-45所示。单击“确定”按钮，完成“图层样式”对话框中各选项的设置，效果如图6-46所示。

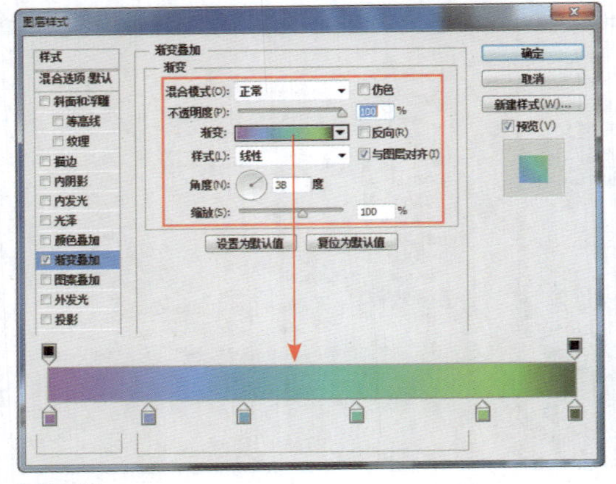

图6-45

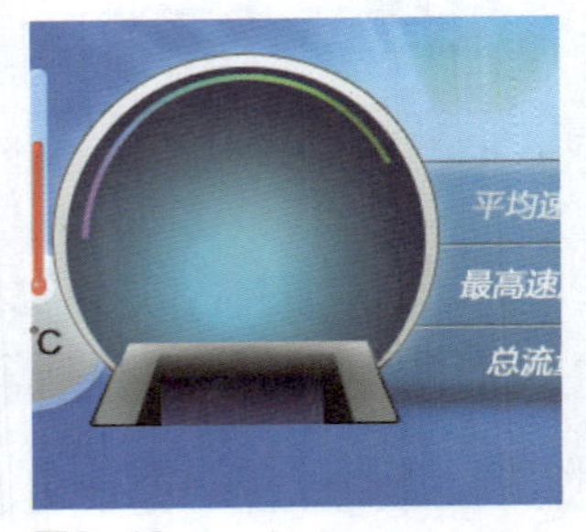

图6-46

步骤23 使用相同的制作方法，可以完成相似图形效果的绘制，效果如图6-47所示。使用“矩形工具”，在选项栏上设置“填充”为RGB（191,82,208），在画布中绘制矩形，如图6-48所示。

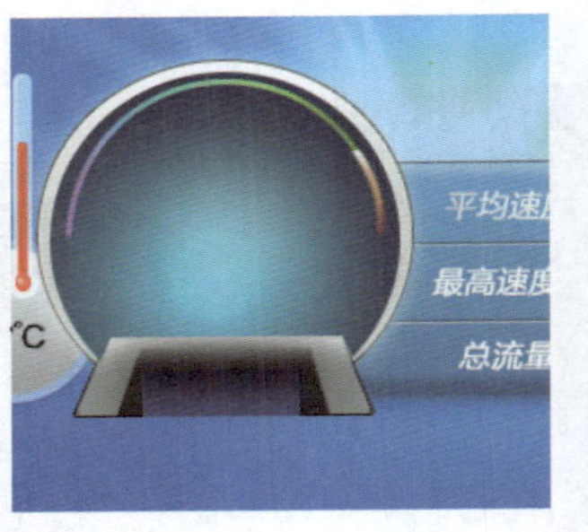

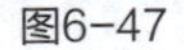
图6-47

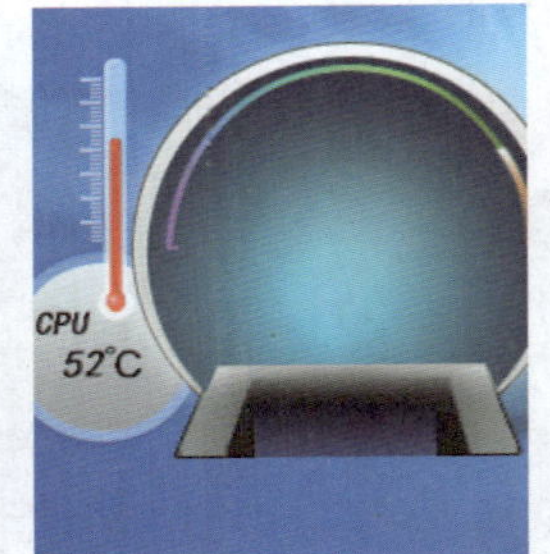

图6-48

步骤24 多次复制“矩形4”图层，并分别对复制得到的图形进行调整，效果如图6-49所示。使用相同的制作方法，可以完成相似图形效果的绘制，效果如图6-50所示。

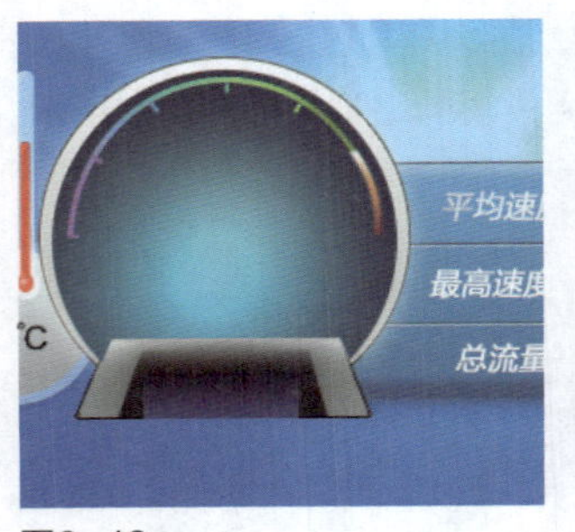

图6-49

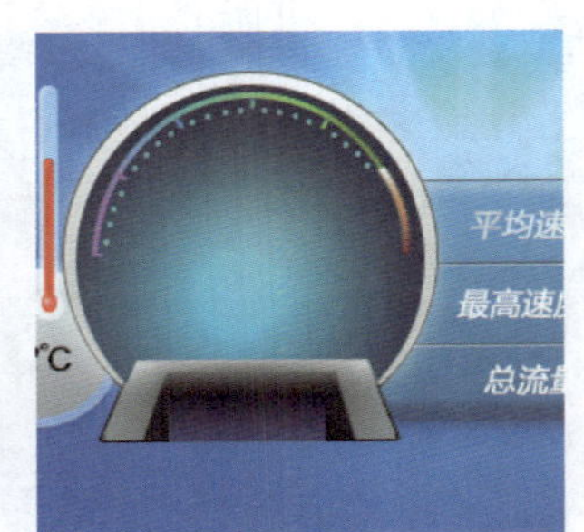

图6-50

步骤25 新建图层，使用“椭圆选框工具”，在画布中绘制椭圆选区，并为选区填充白色，如图6-51所示。执行“滤镜>模糊>高斯模糊”命令，设置“半径”为2像素，然后调整图形的大小和位置，效果如图6-52所示。

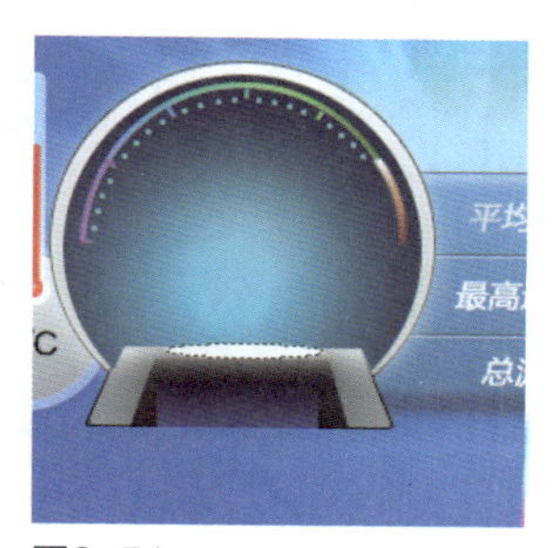

图6-51

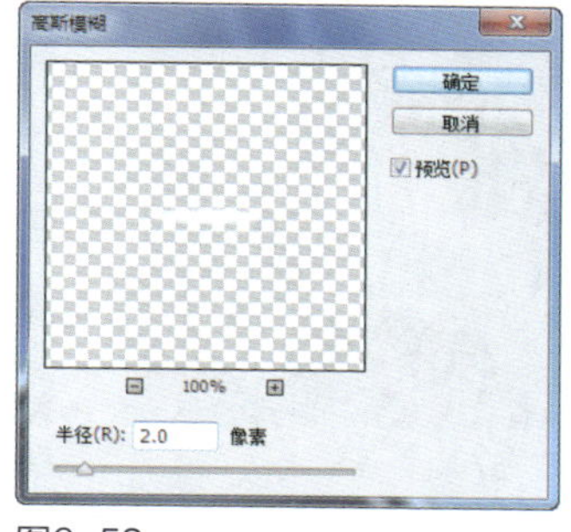

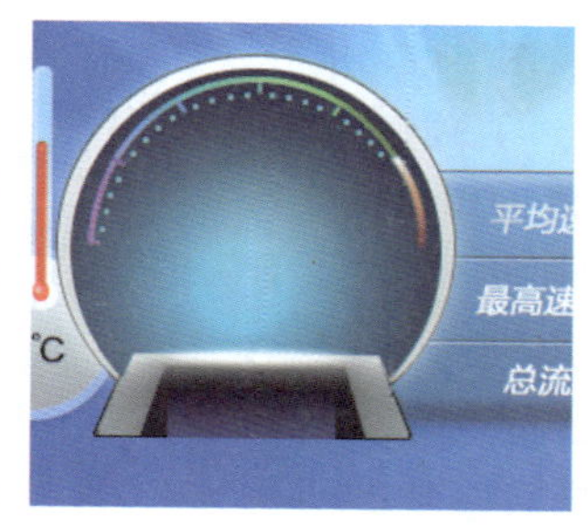

图6-52

步骤26 多次复制“图层5”，分别调整复制得到的图形到合适的大小和位置，效果如图6-53所示。使用“横排文字工具”，在“字符”面板中设置相关选项，在画布中输入文字，如图6-54所示。

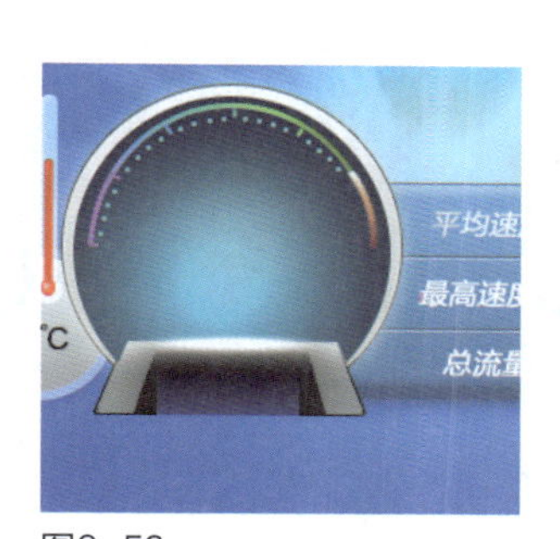

图6-53

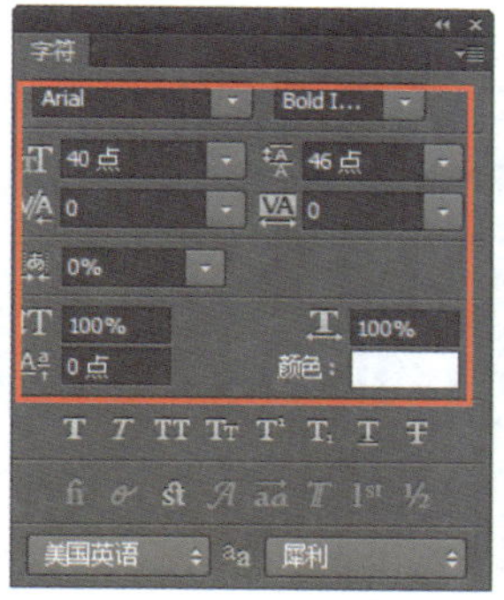

图6-54

步骤27 为文字添加“投影”图层样式，对相关选项进行设置，效果如图6-55所示。单击“确定”按钮，完成“图层样式”对话框中各选项的设置，效果如图6-56所示。

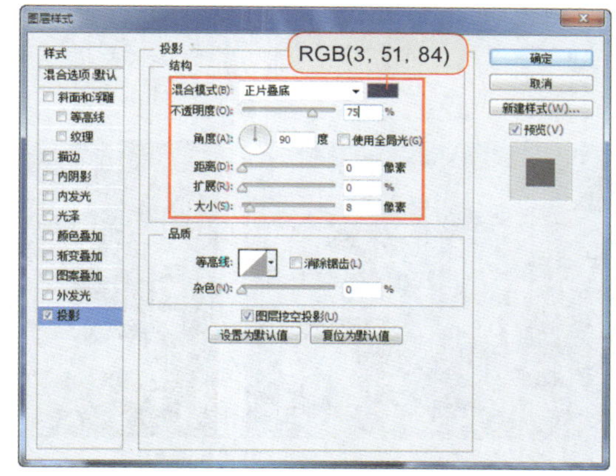

图6-55

图6-56

步骤 28 使用相同的制作方法，可以完成相似图形效果的绘制，效果如图6-57所示。复制“仪表”图层组，得到“仪表拷贝”图层组，执行“编辑>变换>垂直翻转”命令，将复制得到的图层组进行垂直翻转，并向下调整至合适的位置，效果如图6-58所示。

图6-57

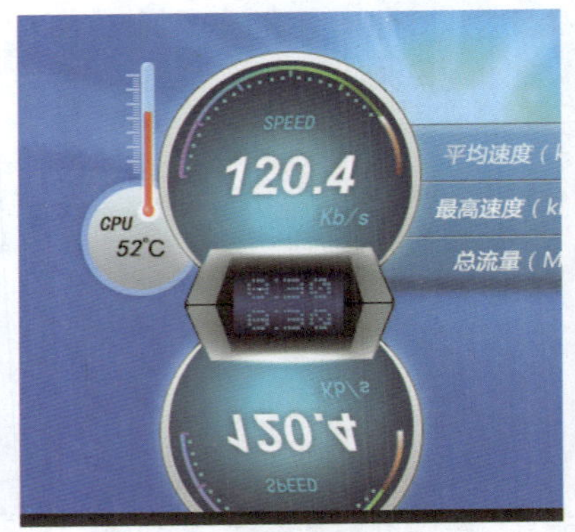

图6-58

步骤 29 为“仪表拷贝”图层组添加图层蒙版，使用“渐变工具”，在图层蒙版中绘制黑白线性渐变，效果如图6-59所示。使用相同的制作方法，可以完成相似图形效果的绘制，如图6-60所示。

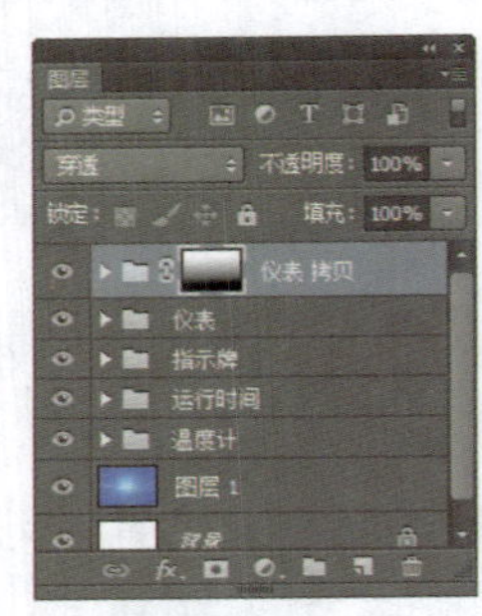

图6-59

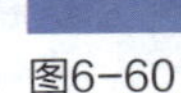

图6-60

提示

在图层蒙版中只可以使用黑色、白色和灰色3种颜色进行涂抹，黑色为遮住，白色为显示，灰色为半透明。

步骤 30 新建图层，使用“画笔工具”，设置“前景色”为黑色，选择合适的笔触，在画布中相应的位置涂抹，设置该图层的“不透明度”为50%，效果如图6-61所示。新建图层，使用“钢笔工具”，在选项栏上设置“工具模式”为“形状”，在画布中绘制白色的形状图形，设置该图层的“不透明度”为10%，效果如图6-62所示。

图6-61

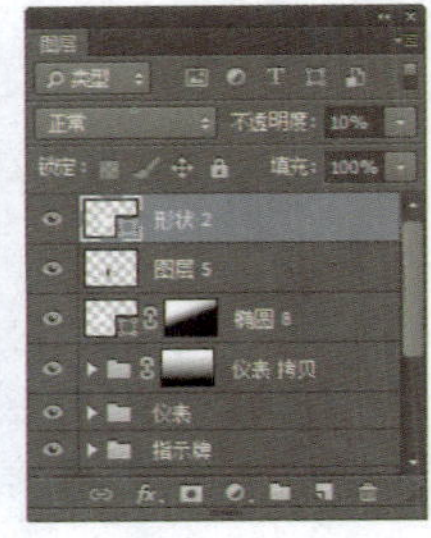

图6-62

步骤 31 同时选中“图层5”和“形状2”图层，将其调整至“仪表”图层组的下方，完成该上网测速软件界面的设计制作，最终效果如图6-63所示。

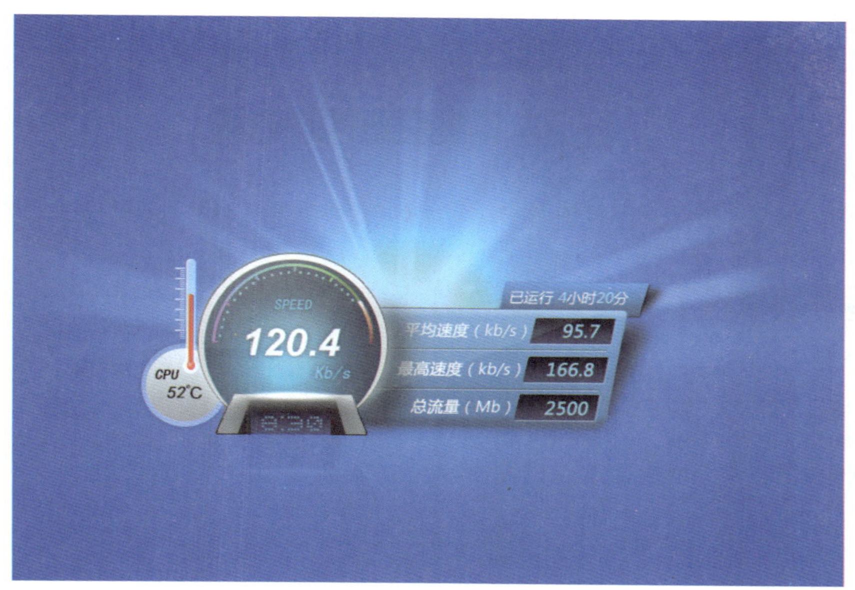

图6-63

【自测2】设计云空间软件界面

视频：光盘\视频\第6章\云空间软件界面.swf　　源文件：光盘\源文件\第6章\云空间软件界面.psd

● 案例分析

案例特点：本案例设计一款云空间软件界面，采用扁平化的设计风格，简约、直观，没有过多的修饰，整个界面给人非常清爽的感觉。

制作思路与要点：随着互联网的发展，网络云空间越来越多，相应的云空间软件也层出不穷。本案例的云空间软件界面使用扁平化的设计风格，在界面中通过背景色块来区别不同的功能区域，搭配简约的纯色图标，使用者能够轻松地使用该软件，并且该软件界面也能够方便地应用到移动设备中。

● **色彩分析**

该软件界面以白色作为背景主色调，使界面中的内容具有很好的易读性，并且可以很好地凸显内容的视觉效果。在界面的标题栏、工具栏都采用纯度较低的灰蓝色作为背景色，搭配纯白色的简约图标，视觉效果非常突出，当前选中的工具则使用绿色的背景，与其他选项进行区别，具有很好的识别性。该软件界面的整体配色让人感觉整洁、清爽。

● **制作步骤**

步骤01 执行“文件>新建”命令，弹出“新建”对话框，新建一个空白文档，如图6-64所示。设置“前景色”为RGB（226,230,239），为画布填充前景色，如图6-65所示。

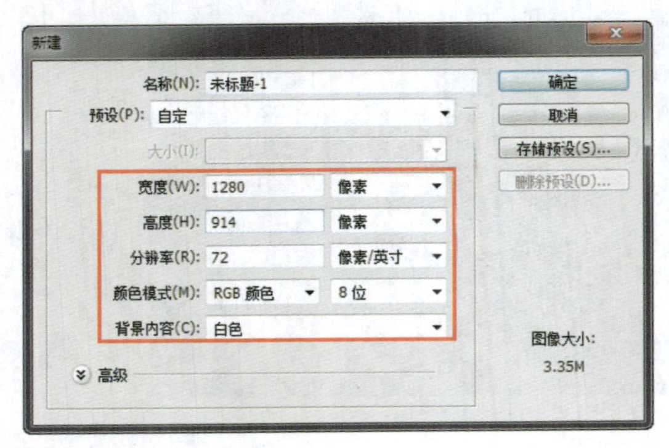

图6-64

图6-65

步骤02 使用“圆角矩形工具”，在选项栏上设置“工具模式”为“形状”、“半径”为1像素，在画布中绘制白色圆角矩形，如图6-66所示。为该图层添加“投影”图层样式，对相关选项进行设置，如图6-67所示。

图6-66

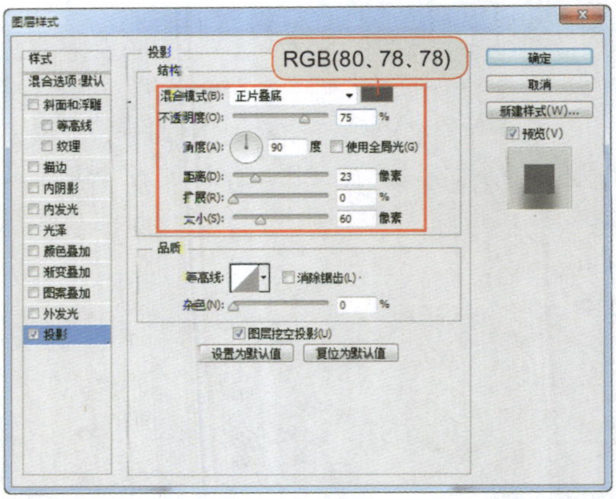

图6-67

步骤03 单击“确定”按钮，完成“图层样式”对话框中各选项的设置，效果如图6-68所示。新建名称为“圆”的图层组，使用“椭圆工具”，设置“填充”为RGB（248,90,81），在画布中绘制正圆形，如图6-69所示。

图6-68　图6-69

步骤04 复制“椭圆1”图层两次，分别调整复制得到的正圆形的填充颜色和位置，效果如图6-70所示。新建名称为logo的图层组，使用“圆角矩形工具”，设置“填充”为RGB（107,197,14）、“半径”为100像素，在画布中绘制圆角矩形，如图6-71所示。

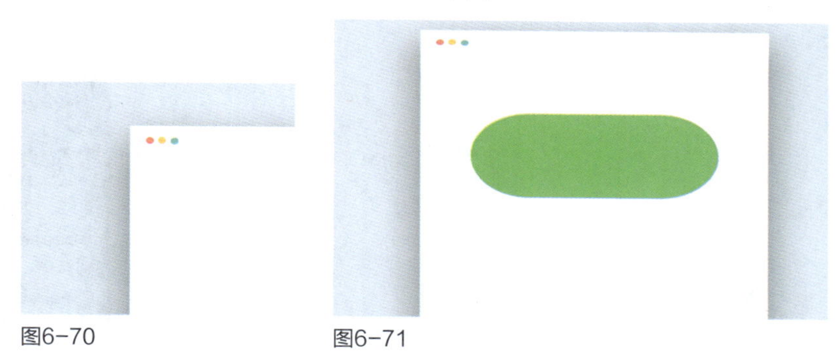
图6-70　图6-71

步骤05 使用“圆角矩形工具”，在选项栏上设置“路径操作”为“减去顶层形状”，在刚绘制的圆角矩形上减去圆角矩形，得到需要的图形，效果如图6-72所示。使用相同的制作方法，可以完成相似图形效果的绘制，效果如图6-73所示。

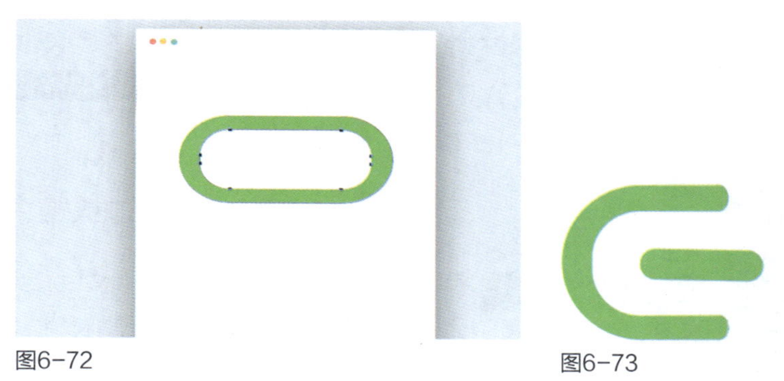
图6-72　图6-73

提示

使用Photoshop中的钢笔工具和形状工具，或其他矢量工具，可以创建出不同类型的对象。其中包括形状图层、工作路径和像素图像。在工具箱中选择矢量工具后，在选项栏上的“工具模式”下拉列表中包括“形状”、“路径”和“像素”3个选项，选择一种绘图模式后，即可在画布中进行绘图。

步骤 06 使用“椭圆工具”，设置“填充”为RGB（107,197,14），在画布中的相应位置绘制正圆形，如图6-74所示。复制“椭圆2”图层，调整复制得到的正圆形到合适的位置，效果如图6-75所示。

图6-74　　图6-75

步骤 07 选中logo图层组，执行“编辑>变换>旋转”命令，对该图层组中的图形进行旋转操作，效果如图6-76所示。使用相同的制作方法，可以完成相似图形效果的绘制，如图6-77所示。

图6-76

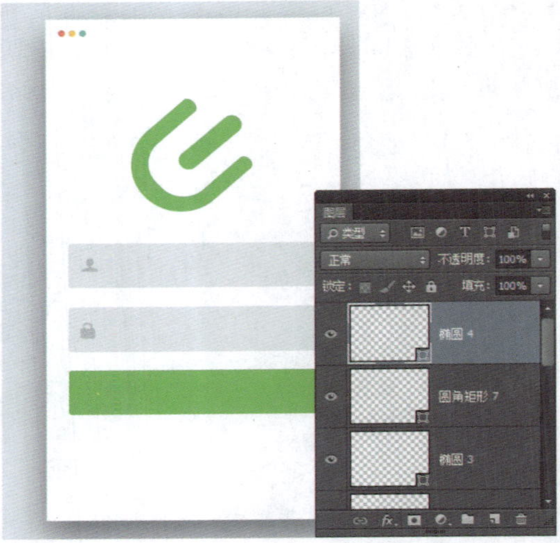

图6-77

步骤 08 使用“横排文字工具”，在“字符”面板中设置相应的选项，在画布中输入相应的文字，如图6-78所示。执行“文件>新建”命令，弹出“新建”对话框，新建一个空白文档，如图6-79所示。

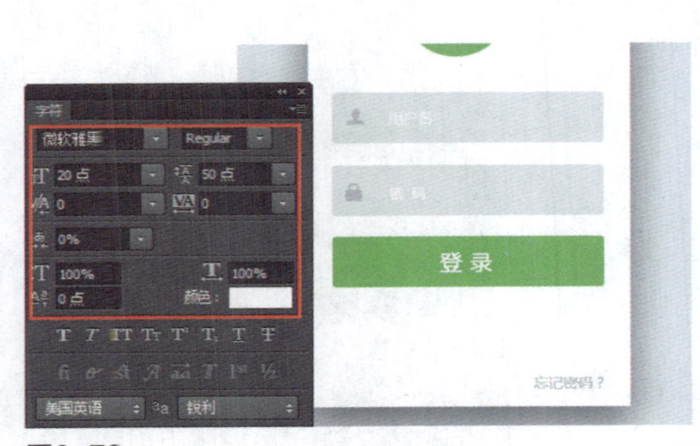

图6-78

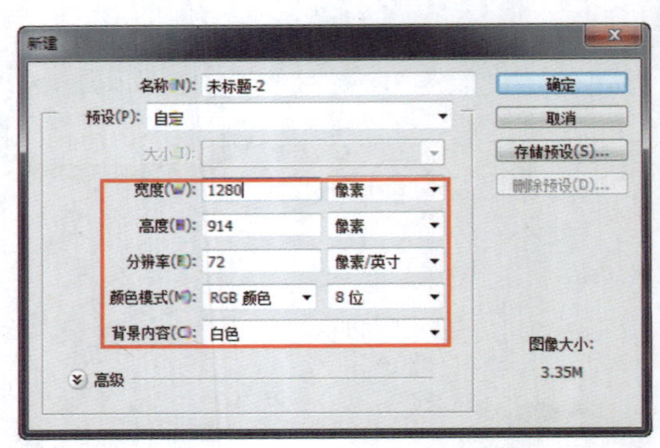

图6-79

步骤09 使用相同的制作方法，可以完成相似图形效果的绘制，如图6-80所示。使用“椭圆工具”，在选项栏上设置“描边”为“角度渐变”，并对渐变颜色进行设置，在画布中绘制正圆形，效果如图6-81所示。

图6-80

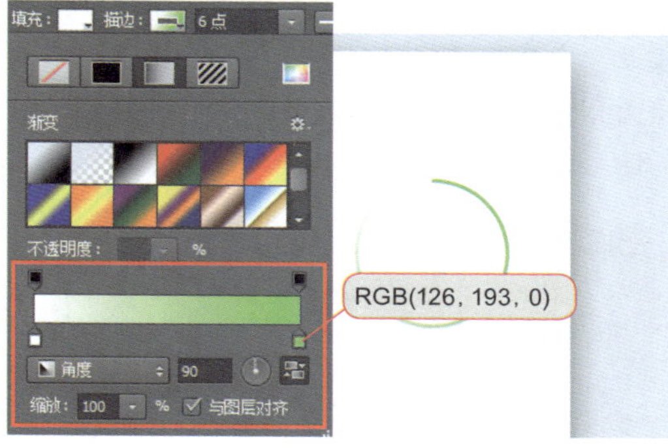

图6-81

提示

Photoshop中提供了5种不同类型的渐变填充效果。其中，角度渐变是指从起点到终点颜色按顺时针做扇形的渐变，也可以称为发射形渐变。此处为所绘制的正圆形设置的就是角度渐变填充效果。

步骤10 使用相同的制作方法，可以完成相似图形效果的绘制，如图6-82所示。使用“横排文字工具”，在画布中输入文字，完成该界面的设计制作，效果如图6-83所示。

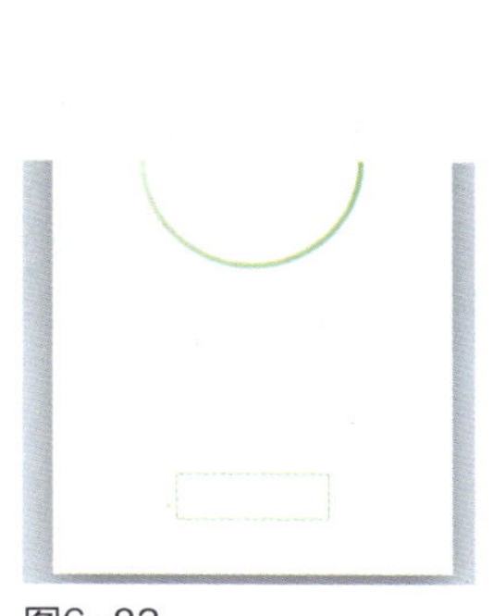

图6-82

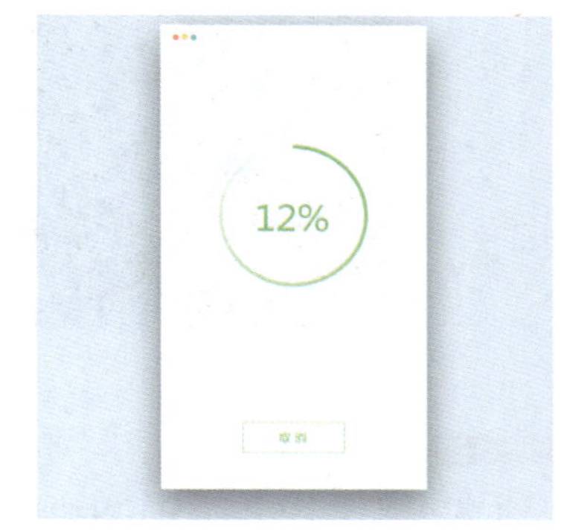

图6-83

步骤11 执行“文件>新建”命令，弹出“新建”对话框，新建一个空白文档，如图6-84所示。使用相同的制作方法，可以完成相似图形效果的绘制，效果如图6-85所示。

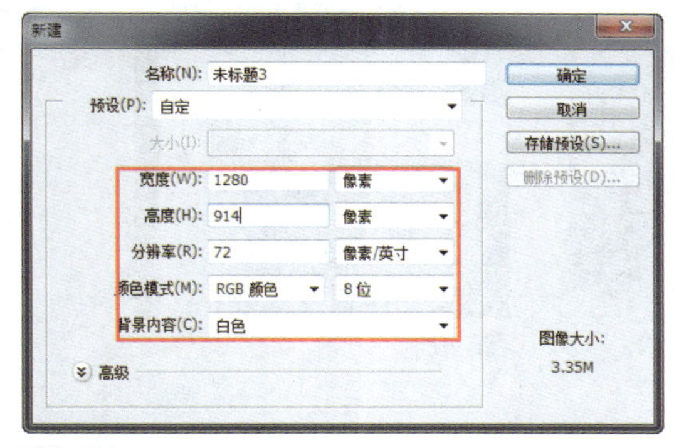

图6-84

图6-85

步骤 12 使用“钢笔工具”，在选项栏上设置“工具模式”为“形状”，在画布中绘制白色图形，如图6-86所示。使用“钢笔工具”，设置“路径操作”为“减去顶层形状”，在刚绘制的图形上减去相应的图形，得到需要的图形，效果如图6-87所示。

图6-86

图6-87

提示

在使用“钢笔工具”绘制曲线路径的过程中调整方向线时，按住Shift键拖动鼠标可以将方向线的方向控制在水平、垂直或以45°角为增量的角度上。

步骤 13 使用相同的制作方法，可以完成相似图形效果的绘制，如图6-88所示。使用“自定形状工具”，在选项栏上的“形状”下拉列表中选择合适的形状，在画布中绘制形状图形，如图6-89所示。

图6-88

图6-89

步骤 14 使用相同的制作方法，可以完成相似图形效果的绘制，如图6-90所示。打开并拖入素材图像“光盘\源文件\第6章\素材\201.jpg”，将其调整到合适的大小和位置，如图6-91所示。

图6-90

图6-91

步骤 15 选中“图层 1”，执行“图层>创建剪贴蒙版”命令，为该图层创建剪贴蒙版，效果如图6-92所示。使用“横排文字工具”，在“字符”面板中设置相关选项，在画布中输入文字，如图6-93所示。

图6-92

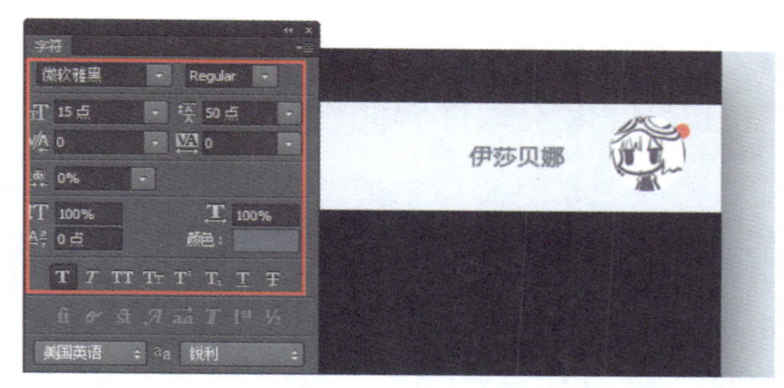

图6-93

步骤 16 新建名称为“中间”的图层组，使用相同的制作方法，可以完成相似图形效果的绘制，如图6-94所示。新建名称为“设置”的图层组，使用矢量绘制工具，在画布中绘制相应的图形，如图6-95所示。

图6-94

图6-95

步骤 17 完成该云空间软件界面的设计制作，最终效果如图6-96所示。

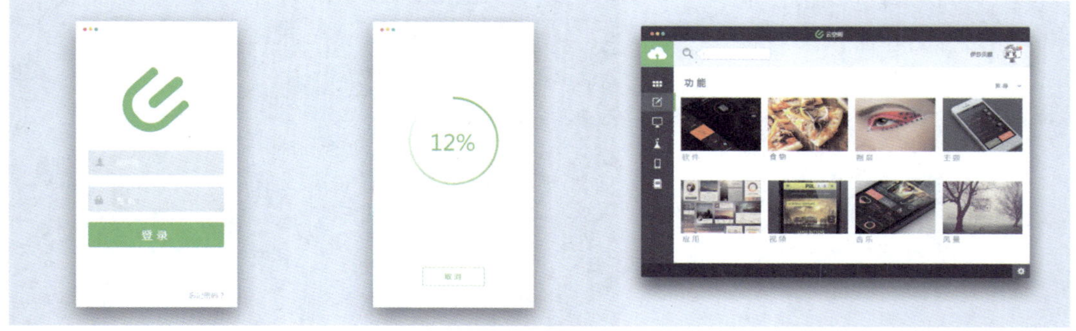

图6-96

6.3 软件界面设计的趋势

软件界面设计还是一个需要不断成长的设计领域，一个友好、美观的界面会给用户带来舒适的视觉享受，拉近用户与软件的距离，为商家创造卖点。

6.3.1 传统软件界面设计

软件界面设计是为了满足软件专业化、标准化的需求而产生的对软件的使用界面进行美化、优化、规范化的设计分支。在传统软件界面的设计过程中，为了界面的精致、美观和个性化，常常会在界面中添加许多渐变、高光和阴影等效果，这些效果的添加使得软件界面的外观更加华丽，如图6-97所示。

图6-97

【自测3】设计录音软件界面

视频：光盘\视频\第6章\录音软件界面.swf　　源文件：光盘\源文件\第6章\录音软件界面.psd

● **案例分析**

案例特点：本案例设计一款录音软件界面，在该软件界面的设计中充分应用图层样式制作出图形的高光和阴影效果，从而使软件界面具有很强的光影质感。

制作思路与要点：软件界面需要为用户提示简单高效的操作方法和流程，能够让用户快速使用。在该软件界面中，在界面上半部分放置该软件功能设置按钮，下半部分通过对圆角矩形进行分割，将其划分为不同的功能和内容显示区域，并通过不同的颜色来区别主次功能和选项，具有非常高的醒目性。在该软件界面中多处使用渐变颜色填充，使界面产生很强的立体感和质感。

● **色彩分析**

该软件界面主要使用明度和纯度都比较低的灰蓝色作为背景主体色调，给人一种朴实感，并且能够更好地凸显界面中的内容和功能。在界面中，特殊的功能按钮搭配使用明度和纯度较高的橙色和红色进行设计，使其在界面中更加突出，方便用户的操作。整个软件界面给人朴实、稳重的感觉。

灰蓝色	深蓝色	橙色

● **制作步骤**

步骤01 执行“文件>新建”命令，弹出“新建”对话框，新建一个空白文档，如图6-98所示。打开素材图像“光盘\源文件\第6章\素材\401.jpg”，将其拖入到设计文档中，如图6-99所示。

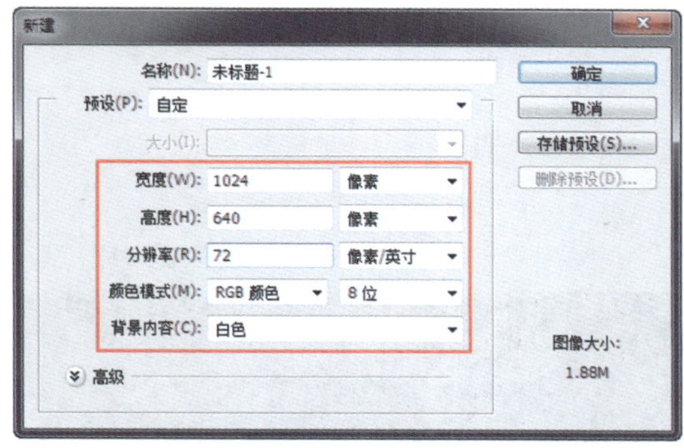

图6-98

图6-99

步骤02 新建名称为“标题栏”的图层组，使用“圆角矩形工具”，在选项栏上设置“工具模式”为“形状”、“半径”为10像素，在画布中绘制一个黑色的圆角矩形，效果如图6-100所示。复制“圆角矩形1”图层，得到“圆角矩形1拷贝”图层，将复制得到的圆角矩形等比例缩小，如图6-101所示。

图6-100

图6-101

步骤03 使用“矩形工具”，在选项栏上设置“路径操作”为“减去顶层形状”，在该圆角矩形上减去相应的矩形，得到需要的图形，如图6-102所示。为该图层添加“描边”图层样式，并对相关选项进行设置，如图6-103所示。

图6-102

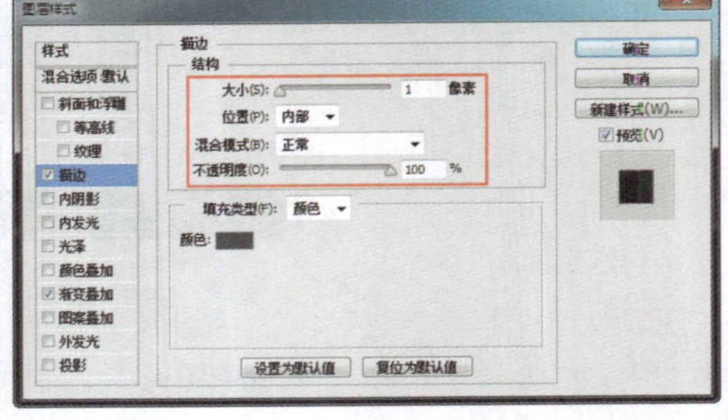

图6-103

步骤04 继续添加“渐变叠加”图层样式，对相关选项进行设置，如图6-104所示。单击“确定”按钮，完成“图层样式”对话框中各选项的设置，效果如图6-105所示。

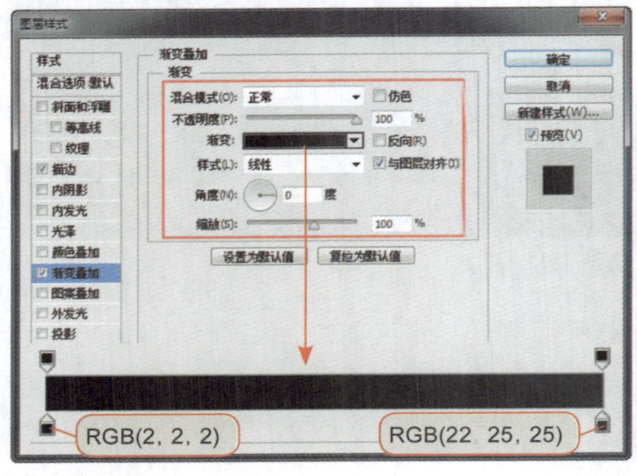

图6-104

图6-105

步骤05 复制“圆角矩形1拷贝”图层，得到“圆角矩形1拷贝2”图层，清除该图层的图层样式，并设置其填充颜色为白色，使用“矩形工具”，在选项栏上设置“路径操作”为“减去顶层形状”，在该图形上减去矩形，得到需要的图形，如图6-106所示。设置该图层的“不透明度”为20%，效果如图6-107所示。

图6-106

图6-107

步骤06 使用“圆角矩形工具”，在选项栏上设置“半径”为5像素，在画布中绘制一个圆角矩形，在“属性”面板中对相关选项进行设置，得到需要的图形效果，如图6-108所示。为该图层添加“渐变叠加”图层样式，对相关选项进行设置，如图6-109所示。

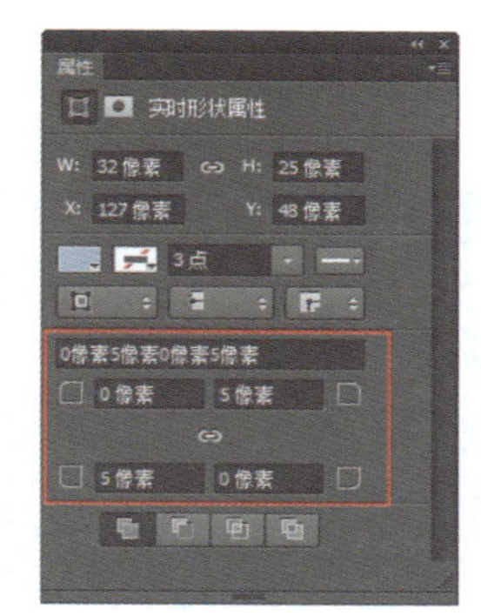

图6-108

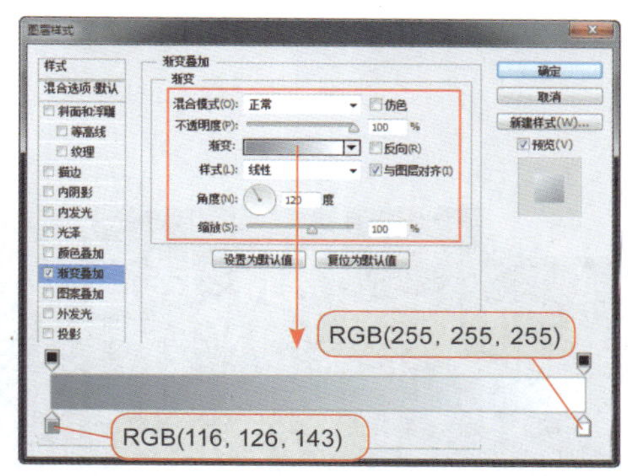

图6-109

提示

在完成形状图形的绘制后，在“属性”面板中显示所绘制的形状图形的实时形状属性选项，在该面板中可以对所绘制的形状图形的相关属性进行设置，包括大小、位置、填充和描边等。此处绘制的圆角矩形，是在“属性”面板中对其中两个角的圆角半径值进行了设置，从而得到了需要的图形效果。

步骤07 单击“确定”按钮，完成“图层样式”对话框中各选项的设置，效果如图6-110所示。复制“圆角矩形2”图层，得到“圆角矩形2拷贝”图层，将复制得到的图形等比例缩小，修改该图层的“渐变叠加”图层样式，对相关选项进行设置，如图6-111所示。

图6-110

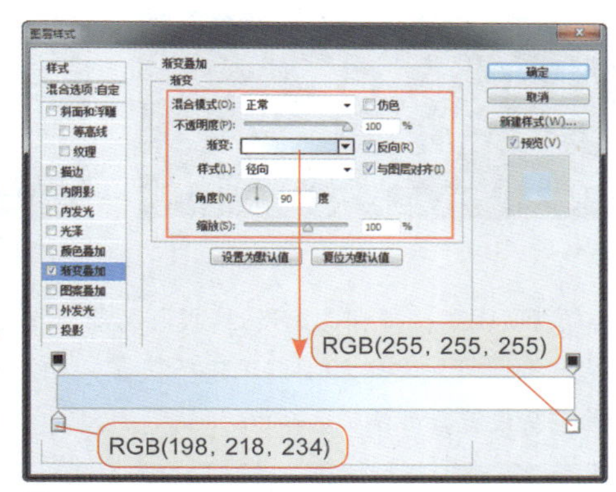

图6-111

步骤08 单击“确定”按钮，完成“图层样式”对话框中各选项的设置，效果如图6-112所示。使用相同的制作方法，可以完成相似图形的绘制，并添加相应的图层样式，效果如图6-113所示。

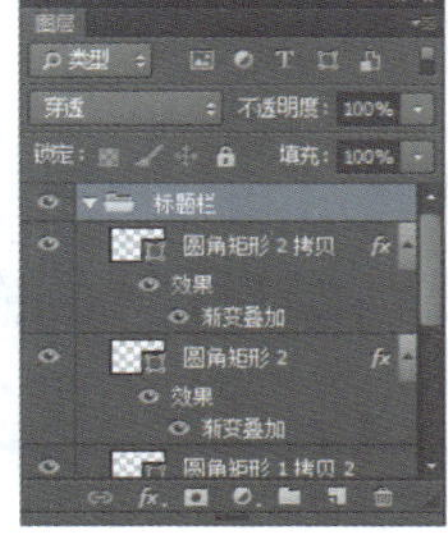

图6-112

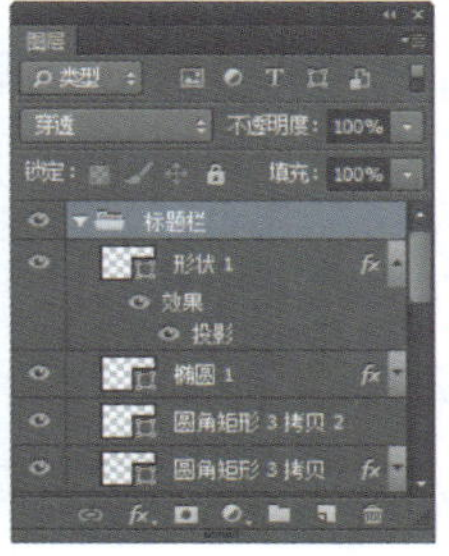

图6-113

步骤 09 使用“横排文字工具”，在“字符”面板中对相关选项进行设置，在画布中输入文字，如图6-114所示。为文字图层添加“投影”图层样式，对相关选项进行设置，效果如图6-115所示。

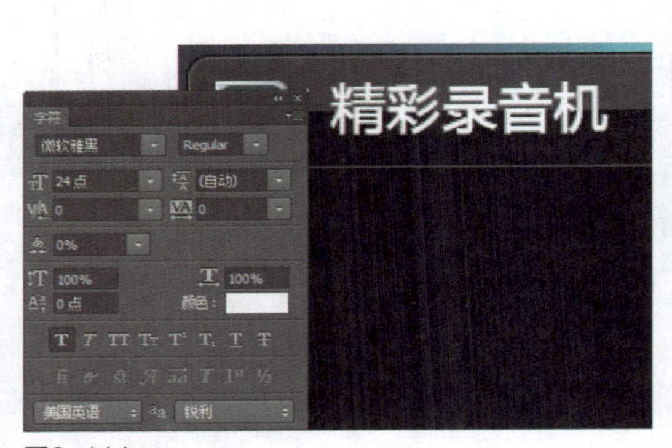

图6-114

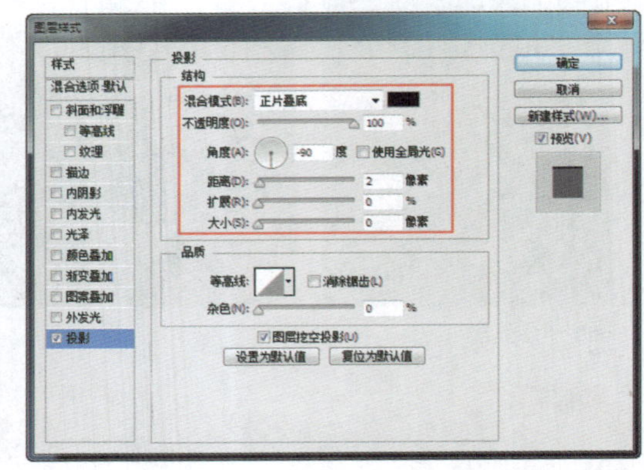

图6-115

步骤 10 单击“确定”按钮，完成“图层样式”对话框中各选项的设置，效果如图6-116所示。使用“矩形工具”，在画布中绘制一个黑色矩形，如图6-117所示。

图6-116

图6-117

步骤 11 复制“矩形1”图层，得到“矩形1拷贝”图层，将复制得到的矩形等比例缩小，为复制得到的矩形添加“描边”图层样式，对相关选项进行设置，如图6-118所示。继续添加“渐变叠加”图层样式，对相关选项进行设置，如图6-119所示。

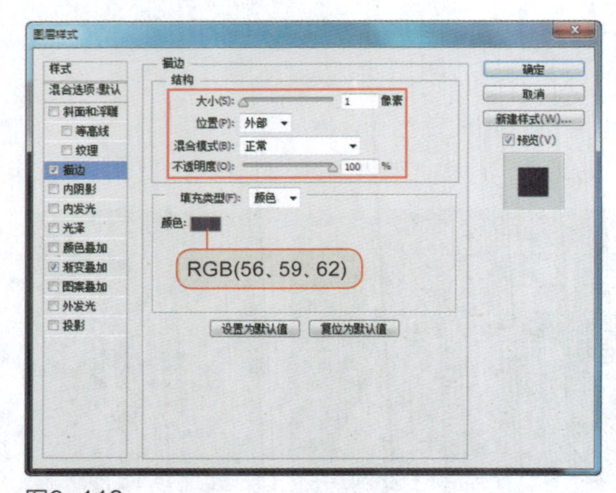

图6-118

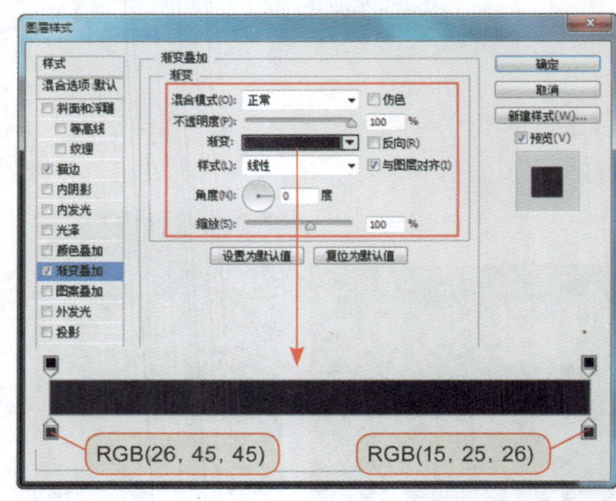

图6-119

步骤 12 单击“确定”按钮，完成“图层样式”对话框中各选项的设置，效果如图6-120所示。使用相同的制作方法，可以绘制出相似的图形效果，如图6-121所示。

图6-120

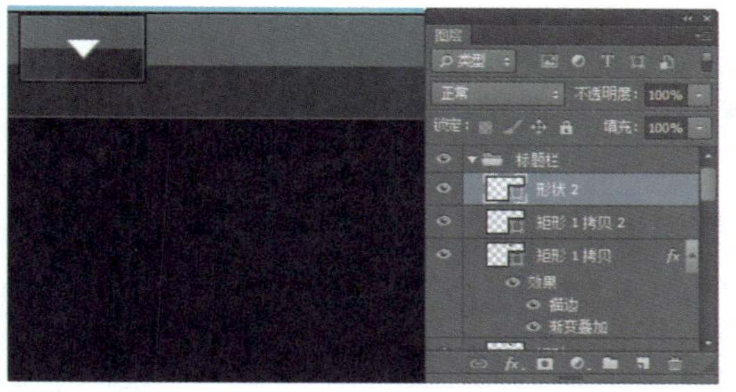

图6-121

步骤 13 使用“直线工具”，在选项栏上设置“粗细”为1像素，在画布中绘制一条白色的直线，如图6-122所示。为该图层添加“渐变叠加”图层样式，对相关选项进行设置，如图6-123所示。

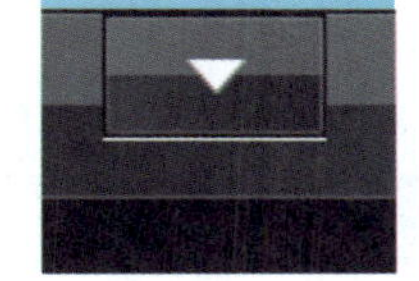

图6-122

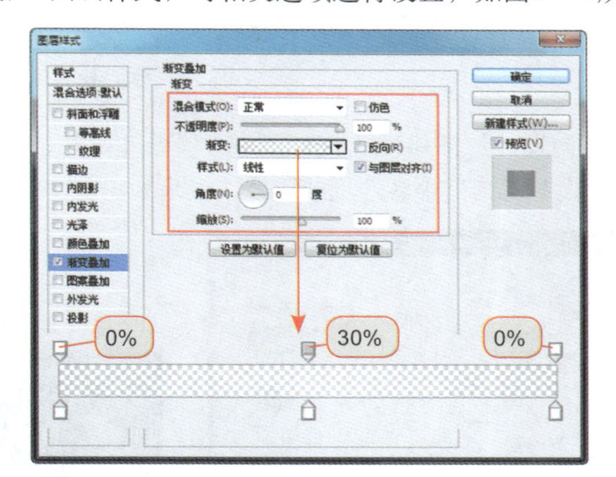

图6-123

提示

渐变预览条下方为颜色色标，上方为不透明度色标。选择一个色标并拖动它，或者在“位置”文本框中输入数值，可以调整色标的位置，从而改变渐变色的混合位置。拖动两个色标之间的菱形图标，可以调整该点两侧颜色的混合位置。

步骤 14 单击“确定”按钮，完成“图层样式”对话框中各选项的设置，设置该图层的“填充”为0%，效果如图6-124所示。使用相同的制作方法，可以完成相似图形效果的绘制，如图6-125所示。

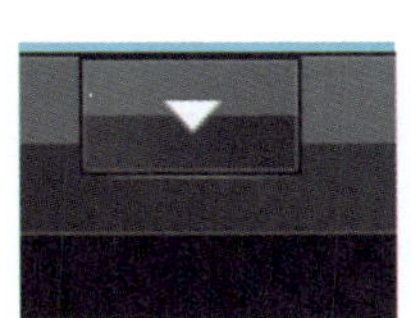

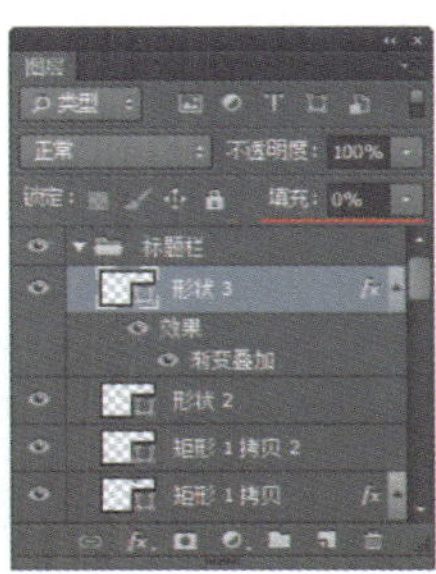

图6-124

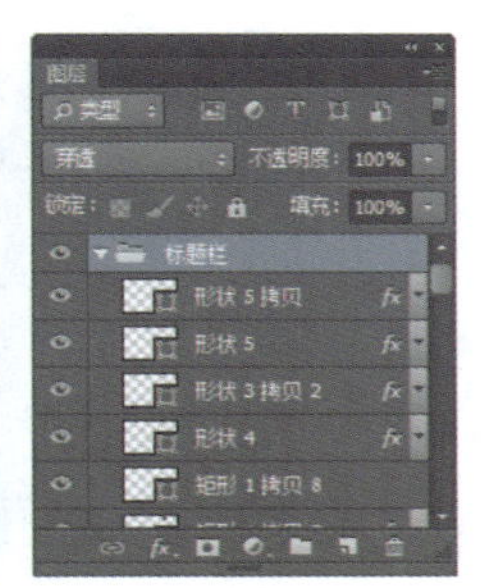

图6-125

步骤 15 新建名称为“功能按钮”的图层组，使用“圆角矩形工具”，在选项栏上设置“半径”为10像素，在画布中绘制圆角矩形，在“属性”面板中对相关选项进行设置，得到需要的图形，如图6-126所示。为该图形添加“渐变叠加”图层样式，对相关选项进行设置，如图6-127所示。

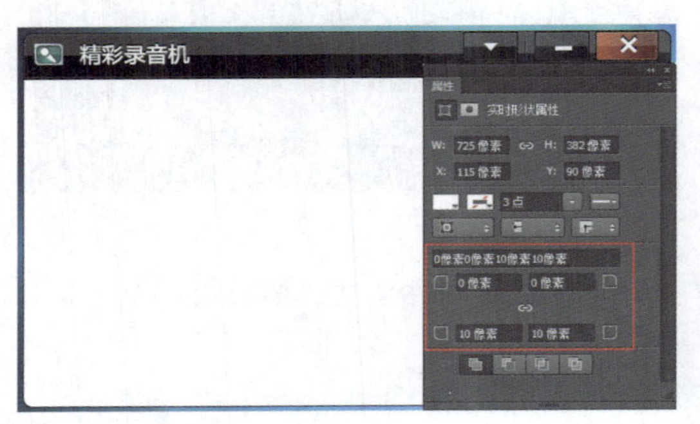

图6-126

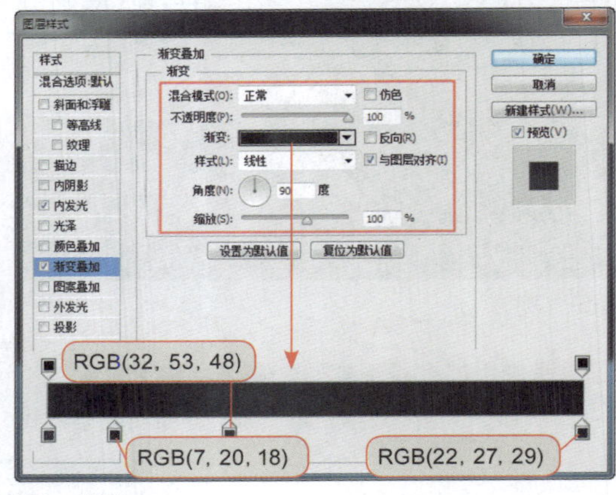

图6-127

步骤 16 继续添加“内发光”图层样式，对相关选项进行设置，效果如图6-128所示。单击“确定”按钮，完成“图层样式”对话框中各选项的设置，效果如图6-129所示。

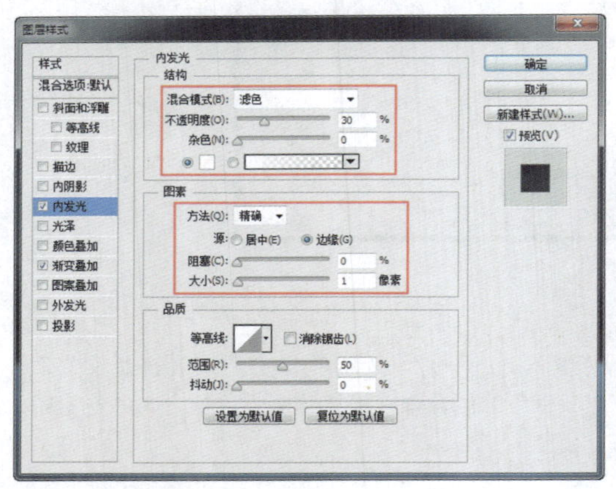

图6-128

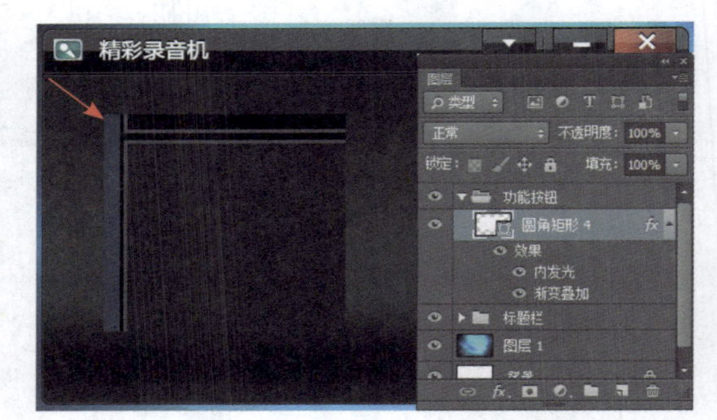

图6-129

提示

在“内发光”图层样式中的“方法”下拉列表中包括“柔和”和“精确”两种发光方法，用于控制发光的准确程度。如果设置“方法”为“柔和”，则发光轮廓会应用经过修改的模糊操作，以保证发光效果与背景之间可以柔和过渡。如果设置“方法”为“精确”，则可以得到精确的发光边缘，但会比较生硬。

步骤17 使用“矩形工具”，在画布中绘制一个白色矩形，如图6-130所示。为该图层添加“渐变叠加”图层样式，对相关选项进行设置，如图6-131所示。

图6-130

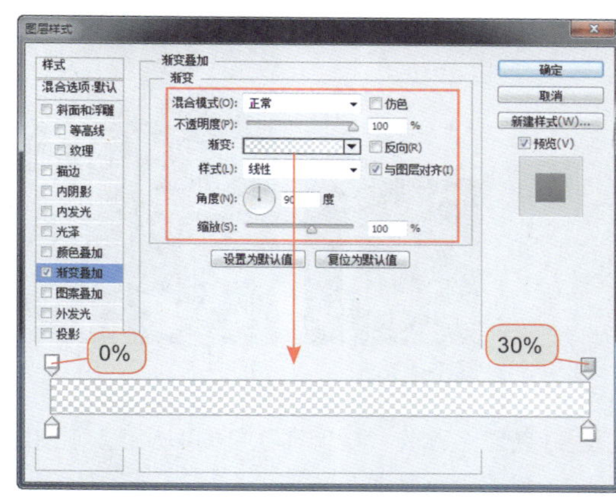

图6-131

步骤18 单击“确定”按钮，完成“图层样式”对话框中各选项的设置，设置该图层的“填充”为0%，效果如图6-132所示。使用“矩形工具”，在选项栏上设置“填充”为无、“描边”为RGB（16,25,25）、“描边粗细”为3点，在画布中绘制矩形，效果如图6-133所示。

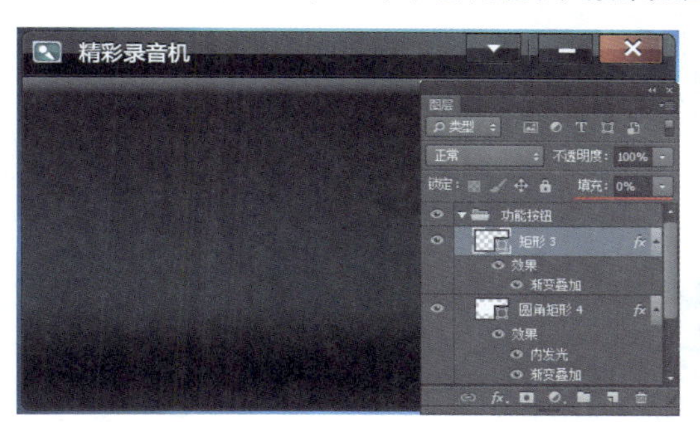

图6-132

图6-133

步骤19 为该图层添加图层蒙版，使用“渐变工具”，在图层蒙版中填充黑白线性渐变，效果如图6-134所示。使用相同的制作方法，可以绘制出相似的图形效果，如图6-135所示。

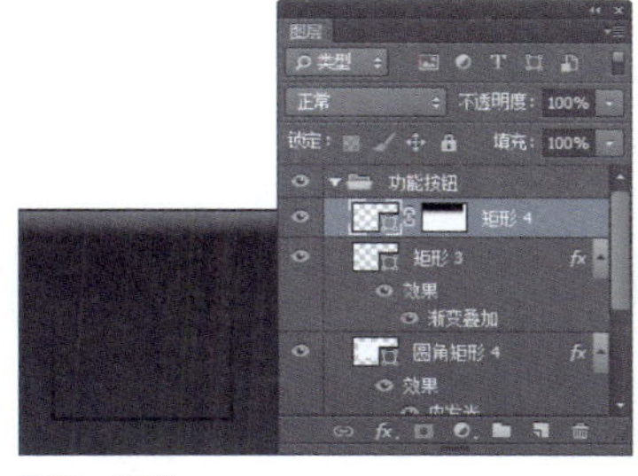

图6-134

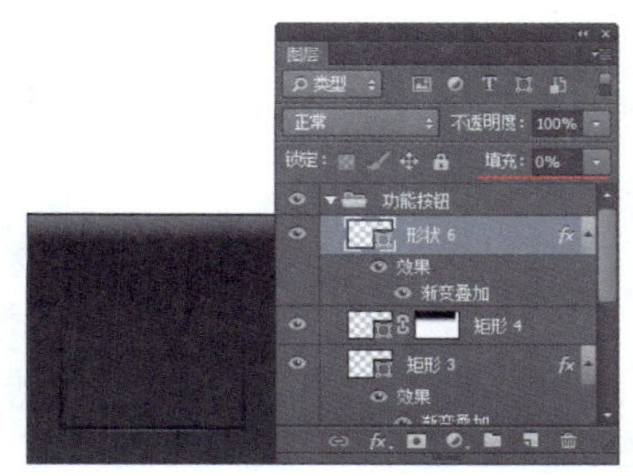

图6-135

步骤20 打开并拖入相应的素材图像，在画布中输入文字并为文字添加“投影”图层样式，效果如图6-136所示。使用相同的制作方法，可以完成该部分图形效果的制作，效果如图6-137所示。

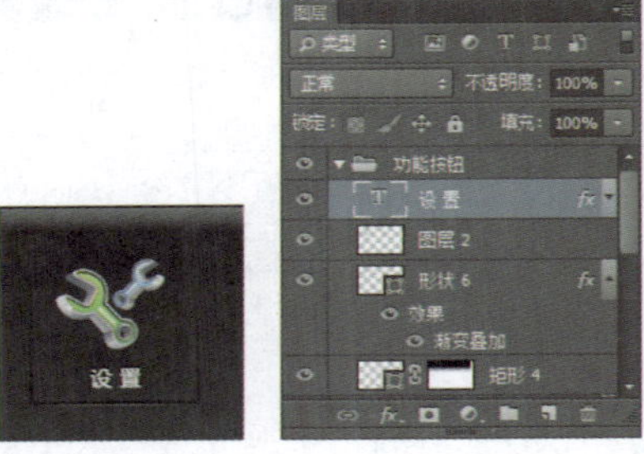

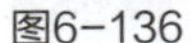
图6-136

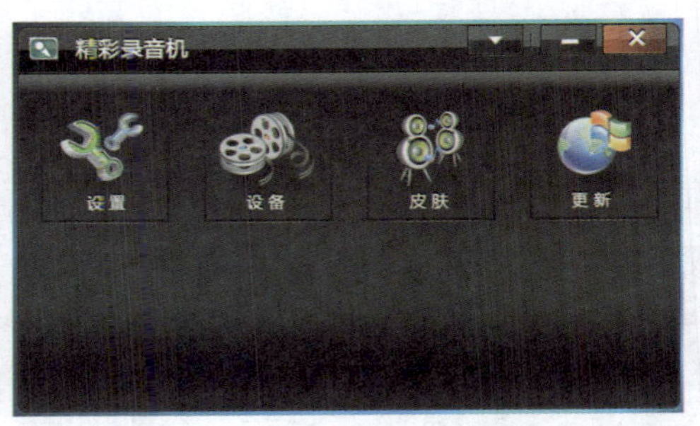

图6-137

步骤21 新建名称为“操作选项”的图层组，使用“圆角矩形工具”，在选项栏上设置“半径”为12像素，在画布中绘制圆角矩形，在“属性”面板中对相关选项进行设置，得到需要的图形，如图6-138所示。为该图形添加“描边”图层样式，对相关选项进行设置，如图6-139所示。

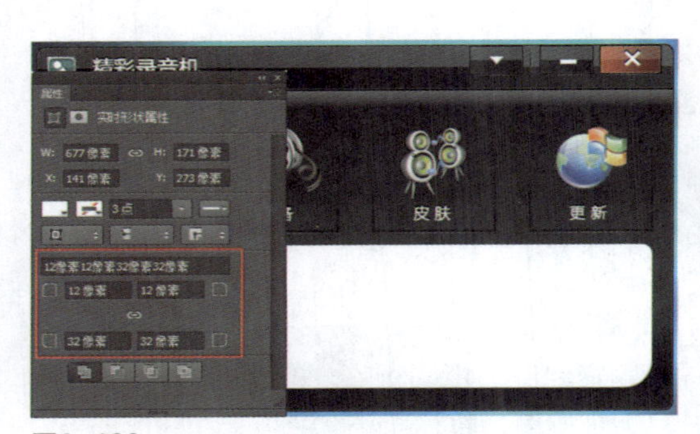

图6-138

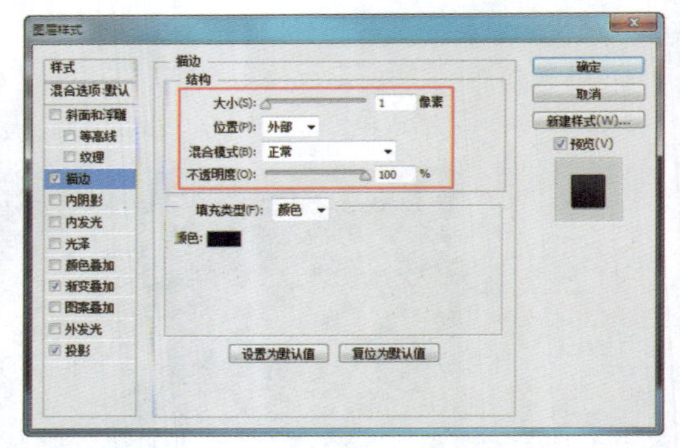

图6-139

步骤22 继续添加“渐变叠加”图层样式，对相关选项进行设置，如图6-140所示。继续添加“投影”图层样式，对相关选项进行设置，如图6-141所示。

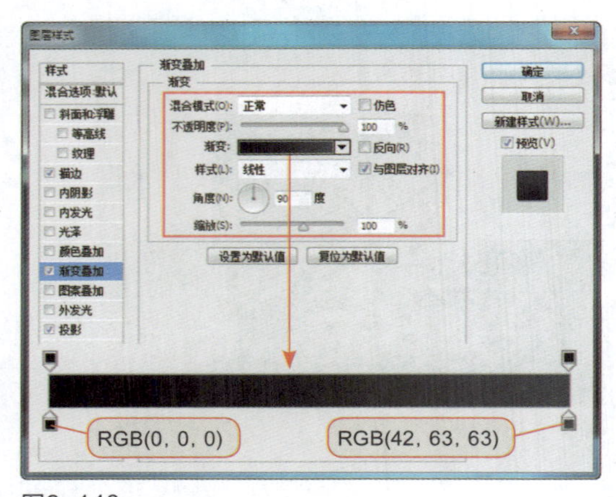

图6-140

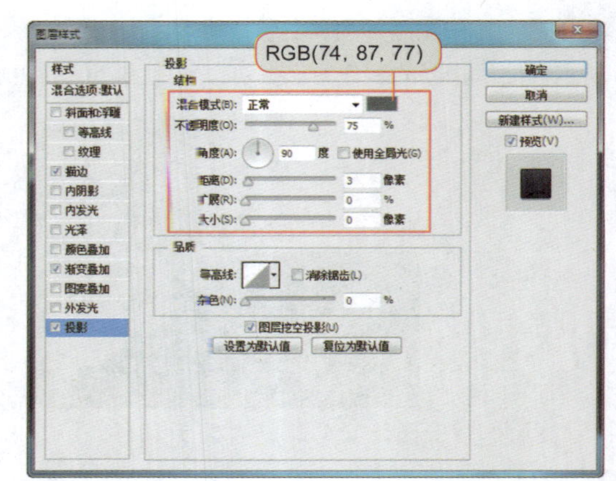

图6-141

步骤23 单击“确定”按钮，完成“图层样式”对话框中各选项的设置，效果如图6-142所示。使用“圆角矩形工具”，在选项栏上设置“半径”为15像素，在画布中绘制圆角矩形，在“属性”面板中对相关选项进行设置，得到需要的图形，如图6-143所示。

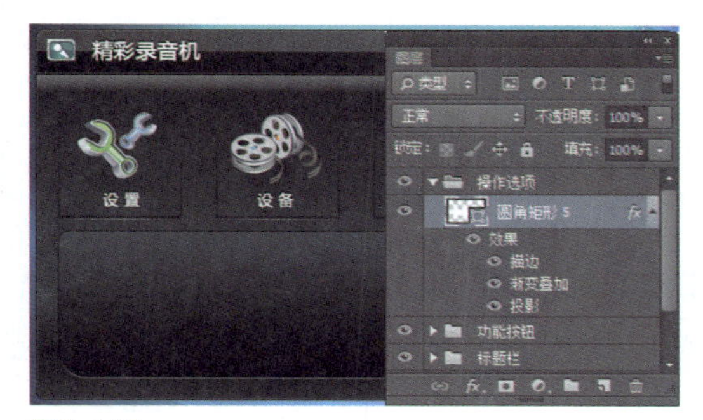

图6-142

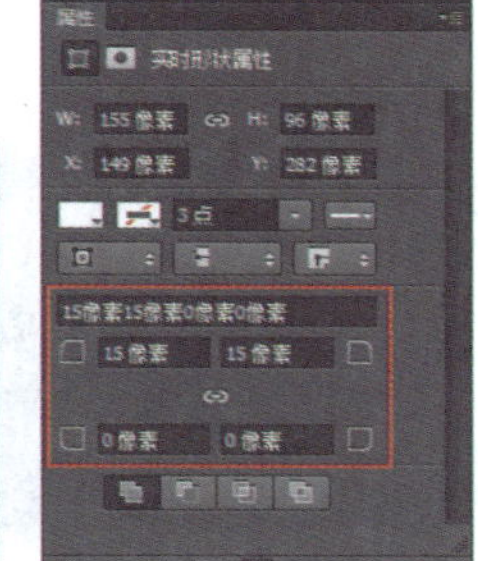

图6-143

步骤24 为该图层添加“描边”图层样式，对相关选项进行设置，如图6-144所示。继续添加“渐变叠加”图层样式，对相关选项进行设置，如图6-145所示。

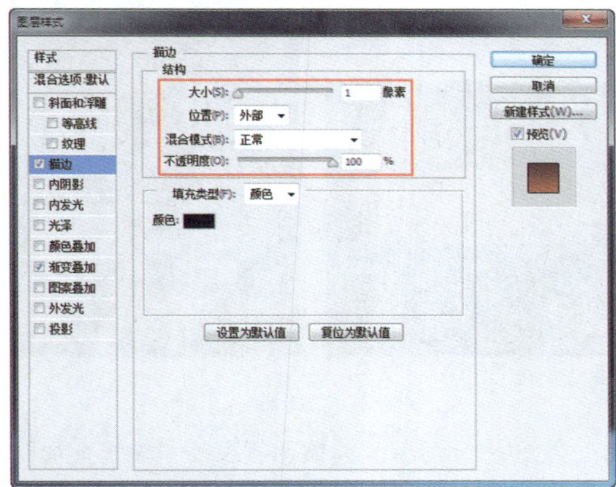

图6-144

图6-145

步骤25 单击“确定”按钮，完成“图层样式”对话框中各选项的设置，效果如图6-146所示。复制“圆角矩形6”图层，得到“圆角矩形6拷贝”图层，清除该图层的图层样式，为该图层添加“渐变叠加”图层样式，对相关选项进行设置，如图6-147所示。

提示

在渐变预览条下方单击可以添加新色标，选择一个色标后，单击“删除”按钮，或者直接将它拖动到渐变预览条之外，可以删除该色标。

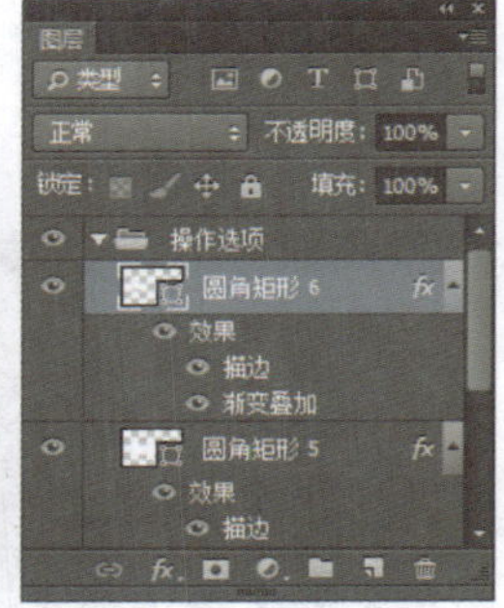

图6-146

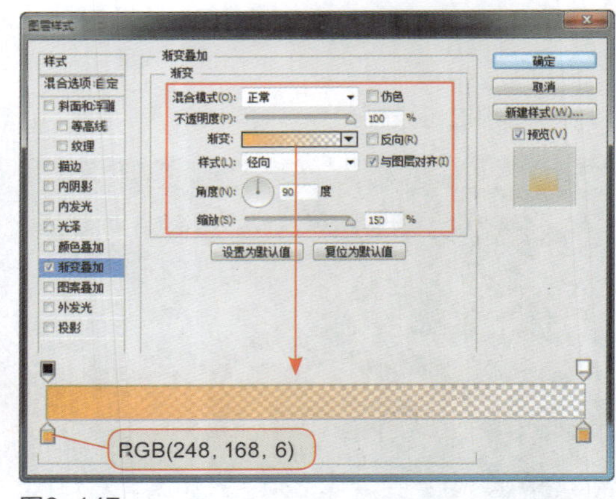

图6-147

步骤26 单击“确定”按钮，完成“图层样式”对话框中各选项的设置，设置该图层的“填充”为0%，效果如图6-148所示。使用相同的制作方法，可以绘制出相似的图形效果，如图6-149所示。

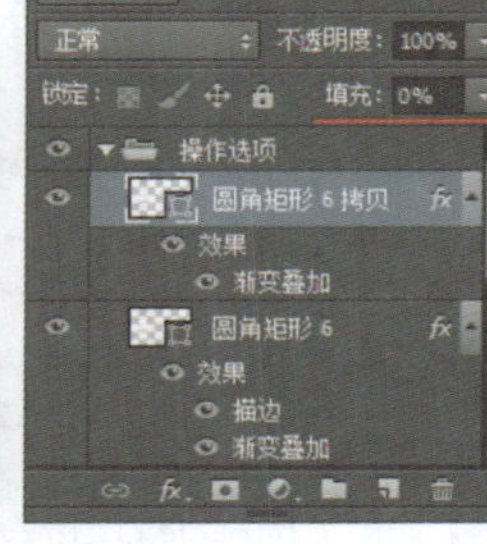

图6-148

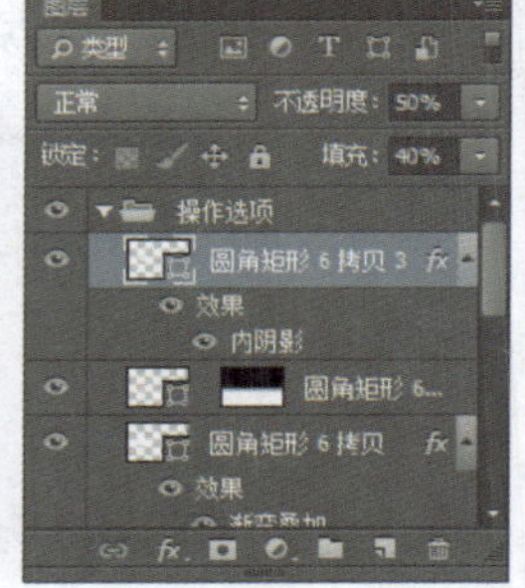

图6-149

步骤27 使用“椭圆工具”，在画布中绘制一个正圆形，如图6-150所示。为该图层添加“渐变叠加”图层样式，对相关选项进行设置，如图6-151所示。

图6-150

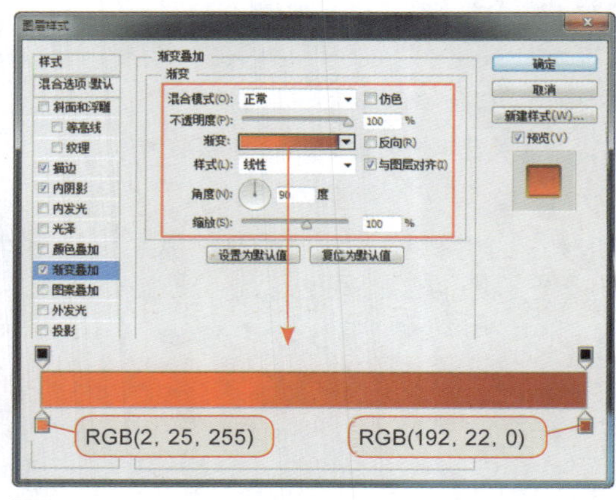

图6-151

步骤 28 续继添加“描边”图层样式，对相关选项进行设置，如图6-152所示。续继添加“内阴影”图层样式，对相关选项进行设置，如图6-153所示。

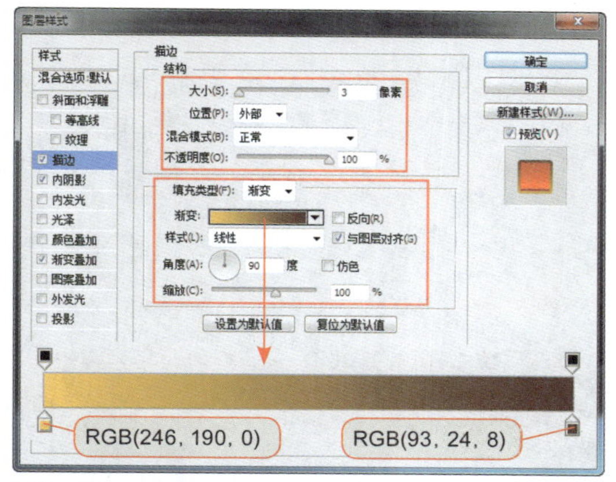

图6-152

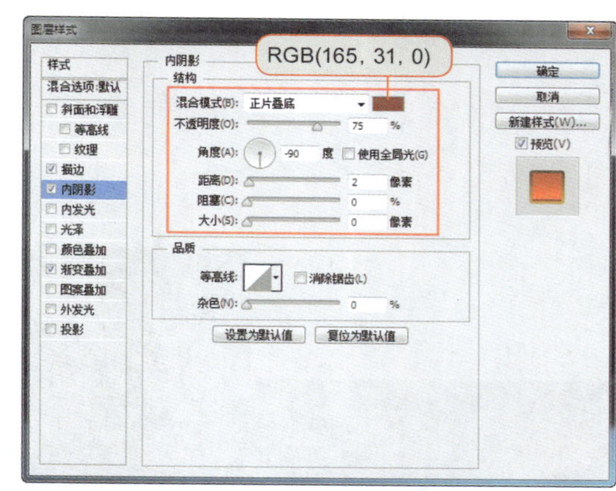

图6-153

步骤 29 单击“确定”按钮，完成“图层样式”对话框中各选项的设置，效果如图6-154所示。复制“椭圆2”图层，得到“椭圆2拷贝”图层，清除该图层的图层样式，使用“矩形工具”，在选项栏上设置“路径操作”为“减去顶层形状”，在正圆形上减去矩形，设置该图层的“不透明度”为30%，效果如图6-155所示。

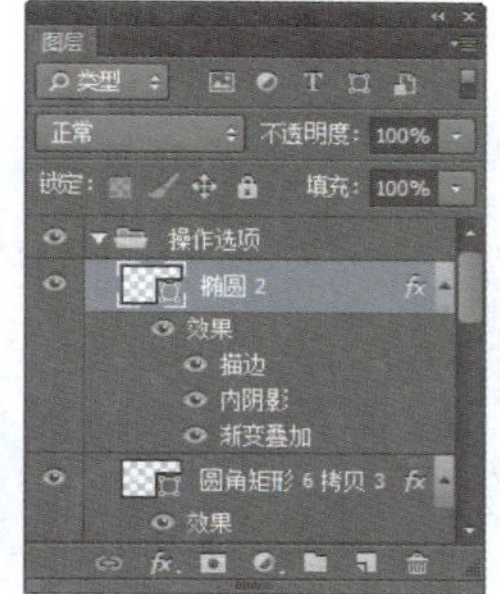

图6-154

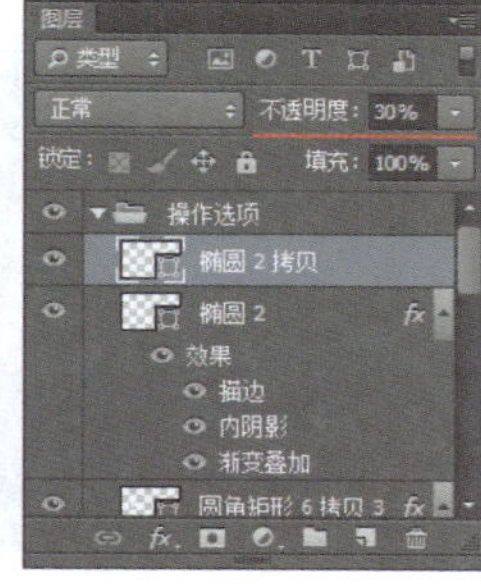

图6-155

步骤 30 使用“横排文字工具”，在“字符”面板中对相关选项进行设置，在画布中输入文字，如图6-156所示。为文字添加相应的图层样式，效果如图6-157所示。

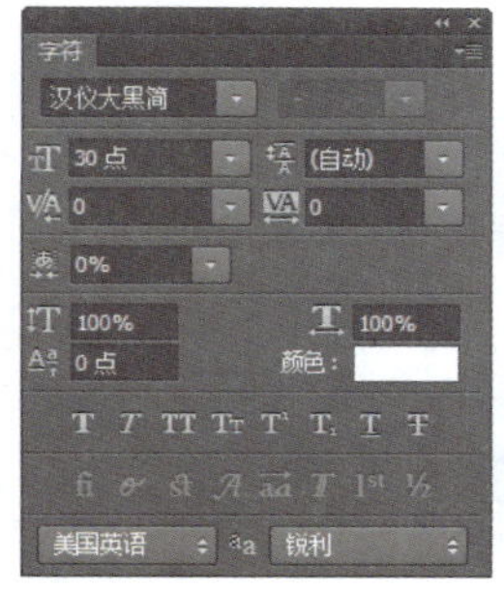

图6-156

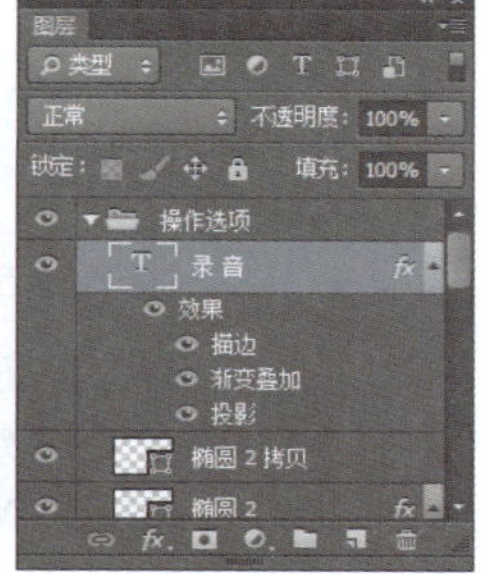

图6-157

步骤31 使用相同的制作方法，可以完成其他图形的绘制，效果如图6-158所示。复制所有的图层组，将复制得到的图层组合并，执行“编辑>变换>垂直翻转”命令，将图像垂直翻转，并调整到合适的位置，如图6-159所示。

图6-158

图6-159

步骤32 为该图层添加图层蒙版，使用“渐变工具”，在图层蒙版中填充黑白线性渐变，完成该软件界面的设计制作，最终效果如图6-160所示。

图6-160

6.3.2 扁平化的软件界面设计

软件是一种工具，而人们与软件的交互性操作都是通过软件界面来进行的，所以，这就使得软件界面的美观性和易用性变得非常重要了。

扁平化是一种实打实的设计风格，不要花招，不要粉饰。从整体角度来讲，扁平化的软件界面设计是一种极简主义美学，附以明亮柔和的色彩，最后配上粗重醒目而风格又复古的字体。扁平化已经成为软件界面设计的一种全新的趋势，在扁平化的软件界面设计中应尽量避免使用凹凸、阴影、斜角和材质等装饰效果，如图6-161所示。

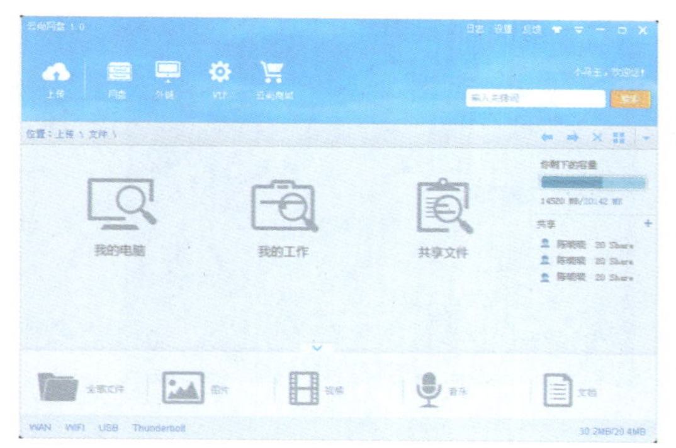

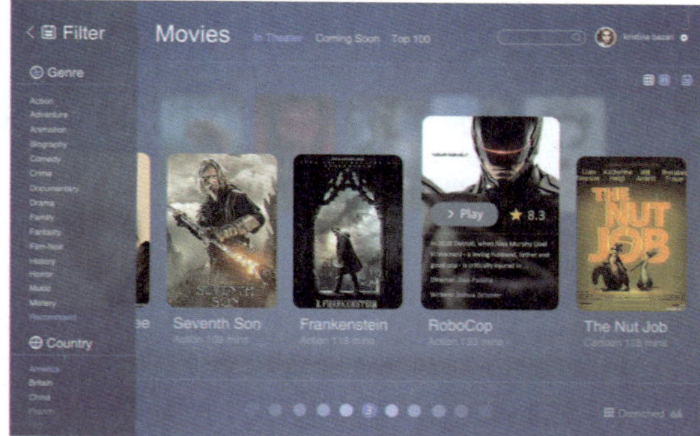

图6-161

【自测4】设计聊天软件界面

视频：光盘\视频\第6章\聊天软件界面.swf　　源文件：光盘\源文件\第6章\聊天软件界面.psd

● 案例分析

案例特点： 本案例设计一款聊天软件界面，通过对图形和素材的变换操作，将界面整体设计成一个圆弧状，给人很强的视觉立体感，营造出一种强烈的视觉效果。

制作思路与要点： 各种类型的聊天软件层出不穷，要想赢得用户的好感，就需要在软件界面的设计上突出个性化特点和人性化。本案例通过大胆的配色、合理的布局构成了简易、时尚的聊天软件界面，在设计过程中通过图层样式为元素添加相应的视觉效果，从而增强界面的层次感和质感。

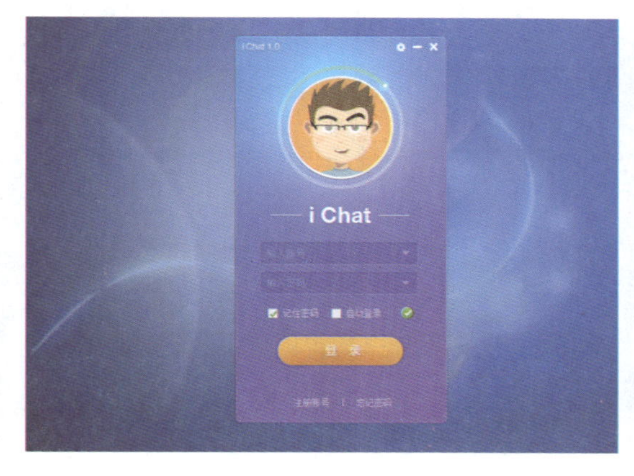

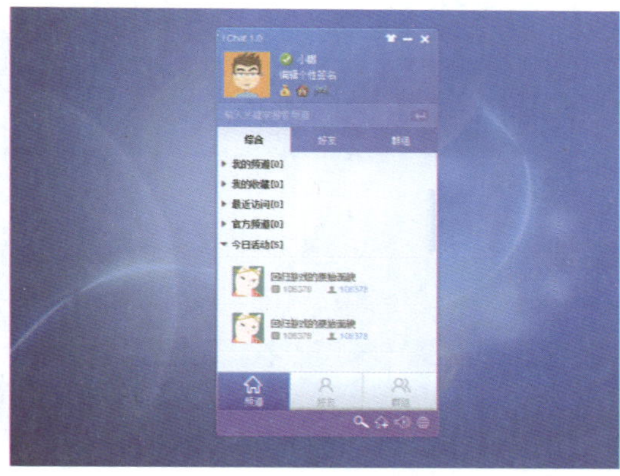

● 色彩分析

该聊天软件界面使用纯度较高的蓝色到紫色的渐变颜色作为界面的背景色，高明度和高纯度的色彩给人一种时尚、活跃的感受。搭配不同明度的同色系色彩和白色文字，色调统一、和谐，内容清晰自然，整体给人一种时尚、大气的印象。

蓝色	紫色	橙色

● 制作步骤

步骤01 执行“文件>新建”命令，弹出“新建”对话框，新建一个空白文档，如图6-162所示。打开素材图像“光盘\源文件\第6章\素材\301.jpg”，将其拖入到设计文档中，如图6-163所示。

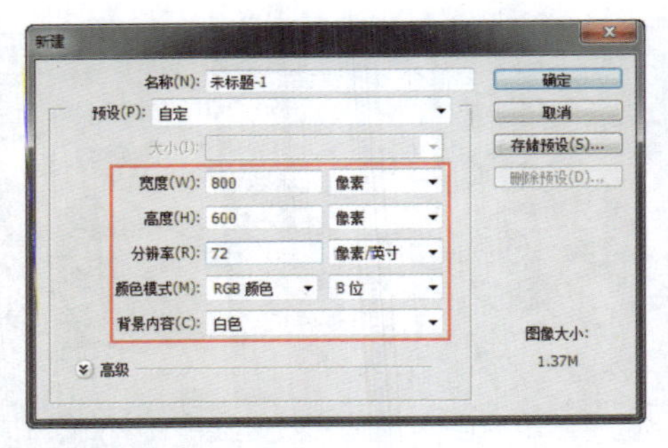

图6-162

图6-163

步骤 02 新建名称为“背景”的图层组，使用“圆角矩形工具”，在选项栏上设置“工具模式”为“形状”、“半径”为5像素，在画布中绘制圆角矩形，如图6-164所示。为该图层添加“描边”图层样式，对相关选项进行设置，如图6-165所示。

图6-164

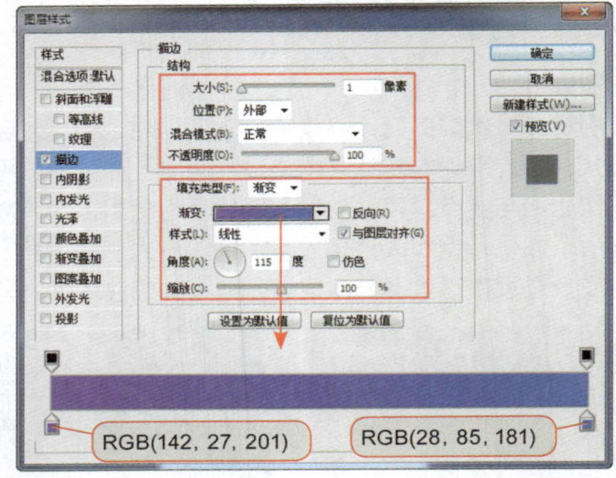

图6-165

步骤 03 继续添加“内发光”图层样式，对相关选项进行设置，如图6-166所示。继续添加“渐变叠加”图层样式，对相关选项进行设置，如图6-167所示。

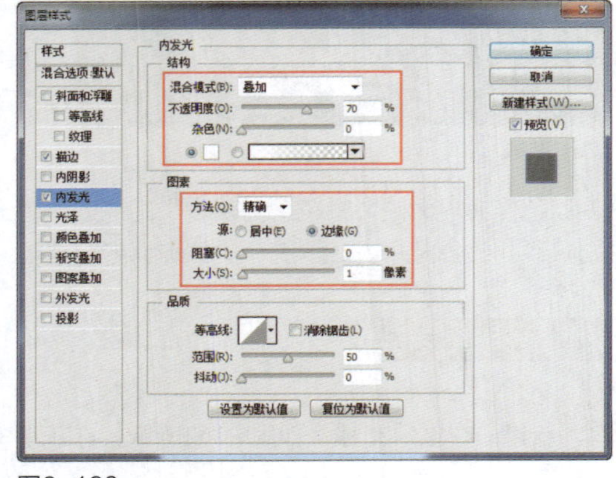

图6-166

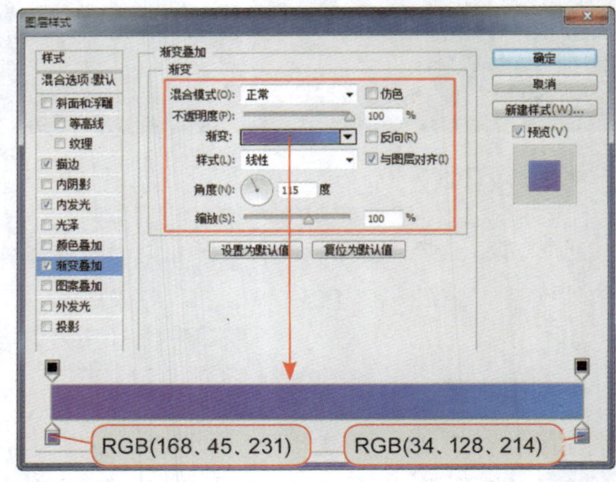

图6-167

步骤04 继续添加“投影”图层样式，对相关选项进行设置，如图6-168所示。单击“确定”按钮，完成“图层样式”对话框中各选项的设置，效果如图6-169所示。

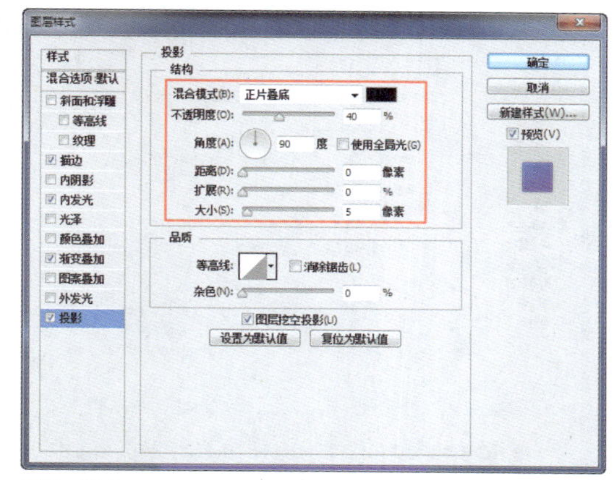

图6-168

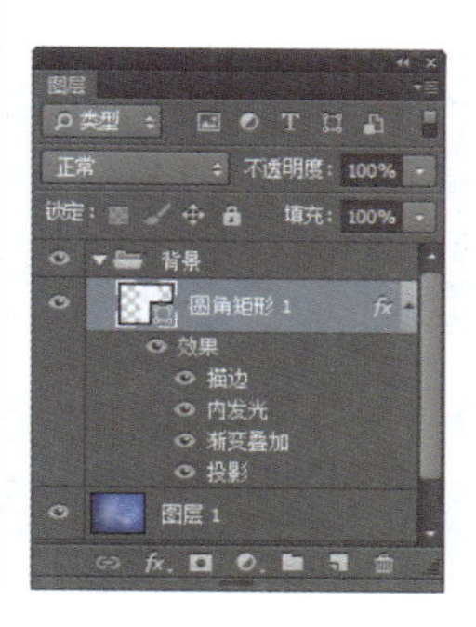

图6-169

提示

填充渐变颜色可以创建多种颜色间的逐渐混合，实质上就是在图像中或图像的某一区域中填充一种具有多种颜色过渡的混合色。这个混合色可以是从前景色到背景色的过渡，也可以是前景色与透明背景间的相互过渡或者是其他颜色的相互过渡。

步骤05 新建“图层2”，使用“画笔工具”，设置“前景色”为白色，选择合适的笔触和大小，在画布中合适的位置涂抹，如图6-170所示。载入“圆角矩形1”图层选区，为“图层2”添加图层蒙版，设置“图层2”的“混合模式”为“叠加”，效果如图6-171所示。

图6-170

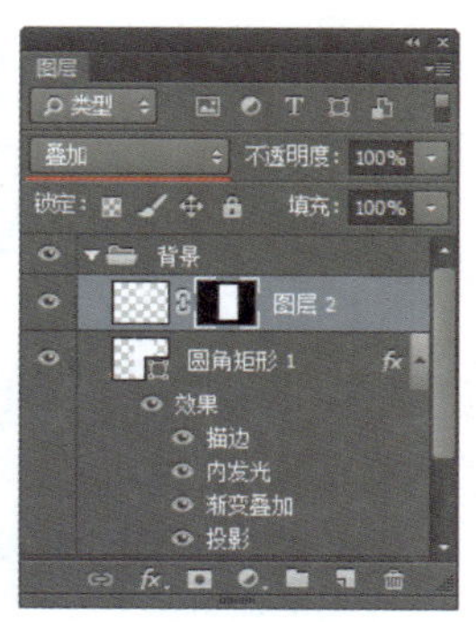

图6-171

提示

在使用“画笔工具”时，按键盘上的[或]键可以减小或增大画笔的直径；按Shift+[或Shift+]组合键可以减小或增加具有柔边、实边的笔触的硬度；按主键盘区域和小键盘区域的数字键可以调整笔触的不透明度；按住Shift+主键盘区域的数字键可以调整画笔的流量。

步骤 06 使用“横排文字工具”，在“字符”面板中对相关选项进行设置，在画布中输入文字，如图6-172所示。为文字图层添加“渐变叠加”图层样式，对相关选项进行设置，如图6-173所示。

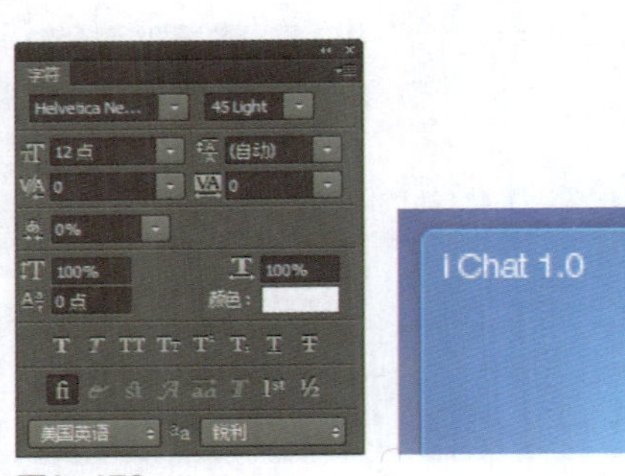

图6-172

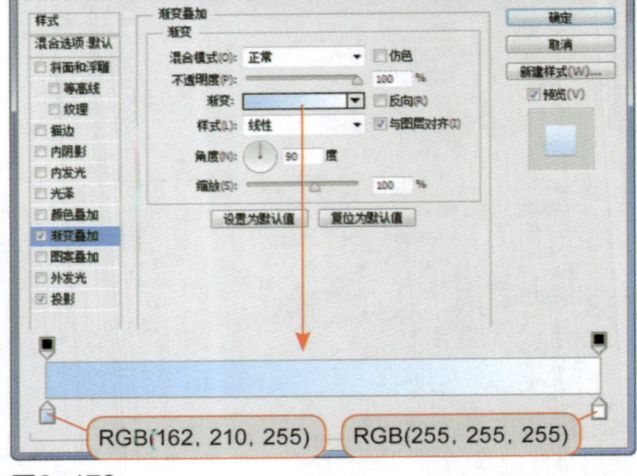

图6-173

步骤 07 继续添加“投影”图层样式，对相关选项进行设置，如图6-174所示。单击“确定”按钮，完成“图层样式”对话框中各选项的设置，效果如图6-175所示。

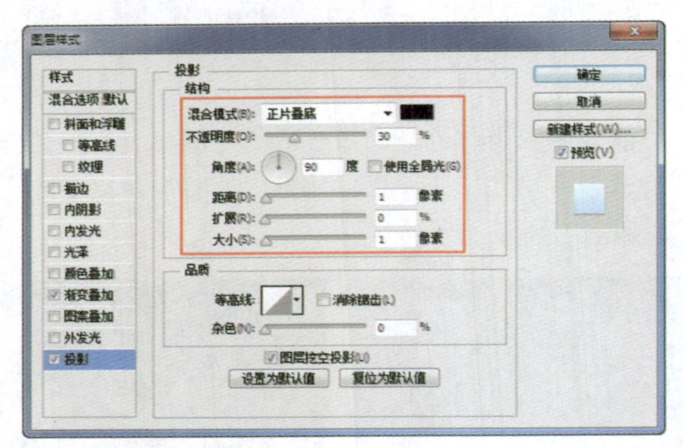

图6-174

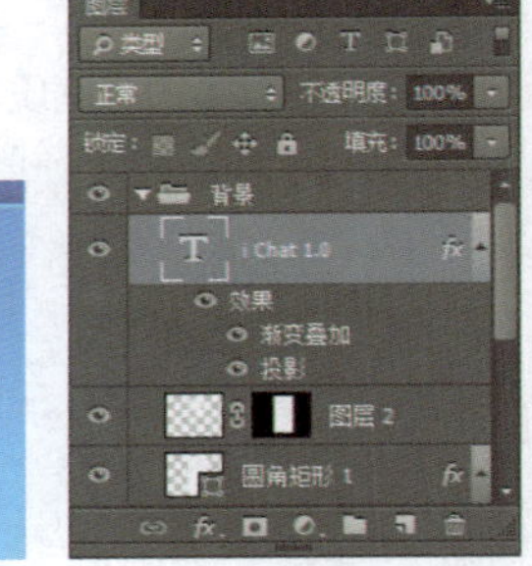

图6-175

步骤 08 使用矢量绘图工具，可以绘制出界面右上角的简约图标效果，如图6-176所示。新建名称为“头像”的图层组，使用“椭圆工具”，在画布中绘制一个正圆形，如图6-177所示。

图6-176

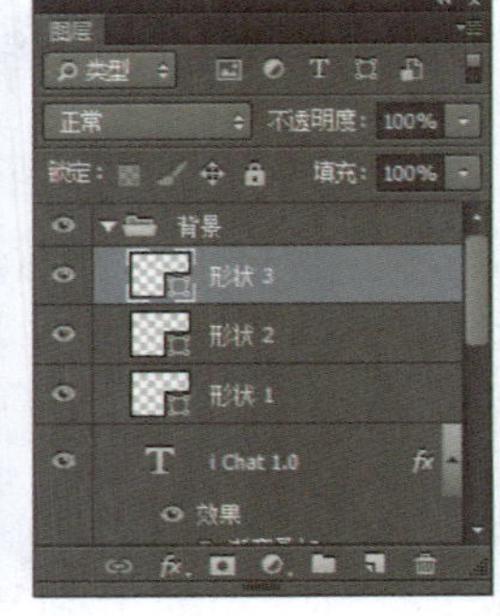

图6-177

步骤 09 打开素材图像“光盘\源文件\第6章\素材\302.jpg”，将其拖入到设计文档中，调整到合适的大小和位置，如图6-178所示。执行“图层>创建剪贴蒙版”命令，为“图层3”创建剪贴蒙版，效果如图6-179所示。

图6-178

图6-179

步骤 10 选择“椭圆1”图层，为该图层添加“描边”图层样式，对相关选项进行设置，如图6-180所示。继续添加“投影”图层样式，对相关选项进行设置，如图6-181所示。

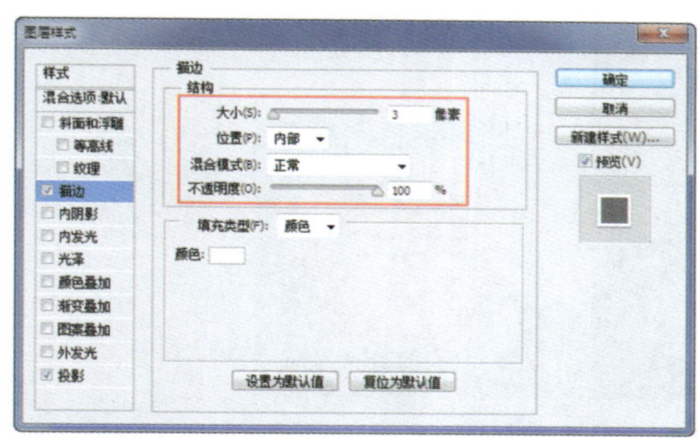

图6-180

图6-181

步骤 11 单击“确定”按钮，完成“图层样式”对话框中各选项的设置，效果如图6-182所示。使用“椭圆工具”，在画布中绘制一个白色的正圆形，使用“椭圆工具”，在选项栏上设置“路径操作”为“减去顶层形状”，在刚绘制的正圆形上减去正圆形，得到圆环图形，设置该图层的“不透明度”为30%，效果如图6-183所示。

图6-182

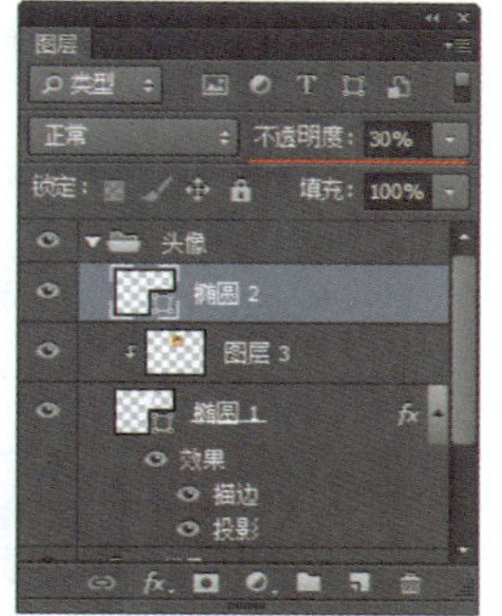

图6-183

步骤 12 复制“椭圆2”图层，得到“椭圆2拷贝”图层，设置该图层的“不透明度”为100%、填充颜色为RGB（82,232,225），如图6-184所示。使用“钢笔工具”，在选项栏上设置“路径操作”为“减去顶层形状”，在该圆环图形上减去相应的图形，得到需要的图形，如图6-185所示。

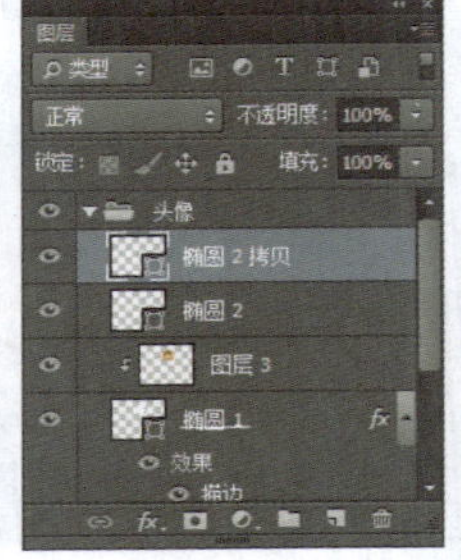

图6-184

图6-185

步骤 13 为“椭圆2拷贝”图层添加图层蒙版，使用“渐变工具”，在图层蒙版中填充黑白线性渐变，效果如图6-186所示。使用“椭圆工具”，在画布中绘制一个白色的正圆形，效果如图6-187所示。

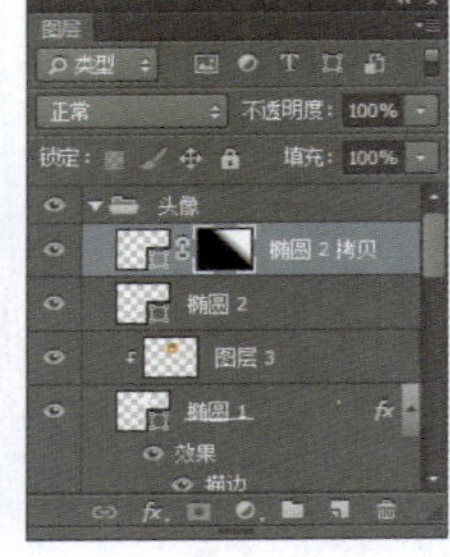

图6-186

图6-187

提示

此处所绘制的渐变圆环效果，还可以通过为圆环填充角度渐变颜色的方法来实现。

步骤 14 为“椭圆3”图层添加“外发光”图层样式，对相关选项进行设置，如图6-188所示。单击“确定”按钮，完成“图层样式”对话框中各选项的设置，效果如图6-189所示。

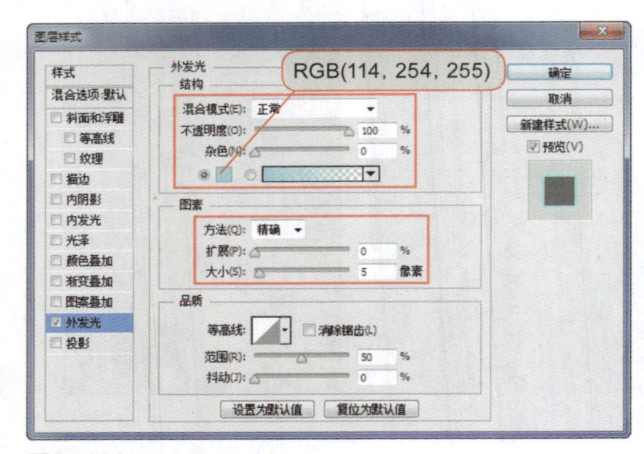

图6-188

图6-189

步骤 15 新建名称为“登录框”的图层组，使用“直线工具”，在选项栏上设置“粗细”为1像素，在画布中绘制直线，如图6-190所示。为该图层添加“投影”图层样式，对相关选项进行设置，如图6-191所示。

图6-190

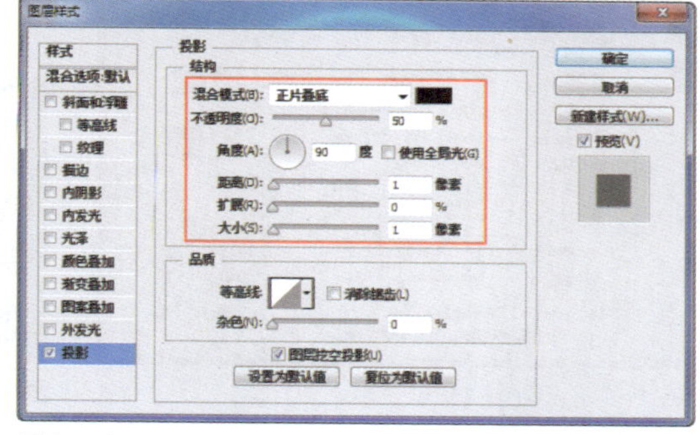

图6-191

步骤 16 单击“确定”按钮，完成“图层样式”对话框中各选项的设置，设置该图层的“不透明度”为75%，效果如图6-192所示。使用相同的制作方法，可以完成相似图形和文字的制作，效果如图6-193所示。

图6-192

图6-193

步骤 17 使用“圆角矩形工具”，在选项栏上设置“半径”为3像素，在画布中绘制一个黑色的圆角矩形，如图6-194所示。为该图层添加“内阴影”图层样式，对相关选项进行设置，如图6-195所示。

图6-194

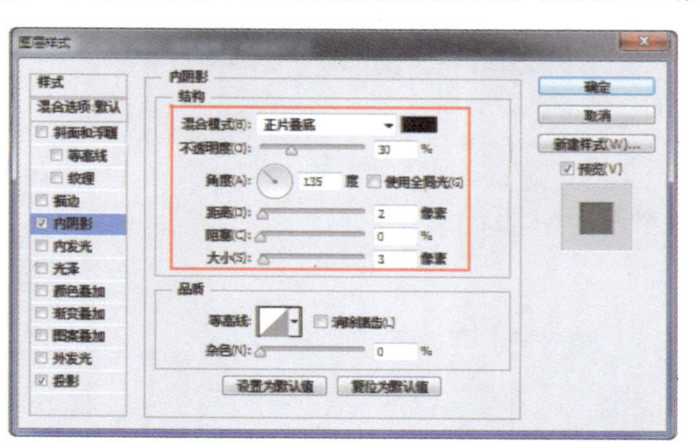

图6-195

步骤 18 继续添加“投影”图层样式，对相关选项进行设置，如图6-196所示。单击“确定”按钮，完成“图层样式”对话框中各选项的设置，设置该图层的“填充”为20%，效果如图6-197所示。

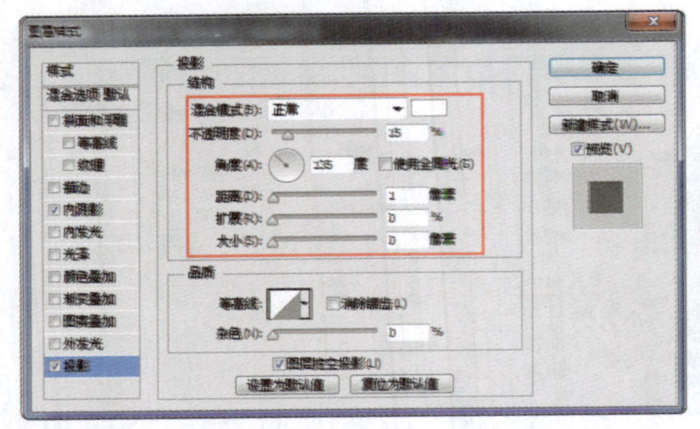

图6-196

图6-197

步骤 19 使用相同的制作方法，可以完成相似图形的绘制和文字的输入，效果如图6-198所示。使用“圆角矩形工具”，在选项栏上设置“填充”为RGB（244,174,7）、“半径”为30像素，在画布中绘制圆角矩形，如图6-199所示。

图6-198

图6-199

步骤 20 为该图层添加“描边”图层样式，对相关选项进行设置，如图6-200所示。继续添加“内阴影”图层样式，对相关选项进行设置，如图6-201所示。

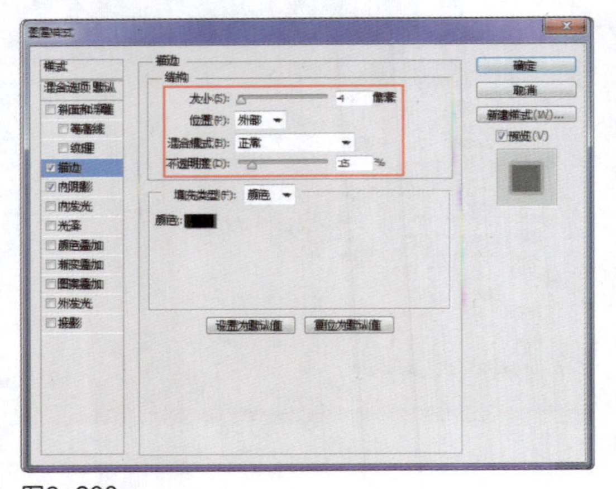

图6-200

图6-201

步骤21 单击“确定”按钮，完成“图层样式”对话框中各选项的设置，效果如图6-202所示。新建“图层4”，使用“椭圆选框工具”，在画布中绘制椭圆形选区，如图6-203所示。

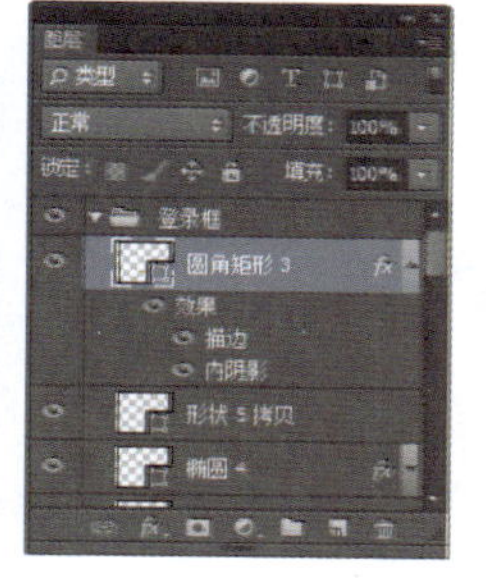

图6-202

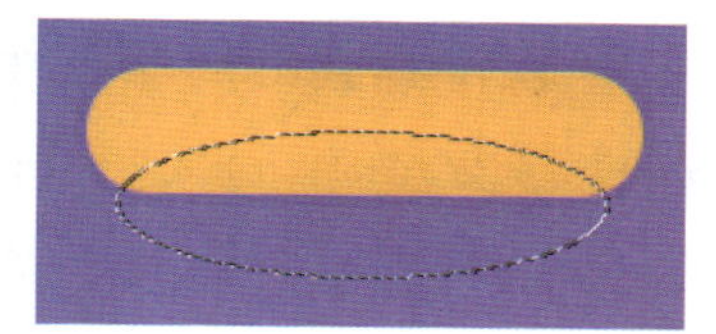
图6-203

步骤22 执行“选择>修改>羽化”命令，弹出“羽化选区”对话框，具体设置如图6-204所示。单击“确定”按钮，羽化选区，然后设置选区填充颜色为RGB（219,113,1），取消选区，效果如图6-205所示。

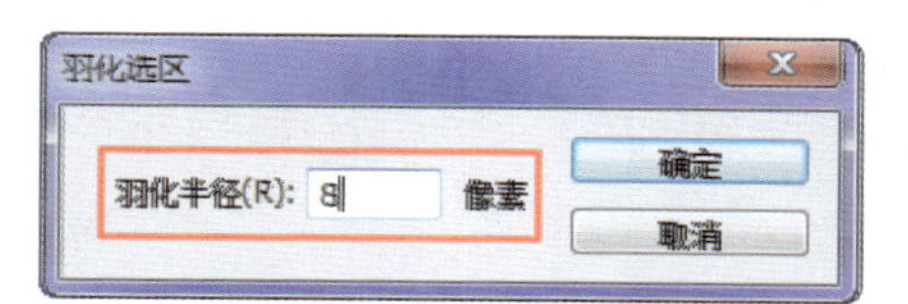

图6-204

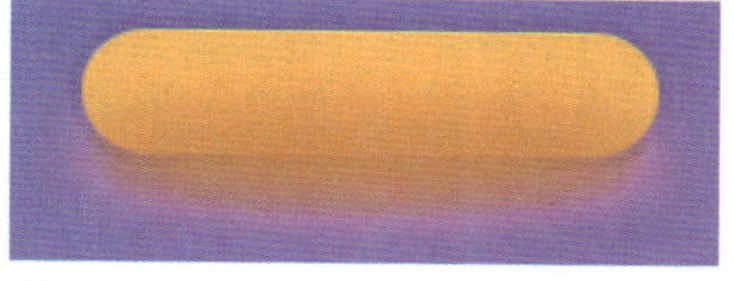
图6-205

步骤23 执行“图层>创建剪贴蒙版”命令，为该图层创建剪贴蒙版，效果如图6-206所示。使用相同的制作方法，可以完成其他图形和文字的制作，效果如图6-207所示。

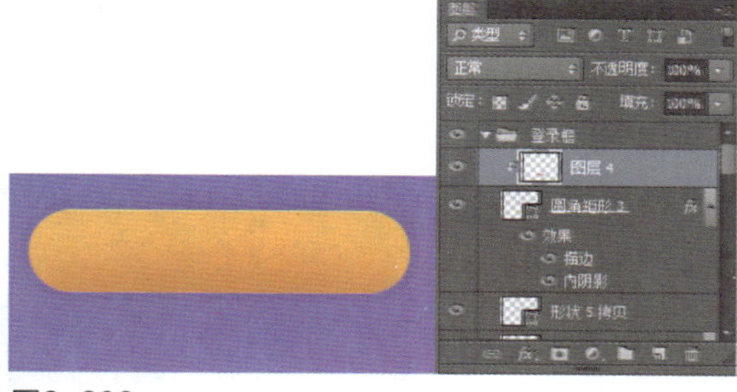

图6-206

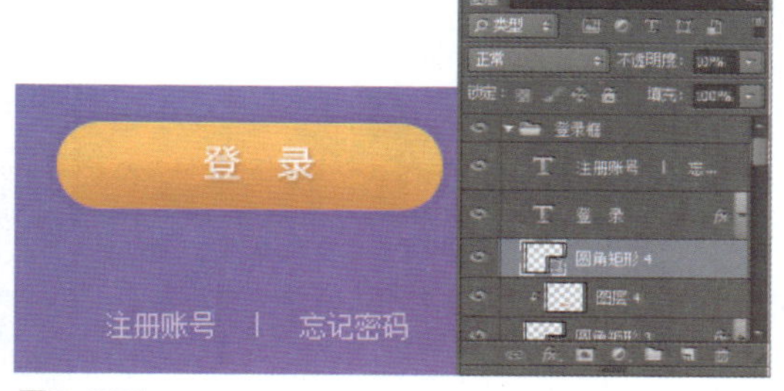

图6-207

步骤24 使用相同的制作方法，还可以完成该软件登录后的界面制作，最终效果如图6-208所示。

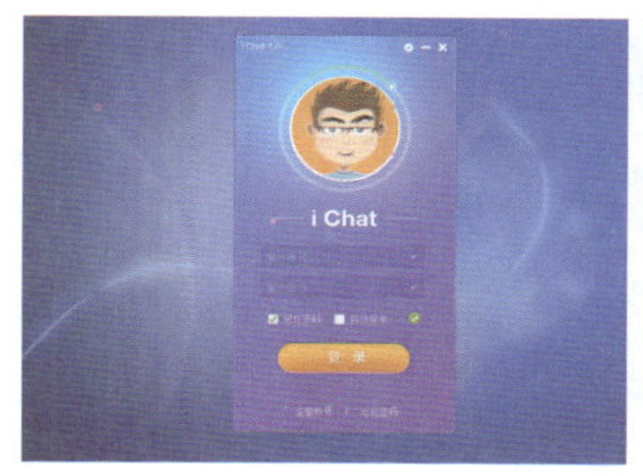

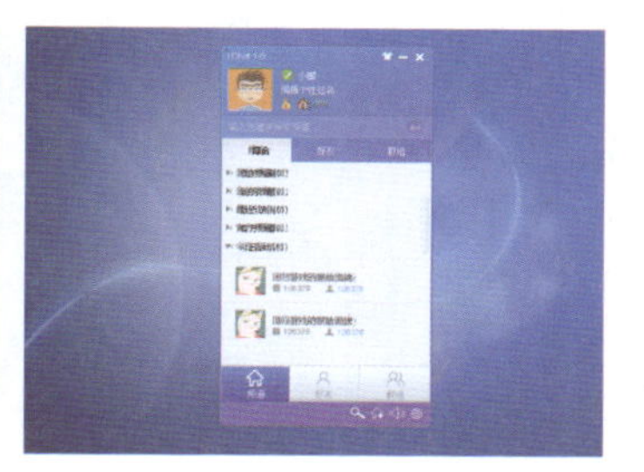
图6-208

6.4 软件界面设计规范

设计良好的界面能够引导用户自己完成相应的操作，起到向导的作用。同时软件界面如同人的面孔，具有吸引用户的直接优势。设计合理的界面能给用户带来轻松愉悦的感受和成功的感觉，相反由于界面设计的失败，会让用户有挫败感，再实用强大的功能都可能在用户的畏惧与放弃中付诸东流。

6.4.1 软件界面的屏幕显示

软件界面的屏幕设计主要包括布局、文字用语和颜色等。

① 布局

软件界面的屏幕布局因功能不同考虑的侧重点也要有所不同，各个功能区要重点突出、功能明显，在软件界面的屏幕布局中还要注意一些基本数据的设置。

② 文字用语

在软件界面设计中文字用语一定要简洁明了，尽量避免使用专业术语；在软件界面的屏幕显示设计中，文字也不要过多，所传达的信息内容一定要清楚、易懂，并且方便用户的操作使用。

③ 颜色

在软件界面中，活动的对象应该使用鲜明的色彩，尽量避免将不兼容的颜色放在一起。如果需要使用颜色表示某种信息或对象属性，要使用户明白所表达的信息，并且尽量使用常规的准则来表示。

【自测5】设计透明软件界面

视频：光盘\视频\第6章\透明软件界面.swf　　源文件：光盘\源文件\第6章\透明软件界面.psd

- **案例分析**

案例特点：本案例设计一款透明的软件界面，通过设置图形的不透明度和填充，并为图形添加相应的图层样式，使所绘制的图形呈现半透明的效果，使整个软件界面看上去具有很强的半透明水晶质感；重要组成部分包括图标、色彩、字体、菜单结构等，具有很强的针对性，有别于其他的复杂操作界面，更具有通用性。

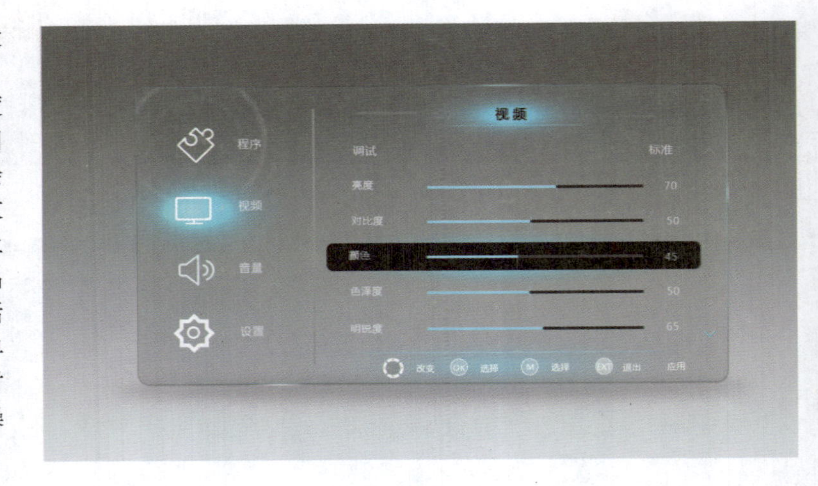

制作思路与要点：在很多科技电影中常常会看到透明的软件界面，透明软件界面的设计重点在于界面通透感的表现。在本案例的半透明软件界面设计中，界面采用圆角矩形作为背景图形，通过设置该圆角矩形的不透明度和填充选项，并为其添加相应的图层样式，表现出界面的水晶透明质感，界面中的元素采用简约的设计风格，使整个软件界面呈现很强的科技感。

- **色彩分析**

该软件界面总体呈现半透明的水晶质感，在界面中使用白色的图标和文字，简约清晰，具有很强的识别性；为当前选中的选项添加蓝色的背景进行表现，体现出很强的科技感，并且能够与其他选项区别，给人很强的视觉冲击力。

- **制作步骤**

步骤01 执行“文件>新建”命令，弹出“新建”对话框，新建一个空白文档，如图6-209所示。使用“渐变工具”，为背景填充从灰色到白色的线性渐变，如图6-210所示。

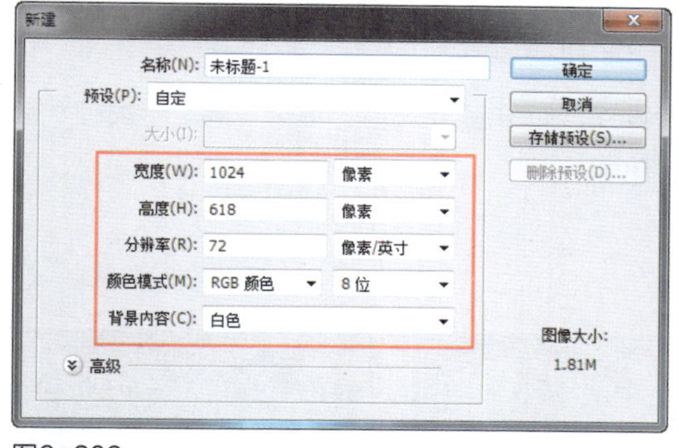

图6-209

图6-210

步骤02 新建名称为“边框”的图层组，使用“圆角矩形工具”，在选项栏上设置“工具模式”为“形状”、“填充”RGB为（58,106,122）、“半径”为15像素，在画布中绘制圆角矩形，如图6-211所示。设置该图层的“不透明度”为3%，如图6-212所示。

图6-211

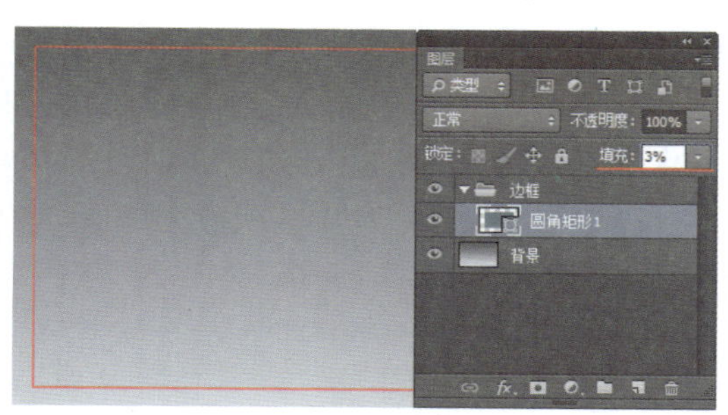

图6-212

提示

此处通过设置图形的“填充”来实现图形的半透明效果，而不能通过设置图形的“不透明度”来实现。因为接下来需要为该图形添加相应的图层样式，而所添加的图层样式的效果并不需要在图层中实现半透明效果。

步骤 03 为该图层添加“描边”图层样式，对相关选项进行设置，如图6-213所示。继续添加“内发光”图层样式，对相关选项进行设置，如图6-214所示。

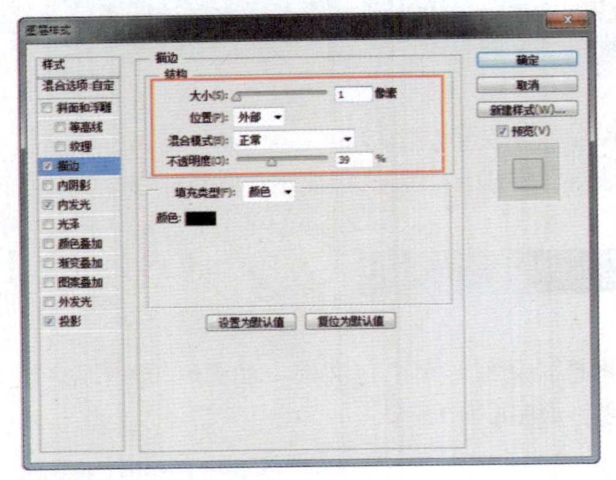

图6-213

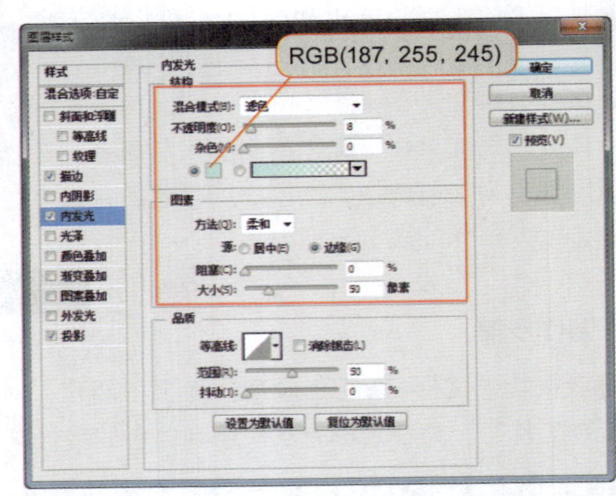

图6-214

步骤 04 继续添加“投影”图层样式，对相关选项进行设置，如图6-215所示。单击“确定”按钮，完成“图层样式”对话框中各选项的设置，效果如图6-216所示。

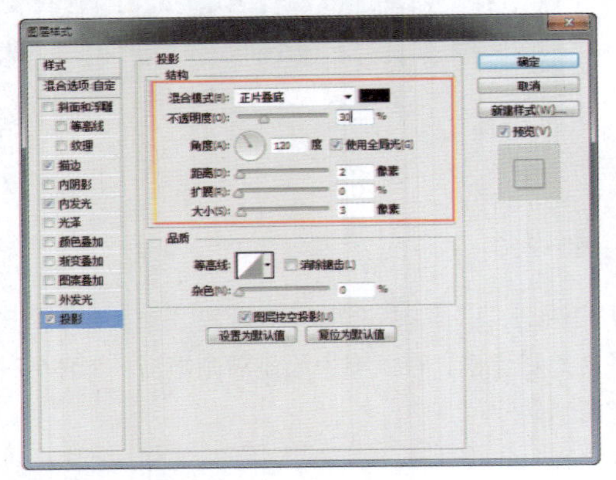

图6-215

图6-216

步骤 05 用“圆角矩形工具”，在选项栏上设置“填充”为无，“描边”RGB为（58,106,122）、“描边宽度”为1点，在画布中绘制圆角矩形，如图6-217所示。为该图层添加图层蒙版，使用“画笔工具”，设置“前景色”为黑色，选择合适的笔触与大小进行涂抹，效果如图6-218所示。

图6-217

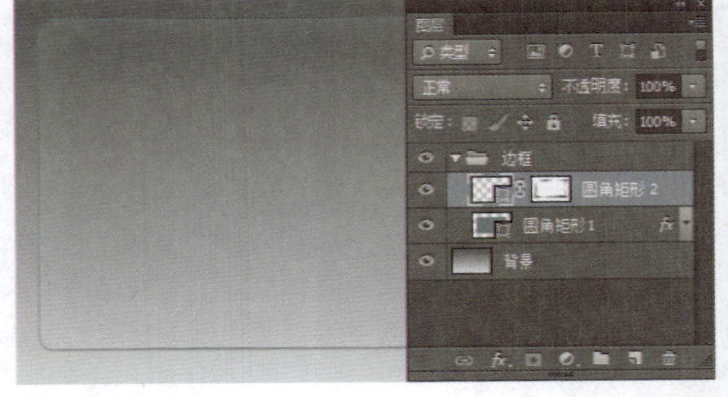

图6-218

步骤06 新建“图层1”，使用“画笔工具”，设置“前景色”为白色，选择合适的笔触与大小，在画布中进行涂抹，如图6-219所示。执行“图层>创建剪贴蒙版”命令，为“图层1”创建剪贴蒙版，设置该图层的“混合模式”为“强光”，效果如图6-220所示。

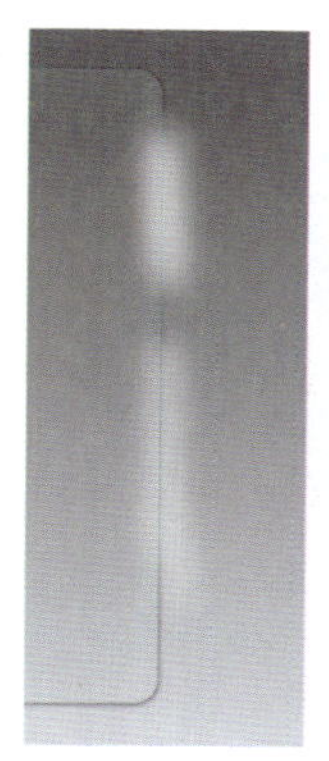

图6-219

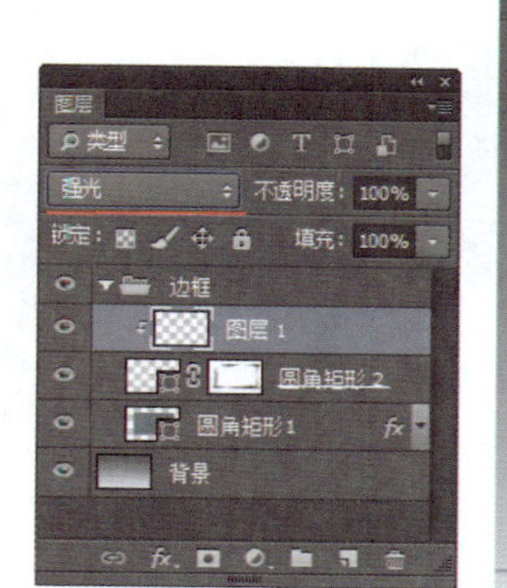

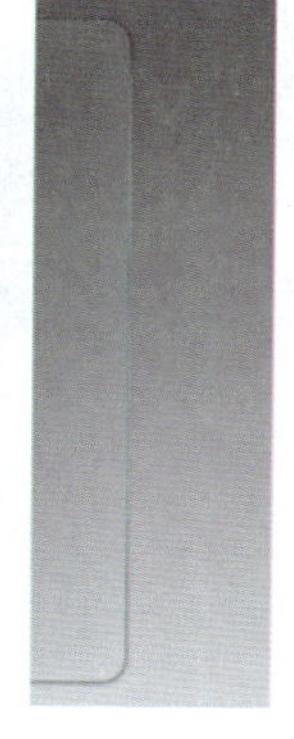

图6-220

步骤07 新建图层，使用“椭圆选框工具”，在画布中绘制椭圆形选区，如图6-221所示。执行“选择>修改>羽化”命令，弹出“羽化选区”对话框，具体设置如图6-222所示。

图6-221

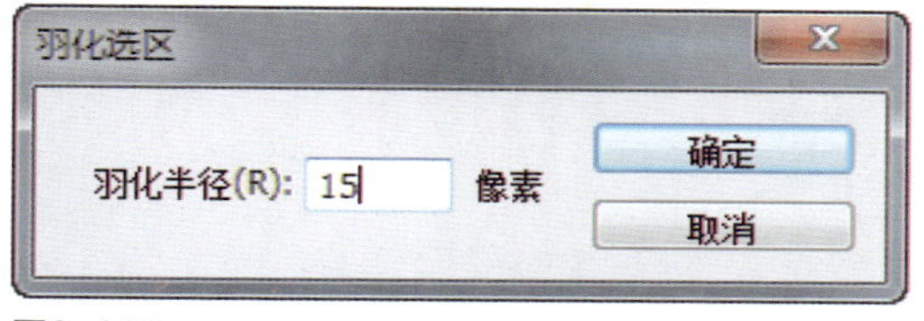

图6-222

步骤08 单击“确定”按钮，完成“羽化选区”对话框中各选项的设置，为选区填充白色，并调整到合适的位置与大小，如图6-223所示。设置该图层的“混合模式”为“叠加”，效果如图6-224所示。

图6-223

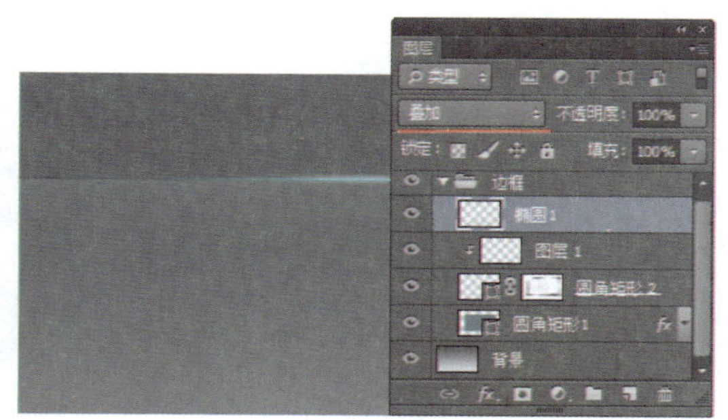

图6-224

步骤 09 使用相同的制作方法，完成相似图形的绘制，如图6-225所示。新建名称为“背景”的图层组，打开素材图像“光盘\源文件\第6章\素材\501.jpg”，将其拖入到设计文档中，并调整到合适的位置，如图6-226所示。

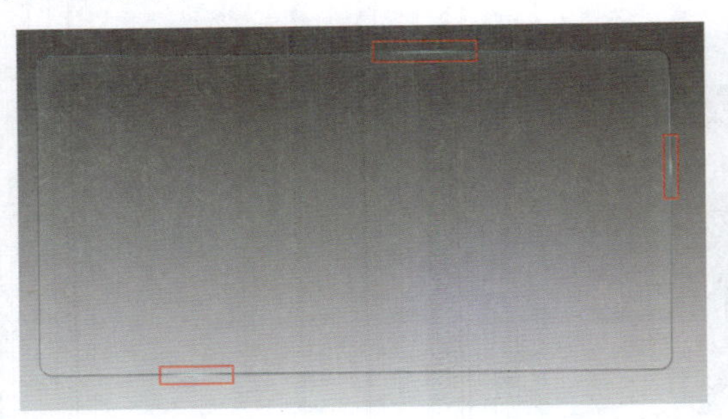
图6-225

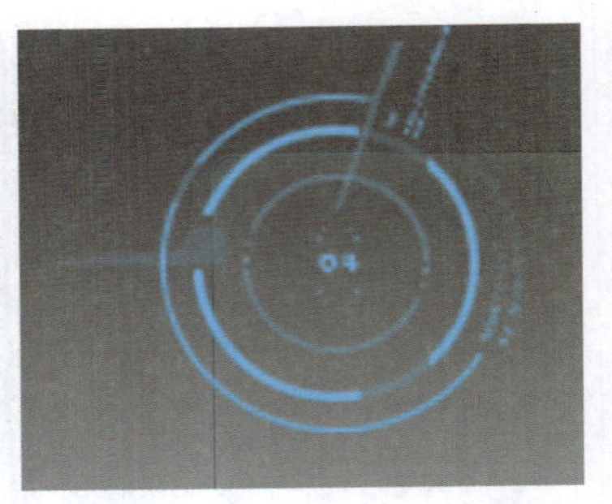
图6-226

步骤 10 为该图层添加“颜色叠加”图层样式，对相关选项进行设置，如图6-227所示。单击“确定”按钮，完成“图层样式”对话框中各选项的设置，设置该图层的“不透明度”为20%、“填充”为0%，效果如图6-228所示。

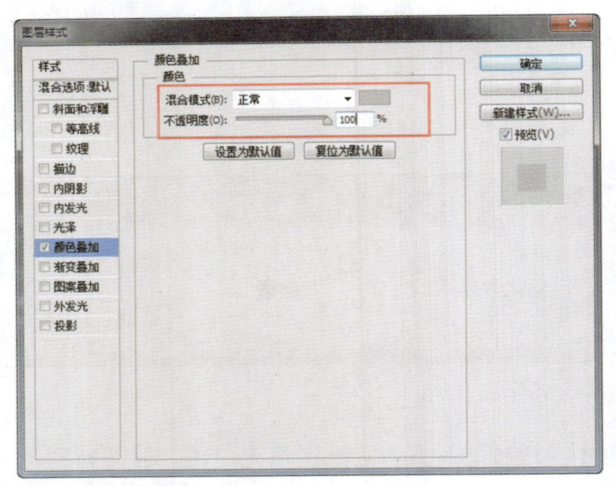

图6-227

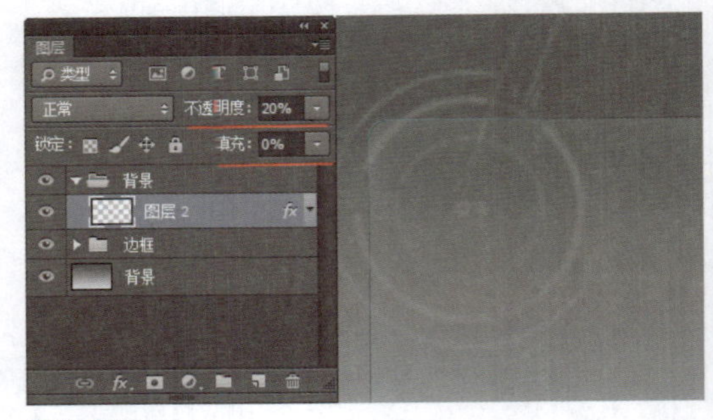

图6-228

步骤 11 使用相同的制作方法，拖入其他素材图像并分别进行处理，效果如图6-229所示。使用“矩形工具”，在画布中绘制白色矩形，如图6-230所示。

图6-229

图6-230

步骤12 使用“直接选择工具”，选中矩形左下角的锚点，拖动该锚点改变矩形形状，如图6-231所示。为该图层添加图层蒙版，使用“渐变工具”，在图层蒙版中填充黑白线性渐变，设置该图层的“填充”为3%，效果如图6-232所示。

图6-231

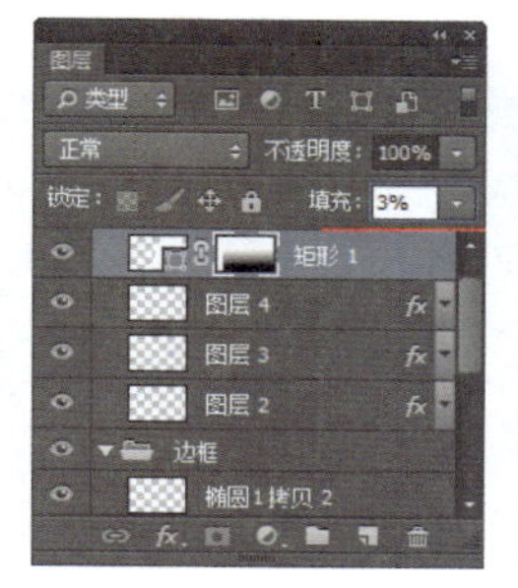

图6-232

提示

在使用“直接选择工具”调整路径描点时，按住Shift键，可以将该锚点的移动方向控制在水平、垂直或者以45°角为增量的方向上。

步骤13 打开素材图像“光盘\源文件\第6章\素材\504.jpg”，将其拖入到设计文档中，并调整到合适的位置，如图6-233所示。设置该图层的“填充”为15%，效果如图6-234所示。

图6-233

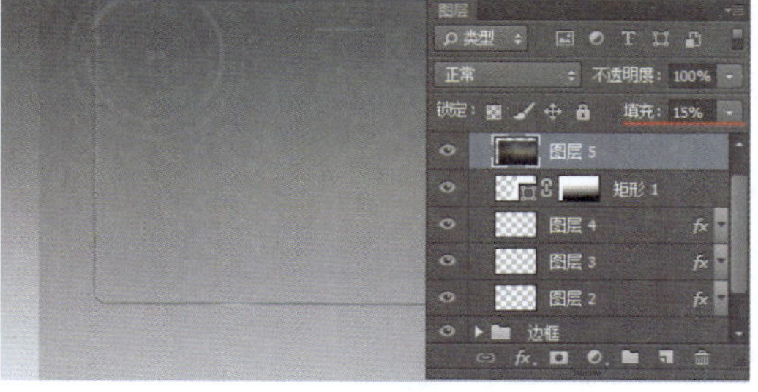

图6-234

步骤14 按住Ctrl键，单击“圆角矩形1”图层缩览图，载入该图层选区，如图6-235所示。选择“背景”图层组，为该图层组添加图层蒙版，效果如图6-236所示。

图6-235

图6-236

提示

如果在有选区的情况下创建图层蒙版，则选区中的图像会被显示，而选区以外的图像将会被隐藏。

步骤15 新建名称为“左侧菜单”的图层组，使用“自定形状工具”，在选项栏上的“形状”下拉列表中选择合适的形状，在画布中绘制形状图形，如图6-237所示。使用“自定形状工具”，在选项栏上设置“路径操作”为“合并形状”，在“形状”下拉列表中选择合适的形状，在画布中绘制形状图形，如图6-238所示。

图6-237

图6-238

提示

设置“路径操作”为“合并形状”选项后，可以在现有形状图形的基础上添加新的形状图形，所绘制的形状图形将与当前所选中的形状图形位于同一个形状图层中。

步骤16 为该图层添加“外发光”图层样式，对相关选项进行设置，如图6-239所示。单击“确定”按钮，完成“图层样式”对话框中各选项的设置，效果如图6-240所示。

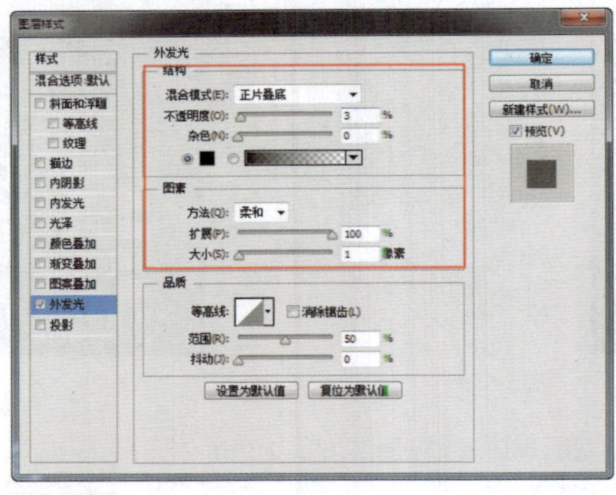

图6-239

图6-240

步骤17 使用“圆角矩形工具”，在选项栏上设置“填充”为RGB（175,179,182）、“半径”为1像素，在画布中绘制圆角矩形，如图6-241所示。使用“横排文字工具”，在“字符”面板中设置相关选项，在画布中单击并输入相应的文字，如图6-242所示。

图6-241

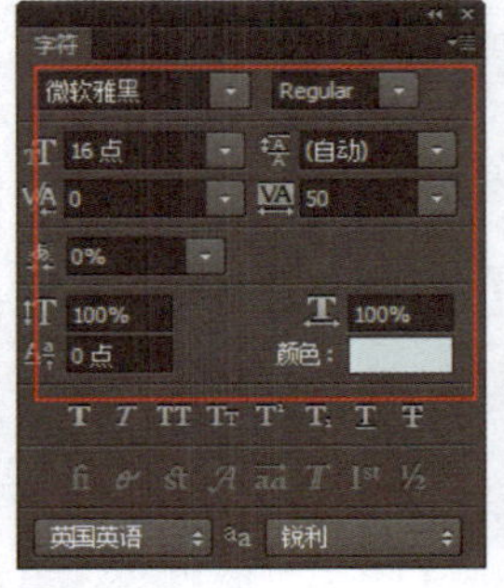

图6-242

步骤 18 使用相同的制作方法，完成相似图形的绘制，如图6-243所示。新建“图层6”，使用“椭圆选框工具”，在画布中绘制椭圆形选区，如图6-244所示。

图6-243

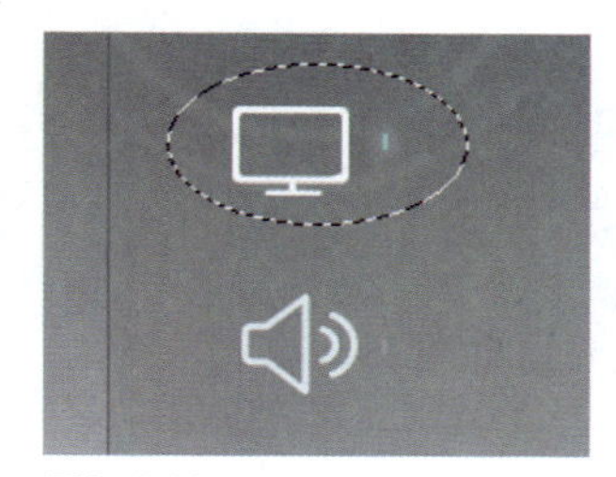
图6-244

步骤 19 执行“选择>修改>羽化”命令，弹出“羽化”对话框，设置“羽化半径”为15像素，羽化选区，为选区填充颜色RGB（27,185,225），如图6-245所示。使用相同的制作方法，完成相似图形的绘制，效果如图6-246所示。

图6-245

图6-246

步骤 20 同时选中“图层6”至“图层6拷贝2”图层，将选中的图层移至“圆角矩形4”图层下方，效果如图6-247所示。新建名称为“设置选项”的图层组，使用“直线工具”，在选项栏上设置“填充”颜色为RGB（146,149,149）、“粗细”为3像素，在画布中绘制直线，如图6-248所示。

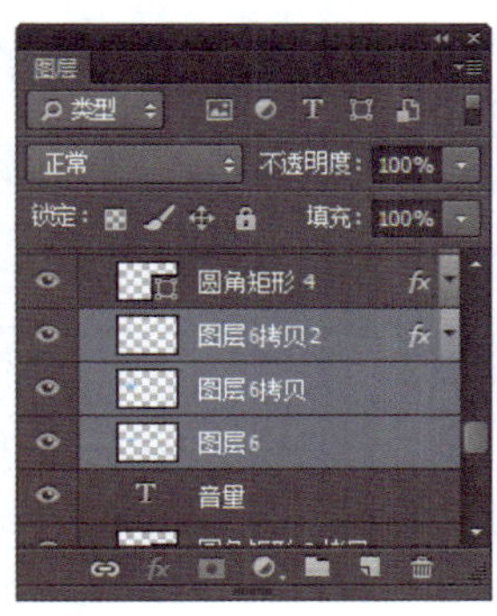

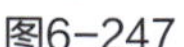
图6-247

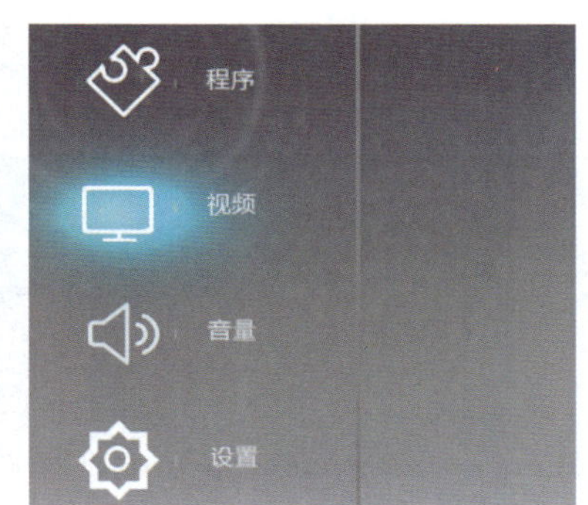

图6-248

步骤21 使用相同的制作方法，完成相似图形的绘制，如图6-249所示。使用“矩形工具”，在画布中绘制一个黑色矩形，如图6-250所示。

图6-249

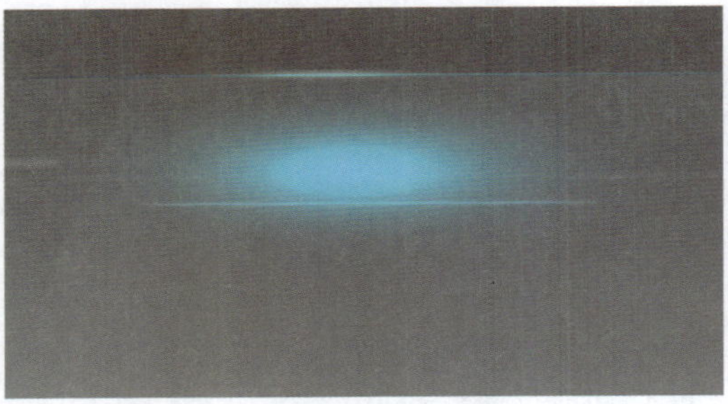

图6-250

步骤22 复制“矩形2”图层，得到“矩形2拷贝”图层，调整图形的大小，修改该图层的填充颜色为RGB（27,185,225），如图6-251所示。使用“直线工具”，在选项栏上设置“粗细”为1像素，在画布中绘制直线，如图6-252所示。

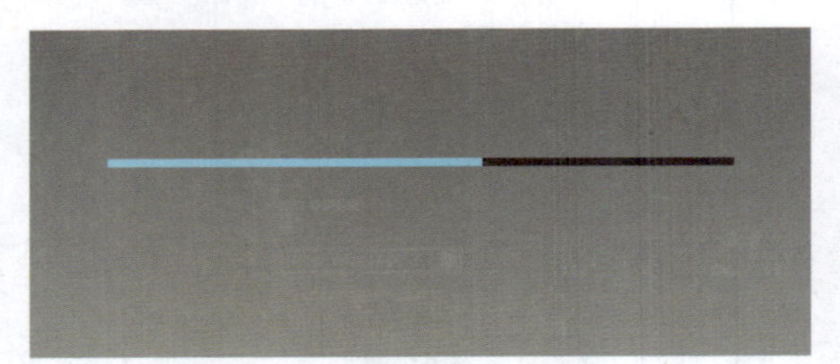
图6-251

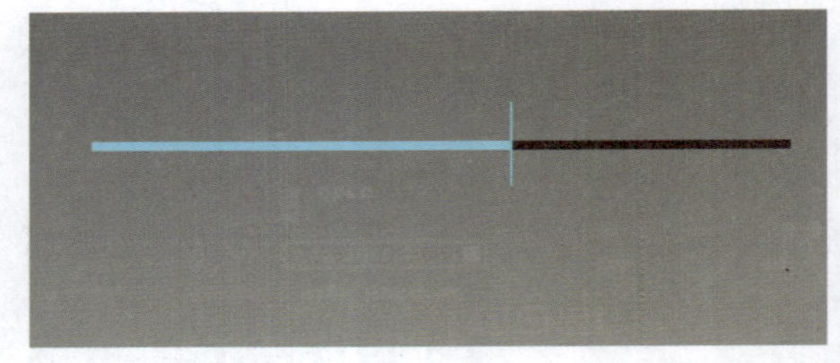
图6-252

步骤23 为该图层添加图层蒙版，使用“画笔工具”，设置“前景色”为黑色，选择合适的笔触，对直线进行涂抹，效果如图6-253所示。使用相同的制作方法，完成相似图形的绘制，如图6-254所示。

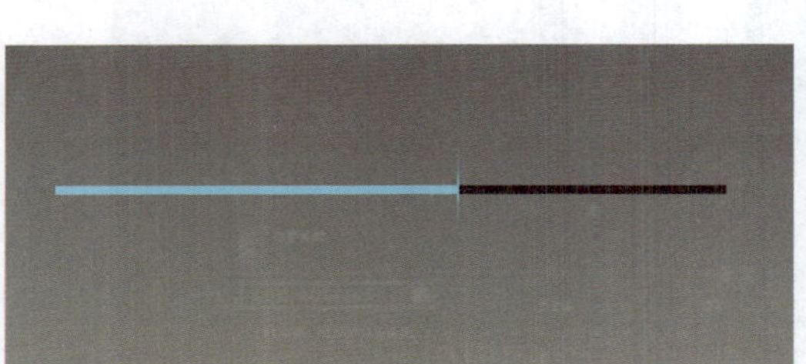

图6-253

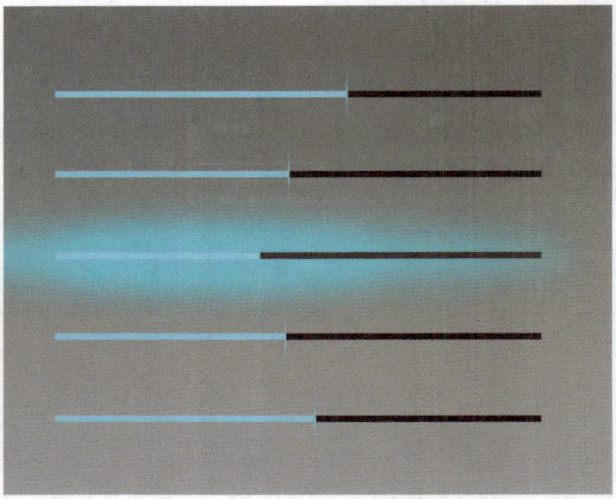

图6-254

步骤24 使用“圆角矩形工具”，在选项栏上设置“半径”为6像素，在画布中绘制一个黑色的圆角矩形，如图6-255所示。将“圆角矩形5”图层移至“矩形2”图层下方，效果如图6-256所示。

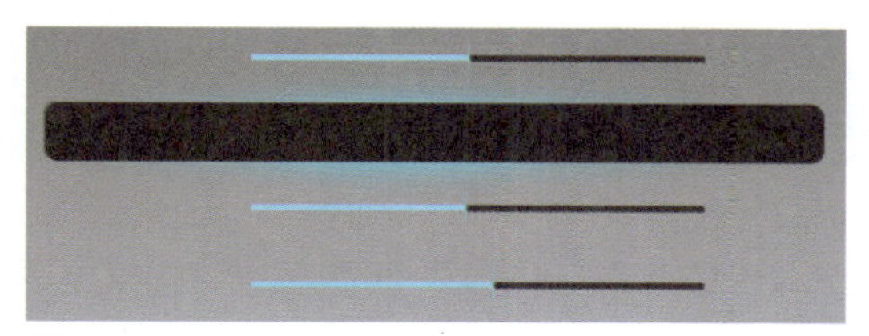

图6-255

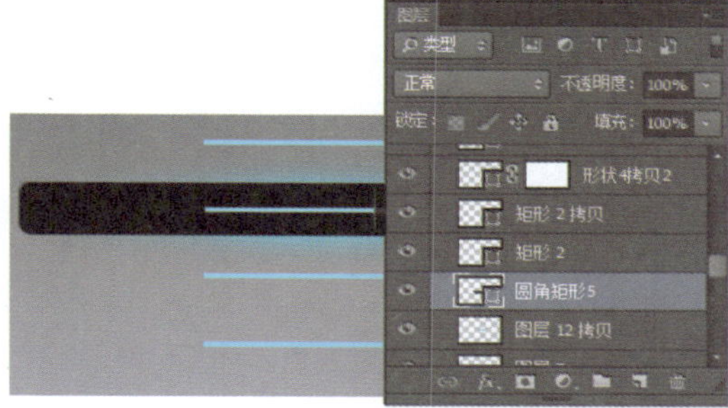

图6-256

步骤25 使用相同的制作方法，可以在画布中输入相应的文字，效果如图6-257所示。使用“自定形状工具”，在选项栏上的“形状”下拉列表中选择合适的形状，在画布中绘制图形，如图6-258所示。

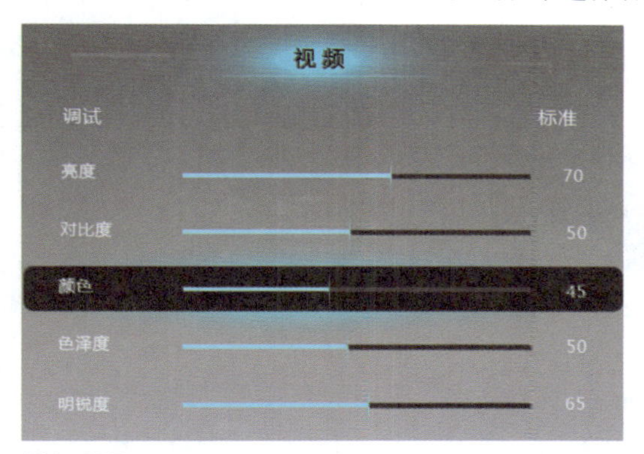

图6-257

图6-258

步骤26 使用“直接选择工具”，对图形进行相应的调整并进行旋转处理，效果如图6-259所示。使用相同的制作方法，完成相似图形的绘制，如图6-260所示。

图6-259

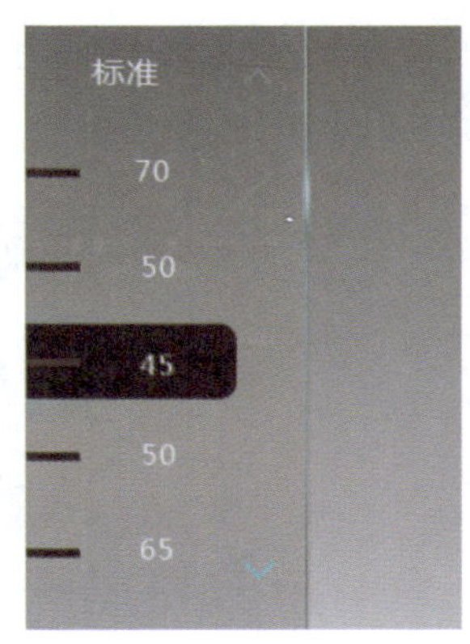

图6-260

步骤 27 使用相同的制作方法，完成相似图形的绘制，如图6-261所示。新建“图层11”，使用“椭圆选框工具”，在画布中绘制选区，如图6-262所示。

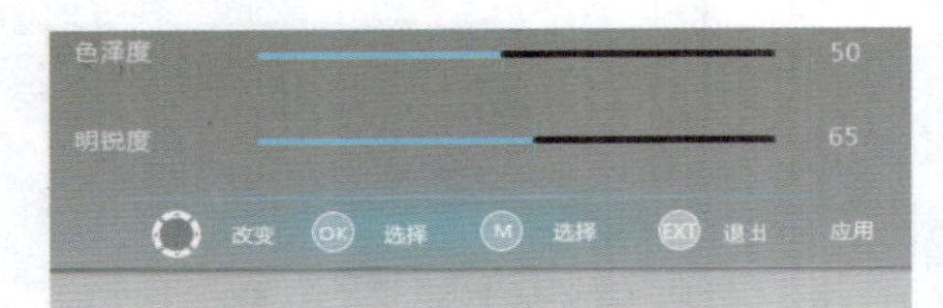

图6-261

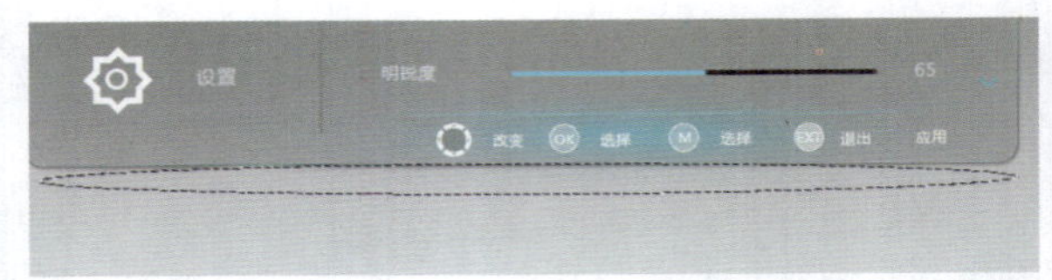

图6-262

步骤 28 执行“选择>修改>羽化”命令，弹出“羽化选区”对话框，设置“羽化半径”为15像素；选中羽化选区，为选区填充黑色，如图6-263所示。设置该图层的“不透明度”为25%，将“图层10”移至“边框”图层组下方，如图6-264所示。

图6-263

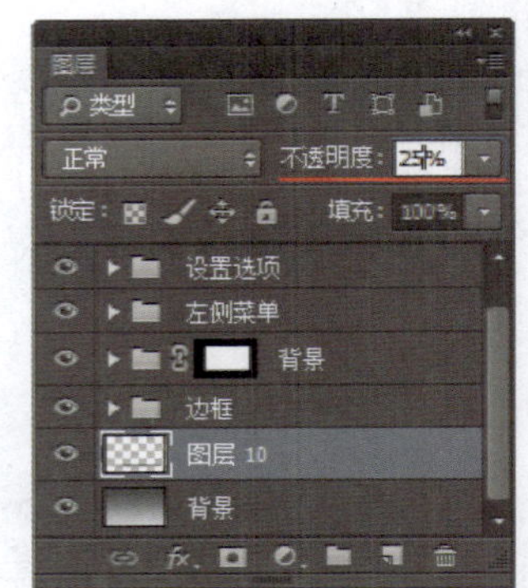

图6-264

步骤 29 完成该透明软件界面的设计制作，最终效果如图6-265所示。

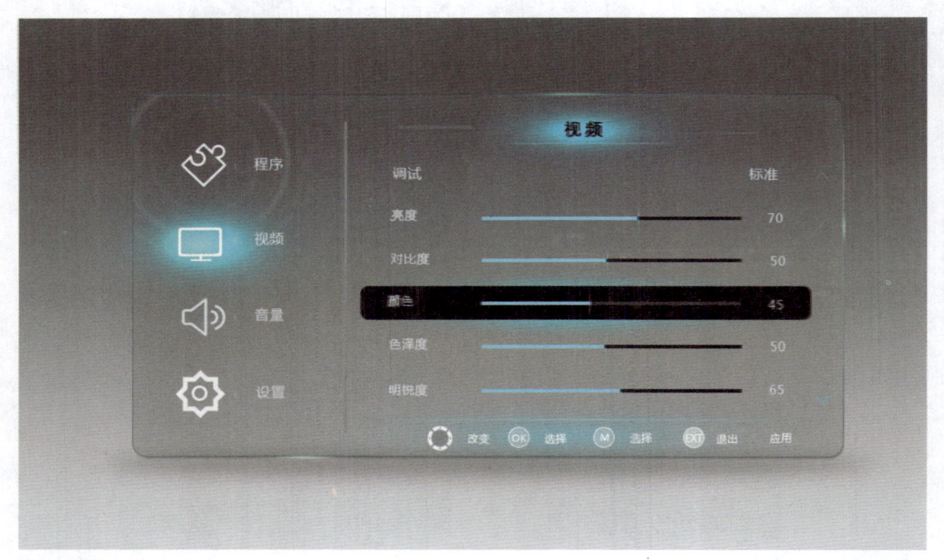

图6-265

6.4.2 软件界面的设计原则

在漫长的软件发展过程中，软件界面设计一直没有被重视，其实软件界面设计就像工业产品中的工业造型设计一样，是产品的主要卖点。在对软件界面进行设计时应该遵循以下几个设计原则：

① 易用性

软件界面上的各种按钮或者菜单名称应该易懂，用词准确，不要出现模棱两可的字眼；要与同一界面上的其他菜单或按钮易于区分，能够直接明白具体的含义。理想的情况是用户不用查阅帮助就能知道该界面的功能并进行相关的正确操作。

② 规范性

通常界面设计都按Windows界面的规范来设计，即包含菜单条、工具栏、工具箱、状态栏、滚动条和右键快捷菜单的标准格式；界面遵循规范化的程度越高，则易用性相应地就越好，小型软件一般不提供工具箱。

③ 合理性

屏幕对角线相交的位置是用户直视的地方，正上方1/4处为易吸引用户注意力的位置，在放置窗体时要注意利用这两个位置。菜单是界面上最重要的元素，菜单位置按照功能来组织。

④ 美观与协调性

软件界面的大小应该适合美学观点，感觉协调舒适，能在有效的范围内吸引用户的注意力。

⑤ 独特性

如果一味地遵循业界的界面标准，则会丧失自己的个性。在整体框架符合规范的情况下，设计具有自己独特风格的软件界面尤为重要，尤其是在商业软件流通中有着很好的潜移默化的广告效用。

【自测6】设计视频转换软件界面

视频：光盘\视频\第6章\视频转换软件界面.swf　　源文件：光盘\源文件\第6章\视频转换软件界面.psd

- **案例分析**

案例特点：本案例设计一款视频转换软件界面，在设计过程中充分考虑了用户使用规律和视觉流程，通过不同颜色的按钮图标来表现该软件的主要功能和特点，具有很好的醒目性。

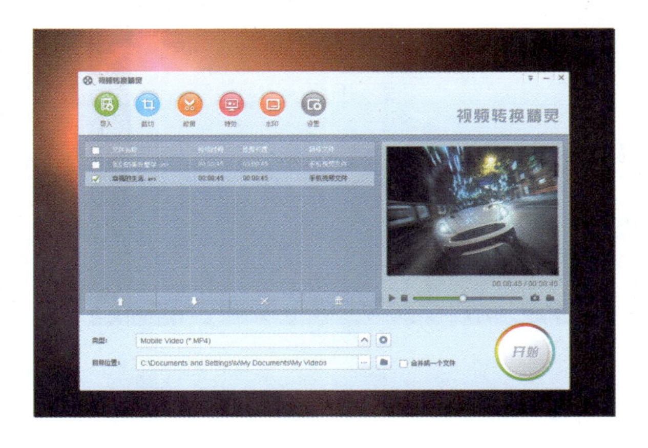

制作思路与要点：在该软件界面的设计中，通过不同的背景色彩来区分界面中不同的功能操作区域。在顶部通过按钮的形式表现该软件的功能操作；中间部分左侧为表格形式的文件操作列表，右侧为当前选中文件的视频预览操作区；底部放置

文件输出格式和位置设置选项；在界面右下角设计一个较大的功能操作按钮。界面整体布局合理，功能分区明确，整个界面看起来干净、整齐，方便用户的操作。

● **色彩分析**

该软件界面主要以蓝色作为主色调，使用明度较高的浅蓝色作为界面背景主色调，中间使用纯度较高的蓝色作为背景色，从而将界面上的功能区域分割为上、中、下3部分。在界面中通过不同的鲜艳色调来设计功能操作按钮，在界面中比较突出，用户能够很好地辨识和区分相应的功能，整体色调让人感觉清新、自然、充满时尚感。

● **制作步骤**

步骤 01 执行“文件>新建”命令，弹出“新建”对话框，新建一个空白文档，如图6-266所示。打开素材图像“光盘\源文件\第6章\素材\601.jpg”，将其拖入到设计文档中，如图6-267所示。

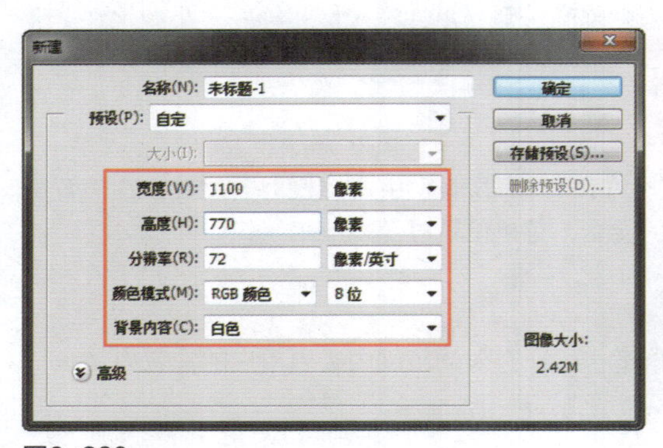

图6-266

图6-267

步骤 02 新建名称为“背景”的图层组，使用“圆角矩形工具”，在选项栏上设置“工具模式”为“形状”、“半径”为3像素，在画布中绘制圆角矩形，如图6-268所示。为该图层添加“内阴影”图层样式，对相关选项进行设置，如图6-269所示。

图6-268

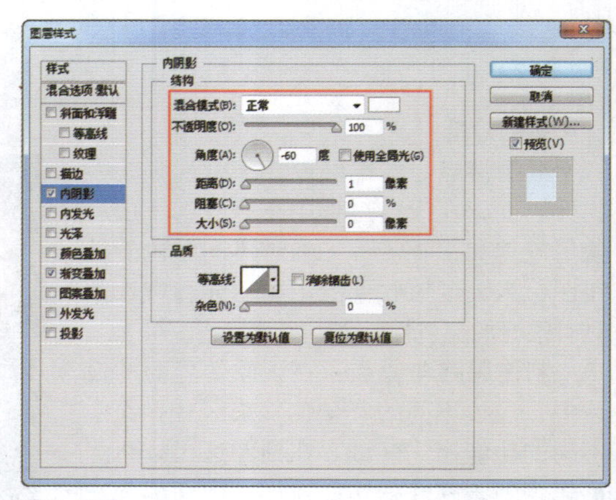

图6-269

步骤03 继续添加“渐变叠加”图层样式，对相关选项进行设置，如图6-270所示。单击“确定”按钮，完成“图层样式”对话框中各选项的设置，效果如图6-271所示。

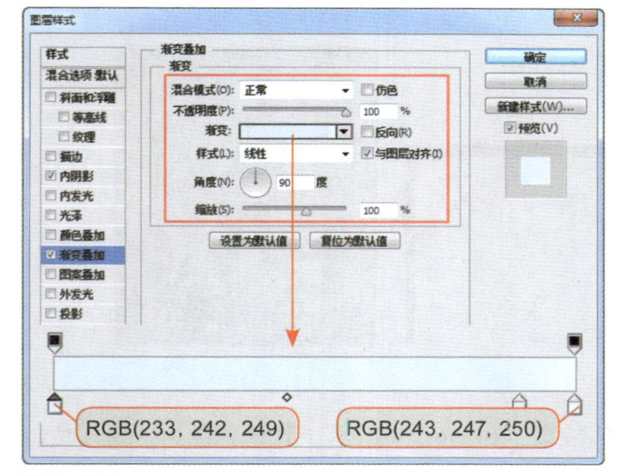

图6-270

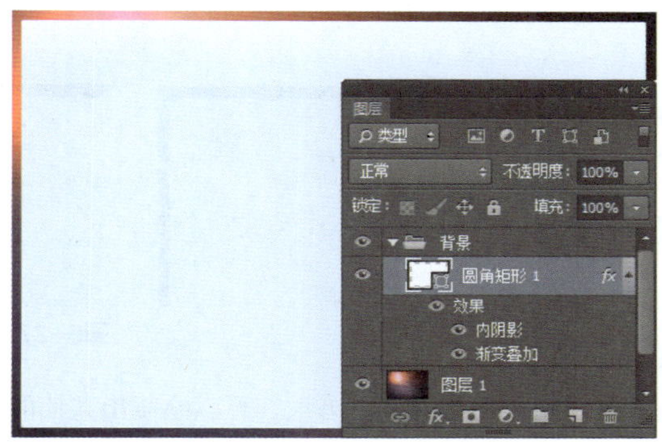

图6-271

步骤04 使用“自定形状工具”，在选项栏上设置“填充”为RGB（100,125,145），在“形状”下拉列表中选择合适的形状，在画布中绘制形状图形，如图6-272所示。使用“直接选择工具”，选中刚绘制的图形中相应的锚点，将选中的锚点删除，得到需要的图形，效果如图6-273所示。

图6-272

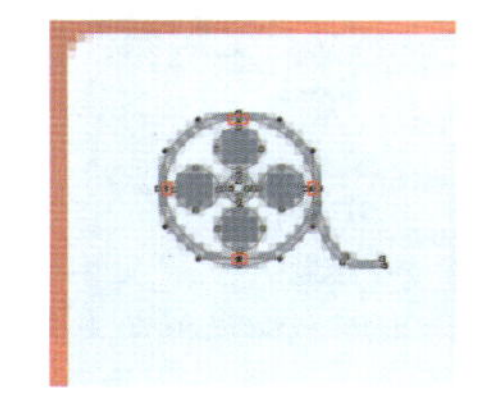

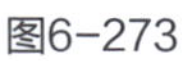

图6-273

提示

在使用“直接选择工具”选择锚点时，按住键盘上的Shift键的同时分别单击锚点，可以同时选中多个锚点。

步骤05 使用“横排文字工具”，在“字符”面板中对相关选项进行设置，在画布中输入文字，效果如图6-274所示。使用矢量绘图工具，可以绘制出界面右上角的图标，效果如图6-275所示。

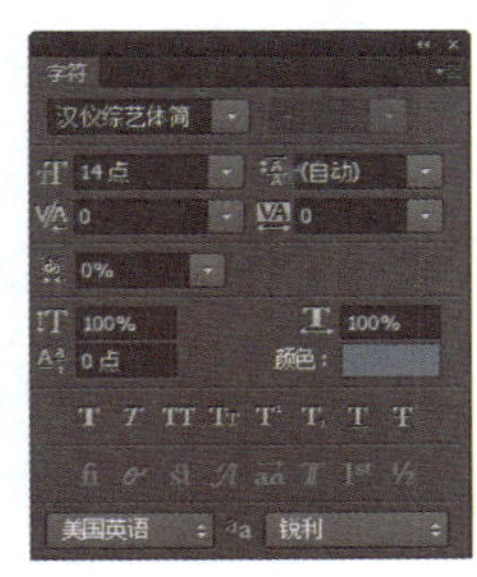

图6-274

图层
类型
正常
不透明度: 100%
锁定:
填充: 100%
背景
形状 5
形状 4
形状 3
形状 2

图6-275

步骤 06 使用“直线工具”，在选项栏上设置“填充”为RGB（210,214,215）、“粗细”为1像素，在画布中绘制一条直线，效果如图6-276所示。为该图层添加图层蒙版，使用“渐变工具”，在图层蒙版中填充黑白线性渐变，效果如图6-277所示。

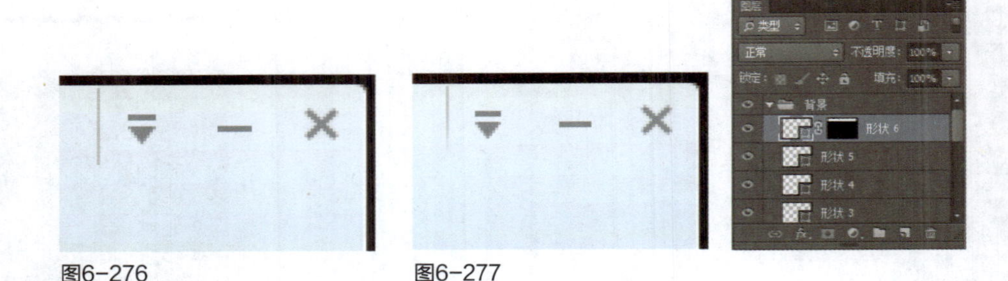

图6-276　　图6-277

步骤 07 使用相同的制作方法，可以绘制出其他的直线效果，如图6-278所示。新建名称为“操作按钮组”的图层组，在该图层组中新建名称为“按钮1”的图层组，使用“椭圆工具”，在画布中绘制一个正圆形，如图6-279所示。

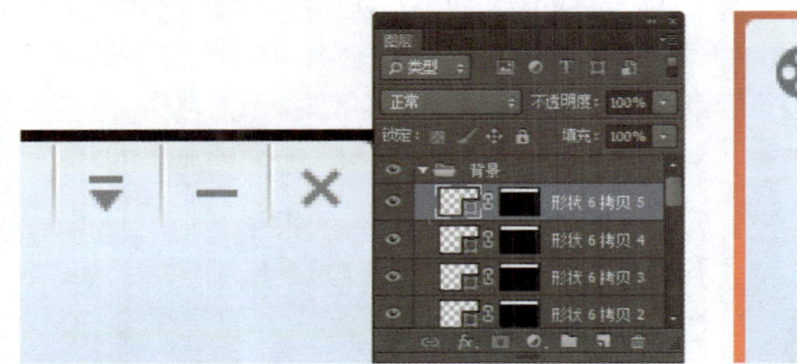

图6-278

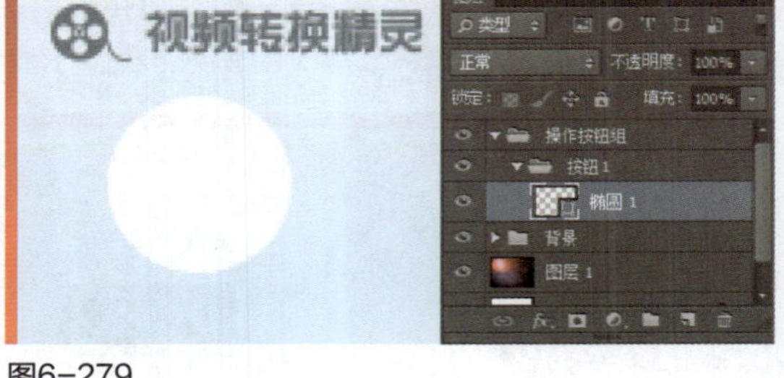

图6-279

步骤 08 为该图层添加“渐变叠加”图层样式，对相关选项进行设置，如图6-280所示。单击“确定”按钮，完成“图层样式”对话框中各选项的设置，效果如图6-281所示。

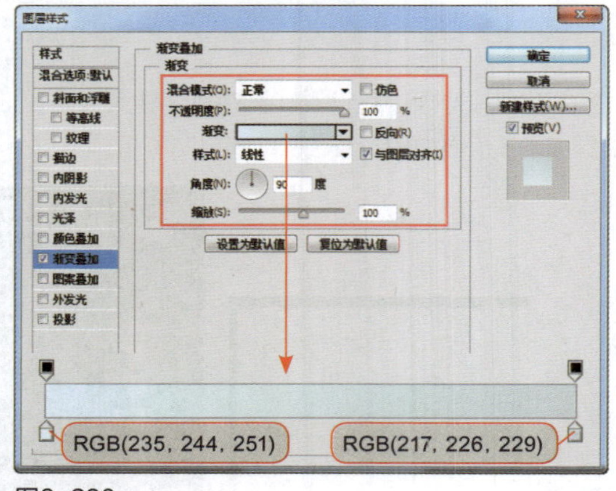

图6-280

图6-281

步骤 09 复制“椭圆1”图层，得到“椭圆1拷贝”图层，将复制得到的正圆形等比例缩小，如图6-282所示。双击该图层所添加的“渐变叠加”图层样式，对相关选项进行设置，如图6-283所示。

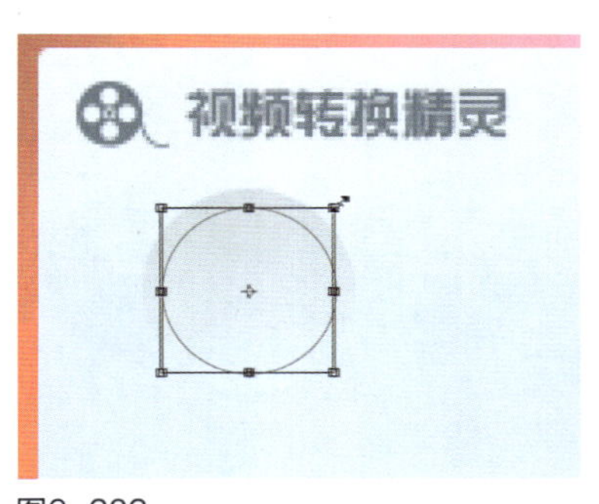
图6-282

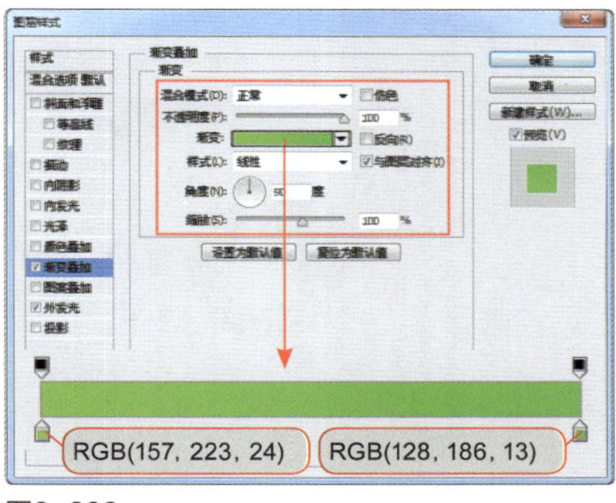

图6-283

步骤 10 继续添加“外发光”图层样式，对相关选项进行设置，如图6-284所示。单击“确定”按钮，完成“图层样式”对话框中各选项的设置，效果如图6-285所示。

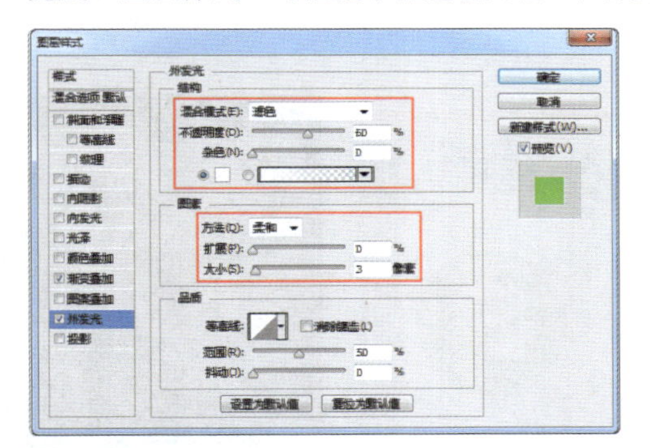
图6-284

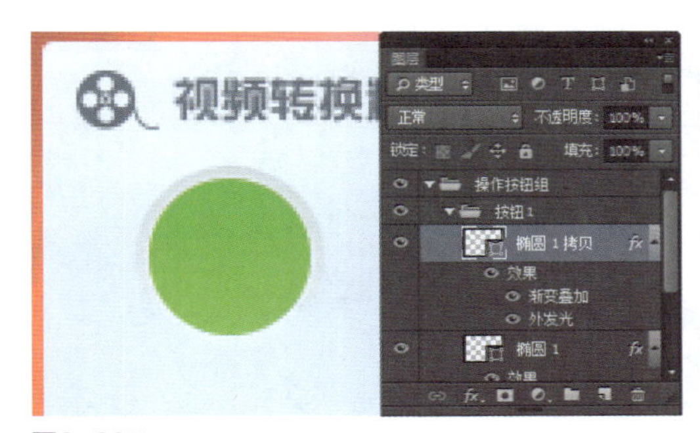
图6-285

步骤 11 复制“椭圆1拷贝”图层，得到“椭圆1拷贝2”图层，将复制得到的正圆形等比例缩小，删除“外发光”图层样式，双击“渐变叠加”图层样式，对相关选项进行设置，如图6-286所示。单击“确定”按钮，完成“图层样式”对话框中各选项的设置，设置该图层的“填充”为0%，效果如图6-287所示。

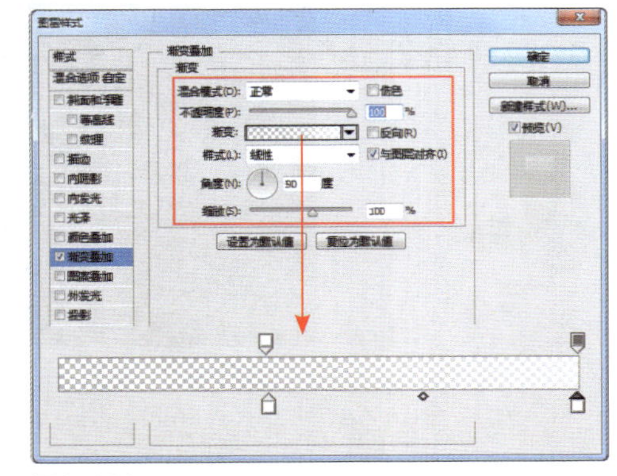
图6-286

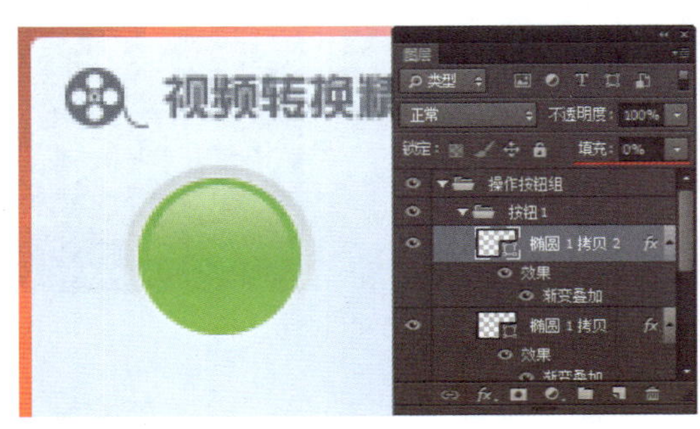
图6-287

步骤 12 使用“圆角矩形工具”，在选项栏上设置“半径”为2像素，在画布中绘制圆角矩形，如图6-288所示。使用“矩形工具”，在选项栏上设置“路径操作”为“减去顶层形状”，在刚绘制的圆角矩形上减去相应的多个矩形，得到需要的图形，如图6-289所示。

图6-288

图6-289

步骤 13 为该图层添加“投影”图层样式，对相关选项进行设置，效果如图6-290所示。单击“确定”按钮，完成“图层样式”对话框中各选项的设置，效果如图6-291所示。

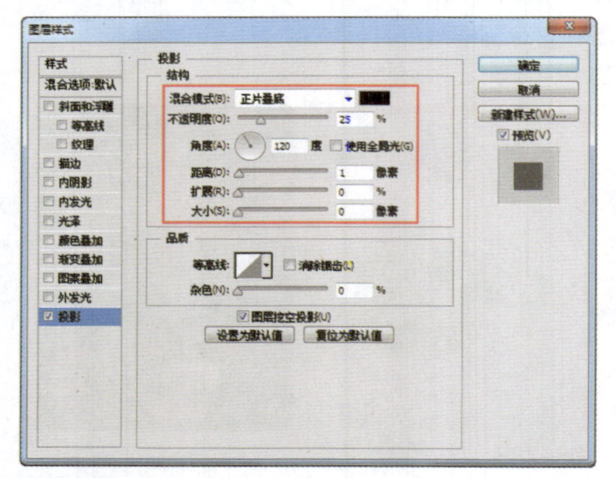

图6-290

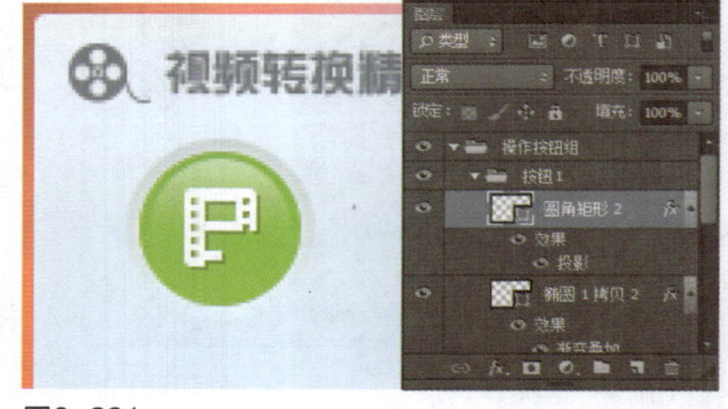

图6-291

步骤 14 使用相同的制作方法，可以绘制出相似的图形效果，并添加“投影”图层样式，效果如图6-292所示。使用“横排文字工具”，在“字符”面板中进行设置，在画布中输入文字，如图6-293所示。

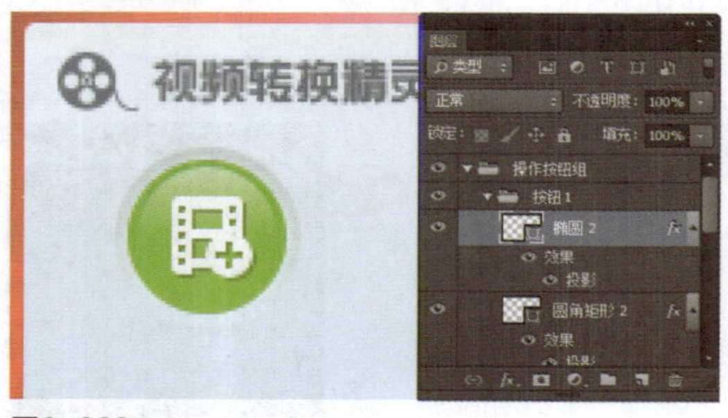

图6-292

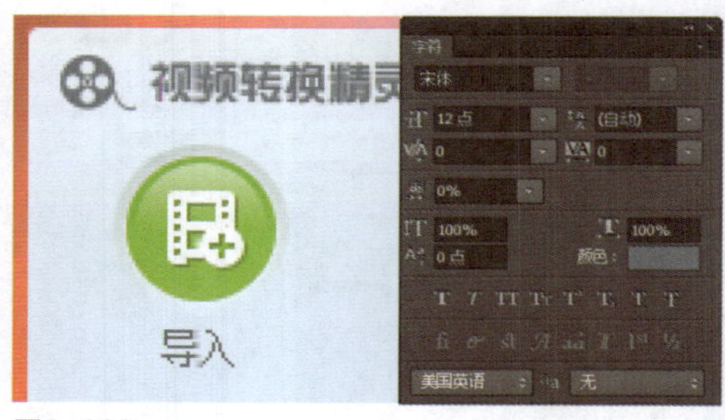

图6-293

步骤 15 为文字图层添加“投影”图层样式，对相关选项进行设置，如图6-294所示。单击“确定”按钮，完成“图层样式”对话框中各选项的设置，效果如图6-295所示。

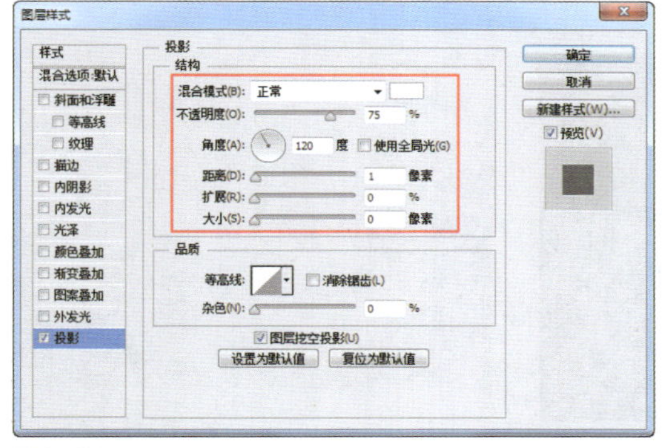

图6-294

图6-295

步骤 16 使用相同的制作方法，可以完成相似图形效果的制作，如图6-296所示。新建名称为“中间部分”的图层组，使用“矩形工具”，在选项栏上设置“填充”为RGB（150,182,207），在画布中绘制矩形，效果如图6-297所示。

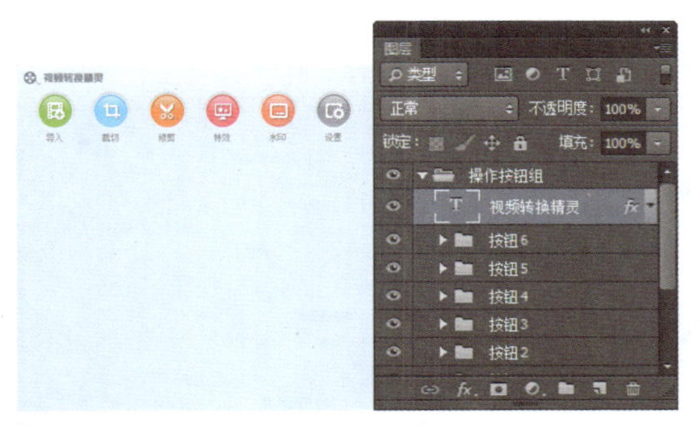

图6-296

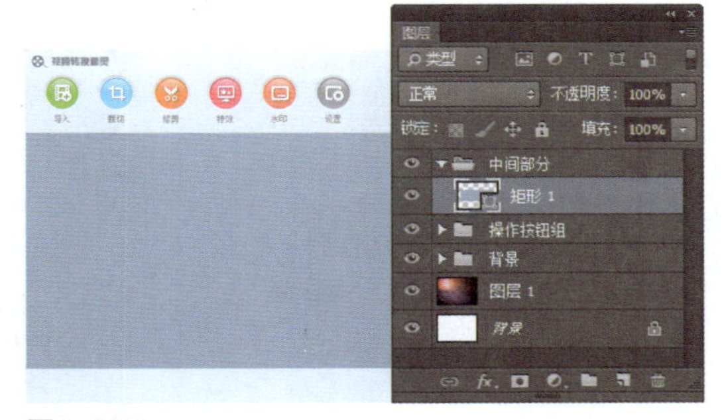

图6-297

步骤 17 为该图层添加“内阴影”图层样式，对相关选项进行设置，如图6-298所示。单击“确定”按钮，完成“图层样式”对话框中各选项的设置，效果如图6-299所示。

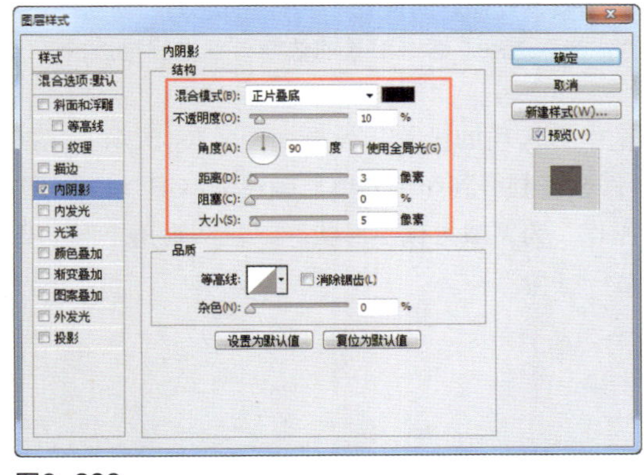

图6-298

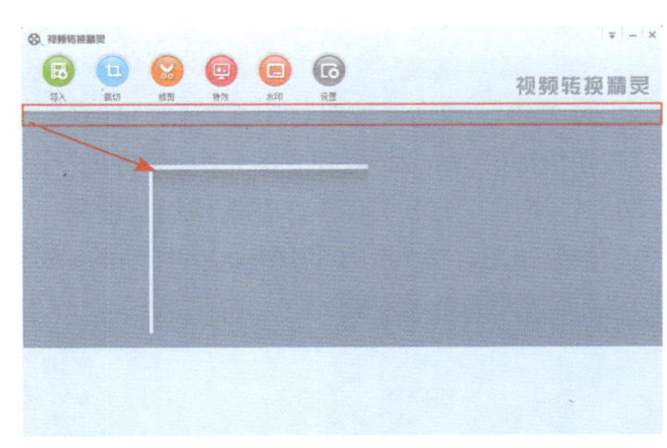

图6-299

步骤 18 使用“直线工具”，在矩形的上下两边分别绘制一条白色的直线，效果如图6-300所示。使用“圆角矩形工具”，在选项栏上设置“填充”为RGB（150,182,207）、“半径”为2像素，在画布中绘制圆角矩形，如图6-301所示。

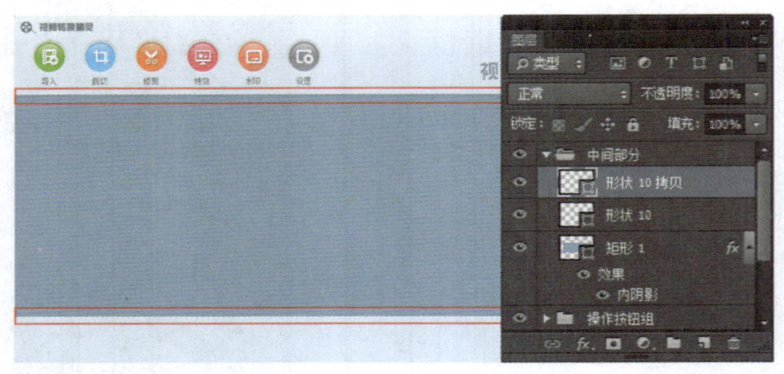

图6-300

图6-301

步骤 19 为该图层添加“描边”图层样式，对相关选项进行设置，效果如图6-302所示。继续添加“内发光”图层样式，对相关选项进行设置，效果如图6-303所示。

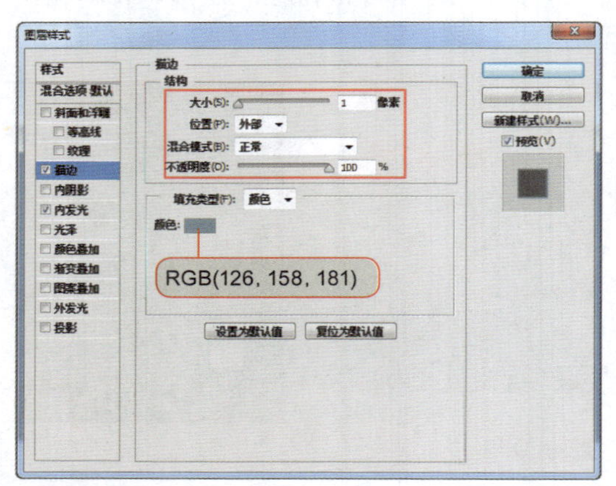

图6-302

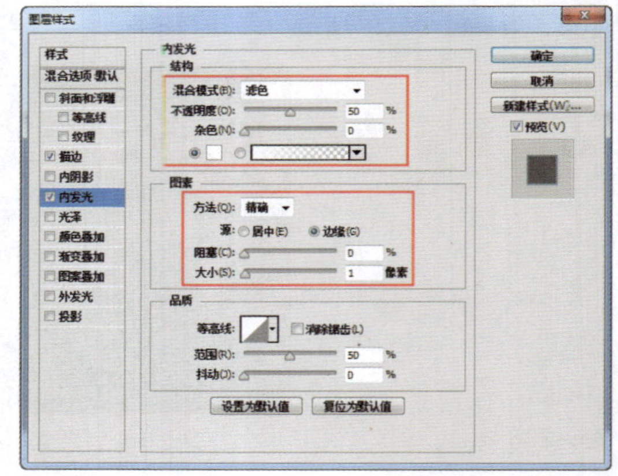

图6-303

提示

在设置“描边”图层样式时，可以通过“位置”选项设置描边的位置，共有3个选项可以选择，分别是“外部”、“内部”和“居中”，默认选择“外部”选项，即在对象的边缘外部进行描边。

步骤 20 单击“确定”按钮，完成“图层样式”对话框中各选项的设置，效果如图6-304所示。复制“圆角矩形6”图层，得到“圆角矩形6拷贝”图层，修改复制得到图形的填充颜色为RGB（177,199,220），使用“矩形工具”，在选项栏上设置“路径操作”为“减去顶层形状”，在该圆角矩形上减去相应的矩形，得到需要的图形，效果如图6-305所示。

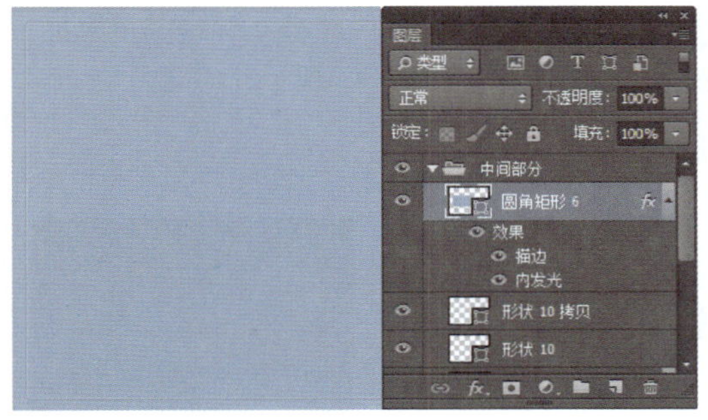

图6-304

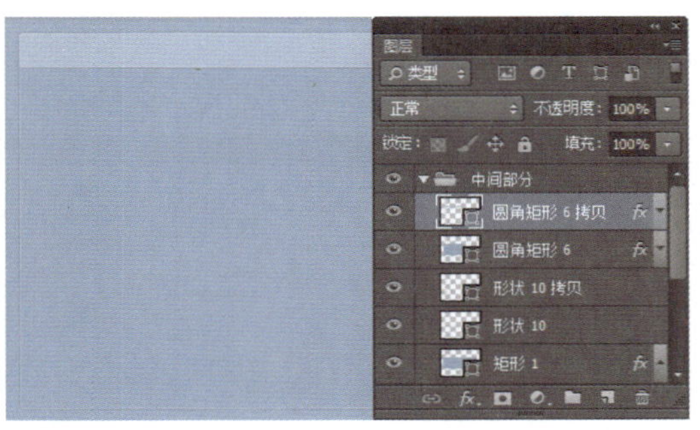

图6-305

步骤21 使用相同的制作方法，可以绘制出相似的图形效果，如图6-306所示。绘制矩形、直线等图形，并输入文字，完成该部分内容的制作，效果如图6-307所示。

图6-306

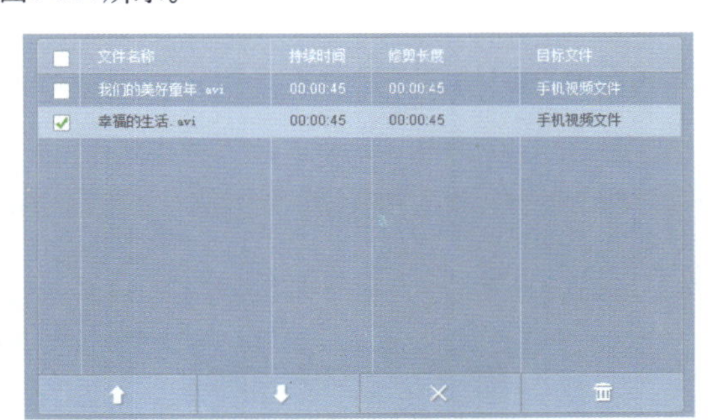

图6-307

步骤22 新建名称为“播放窗口”的图层组，使用相同的制作方法，可以绘制出相似的图形效果，如图6-308所示。打开素材图像“光盘\源文件\第6章\素材\602.jpg”，将其拖入到设计文档中，并调整到合适的大小和位置，为该图层创建剪贴蒙版，效果如图6-309所示。

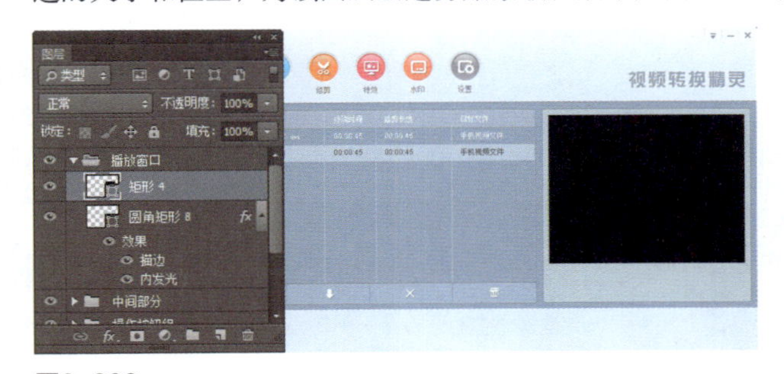

图6-308

图6-309

步骤23 使用“自定形状工具”，在选项栏上设置“填充”为RGB（71,103,128），在“形状”下拉列表中选择合适的形状，在画布中绘制图形，如图6-310所示。复制“形状16”图层，得到“形状16拷贝”图层，将复制得到的图形等比例缩小，如图6-311所示。

图6-310

图6-311

步骤 24 为“形状16拷贝”图层添加“渐变叠加”图层样式，对相关选项进行设置，如图6-312所示。单击“确定”按钮，完成“图层样式”对话框中各选项的设置，效果如图6-313所示。

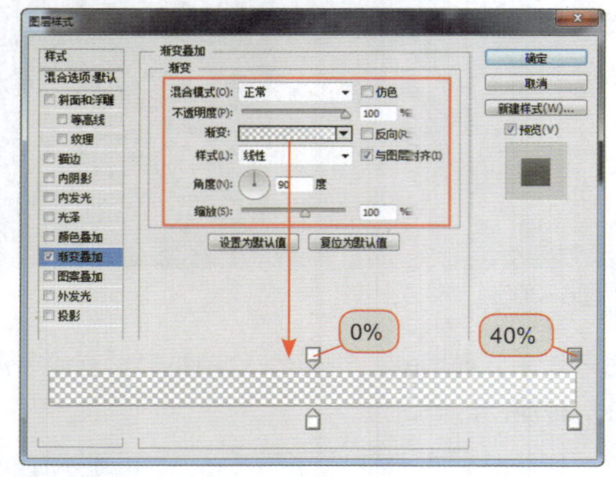

图6-312

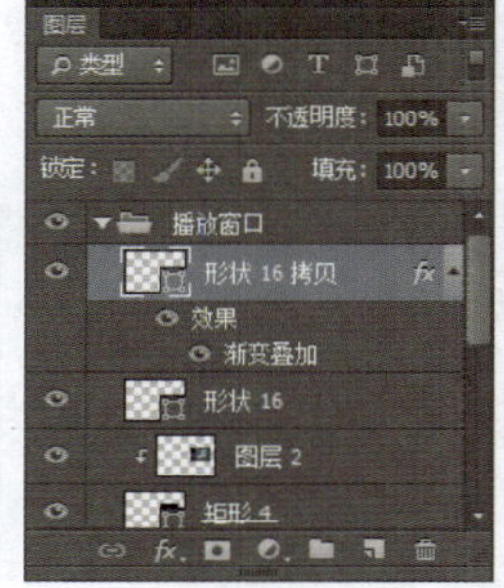

图6-313

步骤 25 使用相同的制作方法，可以完成其他图形效果的绘制，如图6-314所示。新建名称为“底部选项”的图层组，使用相同的制作方法，可以完成相似图形效果和文字的制作，如图6-315所示。

图6-314

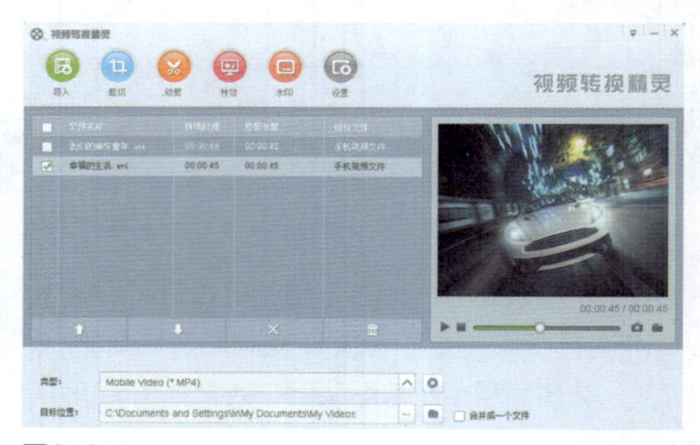

图6-315

步骤 26 使用“椭圆工具”，在画布中绘制一个正圆形，如图6-316所示。为该图层添加“渐变叠加”图层样式，对相关选项进行设置，如图6-317所示。

图6-316

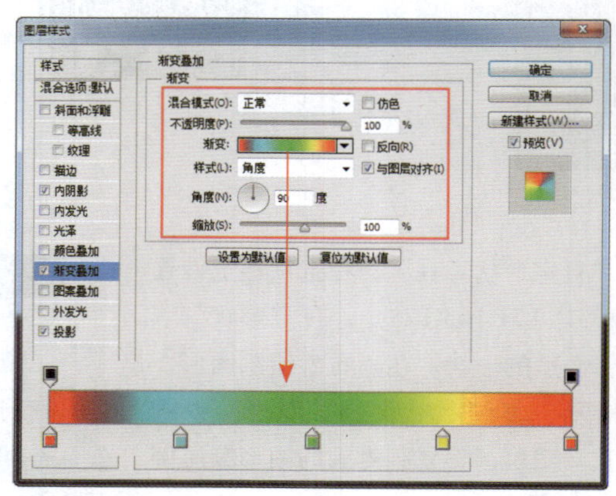

图6-317

步骤 27 继续添加“内阴影”图层样式，对相关选项进行设置，效果如图6-318所示。继续添加“投影”图层样式，对相关选项进行设置，效果如图6-319所示。

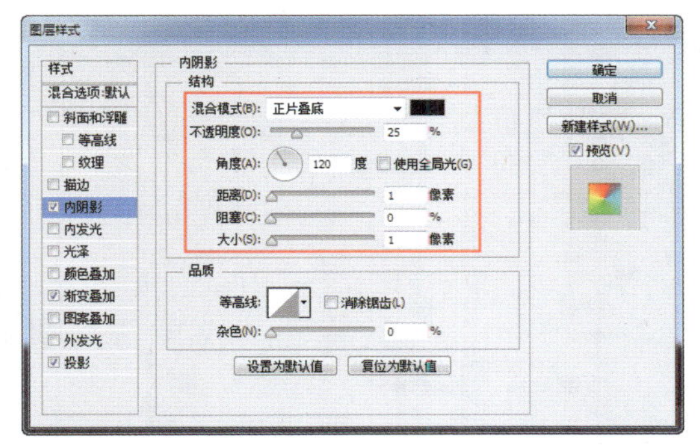

图6-318

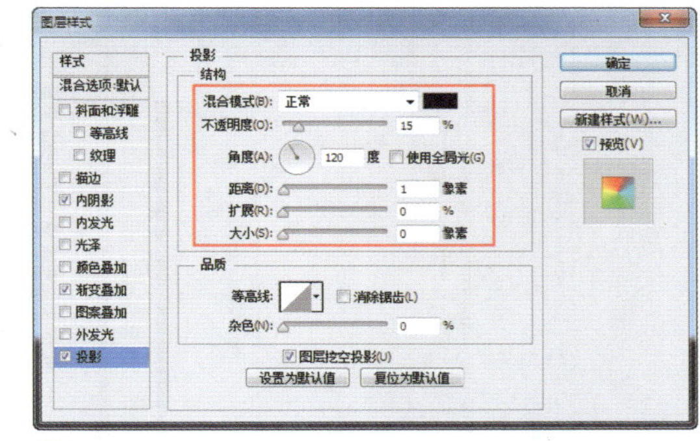

图6-319

步骤 28 单击“确定”按钮，完成“图层样式”对话框中各选项的设置，效果如图6-320所示。复制“图层6”图层，得到“图层6拷贝”图层，将复制得到图层的图层样式清除，并将复制得到的图形等比例缩小，图形效果如图6-321所示。

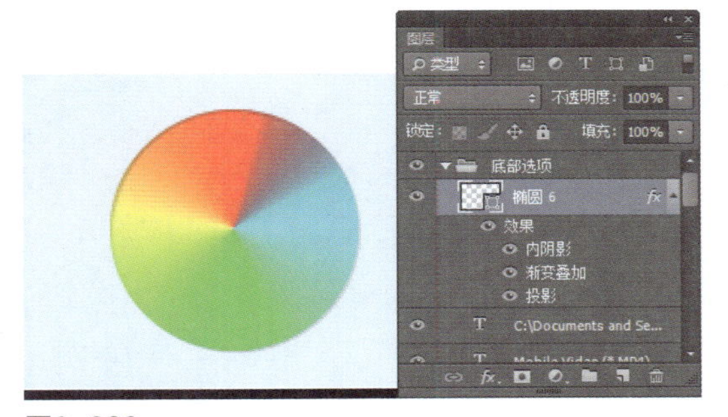

图6-320

图6-321

步骤 29 为“椭圆6拷贝”图层添加“投影”图层样式，对相关选项进行设置，如图6-322所示。单击“确定”按钮，完成“图层样式”对话框中各选项的设置，效果如图6-323所示。

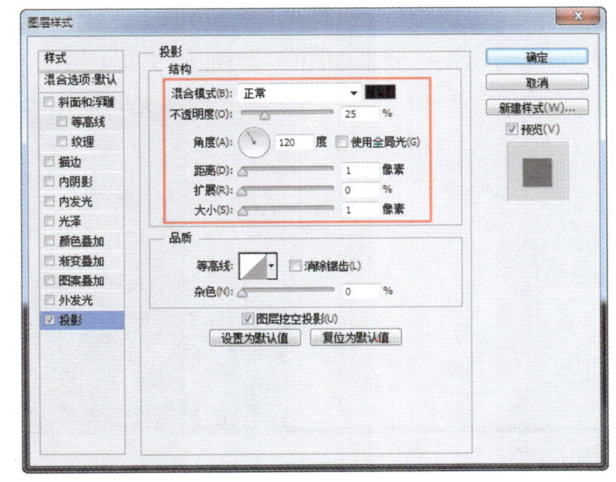

图6-322

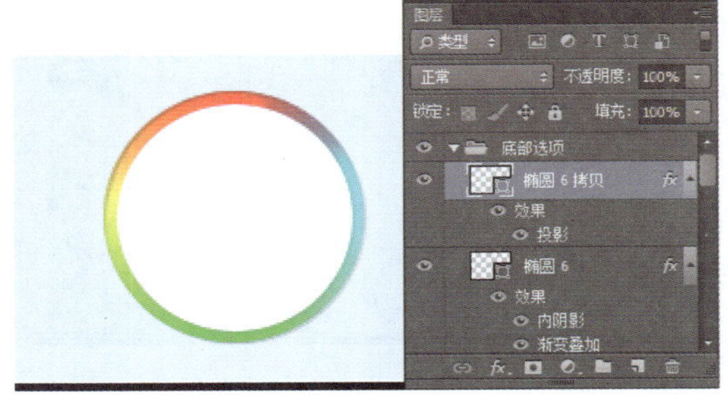

图6-323

步骤30 复制“椭圆6拷贝”图层，得到“椭圆6拷贝2”图层，将复制得到的图形等比例缩小，如图6-324所示。双击“椭圆6拷贝2”图层的“投影”图层样式，对相关选项进行设置，如图6-325所示。

图6-324

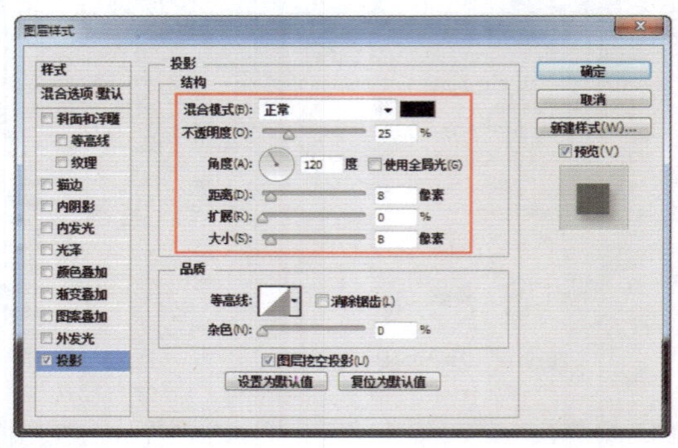

图6-325

步骤31 复制“椭圆6拷贝”图层，得到“椭圆6拷贝2”图层，将复制得到的图形等比例缩小，如图6-324所示。双击“椭圆6拷贝2”图层的“投影”图层样式，对相关选项进行设置，如图6-325所示。

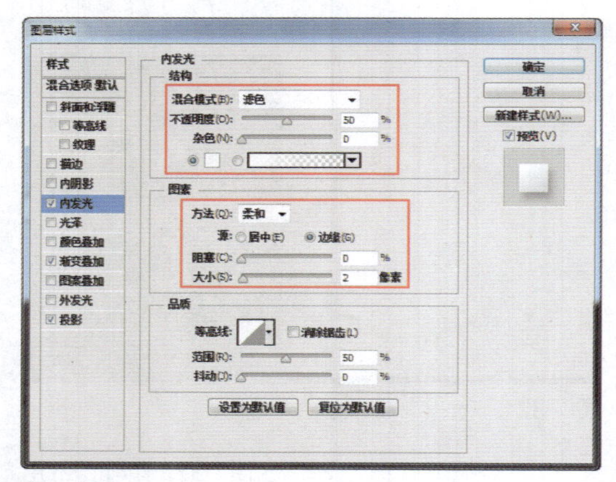

图6-326

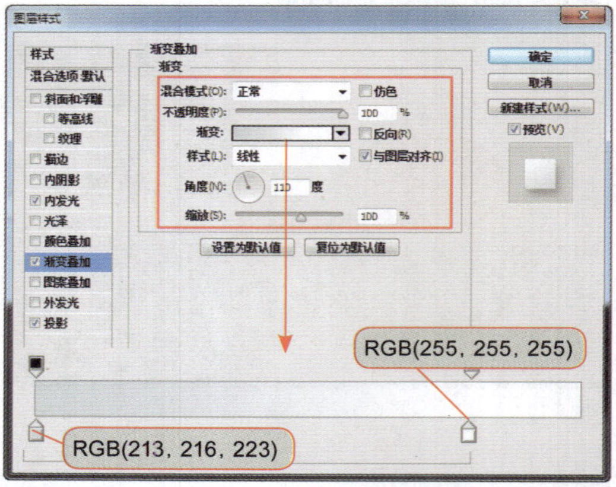

图6-327

步骤32 单击“确定”按钮，完成“图层样式”对话框中各选项的设置，效果如图6-328所示。使用相同的制作方法，在画布中输入文字，并为文字添加相应的图层样式，效果如图6-329所示。

图6-328

图6-329

步骤33 完成该视频转换软件界面的设计制作，最终效果如图6-330所示。

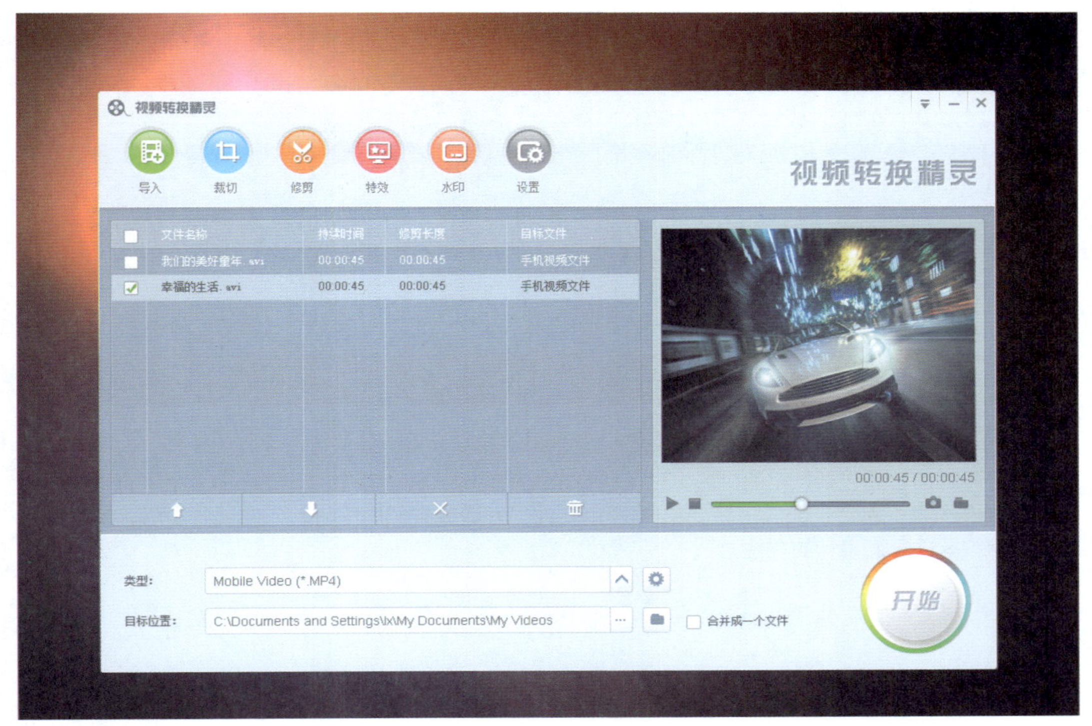

图6-330

6.5 专家支招

好的软件界面不仅要实用，还要易用，更要美观，好的软件界面不仅可以让软件变得个性化，还可以使软件的操作变得更加舒服、简单。了解了软件界面设计的相关知识，以及软件界面设计的方法以后，还需要注意在软件界面设计过程中遵循以用户为中心的原则，设计出既精美又实用的软件界面。

① Web软件与网站界面有什么区别?

答：Web软件和网站的运行环境和技术几乎完全相同，但是两者的用途和特征有着很大的区别。网站主要用于浏览信息，面向大众用户，网站页面中的内容会随时更新，不存在统一的网站用户界面格式。因此“个性化”和“不断变化”是网站的用户界面特征。

Web软件的本质是软件，只不过它是在Web环境中运行的、以页面的方式展示内容而已。Web软件用于处理有固定流程（逻辑）的业务，而不是仅仅让人们浏览信息用的。Web软件界面的设计要素有合适性、可理解、一致性、出错处理、及时反馈信息、最少操作步骤、合理的布局和便于用户操作等特点，所以Web软件与网站的用户界面的特征是具有很大差异的。

② 软件界面设计的目标是什么？

答：软件界面设计不仅需要客观的设计思想，还需要更加科学、人性化的设计理念，从而达到界面设计的目标，界面设计需要达到以下目标：

（1）以用户为中心：设计由用户控制的界面。

（2）清楚一致的设计：所有界面的风格保持一致，所有具有相同含义的术语保持一致，且易于理解和使用。

（3）拥有良好的直觉特征。

（4）较快的响应速度

（5）简洁、美观。

本章小结

软件界面设计是UI设计的重要组成部分，它是用户和某些系统功能进行交互的集合，这些系统不仅指计算机程序，还包括特定的机器、设备和复杂的工具等。在本章中向读者详细介绍了有软件界面设计的相关知识，包括Web应用软件和PC应用软件，并通过案例的练习制作向读者展示，使读者能够快速掌握软件界面设计的方法。

CHAPTER 7

播放器界面设计

本章要点：

现在许多播放器界面都设计得非常时尚、有个性，但是对于一个好的播放器界面来说，只有一个华丽的外衣是远远不够的，如何合理地体现播放器的功能，使用户能够轻松地使用播放器功能才是最重要的。在播放器界面的设计过程中，除了需要考虑播放器界面是否美观外，还需要考虑播放器的功能是否实用、操作是否方便等问题。在本章中将向读者介绍有关播放器界面设计的相关知识，通过本章内容的学习，读者能够掌握播放器界面设计的方法和表现技巧。

知识点：

- 了解有关播放器界面的相关知识
- 理解什么是人性化播放器界面
- 理解播放器界面的设计原则
- 掌握各种不同类型播放器界面的设计表现方法

7.1 关于播放器界面

随着人们生活节奏的不断加快，娱乐已成为人们生活中不可缺少的一部分。计算机和网络的普及为人们的生活带来了不少乐趣。而在这紧张的生活节奏中，听音乐、看电影都是最好的缓减压力的方式。然而，一款好的播放软件带给用户的不仅仅只是音乐和电影，还应该有种温馨轻松的感觉，以及简单易行的操作、见而知意的图标、视觉效果突出的播放器界面，让用户在使用时能够尽情地放松和享乐。

目前，各种类型的多媒体播放软件层出不穷，其媒体的播放质量、技术含量也相差无几。关键在于播放器界面设计的个性化、人性化和美观程度，使人们有欲望试用，并且长期使用。因此，播放器界面的设计显得非常重要。如图7-1所示为精美的播放器界面设计。

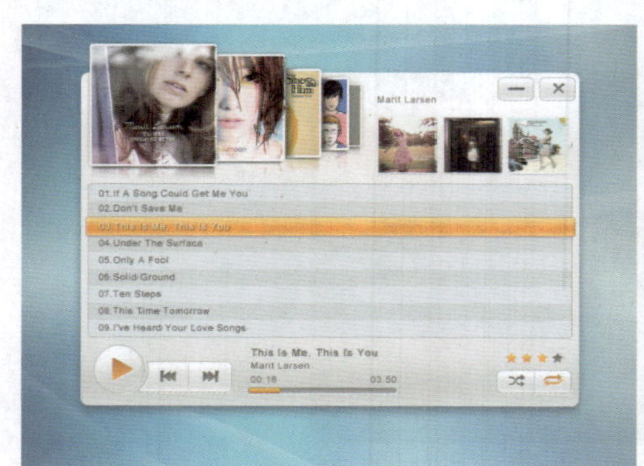

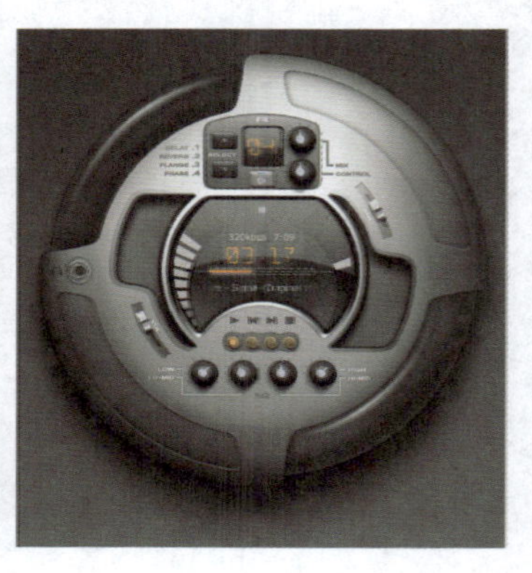

图7-1

【自测1】设计简约网络视频播放器

视频：光盘\视频\第7章\简约网络视频播放器.swf　　源文件：光盘\源文件\第7章\简约网络视频播放器.psd

- **案例分析**

案例特点：本案例设计一款简约风格的网络视频播放器界面，没有过多复杂的造型和修饰，非常简约、直观。

制作思路与要点：视频播放器正逐渐向着简约的方向发展，在本案例的设计过程中，使用传统的矩形来表现播放器的整体造型，在播放画面的正下方通过矩形的背景整齐地排列各种功能操作按钮，使用户能够快捷、方便地操作。在各种按钮图标的绘制过程中，通过图层样式为图形添加一些微效果，从而突出表现图形操作按钮，使整个界面不至于太过于平淡，整个播放器界面给人简单、大气的感觉。

● **色彩分析**

深灰色能够给人高档感，本案例的简约网络播放器界面主要以深灰色作为界面部分的主色调，搭配白色的功能按钮图标和蓝色的播放进度条显示，界面中的各功能按钮一目了然，并且能够更好地凸显视频画面部分。

● **制作步骤**

步骤01 执行“文件>新建”命令，弹出“新建”对话框，新建一个空白文档，如图7-2所示。打开素材图像“光盘\源文件\第7章\素材\101.jpg”，将其拖入到新建的文档中，如图7-3所示。

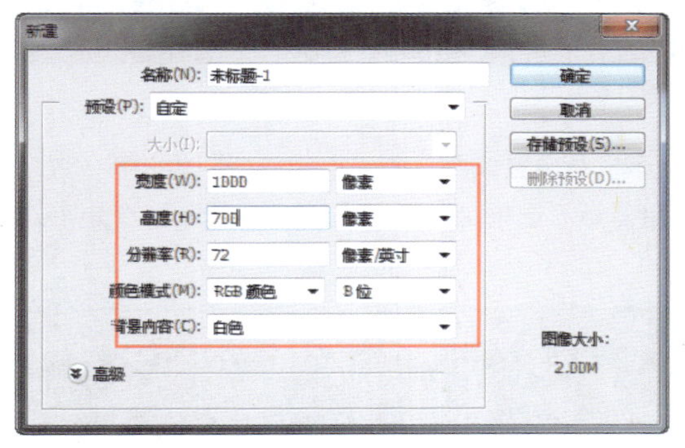

图7-2

图7-3

步骤02 使用“矩形工具”，在选项栏上设置“工具模式”为“形状”，在画布中绘制矩形，如图7-4所示。新建名称为“背景”的图层组，打开素材图像“光盘\源文件\第7章\素材\102.jpg”，将其拖入到新建的文档中，如图7-5所示。

图7-4

图7-5

提示

使用图层组可以将不同的图层分类放置，这样既便于管理，又不会对原图层产生影响，并且还可以为图层添加图层蒙版或添加图层样式。

步骤03 使用“矩形工具”，在画布中绘制一个白色矩形，如图7-6所示。使用“直接选择工具”，选中矩形右下方的锚点，将其向左拖动调整矩形形状，设置该图层的“填充”为15%，效果如图7-7所示。

图7-6

图7-7

步骤04 使用“矩形工具”，在画布中绘制一个黑色矩形，并设置该图层的“不透明度”为40%，效果如图7-8所示。为“背景”图层组添加图层蒙版，使用“矩形选框工具”，在画布中绘制一个矩形选区，如图7-9所示。

图7-8

图7-9

步骤05 执行“选择>反向”命令，反向选择选区，为选区填充黑色，效果如图7-10所示。新建名称为“菜单栏”的图层组，使用“矩形工具”，在选项栏上设置“填充”为RGB（57,57,57），在画布中绘制矩形，如图7-11所示。

图7-10

图7-11

步骤06 为该图层添加“斜面和浮雕”图层样式，对相关选项进行设置，如图7-12所示。继续添加“渐变叠加”图层样式，对相关选项进行设置，如图7-13所示。

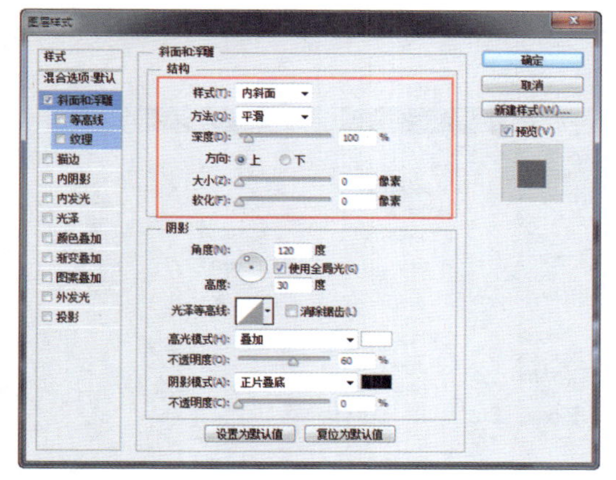

图7-12

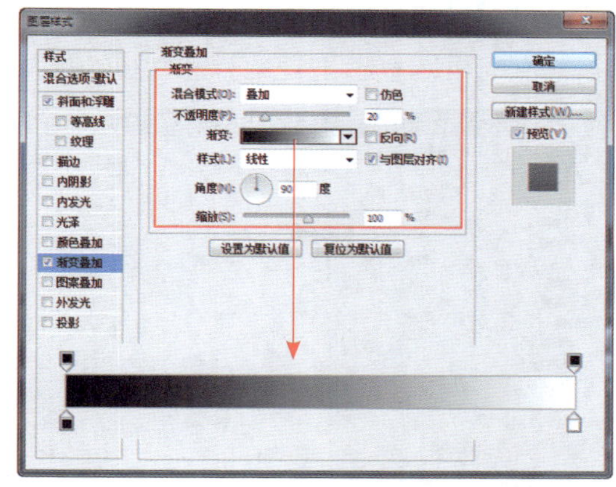

图7-13

步骤07 单击“确定”按钮，完成“图层样式”对话框中各选项的设置，效果如图7-14所示。使用“圆角矩形工具”，在选项栏上设置“填充”为RGB（64,64,64）、“半径”为2像素，在画布中绘制圆角矩形，如图7-15所示。

图7-14

图7-15

步骤08 为该图层添加“描边”图层样式，对相关选项进行设置，如图7-16所示。继续添加“内阴影”图层样式，对相关选项进行设置，如图7-17所示。

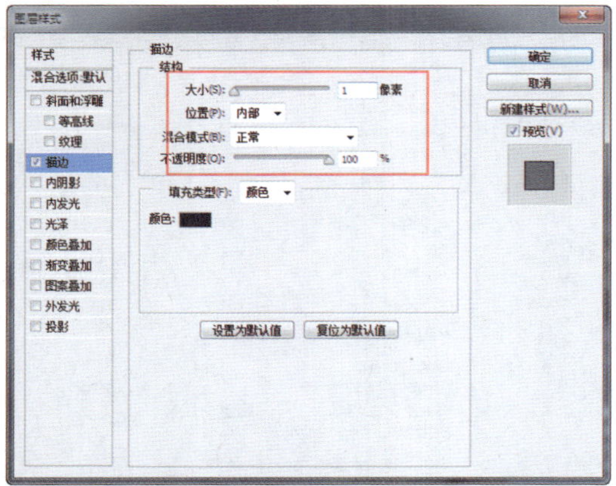
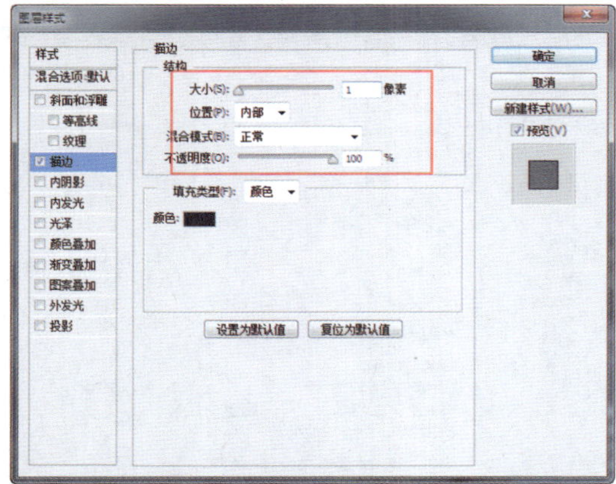

图7-16

图7-17

步骤 09 继续添加“渐变叠加”图层样式，对相关选项进行设置，如图7-18所示。继续添加“投影”图层样式，对相关选项进行设置，如图7-19所示。

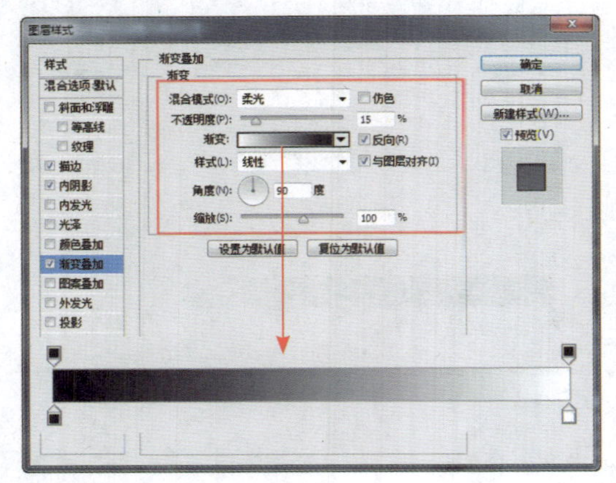

图7–18

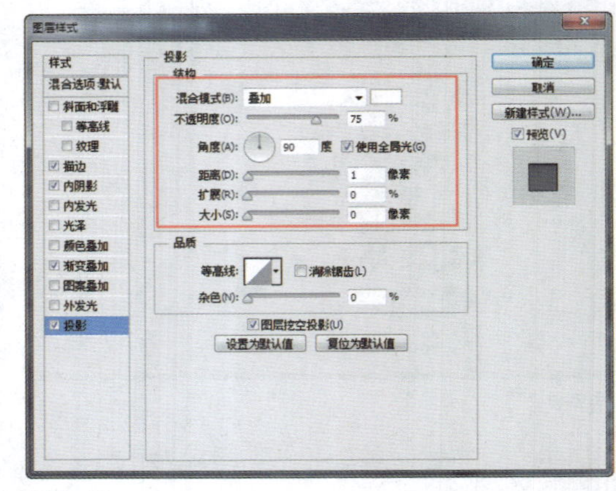

图7–19

步骤 10 单击“确定”按钮，完成“图层样式”对话框中各选项的设置，效果如图7-20所示。使用相同的制作方法，可以完成相似图形的绘制，如图7-21所示。

图7–20

图7–21

提示

为图层添加了图层样式后，可以在该图层的下方显示所添加的图层样式名称，双击该图层样式名称，可以弹出“图层样式”对话框，可以对图层样式设置选项进行修改。单击图层样式名称前的眼睛图标，可以显示或隐藏所添加的图层样式效果。

步骤 11 使用“圆角矩形工具”，在选项栏上设置“填充”为RGB（27,27,27）、“半径”为1像素，在画布中绘制圆角矩形，如图7-22所示。为该图层添加“斜面和浮雕”图层样式，对相关选项进行设置，如图7-23所示。

图7–22

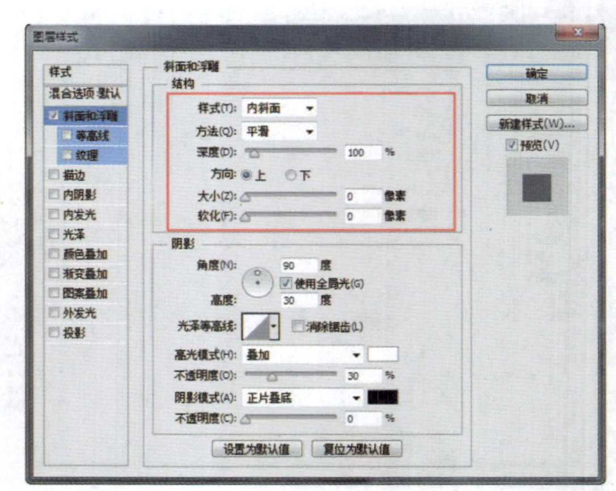

图7–23

步骤 12 继续添加“描边”图层样式，对相关选项进行设置，如图7-24所示。继续添加“渐变叠加”图层样式，对相关选项进行设置，如图7-25所示。

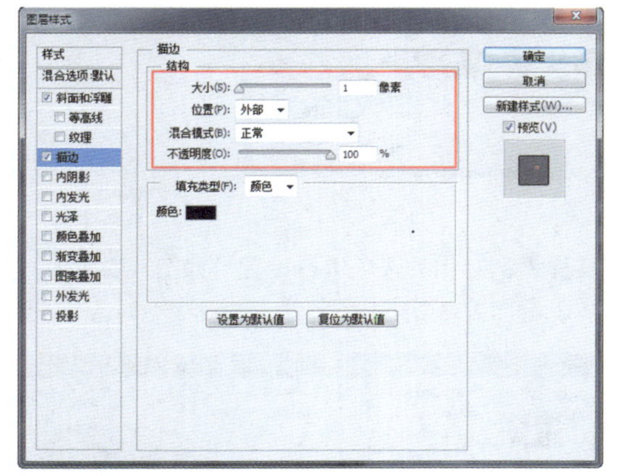

图7-24

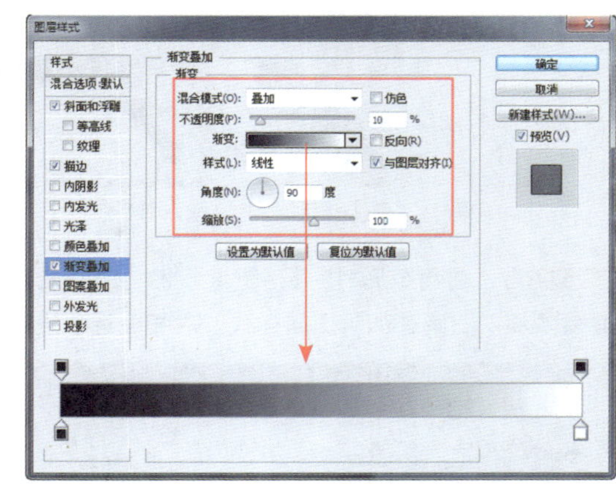

图7-25

步骤 13 继续添加“投影”图层样式，对相关选项进行设置，如图7-26所示。单击“确定”按钮，完成“图层样式”对话框中各选项的设置，效果如图7-27所示。

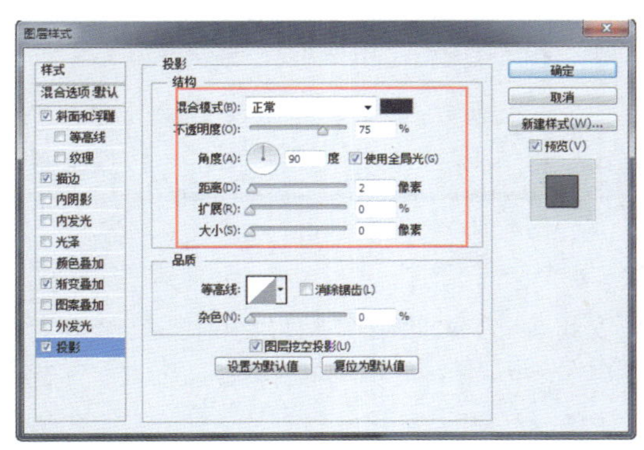

图7-26

图7-27

步骤 14 复制“圆角矩形3”图层，得到“圆角矩形3拷贝”图层，清除该图层的图层样式，调整复制得到的圆角矩形的填充颜色和大小，效果如图7-28所示。执行“文件>新建”命令，弹出“新建”对话框，新建一个空白文档，如图7-29所示。

图7-28

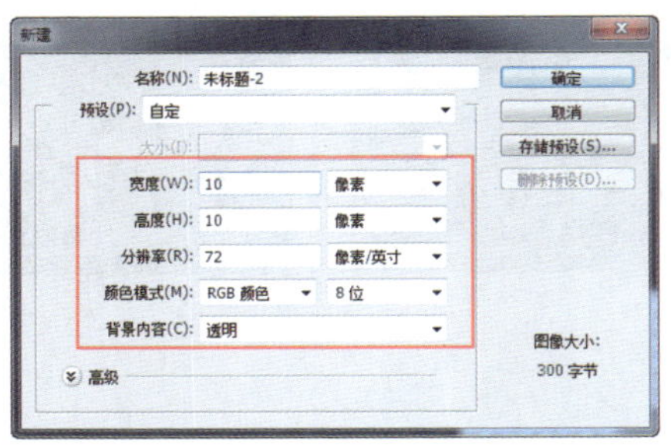

图7-29

步骤 15 使用“直线工具”，在选项栏上设置“粗细”为3像素，在画布中绘制直线，如图7-30所示。执行“编辑>定义图案”命令，在弹出的对话框中进行设置，将所绘制的图形定义为图案，如图7-31所示。

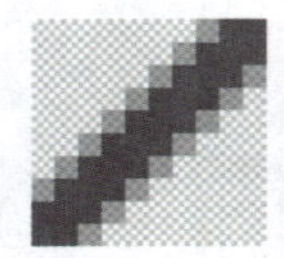

图7-30

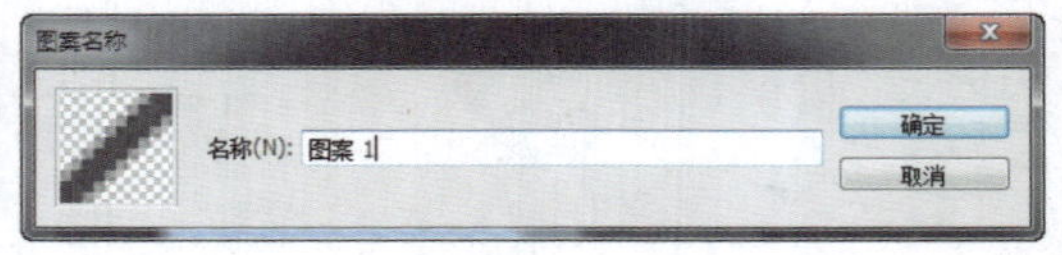

图7-31

步骤 16 为“圆角矩形3拷贝”图层添加“内发光”图层样式，对相关选项进行设置，如图7-32所示。继续添加“图案叠加”图层样式，对相关选项进行设置，如图7-33所示。

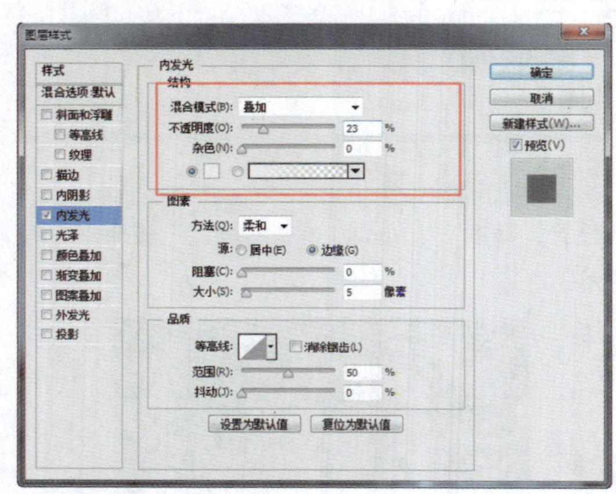

图7-32

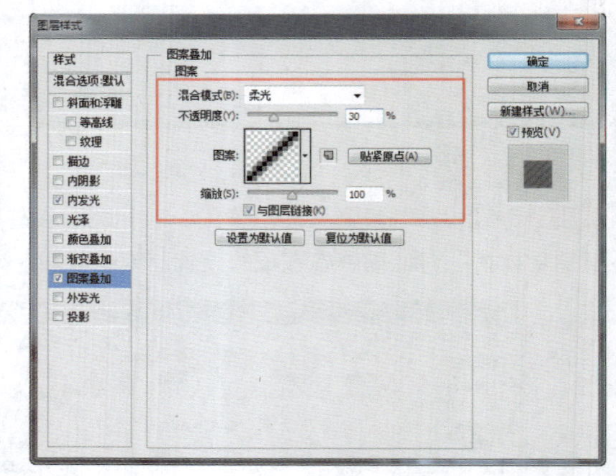

图7-33

提示

通过“图案叠加”图层样式可能使用自定义或系统自带的图案覆盖图层中的图像。“图案叠加”与“渐变叠加”图层样式类似，都可以通过在图像中拖动鼠标来更改叠加效果。

步骤 17 单击“确定”按钮，完成“图层样式”对话框中各选项的设置，效果如图7-34所示。使用相同的制作方法，可以完成相似图形的绘制，效果如图7-35所示。

图7-34

图7-35

步骤18 新建名称为“播放”的图层组，使用“椭圆工具”，设置“填充”为RGB（232,232,232），在画布中绘制正圆形，如图7-36所示。为该图层添加“描边”图层样式，对相关选项进行设置，如图7-37所示。

图7-36

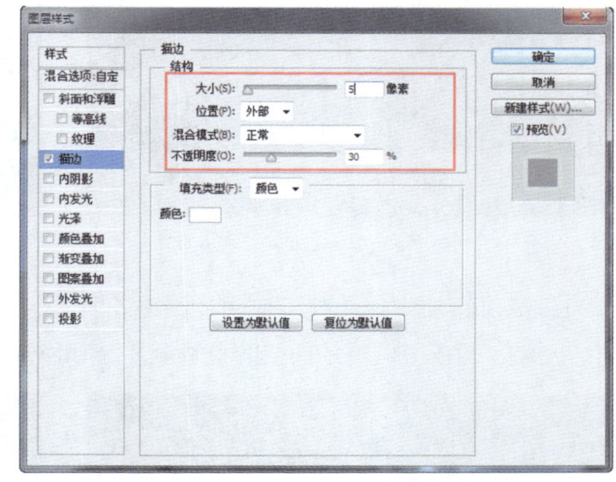

图7-37

步骤19 单击“确定”按钮，完成“图层样式”对话框中各选项的设置，设置该图层的“不透明度”为50%，效果如图7-38所示。使用相同的制作方法，可以完成相似图形的绘制，如图7-39所示。

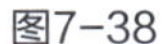

图7-38

图7-39

步骤20 新建图层，使用“矩形选框工具”，在画布中绘制一个矩形选区，如图7-40所示。为选区填充黑色，执行“滤镜>模糊>高斯模糊”命令，弹出“高斯模糊”对话框，具体设置如图7-41所示。

图7-40

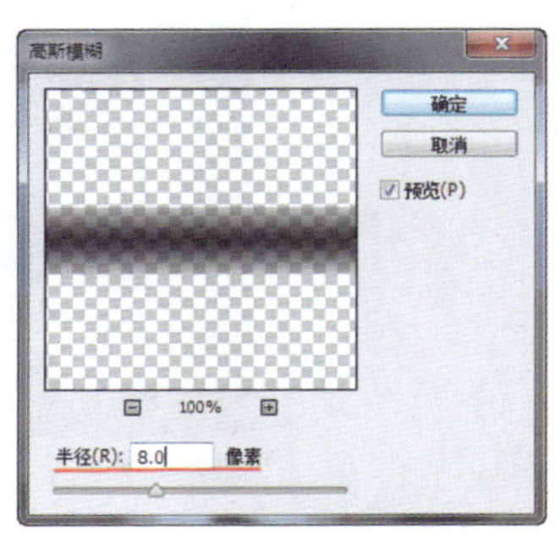

图7-41

步骤 21 单击“确定”按钮，完成“高斯模糊”对话框中各选项的设置，效果如图7-42所示。执行“编辑>变换>变形”命令，对该图形进行相应的变形处理，如图7-43所示。

图7-42

图7-43

步骤 22 为该图层添加图层蒙版，使用“渐变工具”，在画布中填充黑白对称渐变，效果如图7-44所示。在“图层”面板中调整该图层的叠放顺序，如图7-45所示。

图7-44

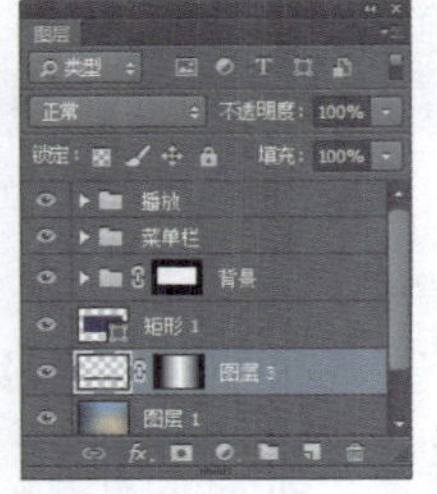

图7-45

提示

对称渐变是指颜色从起点开始从中间向两边对称变化的渐变颜色填充方式。

步骤 23 完成该简约网络播放器的设计制作，最终效果如图7-46所示。

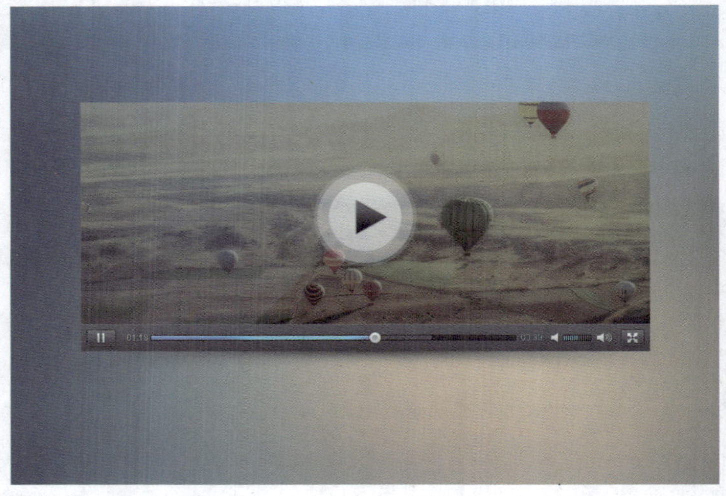

图7-46

7.2 人性化的播放器界面设计

随着计算机软件的飞速发展，过去的播放器界面已经不能适应用户的要求。现在，播放器界面设计朝着个性化和时尚化的方向发展，但是对于一个好的播放器界面来说，只有华丽的外衣是远远不够的，播放器界面不仅要美观，在设计方面还需要更加人性化，让用户操作起来更加舒适。

① 结构统一性

在播放器界面设计中，大部分结构非常具有统一性，例如播放、暂停等功能按钮的表现。虽然随着UI界面设计不断被人们所关注，播放器界面设计样式也是争奇斗艳，但是它们在图标和按钮功能上具有高度的统一性，这样可以使用户初次接触就能够轻松地使用该播放器，如图7-47所示。

图7-47

② 操作可靠性

在使用播放器的过程中，允许用户自由地做出选择，并且所有选择和操作都是可逆的。在用户做出危险的操作时，应该弹出相应的提示警告信息，对可能造成等待时间较长的操作应该提供取消功能，如图7-48所示。

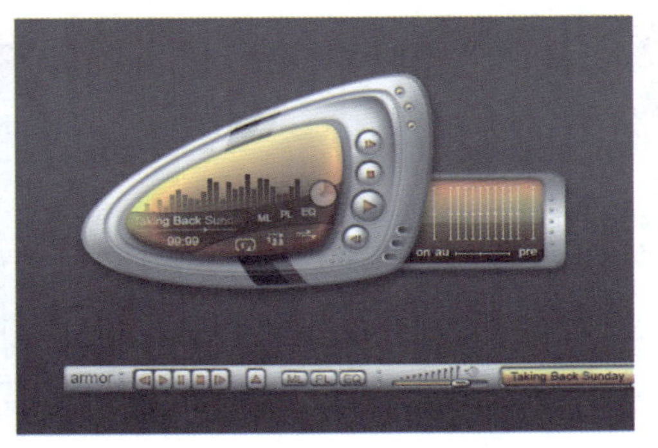

图7-48

③ 舒适性

在开始对播放器界面进行设计之前，首先需要明确该播放器界面的适用人群，精心选择最适合的主色调，注意主色调+辅助色不要超过3种颜色。颜色的搭配与整体形象相统一，要保证恰当的色彩明度和亮度，以给使用者感官上的舒适体验，如图7-49所示。

图7-49

④ 个性化

每个人都有自己的偏好，人性化播放器界面设计应该可以允许用户定制自己喜欢的歌曲列表并保存常听的播放列表。高效率和用户满意度是播放器界面设计的衡量标准，如图7-50所示。

图7-50

【自测2】设计音乐播放器界面

视频：光盘\视频\第7章\音乐播放器界面.swf　　源文件：光盘\源文件\第7章\音乐播放器界面.psd

- **案例分析**

案例特点：本案例设计一款音乐播放器界面，多处通过使用高光、阴影和渐变颜色填充等方法来表现播放器界面中的质感和层次。

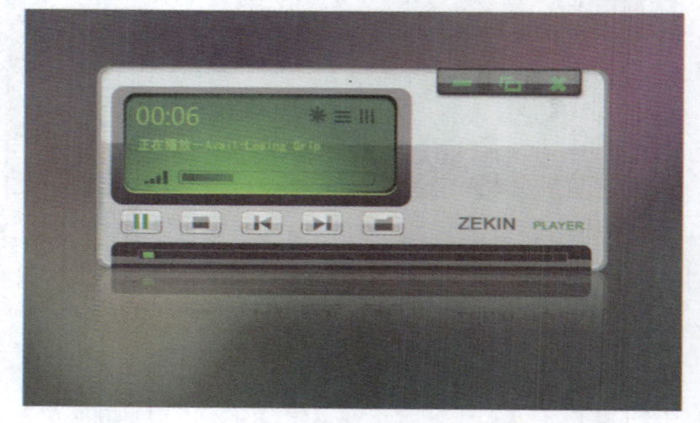

制作思路与要点：音乐播放器界面尽可能不要设计为异形的效果，异形的播放器对于不太熟悉此类界面的用户来说会不方便操作。本案例的音乐播放器界面为传统的播放器外观，主要通过圆角矩形来构成播放器的外轮廓和界面中的各功能区域，并且通过相应的图层样式的添加，来增强界面中各部分元素的表现效果，使界面中的按钮图形更加具有立体感，便于用户的识别和操作。

● 色彩分析

该音乐播放器界面使用浅灰色作为界面的主体颜色，界面中的功能操作区域运用深灰色的背景颜色，与界面主体的浅灰色产生对比，使得界面中各部分功能操作区域非常明确，搭配绿色渐变的音乐内容显示区域，整个界面给人一种时尚感和科技感。

● 制作步骤

步骤01 执行“文件>新建”命令，弹出“新建”对话框，新建一个空白文档，如图7-51所示。打开素材图像“光盘\源文件\第7章\素材\301.jpg”，将其拖入到新建的文档中，如图7-52所示。

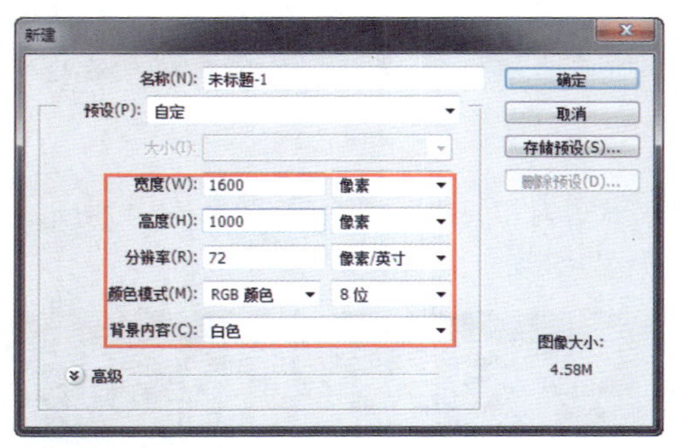

图7-51

图7-52

步骤02 新建名称为“全部”图层组，使用“圆角矩形工具”，在选项栏上设置“工具模式”为“形状”、“填充”为RGB（167,168,169）、“半径”为30像素，在画布中绘制圆角矩形，如图7-53所示。为该图层添加“描边”图层样式，对相关选项进行设置，如图7-54所示。

图7-53

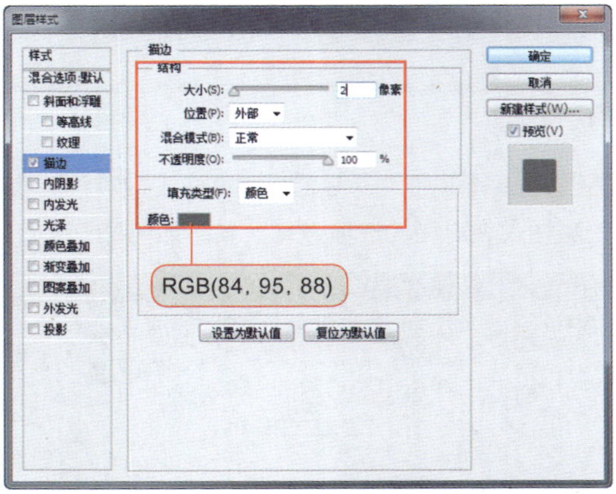

图7-54

步骤03 单击“确定”按钮，完成“图层样式”对话框中各选项的设置，效果如图7-55所示。复制“圆角矩形1”图层，得到“圆角矩形1拷贝”图层，将复制得到的图形调整到合适的大小和位置，并设置其填充颜色为白色，效果如图7-56所示。

图7-55

图7-56

提示

通过添加“描边”图层样式，可以在图形边缘添加纯色、渐变颜色或者图案轮廓的描边效果，并且可以随时通过修改图层样式的方式来修改描边的效果。

步骤 04 为“圆角矩形1 拷贝”图层添加“描边”图层样式，对相关选项进行设置，如图7-57所示。继续添加“内阴影”图层样式，对相关选项进行设置，如图7-58所示。

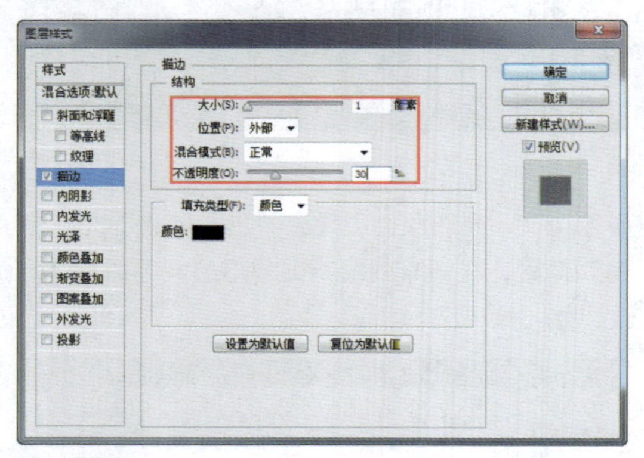

图7-57

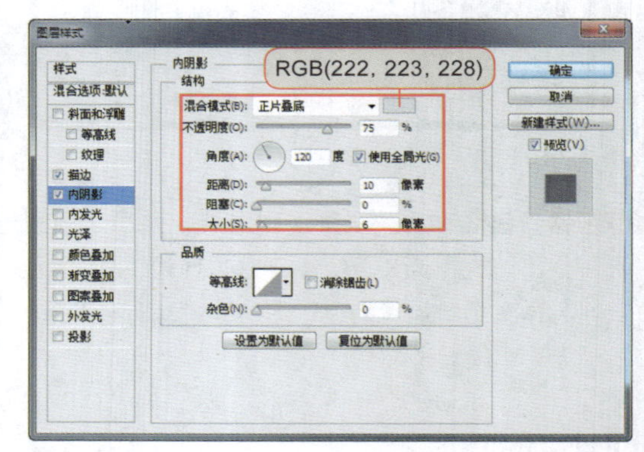

图7-58

步骤 05 继续添加“内发光”图层样式，对相关选项进行设置，如图7-59所示。继续添加“渐变叠加”图层样式，对相关选项进行设置，如图7-60所示。

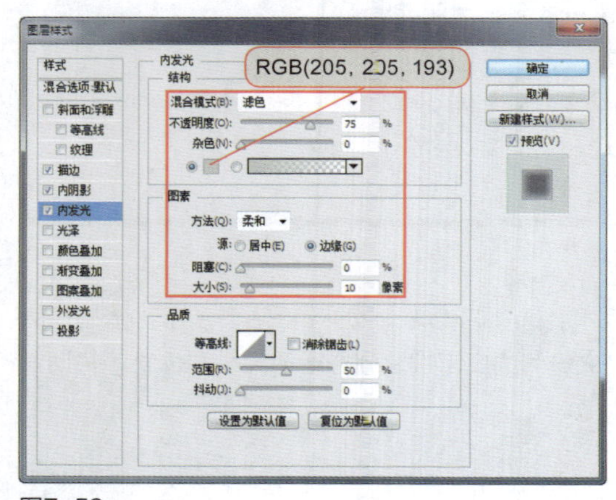

图7-59

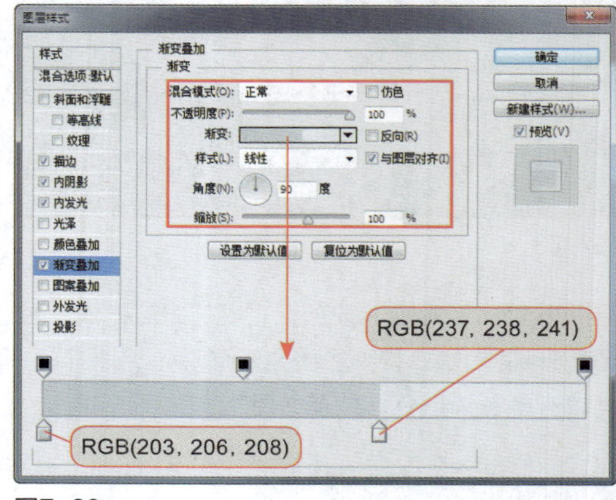

图7-60

步骤06 单击“确定”按钮，完成“图层样式”对话框中各选项的设置，效果如图7-61所示。使用相同的制作方法，可以完成相似图形效果的绘制，效果如图7-62所示。

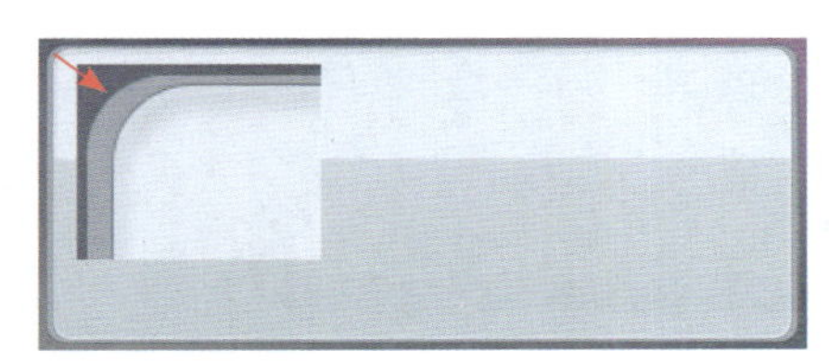

图7-61

图7-62

步骤07 使用“圆角矩形工具”，设置“半径”为30像素，在画布中绘制白色的圆角矩形，如图7-63所示。使用“矩形工具”，设置“路径操作”为“减去顶层形状”，在刚绘制的圆角矩形上减去矩形，得到需要的图形，效果如图7-64所示。

图7-63

图7-64

步骤08 设置该图层的“不透明度”为10%，效果如图7-65所示。使用“矩形工具”，设置“填充”为RGB（21,88,31），在画布中绘制矩形，如图7-66所示。

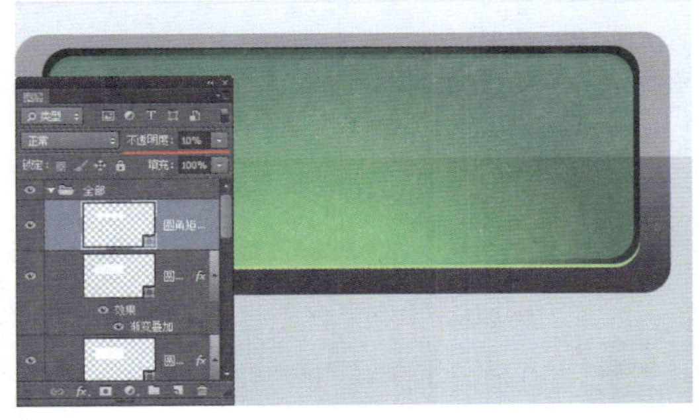

图7-65

图7-66

提示

可以通过“图层”面板中的眼睛图标来切换图层的可见性。图层名称左侧的图像是该图层的缩览图，它显示了图层中包含的图像内容，缩览图中的棋盘格代表了图像中的透明区域。若隐藏所有图层，则整个文档窗口都将显示为棋盘格。

步骤 09 多次复制刚绘制的矩形，并对复制得到的图形进行相应的旋转操作，效果如图7-67所示。使用相同的制作方法，可以完成相似图形效果的绘制，效果如图7-68所示。

图7-67

图7-68

步骤 10 使用“横排文字工具”，在“字符”面板中设置相关选项，在画布中输入相应的文字，如图7-69所示。使用相同的制作方法，可以在画布中输入其他文字，效果如图7-70所示。

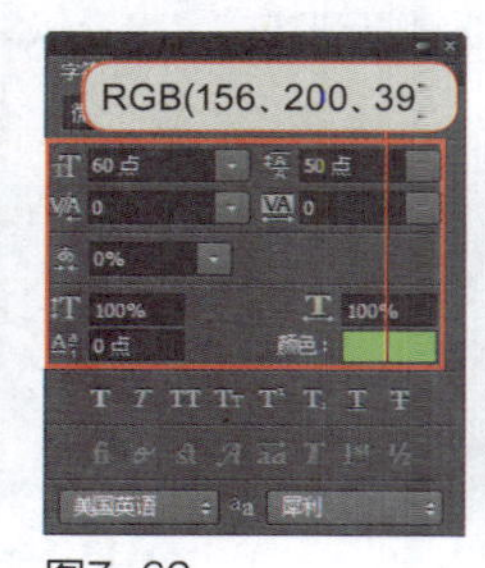

图7-69

图7-70

步骤 11 新建名称为“暂停”的图层组，使用“圆角矩形工具”，设置“半径”为10像素，在画布中绘制白色的圆角矩形，如图7-71所示。为该图层添加“描边”图层样式，对相关选项进行设置，如图7-72所示。

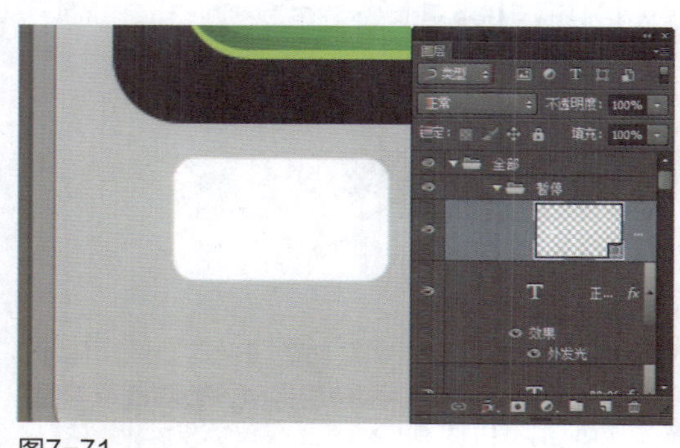

图7-71

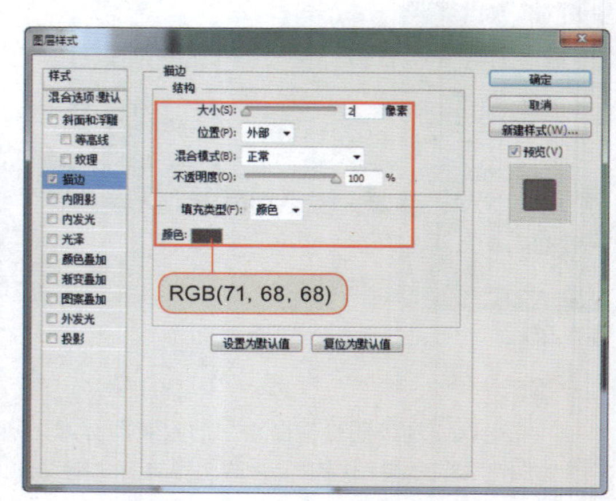

图7-72

步骤12 继续添加“内发光”图层样式，对相关选项进行设置，如图7-73所示。继续添加“渐变叠加”图层样式，对相关选项进行设置，如图7-74所示。

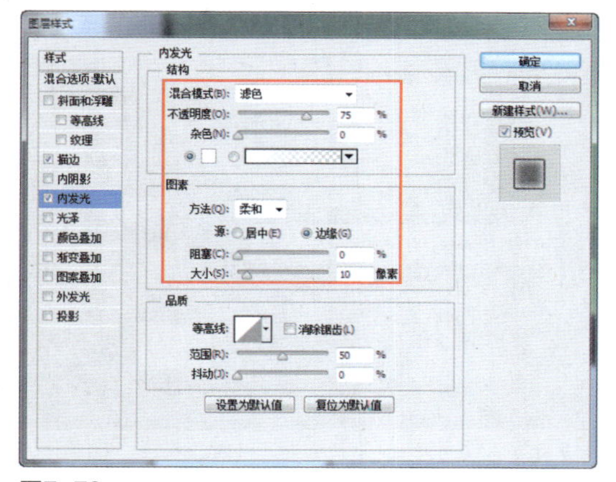

图7-73

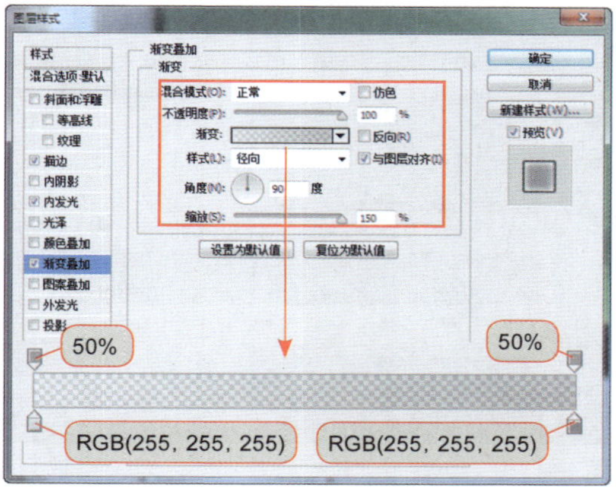

图7-74

步骤13 单击“确定”按钮，完成“图层样式”对话框中各选项的设置，效果如图7-75所示。使用相同的制作方法，可以完成相似图形效果的绘制，效果如图7-76所示。

图7-75

图7-76

步骤14 新建名称为“底部”图层组，使用“圆角矩形工具”，设置“填充”为RGB（54,56,56）、“半径”为20像素，在画布中绘制一个圆角矩形，如图7-77所示。使用“钢笔工具”，设置“路径操作”为“减去顶层形状”，在刚绘制的圆角矩形上减去相应的图形，得到需要的图形，效果如图7-78所示。

图7-77

图7-78

步骤15 使用相同的制作方法，可以完成相似图形效果的绘制，效果如图7-79所示。使用“横排文字工具”，在“字符”面板中设置相关选项，在画布中输入相应文字，如图7-80所示。

图7-79

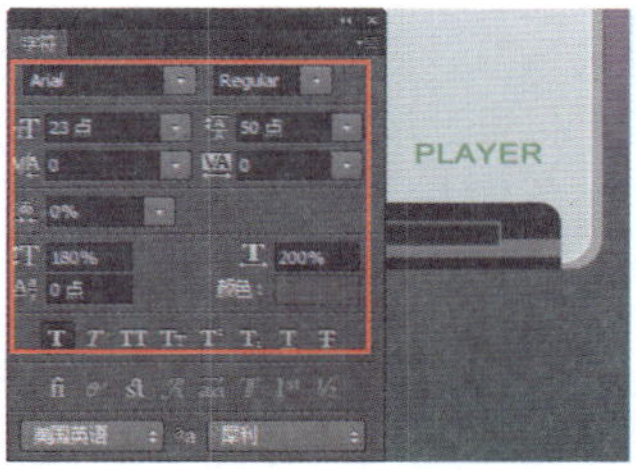

图7-80

步骤 16 复制“全部”图层组，得到“全部 拷贝”图层组，执行“编辑>变换>垂直翻转”命令，将复制得到的图层组垂直翻转，并将其向下移动，效果如图7-81所示。为该图层组添加图层蒙版，使用“渐变工具”，在蒙版中填充黑白线性渐变，效果如图7-82所示。

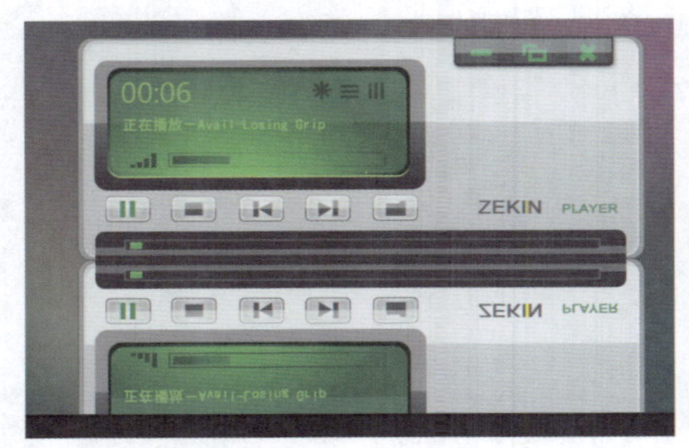

图7-81

图7-82

步骤 17 完成该音乐播放器界面的设计制作，最终效果如图7-83所示。

图7-83

【自测3】设计简约半透明播放器

视频：光盘\视频\第7章\简约半透明播放器.swf　　源文件：光盘\源文件\第7章\简约半透明播放器.psd

● 案例分析

案例特点：本案例设计一款简约的半透明音乐播放器界面，通过使用扁平化的设计风格，使得播放器界面的表现更加简约、大方。

制作思路与要点：扁平化是近几年开始流行的设计风格，目前大多数的播放器界面都开始使用扁平化设计风格或类扁平化设计风格。本案例播放器界面通过将圆角矩形分为3部分，分别放置播放器的主界面、均衡器设计面板和播放列表。在设计过程中，使用基本图形来构成界面，并为相应的图形填充微渐变颜色，使得整个播放器界外观纯净、通透，布局简约，给人清晰、整洁、大方的视觉感受。

● **色彩分析**

该播放器界面大部分区域呈现半透明的白色和黑色，给人一种很强烈的通透感，在播放器主界面部分使用深蓝色作为主色调，给人一种低调、不刺激的感觉，搭配明度和纯度较高的洋红色进度条和音乐波形图，形成强烈的视觉对比，界面中各功能区部分的色调形成差异，非常便于识别和使用。

深蓝色	洋红色	白色

● **制作步骤**

步骤01 执行“文件>新建”命令，弹出“新建”对话框，新建一个空白文档，如图7-84所示。打开素材图像“光盘\源文件\第7章\素材\201.jpg”，将其拖入到设计文档中，并调整到合适的大小和位置，如图7-85所示。

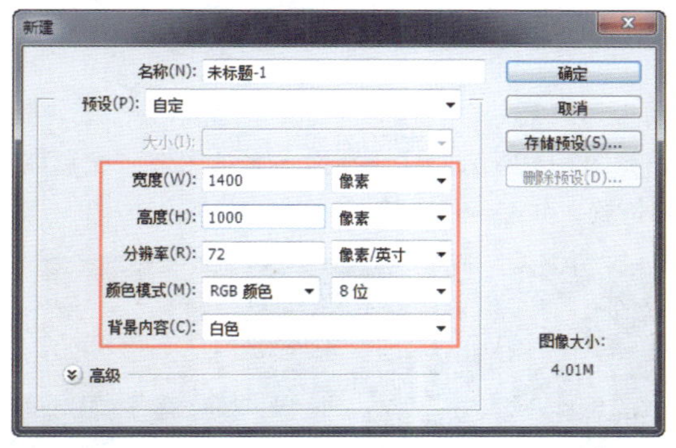

图7-84

图7-85

步骤02 选择“图层1”，执行“滤镜>模糊>高斯模糊”命令，弹出“高斯模糊”对话框，具体设置如图7-86所示。单击“确定”按钮，效果如图7-87所示。

图7-86

图7-87

步骤03 使用“圆角矩形工具”，在选项栏上设置“工具模式”为“形状”、“填充”为RGB（240,145,60）、“半径”为5像素，在画布中绘制圆角矩形，如图7-88所示。按快捷键Ctrl+R，显示文档标尺，从文档标尺中拖出相应的参考线，如图7-89所示。

图7-88

图7-89

步骤04 新建名称为“主界面”的图层组，使用“圆角矩形工具”，在画布中绘制圆角矩形，在“属性”面板中对相关选项进行设置，得到需要的图形，如图7-90所示。打开并拖入素材图像“光盘\源文件\第7章\素材\202.jpg”，将其调整到合适的大小和位置，如图7-91所示。

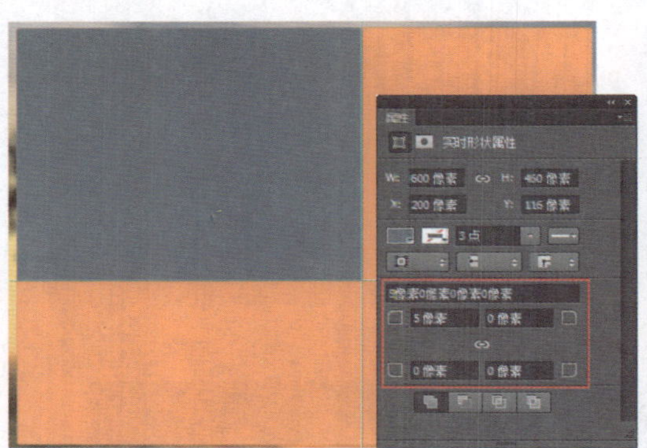

图7-90

图7-91

步骤05 执行“图层>创建剪贴蒙版”命令，为该图层创建剪贴蒙版，效果如图7-92所示。使用“矩形工具”，在选项栏上设置“填充”为RGB（69,85,103），在画布中绘制矩形，如图7-93所示。

图7-92

图7-93

步骤06 为该图层添加“渐变叠加”图层样式，对相关选项进行设置，如图7-94所示。单击“确定”按钮，完成“图层样式”对话框中各选项的设置，效果如图7-95所示。

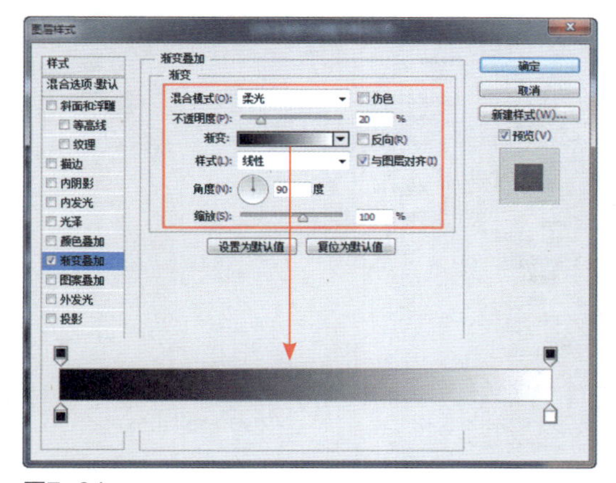

图7−94

图7−95

步骤07 使用“矩形工具”，在画布中绘制黑色矩形，设置该图层的“不透明度”为20%，效果如图7-96所示。使用“圆角矩形工具”，在选项栏上设置“半径”为5像素，在画布中绘制黑色的圆角矩形，如图7-97所示。

图7−96

图7−97

步骤08 为该图层添加“内阴影”图层样式，对相关选项进行设置，如图7-98所示。单击“确定”按钮，完成“图层样式”对话框中各选项的设置，设置该图层的“填充”为15%，效果如图7-99所示。

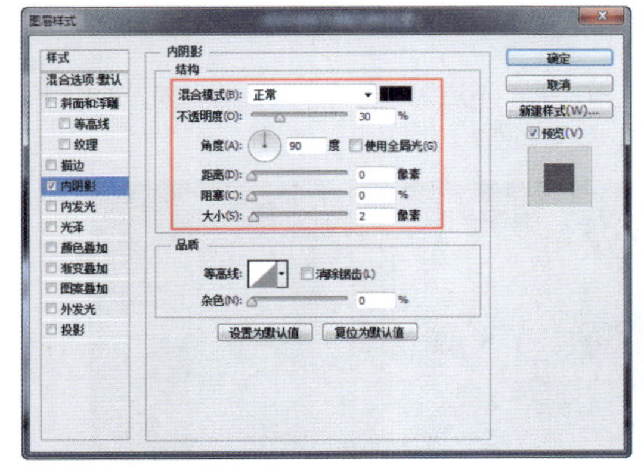

图7−98

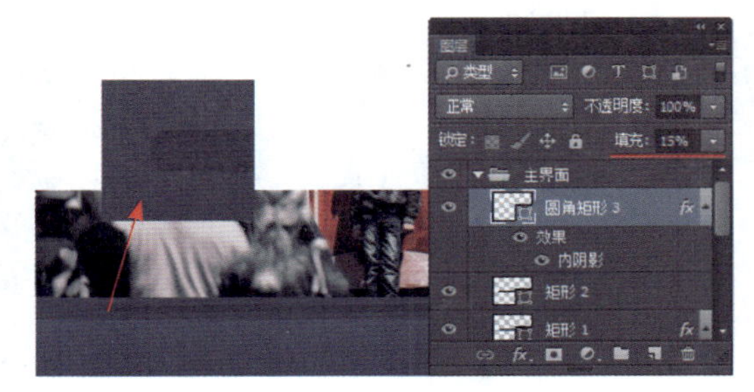

图7−99

步骤 09 使用相同的制作方法，在画布中绘制圆角矩形，如图7-100所示。为该图层添加“渐变叠加”图层样式，对相关选项进行设置，如图7-101所示。

图7-100

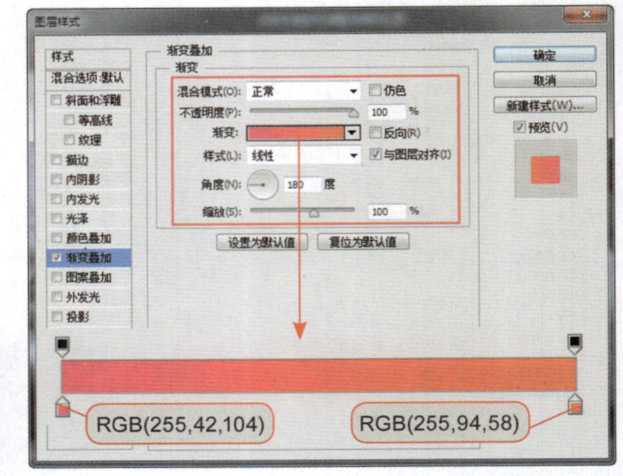

图7-101

步骤 10 单击“确定”按钮，完成“图层样式”对话框中各选项的设置，效果如图7-102所示。使用“横排文字工具”，在“字符”面板中对相关选项进行设置，在画布中输入文字，效果如图7-103所示。

图7-102

图7-103

步骤 11 使用“椭圆工具”，在选项栏上设置“填充”为无、“描边”为白色、“描边宽度”为1点，在画布中绘制正圆形，如图7-104所示。使用“直线工具”，在选项栏上设置“填充”为白色、“描边”为无、“粗细”为4像素，在画布中绘制两条直线，如图7-105所示。

图7-104

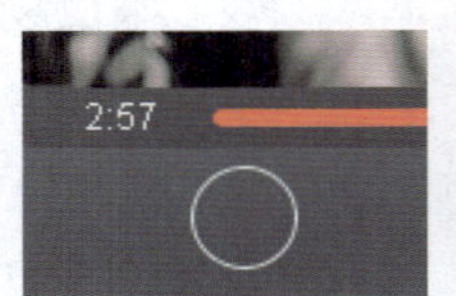

图7-105

步骤 12 在“图层”面板中设置“椭圆1”和“形状1”图层的“不透明度”为60%，效果如图7-106所示。使用相同的制作方法，可以完成相似图形的绘制，效果如图7-107所示。

图7-106

图7-107

步骤 13 使用“直线工具”，在选项栏上设置“填充”为RGB（255,94,58）、“粗细”为2像素，在“设置”面板中对相关选项进行设置，在画布中绘制直线，如图7-108所示。使用“添加锚点工具”，在刚绘制的直线上单击添加相应的锚点，如图7-109所示。

图7-108

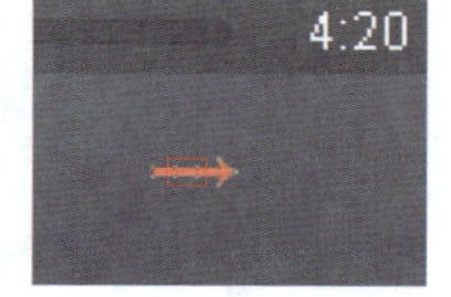

图7-109

提示

在“箭头”设置面板中，选中“起点”或“终点”复选框，则可以在所绘制的直线的起点或终点添加箭头。“宽度”选项用来设置箭头宽度与直线宽度的百分比，范围为10%~1000%。“长度”选项用来设置箭头长度与直线宽度的百分比，范围为10%~500%。“凹陷”选项用来设置箭头的凹陷程度，范围为-50%~50%。

步骤 14 使用“直接选择工具”，选中图形中相应的锚点，拖动锚点，调整图形形状，效果如图7-110所示。复制“形状4”图层，得到“形状4 拷贝”图层，将复制得到的图形垂直翻转并调整到合适的位置，效果如图7-111所示。

图7-110

图7-111

步骤 15 使用相同的制作方法，可以完成相似图形效果的绘制，如图7-112所示。使用“横排文字工具”，在“字符”面板中对相关属性进行设置，在画布中输入文字，并为文字图层添加“投影”图层样式，效果如图7-113所示。

图7-112

图7-113

步骤 16 使用“矩形工具”，在画布中绘制黑色矩形，设置该图层的“不透明度”为30%，效果如图7-114所示。使用“直线工具”，在选项栏上设置“粗细”为2像素，在画布中绘制一条白色直线，如图7-115所示。

图7-114

图7-115

步骤 17 使用“路径选择工具”选中刚绘制的直线，按住Alt键拖动，复制该直线，调整复制得到的直线的大小，如图7-116所示。使用相同的制作方法，可以完成该图形的绘制，效果如图7-117所示。

图7-116

图7-117

步骤 18 设置“形状7”图层的“不透明度”为50%，效果如图7-118所示。使用“矩形工具”，设置“填充”为RGB（255,94,58），在画布中绘制矩形，设置该图层的“不透明度”为30%，效果如图7-119所示。

图7-118

图7-119

步骤 19 复制“形状7”图层，得到“形状7 拷贝”图层，将该图层移至“矩形4”图层上方，将该图层中相应的路径图形删除，设置该图层的“不透明度”为100%，效果如图7-120所示。为该图层添加“渐变叠加”图层样式，对相关选项进行设置，如图7-121所示。

图7-120

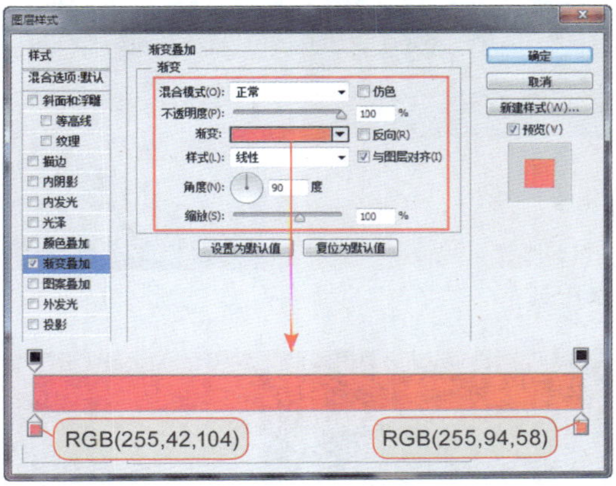

图7-121

步骤 20 新建名称为“均横器”的图层组，使用“圆角矩形工具”，在画布中绘制圆角矩形，在“属性”面板中对相关选项进行设置，得到需要的图形，如图7-122所示。为该图层添加“渐变叠加”图层样式，对相关选项进行设置，如图7-123所示。

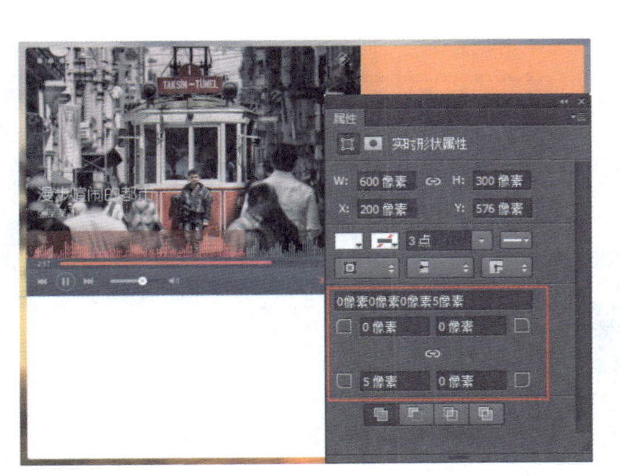

图7-122

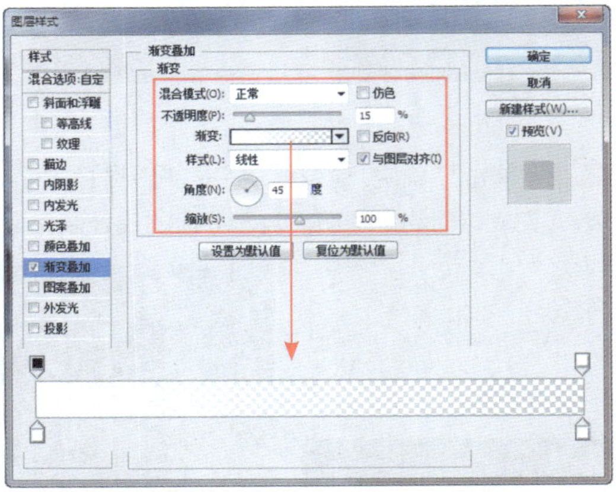

图7-123

步骤 21 单击“确定”按钮，完成“图层样式”对话框中各选项的设置，设置该图层的“填充”为30%，效果如图7-124所示。使用相同的制作方法，可以完成该部分图形效果的绘制，如图7-125所示。

步骤 22 新建名称为“播放列表”的图层组，使用相同的制作方法，可以完成该部分内容的制作，效果如图7-126所示。选择“圆角矩形1”图层，为该图层添加“投影”图层样式，对相关选项进行设置，如图7-127所示。

图7-124

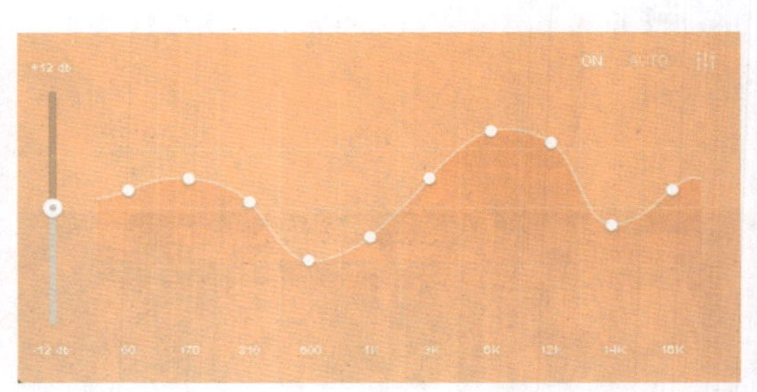

图7-125

图7-126

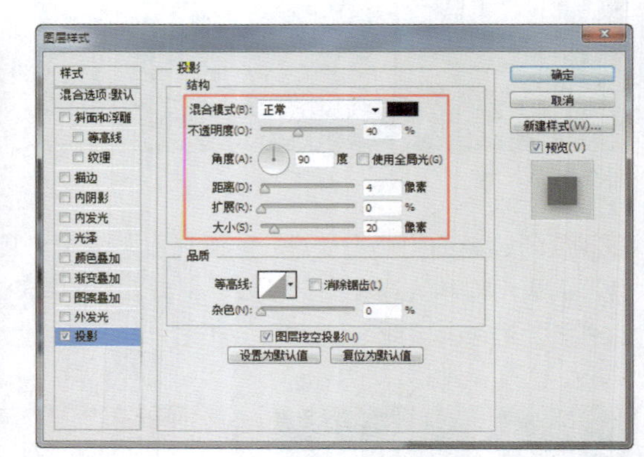

图7-127

步骤23 单击“确定”按钮，完成“图层样式”对话框中各选项的设置，设置该图层的“填充”为0%，完成该简约半透明播放器界面的设计制作，最终效果如图7-128所示。

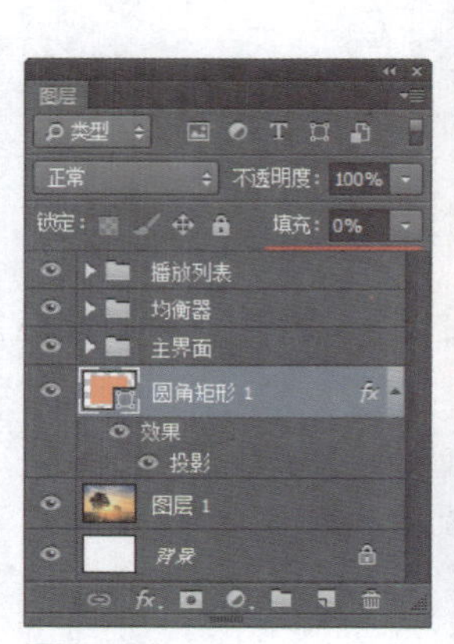

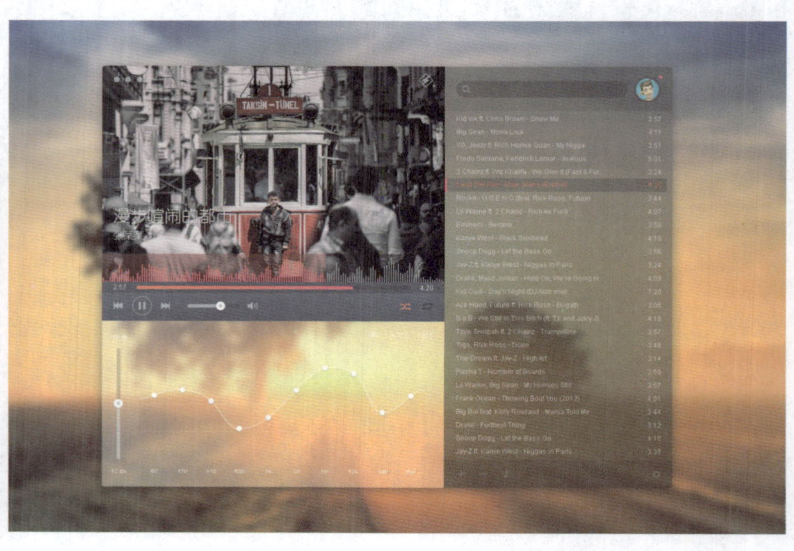

图7-128

7.3 播放器界面设计原则

随着多媒体技术的迅猛发展，人们越来越认识到友好界面的重要性和必要性。优秀的播放器界面应该明晰简单，用户乐于使用。将美的原则运用于播放器界面设计中，可以帮助设计师设计出具有较高审美水平的播放器界面。

7.3.1 对比原则

通过对比可以使界面中不同的功能更具有鲜明的特征，使画面更富有效果和表现力。对于播放器界面设计而言，通过对比可以在播放器界面中形成趣味中心，或者使主题从背景中凸显出来。对比分为不同类型，在播放器界面设计中，主要有以下7种形式的对比：

- **大小的对比。**

大小关系是界面布局中最受重视的一项。一个界面有许多区域，它们之间的大小关系决定了用户对播放器界面最基本的印象。大小的差别小，给人的感觉较温和；大小差别大，给人的感觉较鲜明，而且具有震撼力。

- **明暗的对比。**

明暗是色感中最基本的要素，利用色彩明暗对比，可以通过将播放器界面的背景设计得暗一些，把重要的功能按钮或图形设计得亮一些，来突出它的重要性。

- **粗细的对比。**

重要的信息用粗体大字，甚至立体形式表现在播放器界面上，这样再搭配激荡的音乐，就会使用户产生一种气魄感；而比较柔情的词汇，则选择纤细的斜体或倒影字体出现。

- **曲线与直线的对比。**

曲线富有柔和感、缓和感，直线则富有坚硬感、锐利感。如果要加深用户对曲线的意识，可以用一些直线来对比，少量的直线会使曲线更引人注目。

- **质感的对比。**

在播放器界面设计中，质感是很重要的形象要素，例如平滑感、凸凹感等。播放器界面中的元素之间可以采用质感的方式加强对比。

- **位置的对比。**

通过位置的不同或变化可以产生对比。例如，在播放器界面的两侧放置某种图形，不但可以表示强调，同时也可以产生对比。在对立关系的位置上放置鲜明的造型要素，可显示出对比关系，使播放器界面具有紧凑感。

- **多重对比。**

将上述各种对比方法，如大小、位置、质感等交叉或混合使用，进行组合搭配，就可以制作出富有变化的播放器界面。

如图7-129所示为对比原则在播放器界面中的应用。

图7-129

7.3.2 协调原则

所谓协调，就是将播放器界面上各种元素之间的关系进行统一处理，合理搭配，使之构成和谐统一的整体，协调被认为是使人感觉愉快和舒适的“美”的要素之一。协调包括播放器界面中各种元素的协调，也包括不同界面之间各种元素的协调，主要有以下3个方面：

- **主与从。**

在播放器界面设计中同样有主要元素和非主要元素，在播放器界面中明确表示出主从关系是很正统的界面构成方法，如果两者的关系模糊，便会使用户不适应，所以主从关系是播放器界面设计需要考虑的基本因素。

- **动与静。**

动态部分包括动态的画面和事物的发展过程，静态部分则常指播放器界面中的按钮、文字解说等。动态部分占播放器界面的大部分，静态部分面积小一些，在周边留出适当的空白以强调各自的独立性，这样的安排较能吸引用户，便于表现。尽管静态部分只占小面积，却有很强的存在感。

- **统一与协调。**

如果过分强调对比关系，空间预留太多造型要素，最容易使界面产生混乱。要协调这种现象，最好加上一些共同的造型要素，使界面产生共同风格，具有整体统一和协调的感觉。

如图7-130所示为协调原则在播放器界面中的应用。

图7-130

7.3.3 趣味原则

在播放器界面设计中注意趣味性可以增强用户的好感度。运用形象、直观、生动的图形优化界面是提高软件趣味性的有效手段。

- **比例。**

黄金分割点也称黄金比例，是播放器界面设计中非常有效的一种方法。在对界面中的元素进行设置时，如果能参照黄金比例来处理，就可以产生特有的稳定和美感。

- **强调。**

在单一风格的播放器界面中，加入适当的变化，就会产生强调效果。强调可打破播放器界面的单调感，使播放器界面变得有朝气。

- **凝聚与扩散。**

人们的注意力总会特别集中到事物的中心部分，这就构成了视觉的凝聚。一般而言，采用凝聚形布局设计，让人感觉舒适，但表示形式比较普通；扩散形的布局设计，具有现代感和个性感。

- **规律感。**

具有共同印象的形式反复出现时，就会产生规律感。不一定要同一形状的东西，只要具有强烈的印象就可以了。有时即使反复使用两次特定的形状，也会产生规律感。规律感在设计一个播放器界面时，可以使用户很快熟悉该播放器界面，掌握操作方法。

- **导向。**

依眼睛所视或物体所指方向，使播放器界面产生一种引导路线，称为导向。设计者在设计播放器界面时，常常利用导向使界面整体更引人注目。

- **留白。**

没有留白就没有界面的美。不能在一个播放器界面中放置太多的信息对象，以致界面拥挤不堪。留白的多少对界面的印象有决定性作用。留白部分多，就会使格调提高并且稳定界面；留白较少，会使人产生活泼的感觉。

如图7-131所示为趣味原则在播放器界面中的应用。

图7-131

【自测4】设计质感音乐播放器

视频：光盘\视频\第7章\质感音乐播放器.swf　　源文件：光盘\源文件\第7章\质感音乐播放器.psd

- **案例分析**

案例特点：本案例设计一款音乐播放器界面，整体布局简约、时尚，通过为图形添加图层样式，使图形产生立体感和质感。

制作思路与要点：通过多图层中图形的相互叠加，并且为图形添加相应的图层样式，使得平淡无奇的基本图形产生很强的层次感和质感。该播放器界面的构成比较简单，通过圆角矩形构成界面的整体框架，在界面上方设计装饰性图形，使该播放器界面更具真实感。中部通过剪贴蒙版和图层样式相结合制作出当前播放的音乐插图，底部为简约的播放控件图标，整个界面让人感觉高端、大方，具有很强的质感。

- **色彩分析**

该播放器界面使用浅灰色作为界面的主色调，整个界面中的色调统一，几乎只是在灰色的明度上稍有不同，通过灰色明度的变化，表现出界面的层次感和立体感。界面中的播放进度条使用洋红色进行配色，在灰色的界面中非常突出，界面整体配色让人感觉平和、舒缓，给人一种美好的视觉享受。

浅灰色	灰色	洋红色

● 制作步骤

步骤01 执行“文件>新建”命令，弹出“新建”对话框，新建一个空白文档，如图2-15所示。打开素材图像“光盘\源文件\第7章\素材\2C1.jpg”，将其拖入到新建的文档中，如图2-16所示。

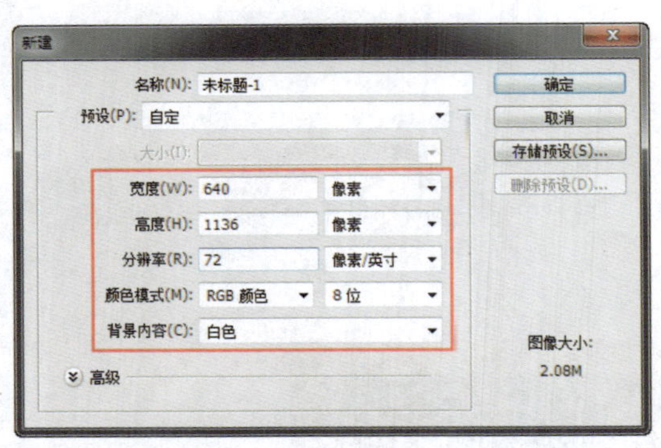

图7-132

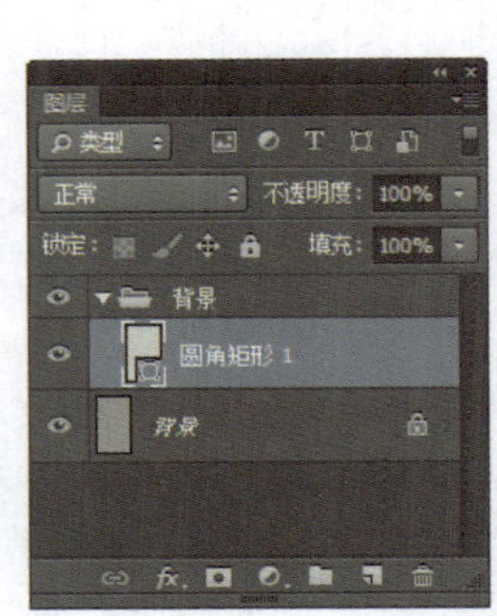

图7-133

步骤02 为该图层添加“斜面和浮雕”图层样式，对相关选项进行设置，如图7-134所示。在“图层样式”对话框左侧选中“等高线”复选框，对相关选项进行设置，如图7-135所示。

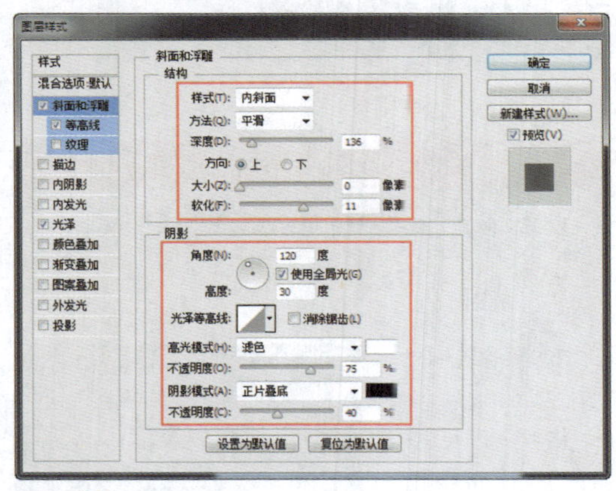

图7-134

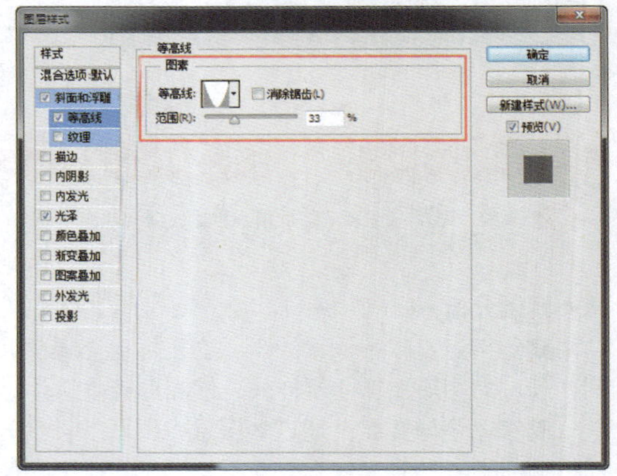

图7-135

提示

“等高线”与“纹理”这两个是单独对“斜面和浮雕”进行设置的样式，通过“等高线”选项可以勾画在浮雕处理中被遮住的起伏、凹陷和凸起，单击“等高线”选项右侧的下三角按钮，可以在显示的下拉列表中选择一个预设的等高线样式。通过“纹理”选项，则可以为图像添加纹理。

步骤03 继续添加“光泽”图层样式，对相关选项进行设置，如图7-136所示。单击“确定”按钮，完成“图层样式”对话框中各选项的设置，效果如图7-137所示。

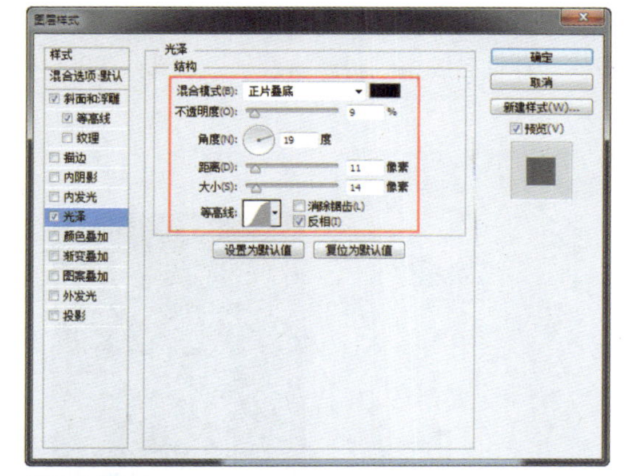

图7-136

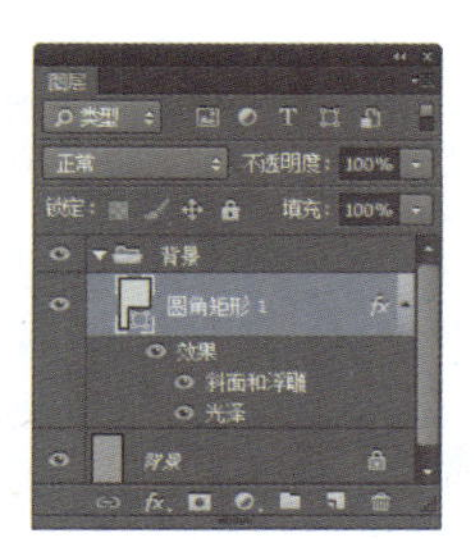

图7-137

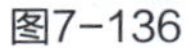步骤04 使用“圆角矩形工具”，在选项栏上设置“填充”为RGB（232,231,227）、“描边”为RGB（240,240,240）、“描边宽度”为1点、“半径”为30像素，在画布中绘制圆角矩形，如图7-138所示。新建“图层1”，使用“钢笔工具”，在选项栏上设置“工具模式”为“路径”，在画布中绘制路径，如图7-139所示。

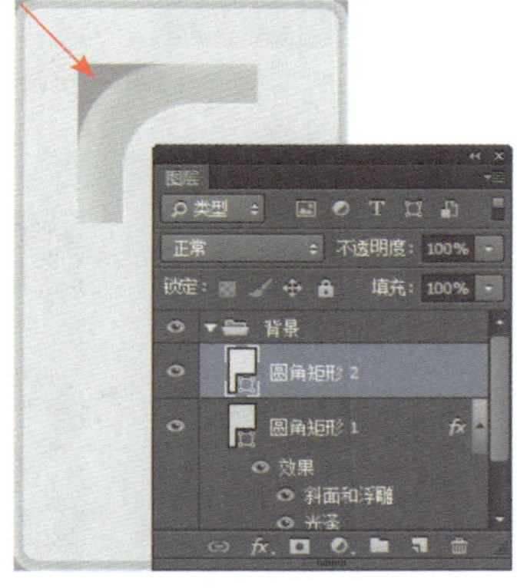

图7-138

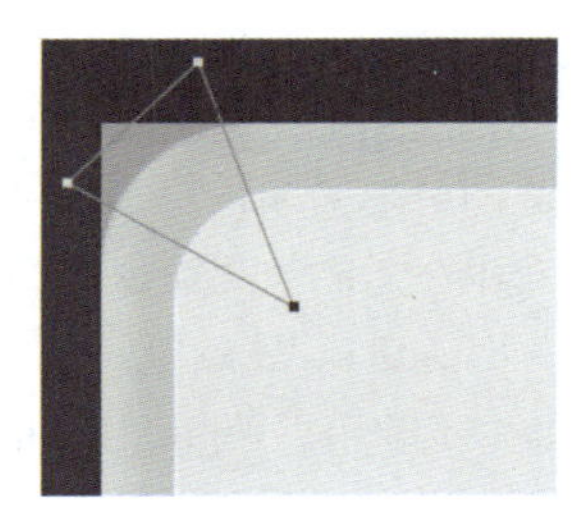

图7-139

提示

路径是指可以转换为选区，或使用颜色填充和描边的一种轮廓。它包括有起点和终点的开放式路径，以及没有起点和终点的闭合式路径两种。

步骤05 按快捷键Ctrl+Enter，将路径转换为选区，为选区填充黑色，如图7-140所示。执行“滤镜>模糊>高斯模糊”命令，弹出“高斯模糊”对话框，具体设置如图7-141所示。单击“确定”按钮，效果如图7-142所示。

图7-140

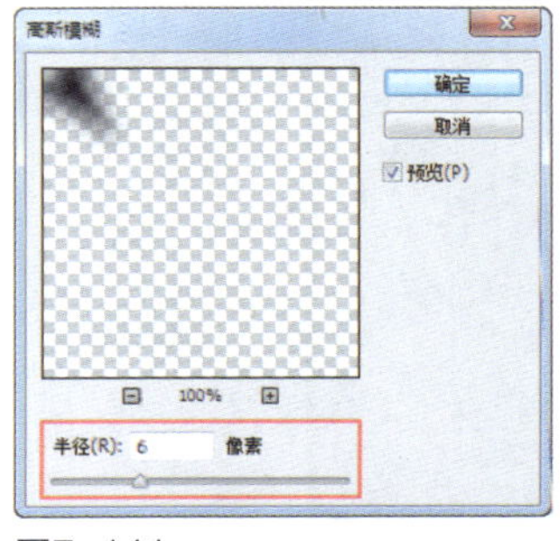

图7-141

图7-142

步骤 06 执行“图层>创建剪贴蒙版”命令，为“图层1”创建剪贴蒙版，并设置该图层的“不透明度”为30%，效果如图7-143所示。使用相同的制作方法，可以完成相似图形的绘制，效果如图7-144所示。

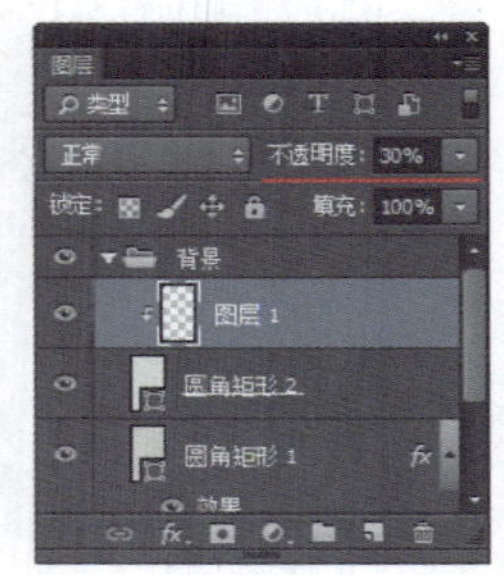

图7-143

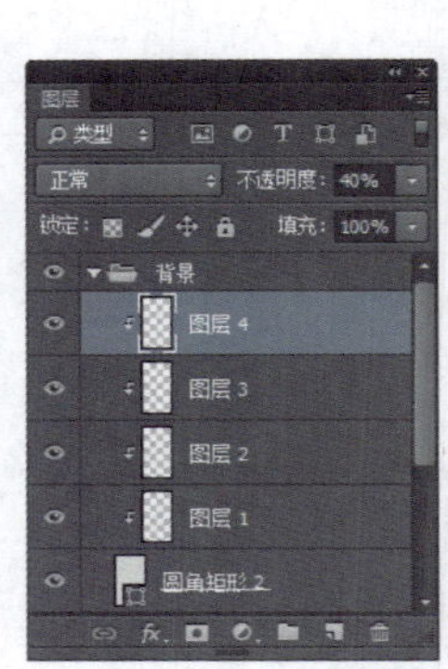

图7-144

步骤 07 新建“图层5”，使用“画笔工具”，设置“前景色”为黑色，选择柔角画笔笔触，设置画笔的“不透明度”为20%，在画布中合适的位置涂抹，为“图层5”创建剪贴蒙版，效果如图7-145所示。使用“圆角矩形工具”，在选项栏上设置“填充”为RGB（216,218,211），“半径”为10像素，在画布中绘制圆角矩形，效果如图7-146所示。

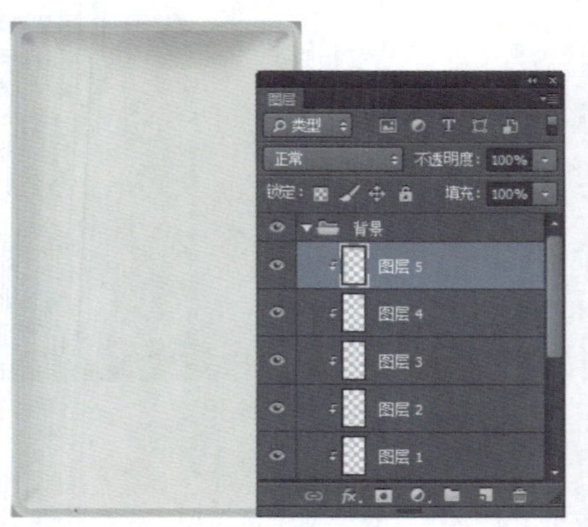

图7-145

图7-146

步骤 08 为该图层添加“投影”图层样式，对相关选项进行设置，如图7-147所示。继续添加“外发光”图层样式，对相关选项进行设置，如图7-148所示。

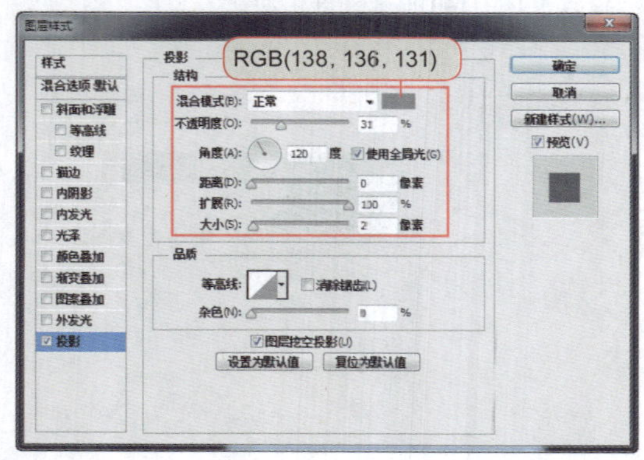

图7-147

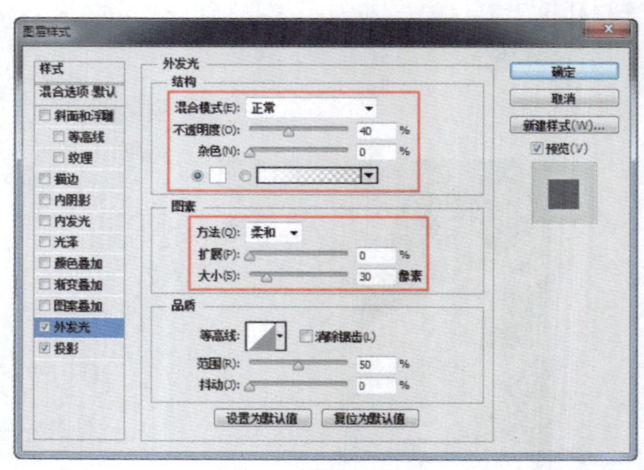

图7-148

步骤09 单击“确定”按钮，完成“图层样式”对话框中各选项的设置，效果如图7-149所示。添加“渐变映射”调整图层，在“属性”面板中对渐变颜色进行设置，如图7-150所示。

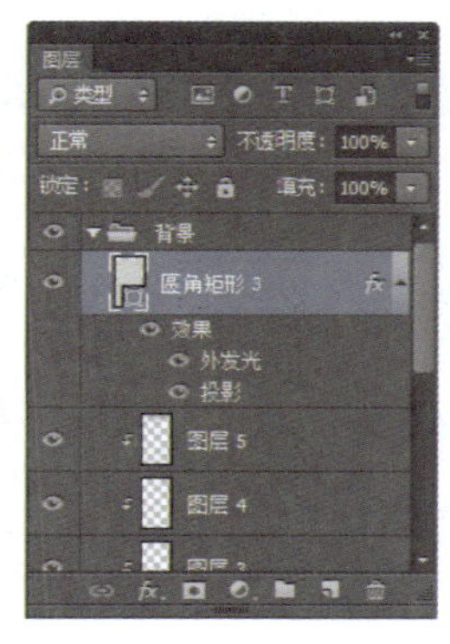

图7-149

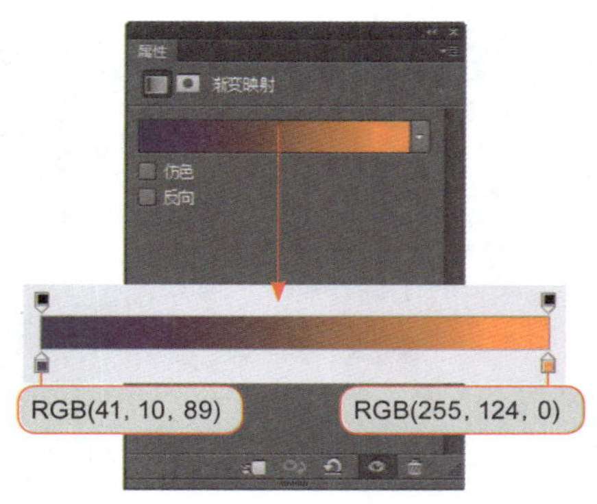

图7-150

提示

使用“渐变映射”命令可以将相等的图像灰度范围映射到指定的渐变填充色。如果指定双色渐变填充，图像中的阴影会映射到渐变填充的一个端点颜色，高光会映射到另一个端点颜色，而中间调映射到两个端点颜色之间的渐变。

步骤10 完成“渐变映射”调整图层的设置后，设置该图层的“混合模式”为“柔光”、“不透明度”为15%，效果如图7-151所示。新建名称为“圆形装饰”的图层组，使用“椭圆工具”，在画布中绘制正圆形，如图7-152所示。

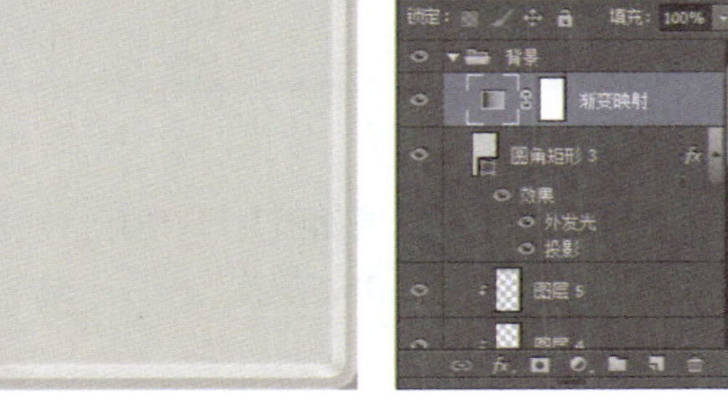

图7-151

图7-152

步骤 11 为该图层添加“内阴影”图层样式，对相关选项进行设置，如图7-153所示。继续添加“颜色叠加”图层样式，对相关选项进行设置，如图7-154所示。

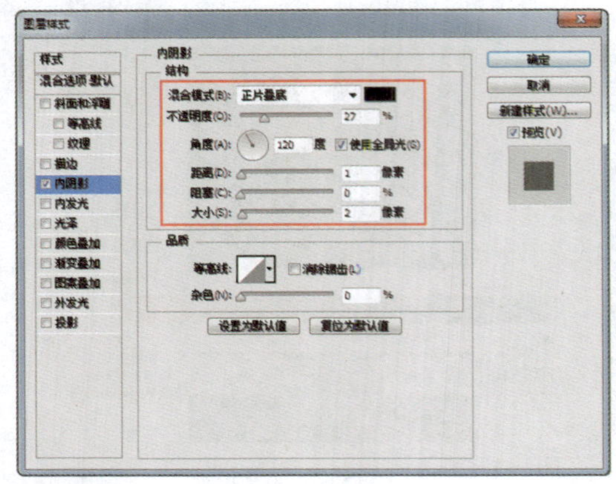
图7-153

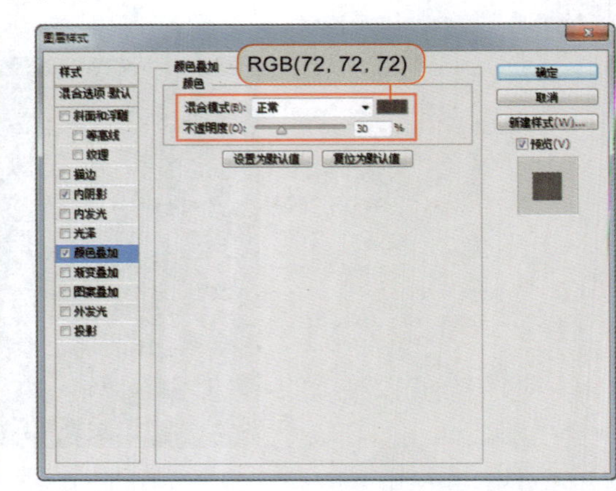

图7-154

步骤 12 继续添加“图案叠加”图层样式，对相关选项进行设置，如图7-155所示。继续添加“投影”图层样式，对相关选项进行设置，如图7-156所示。

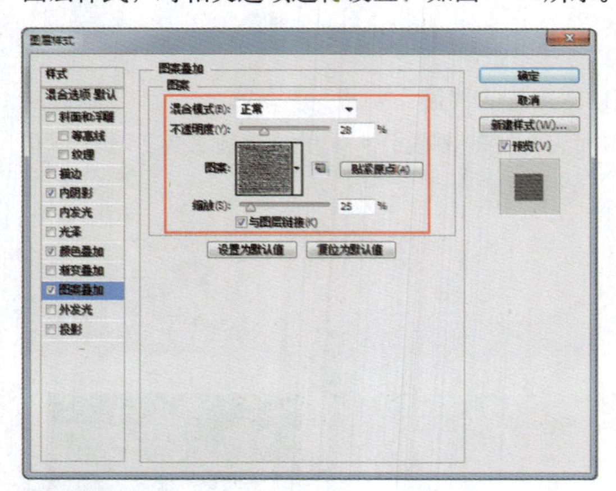
图7-155

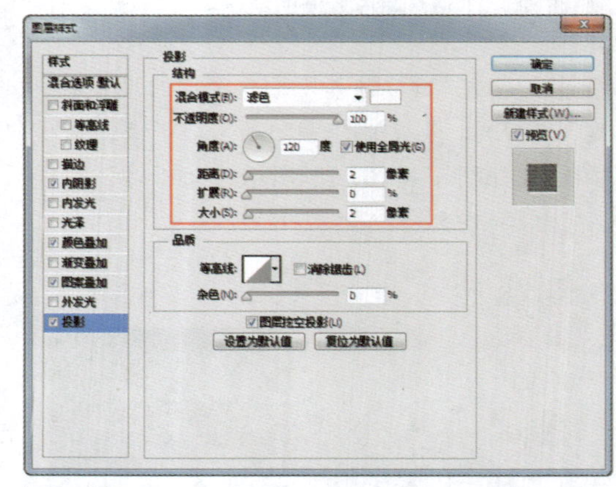
图7-156

步骤 13 单击“确定”按钮，完成“图层样式”对话框中各选项的设置，效果如图7-157所示。将刚绘制的正圆形多次复制，并分别调整复制得到图形到合适的位置，效果如图7-158所示。

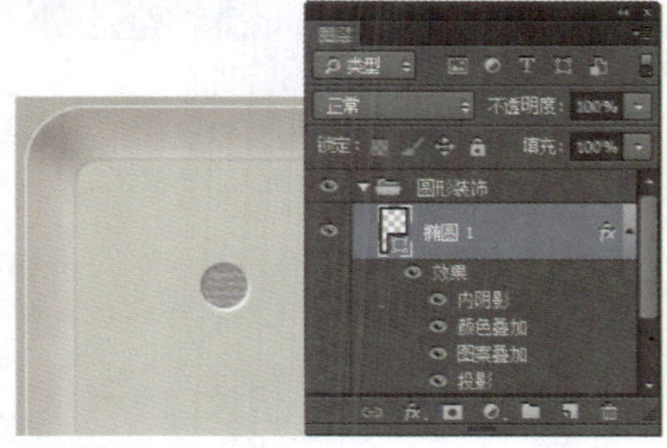
图7-157

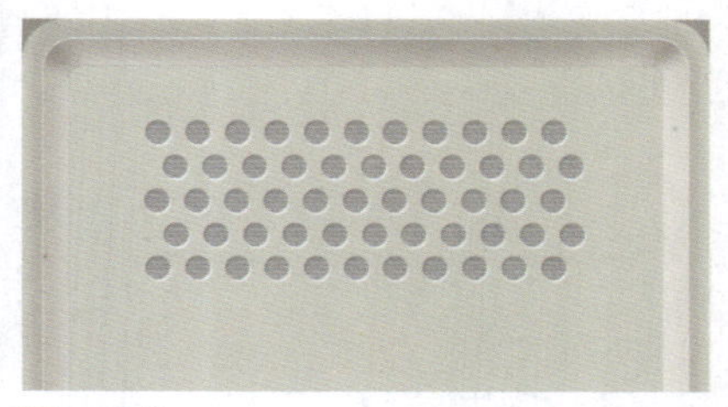
图7-158

步骤14 新建名称为“歌曲截图”的图层组，使用“圆角矩形工具”，在选项栏上设置“填充”为RGB（216,218,211）、“半径”为175像素，在画布中绘制圆角矩形，如图7-159所示。为该图层添加“内阴影”图层样式，对相关选项进行设置，如图7-160所示。

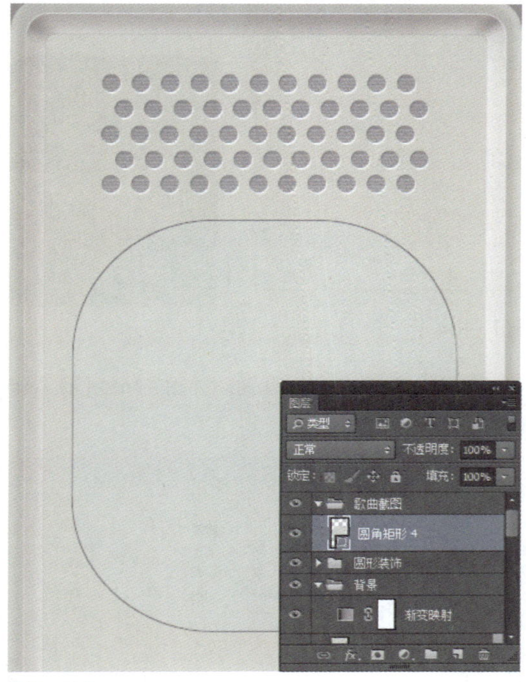

图7-159

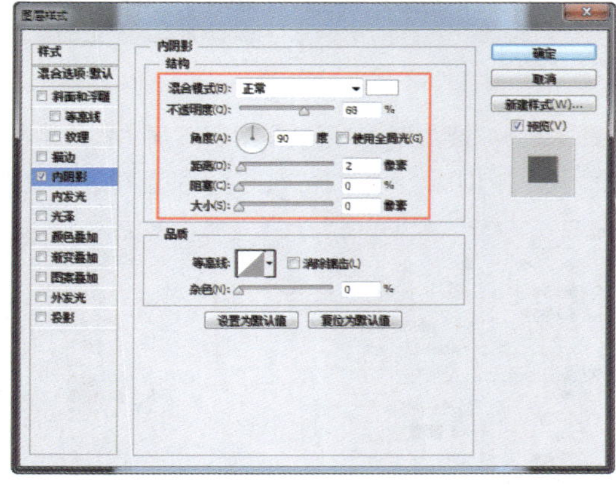

图7-160

步骤15 继续添加“渐变叠加”图层样式，对相关选项进行设置，如图7-161所示。继续添加“投影”图层样式，对相关选项进行设置，如图7-162所示。

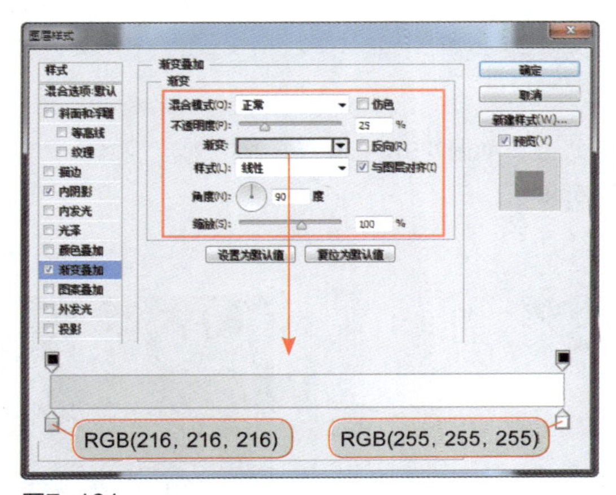

图7-161

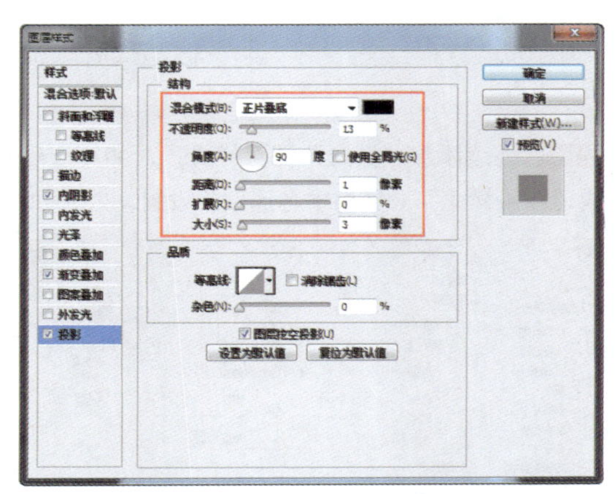

图7-162

步骤 16 单击“确定”按钮，完成“图层样式”对话框中各选项的设置，效果如图7-163所示。复制“圆角矩形 4”图层，得到“圆角矩形4拷贝”图层，清除该图层的图层样式，设置复制得到的圆角矩形填充颜色为白色，将其等比例缩小，如图7-164所示。

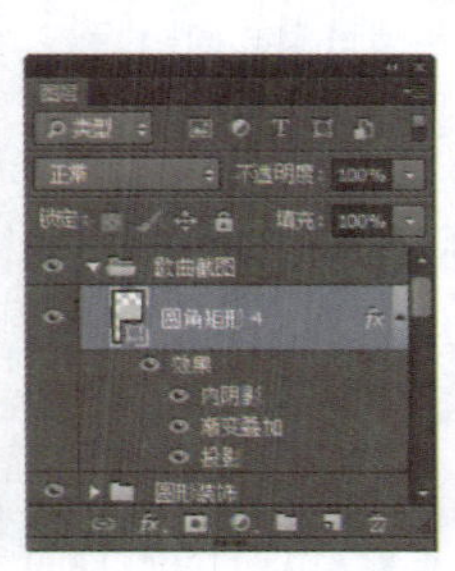

图7-163

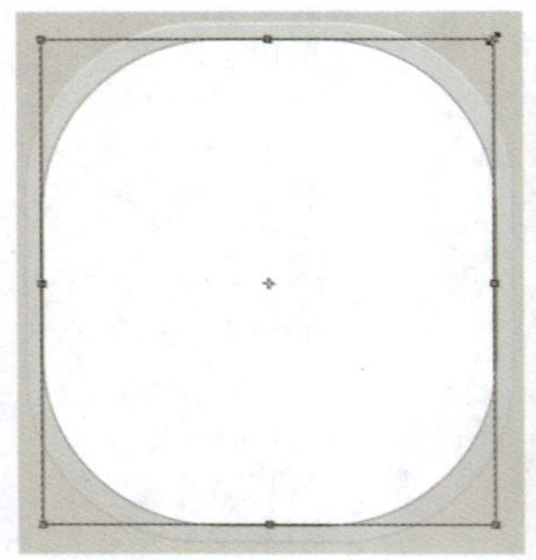
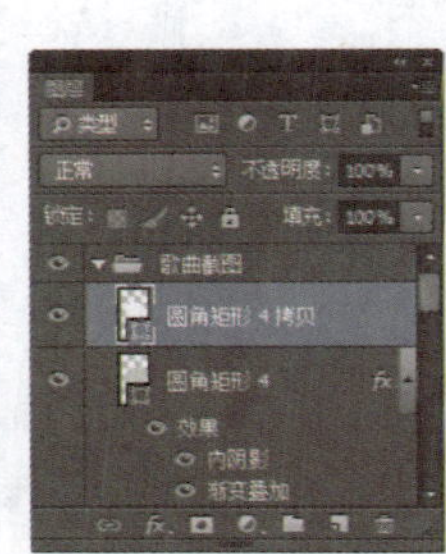

图7-164

步骤 17 为“圆角矩形4拷贝”图层添加“描边”图层样式，对相关选项进行设置，如图7-165所示。继续添加“内阴影”图层样式，对相关选项进行设置，如图7-166所示。

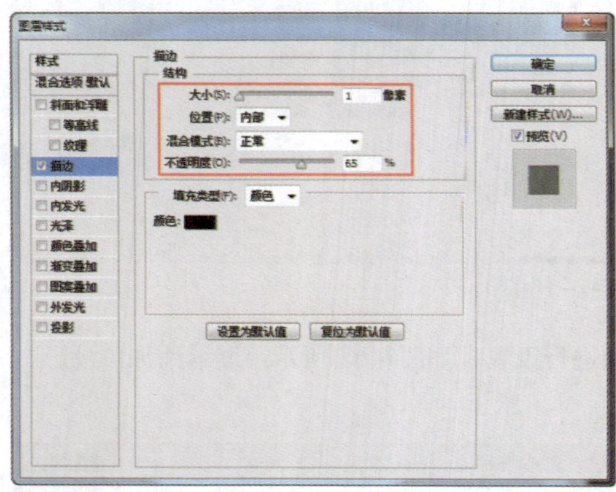

图7-165

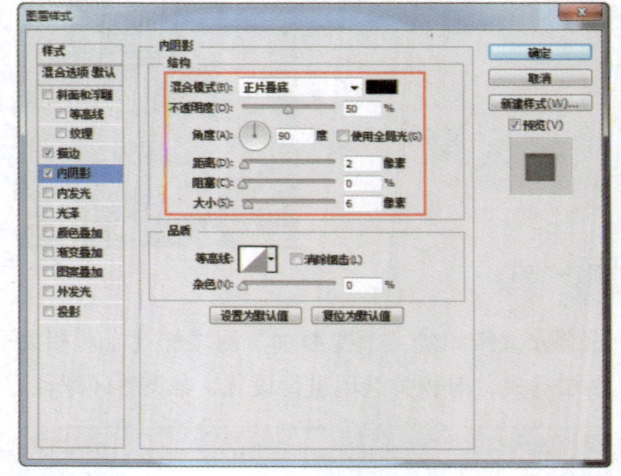

图7-166

步骤 18 继续添加“投影”图层样式，对相关选项进行设置，如图7-167所示。单击“确定”按钮，完成“图层样式”对话框中各选项的设置，效果如图7-168所示。

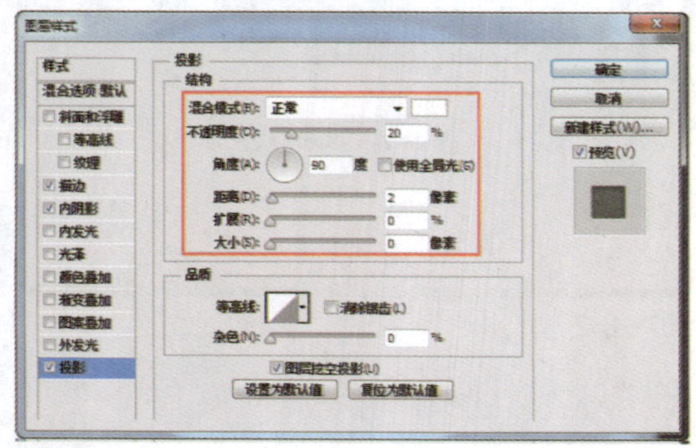

图7-167

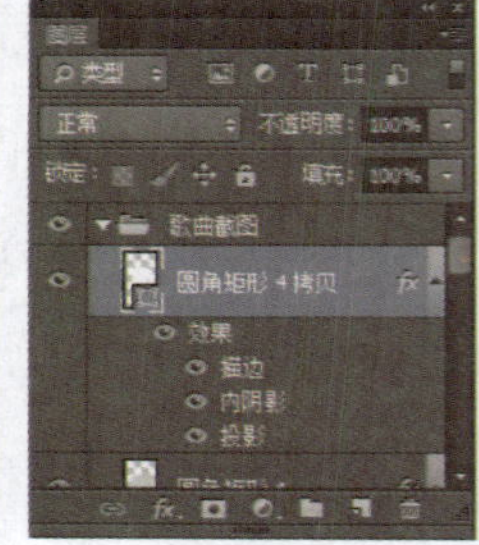

图7-168

步骤19 打开并拖入素材图像“光盘\源文件\第7章\素材\401.jpg”，将其调整到合适的大小和位置，并创建剪贴蒙版，效果如图7-169所示。新建“图层7”，使用“画笔工具”，设置“前景色”为黑色，选择柔角笔触，并设置画笔的不透明度，在画布中合适的位置涂抹，并为该图层创建剪贴蒙版，效果如图7-170所示。

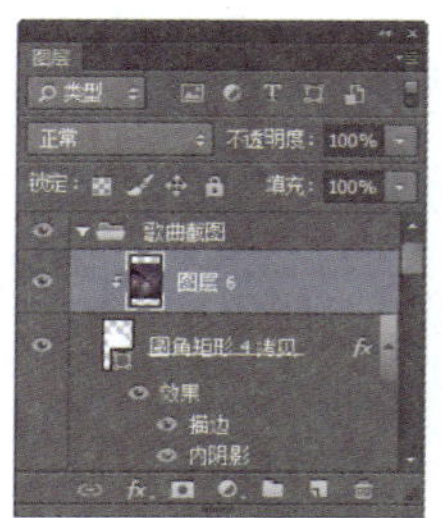

图7-169

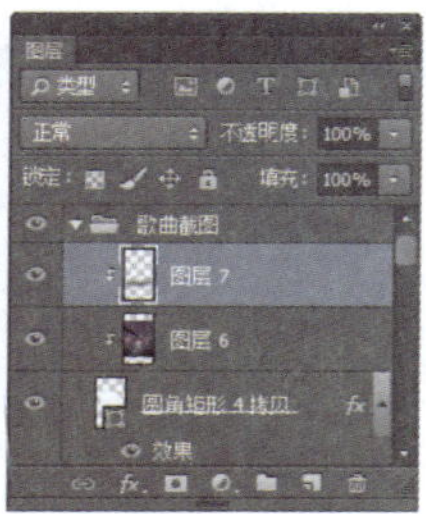

图7-170

步骤20 使用相同的制作方法，可以绘制出其他图形，效果如图7-171所示。使用“横排文字工具”，在“字符”面板中对相关属性进行设置，在画布中输入文字，效果如图7-172所示。

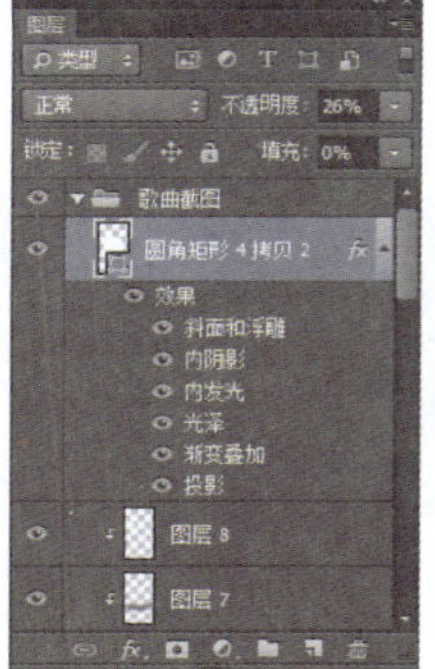

图7-171

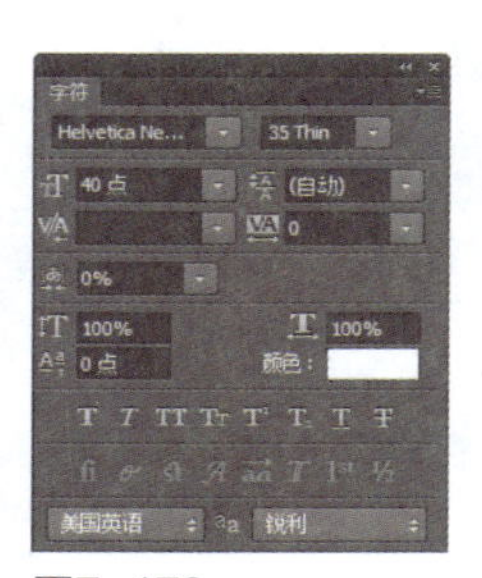

图7-172

步骤21 新建名称为“播放控件”的图层组，使用相同的制作方法，可以绘制出播放进度条，效果如图7-173所示。使用“椭圆工具”，在画布中绘制一个正圆形，如图7-174所示。

图7-173

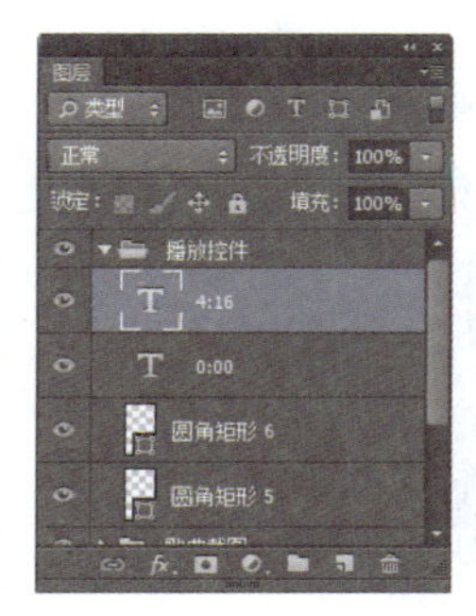

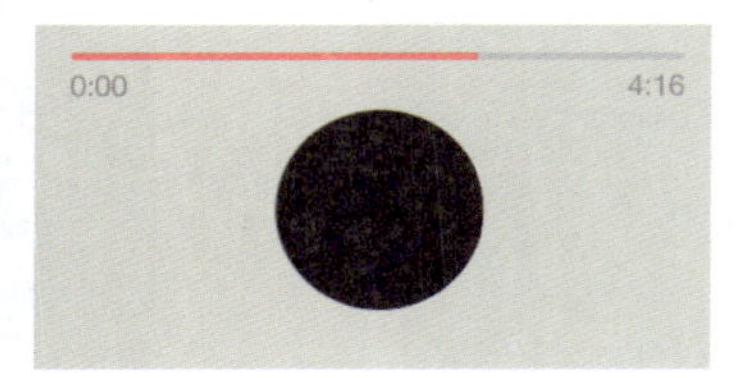

图7-174

步骤22 为该图层添加“斜面和浮雕”图层样式，对相关选项进行设置，如图7-175所示。继续添加“内阴影”图层样式，对相关选项进行设置，如图7-176所示。

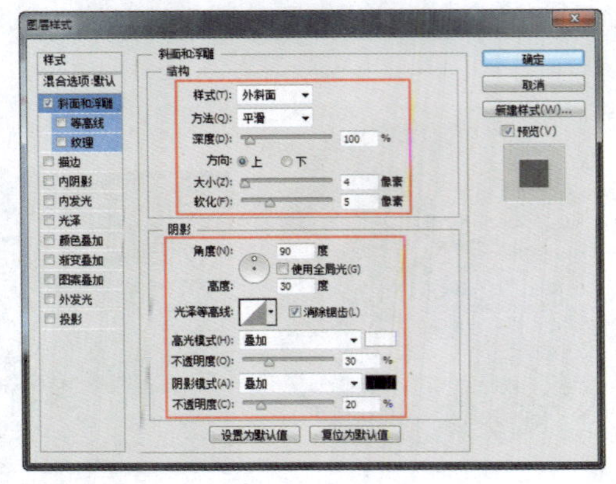

图7-175

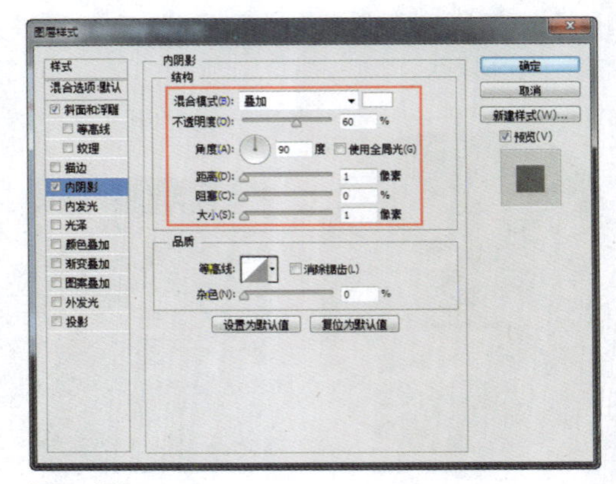

图7-176

步骤23 继续添加“渐变叠加”图层样式，对相关选项进行设置，如图7-177所示。继续添加“投影”图层样式，对相关选项进行设置，如图7-178所示。

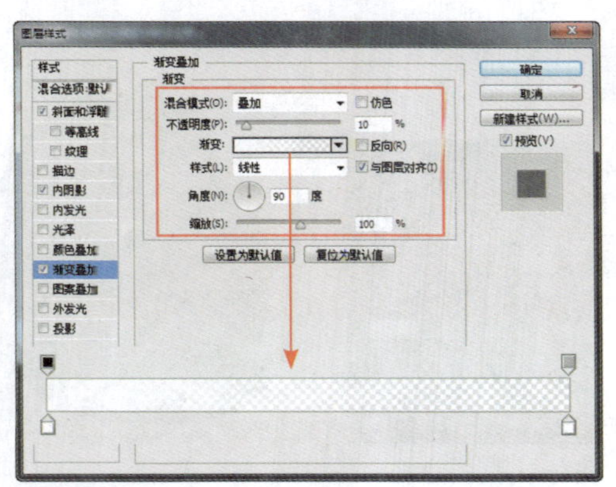

图7-177

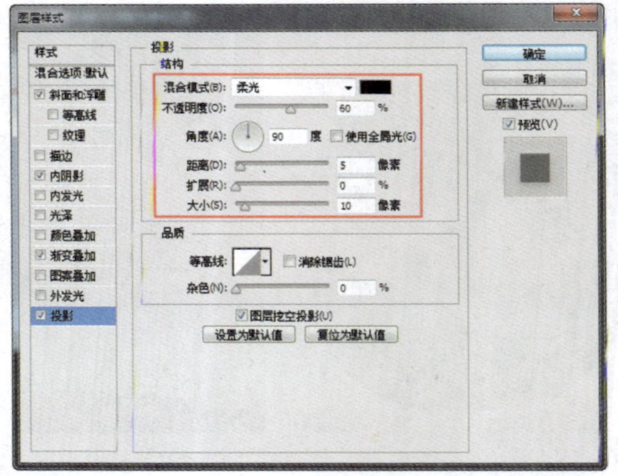

图7-178

步骤24 单击“确定”按钮，完成“图层样式”对话框中各选项的设置，设置该图层的“填充”为0%，效果如图7-179所示。复制“椭圆2”图层，得到“椭圆2拷贝”图层，修改复制得到的正圆形的填充颜色为RGB（243,243,243），将其等比例缩小，并对其图层样式设置进行修改，效果如图7-180所示。

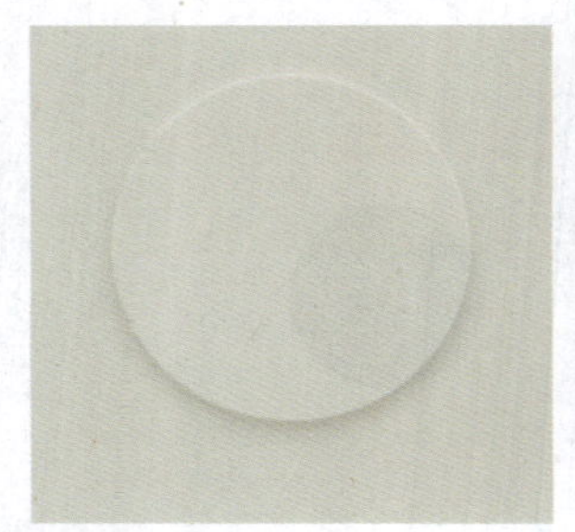

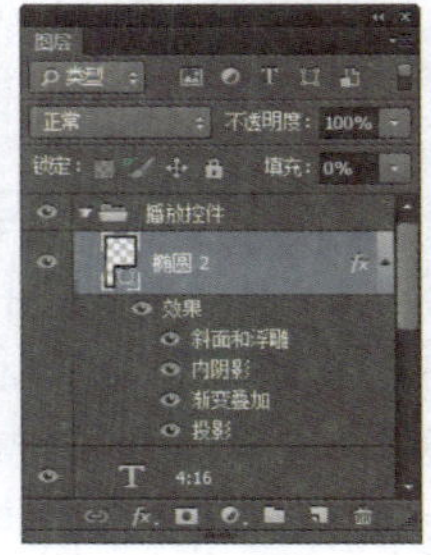

图7-179

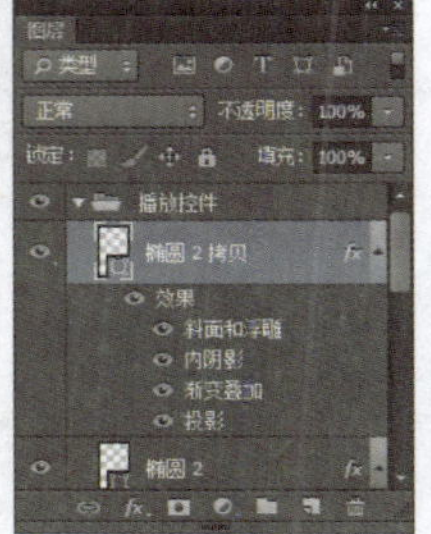

图7-180

步骤25 使用相同的制作方法，可以完成其他相似图形的绘制，效果如图7-181所示。最后完成该简约时尚播放器界面的设计制作，最终效果如图7-182所示。

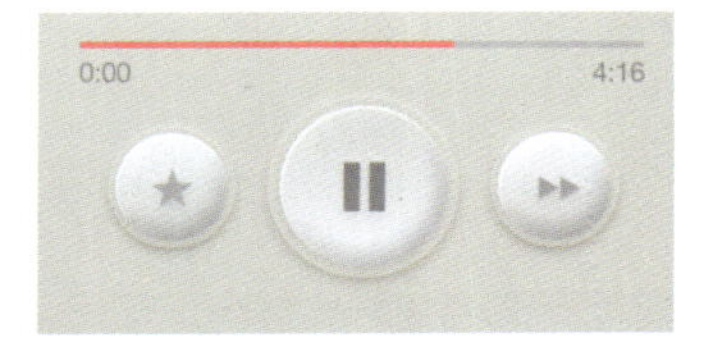

图7-181

图7-182

【自测5】设计媒体音乐盒界面

视频：光盘\视频\第7章\媒体音乐盒界面.swf　　源文件：光盘\源文件\第7章\媒体音乐盒界面.psd

● 案例分析

案例特点：本案例制作一款媒体音乐盒界面，既是一款多媒体管理软件也是一款播放器，在界面设计过程中通过明确的功能分区和清晰的结构，使用户很容易就能掌握其使用方法。

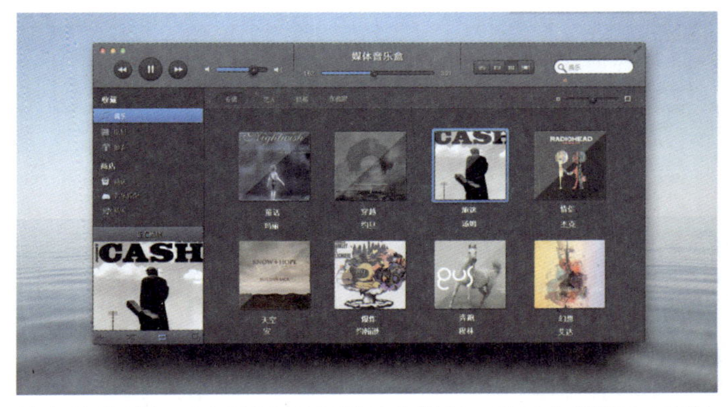

制作思路与要点：多媒体播放管理软件集管理和播放多媒体文件于一体，本案例的多媒体播放管理软件界面采用类扁平化的设计，顶部为播放控制区域，清晰地排列各种媒体播放控件。左侧区域为菜单列表，运用常规的树状结构排列，使用户能够更方便地操作。右侧区域为媒体列表区域，运用缩览图与文字相结合的方式进行表现，非常直观。整个播放管理界面让人感觉清楚、大方，非常便于用户的操作。

步骤01 执行“文件>打开”命令，打开素材图像“光盘\源文件\第7章\素材\501.jpg”，如图7-183所示。新建名称为“背景”的图层组，使用“圆角矩形工具”，在选项栏上设置“工具模式”为“形状”、“填充”为RGB（82,91,100）、“半径”为3像素，在画布中绘制圆角矩形，如图7-184所示。

图7-183

图7-184

步骤02 执行“文件>打开”命令，打开素材图像“光盘\源文件\第7章\素材\502.jpg”，如图7-185所示。执行“编辑>定义图案”命令，弹出“图案名称”对话框，单击“确定”按钮，将该图像定义为图案，如图7-186所示。

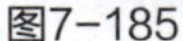

图7-185

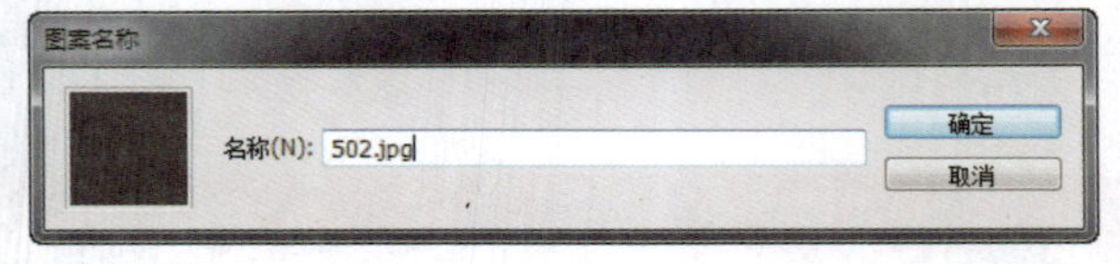

图7-186

步骤03 返回到设计文档中，为“圆角矩形1”图层添加“描边”图层样式，对相关选项进行设置，如图7-187所示。继续添加“图案叠加”图层样式，对相关选项进行设置，如图7-188所示。

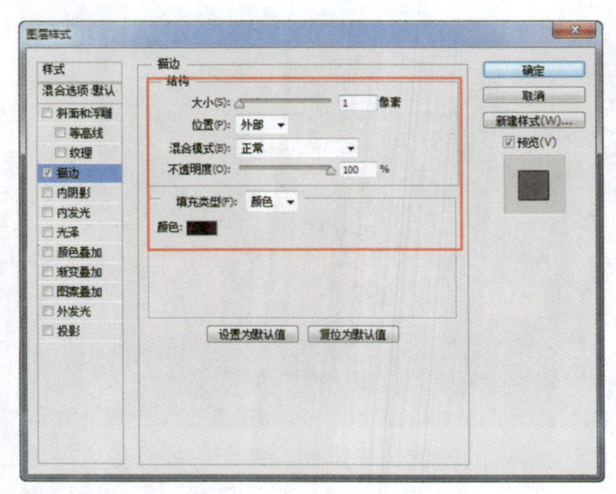

图7-187

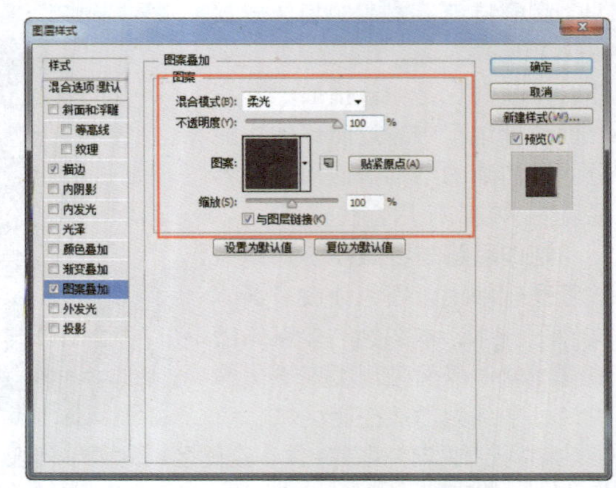

图7-188

步骤04 继续添加“投影”图层样式，对相关选项进行设置，如图7-189所示。单击“确定”按钮，完成“图层样式”对话框中各选项的设置，效果如图7-190所示。

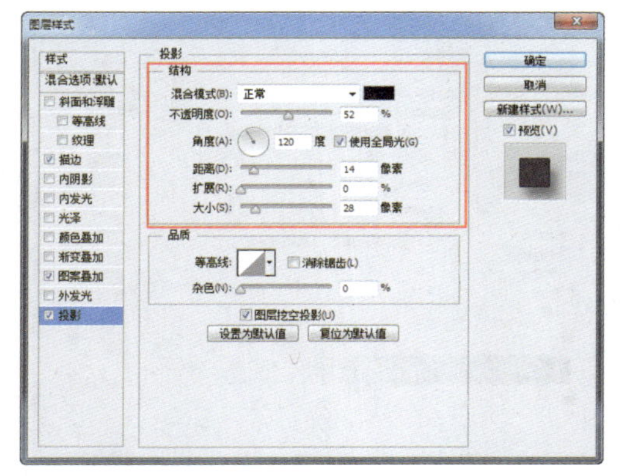

图7-189

图7-190

步骤05 新建名称为“菜单栏”的图层组，使用“圆角矩形工具”，设置“填充”为RGB（82,91,100），在画布中绘制圆角矩形，如图7-191所示。使用“矩形工具”，在选项栏上设置“路径操作”为“减去顶层形状”，在刚绘制的圆角矩形上减去相应的矩形，得到需要的图形，效果如图7-192所示。

图7-191

图7-192

步骤06 为该图层添加“斜面和浮雕”图层样式，对相关选项进行设置，如图7-193所示。继续添加“描边”图层样式，对相关选项进行设置，如图7-194所示。

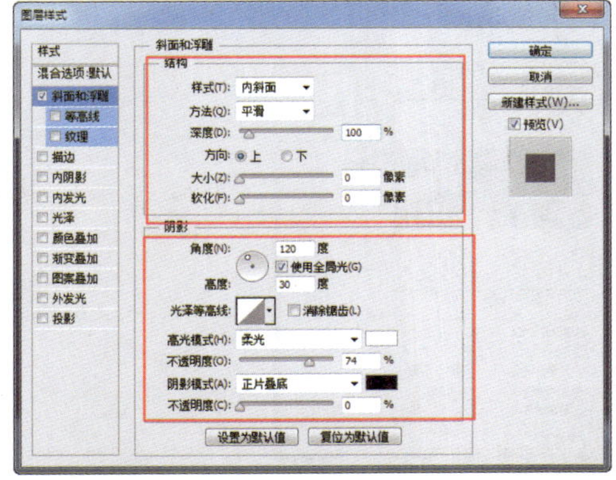

图7-193

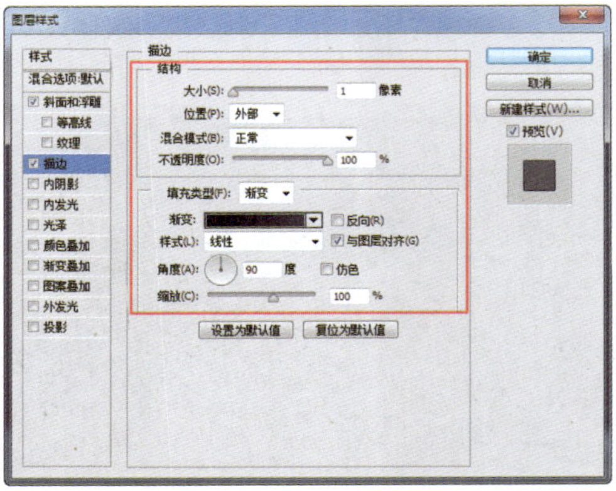

图7-194

步骤07 继续添加“内阴影”图层样式，对相关选项进行设置，如图7-195所示。继续添加“渐变叠加”图层样式，对相关选项进行设置，如图7-196所示。

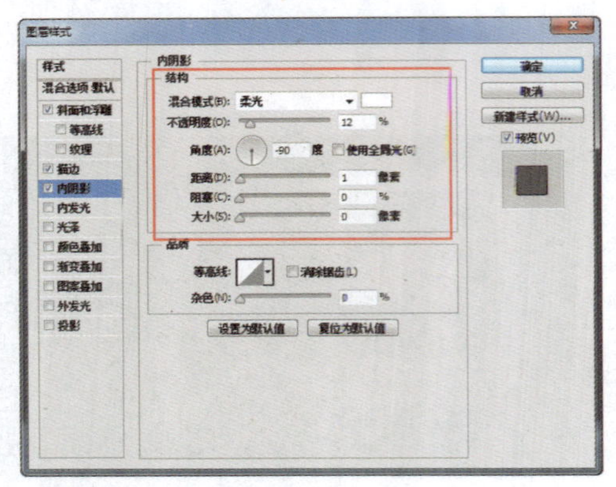

图7-195

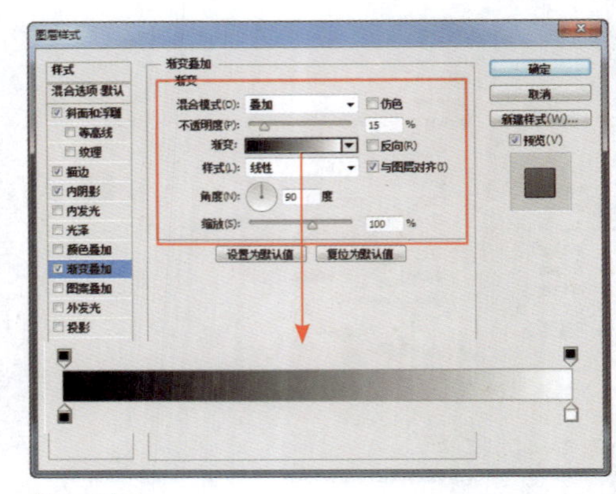

图7-196

步骤08 继续添加“投影”图层样式，对相关选项进行设置，如图7-197所示。单击“确定”按钮，完成“图层样式”对话框中各选项的设置，效果如图7-198所示。

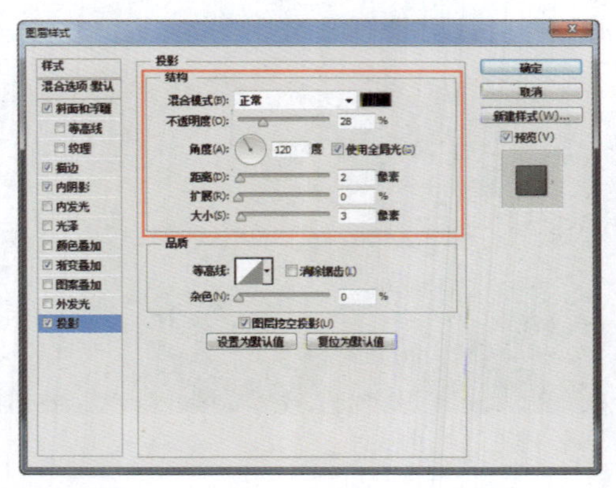

图7-197

图7-198

步骤09 使用“圆角矩形工具”，在画布中绘制圆角矩形，如图7-199所示。执行“滤镜>杂色>添加杂色”命令，弹出“添加杂色”对话框，具体设置如图7-200所示。

图7-199

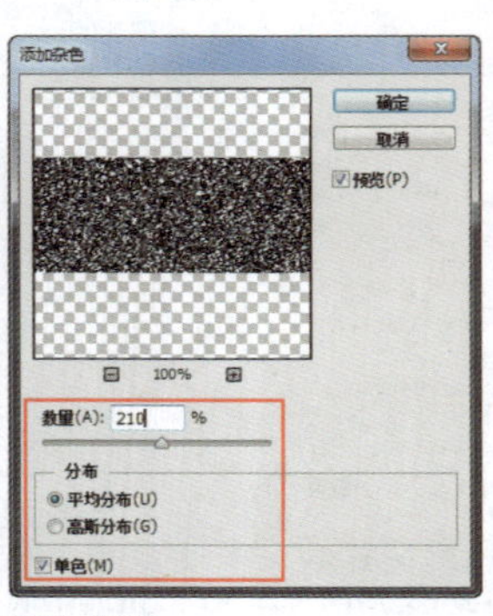

图7-200

步骤 10 单击“确定”按钮，完成“添加杂色”对话框中各选项的设置，设置该图层的“混合模式”为“柔光”、“填充”为3%，效果如图7-201所示。使用“直线工具”，在选项栏上设置“粗细”为1像素，在画布中绘制一个黑色直线，如图7-202所示。

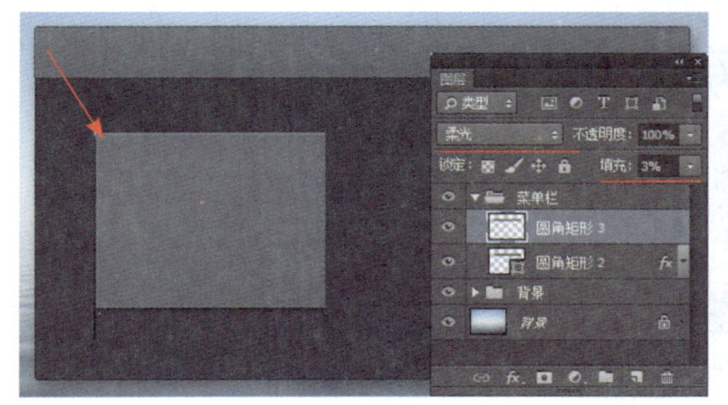

图7-201

图7-202

步骤 11 为该图层添加图层蒙版，使用“画笔工具”，设置“前景色”为黑色，选合适的笔触与大小，在画布中涂抹，效果如图7-203所示。复制“形状1”图层，得到“形状1拷贝”图层，设置该图层的“混合模式”为“柔光”、“填充”为40%，如图7-204所示。

图7-203

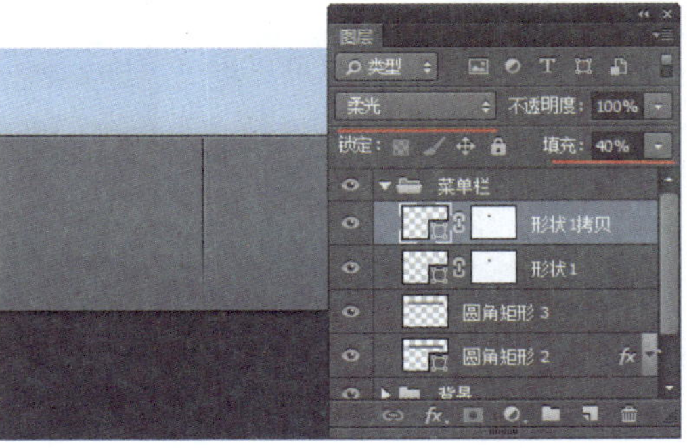

图7-204

步骤 12 使用相同的制作方法，完成相似图形的绘制，如图7-205所示。使用“椭圆工具”，设置“填充”为RGB（238,97,81），在画布中绘制正圆形，如图7-206所示。

图7-205

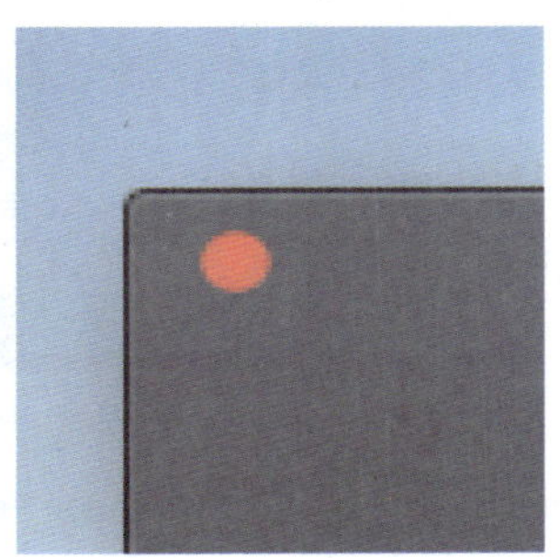
图7-206

步骤 13 为该图层添加相应的图层样式，效果如图7-207所示。使用“椭圆工具”，在画布中绘制一个白色的椭圆形，如图7-208所示。

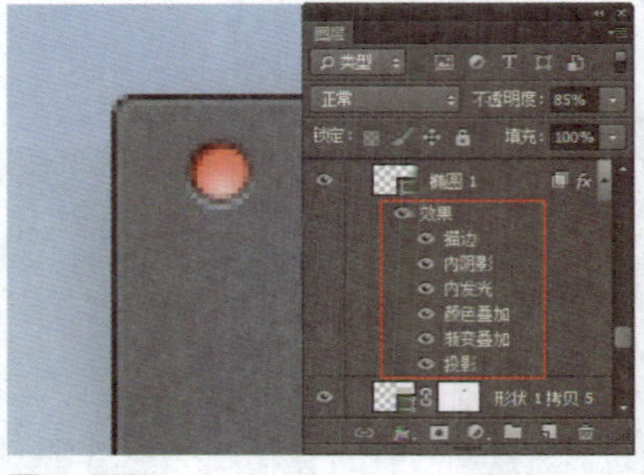

图7-207

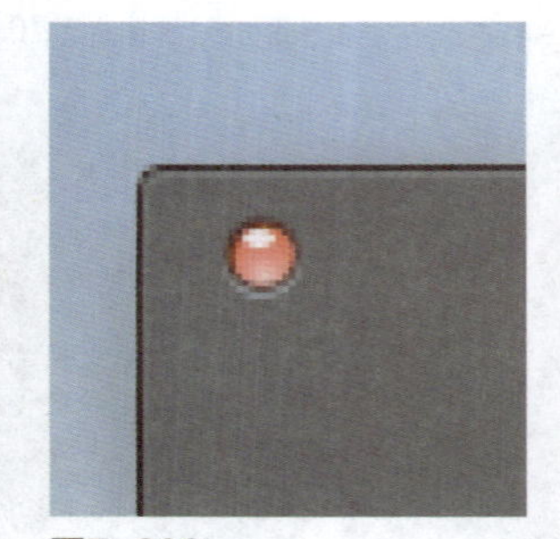
图7-208

步骤 14 使用“椭圆工具”，在选项栏上设置“路径操作”为“减去顶层形状”，在刚绘制的椭圆形上减去相应的图形，得到需要的图形，效果如图7-209所示。为该图层创建剪贴蒙版，设置该图层的“不透明度”为85%，如图7-210所示。

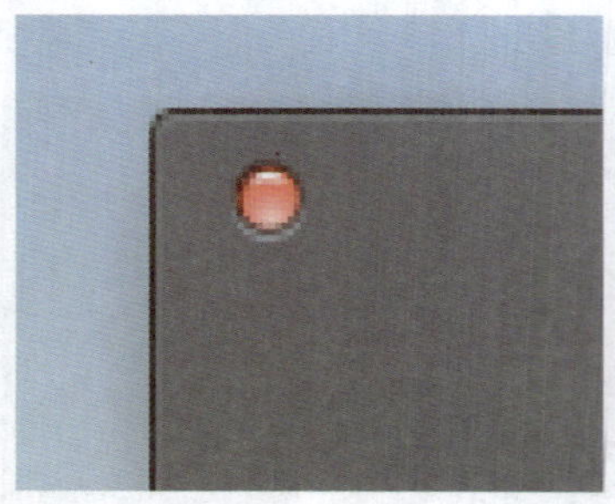
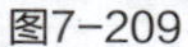
图7-209

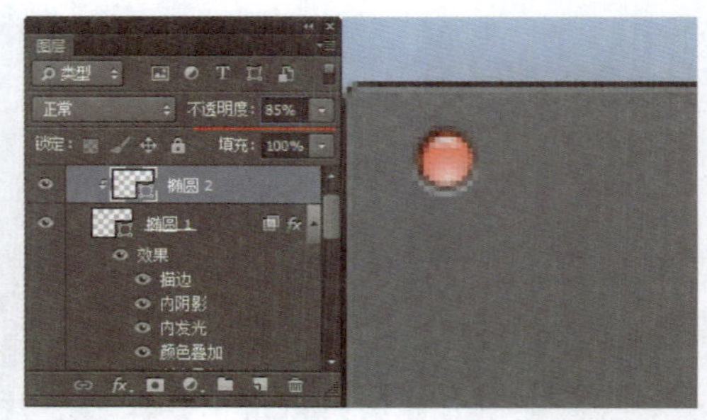

图7-210

步骤 15 使用相同的制作方法，完成相似图形的绘制，如图7-211所示。使用“椭圆工具”，在画布中绘制白色正圆形，如图7-212所示。

图7-211

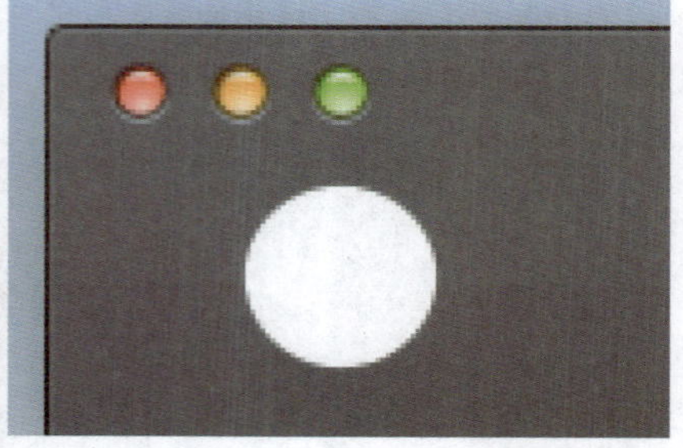
图7-212

步骤 16 为该图层添加“内阴影”图层样式，对相关选项进行设置，如图7-213所示。继续添加“投影”图层样式，对相关选项进行设置，如图7-214所示。

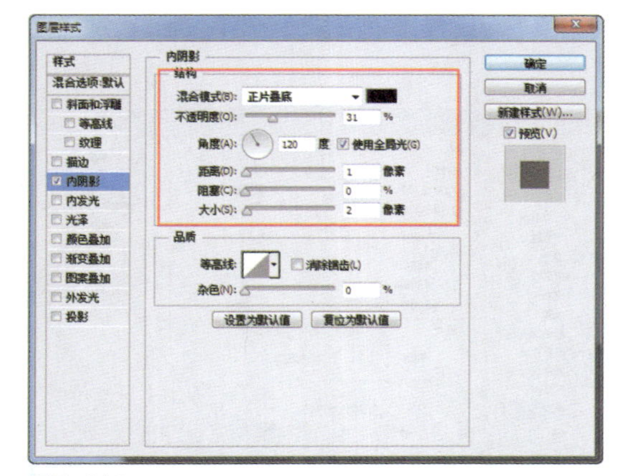

图7-213

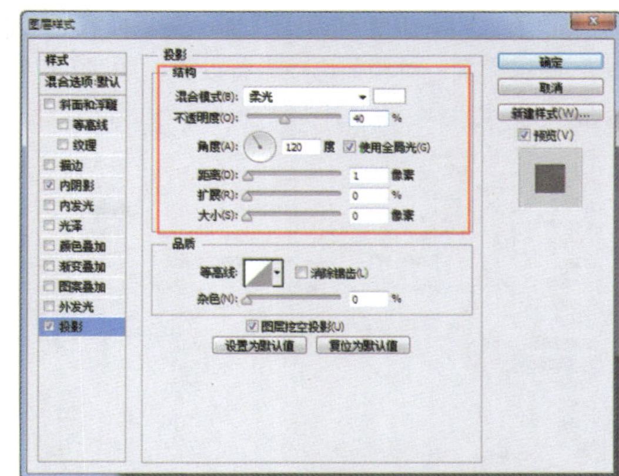

图7-214

步骤 17 单击“确定”按钮，完成“图层样式”对话框中各选项的设置，设置该图层的“填充”为10%，效果如图7-215所示。使用相同的制作方法，完成相似图形的绘制，并为其添加相应的图层样式，效果如图7-216所示。

图7-215

图7-216

步骤 18 使用“多边形工具”，设置“填充”为RGB（209,209,209）、“边”为3，在画布中绘制三角形，如图7-217所示。使用“多边形工具”，在选项栏上设置“路径操作”为“合并形状”，在画布上再次绘制三角形，如图7-218所示。

图7-217

图7-218

提示

创建路径后，也可以使用“路径选择工具”选择多个子路径，然后单击工具选项栏中的“路径操作”按钮，在弹出的下拉列表中选择“合并形状组件”选项，则可以合并重叠路径组件。

步骤19 为该图层添加“渐变叠加”图层样式，对相关选项进行设置，如图7-219所示。继续添加“投影”图层样式，对相关选项进行设置，如图7-220所示。

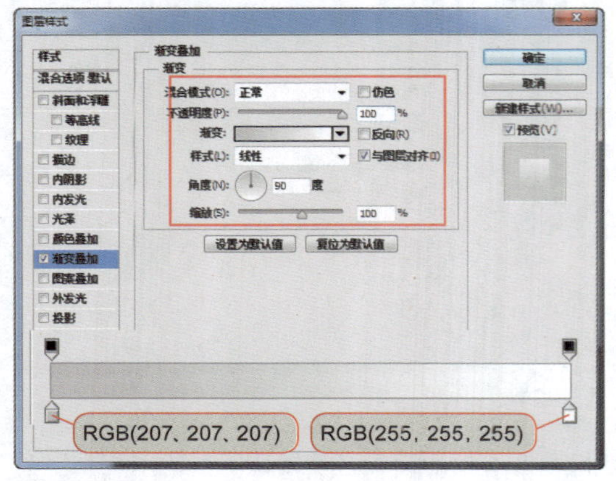

图7-219

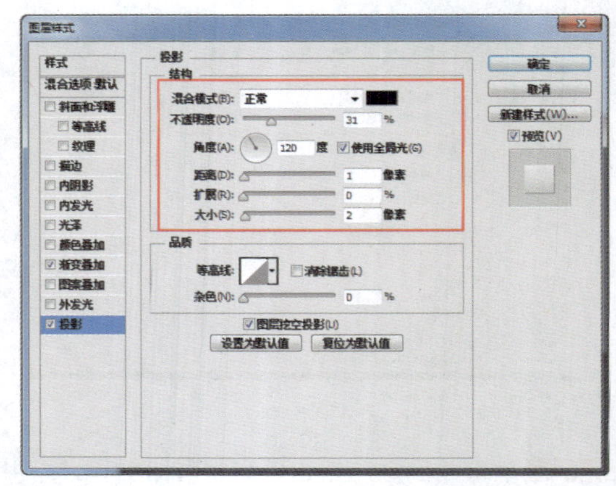

图7-220

步骤20 单击“确定”按钮，完成“图层样式”对话框中各选项的设置，效果如图7-221所示。使用相同的制作方法，完成相似图形的绘制，效果如图7-222所示。

图7-221

图7-222

步骤21 使用相同的制作方法，完成相似图形的绘制，如图7-223所示。使用“横排文字工具”，在“字符”面板中设置相关选项，在画布中输入相应的文字，如图7-224所示。

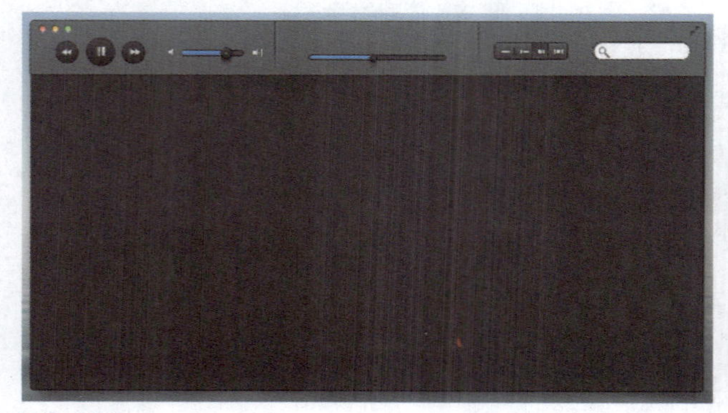

图7-223

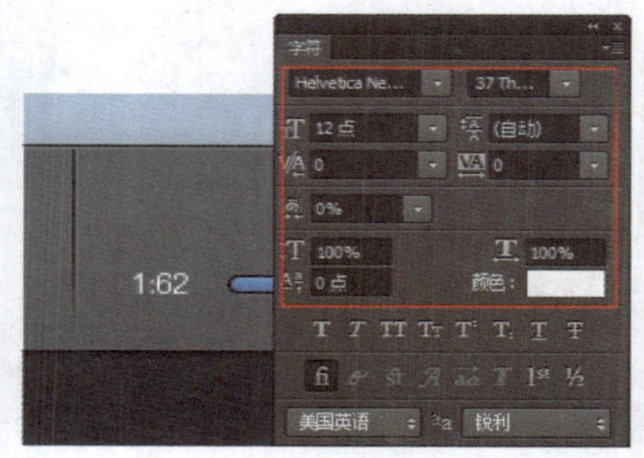

图7-224

步骤22 为该文字图层添加“投影”图层样式，对相关选项进行设置，如图7-225所示。单击“确定”按钮，完成“图层样式”对话框中各选项的设置，使用相同的制作方法，输入其他文字并添加“投影”图层样式，效果如图7-226所示。

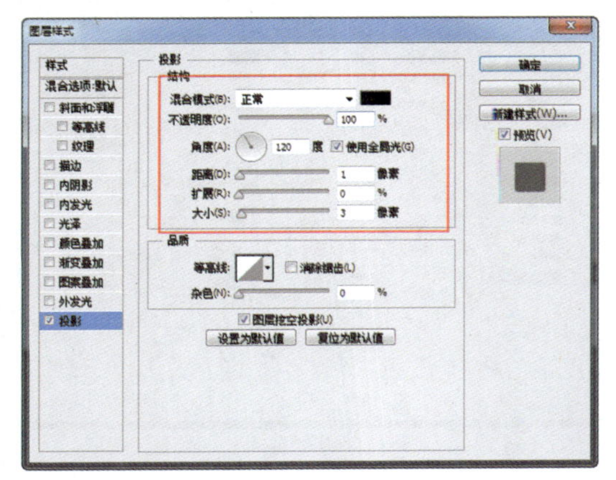

图7-225

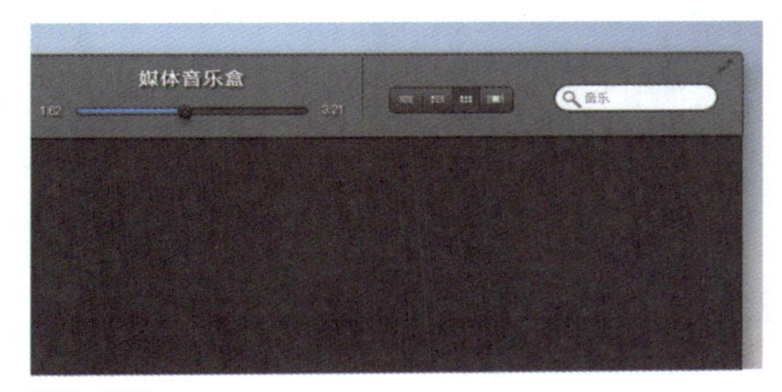

图7-226

步骤23 新建名称为“左侧菜单”的图层组，使用“圆角矩形工具”，在选项栏上设置“填充”为RGB（51,56,63）、“半径”为3像素，在画布中绘制圆角矩形，如图7-227所示。使用“圆角矩形工具”，在选项栏上设置“路径操作”为“减去顶层形状”，在刚绘制的圆角矩形上减去相应的矩形，得到需要的图形，如图7-228所示。

图7-227

图7-228

步骤24 为该图层添加“描边”图层样式，对相关选项进行设置，如图7-229所示。继续添加“内阴影”图层样式，对相关选项进行设置，如图7-230所示。

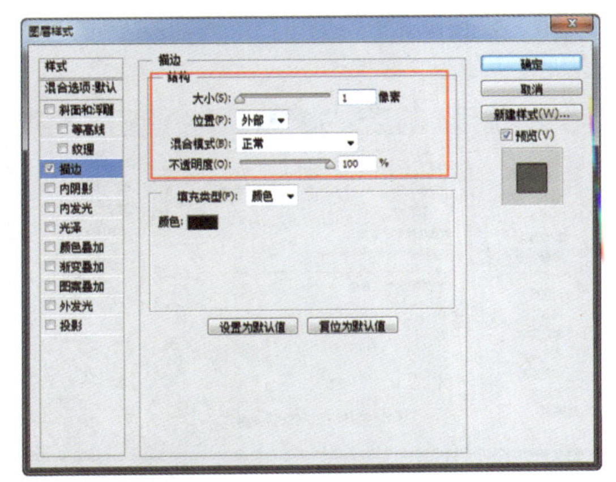

图7-229

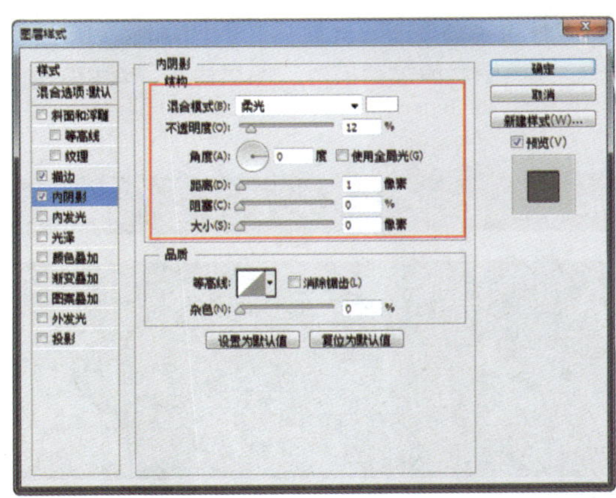

图7-230

步骤 25 继续添加“图案叠加”图层样式，对相关选项进行设置，如图7-231所示。继续添加“投影”图层样式，对相关选项进行设置，如图7-232所示。

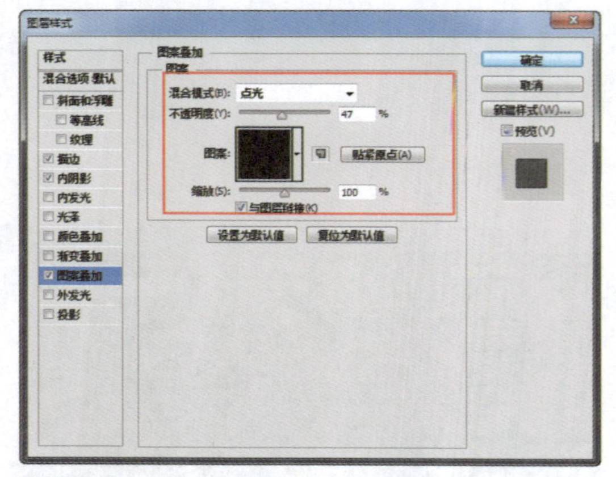

图7-231

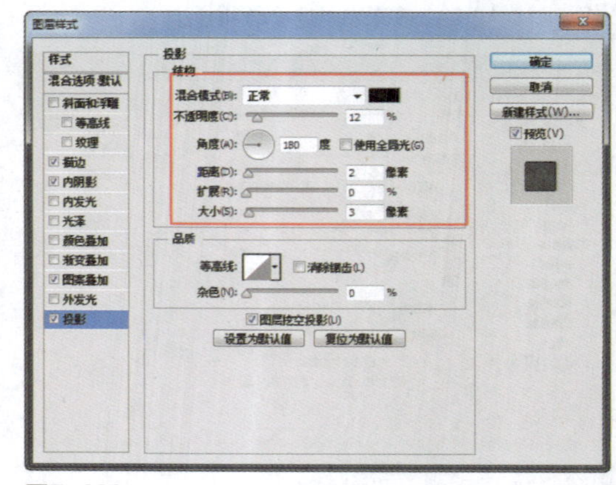

图7-232

步骤 26 单击“确定”按钮，完成“图层样式”对话框中各选项的设置，效果如图7-233所示。使用相同的制作方法，完成相似图形的绘制，效果如图7-234所示。将“左侧菜单”图层组移至“菜单栏”图层组下方，如图7-235所示。

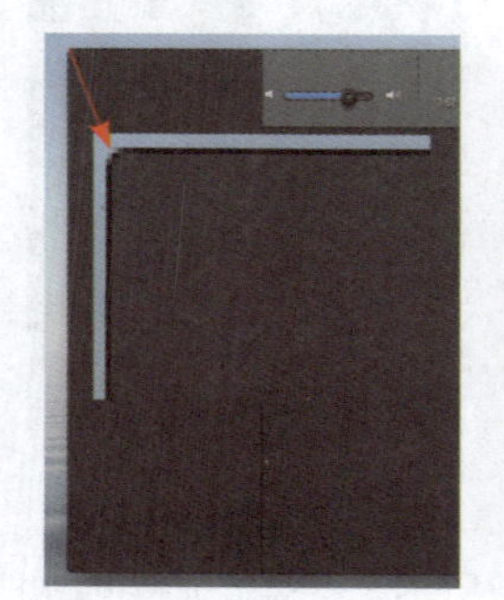
图7-233

图7-234

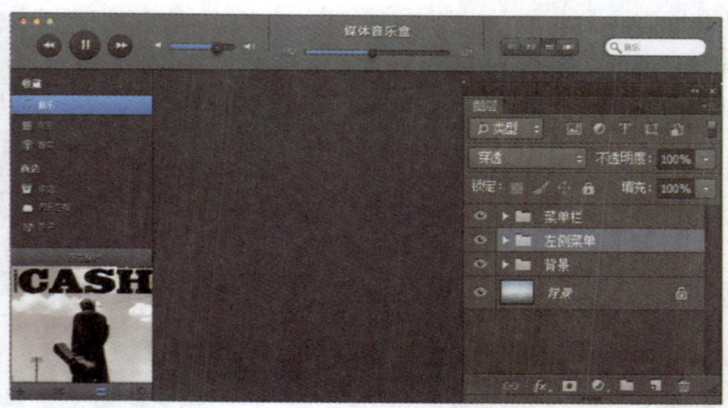

图7-235

步骤 27 新建名称为“导航栏”的图层组，使用“矩形工具”，在画布中绘制白色矩形，如图7-236所示。为该图层添加“描边”图层样式，对相关选项进行设置，如图7-237所示。

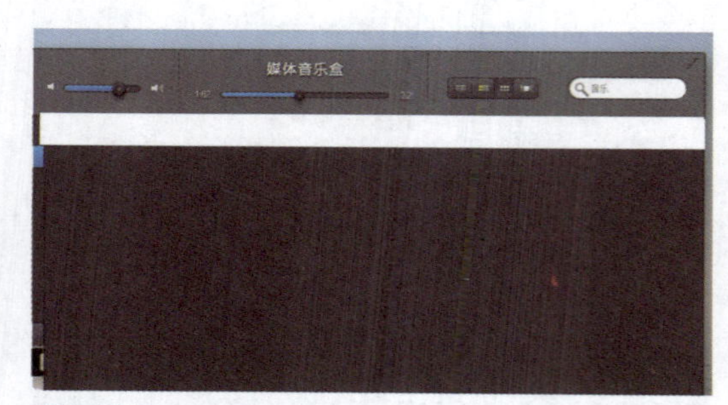

图7-236

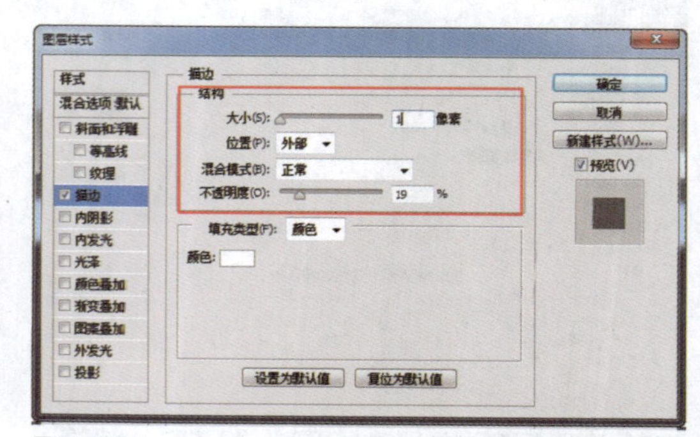

图7-237

步骤 28 继续添加“投影”图层样式，对相关选项进行设置，如图7-238所示。单击“确定”按钮，完成“图层样式”对话框中各选项的设置，设置该图层的“填充”为5%，效果如图7-239所示。

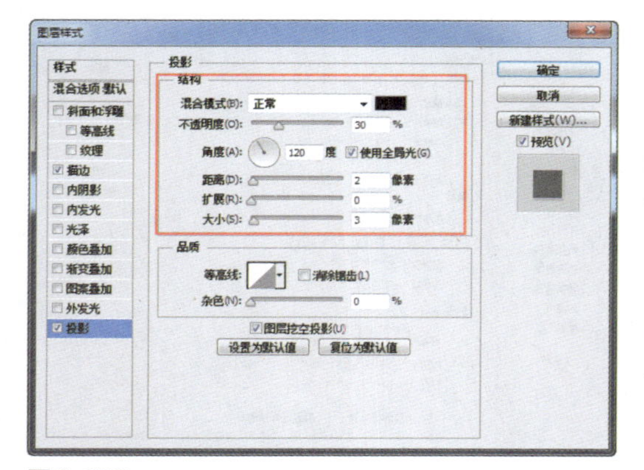

图7-238

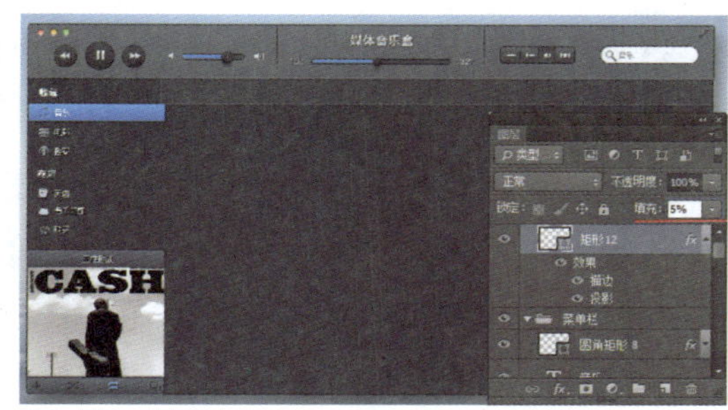

图7-239

步骤 29 使用相同的制作方法，完成相似图形的绘制，效果如图7-240所示。将“导航栏”图层组移至“左侧菜单”图层组下方，如图7-241所示。

图7-240

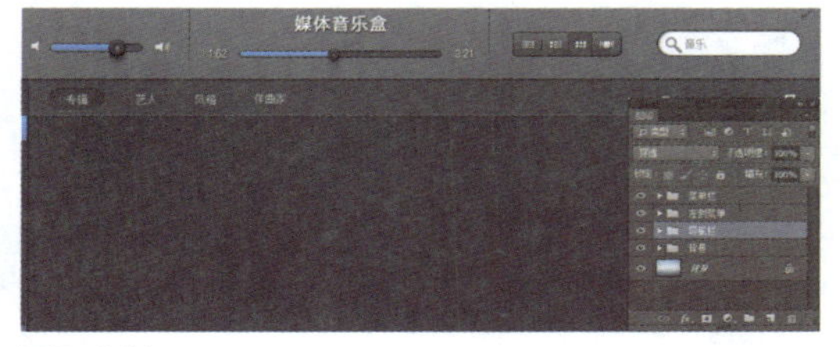

图7-241

步骤 30 新建名称为“专辑”的图层组，使用“圆角矩形工具”，设置“半径”为3像素，在画布中绘制圆角矩形，如图7-242所示。为该图层添加“斜面和浮雕”图层样式，对相关选项进行设置，如图7-243所示。

图7-242

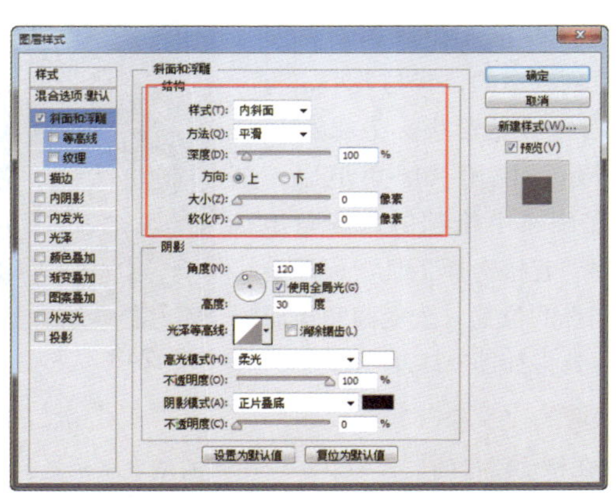

图7-243

步骤 31 继续添加“描边”图层样式，对相关选项进行设置，如图7-244所示。继续添加“内发光”图层样式，对相关选项进行设置，如图7-245所示。

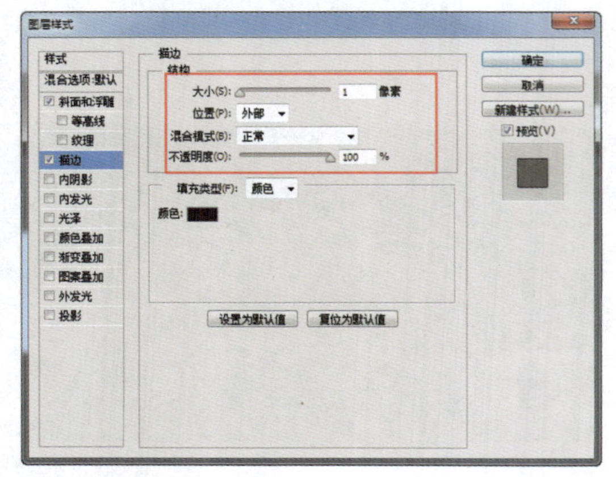

图7-244

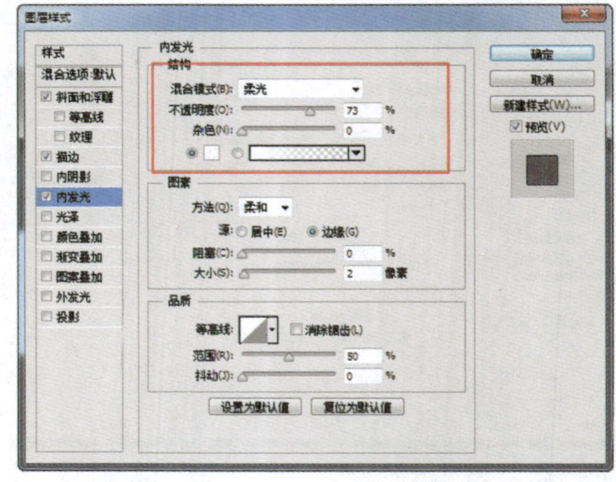

图7-245

步骤 32 继续添加“投影”图层样式，对相关选项进行设置，如图7-246所示。单击“确定”按钮，完成“图层样式”对话框中各选项的设置，效果如图7-247所示。

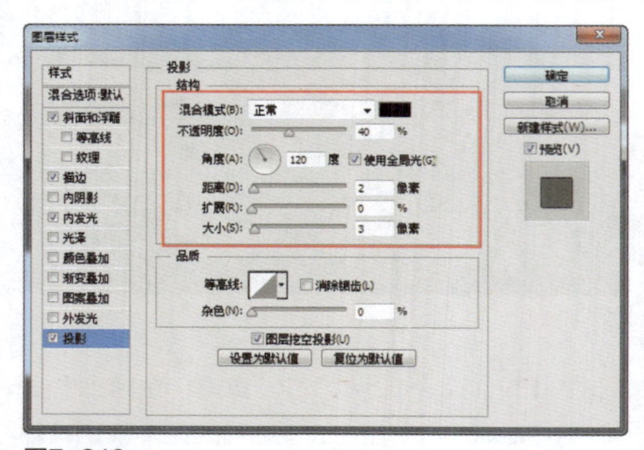

图7-246

图7-247

步骤 33 打开并拖入相应的素材图像，调整到合适的位置与大小，为该图层创建剪贴蒙版，效果如图7-248所示。使用“圆角矩形工具”，在画布中绘制白色圆角矩形，使用“直接选择工具”，调整右下方锚点的位置，改变圆角矩形的形状，效果如图7-249所示。

图7-248

图7-249

提示

在移动路径的过程中，不论使用的是“路径选择工具”还是“直接选择工具”，只要在移动路径的同时按住Shift键，就可以在水平、垂直或者以45°角为增量的方向上移动路径。

步骤34 设置该图层的“不透明度”为20%，效果如图7-250所示。使用“横排文字工具”，在“字符”面板中设置相关选项，在画布中输入相应的文字，如图7-251所示。

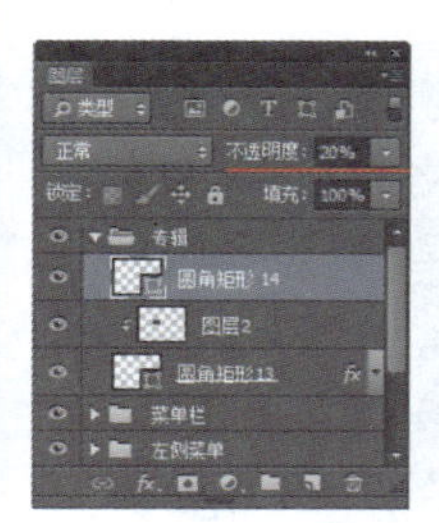

图7-250

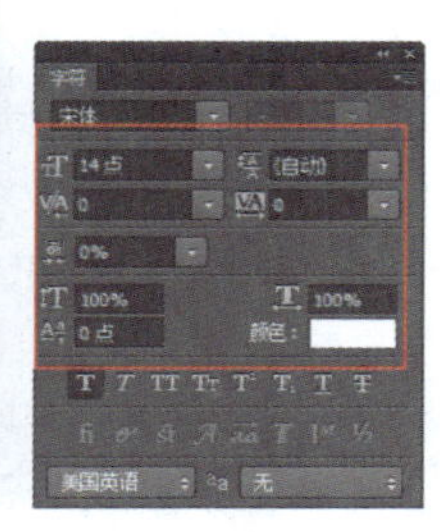

图7-251

步骤35 使用相同的制作方法，完成相似图形的绘制，效果如图7-252所示。新建“图层9”，使用“矩形选框工具”，在画布中绘制矩形选区，如图7-253所示。

图7-252

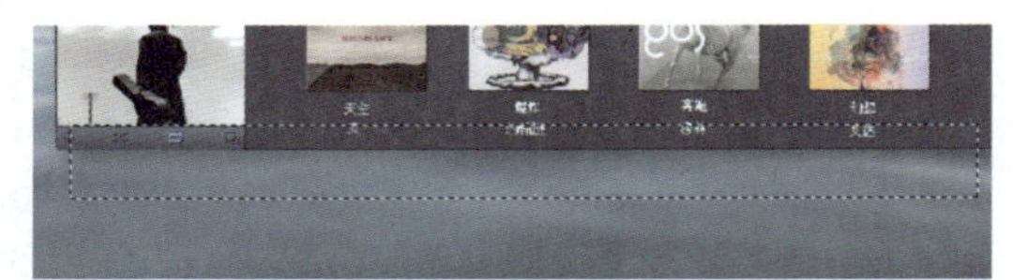

图7-253

提示

制作音乐专辑列表界面时，为了使众多图片在界面中占据均等的位置，可以事先在界面中绘制多个面积相等的矩形，将界面平均化，用填色加以区分，随后拖入图片制作剪贴蒙版。

步骤36 执行“选择>修改>羽化”命令，设置“羽化半径”为15像素，羽化选区，如图7-254所示。为选区填充黑色，执行“滤镜>模糊>高斯模糊”命令，在弹出的对话框中设置“半径”为50像素，效果如图7-255所示。

图7-254

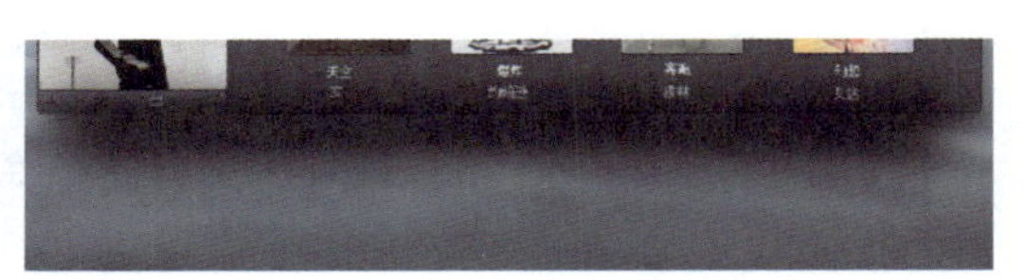

图7-255

步骤 37 将“图层8”移至“圆角矩形1”图层下方，完成该媒体音乐盒界面的设计制作，最终效果如图7-256所示。

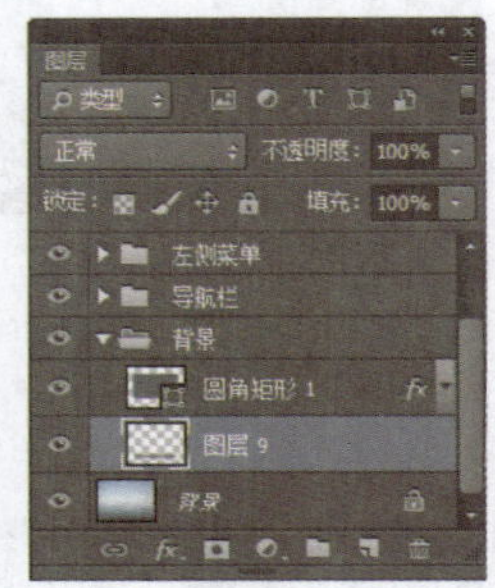

图7-256

【自测6】设计质感视频播放器

视频：光盘\视频\第7章\质感视频播放器.swf　　源文件：光盘\源文件\第7章\质感视频播放器.psd

● 案例分析

案例特点： 本案例设计一款质感视频播放器界面，突出表现界面的层次感和高光质感效果。

制作思路与要点： 该视频播放器界面采用播放窗口与控制面板相互分离的设计方式，在控制面板中突出表现“播放”和“暂停”按钮，依次排列其他功能操作按钮，并且使用突出的黑色，使操作按钮更加清晰和突出。播放窗口与控制面板采用同样的设计和表现风格，整体界面效果表现统一、质感强烈。

● 色彩分析

该视频播放器的界面是以浅灰色作为主体颜色，显示出界面的高端和科技感；采用黑色和白色的文字，使界面更加清晰；采用橙色的图形来表现界面中的重要功能和信息，使界面具有层次，整个界面给人很强的科技感和质感。

● 制作步骤

步骤 01 执行“文件>新建”命令，弹出“新建”对话框，新建一个空白文档，如图7-257所示。打开素材图像“光盘\源文件\第7章\素材\601.jpg”，将其拖入到新建的文档，如图7-258所示。

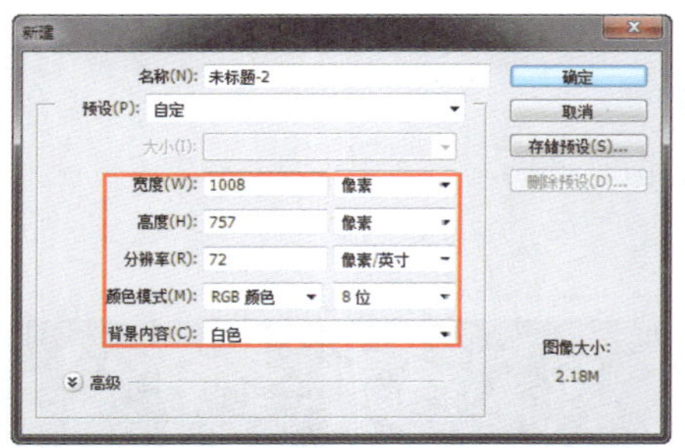

图7-257

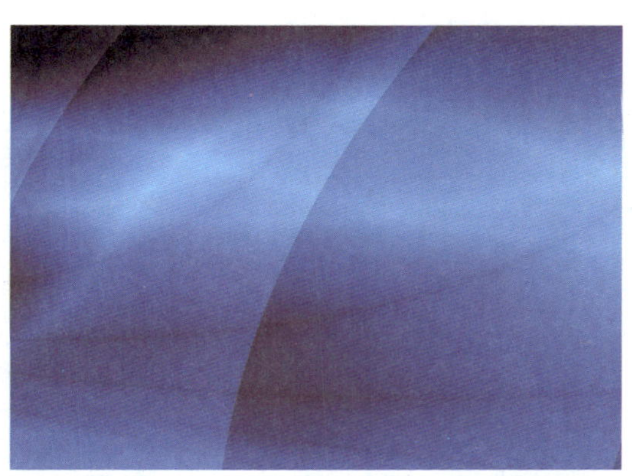

图7-258

步骤02 新建名称为“界面”的图层组，使用“矩形工具”，在画布中绘制一个白色矩形，如图7-259所示。为该图层添加“内阴影”图层样式，对相关选项进行设置，如图7-260所示。

图7-259

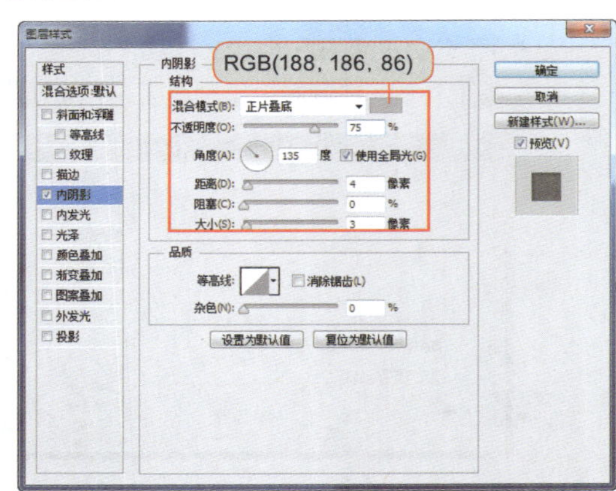

图7-260

步骤03 单击“确定”按钮，完成“图层样式”对话框中各选项的设置，效果如图7-261所示。使用“矩形工具”，在画布中绘制一个矩形，效果如图7-262所示。

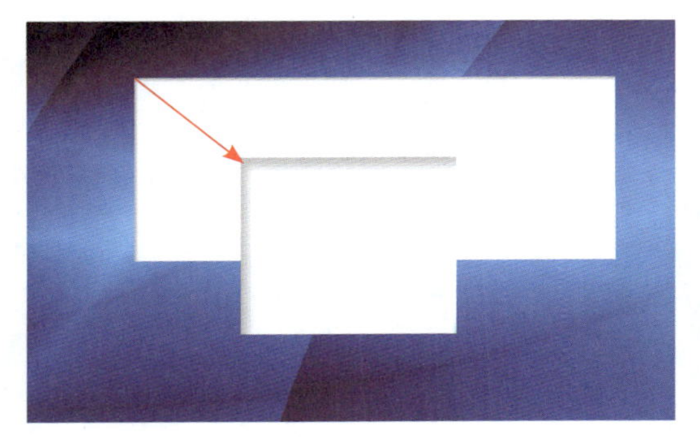

图7-261

图7-262

步骤04 为该图层添加“渐变叠加”图层样式，对相关选项进行设置，如图7-263所示。单击“确定”效果，完成“图层样式”对话框中各选项的设置，效果如图7-264所示。

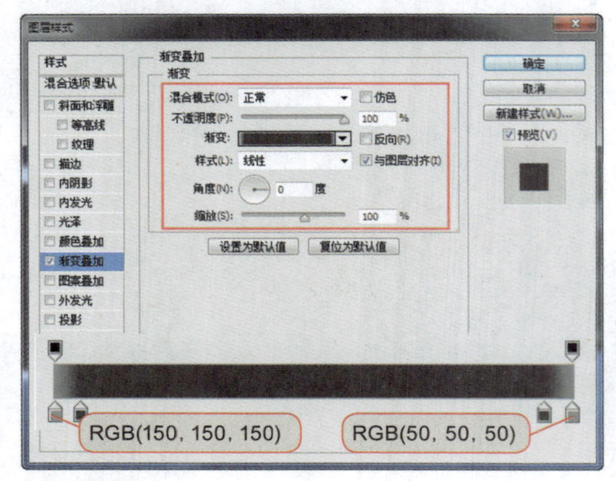

图7-263

图7-264

步骤05 执行“文件>新建”命令，弹出“新建”对话框，新建一个空白文档，如图7-265所示。使用“矩形选框工具”，在画布中绘制选区，并为选区填充黑色，效果如图7-266所示。

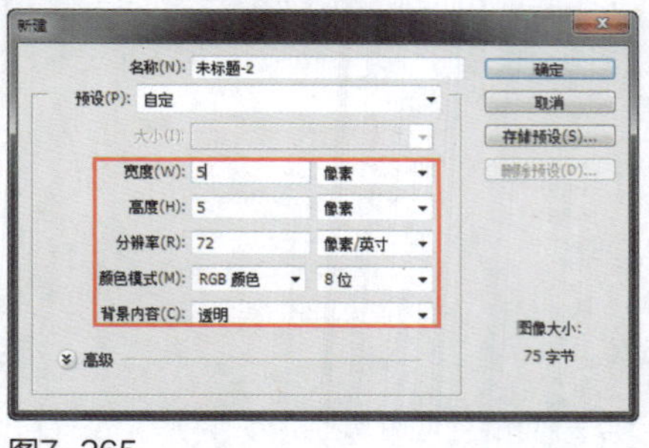
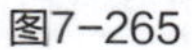
图7-265

图7-266

步骤06 取消选区，执行“编辑>定义图案”命令，弹出“图案名称”对话框，如图7-267所示。单击“确定”按钮，返回设计文档中，复制“矩形2”图层，得到“矩形2 拷贝”图层，清除该图层的图层样式，为该图层添加“图案叠加”图层样式，对相关选项进行设置，如图7-268所示。

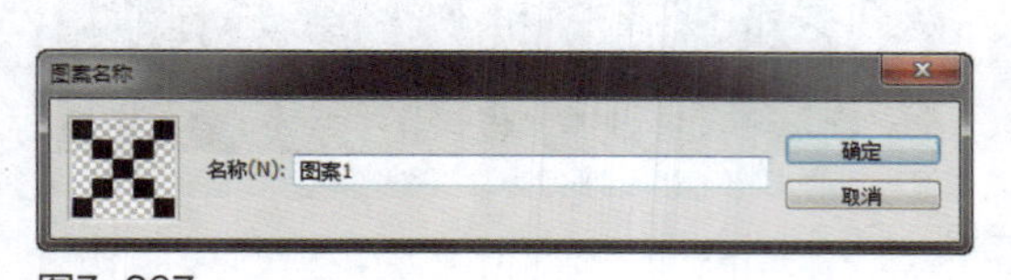
图7-267

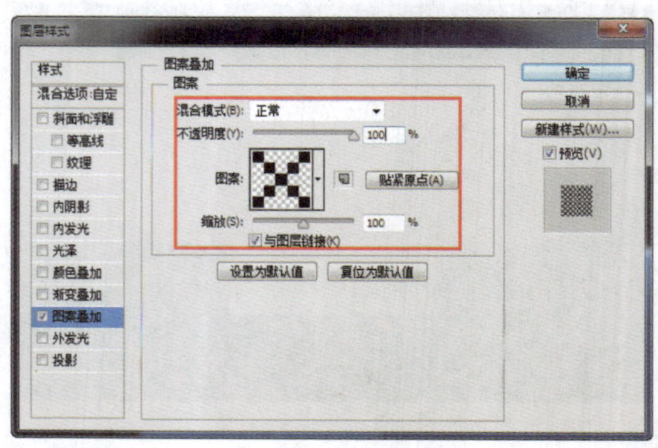
图7-268

步骤07 单击“确定”按钮，完成“图层样式”对话框中各选项的设置，设置该图层的“填充”为0%，效果如图7-269所示。使用“圆角矩形工具”，设置“半径”为10像素，在画布中绘制白色的圆角矩形，如图7-270所示。

图7-269

图7-270

提示

在使用各种形状工具绘制矩形、椭圆形、多边形、直线和自定义形状时，在绘制过程中按住键盘上的空格键可以移动形状的位置。

步骤08 为该图层添加“描边”图层样式，对相关选项进行设置，如图7-271所示。继续添加“渐变叠加”图层样式，对相关选项进行设置，如图7-272所示。

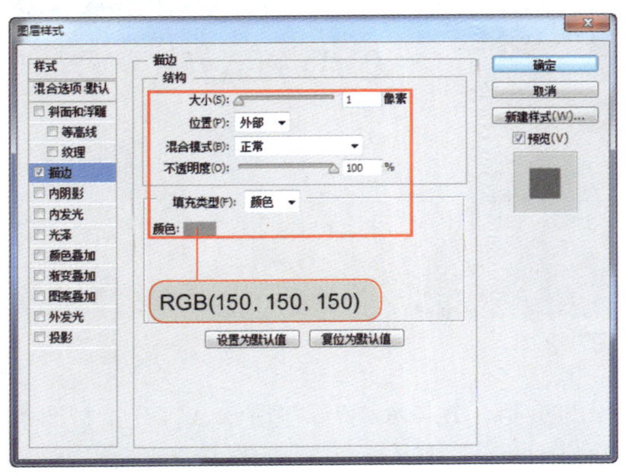

图7-271

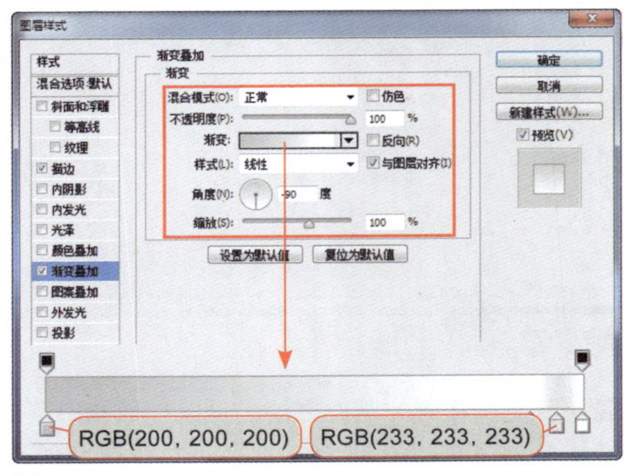

图7-272

步骤09 单击“确定”按钮，完成“图层样式”对话框中各选项的设置，效果如图7-273所示。使用“钢笔工具”，设置“路径操作”为“减去顶层形状”，在该圆角矩形上减去相应的图形，得到需要的图形，效果如图7-274所示。

图7-273

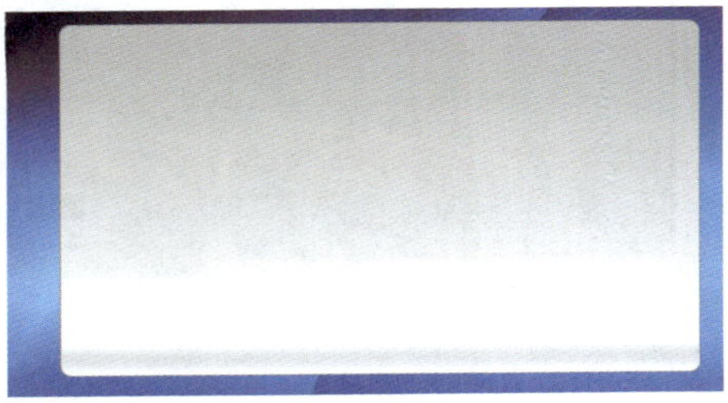

图7-274

步骤 10 新建名称为“菜单”的图层组，使用相同的制作方法，可以完成相似图形效果的绘制，效果如图7-275所示。使用“横排文字工具”，在“字符”面板中设置相关选项，在画布中输入相应的文字，如图7-276所示。

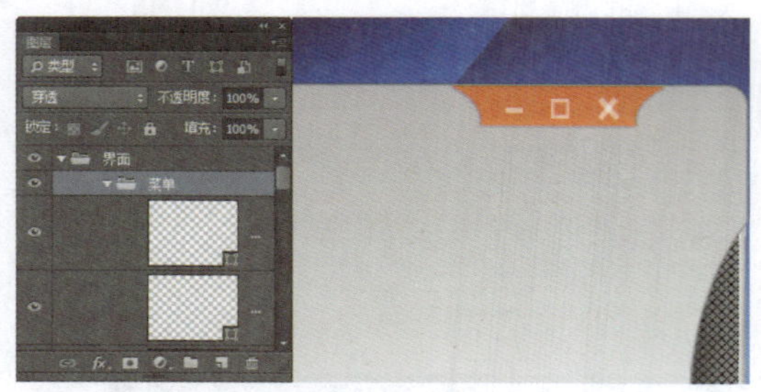

图7-275

图7-276

步骤 11 为该文字图层添加“投影”图层样式，对相关选项进行设置，如图7-277所示。单击“确定”按钮，完成“图层样式”对话框中各选项的设置，效果如图7-278所示。

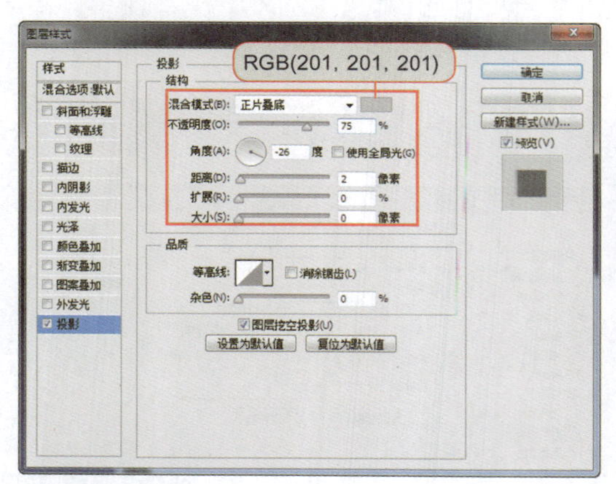

图7-277

图7-278

步骤 12 使用相同的制作方法，可以完成相似图形效果的绘制，效果如图7-279所示。打开素材图像“光盘\源文件\第7章\素材\602.jpg”，将其拖入到设计文档中，并调整到合适的大小和位置，执行“图层>创建剪贴蒙版”命令，创建剪贴蒙版，效果如图7-280所示。

图7-279

图7-280

步骤13 复制“界面”图层组，得到“界面 拷贝”图层组，将复制得到的图层组垂直翻转并向下移动至合适的位置，如图7-281所示。为该图层组添加图层蒙版，使用“渐变工具”，在蒙版中填充黑白线性渐变，效果如图7-282所示。

图7-281

图7-282

提示

蒙版主要是在不损坏原图层的基础上新建的一个活动的蒙版图层，可以在该蒙版图层上做许多处理，但有一些处理必须在真实的图层上操作。矢量蒙版可以使图像的缘边更加清晰，而且具有可编辑性。

步骤14 新建名称为“播放”的图层组，使用相同的制作方法，可以完成相似图形效果的绘制，效果如图7-283所示。新建名称为“播放按钮”的图层组，使用“椭圆工具”，设置“填充”为RGB（180,180,180）、“描边”为白色、“描边宽度”为5点，在画布中绘制正圆形，如图7-284所示。

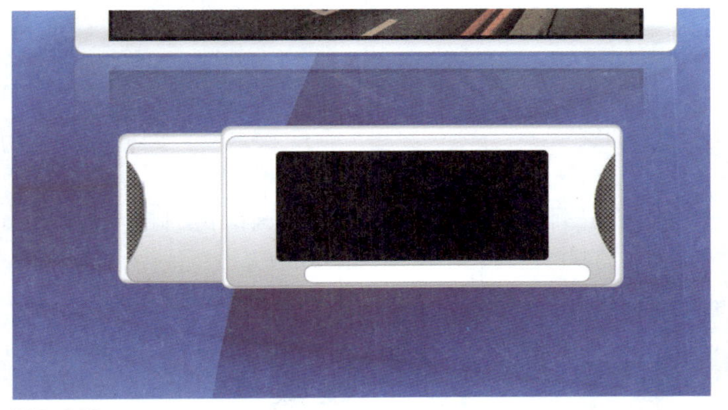

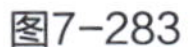

图7-283

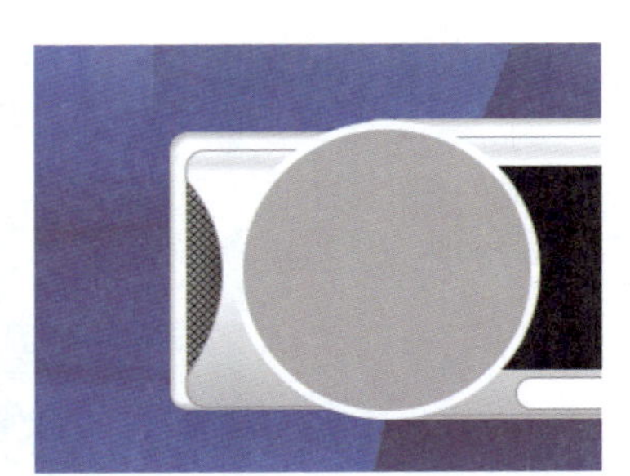

图7-284

步骤 15 使用“椭圆工具”，设置“填充”为黑色、“描边”为无，在画布中绘制正圆形，效果如图7-285所示。为该图层添加“描边”图层样式，对相关选项进行设置，如图7-286所示。

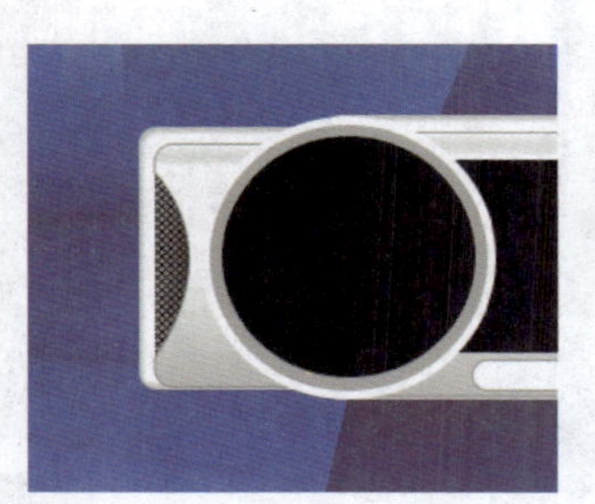

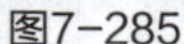

图7-285

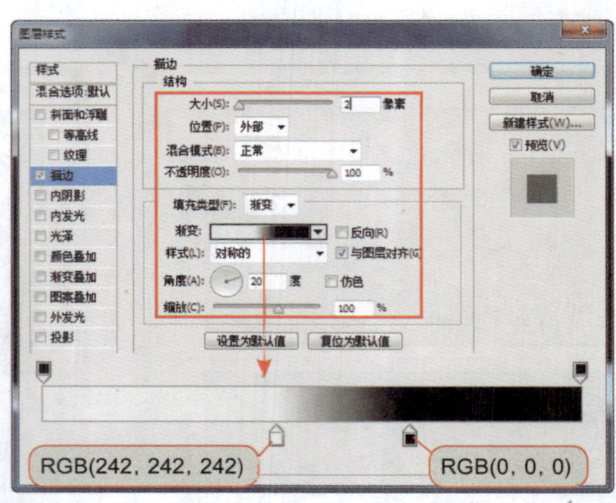

图7-286

步骤 16 单击“确定”按钮，完成“图层样式”对话框中各选项的设置，效果如图7-287所示。使用相同的制作方法，可以完成相似图形效果的绘制，效果如图7-288所示。

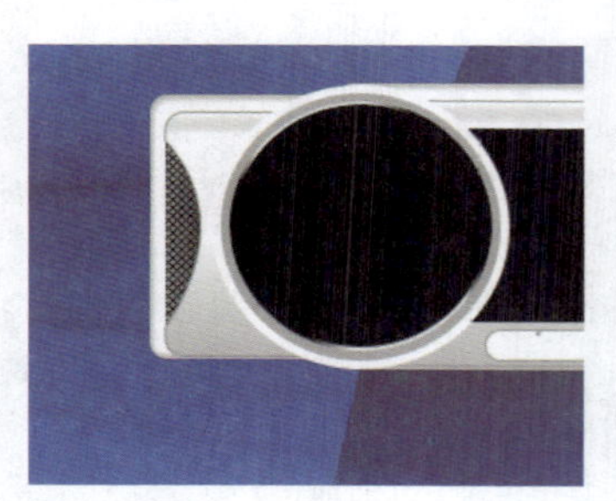

图7-287

图7-288

提示

通过绘制多个同心的正圆形，并为各正圆形填充不同的渐变颜色，可以使图形产生很强列的层次感和质感，这也是设计中常用的一种层次感表现方法。

步骤 17 使用“自定形状工具”，在“形状”下拉列表中选择相应的形状，在画布中绘制形状图形，如图7-289所示。使用“椭圆工具”，在画布中绘制白色的正圆形，如图7-290所示。

图7-289

图7-290

步骤 18 为该图层添加图层蒙版，使用“渐变工具”，在蒙版中填充黑白线性渐变，效果如图7-291所示。使用“钢笔工具”，设置“路径操作”为“减去顶层形状”，在刚绘制的正圆形上减去相应的图形，得到需要的图形，如图7-292所示。

图7-291

图7-292

步骤 19 新建名称为“按钮”的图层组，使用相同的制作方法，可以完成相似图形效果的绘制，效果如图7-293所示。新建名称为“频率”的图层组，使用“矩形工具”，在画布中绘制白色的矩形，并设置该图层的“不透明度”为50%，如图7-294所示。

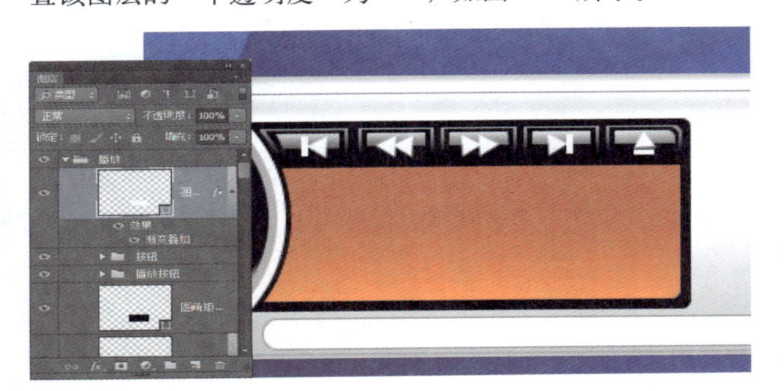
图7-293

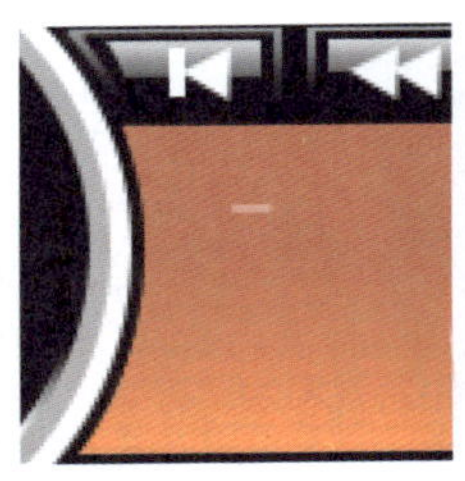
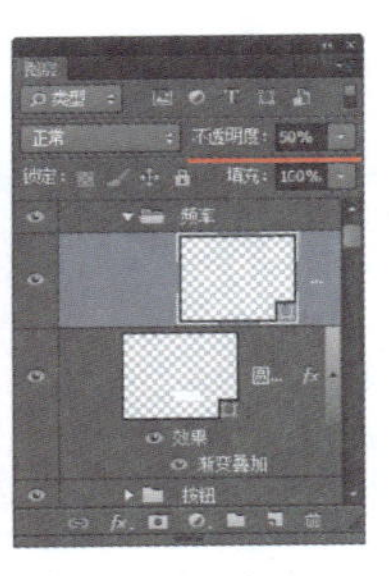
图7-294

步骤 20 多次复制“矩形10”图层，分别调整复制得到的矩形的位置和不透明度，效果如图7-295所示。多次复制“频率”图层组，分别对复制得到的图层组调整位置和不透明度，如图7-296所示。

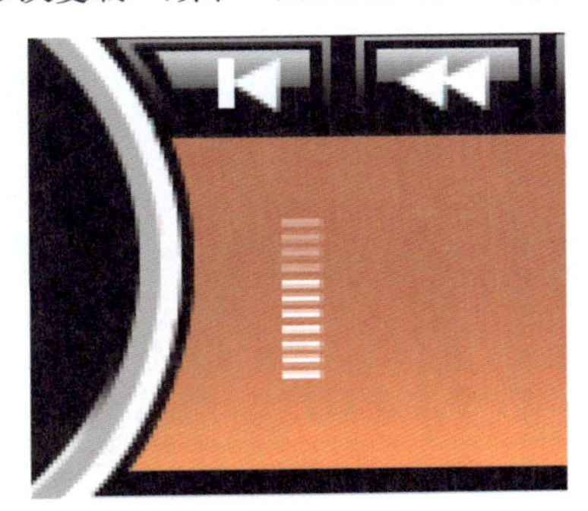
图7-295

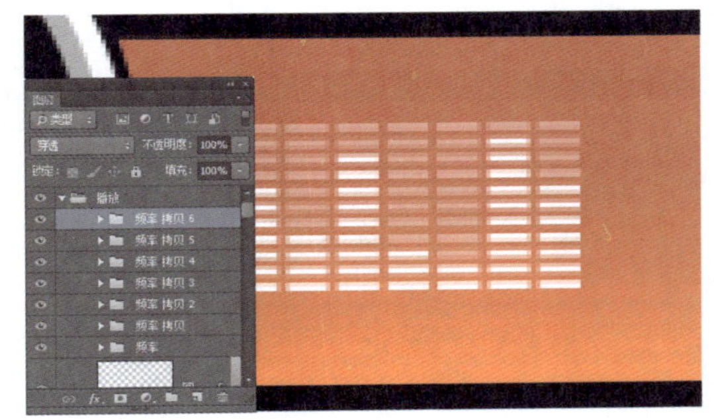
图7-296

步骤 21 使用“横排文字工具”，在“字符”面板中设置相关选项，在画布中输入相应文字，如图7-297所示。使用“自定形状工具”，在“形状”下拉列表中选择相应的形状，在画布中绘制形状，如图7-298所示。

图7-297

图7-298

步骤 22 新建名称为“滚动条”的图层组，使用“圆角矩形工具”，设置“半径”为10像素，在画布中绘制黑色的圆角矩形，如图7-299所示。为该图层添加“描边”图层样式，对相关选项进行设置，如图7-300所示。

图7-299

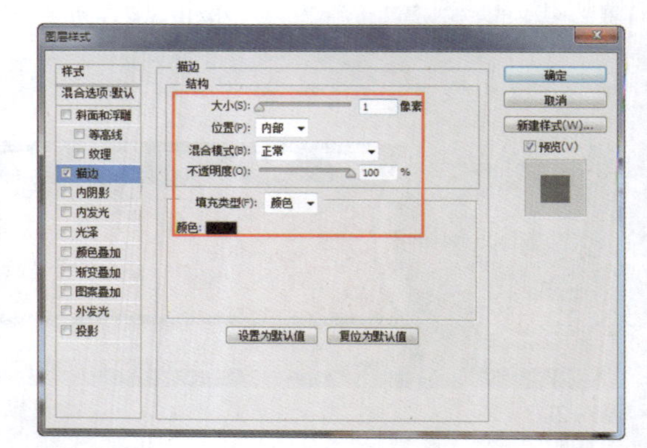

图7-300

步骤 23 继续添加“渐变叠加”图层样式，对相关选项进行设置，如图7-301所示。单击“确定”按钮，完成“图层样式”对话框中各选项的设置，效果如图7-302所示。

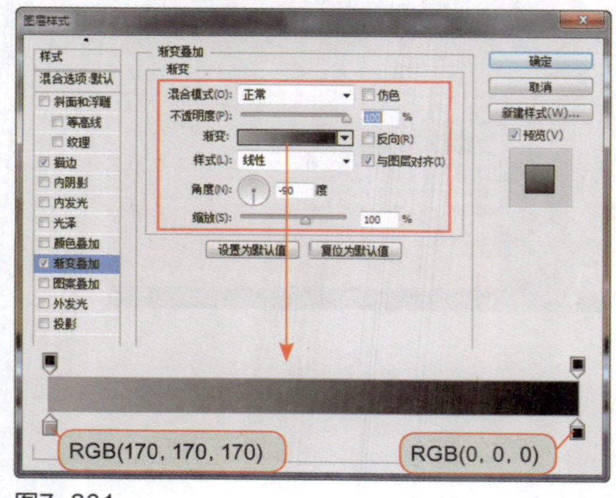

图7-301

图7-302

步骤24 使用“直线工具”，在画布中绘制一条黑色的直线，如图7-303所示。复制“形状4”图层，将复制得到的直线向下移动，并修改其填充颜色为RGB（170,170,170），效果如图7-304所示。

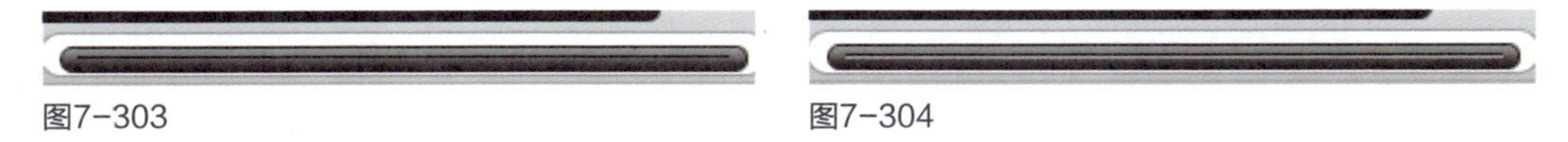

图7-303　　图7-304

步骤25 使用相同的制作方法，可以完成相似图形效果的绘制，效果如图7-305所示。复制“播放”图层组，得到“播放 拷贝”图层组，将其垂直翻转并向下移动至合适的位置，为该图层组添加图层蒙版，使用“渐变工具”，在蒙版中填充黑白线性渐变，效果如图7-306所示。

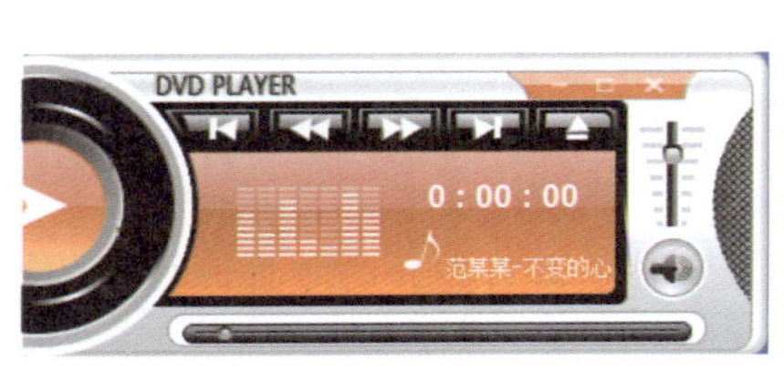

图7-305

图7-306

步骤26 完成该质感视频播放器界面的设计制作，最终效果如图7-307所示。

图7-307

7.4 专家支招

一个优秀的播放器界面不仅要美观、有创意，它的功能也是非常重要的，要方便用户的使用。前面已经介绍了播放器界面设计的相关知识，以及各种播放器界面的设计方法和技巧，在设计播放器界面的过程中还需要注意为播放器界面融入更多的情感，这样设计出的播放器界面才会受到用户的欢迎。

① 什么是交互设计和图形界面设计?

答：交互设计是指设计软件的操作流程，包括软件的树状结构、操作逻辑、软件的结构与操作规范等。

图形界面设计是指设计软件的外形，将不能直接为人们服务的技术用设计的方法和技巧赋予其人们能够接受的和乐于接受的形式，以推广和应用新技术。好的图形界面设计可以让软件变得有个性，可以让操作变得更加舒适、简单、自由。

② 播放器界面设计为什么要融入情感化因素?

答：人有喜、怒、哀、乐等丰富的情感，这些情感往往主宰着人的行为，而设计传递着一种情感交流，需要引起情感共鸣，这样才能很容易诱发人的使用和购买行为。情感设计要从消费者的情感角度出发去理解消费者的情感需求，激发消费者或爱或恨的情感，引起用户使用和购买的欲望。

在设计中将感情赋予产品，将自己的情绪通过各种色彩、形状等造型语言表现在产品上，这样，产品将不再是冷冰冰的，而是包含了丰富的感情和深刻的思想。使用者选择这款播放器更多地是因为喜欢，而不仅仅是因为使用，因为播放器的功能都差不多。

7.5 本章小结

播放器界面的设计更多地是在细节部分体现其精致感，在追求个性化的今天，播放器界面设计也朝着人性化和个性化的方向发展，播放器界面设计得好坏会给人留下最直观的印象。在本章中向读者介绍了有关播放器界面设计的相关理论知识，并通过多个不同类型的播放器界面的设计制作，讲解了播放器界面设计制作的方法和技巧。通过本章内容的学习，读者需要能够理解并掌握播放器界面设计的思路和方法，并能够设计出更多精美的播放器界面。

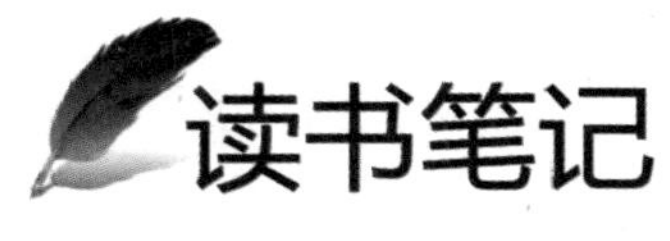
读书笔记

反侵权盗版声明